W0262684

# CHEMISCHE TECHNOLOGIE
## IN EINZELDARSTELLUNGEN
### HERAUSGEBER: PROF. DR. A. BINZ, FRANKFURT A. M.

## ALLGEMEINE CHEMISCHE TECHNOLOGIE

# KOLLOIDCHEMIE

## EIN LEHRBUCH

VON

### RICHARD ZSIGMONDY

PROFESSOR AN DER UNIVERSITÄT GÖTTINGEN
DIREKTOR DES INSTITUTS FÜR ANORGANISCHE CHEMIE
DR.-ING. H. C.

DRITTE, VERMEHRTE UND ZUM TEIL UMGEARBEITETE AUFLAGE

MIT EINEM BEITRAG:

## BESTIMMUNG DER INNEREN STRUKTUR UND DER GRÖSSE VON KOLLOIDTEILCHEN MITTELS RÖNTGENSTRAHLEN

VON

### P. SCHERRER

PROFESSOR DER PHYSIK
AN DER TECHNISCHEN HOCHSCHULE ZU ZÜRICH

7 TAFELN UND 58 FIGUREN IM TEXT

Springer-Verlag Berlin Heidelberg GmbH

1920

Copyright 1912 by Springer-Verlag Berlin Heidelberg
Ursprünglich erschienen bei Otto Spamer, Leipzig 1912.
Softcover reprint of the hardcover 1st edition 1912
ISBN 978-3-662-33517-8     ISBN 978-3-662-33915-2 (eBook)
DOI 10.1007/978-3-662-33915-2

# Vorwort zur ersten Auflage.

Die rasche Entwicklung der Kolloidchemie in den letzten Jahren hat
es mit sich gebracht, daß eine große Menge von Einzeltatsachen bekannt
wurde, von denen viele auch allgemeinere Bedeutung besitzen. Die sach-
gemäße Zusammenfassung einer Anzahl von derartigen Einzeltatsachen
führt zu Regeln und Gesetzmäßigkeiten, die entweder für gewisse Gruppen
oder zuweilen auch für die Gesamtheit der Kolloide Geltung haben können.

Die Bedeutung derartiger Verallgemeinerungen steht außer Zweifel; die
korrekte Verallgemeinerung stellt aber hohe Anforderungen an das Takt-
gefühl und die Selbstkritik des Naturforschers:

Nicht leicht ist man so sehr der Gefahr ausgesetzt, durch Verallgemeinerung den Tatsachen Gewalt anzutun, ja unbewußt die Unwahrheit zu ver-
kündigen, als auf dem Gebiete der Kolloidchemie, die eine große Zahl von
Systemen zu behandeln hat, deren individuelle Eigenart nicht immer genügend berücksichtigt wird, vielleicht auch nicht genügend bekannt ist.

Im vorliegenden Buche war ich darum bestrebt, der korrekten Darstellung der Verhältnisse dadurch möglichst nahe zu kommen, daß ich das
Hauptgewicht auf die Beschreibung der kolloiden Systeme legte. Dabei fand sich reichlich Gelegenheit, auf Tatsachen oder Forschungen von
allgemeinerer Bedeutung bei jenen Kolloiden hinzuweisen, an welchen
diese Tatsachen entdeckt, an welchen die betreffenden Untersuchungen angestellt worden sind.

Der allgemeine Teil konnte dementsprechend entlastet werden. Er umfaßt die Einleitung, einen Beitrag zur Systematik, die Eigenschaften der
Kolloide und einen Beitrag zur Theorie. Wie auch im speziellen Teile, wurde
hier weniger Vollständigkeit angestrebt, als vielmehr näheres Eingehen auf
einzelne Fragen von allgemeiner Bedeutung. Bei den Eigenschaften der
Kolloide sind besonders die elektrischen ausführlicher berücksichtigt, deren
eingehendere Besprechung zum Verständnis der Theorie der Peptisation
sowie der Reaktionen und Eigenschaften der durch Peptisation erhaltenen
Kolloide erforderlich war.

Manchem Leser, der nur einen flüchtigen Einblick in die Eigentümlichkeiten der Kolloide gewinnen will, werden vielleicht die zusammenfassenden
Übersichten, welche einzelnen Gruppen von Kolloiden vorangestellt sind,
willkommen sein.

Das Buch wendet sich an alle, die mit Kolloiden zu tun haben, nicht
nur speziell an den Technologen, obgleich es einer Verabredung mit Herrn
Professor *Ferdinand Fischer* gemäß seiner Sammlung: „Chemische Technologie

in Einzeldarstellungen" einverleibt wurde. Ich bin daher Herrn Professor *Fischer* und der Verlagsbuchhandlung sehr zu Dank verpflichtet, daß ihr Entgegenkommen es ermöglicht hat, durch Veranstaltung zweier Ausgaben der Auflage dem Charakter des Buches Rechnung zu tragen und seine Verbreitung auch in nicht chemisch-technischen Kreisen zu ermöglichen.

Meinen Assistenten, den Herren Dr. *W. Bachmann* und Dr. *A. v. Galecki*, spreche ich für die Durchsicht der Korrekturen meinen besten Dank aus, vor allem Herrn Dr. *R. Heyer*, der mit Sorgfalt die Anmerkungen redigiert und mit den Originalen verglichen hat, und dem ich die Zusammenstellung der im Buche berücksichtigten Farbstoffe im Anhang übertrug.

Anfangs war auch Herr Dr. *Ludwig Oldenberg* an der Korrektur beteiligt; ein Unglücksfall hat dem Wirken dieses talentvollen jungen Chemikers ein plötzliches Ende bereitet. Auch seiner sei hier in dankbarer Erinnerung gedacht.

Göttingen, im März 1912.

**Richard Zsigmondy.**

---

# Vorwort zur zweiten Auflage.

Für das Interesse, welches der Kolloidchemie entgegengebracht wird, spricht der Umstand, daß bereits vor etwa drei Jahren eine Neuauflage des vorliegenden Buches erforderlich gewesen wäre, wenn nicht der Kriegsausbruch eine Stockung im Buchhandel herbeigeführt hätte. Auch ist die erste Auflage ins Französische und Englische übersetzt worden.

Trotz der erhöhten Inanspruchnahme aller Kräfte durch den Weltkrieg hat die wissenschaftliche Arbeit keineswegs geruht; wie in anderen Zweigen der Naturwissenschaften, so sind auch auf dem Gebiete der Kolloidforschung ganz wesentliche, zum Teil sogar fundamentale Fortschritte herbeigeführt worden. An erster Stelle ist hier zu nennen die mathematische Theorie der Konzentrationsschwankungen, die im Zusammenhang mit der Theorie der Diffusion und *Brown*schen Bewegung eine fundamentale Bedeutung für die Physik der Kolloide besitzt.

Ein tragisches Schicksal hat *M. v. Smoluchowski*, den genialen Schöpfer dieser hervorragenden Arbeiten auf dem Gebiete der theoretischen Physik, herausgerissen aus seiner so überaus fruchtbaren Tätigkeit. Am 5. September 1917 ist er in Krakau als Opfer einer Ruhrepidemie dahingeschieden.

Es ist mir eine ehrenvolle Pflicht, dem Verblichenen an dieser Stelle meinen Dank dafür auszusprechen, daß er im Februar 1916, einer Anregung folgend, seine theoretischen Untersuchungen auf ein spezielles Problem der Kolloidchemie ausgedehnt hat, das stets im Vordergrund des Interesses stand. *v. Smoluchowski* hat in seiner Koagulationstheorie eine theoretische Grundlage für die einheitliche Erklärung nicht nur der Koagulation selbst, sondern auch einer großen Zahl von Erscheinungen gegeben, die sonst nur durch spezielle Hypothesen zu deuten wären.

Diese und manche andere Fortschritte, die seit dem Erscheinen der ersten Auflage erzielt wurden, haben mich zu einer weitgehenden Umarbeitung des allgemeinen Teiles dieses Buches veranlaßt. Neben Ergänzungen und Erweiterungen in den einleitenden Kapiteln und dem systematischen Teil wurde eine neue Bearbeitung der darauffolgenden vorgenommen. An Stelle des Abschnittes „Eigenschaften der Kolloide" trat ein neuer etwa 20 Kapitel umfassender Abschnitt: „Physikalische Grundlagen." An diesen schließt sich ein Abschnitt über Gel- und Solbildung, welcher das Wesentlichste über Strukturen, Reaktionen und Zustandsänderungen enthält.

Auch im speziellen Teil wird man manches Neue finden, so bei den kolloiden Metallen, Oxyden und Salzen, ferner ein Kapitel über die Entstehungsbedingungen der Metallkolloide, das auf Grund neuerer Untersuchungen geschrieben wurde.

Von Arbeiten, die mir für die weitere Entwicklung der Strukturlehre wie der speziellen Kolloidchemie bedeutungsvoll erschienen, sei noch hervorgehoben eine Untersuchung von *H. Ambronn* über Anisotropie der Pflanzenfasern und der Nitro-Zellulose und eine andere von *W. Mecklenburg* über die Isomerie der Zinnsäure.

Leider war es mir nicht mehr möglich, einige Untersuchungen von *P. Scherrer* nach der *Debye-Scherrer*schen Methode zu berücksichtigen, welche den Nachweis der krystallinen Natur einiger Metallkolloide sowie eines Gels der Kieselsäure mittels Röntgenaufnahme erbrachten. Es wurde u. a. gezeigt, daß Goldteilchen von nur etwa $4\,\mu\mu$ Durchmesser das gleiche Raumgitter besitzen wie größere oder auch wie das gewöhnliche metallische Gold; ferner, daß ein gealtertes Gel der Kieselsäure, wie in Kapitel 62d angeführt, zum Teil aus sehr kleinen Kryställchen zusammengesetzt ist.

Weitere Fortschritte sind durch zahlreiche andere Arbeiten herbeigeführt worden, die im einzelnen hier nicht aufgezählt werden können. Die Strukturlehre z. B. hat eine beträchtliche Erweiterung erfahren durch Arbeiten, die in den Kapiteln 12, 30, 34a, 39, 61, 62c, 73, 82, 94, 102, 106, 128a, 133 angeführt sind; neue Apparate und Arbeitsmethoden findet man in den Kapiteln 9, 22, 24a, 25a, 30a, 30b, 40 (3a) u. a.

Ich möchte an dieser Stelle nicht unterlassen, gewisse Einwände, die früher sehr oft zu hören waren und jetzt noch gemacht werden, kurz zu besprechen. Man findet es zuweilen unrichtig, kolloide Metallösungen, z. B. reine Goldhydrosole, als „Kolloide" zu bezeichnen, da sie doch gar keine Ähnlichkeit mit dem Leim besäßen. Ja ein Zerfall des hier zusammengefaßten Gebiets ist mir prophezeit worden. Solche Einwände sind nicht zutreffend. Das Wort „Kolloid" bedeutet heute nicht mehr eine leimähnliche Substanz oder deren Lösungen, sondern fein zerteilte Materie. Der Begriff umfaßt die ultramikroskopischen Zerteilungen mit Ultramikronen, deren Größe zwischen den molekularen und den mikroskopischen Dimensionen liegt. Wer

Bedenken gegen den Ausdruck Kolloid hat, dem stehen andere zur Verfügung, wie Disperse Systeme, Sole, Gele usw.

Keinesfalls kann aber die Zugehörigkeit der Metall-, der Sulfidhydrosole und anderer zu den übrigen Kolloidlösungen oder allgemeiner zu den feindispersen Systemen bezweifelt werden, vorausgesetzt, daß man sein Augenmerk auf die wesentlichen Merkmale richtet. Nicht nur in der Teilchengröße, sondern auch in einer ganzen Reihe von anderen Eigenschaften liegt eine vollständige Übereinstimmung zwischen den Metall- und den übrigen Kolloidlösungen vor. Einige derselben seien hier angeführt:

Die Ultramikronen aller Kolloidlösungen werden bei der Dialyse von Pergamentmembranen zurückgehalten, ebenso bei der Filtration von feinporigen Ultrafiltern. Die Teilchen zerstreuen die einfallenden Lichtstrahlen und beugen, falls sie klein genug sind, linear polarisiertes Licht ab. Alle, gleichgültig, ob große Moleküle oder gallertartige oder massiv erfüllte Teilchen, sind in ununterbrochener *Brown*scher Bewegung, und die darauf bezüglichen Gesetze der Diffusion und der Konzentrationsschwankungen gelten ebensogut für die massiv erfüllten krystallinen Metallteilchen wie für die gallertähnlichen Sekundärteilchen der kolloiden Zinnsäure u. a. m. Die zahlreichen Besonderheiten der einzelnen Systeme können also nur zu einer Einteilung des Gebietes führen, nicht aber zu einem Zerfall desselben.

Also nicht zersplittert, sondern zur Einheit gefestigt und gestützt auf gute theoretische Grundlagen und experimentelle Methoden steht die Lehre von den Kolloiden uns heute gegenüber, und es bedarf nur der zielbewußten Weiterentwicklung, um auch neue Fundamente für wichtige Zweige der Biologie, der Nahrungsmittelchemie und der Technik zu gewinnen.

Als kleiner Beitrag zur Erreichung dieses Zieles möchte die vorliegende zweite Auflage der Kolloidchemie angesehen werden, um deren Zustandekommen unter so erschwerenden Verhältnissen die Verlagsbuchhandlung sich beträchtliche Verdienste erworben hat.

An der Durchsicht der Korrekturen haben sich Herr Privatdozent Dr. *W. Bachmann* und Herr Dr. *R. Franz* beteiligt, denen ich hierfür meinen besten Dank ausspreche.

Göttingen, im April 1918.

**Richard Zsigmondy.**

---

# Vorwort zur dritten Auflage.

Die Fortschritte der Kolloidchemie seit dem Erscheinen der zweiten Auflage machten eine weitgehende Umarbeitung des Buches nicht erforderlich; für die notwendigen Einschaltungen und Literaturergänzungen wurde durch Weglassen mancher weniger wichtiger Mitteilungen und durch Kleindruck Platz geschaffen.

Eine vollständige Umarbeitung haben die Kapitel 33a, 108 und 111 erfahren. Es schien mir insbesondere zeitgemäß, bei Besprechung der Theorien der Färberei deren Fundamentalfragen einer Diskussion zu unterziehen und auf die Bedeutung des Studiums der ultramikroskopischen Faserstrukturen für die Erkenntnis der dem Färbereiproblem zugrunde liegenden Vorgänge hinzuweisen. Die auf diesem Gebiete bahnbrechenden Arbeiten *H. Ambronns* fanden eine entsprechende Berücksichtigung.

Von den wichtigeren Fortschritten und Neuerungen, welche in der dritten Auflage Berücksichtigung fanden, seien erwähnt: die Membranfilter, die jetzt fabrikmäßig in abgestufter Porengröße hergestellt werden und zur Abschätzung der Größenordnung der Teilchendurchmesser sowie zu Trennungen im ultramikroskopischen Gebiet Anwendung finden können; eine Bestätigung der *v. Smoluchowski*schen Theorie der langsamen Koagulation von *A. Westgren;* die Herstellung eines resolublen Goldes kleinster Teilchengröße, Kap. 45a; *Vargas* Bestimmungen der mit den Amikronen der Zinnsäure überführten Elektrizitätsmenge; die von *Wo. Ostwald* beobachteten bemerkenswerten Eigenschaften des Kongorubins; eine ultramikroskopische Untersuchung von *Lorenz* und *Hiege* über das Wachstum von Silbersubmikronen in Chlorsilberkrystallen; es wurde ferner hingewiesen auf Beobachtungen *Weigerts,* der durch polarisiertes Licht in ursprünglich isotropen Medien Doppelbrechung erzielen konnte; bei der kürzeren Behandlung der organischen Kolloide konnte auf *Sörensens* wertvolle Untersuchungen auf dem Gebiete der Eiweißkolloide in dieser Auflage nur erst kurz hingewiesen werden.

Einen ganz hervorragenden Fortschritt auf dem Gebiete der Kolloidchemie enthalten die Arbeiten *P. Scherrers,* der die von *Debye* und *Scherrer* ausgebildete Methode der Untersuchung feiner Krystallpulver auf die Kolloide angewandt und damit auch gleich einige hervorragende Erfolge erzielt hat.

Es wurde nicht nur das Raumgitter von Ultramikronen festgestellt, sondern auch eine neue Methode der Größenbestimmung krystalliner Primärteilchen gegeben. Ich bin Herrn *Scherrer,* vor kurzem noch unser Göttinger Kollege, zu besonderem Danke dafür verpflichtet, daß er in bereitwilliger Weise eine möglichst gemeinverständliche Darstellung der zugrundeliegenden Methoden und seiner Versuchsergebnisse übernommen hat.

An der Durchsicht der Korrekturen haben sich die Herren Professor Dr. *Scherrer* und Privatdozent Dr. *R. Wintgen* beteiligt; ihnen sei hiermit mein Dank zum Ausdruck gebracht, Herrn Dr. *Wintgen* noch besonders für mehrere kleine Beiträge und gute Ratschläge.

Göttingen, im Juni 1920.

R. Zsigmondy.


Möge diese neue Auflage der Kolloidchemie auch den Fachgenossen im Auslande einen kleinen Beweis dafür bringen, daß in Deutschland noch eifrig gearbeitet wird an der Erforschung der Wahrheit, und daß man hier trotz der schwersten äußeren Lebensbedingungen, trotz der Leiden und Demütigungen, die die furchtbaren Ereignisse mit sich gebracht haben, nicht verlernt hat, die Dinge objektiv zu betrachten und bestrebt ist, den Verdiensten anderer gerecht zu werden[1]). Wo es sich um Erforschung der Wahrheit handelt, müssen alle anderen Gesichtspunkte zurücktreten.

Mögen diejenigen, welche glauben, diesen Geist verachten zu dürfen, bedenken, daß auch ihre eigenen Handlungen und Entschlüsse dem Urteil der ruhiger denkenden Nachkommen unterliegen.

Wir wollen ruhig aufrecht stehen in festem Vertrauen darauf, daß der Geist des Rechts, der Gerechtigkeit und Wahrheitsliebe schließlich den Sieg erringen wird, daß der Geist der Versöhnung die Irrtümer beseitigen wird, die eine stürmisch erregte Zeit hinterlassen hat.

---

[1]) Die die Kolloidchemie betreffenden Arbeiten des Auslands sind, soweit sie mir bekannt wurden und in den Rahmen des Buches passen, gewissenhaft berücksichtigt worden. Leider ist uns hier die seit 1914 erschienene Literatur schwer zugänglich. Ich würde daher den Autoren für Zusendung ihrer Arbeiten dankbar sein.

# Inhalt.

## Allgemeines über Kolloide.

### I. Einleitung.



### II. Systematik.



### III. Physikalische Grundlagen.

## IV. Gel- und Solbildung.

### Strukturen, Reaktionen und Zustandsänderungen.



## Spezieller Teil.

### I. Anorganische Kolloide.

#### A. Kolloide Metalle.



##### 1. Reine Metallkolloide.



##### a) Gold.

## II. Organische Kolloide.

### A. Organische Salze.

#### 1. Seifen.



#### 2. Farbstoffe.



### B. Eiweißkörper.

#### 1. Einleitung.



#### 2. Allgemeines Verhalten.



#### 3. Spezielle Beispiele.

##### a) *Gelatine.*



##### b) *Hämoglobin.*



##### c) *Kasein.*

*P. Scherrer:*

# Bestimmung der inneren Struktur und der Größe von Kolloidteilchen mittels Röntgenstrahlen.



———————

# Allgemeines über Kolloide.

## I. Einleitung.

### 1. Definition der Kolloide.

Nach einer von *Graham*[1] herrührenden Einteilung unterscheidet man zwischen krystalloiden und kolloiden Substanzen. Zu den ersteren gehören diejenigen Körper, die gelöst ein beträchtliches Diffusionsvermögen und die Fähigkeit besitzen, Membranen aus Pergamentpapier zu durchdringen. Zu der anderen Gruppe von Substanzen, den Kolloiden, rechnet *Graham* diejenigen, welche ein sehr geringes Diffusionsvermögen aufweisen und denen die Fähigkeit abgeht, durch Gallerten oder Pergamentpapier zu diffundieren.

Diese Einteilung läßt sich auf Grund einer großen Anzahl von Tatsachen, die allmählich gefunden worden sind, nicht mehr streng aufrechterhalten. Einerseits gibt es zahlreiche Übergänge zwischen krystalloiden und kolloiden Lösungen, so daß eine scharfe Abgrenzung beider Gebiete kaum möglich wird; diese Schwierigkeit der unscharfen Abgrenzung hat aber die *Graham*sche Einteilung mit vielen anderen gemein.

Es gibt andrerseits viele Stoffe, deren Lösung je nach dem Lösungsmittel kolloid oder krystalloid sein kann. Ein klassisches Beispiel dafür ist das von *Krafft*[2] näher studierte Natriumstearat, welches in alkoholischer Lösung vollkommen krystalloide, in wässeriger Lösung aber kolloide Eigenschaften annimmt. Ebenso verhalten sich die anderen Alkalisalze höherer Fettsäuren. Aus diesen und aus zahlreichen anderen Beispielen geht hervor, daß die *Graham*sche Einteilung weniger auf chemisch reine, einheitliche Substanzen als vielmehr auf Mischungen derselben Bezug hat. Eine Beschreibung der Kolloide wird demnach nicht die einheitlichen Stoffe und ihre Eigenschaften betreffen (dies ist Gegenstand der allgemeinen oder Experimentalchemie), sondern speziell diejenigen Mischungen von Substanzen, welche kolloide Eigenschaften besitzen.

Auch der Sprachgebrauch rechtfertigt diesen Standpunkt, indem man z. B. als kolloide Kieselsäure, als kolloides Gold oder Platin nicht einheitliche Stoffe, sondern Mischungen von Gold, Platin u. dgl. mit Wasser und anderen Medien bezeichnet, also kolloide Lösungen dieser Stoffe oder deren Mischungen mit Schutzkolloiden[3]. Ebenso werden Gallerten, die niemals chemische In-

---

[1] *Th. Graham*: Philos. Transact. **1861**, 183; Liebigs Annalen **121**, 1 bis 77 (1862).
[2] *F. Krafft*: siehe Kap. 90.
[3] S. Kap. 44.

dividuen sind, sondern stets feine Gemenge von mindestens zwei Substanzen, als Kolloide bezeichnet. Es ist daher im allgemeinen korrekter, von kolloiden Systemen als von kolloiden Substanzen zu sprechen und unter „Kolloiden" die kolloiden Systeme zu verstehen.

Trotzdem lassen sich auch einheitliche Stoffe im Sinne von *Graham* als Krystalloide oder als Kolloide bezeichnen, wenn man die Tatsache berücksichtigt, daß manche Substanzen, mit ihren Lösungsmitteln in Berührung gebracht, ausschließlich krystalloide, andere ausschließlich kolloide Lösungen geben.

## 2. Verhalten der Substanzen gegenüber Lösungsmitteln.

Betrachtet man das Verhalten der trocknen Stoffe gegenüber Lösungsmitteln, so kann man im allgemeinen folgende Fälle unterscheiden:

Krystalloide. 1. Viele zerteilen sich in einem gegebenen Lösungsmittel selbständig nur zu krystalloiden Lösungen (z. B. Zucker oder Kochsalz in Wasser, Benzoesäure in Alkohol, Naphthalin in Benzol usw.), oder sie bleiben ungelöst (Krystalloide *Grahams*).

Reversible (resoluble) Kolloide. 2. Andere haben die Eigenschaft, mit Flüssigkeiten in Berührung gebracht, sich selbständig nur zu kolloiden Lösungen zu zerteilen (Hämoglobin, Globulin, Albumin, Dextrin u. a. in Wasser; Kautschuk in Benzol und Schwefelkohlenstoff; Resinate in ätherischen Ölen usw.) oder ungelöst zu bleiben. Substanzen dieser Art können im Sinne von *Graham* unbedenklich als Kolloide bezeichnet werden, selbst wenn sie in reiner Form vorliegen.

3. Es gibt, wie schon erwähnt, Stoffe, welche eine Mittelstellung zwischen den unter 1. und 2. angeführten einnehmen und in einem Lösungsmittel kolloide, in einem anderen krystalloide Lösungen geben. In vielen Fällen dieser Art läßt sich die Bildung der kolloiden Lösung zurückführen auf eine chemische Reaktion zwischen gelöster Substanz und Lösungsmittel, welche zur Entstehung einer im gegebenen Medium praktisch unlöslichen Verbindung führt.

Irreversible (irresoluble) Kolloide. Es ist nun von großer Wichtigkeit, daß die unter 1. angeführten Substanzen gleichfalls in kolloider Lösung erhalten werden können, und zwar stets in solchen Medien, in welchen sie sich nicht selbständig zu krystalloiden Lösungen zerteilen, in Medien also, in welchen sie praktisch unlöslich sind. Dies kann erreicht werden durch Hinzuführung von elektrischer Energie (*Bredigs* und *Svedbergs* Verfahren zur Herstellung kolloider Metalle) oder dadurch, daß man sie in der Flüssigkeit, in der sie als Krystalloide unlöslich sind, durch chemische Reaktionen entstehen läßt. (Vgl. Darstellung von kolloidem Gold, kolloider Kieselsäure, von kolloidem Arsensulfid, von kolloidem Jodsilber usw.)

Allerdings ist zur Herstellung dieser Art von Kolloidlösungen die Einhaltung besonderer Vorsichtsmaßregeln nötig, um den durch Reaktionen gebildeten Stoff in Form feinster Zerteilung zu erhalten und die Ausscheidung eines Niederschlags hintanzuhalten.

Es muß nun hervorgehoben werden, daß Kolloidlösungen der letzteren Art, wenn sie rein sind, d. h. frei von Kolloiden, die unter 2. angeführt wurden, fundamental verschieden sind von jenen in ihrem Verhalten beim Eintrocknen [1].

Denn während die vorher angeführten Kolloide einen Trockenrückstand hinterlassen, der sich im allgemeinen im Lösungsmittel wieder selbständig zur ursprünglichen Kolloidlösung zerteilt, durchlaufen die letzteren beim Eintrocknen eine Reihe irreversibler Zustandsänderungen, die zur Bildung eines Trockenrückstands führen, der durchaus die Eigenschaft verloren hat, sich selbständig in der Flüssigkeit, aus der er erhalten wurde, zur ursprünglichen Kolloidlösung zu zerteilen.

*Irreversible (irresoluble) Kolloide.*

Kolloide Systeme der letzteren Art werden daher auch als irreversible (irresoluble), Kolloide der ersteren als reversible (resoluble) bezeichnet [2].

### 3. Die Kolloide und ihre Bedeutung.

Um die Bedeutung der Kolloidchemie zu würdigen, müssen einige Stoffe oder Systeme von Stoffen angeführt werden, die zu den Kolloiden gehören.

---

[1] Die wenigen Ausnahmefälle lassen sich zurückführen auf Verunreinigung mit Kolloiden der zweiten Art, von welchen oft minimale Spuren genügen, das Verhalten der Lösung abzuändern.

[2] Die Bezeichnung reversible und irreversible Kolloide wurde zuerst von *W. B. Hardy* [Zeitschr. f. phys. Chemie **33**, 326 bis 343, 385 bis 400 (1900)] gebraucht, aber in einem anderen Sinne als von *W. Biltz* [Ber. **37**, 1096 (1904)] und vom Verfasser. Gegen die Bezeichnung reversible Kolloide ist u. a. eingewendet worden, daß diese Kolloide zuweilen auch irreversible Zustandsänderungen erleiden. Wenn man wie hier nur eine Zustandsänderung, nämlich diejenige beim Eintrocknen bei konstanter Temperatur, in Betracht zieht, so entfällt dieser Einwand. Immerhin ist es vielleicht vorteilhaft, um jedes Mißverständnis zu beseitigen, erforderlichenfalls die Ausdrücke resolubel und irresolubel statt der Wörter reversibel und irreversibel zu gebrauchen. Da die letzteren aber schon eingebürgert sind und von verschiedenen Autoren im Sinne obiger Ausführungen angewendet werden, so werde ich in vorliegendem Buche mich der letzteren Ausdrucksweise neben der ersteren bedienen. Diese Einteilung gewährt gegenüber anderen den Vorteil, wirklich durchführbar zu sein und bezüglich der typischen Kolloide keinerlei Zweifel aufkommen zu lassen, ob ein gegebenes Kolloid der einen oder der anderen Gruppe angehört. (Vgl. meine Ausführungen Koll. Zeitschrift **13**, 1913, 109 u. 110.) Wie weit die Mißverständnisse bereits gediehen sind, beweist eine Kritik von *T. Oryng* (Koll. Zeitschr. **14**, 105 bis 108 (1914)], der meint, die Einteilung der Kolloide in reversible und irreversible verstoße nicht nur gegen die Systematik, sondern gegen die Tatsachen. Der Herr Kritiker hat sich nicht klar gemacht, daß die betreffenden Einwände nur gegen die Bezeichnung, nicht gegen die Einteilung gerichtet sind, daß daher die von ihm abfällig beurteilte, von Agrikulturchemikern versuchte Einteilung nicht gegen die Tatsachen verstoßen kann, sondern nur gegen die ihm anscheinend allein näher bekannte *Wo. Ostwald*sche Systematik. Die Unzulänglichkeit dieser Systematik beweist *Oryng* durch den Satz (S. 106, Spalte 1, Z. 22): „somit ist also als kolloider Bestandteil nur der zu nennen, der im Wasser des Bodens kolloid gelöst ist". Die Gele des Bodens (die eine so enorme Wichtigkeit für den Basenaustausch haben) wären demnach keine Kolloide. Man sieht, daß die von *Oryng* herangezogene Systematik kaum geeignet ist, das Kolloidgebiet erschöpfend zu behandeln. — Damit soll kein Vorwurf gegen die in anderer Richtung vorzüglich bewährte *Wo. Ostwald*sche Einteilung der dispersen Systeme erhoben werden, die in Kap. 19 näher berücksichtigt worden ist. Der Vorwurf richtet sich nur gegen die mißbräuchliche Anwendung derselben an einer Stelle, an der sie nicht am Platze ist. Bei Kolloiden begegnet ja jede Einteilung gewissen Schwierigkeiten, und wir sind noch keineswegs zu einem

Auf dem Erdball sind sie außerordentlich weit verbreitet. Alle Lebewesen, Tiere sowohl wie Pflanzen, sind zum größten Teil aus Kolloiden aufgebaut. Ohne Kolloide ist kein Lebewesen möglich; aus Kolloiden bestehen die Zellen, ihr Inhalt und ihre Membranen; das Blutserum, die Pflanzensäfte sind im wesentlichen kolloide Lösungen; der Leim, der aus tierischer Haut und Knochen gewonnen wird, ist ein typisches Kolloid.

Das Hämoglobin, der rote Farbstoff des Blutes; Gummi und Guttapercha, die aus Bäumen fließen; der vulkanisierte Kautschuk; die Stärke und ihr Abbauprodukt, das Dextrin; die Cellulose und ihre Salpetersäureester, die explosive Nitrocellulose, das Kollodium, das Celluloid; die Seide, die Wolle, die Kunstseide — sie alle sind Kolloide, meist keine einheitlichen Stoffe, dafür aber nicht minder wichtig für den Haushalt der Natur und für die Gewerbe der Menschen.

Auch in der anorganischen Chemie sind die Kolloide häufig vertreten; wenn sie hier auch keine so große Wichtigkeit besitzen wie in der organischen und speziell in der organisierten, so hat doch das Studium gerade dieser Kolloide eine große Bedeutung für die Erkenntnis derselben im allgemeinen erlangt. Hierher gehört z. B. die kolloide Kieselsäure, die sowohl in Quellwasser enthalten ist, wo sie Kieselsinter liefert, wie als getrocknete verunreinigte Gallerte vorkommt, deren vornehmster Repräsentant der Edelopal ist. Auch der Achat ist nach *Liesegang*[1] aus einem Gel der Kieselsäure entstanden, in welchem eigenartige Reaktionen die bekannte Bänderung und Schichtenbildung hervorgerufen haben.

In der Landwirtschaft und in zahlreichen Industrien spielen die Kolloide eine hervorragende Rolle. So sind es die Kolloide des Bodens, welche nach *van Bemmelen*[2] die löslichen anorganischen Nährstoffe der Pflanzen zurückhalten und denselben zuführen. Die Düngung mit Kali und löslicher Phosphorsäure, mit Salpeter und Ammonsalzen würde kaum eine nennenswerte Bedeutung für die Landwirtschaft besitzen, wenn diese Stoffe nicht von den Kolloiden der Ackererde durch Absorption festgehalten und der Wurzel dauernd zugeführt würden. Eine ausführliche Behandlung dieses Gebietes findet sich in *P. Ehrenberg:* „Die Bodenkolloide", 2. Aufl., Dresden u. Leipzig 1918. Eine kürzere in *G. Wiegner*s Monographie „Boden und Bodenbildung", Dresden u. Leipzig 1918.

Für die Industrie haben die Kolloide eine sehr große Bedeutung. Aus der vorhergehenden Aufzählung geht ja schon hervor, wie viele industrielle Rohstoffe und Produkte zu den Kolloiden gehören; so wird mancher Vorgang der Keramik, der Glasindustrie, der Färberei und anderer Industriezweige erst verständlich, wenn man die Grundlagen der Kolloidchemie kennt. Ebenso hat das Studium der Kolloidchemie eine gewisse Aufklärung geschaffen in der Zement- und Kalkindustrie. Auch das Verhalten der Abwässer wird,

allseitig befriedigenden Abschluß gekommen. Vgl. auch *Wo. Ostwald*, Koll. Zeitschr. **11**, 230 bis 238, 1912 und die Ausführungen des Verfassers, Koll. Zeitschr. **13**, 109 bis 112, 1913.

[1] *R. E. Liesegang*: Centralbl. f. Min., Geol. usw. **1910**, 593 bis 597; **1911**, 497 bis 507.

[2] *J. M. van Bemmelen*: Landw. Vers.-Stat. **35**, 69 bis 136 (1888).

soweit sie Kolloide enthalten, verständlich auf Grund kolloidchemischer Forschungen. Dieselben ermöglichen es, neue Methoden zur Bekämpfung der durch jene herbeigeführten Übelstände auszuarbeiten. Die Photographie hat, wie insbesondere *Lüppo-Cramer*[1] gezeigt hat, der Kolloidchemie wichtige Anregungen zu verdanken. In der physiologischen Chemie, Pharmazie, Immunochemie[2] spielen die Kolloide eine wichtige Rolle; fast überall haben die neueren Anschauungen der Kolloidchemie Eingang und Beachtung gefunden.

Wenn auch den organischen Kolloiden im Haushalt der Natur und im Haushalt der Menschen viel größere Bedeutung zukommt als den anorganischen, so haben doch andrerseits die anorganischen Kolloide eine große Bedeutung für die Wissenschaft erlangt; denn bei ihnen liegen im allgemeinen einfachere Verhältnisse vor, die der Forschung besser zugänglich sind und die dadurch die Erkenntnis dieser eigenartigen Gebilde bedeutend gefördert haben.

### 4. Grahams nähere Charakterisierung der Kolloide.

Bei der weiten Verbreitung der Kolloide in der Natur ist es begreiflich, *Grahams Einteilung.* daß Vertreter fast aller Zweige der Naturwissenschaften ihnen ihr Interesse zugewandt haben. Botaniker, Zoologen, Mediziner, Physiologen haben sich neben Physikern und Chemikern mit denselben befaßt; an die Arbeiten einiger derselben sind namhafte Fortschritte geknüpft, und es braucht nur an die Namen *Nägeli, Bütschli, van Bemmelen, Quincke, Hardy, Victor Henri* erinnert zu werden, um darzutun, wie vielseitig die Probleme der Kolloidforschung sich gestalten.

Das Gemeinsame aber in den Eigenschaften der Kolloide erkannt und scharf charakterisiert zu haben, dieses große Verdienst gebührt einem Chemiker, *Th. Graham*[3], der zuerst[4] eine Einteilung getroffen hat, welche gestattet, eine Übersicht über die wesentlichsten Unterschiede zu gewinnen, die zwei verschiedene, wenn auch durch Übergänge verbundene Klassen von Lösungen aufweisen. Wie in vielen anderen Fällen, knüpft sich auch hier der Fortschritt an die Auffindung einer neuen Methode. Bei seinen Versuchen über Diffusion beobachtete *Graham* ganz auffällige Unterschiede in der Diffusionsgeschwindigkeit verschiedener Substanzen.

---

[1] *Lüppo Cramer*: Kolloidchemie und Photographie. Dresden 1908.

[2] Vgl. *H. Bechhold*: Die Kolloide in Biologie und Medizin. Dresden 1912. 2. Aufl.

[3] l. c., siehe S. 1.

[4] Schon früher haben einzelne Forscher Verschiedenheiten zwischen Kolloid- und Krystalloidlösungen hervorgehoben, insbesondere *Francesco Selmi* [1844, 1852 usw., vgl. die Ausführungen von *I. Guareschi*: Koll. Zeitschr. 8, 113 bis 123 (1911)]; ferner *Faraday*, der das kolloide Gold eingehend untersucht hatte. Ihre Arbeiten sind aber der Vergessenheit anheimgefallen und wurden erst wieder entdeckt zu einer Zeit, wo sie keinen wesentlichen Einfluß auf die Entwicklung der Wissenschaft mehr ausübten. Zum Teil ist das darauf zurückzuführen, daß sie den Gegenstand ihrer Forschung durch unglücklich gewählte Namen, wie Suspensionen, Pseudolösungen (Scheinlösungen) usw., selbst in Mißkredit brachten.

So fand er, daß Alkalien, Säuren und Salze, wie auch Zucker, Alkohol usw., lauter krystalloide Stoffe, die er mit den flüchtigen verglich, ein sehr großes Diffusionsvermögen aufweisen im Vergleich zu anderen, nach *Graham* den „fixeren" (d. h. den weniger flüchtigen) Stoffen näherstehenden, die nur äußerst langsam diffundieren. Derartige Stoffe, wie Dextrin, Gummi, Caramel, Eiweiß, Leim usw., weisen ferner die Eigentümlichkeit auf, durch Gallerten sowie durch pflanzliche und tierische Membranen nicht oder äußerst langsam zu diffundieren. Nach dem Leim, bei dem diese und andere Eigenschaften der Kolloide besonders auffällig zutage treten, hat *Graham* sie Kolloide genannt. Die Krystalloide hingegen, wie Zucker, Kochsalz u. dgl., passieren derartige Gallerten oder Membranen außerordentlich leicht.

Auf die Verschiedenheit im Diffusionsvermögen durch Membranen gründete *Graham* seine Methode der Trennung der Kolloide von beigemengten krystalloid gelösten Substanzen, die er als Dialyse bezeichnet hat.

*Grahams Dialysator.* Der *Graham*sche Apparat (Dialysator) ist sehr einfach. Ein zylindrischer Ring (Figur 1) aus Hartgummi wird mit einer Pergamentmembran versehen derart, daß man die angefeuchtete Membran um den Reif legt und mittels eines Bindfadens festbindet. Der mit der Pergamentmembran bespannte Ring schwimmt in einem größeren Gefäß, das destilliertes Wasser enthält. Die zu dialysierende Lösung wird in das obere Gefäß gebracht und längere Zeit sich selbst überlassen. Unterwirft man z. B. eine Mischung von Zucker und Gummi arabicum, beide in Wasser gelöst, der Dialyse, so diffundiert allmählich der Zucker in das Außenwasser, während das Gummi zurückbleibt; man hat nur für öftere Erneuerung des Außenwassers Sorge zu tragen und dafür, daß die Dialyse so lange fortgesetzt wird, bis keine merklichen Mengen von Krystalloiden (im obigen Fall Zucker) mehr in das Außenwasser hineindiffundieren. Geht man von geeigneten Mischungen aus, z. B. von einer Natriumsilicatlösung, die mit Salzsäure übersättigt ist, so hat man die Möglichkeit, das sich dabei bildende Kolloid, hier die Kieselsäure, in ziemlich reiner Form zu gewinnen. Kleine Mengen von Elektrolyten bleiben fast immer zurück, auf deren Bedeutung später zurückzukommen ist.

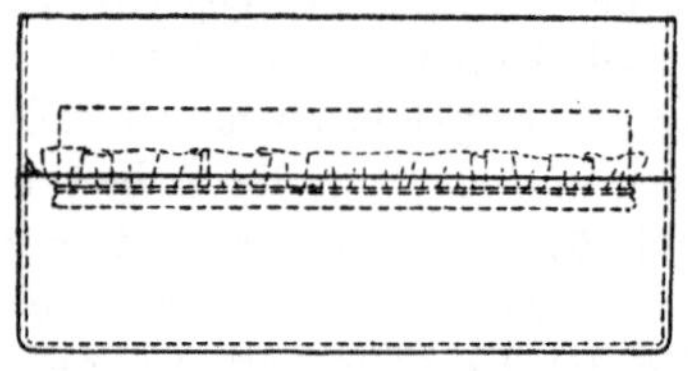
Fig. 1. *Graham*s Dialysator.

*Definitionen.* *Hydrosole.* *Organosole.* Die so erhaltenen Kolloidlösungen nennt *Graham*, wenn sie als Lösungsmittel Wasser enthalten, Hydrosole; wird das Wasser durch Alkohol ersetzt, so erhält man Alkosole. Im allgemeinen nennt man kolloide Lösungen in organischen Lösungsmitteln Organosole. Kolloide Lösungen werden überhaupt oft mit dem unschönen Ausdruck „Sole" bezeichnet.

Eine bemerkenswerte Eigenschaft vieler kolloider Lösungen ist ihre Fähigkeit, bei Entfernung des Lösungsmittels oder unter dem Einfluß von Salzen und anderen Fremdkörpern in gallertartige, halbfeste Gebilde überzugehen. Aus *Hydrogele.* Hydrosolen erhält man auf diese Weise Hydrogele, aus Alkosolen Alkogele usw.

Bei weiterem Eintrocknen erhält man anscheinend amorphe, feste Rückstände, die ihrerseits glasartig durchsichtig oder porös krümelig oder pulverförmig sein können. — Auch diese von Wasser größtenteils befreiten Rückstände werden meist als **Hydrogele** oder allgemeiner als **Gele** bezeichnet, wenn sie sich im Lösungsmittel nicht mehr selbständig zerteilen.

Die Trockenrückstände reversibler Kolloide bezeichnet *Lottermoser*[1] als **feste Sole.**

Der Übergang der konzentrierteren irreversiblen Hydrosole in den gallertigen Zustand, die **Koagulation** oder **Pektisation**, erfolgt oft unvermittelt und hat dann Ähnlichkeit mit dem Erstarren der übersättigten Lösungen eines leicht löslichen Krystalloids unter dem Einfluß von Krystallkeimen. Häufig erfolgt die Koagulation allmählich und kann in ihren Vorstufen schon erkannt werden. Auch verdünnte Lösungen koagulieren; man erhält dann keine steifen Gallerten, sondern amorphe Niederschläge. Das entstehende Hydrogel ist im Überschuß des reinen Lösungsmittels bei der Koagulationstemperatur nicht oder nur in geringen Mengen löslich.

Die Koagulation ist eine irreversible Zustandsänderung der Kolloide[2].

Unter dem Einflusse oft minimaler Mengen von fremden Substanzen können Hydrogele wieder in Hydrosole zurückverwandelt werden; diesen Vorgang nennt *Graham* **Peptisation**[3]. Er erinnert dabei an die Bildung von Pepton aus Eiweiß unter dem Einflusse von Pepsin und Salzsäure.

Es lassen sich gewisse **Unterschiede zwischen der Auflösung echter Krystalloide und der Kolloide** beobachten. Taucht man einen Krystall in sein Lösungsmittel, z. B. Steinsalz oder Krystallzucker in Wasser, so bemerkt man, daß der Krystall stets von seiner Oberfläche aus Substanz an die umgebende Flüssigkeit abgibt, dabei selbst aber das Lösungsmittel nicht aufnimmt. Das ungelöst übrigbleibende Stück besitzt stets die Zusammensetzung des ursprünglichen Krystalls. Die Analogie mit dem Verdampfen einer flüchtigen Substanz beim Erwärmen ist weitgehend und auch längst bekannt.

Anders verhalten sich viele echte Kolloide (die reversiblen) gegenüber dem Lösungsmittel. Sie geben Teilchen an die Flüssigkeit ab, aber sie nehmen auch Flüssigkeit in ihr Inneres auf, und zwar in sehr erheblichem Maße[4]. — Die Kolloide quellen, ehe sie sich auflösen, und der Quellungsvorgang ist bei manchen derselben eingehend studiert worden.

*Koagulation, Pektisation.*

*Peptisation.*

*Unterschiede bei der Auflösung reversibler Kolloide und der Krystalle.*

---

[1] *A. Lottermoser*: Über anorganische Kolloide. Stuttgart 1901, S. 2.

[2] *Wolfgang Ostwald* (Grundriß der Kolloidchemie. Dresden 1909, S. 446) definiert die Koagulation als weitgehende Verringerung des Dispersitätsgrades der dispersen Phase, verbunden mit einem Aufgeben der Homogenität der räumlichen Verteilung. Dementsprechend zählt er die Alkalisalzfällungen der Eiweißkörper zu den Koagulationen. Verfasser hat mit obiger Definition sich dem Sprachgebrauch angepaßt.

[3] *Graham*: Proc. Roy. Soc. 16. Juni 1864. Poggendorffs Annalen **123**, 529 bis 541 (1864).

[4] Auch krystallisiertes Eiweiß und andere Kolloidkrystalle verhalten sich ähnlich.

Bei manchen reversiblen Kolloiden, z. B. bei der Gelatine, ist eine Temperaturerhöhung nötig, um die durch Quellung gebildete Gallerte zu verflüssigen, bei anderen erfolgt die Auflösung auch bei gewöhnlicher Temperatur (Gummi arabicum).

Ähnlich sind die Vorgänge beim Eintrocknen. Aus einer genügend konzentrierten Kochsalzlösung scheidet sich beim Eindampfen unmittelbar der feste Körper in der ursprünglichen Zusammensetzung ab; im Gegensatz dazu durchwandern beim Eindampfen die Lösungen von Leim, Gummi usw. eine Unzahl von Zwischenstufen zwischen fest und flüssig, ehe sie vollkommen fest werden, und selbst im starren Zustand hält das Kolloid noch einen Teil des Lösungsmittels zurück, niemals aber in bestimmten stöchiometrischen Verhältnissen, wie etwa der Krystall sein Krystallwasser.

Wir beobachten also bei Krystalloiden einen unmittelbaren Übergang von fest zu flüssig, von flüssig zu fest, bei Kolloiden einen allmählichen Übergang mit unzähligen Zwischenstufen.

Krystallisation<br>der Kolloide. Noch auf ein Mißverständnis, welches auf die *Graham*sche Bezeichnung „krystalloid" und „kolloid" zurückzuführen ist, sei hier verwiesen:

*Graham* hat ganz richtig bemerkt, daß kolloide Lösungen gewöhnlich amorphe Rückstände hinterlassen (besser „amorph erscheinende"). Daraus ist zuweilen geschlossen worden, daß Kolloide überhaupt nicht krystallisieren. Dies ist nicht richtig. Unter Anwendung gewisser Vorsichtsmaßregeln kann man aus vielen Kolloidlösungen Krystalle züchten. Es gibt z. B. krystallisierte Albumine, Globuline, Hämoglobine usw. Ebenso lassen sich aus kolloidem Silber Krystalle gewinnen.

Ferner müssen die amorph erscheinenden Rückstände aus Kolloidlösungen keineswegs notwendig amorph sein, sie können vielmehr aus ultramikroskopischen Krystallen bestehen, die nur deshalb amorph erscheinen, weil man im Mikroskop nicht mehr die einzelnen Individuen, sondern ein Haufwerk derselben wahrnimmt.

## 5. Natur der Kolloide.

Schon *Graham* hat vermutet, daß die Kolloidlösungen ihre Eigentümlichkeiten, insbesondere die Unfähigkeit, durch Pergamentmembranen zu diffundieren, dem Umstande verdanken, daß die in ihnen enthaltenen Moleküle besonders groß, jedenfalls viel größer als die Krystalloidmoleküle seien. Die neuere Forschung hat ergeben, daß die wesentlichen, charakteristischen Bestandteile der Kolloidlösungen außerordentlich kleine (ultramikroskopische) Teilchen sind, deren Größe fast immer zwischen molekularen und mikroskopischen Dimensionen liegt. Als molekulare Dimensionen wollen wir hier die der Krystalloidmoleküle (zwischen 0,1 und 1 $\mu\mu$) bezeichnen.

Die ultramikroskopischen Teilchen (Ultramikronen) sind für Kolloidlösungen genau dasselbe wie die Krystalloidmoleküle für die krystalloiden Lösungen. Auch die kinetische Theorie macht keinen Unterschied zwischen Molekülen und ultramikroskopischen Teilchen (vgl. Kap. 23). Für den Physiker sind sie weiter nichts als sehr große Moleküle. Man kann also, wenn man will, von Kolloidmolekülen i. a. sprechen und darunter ultramikroskopische Teilchen verstehen. Ob diese Teilchen Moleküle im Sinne des Chemikers sind, kann nur von Fall zu Fall entschieden werden; in der Regel sind sie aber als Molekülaggregate, ultramikroskopische Krystallfragmente, zuweilen auch als flüssigkeitsdurchsetzte Aggregate des zerteilten Körpers anzusehen, also nicht mehr als einfache Moleküle im Sinne des Chemikers.

## 5a. Unterschiede zwischen den Lösungen irresolubler Kolloide und den Krystalloidlösungen.

Schon die Darstellung irreversibler Hydrosole legt die Vermutung nahe, daß sie sich in mancher Hinsicht von den Krystalloidlösungen unterscheiden müssen; während letztere durch Auflösen erhalten werden, ist es bei ersteren erforderlich, auf Umwegen die feineren Zerteilungen herbeizuführen.

Tatsächlich hat die nähere Untersuchung ergeben, daß die irreversiblen Hydrosole im allgemeinen nicht wie die Krystalloidlösungen molekulare Zerteilung, sondern eine weniger feine enthalten, daß in ihnen alle möglichen Teilchengrößen vorkommen können, von den molekularen Dimensionen der Krystalloidmoleküle an bis zu den mikroskopischen.

Schon frühzeitig sind derartige Unterschiede bemerkt worden, und man versuchte, die Verschiedenheiten zwischen beiden Arten von Systemen durch Bezeichnung der irreversiblen Hydrosole und auch der reversiblen als „Suspensionen", „Aufschlämmungen" u. dgl. näher zu charakterisieren im Gegensatz zu den als homogen vorausgesetzten Krystalloidlösungen.

Verfasser hält es nicht für zweckmäßig, derartige Ausdrücke zu verwenden, die kaum geeignet sind, das Gebiet, mit dem wir uns befassen, in korrekter Weise zu kennzeichnen. Sie beruhen auf etwas einseitiger Betrachtungsweise und tragen dem Umstand nicht Rechnung, daß Eigenschaften der Materie mit abnehmender Teilchengröße beträchtliche Änderungen erfahren; sie kehren sich auch nicht an den bei Chemikern üblichen Sprachgebrauch[1].

## 6. Reversible (resoluble) und irreversible (irresoluble) Kolloide.

Schon der Umstand, daß sich reversible Kolloide wie Krystalloide selbständig im Lösungsmittel zerteilen, legt den Gedanken nahe, daß sie denselben gleichartig sind, sich etwa nur durch größeres Molekulargewicht von ihnen unterscheiden.

Dieser Gedanke ist von *Graham* bereits ausgesprochen worden und hat vielfach Vertreter gefunden; er trifft die Wahrheit aber nur teilweise. Tatsächlich gibt es einzelne Kolloide, von denen wir mit gutem Grund annehmen können, daß sie sich bei der Auflösung bis in Einzelmoleküle zerteilen, Moleküle, die aber so groß sind, daß sie Pergament- und Kollodiummembranen nicht durchdringen. Als Beispiel dafür kann das Rinderhämoglobin angeführt werden, dessen Molekulargewicht von *Hüfner*[2] nach drei Methoden übereinstimmend zu etwa 16 500 gefunden worden ist, sowohl durch Bestim-

Molekulare Zerteilung bei Kolloiden.

---

[1] Vgl. *R. Zsigmondy:* Über „Lösungstheorie" und „Suspensionstheorie" Koll. Zeitschr. **26,** 1 bis 10 (1920).

[2] *G. Hüfner* u. *E. Gansser:* siehe bei Hämoglobin.

mung des osmotischen Drucks, wie aus Eisengehalt und Kohlenoxydaufnahme. Auch bei löslicher Stärke ist Ähnliches beobachtet worden.

Größere Aggre-<br>gate in rever-<br>siblen Kol-<br>loiden. Im allgemeinen besitzen sehr große Moleküle jedoch die Tendenz, sich zu noch größeren Aggregaten zu vereinigen. Von dieser Tendenz, die bereits in der Gallertbildung zutage tritt, macht zweifellos die Natur ausgiebigen Gebrauch beim Aufbau der tierischen Gewebe.

Gerade animalische Flüssigkeiten, wie Milch u. dgl. enthalten neben den mikroskopischen Teilchen (Fetttröpfchen) noch massenhaft bedeutend kleinere, die im Ultramikroskop wahrgenommen werden können. Die Lösungen vieler reversibler Kolloide, wie Globulin, Gelatine, die Lösungen vieler natürlicher und künstlicher Farbstoffe usw. sind oft erfüllt mit submikroskopischen Teilchen, die im allgemeinen größer sind als die der Goldhydrosole.

Zur Charakterisierung der reversiblen Kolloide ist es erforderlich, schon jetzt mitzuteilen, daß es gelingt, ein irreversibles Kolloid in ein reversibles zu verwandeln durch Zusatz von geeigneten reversiblen Kolloiden.

Aus allem folgt, daß aus der Fähigkeit eines kolloiden Trockenrückstands, sich selbständig im Lösungsmittel zum ursprünglichen Sol zu zerteilen, nicht gefolgert werden kann, daß die resultierende Lösung den Krystalloidlösungen näherstehe als die irreversiblen Hydrosole oder daß die letzteren im allgemeinen gröbere Zerteilungen enthielten, also den Suspensionen näherständen als die reversiblen.

Irreversible<br>Kolloide großer<br>Homogenität. Im Gegenteil, es ist theoretisch die Möglichkeit gegeben, irreversible Hydrosole herzustellen, die eine größere räumliche Homogenität besitzen als die reversiblen, selbst wenn diese bis zu Molekülen zerteilt sind, wie die erwähnte Hämoglobinlösung.

## 7. Darstellung kolloider Lösungen.

Darstellung von<br>Hydrosolen. Kolloide Lösungen können auf verschiedene Weisen gewonnen werden. Der einfachste Fall der Darstellung eines Hydrosols liegt bei den reversiblen Kolloiden vor. Man bringt die betreffenden trockenen Kolloide mit dem Lösungsmittel zusammen; die Auflösung erfolgt dann selbständig. In dieser Weise können Lösungen von Gummi, Dextrin, Eiweiß, von Molybdänsäure, Wolframblau, von *Leas* kolloidem Silber, *Paals* kolloidem Gold erhalten werden. Aus den Hydrogelen irreversibler Kolloide kann man Hydrosole durch Peptisation herstellen, vorausgesetzt, daß ihre Entwässerung nicht zu weit vorgeschritten ist; denn in diesem Falle gelingt es nur auf Umwegen, eine kolloide Lösung von neuem daraus zu gewinnen. Bei Metallen z. B. erreicht man dies schon durch elektrische Zerstäubung, bei anderen Kolloiden dagegen unter Anwendung chemischer Reaktionen. So kann man aus entwässerter Kieselsäure durch Schmelzen mit Alkali ein lösliches Silikat herstellen dessen wässerige Lösung durch Behandeln mit Salzsäure und durch nachfolgende Dialyse in das Hydrosol überführt werden kann.

Bei Metallen genügt, wie gesagt, elektrische Zerstäubung des Regulus, um direkt nach *Bredigs* oder *Svedbergs* Verfahren Hydrosole zu gewinnen.

Doch kann man auch das Metall in geeigneten Säuren auflösen und unter Anwendung bestimmter Vorsichtsmaßregeln nachträglich reduzieren.

Methoden dieser Art können nach *Svedberg*[1] zweckmäßig als Kondensationsmethoden bezeichnet werden, während die elektrische Zerstäubung ein Beispiel einer Dispersionsmethode abgibt. Näheres über die Darstellungsmethoden einzelner Kolloide soll im speziellen Teil berichtet werden.

Konzentration der Kolloidlösungen. Verdünnte Kolloidlösungen können durch Eindampfen konzentriert werden. Bei manchen Hydrosolen ist das vom Verfasser[2] angegebene Verfahren vorzuziehen, das auf Entmischung von wässerigen Alkosolen durch Äther beruht. Man vermischt z. B. das verdünnte Hydrosol mit dem gleichen oder doppelten Volumen oder etwas mehr Äthylalkohol und fügt eine größere Menge Äther hinzu, bis Ausscheidung der wässerigen Kolloidlösung erfolgt. Man kann auf diese Weise leicht in wenigen Minuten ein Hydrosol auf das Fünf- bis Zehnfache oder noch weiter konzentrieren.

## 8. Optische Eigenschaften.

Gut bereitete kolloide Lösungen sind klar oder schwach opalisierend, farblos oder verschieden gefärbt; sie passieren Papierfilter, ohne einen Rückstand zu hinterlassen. Jedes Kubikmillimeter einer bestimmten Kolloidlösung hat die gleiche Beschaffenheit und weist die gleichen Reaktionen auf wie das benachbarte. Innerhalb makroskopischer Dimensionen sind die kolloiden Lösungen als homogen anzusehen. Auch bei Prüfung mit dem gewöhnlichen Mikroskop erweisen sie sich als homogene Gebilde.

Dagegen besitzen fast alle kolloiden Lösungen einen Mangel an Homogenität, wenn man sie mittels des *Faraday-Tyndall*schen Lichtkegels prüft. Diese Inhomogenität kann nun bei verschiedenen Lösungen ein und desselben Kolloids außerordentlich variieren, ohne daß damit die allgemeinen Eigenschaften, speziell seine Reaktionen, wesentlich geändert würden. So kann man von ein und derselben Substanz die verschiedenartigsten Hydrosole herstellen, sowohl solche, die kaum mehr eine optische Inhomogenität erkennen lassen, wie auch solche, die sehr stark getrübt sind. Einen näheren Aufschluß über die Art der diffusen Zerstreuung gewährt die Ultramikroskopie, welche es ermöglicht, einen Einblick in die räumliche Diskontinuität der Hydrosole zu erhalten, auf deren Vorhandensein bereits aus dem Auftreten des *Tyndall*schen Phänomens geschlossen werden konnte. Einen Apparat zur Messung des Trübungsgrades (Tyndallmeter) haben *W. Mecklenburg* und *S. Valentiner* angegeben[3].

Es zeigte sich, daß die kolloiden Lösungen im allgemeinen kleine, voneinander unabhängige, lebhaft bewegte Teilchen enthalten, welche größer

Kondensations- u. Dispersions- methoden.

Homogenität.

Optische Inhomogenität.

---

[1] *The Svedberg*: Die Methoden zur Herstellung kolloider Lösungen anorganischer Stoffe. Dresden 1909.

[2] *R. Zsigmondy*: Koll. Zeitschr. **13**, 105 bis 112 (1913).

[3] *W. Mecklenburg* u. *S. Valentiner*, Zeitschr. f. Instrumentenkunde **34**, 209 bis 220 (1914), Physik. Zeitschr. **15**, 267 bis 274 (1914).

sind als die Moleküle der Krystalloidlösungen. Die ultramikroskopische Untersuchung der Hydrosole hat ferner Aufschlüsse gegeben über die Größe, Farbe, Polarisation, den Bewegungszustand dieser Teilchen; man vermochte mit Hilfe des Ultramikroskops in ein Gebiet einzudringen, das vorher der direkten Beobachtung unzugänglich war.

Aber nicht alle Teilchen der Hydrosole lassen sich vermittels des Ultramikroskops sichtbar machen. Sehr kleine Teilchen z. B. entziehen sich der Wahrnehmung, und dies hat Veranlassung gegeben zu einer weiteren Einteilung derselben, je nachdem sie vermittelst des Ultramikroskops sichtbar gemacht werden können oder nicht.

Ultramikronen. Nach einer von *Siedentopf*[1] gegebenen Nomenklatur heißen Teilchen, welche unterhalb der Auflösungsgrenze der Mikroskopobjektive liegen, ultramikroskopisch, gleichgültig, ob sie im Ultramikroskop sichtbar gemacht werden können oder nicht. Je nachdem sich das ultramikroskopische Teilchen nun sichtbar machen läßt oder nicht, wird es als submikroskopisch oder amikroskopisch bezeichnet. Die submikroskopischen Teilchen bezeichnet man nach dem Vorschlag des Verfassers[2] auch kurz als Submikronen, die amikroskopischen als Amikronen.

Submikronen, Amikronen.

Die kolloiden Metalle sind wegen der großen Verschiedenheit der optischen Konstanten von zerteilter Substanz und Medium als besonders günstige Objekte der Ultramikroskopie anzusehen. Bei Rubingläsern ist die Sichtbarmachung noch möglich, wenn die Teilchen nur gegen 6 $\mu\mu$ Durchmesser besitzen. Viel früher erreicht man die Grenze der Sichtbarmachung bei kolloiden Oxyden und bei organischen Kolloiden, und die ultramikroskopischen Teilchen solcher Hydrosole können Amikronen sein, auch wenn sie einen Durchmesser von 30 bis 40 $\mu\mu$ und darüber besitzen.

Grenze d. Sichtbarmachung.

## 9. Ultramikroskopie.

Zur Sichtbarmachung nicht zu kleiner ultramikroskopischer Teilchen in Hydrosolen kann man sich einer einfachen Methode bedienen, welche Verfasser in seiner Monographie „Zur Erkenntnis der Kolloide" (S. 79 bis 81) beschrieben hat. Zur Sichtbarmachung kleiner Submikronen ist dagegen ein gutes Ultramikroskop erforderlich. In Fig. 2 ist schematisch das Ultramikroskop von *Siedentopf* und *Zsigmondy*[3] gezeichnet.

Spaltultramikroskop.

Als Lichtquelle dient die Bogenlampe oder besser noch das Sonnenlicht. Das Fernrohrobjektiv $F_1$ entwirft ein Bild der Lichtquelle auf den Bilateralspalt $S$, ein zweites Fernrohrobjektiv $F_2$ von 80 mm Brennweite bildet den Spalt in der Bildebene $E$ des Kondensors $K$ reell ab. Als Kondensor dient das Mikroskopobjektiv $K$, welches das Bild des Lichtspaltes abermals verkleinert im Präparat entwirft. Auf dieses Bild wird das Beobachtungsobjektiv eingestellt. $J$ und $B$ sind Blenden, $N$ ein *Nicol*sches Prisma (für die gewöhnliche

---

[1] *H. Siedentopf*: Berl. klin. Wochenschr. **1904**, Nr. 32.
[2] *R. Zsigmondy*: Zur Erkenntnis der Kolloide. S. 87 (1905).
[3] *H. Siedentopf* u. *R. Zsigmondy*: Drudes Annalen d. Phys. (4), **10**, 1 bis 39 (1903).

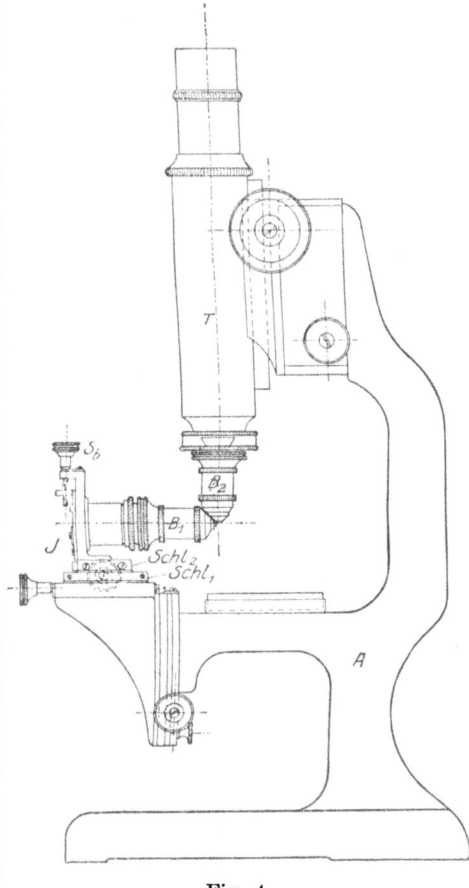

Fig. 4.

Fig. 4a.

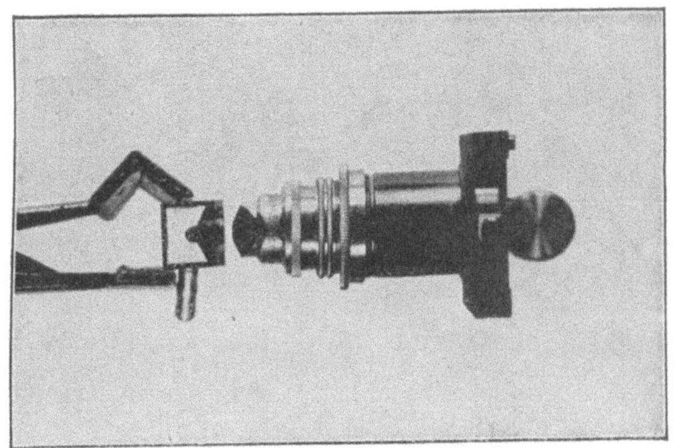

Fig. 4d.

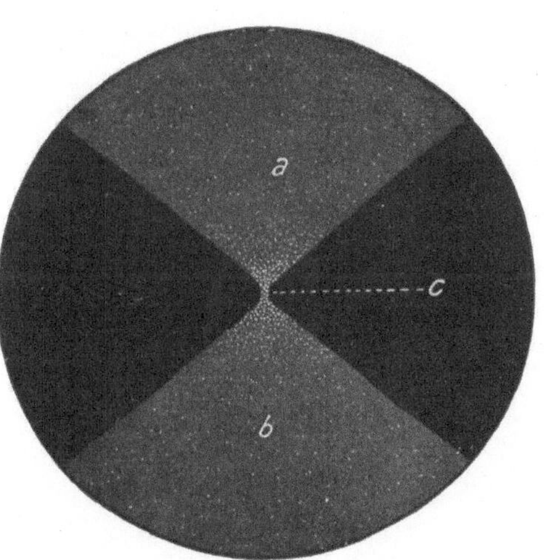

Fig. 4b.

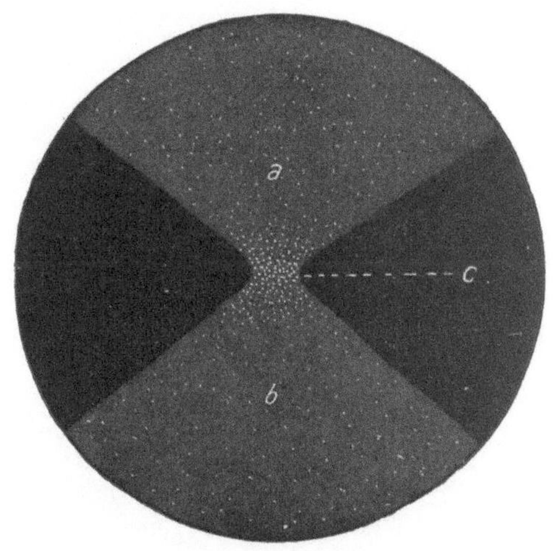

Fig. 4c.

*Leipzig, Verlag von Otto Spamer.*

Untersuchung entbehrlich). Das zu untersuchende Präparat befindet sich auf einem in der Höhe verstellbaren kleinen Tischchen. Zur Untersuchung von Flüssigkeiten dient die Küvette (Fig. 3), die in geeigneter Weise am Objektiv des Beobachtungsmikroskops selbst angebracht ist und gleichzeitig mit dem Mikroskoptubus mittels der Mikrometerschraube desselben höher und tiefer gestellt werden kann. Diese Einrichtung gestattet nicht nur ein leichtes und sicheres Einstellen, sondern ermöglicht nach einmal erfolgtem Einstellen die Untersuchung zahlreicher Flüssigkeiten hintereinander. Es ist nur erforderlich, daß die

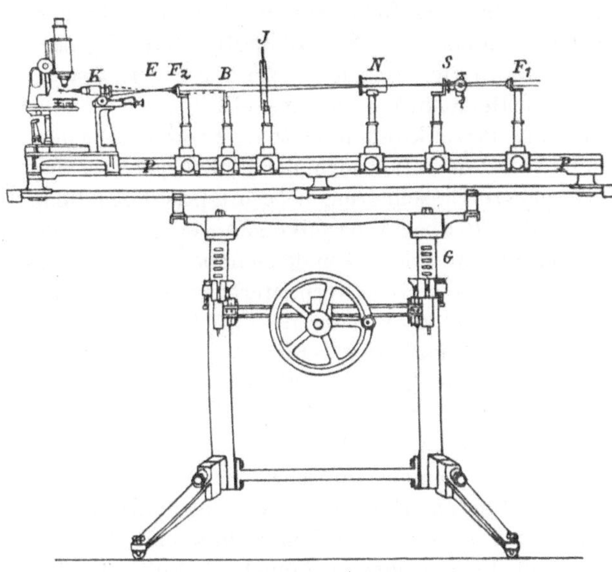

Maßstab 1 : 20.

Fig. 2. Spaltultramikroskop.

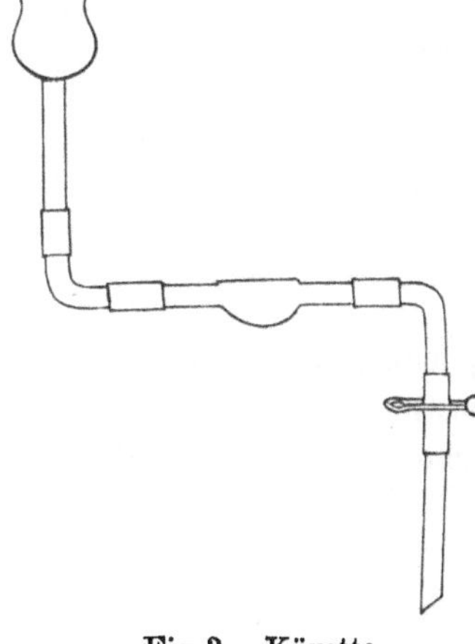

Fig 3. Küvette.

Flüssigkeit aus der Küvette herausgewaschen und durch eine andere ersetzt wird.

Bezüglich aller dabei nötigen Manipulationen verweise ich auf die zitierte Originalabhandlung und auf das Druckschriftenverzeichnis der optischen Werkstätte von *Carl Zeiß* (Sign. M 229, Jena 1907). Am besten lernt man den Gebrauch des Ultramikroskops von. einem Kundigen.

Ein anderes Ultramikroskop, bei dem gleichfalls Seitenbeleuchtung zur Anwendung kommt und bei dem gutes Dunkelfeld mit großer Helligkeit vereint wird, ist neuerdings vom Verfasser angegeben worden[1]. Zur Beleuchtung wie zur Beobachtung dienen Immersionsobjektive hoher Apertur ($B_1$ und $B_2$), die — wie aus Fig. 4, Tafel I, ersichtlich — seitlich abgeschliffen sind, Immersions-<br>ultramikroskop. um die Einstellung des Beobachtungsmikroskops auf das vom Beleuchtungsobjektiv $B_1$ entworfene Bild der Lichtquelle zu ermöglichen. Man kann hier im hängenden Tropfen beobachten oder einen als Küvette dienenden

---

[1] *R. Zsigmondy*: Phys. Zeitschr. **14**, 975 bis 979 (1913). Handhabung des Immersionsultramikroskops: *Zsigmondy* u. *Bachmann*: Koll. Zeitschr. **14**, 283 bis 295 (1914). Das Instrument wird von der Firma *R. Winkel* in Göttingen angefertigt.

Behälter, der mit Gummischlauch und Trichter versehen ist, an das Beleuchtungsobjektiv ansetzen. Man kann ohne Spalt arbeiten und entwirft dann das Bild der Lichtquelle mit Hilfe einer auf Reiter befindlichen Beleuchtungslinse kurzer Brennweite in der Bildebene des Mikroskopobjektives $B_1$, oder man verwendet einen Spalt, der dann zweckmäßig — wie aus Fig 4a ersichtlich — zwischen Kondensor und Beleuchtungslinse gestellt wird.

In Fig. 4b (Tafel I) ist der im Ultramikroskop sichtbare Strahlengang dargestellt. Der Lichtkegel $a$ rührt von den einfallenden, der Lichtkegel $b$ von den austretenden Strahlen her. Die engste Einschnürung bei $c$ entspricht dem Bilde der Lichtquelle; auf diese wird das Beobachtungsmikroskop eingestellt, und dort sind die Ultramikronen hell auf dunklem Grunde sichtbar. Bei Anwendung eines Spalts kann diese Stelle bedeutend verbreitert werden (Fig. 4c, Tafel I). Die Küvette ist oben offen und kann in der aus Fig. 4d ersichtlichen Weise auf das Mikroskopobjektiv $B_1$ geschoben werden.

Von zahlreichen anderen ultramikroskopischen Einrichtungen, die konstruiert sind, sei erwähnt diejenige von *Cotton* und *Mouton*, die mit ihrem einfachen Apparat eine Reihe wertvoller Untersuchungen über die elektrische Überführung von Kolloiden und die magnetooptischen Eigenschaften von Hydrosolen, insbesondere des kolloiden Eisenoxyds, durchgeführt haben. Eine Zusammenstellung jener Untersuchungen haben *Cotton* und *Mouton*[1] 1906 veröffentlicht, woselbst auch die von ihnen gebrauchten Einrichtungen beschrieben sind. Die einfallenden Strahlen werden von einem Glasprisma reflektiert und entwerfen ein Bild der Lichtquelle zwischen Deckglas und Objektträger, gelangen aber nicht in das Beobachtungsmikroskop, weil sie an der Oberfläche des Deckglases total reflektiert werden.

Ebenfalls zwischen Objektträger und Deckglas wird beobachtet bei einem Apparat von *Siedentopf*[2], der zur Sichtbarmachung von Bakterien dient, ferner bei der Dunkelfeldbeleuchtung mittels Spiegelkondensors von *Reichert*[3] und des Paraboloidkondensors der Firma *Zeiß*, ebenso bei dem Spiegelkondensor von *Ignatowsky*[4], dem Kardioidkondensor von *Siedentopf*[5] und dem konzentrischen Kondensor von *Jentzsch*[6].

Die zuletzt erwähnten drei Kondensoren ermöglichen eine besonders intensive Beleuchtung der Präparate. Alle diese Instrumente haben aber den Nachteil, daß Staubteilchen, adsorbierte Ultramikronen usw. die Beobachtung zuweilen stören und daß die Herstellung geeigneter Präparate nicht ganz einfach ist.

---

[1] *A. Cotton* et *H. Mouton*: Les ultramicroscopes et les objects ultramicroscopiques, Paris 1906.

[2] *H. Siedentopf*: Zeitschr. f. wiss. Mikroskopie **24**, 104 bis 108 (1907).

[3] *C. Reichert*: Zeitschr. d. Allg. Österr. Apoth. Ver. Nr. 6 (1908).

[4] *W. v. Ignatowsky*: Zeitschr. f. wiss. Mikroskopie **26**, 387 bis 390 (1909).

[5] *H. Siedentopf*: Verh. d. Deutsch. Phys. Ges. **12**, 6 bis 47 (1910).

[6] *F. Jentzsch*: Verh. d. Deutsch. Phys. Ges. **12**, 875 bis 991 (1910); vgl. ferner *H. Siedentopf*: Über bisphärische Spiegelkondensoren für Ultramikroskopie. Annalen d. Phys. (4) **39**, 1175 bis 1184 (1912).

## 10. Größenbestimmung ultramikroskopischer Teilchen.

Einzelheiten, welche bei der Untersuchung kolloider Lösungen erforderlich sind, finden sich in der mehrfach erwähnten Monographie des Verfassers, „Zur Erkenntnis der Kolloide", Kap. VI, ausführlich beschrieben. Die Größe der Teilchen wird am besten durch Auszählen der in einem bestimmten abgegrenzten Volumen des Hydrosols enthaltenen Submikronen festgestellt und nach der Formel

$$l = \sqrt[3]{\frac{A}{s \cdot n}}$$

berechnet, worin $A$ die Masse der zerteilten Substanz in der Volumeneinheit, $n$ die Anzahl der Submikronen in derselben bedeuten; $s$ ist das spez. Gewicht der zerteilten Substanz. Die Formel gilt unter Voraussetzung einer Würfelgestalt der Teilchen und voller Raumerfüllung mit der zerteilten Materie[1].

Eine weitere Voraussetzung ist die, daß die Teilchen untereinander gleich und daß alle sichtbar sind. Bei Vernachlässigung der letzten Bedingung erhält man eine obere Grenze für die Größe der Einzelteilchen, die nicht sehr weit von der wirklichen entfernt ist, wenn die Hauptmenge der Teilchen in Form von Submikronen vorliegt. Ist letzteres nicht der Fall, ist nur ein kleiner Teil der Kolloidteilchen sichtbar, so kann man zu sehr fehlerhaften Resultaten kommen[2]. Bei genauerer Beachtung der Vorschriften kann man hingegen zu sehr brauchbaren Werten der mittleren Teilchenzahl gelangen. So hat *Wiegner*[3] gezeigt, daß man bei Auszählung geeigneter Goldhydrosole so weit übereinstimmende Resultate erhalten kann, daß die zu verschiedenen Zeiten und von verschiedenen Beobachtern an demselben Sol ermittelten Teilchenzahlen innerhalb der durch die Ausgleichsrechnung zu ermittelnden Fehlergrenzen liegen. Bei amikroskopischen Hydrosolen gelingt es zuweilen, die Teilchengröße zu ermitteln, wenn die Amikronen die Eigenschaft haben, in übersättigter Lösung ins submikroskopische Gebiet hineinzuwachsen (vgl. koll. Gold, Kap. 39).

Was die Grenzen der Sichtbarkeit anlangt, so ist folgendes zu bemerken: Selbst deutlich sichtbare Submikronen können nicht mehr einzeln wahrgenommen werden, wenn ihre Abstände kleiner sind als die Grenze des Auflösungsvermögens der Mikroskope. Man erreicht dann Sichtbarmachung durch Verdünnen der kolloiden Lösung.

Es gibt aber viele Hydrosole, welche selbst bei beliebiger Verdünnung keine Ultramikronen mehr erkennen lassen (amikroskopische). Dies hängt ab sowohl von der Teilchengröße, wie von den optischen Konstanten von zerteilter Materie und Medium. Bei kolloiden Metallen liegen die Verhältnisse

---

[1] Die Methode selbst und ihre Fehlerquellen sind ausführlich behandelt bei *H. Siedentopf* und *R. Zsigmondy*: Drudes Annalen d. Phys. (4) **10**, 16 bis 29 (1903).

[2] Die durch Auszählen bestimmte mittlere Teilchengröße kann dann um ein Vielfaches den wahren Wert derselben übertreffen. Solche Fälle können eintreten, wenn man mit nicht genügend intensivem Licht oder mit unvollkommenen Apparaten arbeitet. Darauf dürften wohl auch einige ganz fehlerhafte Bestimmungen der Teilchengröße zurückzuführen sein, welche in der Literatur zu finden sind (siehe *Abeggs* Handbuch II, 1, S. 741, 843). Für kolloides Silber wird der Teilchenradius zu $1{,}7 \times 10^{-5}$ cm (also ein Durchmesser von 350 $\mu\mu$), für kolloides Gold gar der Teilchenradius von 2 bis $6 \times 10^{-5}$ cm (also ein Durchmesser von 400 bis 1200 $\mu\mu$) angegeben. Solche enormen Teilchen würden schnell zu Boden sinken und im gewöhnlichen Mikroskop sichtbar sein.

[3] *G. Wiegner*: Kolloidchem. Beihefte, II. Heft 6 bis 7, S. 213 bis 242 (1911).

für die Sichtbarmachung sehr günstig, bei farblosen organischen und anorganischen Kolloiden viel weniger.

Der Verfasser[1] schrieb darüber im Jahre 1906: „Auch aus dem Umstande, daß einzelne Lösungen im Ultraapparat keine Einzelteilchen aufweisen, darf man nicht schließen, daß diese Flüssigkeiten wesentlich kleinere Teilchen enthielten als die Metallhydrosole mit submikroskopischen Teilchen; denn die Grenze der ultramikroskopischen Sichtbarkeit variiert von Körper zu Körper und liegt um so höher, je näher der Brechungsexponent des zerteilten Körpers demjenigen des Mediums steht[2]. Tragen wir auf einer Horizontalen die Teilchengröße auf und bezeichnen durch einen Vertikalstrich $v$

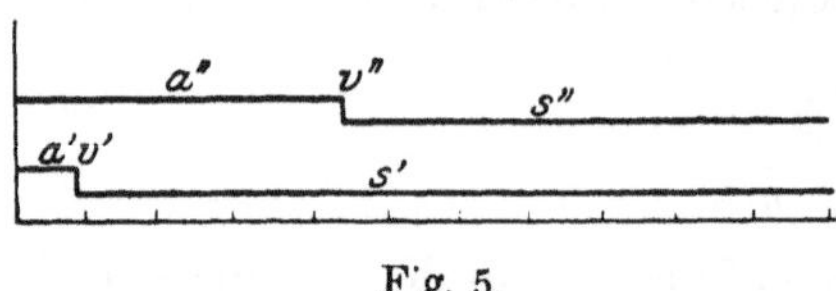


F'g. 5.

(Fig. 5) die Grenze der ultramikroskopischen Sichtbarkeit, so deutet $a$ das amikroskopische Gebiet und $s$ das submikroskopische an. Für Gold würde diese Grenze unter günstigen Verhältnissen ungefähr bei $v'$ liegen[3], für Stärke dürfte sie nach vorläufigen Versuchen unter gleich günstigen Verhältnissen ungefähr bei $v''$ liegen. Es ist demnach bei Stärke und auch bei vielen anderen Körpern das amikroskopische Gebiet viel größer als bei kolloidem Golde, und die ultramikroskopische Homogenität ist bei jenen früher erreicht als bei diesen."

## 10a. Größe von Ultramikronen, verglichen mit den Größen mikroskopischer Teilchen und den molekularen Dimensionen.

Die außerordentlichen Größenunterschiede zwischen den Teilchen gewöhnlicher Suspensionen und der Hydrosole lassen sich aus Tafel II erkennen, welche der Monographie[4] „Zur Erkenntnis der Kolloide" entlehnt ist. In Tafel III sind die linearen Dimensionen ultramikroskopischer Goldteilchen mit molekularen verglichen[5]. Die Figuren bedürfen keiner weiteren Erläuterung.

Es mag hier bemerkt werden, daß die der Größenbestimmung der Goldteilchen zugrunde gelegte Voraussetzung, daß die Ultramikronen massiv mit Metall erfüllt sind, bei roten Hydrosolen durch Röntgenaufnahme eine gute Bestätigung erfahren hat. Auf einem ganz neuen Wege ist *Scherrer* zu denselben Teilchengrößen der Primärteilchen gelangt, wie wir sie aus ultramikroskopischen Untersuchungen kennen. Bei einem bestimmten Hydrosol hat auch die Bestimmung des osmotischen Drucks zu derselben Größenordnung geführt, wie die anderen Methoden (s. auch Kap. 39 und Anhang).

---

[1] *R. Zsigmondy*: Zeitschr. f. Elektrochemie **12**, S. 634 (1906).

[2] *Wo. Ostwald* (Koll. Zeitschr. **11**, 290 (1912) unterscheidet dementsprechend zwischen optischen und Dimensionsamikronen.

[3] Für Objektive AA zur Beleuchtung und D* von *Zeiß* zur Beobachtung bei 6 bis 10 $\mu\mu$, wenn bei Sonnenlicht beobachtet.

[4] *R. Zsigmondy*: Zur Erkenntnis der Kolloide. Jena 1905. S. 122.

[5] Die Lineardimensionen der Goldteilchen wurden nach der im Kap. 10 angegebenen Formel berechnet, nachdem Teilchenzahl und Konzentration der Goldlösungen bestimmt worden waren. Die Zahl der submikroskopischen Goldteilchen wurde durch Auszählen von Lösungen möglichst gleicher Teilchengröße ermittelt; es wurden Hydrosole, in denen sich Amikronen befanden, von der Zählung ausgeschlossen. Die Größe amikroskopischer Goldteilchen wurde entsprechend unter Zuhilfenahme der Keimmethode Kap. 40, 3 ermittelt.

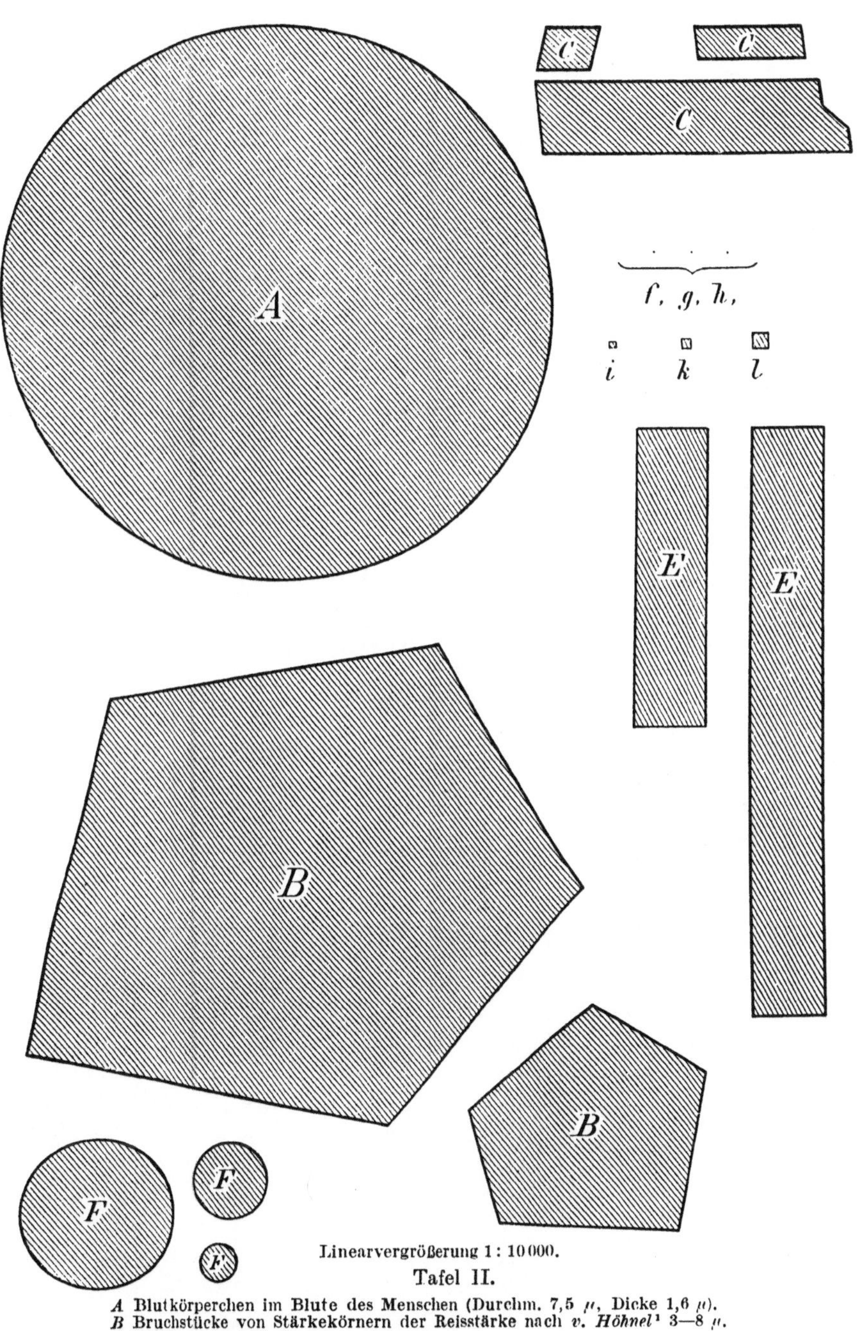



Linearvergrößerung 1 : 10 000.

**Tafel II.**

*A* Blutkörperchen im Blute des Menschen (Durchm. 7,5 $\mu$, Dicke 1,6 $\mu$).
*B* Bruchstücke von Stärkekörnern der Reisstärke nach *v. Höhnel*[1] 3—8 $\mu$.
*C* Teilchen einer Kaolinsuspension.
*E* Milzbrandbazillus[2] (Länge 4—15 $\mu$, Breite ca. 1 $\mu$).
*F* Kugelbakterien (Durchm. ca. 0,5—1 $\mu$, selten 2 $\mu$).
*f, g, h*, Teilchen der kolloiden Goldlösungen $Au_{73}a$, $Au_{92}$, $Au_{97}$ (0,006—0,015 $\mu$).
*i, k, l* Teilchen absetzender Goldsuspensionen (0,075—0,2 $\mu$).

---

[1] Die Stärke- und die Mahlprodukte, Kassel u. Berlin 1882. — [2] *W. Migula:* Die Bakterien, Leipzig 1903.

*Leipzig, Verlag von Otto Spamer.*

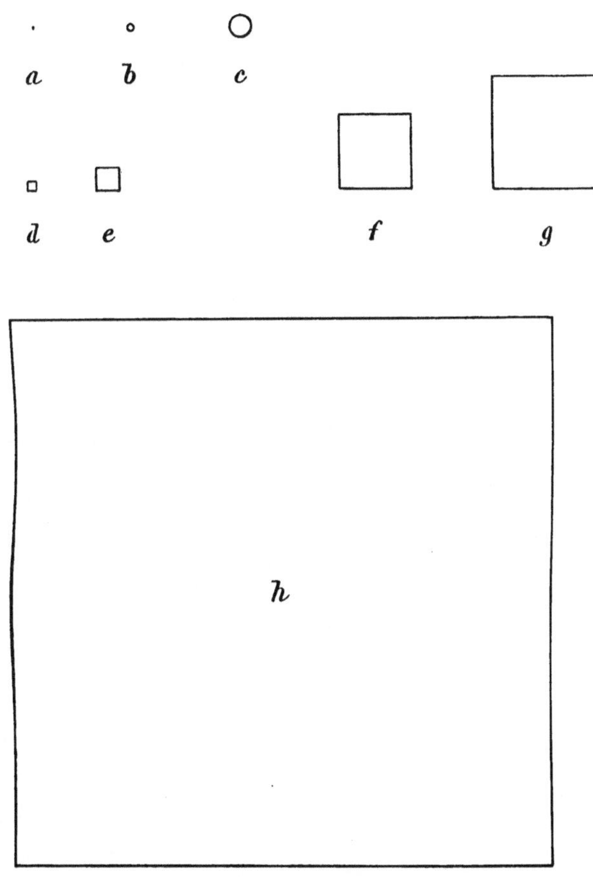



Vergrößerung 1 : 1 000 000.

## Tafel III.

| | | | | |
|---|---|---|---|---|
| a | Wasserstoffmolekel | Durchmesser | 0,1 | $\mu\mu$. |
| b | Chloroformmolekel | ,, | 0,8 | ,, |
| c | Hämoglobinmolekel | ,, ca. | 2,5 | ,, |
| d | Goldteilchen | ,, | 1 | ,, } amikroskopisch. |
| e | ,, in kolloiden | ,, | 3 | ,, |
| f | ,, Goldlösungen | ,, | 10 | ,, } submikroskopisch. |
| g | ,, | ,, | 15 | ,, |

h Absetzendes submikroskopisches Goldteilchen.

*Leipzig, Verlag von Otto Spamer.*

## 11. Polarisation an kleinen Teilchen. Tyndalls Phänomen.

Fällt ein unpolarisierter Lichtstrahl in eine kolloide Lösung, so tritt teilweise diffuse Zerstreuung des einfallenden Lichtes ein; das abgebeugte Licht ist linear polarisiert. Diese Erscheinung ist ganz allgemein für alle dispersen Systeme, sofern in dem Medium Teilchen von anderem Brechungsexponenten verteilt und diese klein gegen die Lichtwellen sind.

Die Linearpolarisation des Lichtes an kleinen Teilchen ist als *Tyndalls* Phänomen schon lange bekannt. Wir wissen aus Untersuchungen von *Tyndall*, daß sie um so deutlicher eintritt, je kleiner die Teilchen sind, und daß die Polarisation nur dann vollständig ist, wenn die Ultramikronen klein gegen die Wellenlängen des Lichtes sind. *Tyndall* hat das Phänomen an Dampfstrahlen studiert, deren Teilchengröße er in sinnreicher Weise variieren konnte. *Rayleigh* hat die Theorie dieser Polarisation gegeben und gefunden, daß die Intensität des ausgestrahlten Lichtes umgekehrt proportional ist der vierten Potenz der Wellenlänge, ferner daß die Strahlung eines Einzelteilchens proportional ist dem Quadrat des Teilchenvolumens. Es werden also hauptsächlich die kürzeren Wellenlängen abgebeugt, und die Strahlung nimmt rapide ab mit abnehmender Größe der Ultramikronen. Bekanntlich ist das Blau des Himmelslichtes auf diese diffuse Zerstreuung des Lichtes an kleinen Teilchen, ja nach *Rayleigh* an den Molekülen selbst zurückzuführen.

Früher hat man die diffuse Zerstreuung vielfach für Fluorescenz gehalten. Das *Nicol*sche Prisma gibt uns ein einfaches Mittel, zwischen beiden zu unterscheiden.

## 12. Raumerfüllung und Zustandsänderungen.

Strukturlehre. Teilchen in Hydrosolen können flüssig oder fest, mit der zerteilten Materie massiv erfüllt oder Aggregate von massiv erfüllten Teilchen sein. In roten kolloiden Goldlösungen z. B., die durch normales Wachstum entstanden sind, können wir mit gutem Grunde annehmen, daß die Ultramikronen mit Gold massiv erfüllt sind. Derartige Teilchen habe ich früher $\alpha$-Teilchen[1] genannt; *Mecklenburg* nennt sie Primärteilchen[2].

$\alpha$-Teilchen, Primärteilchen.

Durch Zusammentreten derselben entstehen Aggregate von Primärteilchen, die man als $\beta$-Teilchen[1] oder Sekundärteilchen[2] bezeichnen kann, und die jene eingeschlossen enthalten. Das Zusammentreten der Primärteilchen zu Aggregaten kann spontan erfolgen oder unter dem Einflusse verschiedener Zusätze. Bei kolloidem Gold und anderen stark gefärbten Kolloiden (nicht aber bei allen gefärbten) ist dieser Vorgang mit Farbenänderungen verknüpft, bei klaren, farblosen Hydrosolen fast immer mit Zunahme der diffusen Zerstreuung.

$\beta$-Teilchen, Sekundärteilchen.

Primärteilchen wie Sekundärteilchen können submikroskopisch oder amikroskopisch und Bestandteile haltbarer kolloider Lösungen sein. Erst

---

[1] *R. Zsigmondy*: Zur Erkenntnis der Kolloide. Jena 1905. S. 13.
[2] *W. Mecklenburg*: Zeitschr. f. anorg. Chemie **74**, 262 (1912).

weitgehende Aggregation zu großen Submikronen, ferner zu mikroskopischen oder makroskopischen Flocken führt in der Regel zur Sedimentation oder bei höheren Konzentrationen oft zur Gallertbildung.

Mit dieser Teilchenaggregation ist — auch wenn sie nicht zur Sedimentation oder Gallertbildung führt — eine Reihe wichtiger und für die einzelnen Kolloide oft charakteristischer Eigenschaftsänderungen der Hydrosole verknüpft. So treten Änderungen des osmotischen Drucks, der Viskosität, der Filtrierbarkeit, der Farbe und des Trübungsgrades ein. Der letztere erhöht sich bei manchen Hydrosolen mit der Aggregation so stark, daß sie ganz undurchsichtig werden. In anderen Fällen wird mit der Aggregation die Trübung nicht merklich gestört. Die Trübungsänderung ist von verschiedenen Faktoren abhängig, so vom Brechungsunterschiede zwischen Teilchen und Medium, von der Zahl der Primärteilchen innerhalb eines Sekundärteilchens, ferner von der Raumerfüllung der Sekundärteilchen durch Primärteilchen; je weniger dicht sie zusammengedrängt sind, je mehr Flüssigkeit (Dispersionsmittel) die Sekundärteilchen einschließen, um so geringer wird die Trübungszunahme bei der Aggregation. Je kleiner der Abstand der Primärteilchen, um so pulvriger ist der Niederschlag, je größer der Abstand, um so voluminöser und flüssigkeitsreicher.

*Einfluß des Teilchenabstandes.*

Gleichfalls vom Abstand der Primärteilchen innerhalb der Sekundärteilchen abhängig ist die Farbenänderung bei der Aggregation. Je inniger die Teilchen stark gefärbter Hydrosole vereinigt sind, um so auffälliger wird der Farbenumschlag. (Vgl. kolloides Gold.) Bei vielen intensiv gefärbten Lösungen bleibt der Farbenumschlag bei der Koagulation ganz aus, und man beobachtet in solchen Fällen starken Wasserreichtum der Flocken (Berlinerblau, Ferrocyankupfer, Kongorot durch Kochsalz gefällt u. a. m.). Ebenso kann bei kolloiden Metallen die Farbenänderung verhindert werden, wenn man Schutzkolloide zusetzt und damit eine zu große Annäherung der Primärteilchen verhindert, z. B. beim *Cassius*schen Purpur. Dann bleibt der Farbenumschlag aus, und man erhält bei der Koagulation durchsichtige, gallertige Flocken der gleichen Farbe, wie sie die Metallösung aufweist.

*Farbenänderung.*

Auch bei Gegenwart von Schutzkolloid können noch Farbenumschläge eintreten, wenn die Metallteilchen bei der Koagulation einander genügend nahetreten. Man kann dann durch Zusatz von energischeren Koagulationsmitteln noch weitere Farbenänderungen erzielen; derartiges habe ich bei Koagulation von *Leas* kolloidem Silber durch Alkohol und geeignete Salze beobachtet. Höchstwahrscheinlich ist hier nicht die Vereinigung von Sekundärteilchen zu größeren Flöckchen, sondern die Verringerung der Abstände innerhalb der Sekundärteilchen als Ursache der Farbenänderung anzusehen. (Vgl. auch koll. Gold und Silber, Farbänderungen.)

Kolloide mit großen Flüssigkeitseinschlüssen der Sekundärteilchen werden häufig als l y o p h i l e Kolloide bezeichnet, die anderen mit intensiverer Aggregation der Sekundärteilchen als l y o p h o b e[1].

---

[1] Auch als E m u l s o i d e und S u s p e n s o i d e sind derartige Kolloide unterschieden worden.

Selbst das Verhalten gegen chemische Reagenzien kann weitgehend durch den Abstand der Primärteilchen innerhalb der Sekundärteilchen beeinflußt werden. Auffällige Beispiele bietet das Gel der Zinnsäure, das, aus Zinntetrachlorid durch Hydrolyse frisch bereitet, sehr große Flüssigkeitsmengen einschließt und darum gallertig durchscheinend und leicht peptisierbar ist. Einfaches Absaugen auf dem Filter ohne Eintrocknen genügt, um die Peptisierbarkeit gegenüber stark verdünnter Kalilauge geradezu zu vernichten; viel größere Konzentrationen von Alkali sind dann erforderlich, um ein Hydrosol herzustellen.

Vergrößerung von Primärteilchen. Bisher ist der Fall betrachtet worden, daß Primärteilchen sich zu flockenartigen Teilchen, welche Dispersionsmittel eingeschlossen enthalten, zusammenlagern. Primärteilchen können sich aber auch zu massiv erfüllten Primärteilchen vereinigen. Derartiges wird sich zuweilen bei Kolloiden mit flüssiger disperser Phase finden. Es ist sehr wahrscheinlich, daß die Unbeständigkeit des kolloiden Quecksilbers und die Schwierigkeit, durch mechanische Zerstäubung haltbare kolloide Lösungen von Ölen zu erhalten, auf dem Bestreben der flüssigen Ultramikronen dieser Systeme, sich zu größeren Tröpfchen zu vereinigen, beruht.

Auch bei kritischen Trübungen tritt die Tendenz zur Tröpfchenbildung auffällig zutage und ist hier im höchsten Maße von der Temperatur abhängig. Dieser Fall ist aber wegen der gleichartigen, beinahe identischen Zusammensetzung von Dispersionsmittel und disperser Phase im kritischen Gebiet mit den eben genannten Fällen nicht ganz vergleichbar.

Es darf nicht unerwähnt bleiben, daß *v. Weimarn* die Krystallisation von kolloidem Silber und anderer Kolloide auf Zusammenlagerung von krystallinischen Ultramikronen zu größeren Krystallen derselben Substanz zurückführt. Im Falle der massiven Raumerfüllung der größeren Ultramikronen durch Materie der zerteilten Substanz würde hier ein Zusammentritt von festen Primärteilchen zu gleichförmigen, massiv erfüllten größeren Primärteilchen vorliegen, also ein Vorgang, der von dem flockenartigen Zusammentritt zu Sekundärteilchen verschieden ist.

Diese Auffassung hat durch eine neue Untersuchung von *Scherrer* eine Stütze erhalten. In einem durch Koagulation von $Au_P$ konz. 10 [1] erhaltenen getrockneten Metallschwämmchen (Kap. 45a) hat *Scherrer* durch Röntgenaufnahme nach *Debye-Scherrer* eine grob kryptokrystallinische Struktur feststellen können, die wahrscheinlich auf Zusammenkrystallisieren der Goldteilchen während des Trocknens (bei 40° C) zurückzuführen ist.

Wie sich die Polarisation der Hydrosole mit der Größe der Primärteilchen ändert, ist schon in Kap. 11 kurz angedeutet worden. Das Zusammentreten von kleinen Primärteilchen zu flüssigkeitsreichen Sekundärteilchen ist von viel geringerem Einfluß auf die Polarisation, als das massive Wachstum, so daß man selbst makroskopische Gelflocken erhalten kann, die das Licht linear polarisieren (z. B. frisch gefälltes Gel des Eisenoxyds).

Es mag hier bemerkt werden, daß bei einigen Kolloiden das Verhalten gegen Reagenzien sich in bemerkenswerter Weise mit der Größe der Primärteilchen ändert. Beispiele dafür sind von *Sven Odén* [2] gegeben worden; größere

---

[1] Goldhydrosol mit Teilchen von ca. 6,5 $\mu\mu$.

[2] *Sven Odén*: Zeitschr. f. phys. Chemie 78, 682 bis 707 (1912).

Primärteilchen von Schwefel besitzen geringere Elektrolytbeständigkeit als kleinere. Diese Tatsachen sprechen zugunsten der von *W. Mecklenburg* aufgestellten Theorie der Zinnsäureisomerien, bei welchen gleichfalls die Hydrosole, in welchen die größeren Primärteilchen angenommen werden, elektrolytempfindlicher sind als diejenigen mit den kleineren (vgl. kolloide Zinnsäure).

Viel mehr als die Größe der Primärteilchen kommt aber für die Reaktionen der Hydrosole i. a. die Natur des zerteilten Körpers in seinen Beziehungen zum Dispersionsmittel in Betracht.

## 13. Kolloidreaktionen.

Die Reaktionen, die für die Kolloidchemie Wichtigkeit haben, können in folgender Weise eingeteilt werden.

I. Reaktionen ohne Hinzuführung von Strahlung und elektrischer Energie.

Sie zerfallen in

A. Reaktionen, welche die Teilchen (wenn auch zuweilen nur wenig) vergrößern, den Zerteilungsgrad des Gesamtsystems vermindern;

B. Reaktionen, welche die Teilchen verkleinern, den Zerteilungsgrad vergrößern;

C. Reaktionen ohne merkliche Änderung der Teilchengröße.

A. Die unter A angeführten Reaktionen lassen sich zurückführen auf:

1. Zusammentritt von Molekülen (evtl. Ionen) zu Submikronen (z. B. bei der Bildung von kolloiden Lösungen aus krystalloiden);
    a) ohne chemische Reaktion (Bildung von Goldrubinglas);
    b) unter chemischer Reaktion (Darstellung von koll. Ferrocyankupfer, Arsensulfid, Gold aus Goldchloridlösung);
2. Zusammentritt von Ultramikronen untereinander oder mit Molekülen, bzw. Ionen, und zwar:
    a) von gleichartigen Ultramikronen (Zusammentritt von Primär- zu Sekundärteilchen, bei der Gallertbildung und Koagulation sowie bei Vorstadien zu derselben, häufig mit Ionenabsorption gepaart);
    b) von ungleichartigen Ultramikronen:
        α) Gegenseitige Fällung meist bei entgegengesetzt geladenen Kolloidteilchen;
        β) Aufnahme von Amikronen fremder Kolloide, wobei keine Fällung, sondern vielmehr Schutzwirkung eintritt;
    c) von Ultramikrohen mit Molekülen oder Ionen (Wachstum von Keimen in übersättigten Lösungen — zuweilen Teilvorgang von A 1, nachdem Keime sich spontan gebildet haben. — Beispiel: Herstellung koll. Goldlösungen nach dem Keimverfahren).

B. Reaktionen, welche die Ultramikronen verkleinern:

1. Zerfall von Ultramikronen in Krystalloidmoleküle:
    a) ohne chemische Reaktion (Goldrubinglas bei Erhitzen auf Weißglut; wohl auch bei Erwärmung von vielen Hydrosolen, die sich aus übersättigten Krystalloidlösungen bei Abkühlung gebildet haben);

b) unter chemischen Reaktionen mit Molekülen anderer Stoffe, wobei neue
krystalloid gelöste Substanzen gebildet werden (kolloides Eisenoxyd + Salzsäure, Gold + Chlor, Silber + Ferrinitrat).

2. Zerfall von Ultramikronen in kleinere:

a) von Submikronen in kleinere, gleichartige Sekundärteilchen oder in Primärteilchen. Peptisation einer Gallerte und eines unvollkommen peptisierten
Hydrosols durch mehr Peptisationsmittel; dabei werden Ionen aufgenommen, die den Teilchen die Ladung erteilen.

b) Zerfall von Submikronen in Teilchen, die selbst Amikronen oder Kolloid-
moleküle anderer Substanzen sind (z. B. Albumin unter dem Einflusse
von Pepsin; meist unter dem Einflusse von Enzymen erfolgende Reaktionen).

C. Reaktionen ohne merkliche Änderung der Größe der Ultramikronen:

1. Adsorption von Krystalloiden;

2. Katalytische Wirkungen der Teilchenoberfläche (Wasserstoffsuperoxydkatalyse, Wasserstoffaktivierung durch koll. Edelmetalle).

Das nähere Studium der Reaktionen wird eine der wichtigsten Aufgaben
der künftigen Kolloidchemie bilden. Diese Reaktionen sind außerordentlich
mannigfaltig; das kommt sofort zum Bewußtsein, wenn man an die
Möglichkeit denkt, nicht nur Kolloide, sondern auch die damit reagierenden
Krystalloide in beliebiger Weise variieren zu können. Vorläufig sind unsere
Kenntnisse auf diesem Gebiete auf eine Anzahl typischer Fälle beschränkt. Auf
einige derselben soll im speziellen Teil eingegangen werden. (Vgl. auch Theorie
der Peptisation.)

Die erwähnte Mannigfaltigkeit wird noch bedeutend erhöht, wenn man
die in Tierkörpern erfolgenden Reaktionen, die in der Immunochemie eine
Rolle spielen[1], berücksichtigt.

Durch Injektion von gelösten Giftstoffen (Toxinen) und vielen anderen
Flüssigkeiten wird im tierischen Körper die Produktion von Stoffen („Antikörpern") angeregt, denen eine spezifische Wirkung gegen das betreffende Gift
oder allgemein gegen den injizierten Stoff zukommt. Je nach der Art der
injizierten Flüssigkeit (kolloide bzw. krystalloide Lösung oder Emulsion von
Zellstoffen) kann man 2 Gruppen von Antikörpern unterscheiden.

Durch Injektion eines gelösten Toxins z. B. werden Antikörper erzeugt,
die das Toxin unschädlich machen und als Gegengift gegen das betreffende
Gift Verwendung finden.

Die Antikörper, welche bei Injektion eines „homogen" gelösten Körpers
entstehen, bilden entweder mit den Toxinen eine unlösliche Verbindung, die
herausfällt (Wirkung der Präzipitine) oder sie wirken ohne Niederschlagsbildung (Antitoxine).

Bei Injektion einer Suspension von Bakterien, Blutkörperchen usw.
bilden sich gleichfalls Antikörper, die entweder die betreffenden, injizierten

---

[1] Vgl. z. B. *Svante Arrhenius*, Immunochemie, Leipzig 1907.

Körperchen auflösen (Lysine), oder agglutinieren und dadurch unschädlich machen (Agglutinine).

Diese Reaktionen sind dadurch besonders interessant, daß sie durchaus spezifisch wirken. So lösen die durch Injektion von Erythrocyten gebildeten Hämolysine nur Erythrocyten derselben Tierspezies oder nahe verwandter auf, nicht aber die Blutkörperchen von Tieren anderer Arten.

Alle diese Reaktionen spielen in der Biochemie eine große Rolle, können hier aber nicht näher behandelt werden.

## II. Reaktionen unter dem Einflusse von Strahlung und elektrischer Energie.

Das Verhalten der kolloiden Lösungen unter der Einwirkung elektrischer Potentialdifferenzen wird weiter unten besprochen werden.

Hier soll nur angeführt werden, daß auch unter dem Einfluß von $\alpha$- und $\beta$-Strahlen Veränderungen in Kolloidlösungen eintreten, indem $\alpha$-Strahlen entladend auf negative Kolloidteilchen, $\beta$-Strahlen entladend · auf positive Kolloidteilchen wirken. Es sei ferner auf Lichtreaktionen hingewiesen, die der ultramikroskopischen Untersuchung zugänglich sind.

*H. Siedentopf*[1] hat einige sehr interessante Beispiele gegeben, später auch *W. Biltz*[2]. Im Kardioid-Ultramikroskop kann man fluoreszierende Farbstoffe ausbleichen, Berlinerblauhydrosol koagulieren, Benzopurpurinteilchen zerstäuben, Chlorsilber zu Silber reduzieren. Überraschend wirkt auch die Verwandlung von gelbem Phosphor in roten unter primärem Auftreten von massenhaften Submikronen.

*The Svedberg*[3] hat Zerstäubungen von kompaktem Metall durch ultraviolettes Licht eingehend studiert. Werden Silberplatten mit einer dünnen Schicht Wasser oder Alkohol bedeckt und mit einer *Heræus*schen Quarzquecksilberbogenlampe belichtet, so entsteht nach wenigen Minuten schon eine kolloide Lösung, deren Teilchen im Ultramikroskop nachweisbar sind. Ebenso wie bei Silber gelingt die Zerstäubung glatt bei Anwendung von Blei, Kupfer und Zinn, nicht aber mit Gold oder Aluminium.

*Lüppo Cramer*[4] hat bei Silberhaloiden physikalische Veränderungen durch Betrahlung festgestellt.

# II. Zur Systematik.

## 14. Verzweigung der Forschungsrichtungen.

In einigen der vorliegenden Kapitel (10, 10a und 12) wurde von der Größe der Ultramikronen, der Art ihrer Aggregation und Verteilung gesprochen, so

---

[1] *H. Siedentopf*: Verh. d. Deutsch. Phys. Ges. **12**, 34 bis 41 (1910).
[2] *W. Biltz*: Koll. Zeitschr. **12**, 296 bis 298 (1913).
[3] *The Svedberg*: Ber. **42**, 4375 bis 4377 (1909); Koll. Zeitschr. **6**, 129 bis 136 (1910).
[4] *Lüppo-Cramer*: Photogr. Rundschau 1909, S. 245; Koll. Zeitschr. **6**, 7 bis 10 (1910); Photogr. Korresp. 1910, S. 271 bis 278.

wie sie in einer Anzahl typischer Fälle erforscht sind. Hier gibt es noch viel
Arbeit zu leisten, und die weitere Entwicklung des Gebietes wird zu einem
besonderen (auch für die Biologie wichtigen) Zweige der Kolloidforschung
führen: Zur Strukturlehre der Kolloide.    Strukturlehre.

In anderen Kapiteln (8 und 11) war von optischen Eigenschaften der
Hydrosole die Rede, und in späteren Abschnitten des Buches wird noch Ausführlicheres darüber mitgeteilt werden. Ebenso werden wir uns näher mit der
Bewegung und elektrischen Ladung der Teilchen befassen, mit osmotischem
Druck, Diffusionsvermögen der Kolloide u. dgl. m. Untersuchungen, welche
diese Gebiete betreffen, gehören einem anderen Zweige der Kolloidforschung Kolloidphysik.
an: der Kolloidphysik. Diese befaßt sich in erster Linie mit den Beziehungen der ultramikroskopischen Teilchen zu den Energiearten, also zur
strahlenden, elektrischen, mechanischen Energie und zur Wärme.

Die Kolloidchemie in engerem Sinne endlich behandelt die Kolloide Kolloidchemie
ähnlich wie die Experimentalchemie und befaßt sich mit der Beschreibung in engerem
der in Betracht kommenden Stoffe und Systeme, ihrer Darstellung, ihren Re- Sinne.
aktionen.

Der übliche Begriff Kolloidchemie umfaßt zwar auch die beiden anderen
erwähnten Gebiete; es wird aber bei der rapiden Entwicklung aller dieser
Forschungsbereiche schon aus praktischen Gründen eine Einteilung derselben
nötig werden in Strukturlehre, Kolloidphysik und die eigentliche Kolloidchemie.

Die Kolloidphysik ist namentlich auf Grund der theoretischen Forschungen
von *Einstein* und *v. Smoluchowski* über *Brown*sche Bewegung und Diffusion,
von Lord *Rayleigh*, *Mie* u. a. über das optische Verhalten disperser Systeme und
der diesbezüglichen Experimentaluntersuchungen heute schon so weit entwickelt, daß sie als selbständige Wissenschaft auftreten könnte.

Für die Kolloidchemie sind die Resultate der Kolloidphysik vielfach
unentbehrlich und müssen schon deshalb berücksichtigt werden. Als Grundlage für eine erfolgreiche Behandlung beider Wissenszweige ist aber die Strukturlehre anzusehen. Dies ist der Grund, warum sie hier in speziellen Beispielen so eingehend berücksichtigt wird.

## 14a. Änderungen der Eigenschaften der Teilchengröße (Einteilung).

Es ist eine bekannte Tatsache, daß die Eigenschaften von Gesteins-
trümmern mit der Größe der Trümmer sich ändern. So unterscheidet die
Geologie zwischen Felsblöcken, Geschiebe, Grus, Kies, Sand, Staub als Bruch-
stücken von Felsgesteinen, deren Eigenschaften je nach ihrer Größe von
einander verschieden sind. Sand und Staub z. B. werden vom Winde fortgeführt, Gerölle und Geschiebe bleiben liegen; dabei ist es ziemlich gleichgültig, aus welchem Material Sand, Staub und Geschiebe bestehen. Sand fällt
durch Siebe von 10 mm Maschenweite, Gerölle und Geschiebe aber nicht.

Auch bei feineren Zerteilungen, die uns hier beschäftigen, treten Änderungen der Eigenschaften der Teilchen mit ihrer Größe auffällig zutage.
Staub- oder Kaolinteilchen, in Wasser aufgeschlämmt, trüben dieses und

setzen sich allmählich zu Boden. Hydrosole von 20 $\mu\mu$ Teilchengröße und darunter sind vollkommen klar und setzen nicht mehr ab.

Es ist nun bekannt, daß zwischen diesen feinen Zerteilungen und groben Suspensionen alle möglichen Übergänge existieren, so daß man sie in eine große Klasse von Erscheinungsformen: die Zerteilungen überhaupt oder dispersen Systeme zusammenfassen kann.

Andrerseits verlangt die Systematik eine Abgrenzung der einzelnen Gebiete, die ja in ihren typischen Vertretern sehr verschiedene Eigenschaften aufweisen.

Ein richtiges Einteilungsprinzip ergibt sich[1], wenn zwischen den Werten einer stetig sich verändernden Eigenschaft Sprünge oder beträchtliche Unstetigkeiten anderer Eigenschaften wahrzunehmen sind. Derartige Veränderungen findet man z. B. im vorliegenden Falle, wenn man die Größe oder den Durchmesser der in Betracht kommenden Primärteilchen[2] als stetig sich verändernde Größe wählt.

Der Einfachheit halber sind hier nur Zerteilungen in Wasser oder anderen dünnflüssigen Medien in Betracht gezogen.

Starke Unstetigkeiten der Eigenschaften zerteilter Körper zeigen sich nun tatsächlich bei Teilchengrößen zwischen 0,1 und 1 $\mu$, was aus Folgendem hervorgeht:

Unstetigkeiten nahe der Auf-<br>lösungsgrenze des Mikroskops. Bei ungefähr 0,2 $\mu$ liegt die **Auflösungsgrenze** der besten Mikroskopobjektive; Teilchen, die kleiner sind, können nicht mehr in ihrer wahren Gestalt gesehen werden. Annähernd liegt auch hier die unscharfe Grenze der mikroskopischen Sichtbarkeit bei gewöhnlicher Beleuchtung, und dies hat wohl zur Folge gehabt, daß man beide Grenzen miteinander verwechselt hat. Die Grenze der mikroskopischen Sichtbarkeit im durchfallenden Lichte ist aber deshalb von Wichtigkeit, weil vor der Einführung der Ultramikroskopie kleine Teilchen, wie sie in Kolloidlösungen vorkommen, der direkten Wahrnehmung überhaupt entgangen sind. Die Mikroskopiker haben solche dispersen Systeme daher als homogen bezeichnet. Auch die Chemiker haben sich meist an diese Grenze gehalten und Zerteilungen, in denen man mit dem Mikroskop nichts mehr wahrnehmen und auch sonst keine gröbere Andeutung einer Inhomogenität erkennen kann, als homogen bezeichnet.

Ganz nahe, aber etwas tiefer liegt die Grenze, unterhalb derer die meisten in Wasser zerteilten Körper von höherem spezifischem Gewicht nicht mehr zu Boden sinken, sondern dauernd in der Flüssigkeit verweilen, nicht ruhig schwebend, sondern lebhaft bewegt. Etwas oberhalb liegt die Teilchengröße, bei welcher die *Brown*sche Bewegung unmerklich wird.

Die für Chemiker wichtige Grenze, oberhalb derer Suspensionen von Papierfiltern zurückgehalten werden, liegt nach *Bechhold* unter 1 $\mu$.

Zieht man das alles in Betracht, so sieht man, daß Körperteilchen, welche beträchtlich kleiner sind als die Wellenlänge des Lichts, ganz andere Eigenschaften haben, als solche, die beträchtlich größer sind, und daß eine Reihe

---

[1] *Wo. Ostwald*: Koll. Zeitschr. **1**, 297 (1907).
[2] Siehe Kap. 12, S. 17.

von Eigenschaften der dispersen Systeme beträchtliche Unstetigkeiten aufweisen in der Nähe der Grenze des Auflösungsvermögens der Mikroskope. Die besprochenen Verhältnisse sind übersichtlich in Tabelle 1 zusammengestellt:

Tabelle 1.

| 0,1 $\mu\mu$ | 1 $\mu\mu$ | 10 $\mu\mu$ | 100 $\mu\mu$ | 1000 $\mu\mu$ | 10 $\mu$ | 100 $\mu$ | 1 mm |
|---|---|---|---|---|---|---|---|
| Ultramikroskopisches Gebiet | | | | Mikroskopisches Gebiet<br>die Teilchen werden objektähnlich abgebildet | | | |
| Quarz in Wasser<br>sedimentiert nicht merklich | | | | Quarz sedimentiert | | | |
| Öltröpfchen in Wasser | | | | | | | |
| entrahmen nicht merklich | | | | entrahmen | | | |
| Teilchen passieren Papierfilter | | | | Teilchen werden vom Papierfilter zurückgehalten | | | |
| *Brown*sche Bewegung | | | | | | | |
| Teilchen bewegen sich<br>sehr lebhaft  langsam | | | | Teilchen bewegen sich nicht merklich | | | |
| Krystalloide Lösungen | Hydrosole kolloide Lösungen | Trübungen | | Suspensionen | | | |

Wenn man die Mehrzahl der Systeme, die bisher als Hydrosole bezeichnet wurden, in Betracht zieht, so ergibt sich, daß recht selten eine Zerteilung als Hydrosol bezeichnet wurde, deren Teilchengröße bis ins mikroskopische Gebiet hineinragt, schon deshalb, weil die Sedimentation, namentlich bei starker Verschiedenheit der spezifischen Gewichte von Teilchen und Medium, schon bei kleineren Größen eintritt.

Ohne Bedenken kann man daher als obere Grenze der Sole eine Teilchengröße von etwa 0,2 $\mu$ einsetzen[1].

Allerdings besitzt die Mehrzahl der kolloiden Lösungen *Grahams*, wenn sorgfältig bereitet, einen viel größeren Grad von Homogenität und enthält viel kleinere Teilchen. Berücksichtigt man noch, daß von Chemikern und Physikern als Lösungen meist nur homogen erscheinende Mischungen bezeichnet werden, so wird es gut sein, den Ausdruck „kolloide Lösungen" nur für die letzteren zu gebrauchen und diejenigen Sole, die durch auffällige Trübung ihren beträchtlichen Inhomogenitätsgrad verraten, also die zahlreichen Übergänge zwischen Kolloidlösungen und echten Suspensionen, mit *Quincke*[2] als Trübungen zu bezeichnen.

Kolloide<br>Lösungen und<br>Trübungen.

---

[1] Ausnahmen: Disperse Systeme mit Öltröpfchen, die *G. Wiegner* [Kolloidchem. Beihefte **2**, 213 bis 242 (1911)] als Emulsoide bezeichnet.

[2] *G. Quincke*: Drudes Annalen d. Phys. (4) **7**, 57 bis 96 (1902).

Die Dimensionen der **Krystalloidmoleküle** liegen zwischen 0,1 und 1 $\mu\mu$. Wir haben also folgende ungefähre Abgrenzung:

*Einteilung nach der Teilchengröße.*

Echte Suspensionen mit Teilchen bis herab zu etwa . . 0,2 $\mu$
Hydrosole (kolloide Lösungen und Trübungen) mit Teil-
chen zwischen . . . . . . . . . . . . . . . . . . 0,001 $\mu$ bis 0,2 $\mu$
Moleküle der Krystalloide mit Teilchen zwischen. . . . 0,1 $\mu\mu$ bis 1 $\mu\mu$

Es ist selbstverständlich, daß die vorliegende Abgrenzung der Gebiete nur einen ungefähren Überblick über die bei verschiedenartiger Zerteilung in Betracht kommenden Größenverhältnisse gibt, und daß eine schärfere Einteilung der dispersen Systeme nach der Teilchengröße schon deshalb Schwierigkeiten begegnet, weil die Eigenschaften der zerteilten Materie nicht bloß von der Teilchengröße abhängen, sondern auch von einer Reihe anderer Faktoren, die in erster Linie durch die Natur des zerteilten Körpers und die des Mediums bestimmt werden, wie auch durch die Gegenwart anderer vorhandener Substanzen.

Bei Berücksichtigung dieser Umstände wird man ohne Angabe einer bestimmten Größe annehmen können, daß eine Zerteilung in Wasser, Alkohol und anderen dünnflüssigen Medien dann als kolloide angesehen werden kann, wenn der Einfluß der Schwerkraft gegenüber den Einflüssen der kinetischen Energie und anderer Energiearten verschwindet, wenn also die letzteren das Verhalten des Systems bestimmen[1].

## 15. Suspensionen und Hydrosole.

Besonders auffällig wird der Einfluß der Teilchengröße, wenn man Zerteilungen, deren Einzelteilchen verschiedener Größenordnung angehören, miteinander vergleicht, etwa echte absetzende Suspensionen mit kolloiden Lösungen.

Da über das Verhalten echter grober Suspensionen vielfach ganz irrtümliche Anschauungen verbreitet sind, so muß an dieser Stelle kurz auf dieselben eingegangen werden[2].

*Grobe Suspensionen.*

**Grobe Suspensionen.** Vielfach wird das Verhalten irreversibler Kolloide ganz dem der groben Suspensionen an die Seite gestellt, obgleich die letzteren so gut wie nichts mehr von den Eigenschaften der ersteren aufweisen. An solchen Suspensionen, deren Eigenschaften man an Kartoffelstärke (von welcher die feineren Teilchen abgeschlämmt sind; Korngröße 0,03 bis 0,1 mm) oder an Quarzaufschlämmungen (mit Körnchen von 0,1 bis 0,2 mm Teilchengröße) studieren kann, ist nichts weiter bemerkenswert als ihre Sedimen-

*Grobe Suspensionen koagulieren nicht.*

tation. Von Elektrolytkoagulation ist hier nichts wahrzunehmen. Die Sedimentation wird durch Elektrolytzusatz nicht merklich beeinflußt, oder sie wird entsprechend der Erhöhung der Dichte des Mediums verlangsamt. Solche grobe Suspensionen sind gegen Elektrolyte mittlerer Konzentration ebenso unempfindlich wie Eiweißlösungen.

---

[1] Bei zähflüssigen und festen Medien ist dieses Kriterium nicht anwendbar.
[2] Näheres darüber *R. Zsigmondy*: Zur Erkenntnis der Kolloide. S. 11 bis 16.

Bei feineren Suspensionen (z. B. von Weizenstärke oder von Quarzmehl mit 0,001 bis 0,005 mm Teilchengröße) macht sich allerdings der Einfluß von Elektrolyten bemerkbar: Die Teilchen lagern sich zu kleinen Flocken zusammen, und die Flocken setzen beträchtlich schneller ab als die Einzelteilchen. Noch deutlicher tritt das zutage bei den vielfach studierten Tontrübungen. Wie aus den Arbeiten von *Schlösing*[1], *Bodländer*[2] u. a. hervorgeht, bewirkt Elektrolytzusatz hier infolge der Flockung eine bedeutende Beschleunigung der Sedimentation. Hierin zeigt sich eine Ähnlichkeit mit dem Verhalten irreversibler Hydrosole, wie der Metallkolloide, die gleichfalls sehr elektrolytempfindlich sind.

Irrtümlich ist aber die Behauptung, die man öfter in der Literatur antrifft, daß diese Ausflockung irreversibel sei, wie die Koagulation der Metallhydrosole[3]. Sie ist im Gegenteil, wie schon *Schlösing* gezeigt hat, durchaus reversibel, indem man nach Entfernung der Elektrolyte den Ton wieder in der ursprünglichen Form aufschlämmen kann. Hierin verhalten sich die feineren Tonsuspensionen wieder den hydrophilen Kolloiden ähnlich, und sie würden nach der erwähnten Eigenschaft des Niederschlags eher diesen anzugliedern sein als den reinen Metallhydrosolen. Die Ähnlichkeit zwischen Tontrübungen und reinen Metallhydrosolen besteht höchstens in der Elektrolytempfindlichkeit. Diese aber haben beide Systeme wieder gemein mit einigen ionendispersen Lösungen, z. B. den Lösungen von Kongorot und Benzopurpurin.

## 16. Krystalloide und kolloide Lösungen (Übereinstimmendes).

Obgleich der Mangel an Homogenität im Verein mit den übrigen Eigenschaften der Kolloide schon frühzeitig Veranlassung gegeben hat, die Kolloidlösungen als räumlich diskontinuierlich anzusehen, so kann man doch nicht behaupten, daß ihr Auftreten zu einer berechtigten Scheidung derselben von den krystalloiden Lösungen verwendet werden könnte; denn einerseits kann die optische Inhomogenität der Hydrosole beinahe zum Verschwinden gebracht werden, andrerseits gibt es, wie *Spring*, *Lobry de Bruyn* und Mitarbeiter gezeigt haben, zahlreiche Krystalloidlösungen, die das *Tyndall*sche Phänomen ebensogut zeigen.

Noch andere Gründe gibt es, welche eine prinzipielle Scheidung von Krystalloid- und Kolloidlösung ungeeignet erscheinen lassen; dahin gehört die

---

[1] *Ch. Schlösing*: Compt. rend. **70**, 1345 bis 1348 (1870).

[2] *G. Bodländer*: Neues Jahrb. f. Min., Geol. usw. **2**, 147 bis 168 (1893). Nachrichten d. Kgl. Ges. d. Wiss. Göttingen. Math.-phys. Kl. 1893, 267 bis 276.

[3] Mastixtrübungen, die man durch Eingießen von alkoholischen Mastixlösungen in Wasser erhält, sind in der Regel wegen der Feinheit ihrer Teilchen als Hydrosole aufzufassen und verhalten sich wie irreversible Hydrosole. Beim Eintrocknen hinterlassen sie einen Rückstand, der sich nicht in Wasser zerteilt; die Elektrolytfällung des dispersen Systems ist gleichfalls nicht (oder nicht vollständig) reversibel. Man kann solche Zerteilungen nicht mehr den absetzenden Suspensionen beizählen! Echte Mastixsuspensionen mit absetzenden Teilchen sind von *Perrin* nach einem umständlichen Verfahren gewonnen worden; sie verhalten sich aber anders als die obenerwähnten Mastixtrübungen.

Existenz der zahlreichen Übergänge, welche von der einen Art von Lösungen zu den anderen hinüberführen.

Schließlich ließe sich ein prinzipieller Unterschied in geometrischer Hinsicht zwischen beiden Zerteilungsarten nur unter Einführung der Hypothese aufrechterhalten, daß die Krystalloidlösungen frei von räumlichen Diskontinuitäten seien. Diese Hypothese ist aber unhaltbar, da an der Existenz der Moleküle nicht mehr gezweifelt werden kann[1].

„Suspensions"- und „Lösungstheorie". Aus dem Angeführten ergibt sich, daß die Frage, ob die Hydrosole zu den Lösungen oder zu den Suspensionen gehören, eine höchst unzweckmäßige ist. Tatsächlich kommt ihnen eine Stellung zwischen den krystalloiden Lösungen und den Suspensionen zu, und sie weisen je nach Art des Hydrosols und des Zerteilungsgrades Eigenschaften auf, die einmal mehr mit denen der Krystalloidlösungen, ein andermal mehr mit denen der Suspensionen übereinstimmen.

Das Allgemeinverhalten der Mehrzahl der kolloiden Lösungen schließt sich aber, wie schon *Nernst*[2] mehrfach betont hat, mehr dem der Krystalloidlösungen an als dem der Suspensionen, was schon aus dem Vorhandensein von Diffusionsvermögen und osmotischem Druck hervorgeht.

Das Auftreten einer optischen Diskontinuität kann ebensowenig wie die Sichtbarmachung der Ultramikronen die Zuzählung der Hydrosole zu den Suspensionen rechtfertigen, da ja auch die Krystalloidlösungen nicht frei von räumlichen Diskontinuitäten sind.

Die elektrischen Ladungen der Teilchen bewirken, daß viele Hydrosole bei Elektrolyse sich wie Elektrolytlösungen mit sehr großen Komplexionen verhalten. Die kolloide Zinnsäure, der *Cassius*sche Purpur u. a. können als Beispiele dafür angeführt werden. Die Reaktionen der Hydrosole werden durch die elektrischen Ladungen vielfach mitbestimmt und sind im übrigen meist recht individuell, von der Natur des zerteilten Körpers abhängig, ähnlich wie bei Krystalloidlösungen. Die Teilchen vieler Hydrosole, z. B. der Goldlösungen, verhalten sich auch darin den Molekülen oder Ionen ähnlich, daß sie wie diese von verschiedenen Substraten adsorbiert werden.

Man findet eben Übergänge sowohl zu den Suspensionen wie zu den Krystalloidlösungen, und wie bei jenen beträchtliche Unstetigkeiten in den Eigenschaften nahe der Auflösungsgrenze der Mikroskope auftreten, so zeigen sich hier bei Dimensionen von etwa 1 $\mu\mu$ Unstetigkeiten, deren Vorhandensein die beträchtliche Verschiedenheit zwischen typischen Kolloid- und Krystalloidlösungen bedingt.

## 17. Zwei Typen von Kolloidsystemen.

Unterschiede zwischen reinen Metallkolloiden und Hydrosolen vom Eiweißtypus sind schon oft aufgefallen. In der Regel wurden diese beiden Typen eingehend charakterisiert nach ihrem Verhalten gegen Elektrolyte, nach physikalischen Eigenschaften, wie Dichte, Oberflächenspannung, Viskosität.

---

[1] Näheres vgl. *W. Mecklenburg*: Die experimentelle Grundlegung der Atomistik. Jena 1910.

[2] *W. Nernst*: Theoretische Chemie, 7. Aufl., S. 449.

So unterscheidet *Noyes* zwischen „kolloiden Suspensionen" und „kolloiden Lösungen" und kennzeichnet die ersteren als nicht zäh, nicht gelatinierend und leicht durch Elektrolyte fällbar, die letzteren als zäh, gelatinierbar und schwer durch Elektrolyte fällbar[1]. Statt des Ausdrucks „kolloide Suspensionen" sind zur Bezeichnung der oben charakterisieiten Systeme noch mehrere andere vorgeschlagen worden: Hydrophobe Kolloide (*Perrin*), lyophobe Kolloide (*Freundlich*), Suspensionskolloide (*Höber, Wo. Ostwald*), Suspensoide (*von Weimarn*) usw.; statt der Bezeichnung „kolloide Lösung" (*Noyes*) die Ausdrücke: Hydrophile, lyophile Kolloide, Emulsionskolloide, Emulsoide usw.

Diese Charakterisierung zweier weit voneinander entfernter Gruppen reicht aber durchaus nicht aus, um eine Einteilung des ganzen Gebietes treffen zu können. Wohlcharakterisierte Kolloide wie die *Graham*sche Kieselsäure, Zinnsäure, kolloides Eisenoxyd, kolloider Schwefel[2] können in einer solchen Einteilung nicht oder nur mit Willkür untergebracht werden[3]. Je nachdem man der einen oder der anderen Eigenschaft die größere Bedeutung beimißt, müßte man die betreffenden Kolloide der einen oder der anderen Gruppe beizählen.

Eine zweckmäßige Einteilung kann nach rein chemischen Gesichtspunkten getroffen werden. Diese Einteilung ist auch in vorliegendem Buche durchgeführt worden, worauf ich noch zurückkomme. Unter Umständen kann es aber vorteilhaft erscheinen, auch nach anderen Gesichtspunkten einzuteilen. Eine vorläufige zur Charakterisierung wichtiger Gruppen geeignete Einteilung ist die nach dem Verhalten des Trockenrückstandes.

## 18. Verhalten der Hydrosole beim Eintrocknen.

Nach dem Verhalten beim Eintrocknen können die Kolloide, wie schon weiter oben (S. 3) ausgeführt wurde, in solche eingeteilt werden, die einen löslichen Trockenrückstand hinterlassen, und solche, die beim Eintrocknen koagulieren. Die ersten nennt man resoluble, die letzten irresoluble.

Bei den **irresolublen Kolloiden** können zwei Gruppen unterschieden werden:

1. Zu der ersten Gruppe gehören diejenigen, welche bei sehr geringem Gehalt schon koagulieren und dabei keine eigentlichen Gallerten bilden, sondern mehr pulverförmige Niederschläge. Beispiele dafür sind die kolloiden Metalle in reinem Zustand (kolloide Metalle, welche nicht durch andere Kolloide verunreinigt sind).

---

[1] Eine solche Einteilung der Kolloide ist, da sie zu viele Merkmale in Betracht zieht, undurchführbar. Es gibt z. B. „nicht zähe" und „schwer durch Elektrolyte fällbare" Kolloide, die in obiger Einteilung keinen Platz finden würden (z. B. *Paals* kolloides Silber). Auch bei kolloiden Oxyden, Sulfiden und Salzen wird man vielfach im Zweifel sein, welcher Klasse man sie nach obiger Einteilung einordnen sollte. Die erwähnten Merkmale sind eben nur geeignet, zwei weit voneinanderstehende Gruppen von Kolloiden bis zu einem gewissen Grade zu charakterisieren, nicht aber die Gesamtheit derselben einzuteilen.

[2] *Sven Odén*: Der kolloide Schwefel. Upsala 1913.

[3] *R. Zsigmondy*: VIII. internat. Congress of applied Chem. Vol. XXII. 1912.

2. Zur zweiten Gruppe sind diejenigen zu zählen, welche sich ziemlich weitgehend konzentrieren lassen, ehe Koagulation unter Gallertbildung eintritt, wie die kolloide Kieselsäure, Zinnsäure, Tonerde, das Eisenoxyd *Grahams*.

*Irresoluble Kolloide 1. Art (reine Metallhydrosole).*

Kolloide der ersten Art werden durch alle möglichen Umstände, wie Eintrocknen, Elektrolytzusätze aller Art, Einfrieren u. dgl. mehr koaguliert, und zwar so weitgehend, daß sie sich nicht mehr in das ursprüngliche Hydrosol zurückverwandeln lassen, weder durch Temperaturerhöhung, noch durch Verdünnen mit Wasser, noch durch vollständige Entfernung des Fällungsmittels, noch auch durch Peptisation.

Um aus ihnen wieder ein Hydrosol zu gewinnen, ist die Zuführung elektrischer oder chemischer Energie erforderlich.

*Irresoluble Kolloide 2. Art (kolloide Oxyde).*

Bei den irresolublen (irreversiblen) Kolloiden der zweiten Art ist es im Gegensatz dazu möglich, die Rückbildung des Hydrosols durch Zusatz geringer Mengen von Reagenzien zu erreichen, vorausgesetzt, daß sie nicht zu weit entwässert sind. Weiteres Eintrocknen nach der Koagulation bewirkt fortdauernd Veränderungen, die schließlich so weit gehen können, daß der Trockenrückstand sich nicht mehr peptisieren läßt (z. B. kolloide Zinnsäure).

Zwischen die reinen Metallhydrosole und die irresolublen Oxyde lassen sich die meisten gut dialysierten Sulfidhydrosole einordnen. Sie können zuweilen bis zur Gallertbildung eingedampft werden, zuweilen geben sie beim Eindampfen auch pulverförmige Niederschläge.

*Resoluble Kolloide.*

Typisch resoluble (reversible) Kolloide lösen sich nach vorangehender Quellung im Lösungsmittel zu einem homogen erscheinenden Hydrosol. Hierher gehören z. B. Gummi arabicum, Albumin, Hämoglobin, *Paals* kolloides Palladium.

*Kolloide vom Gelatinetypus.*

Eine besondere Gruppe resolubler Kolloide bilden einige Substanzen, die, wie der Leim, die Eigentümlichkeit besitzen, bei der Abkühlung zu Gallerten zu erstarren, neben Gelatine auch lösliche Stärke, Agar-Agar und manche andere. Ihr Trockenrückstand quillt bei gewöhnlicher Temperatur bis zu einem gewissen Grade, löst sich aber bei höherer Temperatur glatt in Wasser. Die hier auftretende Mannigfaltigkeit hat *Graham* veranlaßt, den Leim als Typus der Kolloide hinzustellen.

*Halbkolloide.*

Eine andere Art von resolublen Kolloiden verdient noch erwähnt zu werden, die Halbkolloide oder Semikolloide, die im allgemeinen das Verhalten besitzen, in wässeriger Lösung durch Membranen langsam zu diffundieren, und die einen beträchtlichen osmotischen Druck und meßbare Siedepunktserhöhung aufweisen. Diese Eigenschaften weisen ihnen eine Mittelstellung zwischen Kolloiden und Krystalloiden zu. Es sind recht mannigfaltige Substanzen, die dieser Gruppe zuzuzählen sind.

Zu den Semikolloiden werden einesteils die Abbauprodukte echter Kolloide gerechnet, z. B. Dextrine und Peptone, andererseits aber auch wässerige Lösungen von Salzen hochmolekularer organischer Substanzen, wie diejenigen der Stearinsäure, Ölsäure, ferner der Salze der hochmolekularen Farbbasen und Farbsäuren.

Bei den letzteren stellt sich immer mehr die Überzeugung ein, daß sie zum Teil als Mischungen von krystalloid und kolloid gelösten Farbsalzen aufzufassen sind.

## 19. Disperse Systeme.

Die Hydrosole[1], deren Besprechung den Hauptinhalt des vorliegenden Buches bildet, lassen sich einem größeren umfangreichen Gebiete einordnen, den Zerteilungen oder „dispersen Systemen".

Als „disperse Phase"[2] bezeichnet *Wolfgang Ostwald*[3] die zerteilte Materie, als „Dispersionsmittel" das Medium, in dem die Teilchen sich befinden. Von englischen Autoren wurden schon früher die Ausdrücke „internal phase" und „external phase" für disperse Phase und Dispersionsmittel gebraucht, von französischen die Bezeichnungen „granules colloidaux" und „milieu extérieur". *(Disperse Phase, Dispersionsmittel.)*

Je nach der Teilchengröße kann man nach *Wo. Ostwald* im Anschluß an eine vom Verfasser gegebene Einteilung unterscheiden [vgl. Zur Erk. d. Koll. (1905). Kap. II]: *(Einteilung nach der Teilchengröße.)*

1. Grobe Dispersionen: Suspensionen, Emulsionen usw.
2. Disperse Systeme, zwischen den Suspensionen und Krystalloidlösungen liegend: kolloide Lösungen.
3. Molekular- und ionendisperse Systeme: krystalloide Lösungen (Nichtelektrolyte und Elektrolyte).

Je nach dem Aggregatzustande des Dispersionsmittels und der zerteilten Materie teilt *Wo. Ostwald* die dispersen Systeme in Klassen ein, von denen einige größere Bedeutung besitzen. *(Einteilung nach dem Aggregatzustande.)*

Wird der feste Aggregatzustand mit F, der flüssige mit Fl, der gasförmige mit G bezeichnet, so ergeben sich folgende 9 Klassen von Systemen:

Beispiele:

1. F + F (gefärbtes Steinsalz, Rubinglas).
2. F + Fl (Mineralien mit flüssigen Einschlüssen).
3. F + G (Mineralien mit gasförmigen Einschlüssen).
4. Fl + F (Suspensionen und Hydrosole mit festen Teilchen).
5. Fl + Fl (Emulsionen und Kolloide mit flüssigen Teilchen).
6. Fl + G (Schaum).
7. G + F (Rauch, kosmischer Staub).
8. G + Fl (Nebel).
9. G + G.

---

[1] Hydrogele lassen sich nicht immer den dispersen Systemen einordnen. Nur solche Gele, die aus kleinen, vom Disperisonsmittel allseitig umschlossenen Teilchen bestehen, wird man als disperse Systeme ansehen können; nicht dagegen solche, die eine Netzstruktur aufweisen, oder solche, bei denen sich die Phasen gegenseitig durchdringen. Beim trocknen Gel der Kieselsäure hat man z. B. zwei zusammenhängende, sich durchdringende Phasen.

[2] Gegen den Ausdruck „Phase" ließen sich verschiedene Einwände erheben, namentlich dann, wenn man die krystalloiden Lösungen mit einbezieht, denn diese sind nach der Phasenlehre einphasig und nicht zwei- oder mehrphasig. Berücksichtigt man die Übergänge zu den Kolloidlösungen, so läßt sich schwer sagen, wo die Kolloidlösungen zweiphasig werden. Zudem ist das Urteil hier abhängig von der Art der Betrachtung der Systeme.

[3] *Wo. Ostwald*: Koll.-Zeitschr. **1**, 291 bis 300, 331 bis 341 (1907); Grundriß der Kolloidchemie. Dresden 1909, S. 83.

Diese Einteilung gibt einen sehr guten Überblick über eine größere Anzahl disperser Systeme und gestattet jetzt schon eine übersichtliche Anordnung derselben, soweit der Aggregatzustand der dispersen Phase bekannt ist. Niemand wird z. B. bezweifeln, daß eine Kaolinsuspension zu der Klasse Fl + F gehört, eine Ölemulsion zu der Klasse Fl + Fl, eine niedrige Regenwolke im Tropenklima zu der Klasse G + Fl.

Großen Schwierigkeiten begegnet diese Einteilung aber, sobald man zu feineren Zerteilungen übergeht, wo die Feststellung des Aggregatzustandes der zerteilten Materie vielfach kaum durchführbar ist.

Da auch Wo. *Ostwald* zu der Auffassung gekommen ist, daß der Aggregatzustand der dispersen Phase sich wohl als Klassifikationsprinzip zur Einteilung des kolloiden Zustandes, weniger aber zu der der kolloiden Systeme selbst eignet, so können wir hier von der Formart der zerteilten Materie absehen und bezüglich der Kolloide zu einer etwas abgeänderten Einteilung übergehen, die gleichfalls eine übersichtliche Anordnung des Stoffes ermöglicht.

Soweit der Aggregatzustand der dispersen Phase bekannt ist, kann man die weitere Einteilung *Wo. Ostwald*s ohne Bedenken anwenden.

Eine Abänderung der *Wo. Ostwald*schen Einteilung hat der Verfasser dieses Buches vorgeschlagen[1] unter Beibehaltung der drei Hauptgruppen *Wo. Ostwald*s:

  I. Disperse Systeme mit gasförmigem Dispersionsmittel.
  II.  „    „  mit flüssigem Dispersionsmittel.
  III.  „    „  mit festem Dispersionsmittel.

Die modifizierte Einteilung der dispersen Systeme würde sich ungefähr folgendermaßen gestalten.

### Einteilung der dispersen Systeme.

I. Disperse Systeme mit gasförmigem Dispersionsmittel.

 A. Grob disperse Systeme:
  Regen, Nebel;
  Vulkanischer Aschenregen, vulkanischer Staub in der Atmosphäre, nuée ardente.

 B. Fein disperse Systeme: Atmosphäre mit kleinen Teilchen,
  die nach *Rayleigh* am Zustandekommen des Himmelsblau beteiligt sind, gleichgültig, ob die Teilchen fest oder flüssig sind; Metallzerstäubungen in Gasen (z. B. nach *Ehrenhaft*).

II. Disperse Systeme mit flüssigem Dispersionsmittel.

 A. Grob disperse Systeme:
  Suspensionen.
  Emulsionen.

 B. Fein disperse Systeme: Teilchengröße zwischen etwa 0,2 und 0,001 $\mu$. Hier scheint es mir zweckmäßig, zunächst nach Beständigkeitsbedingungen

---

[1] *R. Zsigmondy*: Eight internat. Congress of applied. Chem. Vol. XXII, 263 bis 274 (1912).

einzuteilen in: Flüssige disperse Systeme, die nur bei hoher Temperatur beständig sind: Pyrosole (*R. Lorenz*); solche, die bei gewöhnlicher Temperatur beständig sind: Sole *Grahams* oder kolloide Lösungen im engeren Sinne; solche, die nur bei tiefen Temperaturen beständig sind: Kryosole[1].

a) **Pyrosole: Metallnebel in geschmolzenen Salzen.**

b) **Kolloide Lösungen im engeren Sinne:**

mit anorganischem Dispersionsmittel:

**Hydrosole:** 1. Resoluble Hydrosole vom Dextrintypus, vom Gelatinetypus usw.
2. Irresoluble Hydrosole vom Typus der Zinnsäure, vom Typus des Goldes usw.

**Sulfosole und andere.**

mit organischem Dispersionsmittel (Organosole):

Alkosöle, Ätherosole, Acetosole usw.

c) **Kryosole: Einige koll. Metalle** (*Svedberg*), **koll. Eis** (*v. Weimarn, Wo. Ostwald*).

**III. Disperse Systeme mit festem Dispersionsmittel.**

**A. Grob disperse Systeme:**

Gesteinsarten (erstarrte Pyrosole, Silicate);
Mineralien mit flüssigen Einschlüssen;
Mineralien mit gasförmigen Einschlüssen.

**B. Fein disperse Systeme:**

Zerteilungen in krystallisierten Substanzen (gefärbtes Steinsalz, krystallisierte Photohaloide, Rubine, Mondstein usw.);
Zerteilungen in amorphen Substanzen (Rubingläser, Opale usw.).

Einige Beispiele für disperse Systeme mit gasförmigem, flüssigem sowie festem Dispersionsmittel sollen im folgenden angeführt werden.


**Disperse Systeme mit gasförmigem Dispersionsmittel.**

Große Bedeutung haben disperse Systeme mit Luft als Dispersionsmittel und Wasser als flüssiger disperser Phase: Nebel, Regen und feineren Zerteilungen des Wassers, die am Zustandekommen des Himmelsblau beteiligt sind, kommt die größte Wichtigkeit für Meteorologie und Landwirtschaft zu. Systeme G + Fl

Als disperse Systeme mit fester disperser Phase können neben Schneewolken und Rauch auch kosmischer Staub, vulkanische Aschen erwähnt werden. Vulkanischer Staub ist oft so fein, daß er vom Winde Hunderte von Kilometern weit fortgeführt wird und dann zum Auftreten schöner Farbenerscheinungen am Himmel Veranlassung gibt. Vielfach schon hat er verheerend gewirkt und weite Landstriche, Städte und ihre Bewohner vernichtet. Herkulanum und Pompeji sind einem Aschenregen zum Opfer gefallen, St. Pierre der „nuée ardente", einer heißen schweren Wolke, die aus einer mit Steinen, Sand und Staub dicht erfüllten Atmosphäre von Luft und Wasserdampf bestand, in der der Staub genügend fein zerteilt war, daß er während des Systeme G + F

---

[1] Die gleiche Einteilung könnte auch bezüglich der beiden anderen Hauptgruppen durchgeführt werden, das ist z. Z. aber noch nicht nötig.

Niederganges der Wolke nicht zu Boden fallen konnte. (Vgl. das ausgezeichnete Werk von *Lacroix*[1]).

Zerstörung von<br>St. Pierre.In rasender Geschwindigkeit eilte die Wolke den Bergabhang herunter, alles vor sich niederwerfend, Bäume entwurzelnd, Sträucher versengend, Menschen und Tiere tötend; ihre mechanischen Wirkungen glichen fast denen, die ein plötzlich angeschwollener Wildbach hinterläßt. In wenigen Minuten wurde St. Pierre erreicht (8 bis 9 km), woselbst einige Stadtteile in einen Trümmerhaufen verwandelt wurden und Tausende von Menschen ihr zum Opfer fielen.

Die Temperatur dieser Wolke war sehr hoch, denn fast überall hatte sie Haus- und Schiffsbrände zur Folge; giftige Stoffe scheint sie nicht enthalten zu haben; denn ein Neger, der in einem Gefängnis eingeschlossen, die Katastrophe überlebte, hatte nur unter der Hitze der eindringenden Dämpfe zu leiden. Dasselbe weiß man von zahlreichen anderen überlebenden Zeugen der Katastrophe, die schwere Brandwunden erlitten.

Die Geschwindigkeit, mit der der heiße Wasserdampf den Bergabhang heruntereilte, kann nur so erklärt werden, daß fein zerteilte Materie sein spez. Gewicht bedeutend über das der umgebenden Luft erhöhte[1]. Der heiße Wasserdampf allein wäre in die Höhe gestiegen, und ohne Gegenwart der zerteilten Materie wäre St. Pierre verschont geblieben.

In anderen Fällen, bei minderer Dichte des dispersen Systems, steigen diese Wolken empor und breiten sich in höheren Schichten aus, abenteuerliche Gestalten annehmend (Pinienwolken des Vesuvs).

Zweifellos sind die Staubteilchen elektrisch geladen und werden dadurch verhindert, sich zu vereinigen. Tritt aber Entladung unter Gewittererscheinung ein, so vereinigen sich die Teilchen und fallen als Aschenregen zu Boden. Die Geschichte der vulkanischen Ausbrüche des Vesuvs gibt Beispiele dafür.

Entstehung der<br>Staubwolken.Die Entstehung dieser Staub- und Aschewolken dürfte wohl darauf zurückzuführen sein, daß Wasser bei hohen Temperaturen unter ungeheuerem Drucke im Innern der Vulkane sich in großen Mengen in den Silicaten auflöst resp. sich mit ihnen unter Solbildung mischt. Bei plötzlicher Druckentlastung müßte explosionsartige Expansion des eingeschlossenen Wassers unter Abscheidung oder Zerstäubung der Silicate eintreten, die nunmehr als disperse Phase im Wasserdampf enthalten sind und, je nach Bedingungen, als „nuée ardente" mit Dampf gemischt oder, von diesem getrennt, als Aschen zu Boden fallen.

Kolloide<br>Silicate.*Barus*[2] hat gezeigt, in welcher Weise derartige Lösungen zustandekommen (siehe dieses Buch, I. Aufl. S. 27).

### Disperse Systeme mit flüssigem Dispersionsmittel.

Grob disperse Systeme sollen hier nicht näher behandelt werden, obgleich einige von ihnen größere Bedeutung besitzen, so Tonsuspensionen für die Keramik und Agrikulturchemie, Fettemulsionen für die Volksernährung

---

[1] *Lacroix*: La montagne Pelée et des éruptions. Paris 1904 (Masson et Cie.).

[2] *C. Barus*: Amer. Journ. of Sc. (4) **9**, 161 bis 175 (1900).

(Milch) usw. Mit Gummigutt- und Mastixsuspensionen sind die Arbeiten *Perrins* ausgeführt worden (vgl. Kap. 23).

Unter den fein dispersen Systemen kann man je nach ihren Beständigkeitsbedingungen unterscheiden:

a) **Pyrosole.** Als Pyrosole bezeichnet *R. Lorenz*[1] kolloide Lösungen von Metallen und anderen Substanzen in glühend flüssigem Medium[2]. Von ihm sind insbesondere die kolloiden Metallösungen in geschmolzenen Salzen richtig erkannt und näher studiert worden. Sie spielen bei der Elektrolyse geschmolzener Salze eine wichtige Rolle, und ihre Existenz bedingt die zuweilen mangelhaften Ausbeuten bei der Zerlegung jener Substanzen durch den elektrischen Strom.

Am einfachsten erhält man Pyrosole durch Auflösen der geschmolzenen Metalle in ihren Salzen, z. B. Zink in $ZnCl_2$, Cadmium in $CdCl_2$ usw. Dabei beobachtet man zuweilen bei geeigneten Temperaturen, daß die Metalle gefärbte „Nebel" explosionsartig ausstoßen, deren Entstehung im allgemeinen mit der Bildung von Subhaloiden usw. nichts zu tun hat[3].

Die Bildung der Pyrosole hängt mit der Zunahme des Dampfdruckes mit der Temperatur zusammen. Wenn die Dampfspannung des Metalles merklich wird, ist auch die Bildung der Färbungen lebhafter. Nach dem Erkalten geeigneter Pyrosole findet man dieselben mit Metallflittern durchsetzt. Für das Vorhandensein kolloider Metalle spricht u. a. die intensive Färbung der Schmelze, ferner der Umstand, daß die Schmelze durch NaCl, KCl usw. entfärbt wird (Aussalzen der Pyrosole), für die Feinheit der Zerteilung ihr homogenes Aussehen.

*Lorenz* hat endlich die Beziehungen zum Rubinglas eingehend beleuchtet.

b) **Kolloide Lösungen** *Grahams.* Es kommen vor allem Hydrosole (und Hydrogele) mit Wasser als Dispersionsmittel in Betracht, sie werden im vorliegenden Buche eingehend behandelt; aber auch zahlreiche andere Flüssigkeiten sind geeignete Dispersionsmittel. Kolloide Lösungen mit nichtwässerigem Lösungsmittel haben zuweilen große industrielle Bedeutung erlangt; die Lösungen von Harzen, von Kautschuk, Guttapercha gehören hierher. Ihre eingehende Untersuchung wird zweifellos später eine nicht unwichtige Erweiterung der Kolloidchemie bilden. Schon jetzt[4] sind vielfache Untersuchungen darüber angestellt, doch können sie aus Raummangel hier nicht näher berücksichtigt werden.

---

[1] *R. Lorenz*: Elektrolyse geschmolzener Salze. Halle 1905. II. Teil, S. 40; *van Bemmelen* Gedenkboek 1910, S. 395 bis 398. Kolloid. Zeitschr. **18** (1916) 177.

[2] Auch manche Sorten von Rubinglas, die in geschmolzenem Zustande (bei nicht zu hoher Temperatur) gefärbt sind, können hierher gezählt werden.

[3] Gründe, welche gegen die Annahme von Subhaloiden sprechen, hat *Lorenz* (l. c.) mehrere gegeben.

[4] Man vgl. z. B. die Veröffentlichungen über Kautschukchemie in der Koll.-Zeitschrift **1** (1906/7), S. 33 u. 65 von *C. O. Weber*, S. 165 von *R. Ditmar*; **4** (1909), S. 74 von *D. Spence*; **5** (1909), S. 31 von *H. W. Woudstra*; **6** (1910) S. 136 von *Wo. Ostwald*, S. 202 von *F. Hinrichsen* u. *E. Kindscher*, S. 281 von *B. Bysow*; **7** (1910), S. 45 von *Wo. Ostwald*, S. 65 von *F. Hinrichsen*; **8** (1911), S. 209 von *B. Bysow* u. a. m.

c) **Kryosole.** Als Beispiel für disperse Systeme mit flüssigem Dispersionsmittel, die nur bei niedriger Temperatur beständig sind, kann das „kolloide Eis", dessen Eigenschaften von *v. Weimarn* und *Wo. Ostwald*[1] näher studiert worden sind, angeführt werden. Einige Metallorganosole, die von *The Svedberg*[2] dargestellt wurden, sind gleichfalls nur bei niedriger Temperatur beständig.

### Disperse Systeme mit festem Dispersionsmittel.

Von den Systemen mit festem Dispersionsmittel haben einige Bedeutung erlangt und sind näher untersucht worden. Ich erwähne hier nur die Rubingläser und die erstarrten Pyrosole. Auch viele gefärbte Mineralien gehören hierher; eine eingehende ultramikroskopische Untersuchung würde mancherlei Interessantes zutage fördern, wie denn die räumliche Diskontinuität viel häufiger ist, als man bisher glaubte, selbst in Krystallen, die man für vollkommen homogen gehalten hatte.

*Rubingläser.*  **Rubingläser** werden durch Schmelzen von geeigneten Glassorten mit Gold, Silber, Kupfer usw. oder deren Verbindungen erhalten. Am eingehendsten studiert ist das Goldrubinglas, das auch bei Ausarbeitung der ultramikroskopischen Methoden eine wichtige Rolle gespielt hat[3].

Goldrubinglas kann erhalten werden durch Schmelzen von Blei- oder Barytglas unter Zusatz von sehr wenig Goldchlorid. Schnell erkaltet ist es meist farblos und erhält seine Farbe bei nachträglichem Erwärmen. Das farblose Glas ist als Lösung metallischen Goldes in der Glassubstanz anzusehen, nicht als Lösung einer chemischen Verbindung des Goldes[4]. Bei langsamem Abkühlen, besser bei nachträglichem Erwärmen, entstehen unzählige Submikronen von elementarem Golde im Glase, deren Auftreten die Färbung des Rubinglases bedingt (Anlaufen). Ihre Zahl ist außerordentlich groß: in gutem Glase können viele Milliarden auf 1 cmm kommen. Ihr Durchmesser entspricht dem der Teilchen in kolloiden Goldlösungen. Es gibt Submikronen und Amikronen im Rubinglas; die kleinsten der Sichtbarmachung zugänglichen Teilchen haben eine Masse von etwa $10^{-15}$ mg.

*Gefärbtes Steinsalz.*  Eine Theorie der Rubinglasbildung wurde unter Zugrundelegung von *Tammanns* Lehre von der Entglasung vom Verfasser gegeben[5].

**Gefärbtes Steinsalz.** *Siedentopf*[6] hat gezeigt, daß gefärbtes Steinsalz, welches durch Erhitzen im Vakuum in Gegenwart von Natriumdampf erhalten werden kann, ganz mit Ultramikronen erfüllt ist, die alle wesentlichen Eigenschaften fein zerteilten Metalles aufweisen und sich durch große Mannigfaltigkeit der Erscheinungsformen auszeichnen.

Wie bei Rubinglas ändert sich die Farbe des Salzes mit der Temperatur, und die Farbenwandlungen sind, wie bei Goldrubin, auf Veränderungen der


[1] *P. P. v. Weimarn* u. *Wo. Ostwald*: Koll.-Z. VI, 181 (1910).
[2] *The Svedberg*: Studien zur Lehre von den koll. Lösungen. Upsala 1907.
[3] *H. Siedentopf* und *R. Zsigmondy*: Drudes Annalen d. Phys. (4) **10**, 1 bis 39 (1903).
[4] Auch bei Gegenwart von energischen Reduktionsmitteln, wie unedlen Metallen, Silicium usw. in der Schmelze erstarrt das Rubinglas zunächst farblos.
[5] *R. Zsigmondy*: Zur Erkenntnis der Kolloide. S. 128 bis 135.
[6] *H. Siedentopf*: Verh. d. Deutsch. Phys. Ges. **7**, 268 bis 286 (1905).

in ihm enthaltenen Metallsubmikronen zurückzuführen. Über Farbe und Polarisation dieser Submikronen siehe Kap. 41.

## 20. Anordnung des Stoffes im vorliegenden Buche.

Es sind Gründe vorhanden, welche den Verfasser veranlaßten, bei der Anordnung des Stoffes im speziellen Teil des vorliegenden Buches von jeder der bisher vorgeschlagenen kolloidchemischen Einteilungen abzusehen und ähnlich, wie es *Lottermoser* schon getan hat, nach chemischen Gesichtspunkten den Stoff anzuordnen. Die einzelnen hier zu besprechenden Kolloide werden im Interesse der Übersichtlichkeit in folgende Gruppen zusammergefaßt, wobei (wegen ihrer hervorragenden Bedeutung) fast nur Hydrosole und Hydrogele berücksichtigt worden sind, nicht aber Organosole, Pyrosole usw.

### I. Anorganische Kolloide.

A. Metalle:
    1. Reine Metallhydrosole.
    2. Metallkolloide mit Schutzkolloiden.
B. Andere Elemente (S, Se usw.).
C. Oxyde.
D. Sulfide.
E. Salze.

### II. Organische Kolloide.

A. Organische Salze:
    1. Seifen.
    2. Farbstoffe.
B. Eiweißkörper.
Als Beispiele sind insbesondere herangezogen:
    Albumine, Globuline; Gelatine, Hämoglobin, Kasein.

An diese würden sich anschließen etwa Kohlehydrate, wie Cellulose, Stärke, Dextrin usw., dann Kolloide, die in organischen Lösungsmitteln löslich sind (Harze, Kautschuk usw.).

Da es im Plan des Buches gelegen ist, einzelne Kolloide als Beispiele für viele heranzuziehen und die wichtigsten kolloidchemischen Erfahrungen an ihnen ausführlicher darzutun, da ferner die hier aufgenommenen Kolloide dafür vollständig ausreichen, so wurde im Interesse der Übersichtlichkeit auf die Aufnahme weiterer Kolloide verzichtet. Verfasser hat es sich noch zum Prinzip gemacht, nur solche Kolloide zu behandeln, deren Eigenschaften ihm aus eigener Erfahrung bekannt sind.

Es wäre vielleicht rationeller gewesen, etwa die in Kap. 18 besprochene Einteilung durchzuführen; im Interesse der Übersichtlichkeit wurde aber darauf verzichtet. Die erwähnte Einteilung würde erforderlich machen, Substanzen, die nach dem Sprachgebrauch unter gemeinsamem Namen zusammengefaßt werden, an weit voneinander gelegenen Stellen zu besprechen: kolloides Palladium nach *Paal* müßte z. B. als reversibles Kolloid nicht bei den kolloiden Metallen, sondern hinter Eiweiß zu stehen kommen, an eine Stelle, wo man es nicht suchen würde[1].

# III. Physikalische Grundlagen.

## 21. Einleitung.

Betrachten wir eine kolloide Lösung im Ultramikroskop, so sehen wir sich bewegende Teilchen. Die Bewegung der Teilchen wird um so lebhafter, je kleiner dieselben sind. Unabhängig von äußeren Einflüssen währt dieses Durcheinandereilen der Submikronen monate-, ja jahrelang, solange die Flüssigkeit haltbar ist. Sie liefert einen sichtbaren Beweis für die innere Wärmebewegung der Flüssigkeitsmoleküle.

Theorien dieser „*Brown*schen" Bewegung sind von *Einstein* und *v. Smoluchowski* gegeben worden; weitgehende Bestätigungen derselben rühren von *The Svedberg, Perrin, R. Lorenz* und deren Schülern her.

*Brownsche Bewegung und Diffusion.*

Die „*Brown*sche" Bewegung steht in Zusammenhang mit mehreren Dingen von allgemeiner Bedeutung: mit der Diffusion und den Konzentrationsschwankungen. Ein und dieselbe Erscheinung gibt sich uns, wie *v. Smoluchowski* ausführt, je nach dem Standpunkt der Betrachtung in drei verschiedenen Weisen zu erkennen:

1. makroskopisch als Diffusion;
2. mikroskopisch als *Brown*sche Bewegung;
3. als Konzentrationsschwankungen, wenn man die zeitlichen Veränderungen der Teilchenzahl in einem bestimmten, abgegrenzten Volumen in Betracht zieht.

Zwischen allen drei Gebieten besteht ein innerer Zusammenhang, dessen Theorie von *v. Smoluchowski* gegeben worden ist.

Für alle drei Gebiete existieren Formeln, welche die Theorie einer experimentellen Prüfung zugänglich machen. Sie wurden abgeleitet unter der Voraussetzung, daß den Kolloidteilchen dieselbe kinetische Energie zukommt wie den Gasmolekülen, ferner daß das *Boyle*sche Gesetz für kolloide Lösungen und Suspensionen ebenso gültig ist wie für Gase und echte Lösungen.

Die Theorie macht also keinen Unterschied zwischen echten krystalloiden und kolloiden Lösungen, und ihre experimentelle Bestätigung ist zugleich der Beweis für die Richtigkeit der Voraussetzungen.

Diese Bestätigung ist, wie erwähnt, in umfangreichen Untersuchungen von *Perrin, The Svedberg*, deren Schülern und einer Anzahl anderer Forscher gegeben worden, und zwar nach mehreren voneinander unabhängigen Methoden.

Aus einer Formel für die Ortsveränderungen der Teilchen mit der Zeit läßt sich die Größe der räumlichen Verschiebung in guter Übereinstimmung mit der Theorie bestimmen. Diese Ortsveränderung steht in einfachem Zusammenhang mit dem Diffusionskoeffizienten der zerteilten Materie, der andrerseits auch der direkten Bestimmung zugänglich ist.

---

[1] Aus dem gleichen Grunde ist auch davon abgesehen worden, eine dritte Klasse von Kolloiden für diejenigen Systeme aufzustellen, welche sowohl organische wie anorganische zerteilte Stoffe enthalten.

Alle die darauf bezüglichen Untersuchungen haben zur Erkenntnis geführt, daß den Kolloidteilchen, geradeso wie den Molekülen, Diffusionsvermögen zukommt, unabhängig von der Art der zerteilten Materie. Denken wir uns also eine Handvoll Tonschlamm in einem Bassin mit Wasser, das der Schwerkraft nicht unterworfen sei, dann werden die Tonteilchen infolge ihrer *Brown*schen Bewegung allmählich sich in der ganzen Wassermasse gleichmäßig verteilen, geradeso wie die Moleküle einer Zuckerlösung, nur viel langsamer[1]. Was geschieht aber, wenn wir die Tonsuspension der Schwerkraft nicht entziehen? Die Tonteilchen werden allmählich sedimentieren und sich am Boden des Gefäßes anreichern; man müßte erwarten, daß sie bei ruhigem Stehen schließlich, geradeso wie sedimentierende Sandkörner, sich dicht aneinander lagern und unbeweglich liegenbleiben würden. Dies ist hier nicht der Fall, wir müssen also annehmen, daß Einflüsse vorhanden sind, die der Schwerkraft entgegenwirken; diese sind in der kinetischen Energie sehr kleiner Teilchen zu sehen, die ein Diffusionsvermögen entgegen der Schwerkraft hervorruft, und das Resultat dieser beiden Einflüsse ist „im Sedimentationsgleichgewicht" eine räumliche Verteilung der Tonteilchen, die demselben Gesetz entspricht wie die Abnahme der Zahl der Luftmoleküle in der Atmosphäre. Geradeso wie die Konzentration der Gasmoleküle in der Luft mit der Höhe abnimmt, so verringert sich auch die Konzentration der kleinen, mikroskopischen Teilchen mit der Höhe. Für erstere gilt bekanntlich die barometrische Exponentialformel, und dasselbe Gesetz beherrscht auch die räumliche Anordnung der suspendierten Teilchen im Sedimentationsgleichgewicht. Nur wird dieselbe Dichteabnahme bei der Luft in mehreren Kilometern Höhe erreicht, bei suspendierten Teilchen aber oft schon in Bruchteilen eines Millimeters; das Gesetz der Abnahme bleibt aber dasselbe. *Perrin* hat dies in einer schönen Experimentaluntersuchung nachgewiesen und konnte gleichzeitig auch zeigen, daß die einzelnen Teilchen einer Mastix- und Gummiguttemulsion dieselbe kinetische Energie besitzen wie die Gasmoleküle. Bei ultramikroskopischen Teilchen kolloider Lösungen ist der Einfluß der Schwerkraft entsprechend der viel kleineren Teilchenmasse ein außerordentlich viel geringerer; daher kommt es, daß die Teilchenabnahme mit der Höhe in der Regel sich unserer Beobachtung entzieht und nur bemerkt wird, wenn die Submikronen und ihre Abstände genügend groß sind. —

Konzentrationsschwankungen. Die bei Kolloiden sehr lebhaften Bewegungen der Teilchen bedingen ein fortwährendes Schwanken der Teilchenzahl in einem bestimmten, optisch abgegrenzten Volumelement. Die Theorie dieser Schwankungen ist von *v. Smoluchowski* gegeben worden in Zusammenhang mit der Theorie der *Brown*schen Bewegung, und auch diese Ergebnisse der theoretischen Untersuchungen sind einer experimentellen Prüfung zugänglich, die ein durchaus befriedigendes Resultat ergeben haben.

Aus den Schwankungen der Teilchenzahlen läßt sich feststellen, ob das

---

[1] Es ist für die folgenden Betrachtungen angenommen, daß die Tonteilchen klein, untereinander gleich groß sind und in reines Wasser gebracht werden.

*Boyle*sche Gesetz für das untersuchte Hydrosol gültig ist oder nicht; aus Abweichungen bestimmter Art, ob zwischen den Ultramikronen Anziehung oder Abstoßung besteht. Die vielfach in dieser Richtung angestellten Versuche von *The Svedberg, Westgren, Richard Lorenz* und *Costantin* haben zu dem Ergebnis geführt, daß in genügend verdünnten Solen weder Anziehung noch Abstoßung der Teilchen zu beobachten ist, daß aber konzentriertere Sole und Suspensionen sowie auch Rauchteilchen (*Richard Lorenz*) Abweichungen vom normalen Verhalten aufweisen, die auf Abstoßung schließen lassen.

Abstoßung infolge elektrischer Ladung. Diese Abstoßung beruht auf elektrischer Ladung der Ultramikronen und kommt erst bei sehr starker Annäherung derselben zur Wirkung. Viele Hydrosole, wohl alle irreversiblen und ein Teil der reversiblen, verdanken ihre Beständigkeit dem Vorhandensein elektrischer Ladungen, auch zahlreiche Reaktionen sind auf dieselben zurückzuführen, und darum müssen die elektrischen Eigenschaften der Kolloide in den folgenden Abschnitten eingehend behandelt werden. Die Teilchen der irreversiblen Hydrosole bleiben also nur deshalb voneinander getrennt in der Flüssigkeit, weil sie elektrische Ladungen tragen; im unelektrischen Zustande und auch wenn sie schwach gleichsinnig geladen sind, ziehen sie sich an, flocken aus, so daß jedes irreversible Sol sofort zur Koagulation gebracht werden kann, wenn man seinen Ultramikronen die elektrische Ladung entzieht.

*v. Smoluchowski*s Theorie der Koagulation hat schon zu wichtigen Aufschlüssen über die Anziehungssphären der unelektrischen Teilchen geführt; wie wir weiter unten sehen werden, übertrifft der Radius der Anziehungssphäre nach neueren Untersuchungen den Durchmesser um das Zwei- bis Dreifache.

Man ist imstande, den Teilchen auf verschiedene Weise elektrische Ladung zu erteilen, ihre schon vorhandene Ladung zu verstärken und abzuschwächen. Das praktischste Mittel der Aufladung wird bei der Peptisation angewendet; bei dieser werden gewisse spezifisch wirkende Elektrolyte als Peptisation. Peptisationsmittel den Gelen, in welchen die nicht oder nur schwach elektrisch geladenen Teilchen flockenartig vereinigt sind, hinzugefügt, worauf Trennung der Flockenverbände in ultramikroskopische Primär- und Sekundärteilchen erfolgt. (Ausführlicheres in den Abschnitten über Peptisation, Kap. 33.)

Bei der Koagulation tritt häufig Gallertbildung ein, lange vorher macht sich aber der langsam verlaufende Koagulationsprozeß durch Zähigkeitszunahme des Hydrosols bemerkbar (Kap. 27). Kolloidteilchen haben auch ein ausgesprochenes Bestreben sich mit andersartigen Ultramikronen oder auch mit Molekülen zu vereinigen. Vereinigung mit gleichartigen Teilen führt zu Koagulation, mit fremden häufig zu Schutzwirkungen, mit Molekülen zur Adsorption oder zur chemischen Bindung; die Adsorption wird ausführlich in Kap. 26 behandelt.

In engem Zusammenhang damit und mit den Eigenschaften der Gele steht die Ausbildung von Flüssigkeitshüllen, auf welche Kap. 28 eingegangen wird.

Farbenänderungen, von welchen Zustandsänderungen häufig begleitet werden, werden in Kap. 29 kurz besprochen.

Wenn die Kolloidteilchen auch in den Hydrosolen dieselbe Rolle spielen wie die Moleküle der gelösten Stoffe in den Krystalloidlösungen, so ermöglicht ihre im Vergleich zu den Krystalloidmolekülen nicht unbeträchtliche Größe doch mechanische Trennungsmethoden, mit denen wir uns zunächst befassen wollen.

## 22. Dialyse und Ultrafiltration.

Die Eigenschaft pflanzlicher, tierischer wie künstlicher Membranen, Kolloidteilchen nicht passieren zu lassen, hat zwei für die Kolloidchemie außerordentlich wichtige Trennungsmethoden ermöglicht:

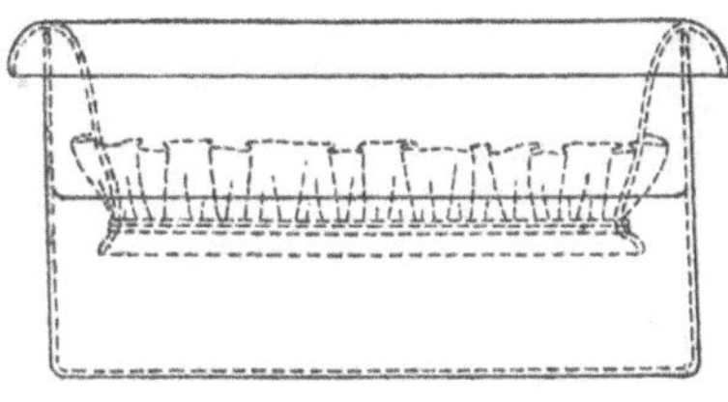

Fig. 6. Dialysator.

Die erste, von *Graham*[1] bereits mit so großem Erfolge angewandte, die **Dialyse**, ist schon kurz besprochen worden; im folgenden Abschnitte sollen einige andere Ausführungsformen derselben erläutert werden. Die zweite, die **Ultrafiltration**, erst seit einigen Jahren für Zwecke der Kolloidchemie zu allgemeiner Anwendung gelangt, hat schon mancherlei wichtige Resultate gebracht und dürfte sich bei der weiteren Erforschung der Kolloide als kaum entbehrliches Hilfsmittel erweisen.

**Dialyse. (Apparate.)** Außer dem bereits beschriebenen *Graham*schen Dialysator (S. 6) sind noch mehrere andere im Gebrauch. Gewöhnlich wird ein unten offenes Glasgefäß (Fig. 6) mit einer Membran bespannt und in einen größeren Behälter mit destilliertem Wasser eingesenkt. Will man die Dialyse kontinuierlich gestalten, so leitet man Wasser mittels geeignet gebogener Glasröhren oben zu und unten ab.

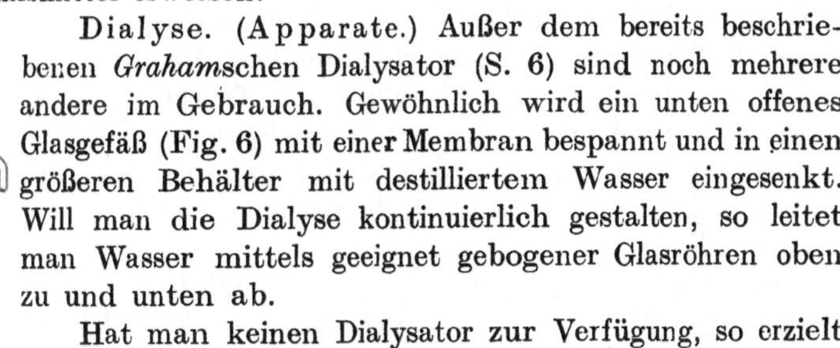

Fig. 7.
Dialysator nach
*Kühne.*

Hat man keinen Dialysator zur Verfügung, so erzielt man auch ganz gute Dialyse durch einfaches Bedecken eines Wasserbehälters mit einer Pergamentmembran. Man drückt die Membran mit der Hand auf die Wasseroberfläche und schüttet in die so gebildete Vertiefung die zu dialysierende Lösung.

Der Dialysator nach *Kühne* besteht aus einem hohen Glaszylinder (Fig. 7), welcher zur Aufnahme der Dialysiermembran dient. Diese wird aus einem beiderseits offenen U-förmig abwärts gebogenen Pergamentschlauch gebildet. Auch hier dienen Trichter und Glasröhren zur kontinuierlichen Erneuerung des Wassers, welches zweckmäßig oben zu- und unten abgeleitet wird. Leider sind die käuflichen Pergamentschläuche meist so undicht, daß sie den Gebrauch dieses Dialysators sehr erschweren.

*Kühnes Dialysator.*

---

[1] *Th. Graham*: Philos. Transact. 1861, 183; *Liebigs* Annalen **121**, 13 (1862).

Endlich verdienen noch die Dialysiermembranen von *Schleicher* und *Schüll* Erwähnung, die aus einer unten geschlossenen Pergamentröhre bestehen.

Es ist bekannt, daß die Zuckerindustrie sich seit langem des Dialysators bei der Melasse-Entzuckerung bedient. Einen ähnlichen Apparat in kleinerem Maßstabe hat *Jordis*[1] konstruiert.

Dialysator nach *Zsigmondy* und *Heyer*. Ein anderer Dialysator, der eine recht schnelle Reinigung der Kolloide gestattet, ist von *Zsigmondy* und *Heyer*[2] beschrieben worden (Fig. 8).

Ein mit einem 3 bis 4 mm hohen Rande versehener flacher Teller (*A*) aus Hartgummi von 25 bis 40 cm Durchmesser ist in der Mitte durchbohrt. 8 schmale, 3 bis 4 mm hohe, radial gestellte Leisten regeln die Wasserströmung und reichen bis auf 1 cm an den Rand heran. Auf den Rand des Tellers passend, von gleicher Wandstärke (4 bis 5 mm) wie dieser, wird nun noch ein 40 mm hoher Hartgummiring (*B*) aufgesetzt, der an seinem unteren Rande die Membran trägt.

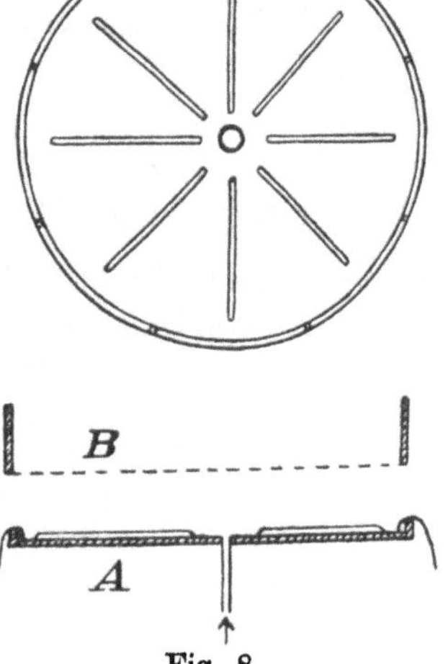


Fig. 8.
Sterndialysator im Querschnitt.
*A* Teller, *B* Ring mit Membran,
darüber: Teller *A* in der Aufsicht.

Zwischen der Membran, die am Ring befestigt ist, und dem Teller wird durch diese Einrichtung eine Wasserschicht von 3 bis 4 mm Höhe eingeschlossen. Dieses Wasser wird von der Tellerbohrung aus fortwährend erneuert, wird durch die Leisten nach den Seiten hin verteilt und fließt schließlich durch kleine Einkerbungen am oberen Tellerrande ab. Das gleichmäßige Abfließen, das durch Horizontalstellung des Tellers schwer zu erreichen ist, wird durch Fließpapierstreifen, die zwischen Ring und Tellerrand eingeklemmt werden und so als Heber dienen, geregelt[3].

Pergamentmembran. Als Dialysiermembran dient gewöhnlich Pergamentpapier, dessen Gebrauch durch viele Dezennien hindurch sich erhalten hat. Dasselbe ist in genügend dichter Form im Handel zu erhalten, hat aber den verhältnismäßig großen Nachteil, dem Durchgang der Krystalloide beträchtlichen Widerstand entgegenzusetzen. Neuerdings wird mit Vorteil die zum schnellen Dialysieren vorzüglich geeignete sogenannte Fischblase als Membran verwendet, die meist in guter Qualität im Handel zu haben ist. In letzter Zeit bedient man sich zur Dialyse auch der als Kolloidfilter ausgezeichnet verwendbaren Kollodiummembranen, die man in beliebiger Gestalt herstellen kann. Sie ermöglichen

Fischblase.

Kollodiummembranen.

---


[1] *E. Jordis*: Zeitschr. f. Elektrochemie **8**, 677 bis 678 (1902).

[2] *R. Zsigmondy* und *R. Heyer*: Zeitschr. f. anorg. Chemie **68**, 169 bis 187 (1910); Koll.-Zeitschr. **8**, 123 bis 126 (1911).

[3] Nähere Angaben über die Befestigung von Kollodiummembranen am Ring und über die Geschwindigkeit der Dialyse finden sich in der vorstehend zitierten Abhandlung. Der Dialysator ist von *Robert Mittelbach* in Göttingen zu beziehen.

ein außerordentlich rasches Dialysieren, von dessen Geschwindigkeit man sich durch einen auch als Vorlesungsversuch geeigneten Versuch überzeugen kann: mäßig konzentrierte Fluoresceinlösung wird einerseits auf Pergament, andererseits auf Kollodiummembran gegossen; beide Membranen hängen sackförmig in mit Wasser gefüllten Glaszylindern; während nun aus der Kollodiummembran das Fluorescein kurze Zeit nach dem Eingießen in prachtvoll grün fluorescierenden Schlieren zu Boden sinkt, dauert es erheblich länger, bis eine Diffusion des Farbstoffes durch die viel dickere Pergamentmembran beobachtet werden kann.

**Ultrafiltration und Osmometer.** Schon seit langem werden Kolloidumsäckchen von Bakteriologen zur Filtration von Mikroben verwendet. Es ist das Verdienst von *G. Malfitano*[1], darauf aufmerksam gemacht zu haben, daß derartige Kollodiumsäcke auch zur Untersuchung von Kolloiden mit großem Vorteil angewendet werden können. Später hat sich *Duclaux*[2] eingehender damit befaßt und daran anschließend mehrere andere Forscher, wie *Moore* und *Roaf*, *Lillie*, *W. Biltz*[3] u. a.

## Ultrafiltration.

Tatsächlich sind Kollodiummembranen nicht nur, wie schon weiter oben erwähnt, für die Dialyse vorzüglich geeignet, sondern sie gestatten auch, die Kolloide in bequemer Weise durch Filtration von dem größeren Teil der Flüssigkeit, in welcher sie enthalten sind, zu trennen, deren Untersuchung dadurch ermöglicht wird.

Einen weiteren Vorteil gewähren dieselben als ausgezeichnete semipermeable Membranen, zur Untersuchung des osmotischen Drucks der Hydrosole gegen ihr Filtrat. Auch die Leitfähigkeit des Filtrats und Filterinhalts kann gemessen und damit ein weiterer Fortschritt in der Erkenntnis der Kolloide erzielt werden.

Die Herstellung derartiger Membranen ist verhältnismäßig einfach. Nach *Lillie* werden Kollodiumlösungen in Flaschen eingegossen. Man läßt nach gleichmäßiger Verteilung der Flüssigkeit den Überschuß auslaufen und behandelt die durch Verdunstung des Äthers gebildeten Häutchen mit Wasser. Sie lösen sich dann leicht von der Glasflasche ab und werden mittels eines Fadens aus Kautschuk an eine mit Gummipfropfen versehene Steigröhre festgebunden. In ähnlicher Weise wird auch im Institut des Verfassers gearbeitet. Man erhält vorzüglich dicht schließende Membranen und Verschlüsse.

Bei der Herstellung darf man die Kollodiumfilter nicht zu weit eintrocknen lassen; je mehr Alkohol daraus verdunstet, um so dichter werden sie, ja vollkommen trockne Häutchen sind auch für Wasser undurchlässig. Der Wasserzusatz muß also erfolgen, bevor die Filter zu weit eingetrocknet sind. Filter,

Herstellung der Kollodiumfilter.

[1] *G. Malfitano*: Compt. rend. **139**, 1221 (1904); genauer beschrieben bei *A. Cotton* und *H. Mouton*: Les ultramicroscopes etc., S. 117.

[2] *J. Duclaux*: Journ. de chim. phys. **5**, 29 bis 56 (1907); **7**, 430 (1909).

[3] *W. Biltz*: Zeitschr. f. phys. Chemie **68**, 357 bis 382 (1909); **73**, 481 bis 512 (1910).

welche bei Wasserzusatz noch zuviel Alkohol und Äther enthalten, trüben sich. Nach einiger Übung findet man bald den richtigen Moment, in welchem das Häutchen in Wasser zu tauchen ist.

Die Kolloidfilter werden vor ihrem Gebrauch zweckmäßig auf Dichtigkeit geprüft, indem man kolloide Goldlösungen durch dieselben filtriert. Jeder Fehler der Membran oder der Verbindung gibt sich durch Rotfärbung des Filtrats zu erkennen.

Für Filtrationszwecke werden zweckmäßig dünnere Kollodiumhäutchen angewendet, welche man durch Aufgießen von verdünntem Kollodium (200 ccm 6 proz. Kollodium, 200 ccm Äther und 500 ccm Alkohol) auf Spiegelglasplatten erhalten kann. Die Häutchen werden, wenn sie nicht mehr kleben, samt Unterlage in Wasser gebracht, lassen sich dann von derselben ablösen,

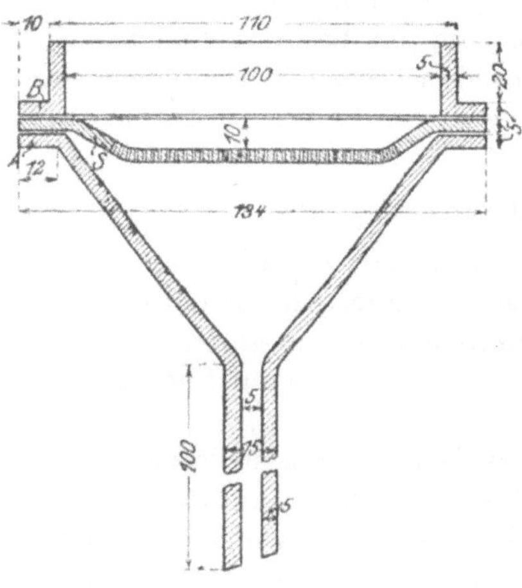

Fig. 9.
Filtrationsapparat nach *Zsigmondy*.

auf Papierunterlage in einen Saugtrichter bringen und zum Abfiltrieren von Hydrosolen wie von feinsten Niederschlägen verwenden. Daß diese Methode auch für Zwecke der quantitativen Analyse wie der Mikroanalyse geeignet ist, haben *Zsigmondy*, *Wilke-Dörfurt* und *v. Galecki* gezeigt[1].

Die Methode hat sich gut bewährt, ist aber immerhin verbesserungsfähig; die dünnen Kollodiumhäutchen reißen leicht an der Berührungsstelle von Trichterwand und Filterplatte, auch ist die filtrierende Fläche noch zu klein, um genügend schnelles Filtrieren zu gestatten.

Der in folgendem beschriebene Filtrierapparat[2] vermeidet diese Übelstände (Fig. 9). Er besteht aus drei Teilen: Trichter *A*, Siebplatte *S* und Ring *B*. Alle drei Bestandteile sind aufeinander eingeschliffen, so daß sie mit Hilfe dreier Klemmschrauben flüssigkeitsdicht aufeinander gepreßt werden können[3].

Man legt die Siebplatte auf den in eine Saugflasche eingesetzten Trichter *A*, bedeckt die Sieblöcher mit einem Papierfilter, legt ein Kollodiumhäutchen über die Siebplatte, so daß auch der Rand derselben bedeckt wird und keine Falten entstehen, setzt den Ring *B* auf, verbindet die drei Teile durch 3 oder 4 Klemmschrauben und saugt zunächst vorsichtig Luft aus der Saugflasche, bis das über der Siebfläche ausgespannte Kollodiumhäutchen sich ganz dicht an diese angelegt hat.

---

[1] *R. Zsigmondy*: E. *Wilke-Dörfurt* und A. *v. Galecki*, Ber. **45**, 579 bis 582 (1912).

[2] *R. Zsigmondy*: Zeitschr. f. angew. Chemie **26**, 447 (1913). — Der Filtrierapparat kann von der Firma *Warmbrunn, Quilitz & Co.* bezogen werden. Einen Porzellanapparat derselben Art bringt die Firma *E. de Haën*-Hannover in Handel. — Metall- und Hartgummiapparate: *R. Winkel*-Göttingen.

[3] Erforderlichen Falles werden Dichtungsringe eingelegt.

Richtig hergestellte Kollodiumfilter reißen bei dieser Operation nicht, selbst wenn man sie ausgespannt über die Platte gelegt hat; das Filtrieren erfolgt dann über dem Vakuum der Wasserstrahlpumpe, aber im allgemeinen nur dort, wo das Papierfilter unterliegt; es ist also vorteilhaft, dessen Durchmesser nicht allzu klein zu wählen.

Das Trockengewicht eines Filters beträgt nur 0,1 bis 0,2 g. Die Filter sind nahezu aschefrei.

Wenn man will, kann man durch Abmessen der Kollodiumlösung Filter von bestimmtem Trockengewicht herstellen und die Niederschläge nach dem Trocknen samt Filter wägen[1].

*Bechholds* Ultrafiltration. Zur Ultrafiltration von Kolloiden in größerem Maßstabe eignet sich sehr gut der von *Bechhold*[2] konstruierte Apparat, der es ermöglicht, Kolloide voneinander zu trennen, je nachdem man Filter von größerer oder geringerer Porenweite anwendet. Als Filter verwendet *Bechhold* starkes Papier, das mit gehärteter Gelatine oder mit Eisessig-Kollodium imprägniert wird. Je nachdem man das-

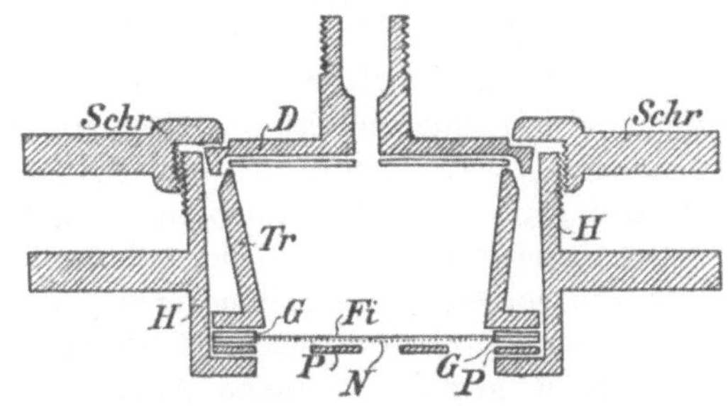


Fig. 10. *Bechholds* Ultrafiltrationsapparat.

selbe konzentrierter oder verdünnter verwendet, erhält man Filter von geringerer oder von größerer Dichtigkeit, deren Porengröße sich also bis zu einem gewissen Grade variieren läßt.

Die Imprägnierung der Filter geschieht im Vakuum in einem besonderen Apparat, der ermöglicht, zahlreiche Filter gleichzeitig mit der Filtersubstanz zu tränken.

Die imprägnierten Filter werden nach evtl. Härtung (bei Gelatine) sorgfältig gewaschen. Sie kommen hierauf in den Filtrierapparat, dessen wesentlicher Teil in Fig. 10 dargestellt ist.

In das zylindrische Gefäß $H$ wird eine gelochte Platte $P$ eingesetzt, welche den Trichter $Tr$ trägt. Zwischen $P$ und $Tr$ wird, mit geeigneter Dichtung versehen, das Filter $Fi$ und ein unmittelbar darunterliegendes Drahtnetz $N$ eingespannt; der gleichfalls mit Dichtungsring versehene Deckel $D$ wird mittels des Verschlußstücks $Schr$ festgeschraubt. Man füllt die Kolloidlösung in den Trichter und filtriert unter Druck.

Zur Filtration von Kolloiden sind verhältnismäßig geringe Druckdifferenzen nötig; so genügt bei verdünnter Hämoglobinlösung schon 0,4 Atm Überdruck, um das Kolloid vom Lösungsmittel, dem Wasser, zu trennen. Hämoglobin und Serumalbumin konzentrieren sich zu Schmieren, welche in Wasser wieder löslich sind.

---

[1] Über neue Ultrafiltration s. auch *Wo. Ostwald:* Koll. Zeitschr. **23**, 68 (1918).

[2] *H. Bechhold:* Zeitschr. f. phys. Chemie **60**, 257 bis 318 (1907); **64**, 328 bis 342 (1908).

Zur ungefähren Größenbestimmung der Porenweite seiner Filter benützt *Bechhold* eine Hämoglobinlösung, die durch weitere Filter hindurchgeht, von engeren zurückgehalten wird.

Filtration von gemischten Kolloiden.
Bezüglich der näheren Beschreibung der *Bechhold*schen Versuche muß auf seine Originalarbeiten verwiesen werden.

Besonderes Interesse beansprucht die Möglichkeit, gelöste Kolloide durch Filtration voneinander zu trennen. So vermochte *Bechhold* aus einer Mischung von Berlinerblau und Hämoglobin, beide Kolloide in Wasser gelöst, das Hämoglobin abzufiltrieren; die schmutziggrüne Mischung gab ein rotes Filtrat; wurde ein engeres Filter verwendet, so erhielt man ein farbloses Filtrat.

Trennung von Albumosen.
Sehr interessant sind auch die Trennungen von Albumosen durch Ultrafiltration. Diese Abbauprodukte des Eiweiß konnten bisher nur durch fraktionierte Fällung mit verschieden konzentrierten Salzlösungen voneinander getrennt werden. (Siehe Kap. 115). Nach *Bechhold* gelingt es, durch Anwendung verschieden dichter Filter die Protalbumosen von den Deuteroalbumosen zu trennen derart, daß das Filtrat die letzteren, der Filterrückstand dagegen die Protalbumosen enthält.

Auf die Schwierigkeit einer solchen Trennung hat übrigens *Zunz*[1] aufmerksam gemacht. Nach ihm vermag die Ultrafiltration die Trennung der Albumosen durch fraktionierte Fällung nicht zu ersetzen. Dagegen ist die Möglichkeit gegeben, einzelne Albumosenfraktionen, wie Heteroalbumose, Thioalbumose u. a., durch Ultrafiltration in weitere Fraktionen zu zerlegen.

Globuline, welche zu ihrer Lösung eine gewisse Menge von Alkalisalzen benötigen und ausfallen, wenn man dieselben hinwegdialysiert, koagulieren gleichfalls bei der Filtration. Es hinterbleibt eine weiße, undurchsichtige Emulsion, die in Anwesenheit von Kochsalz wieder löslich ist.

Adsorption von Farbstoffen durch Ultramikronen.
Sehr interessante Beobachtungen an Mischungen von Kolloiden mit Krystalloiden sind von *Bechhold* ausgeführt worden. So wurde eine Mischung von kolloidem Albumin mit krystalloidem Methylenblau filtriert und dadurch der Nachweis erbracht, daß Methylenblau von den Eiweißteilchen der Lösung aufgenommen wird, ganz ähnlich wie sonst von Tier- oder Pflanzenfasern. Einen Beweis für diese Tatsache gibt ein direkter Färbeversuch. Die mit Albumin versetzte Methylenblaulösung vermochte Wolle nicht so stark anzufärben wie die reine Lösung dieses Farbstoffes.

### Membranfilter.

Die bisher beschriebenen Kollodium- oder Gelatinefilter sind als filtrierende Gallerten mit oder ohne Stütze aus Papier anzusehen, die beim Eintrocknen Veränderungen erleiden, schrumpfen oder die Poren ganz verschließen und relativ langsam filtrieren.

Wesentlich günstiger verhalten sich die von *Zsigmondy* und *Bachmann* beschriebenen Membranfilter[2], die das Eintrocknen ertragen, ohne ihre Durch-

---

[1] *E. Zunz*: Bull. de l'acad. roy. de Belgique (Cl. des sc.) Nr. 9 bis 10 (1912).

[2] *R. Zsigmondy* und *W. Bachmann*: Zeitschr. f. anorgan. u. allgem. Chem. **103**, 119 bis 128 (1918).

lässigkeit zu ändern und die in den verschiedensten Porenweiten hergestellt werden können. Die Filter haben eine glatte glänzende Oberfläche, beträchtliche Festigkeit und lassen sich den verschiedensten Anwendungsgebieten anpassen; so sind Trennungen von kolloid gelöstem Benzopurpurin und Berlinerblau möglich, auch läßt sich das erstere durch ein dichtes Filter zurückhalten, so daß man ein farbloses Filtrat erhält. Die Membranfilter eignen sich vorzüglich für präparative und bakteriologische Zwecke, zur Entkeimung und Reinigung von Wasser[1] usw.

Eine neue aussichtsreiche Anwendung haben sie auf dem Gebiete der analytischen Chemie gefunden[2]. Mit Hilfe des in Fig. 9 dargestellten Apparates lassen sich die feinsten Niederschläge in sehr kurzer Zeit abfiltrieren und rein waschen.

Die Teilchen eines Graphitsols von 0,2 bis 0,3 $\mu$ Durchmesser, die durch ein Papierfilter glatt hindurchlaufen, werden von einem Membranfilter (das 100 ccm Wasser im Apparat Fig. 9 in 30 Sekunden durchläßt) vollständig zurückgehalten. Das Filtrat ist farblos, und die schwarze, glänzende Graphitschicht läßt sich durch Abwaschen quantitativ entfernen. Die quantitative Analyse mit solchen Filtern ist besonders vorteilhaft bei schwer filtrierenden, gallertigen Niederschlägen, die man nach dem Waschen trocken saugt und wie von einem Glanzpapier in das Wägegefäß bringt. Die erforderlichen Operationen sind in der zitierten Arbeit beschrieben.

Die Analysenresultate nach dieser Methode sind sehr befriedigend und die Zeitdauer vieler Analysen kann bei Anwendung von Membranfiltern auf weniger als die Hälfte herabgesetzt werden.

Mit Hilfe der Membranfilter vermochte *M. Ficker*, Berlin-Dahlem, u. a. die Isolierung des Toxins des aus Gasbrandfällen isolierten Bacillus oedematis maligni durchzuführen[3]. Die Bakteriendichtigkeit genügend schnell filtrierender Filter wurde schon von *Reichenbach* und *Koch* erwiesen.

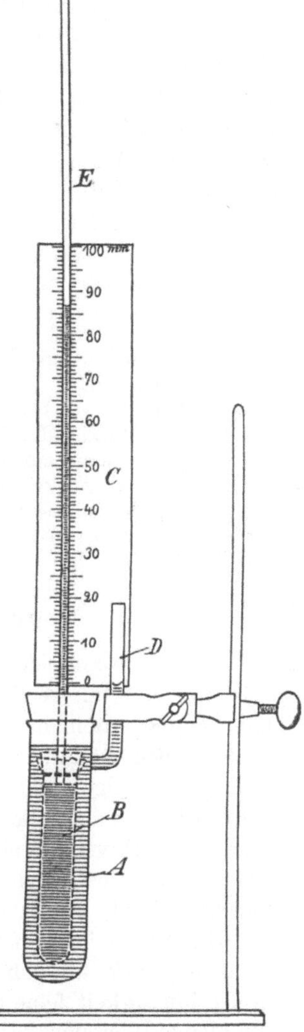

Fig. 11.
Osmotische Zelle.

---

[1] Sie werden von der Firma *E. de Haën*, Seelze bei Hannover, fabrikmäßig hergestellt. Vgl. auch Anm. 2, S. 44.

[2] *R. Zsigmondy* und *G. Jander*: Zeitschr. f. anal. Chem. **58**, 241 (1919).

[3] *M. Ficker:* Med. Klinik (1917), Nr. 45.

## Osmometer.

*Osmometer.* Im Institut für anorganische Chemie zu Göttingen werden zum Zwecke der Messung des osmotischen Druckes Reagierröhrchen mit Kollodium ausgegossen und die so erhaltenen Kollodiummembranen $B$ in der aus Fig. 11 erkenntlichen Art montiert.

Dem Osmometergefäß $A$ ist seitlich eine in Zentimeter geteilte Röhre $D$ angeschmolzen. Ein Gummistopfen, durch welchen die Steigröhre $E$ geführt wird, verschließt das Osmometer. Die Skala $C$ ist in Millimeter geteilt und gestattet die Niveaudifferenz zwischen beiden Flüssigkeitsoberflächen abzulesen. Sie ist meist beträchtlich länger, als die Zeichnung angibt.

Um die Verdunstung der Flüssigkeit möglichst zu vermeiden, wird $D$ mit einem Gummistopfen, der ein nicht bis in die Flüssigkeit reichendes Kapillarrohr trägt, verschlossen.

Man filtriert nach *Duclaux* durch ein besonderes Kollodiumfilter einen Teil der zu untersuchenden Flüssigkeit, bringt den anderen in den Kollodiumsack $B$ und füllt $A$ mit dem Filtrat. Ist der osmotische Druck größer, als der Niveaudifferenz der Flüssigkeitssäulen entspricht, so steigt die Kolloidlösung in der Röhre $E$ und kommt nach einiger Zeit zum Stillstand. Man komprimiert hierauf die Luft über $E$, wodurch ein Teil der Flüssigkeit aus dem Sack durch die Poren des Filters gepreßt wird. Nach einiger Zeit steigt dann die Flüssigkeit ebenso hoch wie vorher, oder aber, wenn das Kolloid veränderlich ist, erreicht sie nicht mehr die ursprüngliche Steighöhe.

Ähnliche Formen von Osmometern sind vorher von *Duclaux, Lillie, Hüfner*[1] und von *W. Biltz*[2] beschrieben, andere von *Roaf, Donnan* und *Harris*[3].

## 23. Bewegung der Ultramikronen.

*Brownsche Bewegung.* Eine den kolloiden Lösungen eigentümliche Eigenschaft ist die mehr oder minder lebhafte Bewegung ihrer Teilchen. Dieselbe ist durch die Ultramikroskopie einem näheren Studium zugänglich gemacht worden. Bei sehr großen, im gewöhnlichen Mikroskop noch sichtbaren Teilchen ist eine, wenn auch viel weniger lebhafte Bewegung schon seit dem Jahre 1827 bekannt. Sie wurde von dem Botaniker *Robert Brown*[4] entdeckt und ist nachher von zahlreichen Physikern eingehend untersucht worden. Eine kurze Zusammenstellung der diesbezüglichen älteren Versuche findet sich in *Lehmanns* Molekularphysik, I, 264 (1867).

*Ältere Theorien.* Die Erscheinung ist auf die verschiedenste Art gedeutet worden. So nahm *Regnault*[5] an, daß die einseitige Erwärmung der suspendierten Teilchen in der Flüssigkeit feine Strömungen erzeuge, welche die zitternde Bewegung der kleinen Teilchen bewirken; *Wiener*[6] dagegen, daß es sich um eine dem Flüssigkeitszustand eigentümliche Bewegungsart handle, die sich der direkten Wahrnehmung entziehe, durch die Bewegung der Teilchen aber erkennbar

---

[1] *G. Hüfner* und *E. Gansser*: siehe Kap. 116.
[2] l. c. siehe S. 43.
[3] Vgl. *Donnan* u. *Harris*, Trans. of the Chem. Soc. **99**, 1557 (1911).
[4] *R. Brown*: Poggendorffs Annalen d. Phys. u. Chem. **14**, 294 bis 313 (1828).
[5] *J. Regnault*: Journ. de Pharm. (3) **34**, 141 (1858).
[6] *Chr. Wiener*: Poggendorffs Annalen d. Phys. u. Chem. **118**, 79 bis 94 (1863).

werde. Nach *Quincke*[1] ist die *Brown*sche Bewegung zurückzuführen auf die Ausbreitung von Flüssigkeitsschichten längs der Teilchenoberfläche. Eine wirklich brauchbare Erklärung des Phänomens ist erst durch Anwendung der kinetischen Theorie auf diese Erscheinungen gegeben worden.

Schon *Wiener, Cantoni, Renard, Boussinesq, Gouy* haben die Bewegung zurückgeführt auf Zusammenstöße der Teilchen mit den Flüssigkeitsmolekülen, aber erst durch die theoretischen Untersuchungen von *Einstein*[2] und *v. Smoluchowski*[3] ist das Phänomen derart beschrieben worden, daß eine experimentelle Prüfung der Theorie erfolgen konnte. Diese Prüfung ist von *The Svedberg*[4], *Perrin*[5] u. a. durchgeführt worden und spricht durchaus für die Anwendbarkeit der kinetischen Theorie. Schon ältere Beobachtungen haben auf Tatsachen aufmerksam gemacht, welche geeignet sind, die Unrichtigkeit einiger andrer Erklärungsversuche darzutun. Dahin gehören Beobachtungen, welche die Unabhängigkeit der *Brown*schen Bewegung von äußeren Einflüssen beweisen.

Man kann z. B. Gummiguttsuspensionen wochenlang aufbewahren, man kann sie kochen und nachher abkühlen und findet keine Veränderung der Bewegung. Man kann vor allem anderen, was wicht'g ist, die dunklen Wärmestrahlen der Beleuchtung ausschalten oder die Farbe der Strahlen oder die Intensität der Beleuchtung im Verhältnis 1000 : 1 ändern, ohne daß die Bewegung eine Änderung erfährt. Daraus ergibt sich ohne weiteres, daß diese Bewegung nicht auf eine lokale Erwärmung der Flüssigkeit durch die Strahlung zurückzuführen ist, wie vor kurzem noch vielfach von einzelnen Gelehrten angenommen wurde, sondern daß es sich um ein andauerndes, von äußeren Umständen vollständig unabhängiges Phänomen handelt.

Eine beträchtliche Erweiterung der auf die Bewegung kleiner Teilchen bezüglichen Daten ist durch die ultramikroskopische Untersuchung kolloider Lösungen gegeben worden. Untersuchungen dieser Art haben gezeigt, daß die Bewegung mit abnehmender Teilchengröße außerordentlich an Lebhaftigkeit zunimmt, ja daß sogar äußerlich wenigstens ein ganz anderer Charakter der Bewegung auftritt[6]. Die Beobachtung in der Küvette des Ultramikroskops[7]

Bewegung der Ultramikronen.

---

[1] *G. Quincke*: Verh. d. Ges. D. Naturf. u. Ärzte. Düsseldorf 1898, S. 20 bis 29; Beibl. z. d. Annalen d. Phys. u. Chem. **23**, 934 bis 937 (1899).

[2] *A. Einstein*: Drudes Annalen d. Phys. **17**, 549 bis 560 (1905); **19**, 371 bis 381 (1906); Zeitschr. f. Elektrochemie **14**, 235 bis 239 (1908).

[3] *M. v. Smoluchowski*: Drudes Annalen d. Phys. (4) **21**, 756 bis 780 (1906); **25**, 205 bis 226 (1908).

[4] *The Svedberg*: Studien zur Lehre von den kolloiden Lösungen. Upsala 1907, S. 125 bis 160.

[5] *J. Perrin*: Annales de Chim. et de Phys. (8) **18**, 5 bis 114 (1909). Deutsch von *J. Donau*: Kolloidchem. Beihefte I, S. 1 bis 84 (1910). (Die *Brown*sche Bewegung und die wahre Existenz der Moleküle.)

[6] *R. Zsigmondy*: Zeitschr. f. Elektrochemie **8**, 684 bis 687 (1902).

[7] *R. Zsigmondy*: Zur Erkenntnis der Kolloide, S. 106 bis 111 (1905). Daselbst findet sich auch eine Tafel, welche die Bewegung ultramikroskopischer Goldteilchen, verglichen mit der von mikroskopischen Teilchen, in 5000facher Vergrößerung veranschaulicht.

hat es ermöglicht, eine Reihe von anderen Tatsachen zutage zu fördern, welche gleichfalls für die Beurteilung dieser Phänomene einige Bedeutung haben, und die Beobachtungen früherer Forscher konnten teils bestätigt, teils erweitert werden.

Einige dieser Resultate seien hier wiedergegeben:

1. Die Bewegung wird um so lebhafter, je kleiner die Teilchen sind (verfolgt bis zu viel kleineren Dimensionen, als früher der Beobachtung zugänglich waren); sie ist unabhängig davon, ob man die dunklen Wärmestrahlen in die Küvette treten läßt oder vorher vollständig absorbiert.

2. Die Bewegung kann nicht zurückgeführt werden auf Konzentrationsänderung durch Verdunstung, denn die Beobachtung fand in einem vollständig geschlossenen Raume statt.

3. Die Bewegung ist unabhängig von der Richtung der Lichtstrahlen[1] und unabhängig von der Dauer der Bestrahlung eines bestimmten Flüssigkeitsraumes und von der Intensität der Bestrahlung.

4. Die Bewegung hält Monate, selbst Jahre an.

Es sind namentlich die Beobachtungen, daß die Teilchenbewegung eine andauernde ist, und daß sie unabhängig von der Intensität der Beleuchtung stattfindet, wichtige Beweisgründe gegen die Anschauung *Quinckes*, an welcher bis vor einigen Jahren noch vielfach festgehalten wurde. Nur die kinetische Theorie vermag eine ausreichende Erklärung dieser Erscheinungen zu geben.

Weitere sehr eingehende und sorgfältige Untersuchungen in dieser Richtung wurden von *The Svedberg*[2] durchgeführt, aus denen sich ergab, daß es nicht gelingt, die *Brown*sche Bewegung durch äußere Mittel zu beeinflussen.

Theorie der Bewegung. In neuerer Zeit haben *Einstein* und *v. Smoluchowski* die kinetische Theorie der *Brown*schen Molekularbewegung unabhängig voneinander entwickelt und konnten zu übereinstimmenden Resultaten kommen, welche gestatten, die Voraussetzungen der Theorie an der Hand von Experimenten zu prüfen.

Es sei zunächst noch kurz wiederholt, daß die Theorie keinen Unterschied macht zwischen eigentlichen Molekülen und kleinen in einer Flüssigkeit schwebenden Teilchen. Diese Teilchen verhalten sich so, als ob sie selbständige Gasmoleküle von normaler kinetischer Energie, aber von verhältnismäßig sehr kleiner freier Weglänge wären.

*Einstein* gibt für die Bewegung kleiner in Flüssigkeiten enthaltener Teilchen folgende Formel:

$$(1) \qquad \cdots \cdots \cdots \quad A = \sqrt{t} \cdot \sqrt{\frac{RT}{N} \cdot \frac{1}{3\pi\eta r}},$$

worin bedeuten

Einsteins Formeln.

---

[1] Man muß dabei absehen von den viel langsameren Bewegungen, welche der Lichtdruck hervorrufen könnte, und welche wahrscheinlich erst bei längerer Verfolgung der Bewegung eines Einzelteilchens bemerkt werden könnten.

[2] *The Svedberg:* Vgl. die Existenz der Moleküle. Leipzig 1912.

$A$ den im Mittel (bei sehr vielen Beobachtungen) zurückgelegten Weg (in der Richtung der $x$-Achse),

  $t$ die dazugehörige Zeit,

$R$ die Gaskonstante,

$T$ die absolute Temperatur,

$N$ die Anzahl der Moleküle im Grammolekül,

  $\eta$ die Viskosität,

  $r$ den Radius der Teilchen.

*v. Smoluchowski* kam, von anderen Voraussetzungen ausgehend, zu derselben Formel.

**Die Prüfung der Formel** ist nach mehreren Richtungen möglich:

1. Man kann z. B. untersuchen, wie die Bewegung der Ultramikronen sich mit der absoluten Temperatur ändert. Diese Prüfung ist bei Kolloiden bis vor kurzem unterblieben; neuerdings ist sie von *Seddig*[1] mit Erfolg an Zinnoberteilchen ausgeführt worden.

2. Man kann untersuchen, wie der zurückgelegte Weg mit dem Teilchenradius und der Viskosität sich ändert.

Die ersten Versuche in dieser Richtung stammen von *The Svedberg*[2], dessen Arbeiten hier bahnbrechend waren.

Er kam in seiner ersten Arbeit zu einer annähernden Bestätigung der Formel, insbesondere der Beziehung $\dfrac{A^2 \eta}{t} = \text{Konst.}$ (für $T$ und $r = \text{Konst.}$),

er hat die Unabhängigkeit der Bewegung von der elektrischen Ladung der Teilchen erwiesen und späterhin auch mit seinen Schülern eine recht befriedigende Bestätigung der Formel bei Messungen an kleinen Kolloidteilchen gegeben.

Sehr wichtige Arbeiten, die *Brown*sche Bewegung größerer Teilchen betreffend, hat *Perrin* mit Gummigutt- und Mastixemulsionen durchgeführt. *Perrin* maß in einer großen Zahl von Fällen die Ortsveränderung der mikroskopischen Teilchen von 30 zu 30 Sekunden und erhielt so einen exakten Mittelwert ihrer Verschiebung längs der $x$-Achse. Seine Messungen waren genügend genau, um daraus den Wert $N$ (die Avogadrosche Konstante) nach der *Einstein*schen Formel zu berechnen.

Auf eine andere, gleichfalls von *Perrin* herrührende Bestätigung der kinetischen Theorie der *Brown*schen Bewegung wird weiter unten eingegangen werden.

Es besteht ein einfacher Zusammenhang zwischen der Ortsveränderung der Teilchen mit der Zeit und dem Diffusionskoeffizienten $D$, der durch die Formel

$$(2) \quad \ldots \ldots \ldots \quad A^2 = 2\,D\,t$$

zum Ausdruck kommt. *The Svedberg* hat diese Formel geprüft gelegentlich der Untersuchungen des Diffusionsvermögens feiner Goldlösungen, deren

---

[1] *M. Seddig:* Habilitationsschr. d. Akad. Frankfurt a. M. 1907; Zeitschr. f. anorg. Chemie **73**, 360 bis 384 (1912).

[2] Vgl. *Th. Svedberg*: Die Existenz der Moleküle. Leipzig 1912.

Teilchengröße er kannte. Der aus den Formeln (2) und (1) berechnete Teilchenradius stimmte mit dem direkt gefundenen gut überein.

## 23 a. Sedimentationsgleichgewicht.

*Perrin* zeigte, daß bei der freiwilligen Sedimentation unter dem Einfluß der Schwere sich Mastix- und andere kleine Teilchen genau nach dem gleichen Gesetze anordnen wie die Moleküle der Atmosphäre unter dem Einfluß der Schwerkraft. Wir wissen, daß der Atmosphärendruck mit der Höhe abnimmt; molekulartheoretisch stellt sich die Sache so dar:

Die Moleküle werden von der Erde angezogen, daher kommt der Atmosphäre eine gewisse Schwere zu, die auf die unteren Schichten drückt; diesem Druck wird durch den Expansionsdruck das Gleichgewicht gehalten, und dieser ist wieder auf die kinetische Energie der Moleküle zurückzuführen. Auf Schichten in größeren Höhen lastet ein geringerer Druck entsprechend der geringeren Zahl der Moleküle, die sich darüber befinden. Da bei Gasen die Molekülzahl in einem bestimmten Volumen (bzw. die Dichte) dem Drucke proportional ist, so müssen beide mit der Höhe abnehmen. Diese Abnahme kann nach einer Formel, die *Laplace* abgeleitet hat, berechnet werden. Der geniale Schritt, den *Perrin* getan hat, war die Übertragung dieses Gesetzes auf Suspensionen und die Prüfung desselben an Gummigutt- und Mastixhydrosolen. Man braucht nur anzunehmen, daß die Teilchen einer Suspension dieselbe kinetische Energie besitzen wie die Moleküle und zu berücksichtigen, daß die Mikronen nicht im Vakuum, sondern in Wasser suspendiert sind und demgemäß einen Auftrieb erleiden, so kommt man zur Gleichung des Sedimentationsgleichgewichtes.

$$(3) \qquad \ln \frac{n_0}{n} = \frac{N}{RT} \cdot v \, (\varDelta - \delta) \, g \, h \, .$$

Hierin bedeutet

$n_0$ die Teilchenzahl in einem sehr kleinen Volumen der Bodenschicht;

$n$ die Teilchenzahl in dem gleichen Volum einer Schicht in der Höhe $h$;

$v$ das Teilchenvolumen;

$\varDelta$ die Teilchendichte;

$\delta$ die Dichte des Mediums;

$g$ die Beschleunigung durch die Erdschwere;

$h$ die Höhe.

$N$, $R$, $T$ haben dieselbe Bedeutung wie in Formel (1).

Die Formel enthält lauter bekannte oder bestimmbare Größen; $n_0$ und $n$ werden bei Mastixsuspensionen mikroskopisch ausgezählt, die Höhe $h$ an der Mikrometerschraube abgelesen; das Volumen $v$ und die Dichte $\varDelta$ der Teilchen wurden von *Perrin* sorgfältig bestimmt. Die Verteilung der Mikronen unter dem Einfluß der Schwere ergab sich qualitativ ebenso wie bei einem Gase, quantitativ stellt sich aber ein großer Unterschied heraus; so ist z. B. die Abnahme der Konzentration bis auf die Hälfte, welche die Atmosphäre bei einer Höhe von etwa 6 km zeigt, hier bei einer Höhe von weniger als $^1/_{10}$ mm erreicht, weil der Einfluß der Schwerkraft auf diese „Riesenmoleküle" (der im Ausdruck $v\,(\varDelta - \delta)\,g$ zur Geltung kommt) außerordentlich viel größer ist als auf die Luftmoleküle.

*Perrin* war auf Grund seiner Versuche in der Lage, die kinetische Energie eines Einzelteilchens zu berechnen, und fand sie übereinstimmend mit der eines Moleküls. Wie erwähnt, ist eine Voraussetzung der Ableitung, daß das *Boyle*sche Gesetz für kolloide Lösungen gültig ist. Dies hat sich bestätigt in allen Fällen, wo die Teilchen große Abstände voneinander haben. Wie bei Gasen bei höheren Drucken Abweichungen zu beobachten sind, so auch hier, wenn Mikronen einander sehr nahe kommen. Aus der Art der Abweichung kann man auf Anziehung oder Abstoßung zwischen den Teilchen schließen; *Costantin* hat letzteres bei sehr konzentrierten Gummiguttsolen gefunden. Dasselbe fand er auch bei Anwendung der Formel über die Konzentrationsschwankungen.

Auf Details einzugehen, ist hier nicht der Ort; es ist um so weniger erforderlich, als eine deutsche Ausgabe der *Perrin*schen Publikationen[1] leicht zugänglich ist und ein sehr lesenswertes Referat über die wichtigsten hierher gehörigen Arbeiten von *W. Mecklenburg*[2] herausgegeben worden ist.

Auch die örtliche Verteilung von Molekülen und Ultramikronen ist einer theoretischen und experimentellen Behandlung zugänglich. Die diesbezügliche theoretische Untersuchung ist von *v. Smoluchowski*[3] gegeben worden. An der Hand der von *v. Smoluchowski* gegebenen Formeln hat *Svedberg*[4] allein und mit *Inouye* eingehende experimentelle Untersuchungen der Verhältnisse vorgenommen, aus denen gleichfalls die Angemessenheit der molekular-theoretischen Anschauungen bezüglich kolloider Lösungen hervortritt.

### 23 b. Konzentrations-Schwankungen.

Betrachtet man ein stark verdünntes Sol im Ultramikroskop, so beobachtet man ein fortwährendes Schwanken der Teilchenzahlen in dem optisch abgegrenzten Volumen $v$; man erhält z. B. in Zeitabständen von je 2 Sekunden die von *The Svedberg* beobachteten Zahlen:

1 2 0 0 0 2 0 0 1 3 2 4 1 2 3 1 0 2 1 1 1 3 1 1 2 5 1 1 1 0 2 3 3 3 1 3 usw.

Diese stets schwankenden Einzelwerte seien mit $n$ bezeichnet; also in obiger Reihe:

$$n = 1, 2, 0, 0 \ldots \text{usw.}$$

Summiert man tausend solcher Einzelwerte $n$ und dividiert die gefundene Zahl durch 1000, so erhält man $v$, die Anzahl der Submikronen, welche bei gleichmäßiger Verteilung auf das Volumen $v$ entfallen würde. Die von *v. Smo-*

---

[1] Vgl. die interessante Monographie von *Perrin*: „Die Atome." Deutsche Übersetzung von *A. Lottermoser*. Dresden und Leipzig 1914.

[2] *W. Mecklenburg*: Die experimentelle Grundlegung der Atomistik. Jena 1910.

[3] *M. v. Smoluchowski*: *Boltzmann*-Festschrift. Leipzig 1904, S. 626 bis 641.

[4] *The Svedberg*: Zeitschr. f. phys. Chem. **73**, 547 bis 556 (1910); *ders.* und *K. Inouye*: ibid. **77**, 145 bis 191 (1911).

*luchowski* gegebene und von *Richard Lorenz* und *Eitel*[1] in ausführlicher und
sehr verständlicher Form abgeleitete Formel

$$W_{(n)} = \frac{e^{-\nu}\,\nu^{n}}{n!}$$

ermöglicht die relative Häufigkeit $W_{(n)}$ (Wahrscheinlichkeit des Auftretens
von $n$ Teilchen im Volumen $v$) jeder Zahl $n$ zu berechnen; man kann also auf
diese Art bestimmen, wie oft die Zahl 1 oder die Zahl 2 oder 3 usw. unter den
1000 Einzelwerten auftreten wird. *v. Smoluchowski* hat aus der erwähnten
*Svedberg*schen Zahlenreihe die Werte $W_n$ berechnet, und daraus die Werte $K_{ber}$
die sich in nachstehender Tabelle finden.

Tabelle 3.

| | 0 | 1 | 2 | 3 | 4 | 5 | 6 | 7 |
|---|---|---|---|---|---|---|---|---|
| $K$ . . . . | 112 | 168 | 130 | 69 | 32 | 5 | 1 | 1 |
| $K_{ber}$ . . . | 110 | 170 | 132 | 68 | 26,4 | 8 | 2 | 0,5 |

Darin ist die empirische Häufigkeit der Zahlen durch den Wert $K$ gegeben,
während die berechnete als $K_{ber}$ angeführt wird. Die Übereinstimmung ist
angesichts der relativ geringen Zahl der Einzelwerte (518 Zählungen) eine
sehr gute. Treten erhebliche Abweichungen der berechneten von den beobachteten Zahlen auf, so kann man hier wie bei der Sedimentation auf Anziehung
oder Abstoßung schließen.

Wie man aus der angeführten Formel für $W_{(n)}$ ersieht, hängt die Größe der
Schwankungen ausschließlich von der durchschnittlichen Teilchenzahl $\nu$
ab; die Größe des Volumens $v$, die Art der in Betracht kommenden Teilchen,
die Natur des flüssigen Mediums, die Temperatur usw. sind für die Größe der
Schwankungen vollständig gleichgültig, vorausgesetzt, daß die Berechnung
sich auf eine genügende Zahl von Beobachtungen stützt.

Geschwindig-<br>keit der<br>Konzentrations-<br>schwankungen. Anders ist es dagegen mit der Geschwindigkeit der Konzentrationsschwankungen; die erwähnten Umstände sind ganz wesentlich bestim-
mend für die zeitliche Veränderung der Schwankungen. Die Berechnung dieser
Schwankungsgeschwindigkeit ist ein recht schwieriges Problem, aber gleichfalls von *v. Smoluchowski* gelöst. Da die *Brown*sche Bewegung als eigentliche
Ursache der Konzentrationsschwankungen aufzufassen ist, so wird es klar,
daß alle Umstände, welche dieselbe beeinflussen, wie Zähigkeit, Temperatur
usw. auch auf die Schwankungsgeschwindigkeit von Einfluß sein müssen.
*v. Smoluchowski* berechnet zunächst die Wahrscheinlichkeit $P$, daß sich ein
einziges, anfangs irgendwo innerhalb des Volumens $v$ befindliches Teilchen
nach Ablauf des Zeitintervalls $t$ außerhalb $v$ befindet. Dieses $P$ läßt sich auch
auffassen als derjenige Bruchteil einer anfangs den Raum $v$ gleichmäßig erfüllen-
den Substanz, welcher in der Zeit $t$ über dessen Grenzflächen hinausdiffundieren
würde, falls der äußere Raum anfangs von jener Substanz völlig leer wäre.

---

[1] *R. Lorenz* und *W. Eitel*: Zeitschr. f. phys. Chem. **87**, 293 bis 304 und 434 bis 440
(1914).

Berücksichtigt man mehr Teilchen, so erhält man recht komplizierte Formeln, aus welchen man einfache Resultate für die durchschnittliche Änderung der Teilchenzahl, welche in der Zeit $t$ eintritt, ableiten kann.

Durch diese Rechnungen ist nun ein Zusammenhang zwischen *Brown*scher Bewegung, Diffusion und den Konzentrationsschwankungen dargelegt worden. Man kann somit nach einer auf ultramikroskopischem Wege gewonnenen Statistik der Teilchenzahlen den Diffusionsfaktor $P$ und daraus den Diffusionskoeffizienten $D$ bestimmen, welcher gleichzeitig für die *Brown*sche Bewegung maßgebend ist, und außerdem einen Einblick in Erscheinungen gewinnen, an welchen sich der Übergang zwischen der makroskopisch irreversiblen Diffusion und den ultramikroskopischen Schwankungserscheinungen sowohl theoretisch wie experimentell verfolgen läßt.

Auf die Frage nach der Umkehrbarkeit irreversibler Prozesse oder auch nach den Gültigkeitsgesetzen des zweiten Hauptsatzes, die für die theoretische Physik die größte Wichtigkeit besitzt, kann hier naturgemäß nicht näher eingegangen werden. Ich verweise diesbezüglich auf *v. Smoluchowski*s Göttinger Vorträge[1]. Nur einige erläuternde Bemerkungen seien hier eingefügt.

Befinden sich im Volum $v$ sehr zahlreiche Teilchen, außerhalb viel weniger, so werden dieselben das Bestreben haben, auf Grund der Diffusion nach außen zu wandern. Die ursprünglich große Zahl $n$ wird sich also verringern, und man darf, da die Diffusion ein thermodynamisch irreversibler Prozeß ist, erwarten, daß die Zahl $n$ überhaupt nicht mehr wiederkehren wird. *v. Smoluchowski* hat aber durch Ausrechnung der Wiederkehrzeit gezeigt, daß eine solche zufällige Anhäufung von Teilchen nach einem sehr großen Zeitintervall doch stattfinden kann. In der oben erwähnten *Svedberg*schen Zahlenreihe ist die größte von ihm beobachtete Zahl $n = 7$; es läßt sich nun berechnen, daß die Zahl $n = 7$ in den von *Svedberg* eingehaltenen Verhältnissen in 26 Minuten durchschnittlich wiederkehren wird, während beispielsweise die Zahl $n = 17$ erst in 500 000 Jahren wieder auftreten würde. Eine experimentelle Untersuchung dieses Gebietes, die auch eine Bestätigung der *v. Smoluchowski*schen Rechnungen bezüglich des $P$ enthält, ist von *A. Westgren*[2] durchgeführt worden.

## 23 c. Diffusion und osmotischer Druck.

Wie schon weiter oben dargetan (S. 51), steht die Diffusion in unmittelbarem Zusammenhang mit der Ortsveränderung der Teilchen durch die *Brown*sche Bewegung, und zwar durch die Formel

$$A^2 = 2\,D\,t,$$

worin $D$ den Diffusionskoeffizienten bedeutet.

Die Diffusion geht als Resultat aus der ungestörten *Brown*schen Bewegung hervor, wie *v. Smoluchowski* ausführte[3]. Werden die Teilchen aber in

---

[1] Phys. Zeitschr. **17**, 557 bis 571 und 587 bis 599. 1916. Daselbst auch alle hierhergehörigen Literaturzitate.

[2] Archiv för. Math., Astr. och Fis. **11**, Nr. 14 (1916) und **13**, Nr. 14 (1918).

[3] *v. Smoluchowski*, Phys. Zeitschr. **17**, 557 bis 577, woselbst u. a. ausgeführt wird, daß die Verteilung von Kugeln, die über das *Galton*sche Brett herabrollen, dieselbe ist wie die durch Diffusion zustande kommende.

ihrem Ausbreitungsbestreben durch eine für sie undurchlässige Membran gehindert, so vermögen sie einen ihrer Zahl und kinetischen Energie entsprechenden Druck auf die Membran auszuüben, der sich berechnen läßt und dem osmotischen Druck der Kolloidlösung entspricht.

Falls die Teilchen keine merklichen Kräfte aufeinander ausüben und sich unabhängig voneinander bewegen, wie in verdünnten kolloiden Lösungen, ist der osmotische Druck der Teilchenzahl proportional, und die Lösung gehorcht dem *Boyle-van't Hoff*schen Gesetz. Freilich ist der Druck in den bisher in Betracht gezogenen Fällen, z. B. bei verdünnten Goldhydrosolen, meist so gering, daß er sich der direkten Messung entzieht. Sein Vorhandensein offenbart sich aber im Diffusionsbestreben bei feineren Zerteilungen und bei gröberen dem Mikroskopiker bei Beobachtung des Sedimentationsgleichgewichts, woselbst der in einer bestimmten Horizontalschicht vorhandene osmotische Druck dem Druck der darüber befindlichen unter dem Einfluß der Schwere stehenden Teilchen das Gleichgewicht hält, geradeso wie der Expansionsdruck in den unteren Schichten der Atmosphäre[1]. Bei teilchenreicheren Lösungen ist hingegen der osmotische Druck einer direkten Messung durchaus zugänglich, und man verwendet dafür Apparate, die bereits in Kap. 22 beschrieben sind. Häufig genug treten Komplikationen auf, durch welche die Deutung der Messungsresultate erschwert wird. In den konzentrierteren Lösungen müssen Abweichungen vom *Boyle-van't Hoff*schen Gesetz auftreten, geradeso wie bei den Krystalloiden oder Gasen, schon wegen des Eigenvolums der Teilchen, aber außerdem weil Anziehungs- und Abstoßungskräfte zur Wirkung kommen können. Diese Einflüsse kommen aber bei irreversiblen Hydrosolen meist nicht sehr in Betracht, schon deshalb nicht, weil die Hydrosole sich meistens nicht so weitgehend konzentrieren lassen. Beträchtlicher ist schon der Einfluß der Elektrolyte, welche das Membrangleichgewicht mitbestimmen, wie weiter unten gezeigt werden wird. Weitaus den größten Einfluß auf die Messungsresultate des osmotischen Drucks haben aber die Veränderungen der Teilchenzahlen, welche in den Kolloidlösungen selbst infolge von Änderungen der Temperatur und Konzentration entstehen. Diese Einflüsse bedingen in der Regel die merkwürdigen bei Druckmessungen beobachteten Abweichungen vom *van't Hoff*schen Gesetz und lassen nicht unwichtige Rückschlüsse auf die in kolloiden Lösungen erfolgenden Zustandsänderungen zu.

Diese Betrachtungen über osmotischen Druck beziehen sich auf verdünnte Lösungen, für konzentrierte kommt nach *Wo. Ostwald*[2] noch der Quellungsdruck in Betracht.

### 23d. Osmotischer Druck und Teilchenzahl.

Ein wichtiges Ergebnis der theoretischen Forschungen ist, wie erwähnt, daß einem suspendierten Teilchen dieselbe kinetische Energie zukommt wie einem Gasmolekül.

---

[1] S. Kap. 23a.
[2] *Wo. Ostwald:* Koll.-Zeitschr. **24**, 7 bis 26 (1919).

Je nach der Zahl der in der Volumeneinheit enthaltenen osmotisch wirksamen (d. h. der die Membran nicht passierenden) Teilchen wird der osmotische Druck einer Kolloidlösung größer oder geringer sein, und wir haben — falls störende Einflüsse fehlen — im osmotischen Druck ein Mittel, die Zahl dieser Teilchen zu bestimmen. Tatsächlich ist vielfach bestätigt, daß bei allen Veränderungen, die eine Verminderung der Teilchenzahl herbeiführen, auch der osmotische Druck der Kolloidlösung fällt. Dies gilt ebensowohl für „lyophile“ wie für „lyophobe“ Kolloide. Man hat demnach keinerlei Veranlassung, in bezug auf ihr osmotisches Verhalten zwischen elektrolytbeständigen und elektrolytempfindlichen Hydrosolen zu unterscheiden, beide lassen sich vielmehr gemeinsam behandeln.

Die oben erwähnte Abhängigkeit des osmotischen Druckes von der Teilchenzahl ist qualitativ in mehrfacher Richtung bestätigt worden.

Vielfach verändern sich Kolloidlösungen allmählich unter beträchtlicher Veränderung ihrer Teilchenzahl: Amikronen treten zu Submikronen zusammen, aus Primärteilchen entstehen Sekundärteilchen. Schließlich koaguliert ein derartiges Hydrosol. Wird ein solcher Vorgang im Osmometer verfolgt, so bemerkt man Abnahme des osmotischen Druckes, der mit der Koagulation (oder schon vorher) auf Null herabsinkt. Andere Kolloide sind sehr beständig, bei ihnen kann man monatelang den Druck auf nahezu derselben Höhe erhalten; auch ultramikroskopisch ist bei ihnen keine Veränderung nachzuweisen.

Untersuchungen über den osmotischen Druck verschiedener Kolloidlösungen und seine Abhängigkeit von der Teilchenaggregation wurden schon von *Moore*, *Parker* und *Roaf*[1] durchgeführt. Ganz allgemein zeigte sich die erwähnte Abhängigkeit von dem Aggregationsgrade der Ultramikronen.

Der Einfluß von Elektrolyten auf den osmotischen Druck von Eiweiß und Gelatine wurde von *Lillie*[2] festgestellt. Zur Außen- und Innenflüssigkeit wurde soviel Elektrolyt zugefügt, daß beide die gleiche Menge enthielten. *Lillie* hat einige hundert Versuche durchgeführt, in denen gezeigt wurde, daß alle Elektrolyte, welche fällend auf das Hydrosol wirken[3], den osmotischen Druck herabsetzen, andere dagegen, welche die Quellung begünstigen, auch den osmotischen Druck erhöhen.

Die Abhängigkeit des osmotischen Druckes von der Temperatur ist recht interessant; auch hier gilt das früher Gesagte: Einflüsse, welche Teilchenvereinigung herbeiführen, wirken druckvermindernd. Bei Eisenoxyd bewirkt Temperatursteigerung eine Teilchenvergröberung; der osmotische Druck nimmt ab. Bei anderen Kolloiden wird die Teilchenzahl durch Temperatur-

---

[1] *B. Moore* und *W. H. Parker:* Americ. Journ. Physiol. **7**, 262 (1902); *ders.* und *H. E. Roaf:* Biochemical. Journ. **2**, 34 (1906). Über andere Arbeiten von *Moore* und Mitarbeitern siehe Koll.-Zeitschr. **13**, 133 (1913).

[2] *R. S. Lillie:* Amer. Journ. of Physiol. **20**, 127 bis 169 (1907).

[3] Dieser Einfluß geht bei Gelatine parallel einer quellungsvermindernden Wirkung der betreffenden Elektrolyte. Man wird wohl in beiden Fällen dieselbe Ursache, Begünstigung des Zusammentretens von Gelatineamikronen, erblicken.

steigerung erhöht (Gelatine); hier zeigt sich eine Drucksteigerung über die aus den Lösungsgesetzen berechnete hinaus.

*Historisches.* Direkte Messungen der Diffusion von Hydrosolen sind schon von *Graham*[1], neuerdings von *Arrhenius*[2] und *Herzog*[3] ausgeführt worden.

Die Diffusionskonstanten $D$ in $\dfrac{cm^2}{sec.} \times 10^5$ sind meist klein; so ergibt sich für Ovalbumin, z. B. 0,052, was einem Molekulargewicht von etwa 20 000 entsprechen würde[4].

Die mit geeigneten Membranen erzielten Resultate von *Pfeffer*[5], *Rodewald* und *Kattein*[6], von *Duclaux*[7], *Moore* und *Roaf*[8], *Lillie*[9], *Biltz*[10] u. a. sind sehr mannigfaltig und sollen später besprochen werden.

## 24. Elektrische Eigenschaften der Kolloide.

Unter dem Einfluß einer elektrischen Potentialdifferenz wandern die Teilchen fast aller Kolloide zu den Elektroden, je nach ihrer Natur entweder zur Anode oder zur Kathode („Kataphorese" oder „Elektrophorese").

Die älteren diesbezüglichen Beobachtungen rühren von *Picton* und *Linder*[11], *Coehn*[12], *Lottermoser*[13] u. a. her; seither ist das Phänomen der elektrischen Überführung vielfach studiert worden.

*Ladung der Teilchen.* Über die gewöhnliche Ladung der Teilchen in Kolloidlösungen, wie man sie nach den üblichen Darstellungsverfahren und nach Dialyse erhält, gibt die nachstehende Tabelle 4 Auskunft.

Die Tabelle enthält nur Angaben über die Teilchenladungen, wie man sie unter den gewöhnlichen Bedingungen bei Kolloiden feststellt. Unter Umständen können dieselben Kolloide auch den entgegengesetzten Wanderungssinn aufweisen.

*Einfluß der Elektrolyte.* Vielfach ist der Einfluß von zugesetzten Elektrolyten, insbesondere von Wasserstoff- und Hydroxylionen, bestimmend für den Wanderungssinn; so fand *Hardy*[14], daß suspendiertes Eiweiß in reinem Wasser sogut wie keine Ladung zeigte, Spuren von Alkalien aber eine anodische und Spuren von Säuren eine kathodische Konvektion hervorriefen.

---

[1] *Th. Graham:* Philos. Transact. **1861**, 183; Liebigs Annalen **121**, 13 (1862).

[2] *Sv. Arrhenius:* Immunochemie, S. 17 (1907).

[3] *R. O. Herzog:* Zeitschr. f. Elektrochemie **13**, 533 bis 539 (1907).

[4] S. Lehrbücher der physikal. Chemie.

[5] *W. Pfeffer:* Osmotische Untersuchungen. Leipzig 1877.

[6] *H. Rodewald* und *A. Kattein:* Zeitschr. f. phys. Chemie **33**, 579 bis 592 (1900).

[7] *J. Duclaux:* Compt. rend. **140**, 1468, 1544 bis 1547 (1905); Journ. de chim. phys. **5**, 29 bis 56 (1907).

[8] *B. Moore* und *H. E. Roaf:* Biochemical. Journ. **2**, 34 (1906); **3**, 55 (1907).

[9] *R. S. Lillie:* Amer. Jorn. of Physiol. **20**, 127 bis 169 (1907).

[10] *W. Biltz* und *A. v. Vegesack:* Zeitschr. f. phys. Chemie **68**, 357 bis 382 (1909); **73**, 481 bis 512 (1910).

[11] *H. Picton* und *S. E. Linder:* Journ. Chem. Soc. **61**, 148 bis 172 (1892).

[12] *A. Coehn:* Zeitschr. f. Elektrochemie **4**, 63 bis 67 (1897).

[13] *A. Lottermoser* und *E. v. Meyer:* Journ. f. prakt. Chemie (2) **56**, 241 bis 247 (1897).

[14] *W. B. Hardy:* Journ. of Physiol. **24**, 288 bis 304 (1899); Zeitschr. f. phys. Chemie **33**, 385 bis 400 (1900).

### Tabelle 4.

| Zur Kathode wandern | Zur Anode wandern |
|---|---|
| Ladung der Teilchen: | |
| $+$ | $-$ |
| Kolloides Eisenoxyd. | Gold, Silber Platin. |
| „ Cadmiumhydroxyd. | Schwefel. |
| „ Aluminiumoxyd. | Schwefelarsen. |
| „ Chromoxyd. | Schwefelantimon. |
| „ Titansäure. | Schwefelkupfer. |
| „ Thoriumoxyd. | Schwefelblei. |
| „ Zirkoniumoxyd. | Schwefelcadmium. |
| „ Cerioxyd. | Mastix. |
| | Gummigutt. Gummi arabicum. |
| | Lösliche Stärke. |
| Basische Farbstoffe, gleichgültig ob | Kieselsäure. |
| als Kolloid oder als Elektrolyt | Zinnsäure. |
| gelöst (in reinem Wasser). | *Cassius*scher Purpur. |
| | Molybdänblau. |
| | Wolframblau. |
| | Vanadinpentoxyd. |
| | Saure Farbstoffe (sowohl Kolloide |
| | wie Krystalloide in reinem Wasser). |

*Perrin*[1] fand diese Regel bezüglich zahlreicher suspendierter Pulver bestätigt; Spuren von Säuren veranlassen Fortführung nach der Kathode; Spuren von Basen nach der Anode. Ähnliches kann man bei manchen Hydrosolen beobachten, z. B. bei Eiweißlösungen, wo *Pauli*[2] gleichfalls die *Hardy*sche Regel bestätigt fand (s. Kap. 118, 119 und 120).

In hohem Grade bemerkenswert ist, daß, wie *Coehn*[3] fand, auch krystalloide Lösungen von Nichtelektrolyten, wie Zuckerlösungen, durch den elektrischen Strom zur Kathode oder Anode geführt werden, und zwar ebenso wie Eiweiß in schwach alkalischer Lösung zur Anode, in schwach saurer Lösung zur Kathode.

Aber nicht allgemein gilt die erwähnte Regel; es gibt Kolloide, welche ihren Wanderungssinn beibehalten sowohl in neutraler wie in schwach saurer, wie auch in schwach basischer Lösung. Dahin gehören kolloides Gold und die Kieselsäure, welche für gewöhnlich zur Anode wandert und welche erst bei Anwendung von viel Säure ihren Ladungssinn umkehrt.

Die kolloiden Metalle wandern für gewöhnlich zur Anode; sie kehren aber ihren Wanderungssinn um unter dem Einfluß von Oxydationsmitteln, wie Ozon, Chlor u. dgl., wie *Billitzer*[4] gefunden hat.

Die elektrische Wanderungsgeschwindigkeit der Kolloidteilchen stimmt der Größenordnung nach überein sowohl mit der der meisten Ionen als auch mit der der Suspensionen, wie aus folgender Tabelle 5 zu ent-

---

[1] J. *Perrin:* Compt. rend. **136**, 1388 bis 1391 (1903); **137**, 513 bis 514, 564 bis 566 (1903).

[2] W. *Pauli:* Hofmeisters Beiträge z. chem. Phys. u. Path. **7**, 531 bis 547 (1906).

[3] A. *Coehn:* Zeitschr. f. Elektrochemie **15**, 652 bis 654 (1909).

[4] J. *Billitzer:* Zeitschr. f. Elektrochemie **8**, 638 bis 642 (1902); Zeitschr. f. phys. Chemie **45**, 307 bis 330 (1903).

## Tabelle 5.

|  | Geschwindigkeit<br>in $\mu$/sec |  |
|---|---|---|
| Teilchen von 35 $\mu$ Durchmesser | 2,5 | *Quincke.* |
| Kolloides Silber | 2,0 | *Svedberg*[1]. |
| „ „ | 2,2 | *Burton.* |
| „ „ (Gleichstrom) | 3,2—3,8 | *Cotton* und *Mouton*[1] |
| „ „ (Wechselstrom) | 3,8 | *Cotton* und *Mouton.* |
| „ Gold ... Mittelwert ca. | 4,0 | *v. Galecki*[2]. |
| Buttersäureanion | 3,1 | *Ostwald, Bredig.* |
| Grenzwert der Beweglichkeit bei hochmole-<br>kularen organischen Ionen ... ca. | 2,0 | |
| H˙ | 32,9 | |
| OH′ | 18,0 | |
| Cl′ | 6,8 | |

nehmen ist, welche die Geschwindigkeit der Teilchenbewegung in $\mu$ pro Sekunde für ein Potentialgefälle von 1 Volt pro cm enthält.

Die Elektrolyse der Zinnsäurehydrosole oder des *Cassius*schen Purpurs verläuft geradeso wie diejenige von krystalloidem Methylorange, dem Natriumsalz einer Farbstoffsäure. Unter dem Mikroskop beobachtet man in beiden Fällen die Ausscheidung der in Alkali löslichen Bestandteile der betreffenden Lösungen an der positiven Elektrode. Von einer Bewegung der Teilchen ist selbst im Ultramikroskop nichts zu bemerken, vorausgesetzt, daß die Zerteilungen fein genug sind (vgl. kolloide Zinnsäure, Kap. 69).

Überführungsversuche haben ergeben, daß bei der Elektrolyse von kolloider Zinnsäure auf 1 Grammatom Silber, welches im Voltameter abgeschieden wurde, in einem Fall 7, im anderen 10 Grammoleküle Zinnsäure überführt worden waren. Ein Teil der überführten Zinnsäure hatte sich an der Anode abgesetzt.

Diese Versuche erweisen die große Ähnlichkeit zwischen der gewöhnlichen Elektrolyse und der elektrischen Überführung von Kolloiden. In anderen Fällen zeigen sich allerdings beträchtliche Verschiedenheiten. So werden manche Eiweißsorten in der Nähe der Elektroden umgeladen und erhalten entgegengesetzten Wanderungssinn (ähnlich verhalten sich auch vielfach kolloide Metalle), oder es tritt nahe bei den Elektroden Koagulation ein (gelatinehaltige Goldlösungen zeigen zuweilen solches Verhalten). Diese Erscheinungen finden ihre Deutung, wenn man die Wirkung der an den Elektroden sich ausscheidenden Reaktionsprodukte (Säuren, Alkalien, Chlor usw.) in Betracht zieht.

---

[1] Direkte Messung der Teilchenbewegung im Ultramikroskop.

[2] *A. v. Galecki* fand im Institut des Verfassers durch zahlreiche Messungen die Grenzwerte der Beweglichkeit bei nicht dialysierten Lösungen zu 0,4 bis ca. 6 $\mu$/sec; wurde die Lösung durch Dialyse von der geringen Menge vorhandener Elektrolyte befreit, so stieg ihre Überführungsgeschwindigkeit in einem speziellen Falle von 1,26 auf 5,7 $\mu$/sec. Amikronen zeigten annähernd dieselbe Wanderungsgeschwindigkeit wie Submikronen. Z. f. anorgan. Chemie **74**, 174 bis 206 (1912).

Schließlich ist zu erwähnen, daß Kolloide im allgemeinen Pergamentmembranen auch bei der Elektrolyse nicht zu durchdringen vermögen, sondern sich daselbst entladen und koagulieren[1]. Analoge Erscheinungen beobachtet man zuweilen bei der gewöhnlichen Elektrolyse[2].

## 24a. Apparate zur Bestimmung des Wanderungssinnes der Teilchen.

Der Wanderungssinn und die Wanderungsgeschwindigkeit der Ultramikronen unter dem Einfluß einer Potentialdifferenz kann entweder makroskopisch oder ultramikroskopisch bestimmt werden.

Zur makroskopischen Beobachtung eignet sich z. B. recht gut der von *Coehn*[3] angegebene Apparat: Ein U-Rohr (Fig. 12) ist mit zwei durchlochten Hähnen versehen, deren Bohrung die gleiche lichte Weite hat wie das U-Rohr selbst. Man füllt den Apparat mit der zu untersuchenden Kolloidlösung, schließt die Hähne, entfernt den Überschuß der Lösung durch Ausgießen und Ausspülen und füllt die beiden Röhrenschenkel gleichhoch mit Wasser. Hierauf werden die Elektroden eingeführt und die Hähne geöffnet. Man bemerkt bald nach Stromschluß bei negativen Kolloiden eine langsame Fortführung der Kolloidzone gegen die Anode, bei positiven eine Verschiebung der Flüssigkeitsgrenze in entgegengesetztem Sinne.

Zur quantitativen Messung der Wanderungsgeschwindigkeit eignet sich besser die von *v. Galecki*[4] vorgeschlagene Kombination der *Nernst*schen Einrichtung mit dem *Coehn*schen Apparate, wie sie Fig. 13 zeigt.

Bei Kolloidlösungen mit sichtbaren Ultramikronen läßt sich die Fortführung der Einzelteilchen im Ultramikroskop direkt messend verfolgen.

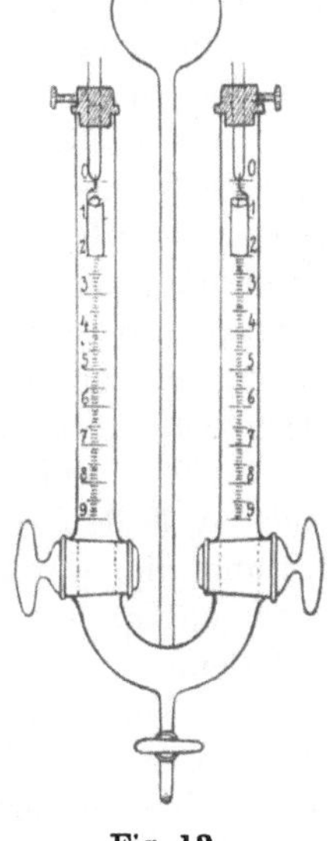

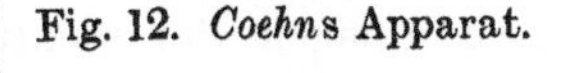
Fig. 12. *Coehn*s Apparat.     Fig. 13.

Von *Cotton* und *Mouton*[5] ist ein Apparat dieser Art beschrieben worden; daselbst sind auch die bei derartigen Beobachtungen anzuwendenden Vorsichtsmaßregeln mitgeteilt.

[1] *R. Zsigmondy*: Liebigs Annalen **301**, 36 (1898).

[2] *W. Ostwald*: Zeitschr. f. phys. Chemie **6**, 71 bis 82 (1890). Vgl. auch *G. Tammann*: Nachr. d. Kgl. Ges. d. Wiss. Göttingen. Math. phys. Kl. **1891**, S. 112 bis 121.

[3] *A. Coehn*: Zeitschr. f. Elektrochemie **15**, 653 (1909). Andere Apparate sind angegeben z. B. von *Burton, Wo. Pauli* u. a.

[4] *A. v. Galecki*, l. c., siehe Seite 60.

[5] *A. Cotton* und *H. Mouton*: Les ultramicroscopes etc. Paris 1906, S. 144. Vgl. auch *Ellis:* Zeitschr. f. phys. Chem. **78**, 321 (1912).

Einen etwas anderen Apparat für das Spalt-Ultramikroskop hat *The Svedberg*[1] konstruiert, und damit seine interessanten Studien über den Einfluß der Teilchenladung auf die Eigenbewegung der Ultramikronen ausgeführt.

## 24b. Teilchenladung.

*Ladung durch Dissoziation.* Es fragt sich nun, wie die elektrische Ladung, deren Vorhandensein ja zweifellos ist, zustande kommt; bei gewöhnlichen Elektrolyten wird bekanntlich angenommen, daß sie in wässeriger Lösung positive und negative Ionen enthalten. Das gilt ebensowohl für die einfachen Elektrolyte wie für die komplexen Salze, deren Anionen oder Kationen ein beträchtliches Molekulargewicht besitzen können. Denkt man sich nun z. B. die Anionen eines Komplexes außerordentlich vergrößert, derart, daß das Molekulargewicht des Salzes einige Hundert oder Tausend beträgt, dann wird dieser Stoff, selbst wenn er in normaler Weise in Ionen zerfällt, in wässeriger Lösung schon die Eigenschaften eines Kolloides besitzen.

Auf diese Weise kann die elektrische Ladung von Kolloidteilchen in einzelnen Fällen zustande kommen, z. B. bei hochmolekularen Farbstoffen, und der Vorgang ist dann vollkommen analog der Ionenbildung bei der Auflösung von Elektrolyten. Andererseits gibt es Fälle, bei welchen eine derartige Erklärung auf Schwierigkeiten stößt. Kommen dabei nur Nichtelektrolyte in Betracht, so ist der Sinn der Teilchenbildung auf Grund der *Coehn*schen Regel (nach welcher sich ein Stoff mit höherer Dielektrizitätskonstante positiv gegen den mit niederer Dielektrizitätskonstante ladet) aus der Differenz der Dielektrizitätskonstanten von Teilchen und Flüssigkeit abzuleiten[2]. In anderen Fällen wird man zur Erklärung der Ausbildung der elektrischen Ladung die Aufnahme von Ionen, etwa durch Adsorption, oder die Abgabe von Ionen an die umgebende Flüssigkeit annehmen, z. B. bei kolloiden Metallen.

*Ladung bei der Peptisation.* Die Teilchenladung bei der Peptisation von Gelen soll bei der Theorie der Peptisation näher besprochen werden. Sie kann ganz allgemein durch Ionenaufnahme erklärt werden (Kap. 33).

Die wichtigsten Grundlagen der elektrischen Theorie der irreversiblen Kolloide sind von *Hardy* geschaffen worden. Ihm gebührt das Verdienst,

---

[1] *The Svedberg*: Studien zur Lehre von den kolloiden Lösungen. Upsala 1907, S. 149; ferner Koll.-Zeitschr. **24**, 156 (1919), daselbst Kritik der Methode u. Literaturangaben.

[2] Die Dielektrizitätskonstante des Wassers ist 80, also sehr hoch, und darum laden sich die meisten Körper negativ gegen Wasser, dieses selbst aber positiv, und die Teilchen wandern zur Anode, wenn sie in reinem Wasser suspendiert sind. Die Dielektrizitätskonstante des Terpentinöls ist klein (2,23), und darum laden sich die meisten Körperchen in ihm positiv und wandern zur Kathode. Diese Gesetzmäßigkeit gilt jedoch nur für Isolatoren, für welche sie von *Coehn* und *Raydt* quantitativ bestätigt worden ist, und zwar so weit, daß aus den elektroosmotischen Steighöhen die Dielektrizitätskonstante verschiedener Stoffe in guter Übereinstimmung mit den anderweitig bestimmten Werten berechnet werden konnte. Bei Gegenwart von Elektrolyten dagegen sind andere Einflüsse in erster Linie bestimmend für den Ladungssinn der Teilchen. Hier spielen Dissoziation, Jonenadsorption und auch chemische Reaktionen in entscheidender Weise mit.

den Zusammenhang zwischen Ladungssinn und Fällbarkeit der Kolloide zusammenfassend zum Ausdruck gebracht zu haben.

*Hardy* weist als erster darauf hin, daß es hauptsächlich die elektrische Ladung der Kolloidteilchen irreversibler Hydrosole ist, welche ihnen ihre Beständigkeit verleiht; nimmt man den Teilchen ihre Ladung durch geeignete Elektrolytzusätze, so wird der isoelektrische Punkt erreicht, in welchem sie keine Ladung mehr besitzen und koagulieren. Mit Annäherung an den isoelektrischen Punkt nimmt die Beständigkeit der kolloiden Lösung ab. An der Koagulation beteiligen sich diejenigen Ionen, welche das dem Kolloidteilchen entgegengesetzte Vorzeichen der Ladung tragen.

Diese Tatsachen haben ein ganz neues Licht auf viele bis dahin ungeklärte Verhältnisse geworfen, und es war naheliegend, die Ursache der Teilchenladung darin zu sehen, daß den Ionen ein spezifischer Teilungskoeffizient zwischen Teilchen und Medium zukommt[1], oder daß die Teilchen Ionen an die Umgebung abgeben[2], oder daß sie ungleich stark adsorbiert werden[3]. Daß die elektrolytempfindlichen Kolloide im isoelektrischen Punkt, bzw. in seiner Nähe instabil werden und koagulieren, ist seither vielfach bestätigt worden.

Nach neueren Untersuchungen bedarf die *Hardy*sche Lehre einer nicht unwichtigen Ergänzung. **Das Vereinigungsbestreben der Ultramikronen und Mikronen vieler disperser Systeme ist so stark, daß sie schon koagulieren, bevor der isoelektrische Punkt erreicht ist.** *v. Galecki*[4] hat das an kolloidem Golde, *Ellis*[5] und *Powis*[6] an Ölemulsionen beobachtet. *Powis* hat auf Grund seiner Untersuchungen viele Erscheinungen in einheitlicher Weise gedeutet, deren Erklärung sonst gewissen Schwierigkeiten begegnete. Aus seinen Versuchen erkennt man, daß allerdings das Maximum des Koagulationsbestrebens in der Regel im isoelektrischen Punkt liegt, daß aber die Öltröpfchen schon koagulieren, wenn ihre Ladungen noch einen gewissen Betrag haben. Die Beständigkeitsgrenze der Ölemulsionen liegt bei + oder − 0,03 Volt. Emulsionen, die ein stärkeres, positives oder negatives Potential als 0,03 Volt haben, sind beständig, solche, die ein kleineres Potential haben, aber unbeständig und koagulieren leicht, trotz ihrer Teilchenladung.

Daß verschiedenartige Teilchen, die gleiche Ladung haben, sich energisch vereinigen können, wußte man schon lange aus der Schutzwirkung. Auch die breite Fällungszone entgegengesetzt geladener Kolloide ließ Ähnliches vermuten. *Ellis'* und *Powis'* Untersuchungen erklären diese und manche andere Erscheinungen ungezwungen.

Man kann das Verhalten der Ölemulsionen und vieler irreversibler Kolloide auf zwei antagonistische Kräftewirkungen zurückführen: anziehende

Hardys Grundlagen.

---


[1] *G. Bredig:* Anorganische Fermente. Stuttgart 1901, S. 16.
[2] *J. Billitzer:* l. c., siehe S. 59.
[3] Vgl. *R. Zsigmondy:* Zur Erkenntnis der Kolloide. S. 165 bis 169.
[4] *A. v. Galecki:* Zeitschr. f. anorg. Chem. **74**, 174 bis 206 (1912).
[5] *R. Ellis:* Zeitschr. f. phys. Chem. **89**, 145 bis 150 (1914).
[6] *F. Powis:* ibid. S. 91 bis 110 u. 186 bis 212 (1914).

Kräfte, welche die Teilchenvereinigung herbeiführen, und abstoßende elektrische Kräfte, die eine Trennung der Teilchen erstreben. Fällt das Potential unter den kritischen Wert, so überwiegt die Anziehung und die Mikronen und Ultramikronen vereinigen sich zu flockenartigen Gebilden (Sekundärteilchen). Es ist bemerkenswert, daß dabei selbst bei Ölemulsion kein Zusammenfließen der Tröpfchen stattfindet, sondern die Bildung flockenartiger Aggregate, daß die Oberflächenspannung an der Grenzfläche der Phasen also nicht die große Rolle spielt, welche ihr öfters zugeschrieben wird [*Powis*[1]].

## 24 c. Entladung der Teilchen.

Die allmähliche Entladung der Teilchen durch Elektrolytzusatz kann entweder makroskopisch verfolgt werden [*Burton*[2]], z. B. im *Nernst-Coehn*schen Apparat, oder ultramikroskopisch [*The Svedberg*].

In letzterem Falle läßt sich auch prüfen, ob die Ladung der Teilchen einen Einfluß auf ihre Molekularbewegung ausübt. *Svedberg*[3] hat den Beweis erbracht, daß die Eigenbewegung der Teilchen von dem Vorhandensein ihrer elektrischen Ladung unabhängig ist. Er verwendete dafür kolloides Silber und Ammoniumsulfat, von dem einige Hundertausendstel Prozent genügen, um die elektrische Potentialdifferenz der Ultramikronen gegen das Medium vollständig aufzuheben.

Es zeigte sich nun, daß die *Brown*sche Bewegung der Einzelteilchen von dem Ladungssinne der Teilchen selbst vollkommen unabhängig war; die Teilchen bewegten sich mit einer Amplitude von 2,2 bis 2,25 $\mu$, gleichgültig, ob sie positiv oder negativ geladen oder ob sie elektrisch neutral waren. Dadurch ist nachgewiesen, daß die Eigenbewegung der Teilchen kolloider Lösungen nicht von elektrischen Kräften verursacht wird.

Der isoelektrische Punkt, d. h. derjenige, bei welchem die Teilchen entladen sind, läßt sich daran erkennen, daß letztere zu größeren Komplexen zusammentreten und im elektrischen Potentialgefälle sich nicht mehr zur Anode oder Kathode bewegen und wie erwähnt (S. 63), setzt die erste Erscheinung bei Ölemulsionen und auch bei vielen Kolloiden schon ein, noch ehe die vollständige Entladung erreicht ist[4]. Durch ultramikroskopische Beobachtung des elektrischen Wanderungssinnes der Submikronen konnte festgestellt werden, daß das Silberhydrosol bei einem Gehalt von $60 \cdot 10^{-8}$ g Aluminium auf 1 g Kolloidlösung vollständig entladen wird, und daß durch einen größeren Zusatz eine Wanderung im entgegengesetzten Sinne hervorgerufen wird.

Die allmähliche Entladung der Teilchen durch Aluminiumsulfat kann aus folgender Tabelle 6 entnommen werden.

Neuerdings hat *A. Galecki*[5] die Befunde *Burton*s und *The Svedberg*s bestätigt und erweitert.

---

[1] Verf. ist schon früher bezüglich kolloider Lösungen zu derselben Schlußfolgerung gekommen. Vgl. dieses Lehrb., 1. Aufl., S. 107.

[2] *E. F. Burton*: Philos. Magazine (6) **11**, 425 bis 447 (1906); **12**, 472 bis 478 (1906); **17**, 583 bis 597 (1909).

[3] l. c., siehe S. 61.

[4] Bezüglich des isoelektrischen Punktes bei Eiweiß s. Kap. 119.

[5] *A. v. Galecki:* Zeitschr. f. anorg. Chemie **74**, 174 bis 206 (1912).

## Tabelle 6.

| gr Al$^{\cdots}$ auf 100 ccm | Mittelwerte der absoluten Wanderungsgeschwindigkeit der Silberteilchen in $\mu$/sec auf 1 Volt/cm $\Big\}$ = Beweglichkeit |
|:---:|:---:|
| 0 | 2,0 |
| Spuren | 1,38 |
| $17 \cdot 10^{-6}$ | 1,29 |
| $35 \cdot 10^{-6}$ | 1,03 |
| $52 \cdot 10^{-6}$ | 0,26 |
| $69 \cdot 10^{-6}$ | —0,42 |
| $87 \cdot 10^{-6}$ | —0,61 |
| $173 \cdot 10^{-6}$ | —1,56 |

### 24d. Größe der Teilchenladung.

Um die Erscheinungen der Elektrolytkoagulation zu erklären, nahm *Billitzer*[1] an, daß die elektrische Ladung eines Kolloidteilchens klein sei gegen die eines einzelnen Ions. Ein Ion sollte die Entladung zahlreicher Ultramikronen bewirken und dabei ihre Vereinigung herbeiführen. Diese Hypothese entspricht aber nicht den Tatsachen. Die ultramikroskopische Untersuchung der elektrischen Überführung beweist, daß sämtliche Submikronen eines bestimmten Hydrosols annähernd gleiche Beweglichkeit besitzen[2], und daß dieselbe bei jedem Teilchen durch langsam gesteigerte Elektrolytzusätze nur allmählich herabgesetzt werden kann; dies deutet darauf hin, daß die Elektrizitätsmenge eines einzelnen Kolloidteilchens **groß sein muß gegen die eines einwertigen Ions**[3]; wäre dieselbe klein, so müßte bei Elektrolytzusatz eine plötzliche Umkehr des Wanderungssinnes eintreten und nicht eine allmähliche Abnahme der Geschwindigkeit eines Teilchens.

Bei der Elektrolytkoagulation tritt Entladung unter Aufnahme von Ionen entgegengesetzten Vorzeichens ein. Diese Ionen werden in den Niederschlag „mitgerissen" und lassen sich durch Auswaschen in der Regel nicht entfernen. Wohl aber können sie durch äquivalente Mengen anderer gleichwertiger Ionen substituiert werden.

Fälle dieser Art sind unter anderen von *Picton* und *Linder*, *Spring*, *Whitney* und *Ober* beobachtet worden.

*Picton* und *Linder*[4] haben gefunden, daß kolloides Arsensulfid bei der Fällung durch eine Lösung von Chlorcalcium Calciumionen aufnimmt, während Wasserstoffionen in Freiheit gesetzt werden; das aufgenommene Calcium läßt sich durch äquivalente Mengen Barium usw. ersetzen[5]. *(Entladung unter Ionenaufnahme.)*

---

[1] *J. Billitzer:* l. c. siehe S. 59 und Zeitschrift f. phys. Chemie **51**, 129 bis 166 (1905).

[2] Die größten Abweichungen der Einzelwerte der Teilchengeschwindigkeit vom Mittelwert betragen nach *v. Galecki* (der seiner Berechnung *Svedberg*sche wie eigene Beobachtungen zugrunde legte) ca. $\pm 20\%$.

[3] Dies geht schon aus der Beweglichkeit der Teilchen hervor, die trotz ihrer beträchtlichen Größe sich ebenso schnell fortbewegen wie Ionen und daher stärker geladen sein müssen als diese.

[4] *H. Picton* und *S. E. Linder:* Journ. Chem. Soc. **67**, 63 bis 74 (1895).

[5] Die Erklärung dieser Erscheinungen soll weiter unten gegeben werden (Kap. 33).

Ähnliches hat *Spring*[1] beobachtet (bei Mastix und Kupfersulfat). *Whitney* und *Ober*[2] haben dann die ersterwähnte Reaktion zwischen Erdalkalimetallsalzen und Arsensulfid näher untersucht und dabei die Tatsache festgestellt, daß eine abgemessene Menge Arsensulfidhydrosol annähernd äquivalente Mengen der Metalloxyde aus verschiedenen Salzen bei der Fällung aufnimmt.

Tabelle 7.

Die von 100 ccm des Kolloids adsorbierten Gramme:

| | beobachtet | berechnet |
|---|---|---|
| Ca | $\left\{ \begin{array}{l} 0,0019 \\ 0,0020 \end{array} \right\}$ | 0,0022 |
| Sr | $\left\{ \begin{array}{l} 0,0036 \\ 0,0041 \end{array} \right\}$ | 0,0049 |
| Ba | 0,0076 | 0,0076 |
| K | 0,0036 | 0,0043 |

Man ersieht aus dieser Tabelle, daß annähernd äquivalente Mengen der Metalle in das Hydrogel übergehen; daß sie sich gegenseitig substituieren können, ist schon von *Picton* und *Linder* festgestellt worden.

Aus den gegebenen Daten ließe sich die Größe der elektrischen Ladung eines Teilchens unter der Voraussetzung berechnen, daß die von dem Niederschlag aufgenommenen Metallionen ausschließlich zum Ausgleich der Ladung gedient haben und durch Waschen nicht teilweise entfernt worden sind, wenn die durchschnittliche Masse der Einzelteilchen bekannt wäre.

## 25. Elektrolytkoagulation.

Einiges über die Elektrolytkoagulation ist schon weiter oben mitgeteilt worden: allmählich gesteigerter Elektrolytzusatz bewirkt allmähliche Entladung der Ultramikronen, und diese treten, wenn sie genügend entladen sind, zu größeren Komplexen zusammen. Es ist also, um die Entladung herbeizuführen, ein Grenzwert der Elektrolytkonzentration zu überschreiten, der Schwellenwert *Bodländers*[3].

Schwellenwert.

Dieser läßt sich nicht ganz genau bestimmen, weil verschiedene Einflüsse, wie Geschwindigkeit des Elektrolytzusatzes, größere oder geringere Heftigkeit der Durchmischung, den Vorgang der Teilchenvereinigung etwas komplizieren. So fand *Freundlich*[4], daß ein gegebenes Volumen Elektrolytlösung, das bei schnellem Zusatz zur vollständigen Fällung eines bestimmten Volumens $As_2S_3$ ausreicht, eine unvollständige Fällung ergibt, wenn man es langsam der Sulfidlösung zusetzt[5]. Einen guten Einblick in die hier obwaltenden Verhältnisse erhält man, wenn man die Zeiten mißt, welche erforderlich

---

[1] *W. Spring:* Archives des Sc. Phys. et Natur (4) **10**, 305 bis 321 (1900).

[2] *W. R. Whitney* und *J. E. Ober:* Zeitschr. f. phys. Chemie **39**, 630 bis 634 (1902).

[3] *Ch. Bodländer:* Neues Jahrb. f. Min., Geol. usw. **2**, 147 bis 168 (1893). Gött. Nachr. **1893**, 267 bis 276.

[4] *H. Freundlich:* Z. f. physikal. Chemie **44**, 129 bis 260 (1903).

[5] Neuerdings ist es *H. R. Kruyt* gelungen, recht scharfe Schwellenwerte der Elektrolytkoagulation zu finden, wobei er u. a. zu dem Resultate kam, daß Phenol und Alkohole den Schwellenwert für ein- und dreiwertige organische Kationen erniedrigen, für zwei- und vierwertige erhöhen.

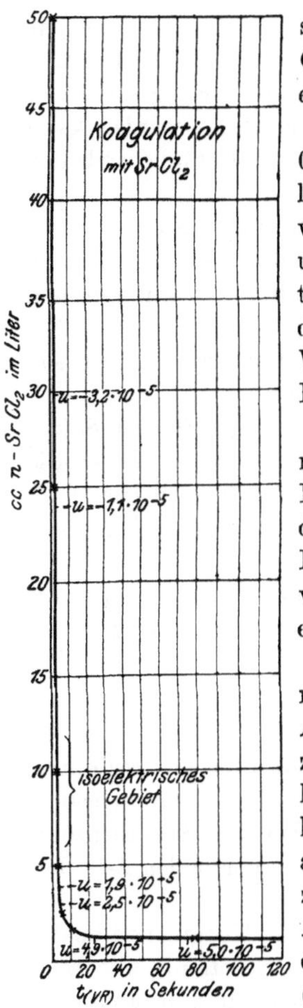


Fig. 14. Abhängigkeit
der Koagulationszeit
von der Elektrolyt-
konzentration.

sind, einen bestimmten Koagulationsgrad (bei kolloidem Gold z. B. kenntlich durch Farbenänderung von Rot in eine bestimmte Nuance von Violettrot) zu erreichen.

Man fügt z. B. 50 ccm einer Goldlösung von 0,0005 Proz. Goldgehalt (Lösung A) möglichst plötzlich 50 ccm einer Elektrolytlösung (Lösung B) hinzu, wartet, bis die Farbennuance Violettrot eingetreten ist, und notiert die zugehörige Zeit $t_{(VR)}$. Je nach der Elektrolytkonzentration dieser Lösung B erhält man verschiedene Werte für die Koagulationszeiten $t_{(VR)}$. Auf diese Weise wurde vom Verfasser z. B. die nebenstehende Kurve für Koagulation mit Strontiumchlorid erhalten[1].

Ganz ähnlich verlaufende Kurven wurden auch mit anderen Goldlösungen sowie mit verschiedenen Elektrolyten erhalten, so daß man aus dieser Kurve die wesentlichsten Gesetzmäßigkeiten, welche bei der Koagulation des kolloiden Goldes in Abhängigkeit von der Elektrolytkonzentration auftreten, ganz gut erkennen kann.

Die Kurve würde bei Verlängerung nach rechts nach schwacher Senkung praktisch parallel zur Abszissenachse verlaufen, d. h. kleine Elektrolytzusätze üben keinen merklichen Einfluß auf die Goldlösung aus. Allmähliche Erhöhung der Elektrolytkonzentration führt in das Gebiet der langsamen Koagulation durch eine bezüglich der Elektrolytkonzentration ziemlich eng begrenzte Zone, in der kleine Änderungen der Konzentration sehr große Änderungen der Koagulationszeit bewirken. In diesem Gebiet (Schwellenzone) liegt der Schwellenwert an verschiedenen Stellen je nach der Beobachtungsdauer. Schwellenzone und Schwellenwert.

Der Schwellenwert wird also selbst bei der rationellen Methode der Koagulation (unter sehr rascher Durchmischung) erst dann genauer definiert, wenn man die Beobachtungen auf einen bestimmten Koagulationsgrad und eine bestimmte Koagulationsdauer (z. B. $t_{(VR)}$) bezieht[2].

---

[1] In diese Kurve sind auch die Werte für die Überführungsgeschwindigkeiten $u$ eingetragen, die v. *Galecki* vor einigen Jahren gelegentlich einer Untersuchung des Einflusses der Elektrolytkonzentrationen auf die Überführung erhalten hat. Die $u$-Werte sind den Potentialdifferenzen zwischen Teilchen und Medium proportional, so daß man daraus die Abnahme der Potentialdifferenz mit zunehmendem Elektrolytgehalt und die Beziehung zum Koagulationsverlauf erkennen kann. Es sei bemerkt, daß die kolloide Goldlösung den ursprünglichen $u$-Wert $13,5 \cdot 10^{-5}$ hatte.

[2] Für die meisten praktischen Zwecke, wo es sich mehr um Ermittlung der Größenordnung der Schwellenwerte handelt (z. B. bei Prüfung der Wertigkeitsregel), kommen die kleinen Schwankungen des Schwellenwertes der Elektrolytkonzentration innerhalb der Zone nicht mehr in Betracht.

Eine große Bedeutung besitzt der vertikale Ast der Kurve. Er gibt jene *Schnellkoagu-* Elektrolytkonzentrationen an, bei welchen die Koagulation am schnellsten *lation.* verläuft. Man erkennt aus der Kurve, daß die kleinste Koagulationszeit bei den verschiedensten Elektrolytkonzentrationen erreicht werden kann. Diese Gesetzmäßigkeit wurde mehrfach bestätigt. Aus diesbezüglichen Untersuchungen des Verfassers[1] ergab sich folgendes:

1. Jede reine kolloide Goldlösung, die in bestimmter Konzentration (Teilchenzahl) zur Verwendung kommt, besitzt ein Gebiet kleinster Koagulationszeit, das bei mäßiger Elektrolytkonzentration schon erreicht wird und sich über weite Bereiche derselben erstreckt.

2. Das Gebiet kleinster Koagulationszeit ist unabhängig von der Art des koagulierenden Elektrolyten.

Die Kurve, Fig. 14, kann auch zur Erläuterung des *Hardy*schen Satzes dienen, nach welchem mit Annäherung an den isoelektrischen Punkt die Stabilität eines Sols abnimmt, während sie andererseits erkennen läßt, daß, wie *Powis* betont, das Gebiet der schnellen Koagulation schon erreicht wird, ehe die Teilchen völlig entladen sind.

Ergänzend sei erwähnt, daß die Punkte der Kurve für $t_{(VR)}$ einer Abnahme der Primärteilchenzahl auf weniger als ein Drittel des Anfangswertes entsprechen.

## 25a. Koagulationsgeschwindigkeit.

Die Betrachtung des Diagramms, Fig. 14, lehrt also, daß wir zwei durch Übergänge miteinander verbundene Gebiete der Koagulation unterscheiden können: das Gebiet der langsamen Koagulation, welches der Schwellenzone und dem benachbarten Bereiche entspricht, und das im vertikalen Aste der Kurve gelegene Gebiet der schnellen Koagulation.

*Langsame und* Letzteres verdient besondere Beachtung, da hier die Koagulation unab-*schnelle Koagu-* hängig von der Konzentration und Natur der Elektrolyte verläuft, also Ein-*lation.* flüsse, welche von der Zusammensetzung der fällenden Salze u. a. m. abhängig sind und bei der langsamen Koagulation stark hervortreten, hier wegfallen. Bei der schnellen Koagulation wird der Verlauf der Aggregation nur mehr durch physikalische Einflüsse bestimmt, ihr Gesetz ist überraschend einfach. Man darf annehmen, daß bei ausreichender Elektrolytkonzentration eine genügende Entladung gleich nach Durchmischung der Flüssigkeit erreicht wird, und daß die Teilchendiffussion dann das Tempo der Koagulation bestimmt.

Messung des Koagulationsverlaufs. Es gibt verschiedene Methoden, den Fortschritt des Koagulationsverlaufs zu erkennen: Änderung der Farbe, des Trübungsgrades, der Viscosität, ferner Flockenbildung und vollendete Sedimentation. Zur Messung der Koagulationsgeschwindigkeit ist aber als *Ultra-* rationellste Methode die ultramikroskopische Bestimmung der Abnahme der *mikroskopische* Teilchenzahlen mit der Zeit anzusehen. *Methode.*

---

[1] Göttinger Nachrichten **1917**, Heft 1.

Um reproduzierbare Werte zu erhalten, ist allerdings mit großer Sorgfalt und Gewissenhaftigkeit zu arbeiten. Zwei Methoden sind bisher angewandt worden, bei beiden ist es erforderlich, die pro Volumeinheit der ursprünglichen Lösung vorhandene Teilchenzahl festzustellen, nach Ablauf der Zeit $t$ die Koagulation zu unterbrechen und hierauf die Zahl der noch vorhandenen Teilchen zu bestimmen. Man kann dann die noch in freiem Zustande existierenden ursprünglichen Teilchen (Primärteilchen) oder die Gesamtzahl der Submikronen ermitteln[1].

## 25b. Theorie der Koagulation.

Was die Problemstellung anlangt, so treten uns zunächst zwei Fragen entgegen. Die erste könnte etwa so formuliert werden:

Warum treten die Teilchen der elektrolytempfindlichen Hydrosole zusammen, wenn sie bis zum isoelektrischen Punkt (oder unter das kritische Potential) entladen werden?

Die zweite Frage: Welche Prozesse spielen sich bei der Entladung der Teilchen ab, wie erklärt sich die Wertigkeitsregel? ist viel verwickelter und kann wohl erst dann präzise beantwortet werden, wenn wir über die Natur der Teilchenladung genauer unterrichtet sind.

Hieran schließen sich noch einige Fragen über das Wesen, die Lage und Dicke der elektrischen Doppelschicht, schließlich über den Gültigkeitsbereich der Wertigkeitsregel, ihre Ausnahmen u. a. m.

Speziell Probleme dieser Art sind gewöhnlich in den Vordergrund des Interesses gestellt, und dabei ist das erste Fundamentalproblem nicht immer genügend beachtet worden.

Bezüglich der ersten Frage wurden verschiedene Ansichten geäußert[2], ohne daß sie einer endgültigen Lösung zugeführt worden wäre. Erst die mathematische Theorie von *v. Smoluchowski*[3] gibt die Grundlage einer exakten Behandlung des Gegenstandes und ist einer experimentellen Prüfung zugänglich. Sie behandelt zunächst den Fall der schnellen Koagulation. Der rasche und irreversible Verlauf derselben wie auch Gründe, die schon weiter oben angeführt sind, lassen von vornherein wahrscheinlich erscheinen, daß zwischen den unelektrischen Teilchen Anziehungskräfte (Kohäsionskräfte oder „Kapillarkräfte") bestehen, die der Teilchenvereinigung zugrunde liegen. In *v. Smolu-* *chowskis* Theorie wird auf das Kraftgesetz selbst nicht eingegangen, sondern es sind die Kräfte durch eine Wirkungssphäre vom Radius $R$ ersetzt, derart, daß die *Brown*sche Bewegung der Teilchen ungehindert vor sich geht, solange die Entfernung der Teilchenmittelpunkte größer ist als $R$, daß jedoch zwei

v.Smoluchowskis<br>Theorie.

---

[1] Über die dabei einzuhaltenden Vorsichtsmaßregeln und die Einzelheiten der Methode siehe *Zsigmondy*, ferner *Westgren* u. *Reitstötter*, beides Z. f. physik. Chemie **92**, 600 und 750 bis 762 (1918).

[2] Vgl. z. B. *Bredig:* Anorganische Fermente, S. 15. Leipzig 1901, auch *Freundlichs* Bemerkungen in d. Zeitschr. f. physik. Chem. **80**, 141, 142; (1903), ferner *Ellis* ib. **80**, 597, (1912.)

[3] Siehe Anm. 2 S. 70.

Teilchen sofort aneinander haftenbleiben müssen, sobald ihre Mittelpunkts-
entfernung auf $R$ herabsinkt. Im Falle der schnellen Koagulation wird der
Koagulationsverlauf nur durch den Radius $R$, die Diffusionskonstante $D$
der *Brown*schen Bewegung und die Teilchenkonzentration pro Volumeinheit $n_0$
bestimmt, durch Größen, deren Dimensionen gegeben sind durch das Schema [1]

$$D \sim \frac{l^2}{t} \; ; \quad n_0 \sim \frac{1}{l^3} \; ; \quad R \sim l \; .$$

Unter Berücksichtigung, daß nicht nur die einfachen Primärteilchen,
sondern auch die doppelten und dreifachen sich an der Koagulation beteiligen,
und unter Einführung gewisser vereinfachender Annahmen bezüglich der
Sekundärteilchen, kommt *v. Smoluchowski* zu einer überraschend weitgehenden Beschreibung des Koagulationsverlaufes, die nicht nur die Berechnung
der Änderung der Primärteilchenzahlen, sondern auch die der doppelten und
dreifachen usw. ermöglicht.

Nach ihm[2] ist die Gesamtzahl der in einem Volum $v$ zur Zeit $t$ nach Koagu-
lationsbeginn noch existierenden Teilchen

Koagulations-<br>zeit.

$$(1) \quad \dots \quad \Sigma \nu = \nu_1 + \nu_2 + \nu_3 + \dots = \frac{\nu_0}{1 + \beta t} \, ,$$

worin $\nu_0$ die ursprünglich im Volumen $v$ enthaltene Zahl der Primärteilchen
angibt, $\nu_1$, $\nu_2$, $\nu_3 \dots$ die Zahlen der zur Zeit $t$ vorhandenen einfachen,
doppelten, dreifachen bedeuten[3] und
$\beta = 4 \pi \nu_0 D R$ ist. Die Anzahl der einfachen Primärteilchen ist zur Zeit $t$

$$(2) \quad \dots \quad \nu_1 = \frac{\nu_0}{(1 + \beta t)^2} \; .$$

Als Koagulationszeit $T$ bezeichnet
*v. Smoluchowski* die Zeit, welche vom Beginn der Koagulation $t = 0$ an erforderlich ist, um die Gesamtzahl aller Teilchen
auf die Hälfte, die Anzahl der Primärteilchen aber auf $1/4$ der ursprünglichen
herabzusetzen.

$$(3) \quad T = \frac{1}{\beta} = \frac{1}{4 \pi D R \nu_0} \; .$$

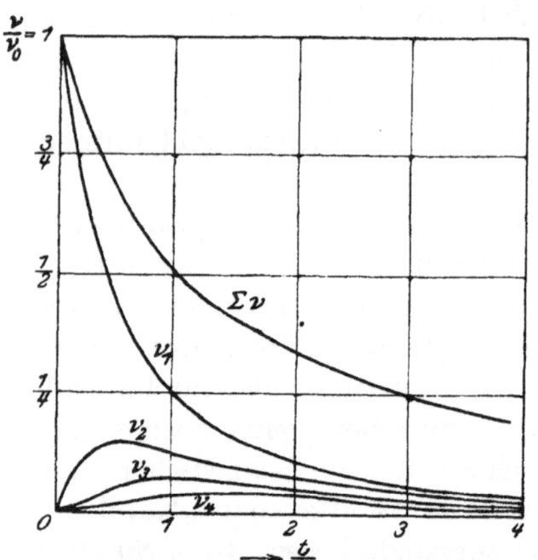


Fig. 14 a. Koagulationsverlauf
nach *v. Smoluchowski*.

Die graphische Darstellung Fig. 14 a
gibt ein übersichtliches Bild des Koagulationsverlaufs.

Man erkennt, daß die Kurven für $\nu_1$ und $\Sigma \nu$ anfangs rasch, später langsam
abfallen, während die Kurven für $\nu_2$, $\nu_3$ usw. von Null ansteigend in immer
späteren Zeiten Maximalwerte erreichen, um nachträglich wieder abzufallen.

---

[1] $l =$ Lineardimensionen.

[2] *v. Smoluchowski*: Physik. Zeitschr. **17**, 587 bis 599 (1916) u. Zeitschr. f. physikal. Chem. **92**, 129 bis 168 (1917).

[3] Hierin bedeuten: $\nu_0$ die Anzahl der ursprünglichen Primärteilchen pro ccm, $D$ den
Diffusionskoeffizienten der Teilchen, $R$ den Radius der Anziehungssphäre.

Die Prüfung der Theorie an der Hand der experimentellen Daten ist bisher auf zweierlei Weise durchgeführt worden: durch Bestimmung der Abnahme der Primärteilchenzahlen von Goldsolen nach der Formel (2) und durch Bestimmung der Abnahme der Gesamtteilchenzahl nach der Formel (1). Die Prüfung nach der ersten Methode hat *v. Smoluchowski* selbst vorgenommen an Daten, welche der Verfasser ihm zur Verfügung stellte[1]. Die Prüfung nach der Formel (1) geschah von *Westgren* und *Reitstötter* in einer sorgfältig durchgeführten Arbeit[2].

Aus der ersterwähnten Untersuchung seien die folgenden zwei Tabellen wiedergegeben; sie enthalten neben den $\beta$-Werten auch die Werte für die beobachteten und berechneten Teilchenzahlen.

*Prüfung der Theorie.*

Tabelle 7 a.

Versuch E: $n_0 = 0,552 \cdot 10^{10}$; $r = 24,2 \cdot 10^{-7}$ cm.

| $t$ (Sek.) | $\nu_1$ gef. | $\beta$ | $\nu_1$ ber. |
|:---:|:---:|:---:|:---:|
| 0 | 1,97 | | 1,97 |
| 2 | 1,35 | (0,105) | 1,65 |
| 5 | 1,19 | (0,058) | 1,31 |
| 10 | 0,89 | 0,0490 | 0,93 |
| 20 | 0,52 | 0,0475 | 0,54 |
| 40 | 0,29 | 0,0403 | 0,25 |

Mittel: $\beta = 0,0456$; $\dfrac{R}{r} = 3,12$.

Versuch F: $n_0 = 0,27 \cdot 10^{10}$; $r = 24,2 \cdot 10^{-7}$.

| $t$ (Sek.) | $\nu_1$ gef. | $\beta$ | $\nu_1$ ber. |
|:---:|:---:|:---:|:---:|
| 0 | 1,97 | | 1,97 |
| 3 | 1,56 | (0,040) | 1,76 |
| 20 | 1,02 | 0,0195 | 1,04 |
| 40 | 0,66 | 0,0183 | 0,64 |
| 40 | 0,76 | (0,0153) | 0,64 |
| 60 | 0,44 | 0,0187 | 0,44 |
| 80 | 0,49 (?) | (0,0126) | 0,31 |

Mittel: $\beta = 0,0188$; $\dfrac{R}{r} = 2,63$.

Die Übereinstimmung der berechneten und gefundenen $\nu_1$-Werte ist angesichts der großen experimentellen Schwierigkeiten eine recht befriedigende.

Daraus läßt sich noch das Verhältnis der Radien $\dfrac{R}{r}$ berechnen; es liegt zwischen 2 und 3.

Die nach anderen ultramikroskopischen Methoden und mit anderen (gröberen und stärker verdünnten) Goldsolen gewonnenen Resultate von

---

[1] *R. Zsigmondy:* Göttinger Nachrichten **1917**, Zeitschr. f. physik. Chem. **92**, 600 bis 639 (1918).

[2] *A. Westgren* u. *J. Reitstötter:* Zeitschr. f. physik. Chem. **92**, 750 bis 762 (1918).

*Westgren* und *Reitstötter* ergaben das Verhältnis der Radien $\dfrac{R}{r}$ in guter Übereinstimmung mit den aus obigen Versuchen berechneten zwischen 2 und 3, im Mittel 2,3. Würden die Teilchen erst bei unmittelbarer Berührung aneinander haftenbleiben, so müßte $R = 2\,r$ sein; somit machen sich die Anziehungskräfte erst bei starker Annäherung bemerkbar, wie das bei Molekularattraktion stets der Fall ist.

Als Beispiel für die Abnahme der Gesamtteilchenzahl mit der Zeit seien die beiden mit I und II bezeichneten Tabellen hier wiedergegeben.

Tabelle 7 b.

I

$\nu_0 = 2{,}69 \cdot 10^8$ pro ccm
$\eta = 1073 \cdot 10^{-5}$
$\Theta = 290\ 4^1$

| Zeit in Sekunden | $(\Sigma\,\nu)\,10^{-8}$ | $\dfrac{R}{r}$ |
|---|---|---|
| 0 | 2,69 | — |
| 60 | 2,34 | 3,74 |
| 120 | 2,25 | 2,47 |
| 240 | 2,02 | 2,07 |
| 420 | 1,69 | 2,10 |
| 600 | 1,47 | 2,09 |
| 900 | 1,36 | 1,62 |
| 1320 | 1,20 | 1,41 |

II

$\nu_0 = 5{,}22 \cdot 10^8$ pro ccm
$\eta = 1060 \cdot 10^{-5}$
$\Theta = 291{,}0^1$

| Zeit in Sekunden | $(\Sigma\,\nu)\,10^{-8}$ | $\dfrac{R}{r}$ |
|---|---|---|
| 0 | 5,22 | — |
| 60 | 4,35 | 2,56 |
| 120 | 3,63 | 2,81 |
| 180 | 3,38 | 2,33 |
| 300 | 2,75 | 2,33 |
| 420 | 2,31 | 2,31 |
| 600 | 1,95 | 2,16 |
| 900 | 1,48 | 2,19 |

Vergleic h mit chemischen Reaktionen.

Von großem Interesse ist auch der Vergleich mit chemischen Reaktionen; *v. Smoluchowski* berechnete, daß, wenn eine chemische Reaktion ebenso verlaufen sollte wie die schnelle Koagulation, die Konzentration nur $^1/_3 \cdot 10^{-9}$ Normal sein dürfte, wenn die Koagulationszeit $T$ (Abnahme der Molekülzahl auf $^1/_4$) eine Sekunde sein soll. Die chemischen Reaktionen, deren zeitlicher Verlauf gewöhnlich untersucht wird, verlaufen meist außerordentlich viel langsamer; der Grund liegt darin, daß es in der Regel bei chemischen Reaktionen nicht genügt, daß zwei Moleküle zusammentreffen, um sich zu vereinigen, sondern sie müssen in bestimmter Weise zusammentreffen, und nur ein ganz kleiner Bruchteil der Stöße führt zur Vereinigung[2].

Langsame Koagulation. Ähnlich liegen die Verhältnisse auch bei der langsamen Koagulation, die bei teilweiser Entladung der Ultramikronen zustande kommt. Auch hier führt nur ein Bruchteil $\varepsilon$ der Zusammenstöße zur Vereinigung. Je stärker die Ultramikronen geladen sind, um so kleiner

---

[1] $\Theta = $ absolute Temperatur, $\eta = $ Zähigkeit.

[2] Die sehr schnell verlaufenden Ionenreaktionen könnten vielleicht eine Ausnahme machen.

wird $\varepsilon$; die Formeln 1 und 2 bleiben in Geltung, nur daß man überall das Glied $\beta\, t$ durch $\varepsilon\, \beta\, t$ zu ersetzen hat.

Zur Prüfung seiner Formeln der langsamen Koagulation hat *v. Smolu-* Langsame Koa-
*chowski* Versuche von *H. Paine*[1], von *Freundlich* und *Ishizaka*[1] und von *Gann*[1]
herangezogen. *Paine* hat gefunden, daß die Koagulationszeit umgekehrt proportional der Anfangskonzentration des Kolloids ist; ferner war sie in seinen Versuchen proportional der 5. oder 6. Potenz der Elektrolytkonzentration. Diese Gesetzmäßigkeit ist einer entsprechenden Änderung des Wirksamkeitskoeffizienten $\varepsilon$ zuzuschreiben, die aber nur im Gebiet der langsamen Koagulation Gültigkeit haben kann, wie ein Blick auf Fig. 14 lehrt.

*Paine* machte u. a. die Beobachtung, daß nach Verlauf einer bestimmten Zeit nach Elektrolytzusatz bei heftigem Umrühren Niederschlagsbildung eintrat; er bestimmte die Menge des Niederschlags als Maß des Koagulationsfortschrittes. *v. Smoluchowski* stellte nun fest, daß die koagulierende Wirkung des Umrührens nur bei größeren mikroskopischen Teilchen zur Geltung kommt, nicht aber bei kleinen Submikronen und Amikronen, indem die koagulierende Wirkung des Umrührens außerordentlich mit der Teilchengröße zunimmt. So würde bei einem Teilchenradius $r = 10\,\mu\mu$ ein Geschwindigkeitsgefälle $= 1$ nur eine Vermehrung der Koagulationsgeschwindigkeit um den Bruchteil $10^{-6}$ bewirken, während dieselbe bei einem Teilchenradius $r = 1\,\mu$ dadurch auf das Doppelte des normalen Wertes gesteigert würde. Damit wird es wahrscheinlich, daß bei *Paines* Versuchen nur diejenigen Teilchen durch Rühren abgeschieden wurden, welche aus einer großen Zahl von Primärteilchen bestanden, während der Rest in kolloider Lösung verblieb.

Die unter diesen Annahmen berechnete Koagulationskurve stimmte recht gut mit der von *Paine* beobachteten überein.

Auch die Versuche von *Freundlich* und *Ishizaka* sowie die von *Gann* hat *v. Smoluchowski* einer eingehenden theoretischen Analyse unterzogen und kam so zu einer neuen Auffassung der von diesen Autoren beobachteten Autokatalyse.

Eine exakte Prüfung der *v. Smoluchowski*schen Formel für die langsame Koagulation an Goldhydrosolen mit großen Teilchen hat *A. Westgren*[2] durchgeführt. Durch Auszählen der Ultramikronen kommt *Westgren* zu einer weitgehenden Bestätigung der Theorie.

Daß die langsame Koagulation etwas über dem Schwellenwert einsetzt, kann so erklärt werden, daß die Teilchenladungen gewissen Schwankungen unterliegen, einzelne Teilchen vorübergehend unter das kritische Potential entladen werden und dann beim Zusammenstoß koagulieren[3]. Man kann aber auch unter Zugrundelegung der *v. Smoluchowski*schen Theorie, wie

---

[1] *H. Paine:* Kolloidchem Beih. 4, 24, 1912; Koll.-Zeitschr. 11, 145, 1912; *N. Ishizaka,* Zeitschr. f. phys. Chem. 83, 97, 1913; *H. Freundlich* u. *N. Ishizaka,* Koll.-Zeitschr. 12, 230, 1913; Zeitschr. f. phys. Chem. 85, 398, 1913; *J. Gann,* Kolloidchem. Beih. 8, 63, 1916.
[2] *A. Westgren:* Archiv för Kemi, Min. och Geol. 7, Nr. 6 (1918).
[3] *R. Zsigmondy:* Zeitschr. f. phys. Chem. 92, 613 (1918).

*Freundlich* in einer neuen Veröffentlichung[1] ausführt, annehmen, daß Teilchen, deren Ladung durch Elektrolytzusatz herabgesetzt ist, nur dann irreversibel zusammentreten, wenn ihr Zusammenstoß mit einer bestimmten über einem minimalen kritischen Wert liegenden Geschwindigkeit erfolgt. Stöße, mit geringerer Geschwindigkeit bleiben wirkungslos. Eine nähere Betrachtung führt *Freundlich* zu dem Ergebnis, daß man unter dieser Annahme die anfängliche Zunahme der Koagulationsgeschwindigkeit („Autokatalyse"), erklären könnte, ohne sie Nebenumständen zuschreiben zu müssen. Auch der Adsorptionsrückgang kann unter diesen Gesichtspunkten erklärt werden.

Alle diese Erscheinungen: langsame und schnelle Koagulation, wie die nachträgliche Verdichtung der schon koagulierten Flocken, lassen sich jetzt unter einheitlichen Gesichtspunkten erklären, unter der Annahme von Anziehungskräften, die die Koagulation herbeiführen und durch die elektrische Ladung eine vollständige oder teilweise Kompensation erleiden.

## 25 c. Rückblick auf die Problemstellung.

Bezüglich der ersten, S. 69 aufgeworfenen Frage, warum die entladenen Teilchen zusammentreten, ergibt sich nach den Ausführungen des vorhergehenden Kapitels die Antwort, daß zwischen den Ultramikronen Anziehungskräfte bestehen, die, wenn auch auf geringe Entfernung wirkend, die Teilchenvereinigung herbeiführen und das Aneinanderhaften der Ultramikronen bewirken. Der Elektrolytzusatz vermindert oder neutralisiert die Ladung, und dann tritt die Attraktion in Wirkung.

Die zweite Frage: Welche Vorgänge spielen sich bei der elektrischen Entladung ab, kann, wie erwähnt, wohl erst dann präzise beantwortet werden, wenn man über die Ursachen der Teilchenladung vollkommen orientiert ist.

Da zwei Körper, die sich berühren, aber fast immer Kontaktpotentiale annehmen, andererseits in wässeriger Lösung Ionen vorhanden sind, so werden mannigfache Ursachen der Teilchenladung zu berücksichtigen sein.

Ursache der Aufladung.

Bei Berührung von Isolatoren tritt, wie *Coehn* gezeigt hat, Ladung nach Maßgabe der Dielektrizitätskonstante ein, und man wird hier wohl Elektronenladungen annehmen. Auch bei kolloiden Lösungen, z. B. von Metallen, können sie eine Rolle spielen. So laden sich die meisten Substanzen in reinem Wasser negativ in Übereinstimmung mit der sehr hohen Dielektrizitätskonstante des Wassers. Bei dem enormen Einfluß der Elektrolyte auf die Teilchenladung, sogar auf das Vorzeichen derselben wird man aber den Ionen einen wesentlichen Einfluß zuschreiben müssen. In der Tat nehmen die meisten Forscher Ionenwirkungen an, Aufnahme oder Abgabe von Ionen, Ionenadsorption oder Ionisierung der Oberflächenmoleküle.

Die Art der aufladenden Ionen muß aber von wesentlichem Einfluß sein auf die Reaktionen des betreffenden Kolloids, also auch auf die Schwellen-

---

[1] *H. Freundlich:* Koll.-Zeitschr. **23**, 763 (1918).

werte bei der langsamen Elektrolytkoagulation. Kolloide wie die reinen Metallhydrosole, einige kolloide Sulfide und Salze zeigen allerdings noch ein ziemlich übereinstimmendes Verhalten, indem hier die Wertigkeitsregel gilt, und *Freundlich* hat gezeigt, daß bei ihrer Fällung in der Regel Ionenadsorption maßgebend ist, indem die stärker adsorbierbaren Ionen auch in kleineren Konzentrationen fällen als die weniger adsorbierbaren.

*Entladung durch Ionenadsorption.*

Bei kolloidem Eisenoxyd dagegen hat *Duclaux* dargetan, und bei der kolloiden Zinnsäure konnte *Heinz*[1] nachweisen, daß die Wertigkeitsregel nicht gilt, und in letzterem Falle, daß auch die Adsorbierbarkeit der Ionen nicht maßgebend ist, daß vielmehr chemische Einflüsse für die Fällungswerte bestimmend sind, derart, daß bei der kolloiden Zinnsäure äquivalente Mengen derjenigen Kationen zur Koagulation eben ausreichen, die mit den Stannationen unlösliche Salze bilden, ganz unabhängig von der Wertigkeit der betreffenden Ionen und übereinstimmend mit des Verfassers Theorie der Peptisation[2].

*Entladung durch Bildung einer unlöslichen Verbindung.*

Überblickt man noch das individuelle Verhalten der kolloiden Oxyde und der organischen Kolloide, so wird leicht verständlich, daß die chemische Seite des Problems nicht vernachlässigt werden darf, wenn man einen Einblick in die Vorgänge, welche der Entladung der Kolloidteilchen zugrunde liegen, erhalten will, und die künftige Kolloidchemie wird festzustellen haben, welche Ionen bei der Aufladung der Kolloidteilchen in den einzelnen Fällen in Betracht kommen: denn sie sind zweifellos mitbestimmend für deren Reaktionen, wenn nicht sogar ausschlaggebend.

Sieht man aber von den Detailfragen, die mehr chemisches Interesse besitzen, ab, so ist die Antwort auf die vorliegende zweite Frage verhältnismäßig einfach. Schon in den Versuchen von *Picton* und *Linder*, die inzwischen vielfach bestätigt worden sind, liegt ein Teil der Antwort: bei der Elektrolytkoagulation werden von den Ultramikronen Ionen aufgenommen, die die Teilchenladung so weit erniedrigen, daß Zusammentritt der Primär- zu Sekundärteilchen auf Grund der zwischen ihnen bestehenden Anziehungskräfte erfolgen kann. Die fällenden Ionen bleiben bei den Ultramikronen und gehen in den Niederschlag.

## 25 d. Untersuchungen über die langsame Elektrolytkoagulation.

Arbeiten von *Reißig*[3], *v. Galecki*[4] (mit Goldhydrosolen), von *Paine*[5] (mit Kupferhydroxydsolen), *Ishizaka*[6] (mit Aluminiumhydroxydhydrosolen) und von *Gann*[7] befassen sich mit Untersuchungen über die Koagulationsgeschwindigkeit bei sehr vorsichtigem Elektrolytzusatz, dessen Menge zu einer voll-


[1] *E. Heinz:* Inaugural-Diss. Göttingen 1914.
[2] Vgl. Kap. 33.
[3] *J. Reißig:* Drudes Annalen d. Phys. (4) **27**, 186 (1908).
[4] *A. v. Galecki:* Zeitschr. anorg. Chem. **74**, 174 (1912).
[5] *Paine:* Proc. Cambridge Phil. Soc. **16**, 430 (1911 bis 1912), auch Zusammenfassung Koll.-Zeitschr. **11**, 115 bis 120 (1912).
[6] *N. Ishizaka:* Zeitschr. f. phys. Chem. **83**, 97 bis 128 (1913).
[7] l. c. S. 73.

ständigen Koagulation nicht ausreicht oder dieselbe erst nach längerer Zeit bewirkt.

Die Kurven der letzteren Forscher zeigen, daß während einer Anfangsperiode, deren Dauer von der Elektrolytkonzentration abhängt, keine Koagulation bemerkbar wird, diese dann auftritt und mit einer Geschwindigkeit verläuft, die allmählich auf Null abfällt.

Nach *v. Smoluchowski* ist das so. zu erklären, daß die Koagulation zwar von Anfang an stattfindet, aber an der Niederschlagsbildung oder an der Vergrößerung der Viskosität erst kenntlich wird, wenn sie bis zu einem gewissen Grade vorgeschritten ist. In der Tat ist durch *A. Westgren* (loc. cit. S. 73) die *Smoluchowski*sche Theorie der langsamen Koagulation bestätigt worden.

**Adsorptionsrückgang.** Sehr starke Annäherung oder Verdichtung der Ultramikronen zu größeren Komplexen, insbesondere wenn gleichzeitig Krystallisationsvorgänge eintreten, bewirken Abgabe der adsorbierten Elektrolyte. Dies kann man bei der Ultrafiltration von kolloidem Eisenoxyd beobachten, wo das Ultrafiltrat zunächst farblos abläuft, bei höheren Konzentrationen aber braungelb, indem Oxychloride von den Ultramikronen abgegeben werden. Bei starkem Ausfrieren geben viele Kolloide adsorbierte Elektrolyte ab und verlieren dadurch ihre Ladung. Nach *Freundlich* und *Schlucht*[1] werden auch die bei der Elektrolytfällung aufgenommenen Ionen bei nachträglicher spontaner Vergröberung des Niederschlags (wahrscheinlich unter Krystallisation desselben) allmählich abgegeben. Der zeitliche Verlauf dieses Vorganges wurde von *Freundlich* und *E. Hase* näher untersucht[2]. Neuere Untersuchungen über langsame Koagulation haben *Kruyt* und *van der Speck* durchgeführt[3].

## 25 e. Wertigkeitsregel.

Der Vergleich des Fällungswertes verschiedener Elektrolyte durch *Schulze*[4], *Prost*[5], *Picton* und *Linder*[6] ergab das interessante Resultat, daß einwertige Kationen der Alkalimetalle auf kolloide Sulfide weniger stark fällend wirken als zweiwertige und diese wieder weniger als die dreiwertigen. Diese Verhältnisse können aus folgender Tabelle 8 nach *Freundlich*[7] entnommen werden. *Picton* und *Linder*[8] zeigten dann, daß umgekehrt bei der Fällung von positiven Hydrosolen die Wertigkeit der Anionen maßgebend ist[9].

---

[1] Zeitschr. f. phys. Chem. **85**, 660 (1913).

[2] ib. **89**, 417 (1915).

[3] *H. R. Kruyt* und *van der Speck:* Koll.-Zeitschr. **25**, 1 bis 20 (1919); **24**, 145 (1919). Versl. Kon. Akad. v. Wet. Amsterdam **23**, 1104 (1915).

[4] *H. Schulze:* Journ. f. prakt. Chemie (2) **25**, 431 bis 452 (1882); **27**, 320 bis 332 (1883).

[5] *E. Prost*: Bulletin de l'Acad. Roy. de Belg. (3) **14**, 312 bis 321 (1887).

[6] *H. Picton* und *S. E. Linder*: Journ. Chem. Soc. **67**, 63 bis 74 (1895).

[7] *H. Freundlich*: Zeitschr. f. phys. Chemie **73**, 385 bis 423 (1910). Die Tabellen 8 und 9 sind aus dieser Abhandlung von *Freundlich* ausgezogen.

[8] *H. Picton* und *S. E. Linder*: Journ. Chem. Soc. **87**, 1906 bis 1936 (1905).

[9] Ausnahmen von dieser Regel vgl. Kolloides Eisenoxyd, Kap. 85.

### Tabelle 8.

As$_2$S$_3$-Hydrosol (negativ) mit 1,857 g im Liter.

| Elektrolyt | Fällungswert*<br>(Millimol im Liter) | Elektrolyt | Fällungswert<br>(Millimol im Liter) |
|---|---|---|---|
| K-Acetat | 110,0 | MgCl$_2$ | 0,717 |
| LiCl | 58,4 | MgSO$_4$ | 0,810 |
| NaCl | 51,0 | CaCl$_2$ | 0,649 |
| KNO$_3$ | 50,0 | SrCl$_2$ | 0,635 |
| KCl | 49,5 | BaCl$_2$ | 0,691 |
| $\dfrac{K_2SO_4}{2}$ | 65,6 | ZnCl$_2$ | 0,685 |
|  |  | UO$_2$(NO$_3$)$_2$ | 0 642 |
| NH$_4$Cl | 42,3 |  |  |
| HCl | 30,8 | AlCl$_3$ | 0,093 |
|  |  | Al(NO$_3$)$_3$ | 0,095 |
|  |  | $\dfrac{Ce_2(SO_4)_3}{2}$ | 0,092 |

* Als Fällungswert wird die zwischen zwei Endkonzentrationen liegende Konzentration bezeichnet, von denen die größere völlig klärt, die kleinere dazu nicht ausreicht.

*Freundlich*[1] bestätigte diese Beziehungen und wies darauf hin, daß die Adsorbierbarkeit der Ionen eine Rolle spielt derart, daß stark adsorbierbare Kationen die Fällung von negativen Hydrosolen sehr stark begünstigen, was z. B. aus folgender Tabelle 9 zu entnehmen ist, in der die Substanzen geordnet sind nach steigender Adsorbierbarkeit.

### Tabelle 9.

| Elektrolyt | Fällungswert<br>(Millimol im Liter) |
|---|---|
| NaCl . . . . . . . . . | 51,0 |
| Guanidinnitrat  . . . | 16,4 |
| Strychninnitrat  . . . | 8,0 |
| Anilinchlorhydrat  . . | 2,52 |
| Morphinchlorid. . . . | 0,425 |
| Neufuchsin  . . . . . | 0,114 |

Von diesen Salzen haben Morphinchlorid und Neufuchsin sehr kleine Fällungswerte, wirken also stark fällend, obgleich sie einwertige Kationen bilden. Es ist zu bemerken, daß auch viele Schwermetallkationen viel kleinere Fällungswerte haben, als der Wertigkeitsregel entspricht, die Regel also in vieler Hinsicht eingeschränkt ist[2].

*Freundlich* hat zur Erklärung der Wertigkeitsregel die Adsorptionsisotherme herangezogen.

Es wird im allgemeinen angenommen, daß die zur vollständigen Koagulation negativer Kolloide erforderlichen relativen Molarkonzentrationen der Salze von Al$^{\cdots}$, Ba$^{\cdot\cdot}$ und K$^{\cdot}$ in der Größenordnung 1 : 20 : 1000 stehen

*Adsorption und Fällungswert.*

[1] l. c.

[2] Vgl. auch *W. Ostwald:* Koll. Zeitschr. **26**, Heft 1 nnd 2 (1920).

(*Schulze* 1 : 18,6 : 1087; *Linder* und *Picton* 1 : 19,1 : 1590; *Freundlich* 1 : 7,4 : 531, Zahlen, welche aus Versuchen mit $As_2S_3$ gefolgert sind).

*Powis* bestimmt für Ölemulsionen die Konzentrationen von KCl, $BaCl_2$, $AlCl_3$, die nötig sind, um einerseits ein Potential von —0,03 Volt, andererseits von Null zu ergeben. (Tabelle 10 u. 11.)

Tabelle 10.
Potential —0,03 Volt.

| Elektrolyt | Konzentration (Millimol im Liter) | | Verhältnis | | |
|---|---|---|---|---|---|
| KCl | B. | 51 | 2500 | im Mittel 2600 | |
| | C. | 15,6 | 2700 | ,,　　,, | |
| $BaCl_2$ | B. | 1,9 | 95 | ,,　　,, | 100 |
| | C. | 0,65 | 110 | ,,　　,, | |
| $AlCl_3$ | B. | 0,02 | 1 | ,,　　,, | 1 |
| | C. | 0,0058 | 1 | ,,　　,, | |

Tabelle 11.
Potential 0 Volt.

| Elektrolyt | Konzentration (Millimol im Liter) | | Verhältnis |
|---|---|---|---|
| KCl | B. | ca. 5000 | ca. 10 000 |
| | C. | — | |
| $BaCl_2$ | B. | 95 | 190 |
| | C. | — | |
| $AlCl_3$ | B. | 0,51 | |
| | C. | 0,59 | 1 |

Ein Vergleich führt leicht zur Einsicht, daß die relativen Konzentrationen, welche sich zur Fällung negativer Kolloide als nötig erwiesen, viel besser mit denjenigen übereinstimmen, die hier zur Einstellung eines Potentials von — 0,03 Volt erforderlich sind, als mit denen, bei welchen das Potential Null, d. h. der isoelektrische Punkt, erreicht wird.

Daß langsame Koagulation kolloider Metalle schon vor Erreichung des isoelektrischen Punktes eintritt, geht insbesondere aus Versuchen von *Galecki*[1] hervor. In Tabelle 12 sind die bei sehr vorsichtigem Zusetzen von $CaCl_2$-Lösung zu 10 ccm kolloidem Gold beobachteten Veränderungen des Gold-hydrosols enthalten. Das Zusetzen von $10 \times 10^{-3}$ Millimol $\frac{CaCl_2}{2}$ (Nr. 18) bewirkt Farbenumschlag, während man noch sehr weit vom isoelektrischen Punkt entfernt ist.

**Wertigkeit des Berylliums.** Als Beispiel, wie die Wertigkeitsregel angewendet werden kann, sei eine Arbeit von *Galecki*[2] erwähnt. Die Zweiwertigkeit des Berylliums wurde immer noch von einigen Forschern

---

[1] l. c. S. 75.

[2] *A. v. Galecki:* Zeitschr. f. Elektrochemie **14**, 767 bis 768 (1908).

### Tabelle 12.

10 ccm $\mathrm{Au_{II\,F}}$ koaguliert mit $\frac{\mathrm{CaCl_2}}{2}$-Lösung.

Gesichtsfeld: $729\,\mu^3$.  Beleuchtung: Bogenlampe.

| Nr. | Millimol $\frac{1}{2}$ CaCl$_2$ $10^3$ | Farbenänderungen nach | | | | Verdünnung | Submikronenzahl $10^{-9}$ in 1 ccm (ber. auf ursprüngl. Goldlösung) nach zwei Tagen[*] |
|---|---|---|---|---|---|---|---|
| | | 15 Min. | 1 Tag | 2 Tagen | 3 Tagen | | |
| 0 | 0.0 | — | — | — | — | 1/40 | 56.66 |
| 1 | 0.5 | | | | | 1/40 | 61.01 |
| 2 | 1.5 | | | | | 1/40 | 63.95 |
| 3 | 2.5 | | | | | 1/40 | 69.03 |
| 4 | 3.0 | rot | rot | rot | | 1/40 | 68 56 |
| 5 | 3.5 | | | | | 1/40 | 67.90 |
| 6 | 4.0 | | | | | 1/40 | 68.00 |
| 7 | 4.5 | | | | | 1/40 | 67.20 |
| 8 | 5.0 | | | | | 1/40 | 67.10 |
| 9 | 5.5 | | viol.-rot | viol.-rot | | 1/20 | 63.50 |
| 10 | 6.0 | viol.-rot | | | | 1/20 | 50.61 |
| 11 | 6.5 | | rot.-vl. | rot-vl. | | 1/20 | 37.50 |
| 12 | 7.0 | viol. | | | | 1/10 | 36.10 |
| 13 | 7.5 | | viol. | viol. | | 1/10 | 32.05 |
| 14 | 8.0 | | viol.-bl. | viol.-bl. | | 1/8 | 15.21 |
| 15 | 8.5 | | | | | 1/4 | 9.07 |
| 16 | 9.0 | viol.-blau | | | Anfang der Sedimendation | 1/3 | 6.44 |
| 17 | 9.5 | | blau | grau blau | | 1/1 | 6.50 |
| 18 | 10.0 | | | Anfang d. Sedimentation | | 1/1 | 1.98 |
| 19 | 10.5 | | | | | 1/1 | 2.03 |
| 20 | 11.0 | blau | | | | 1/1 | 1.35 |
| 21 | 11.5 | | | | | 1/1 | 1.19 |
| 22 | 12.0 | | grau-bl. | Sedim. n. nicht beendet | | 1/1 | 1.08 |
| 23 | 12.5 | | | | | 1/1 | 1.00 |
| 24 | 13.0 | | | Sed. beendet | | 1/1 | 1.17 |

* Die anfängliche Zunahme der Teilchenzahlen rührt von der Koagulation von Amikronen her.

bezweifelt. *v. Galecki* untersuchte die Fällung von Schwefelarsenlösungen $\mathrm{As_2S_3\delta}$ nach *Linder* und *Picton* durch verschiedene Salze und fand z. B. für die Fällungswerte:

### Tabelle 13.

20 ccm $\mathrm{As_2S_3\delta}$ (76 Millimol pro Liter):

| | | | |
|---|---|---|---|
| 0,01 n-Ba(NO$_3$)$_2$ | 1,85 | 1,9 | 1,85 ccm |
| 0,01 n-BeSO$_4$ | 1,85 | 1,8 | 1,85 „ |
| 0,01 n-Be(NO$_3$)$_2$ | 1,85 | 1,85 | 1,8 „ |
| 0,01 n-La(NO$_3$)$_3$ | 0,15 | 0,15 | 0,15 „ |
| 0,01 n-AlCl$_3$ | 0,1 | 0,15 | 0,15 „ |

20 ccm $\mathrm{As_2S_3\delta}$ (150 Millimol pro Liter):

| | | | |
|---|---|---|---|
| 0,01 n-Ba(NO$_3$)$_2$ | 0,9 | 0,9 | 0,9 ccm |
| 0,01 n-Be(NO$_3$)$_2$ | 0,95 | 0,9 | 0,9 „ |
| 0,01 n-Mg(NO$_3$)$_2$ | 0,8 | 0,9 | 0,9 „ |
| 0,01 n-La(NO$_3$)$_3$ | 0,05 | 0,05 | — „ |

Das Beryllium reiht sich also durchaus den zweiwertigen, nicht aber den dreiwertigen Metallen ein.

Andere Beispiele sind neuerdings von *Freundlich* beobachtet worden.

## 25f. Gegenseitige Fällung der Kolloide.

Mit der Teilchenladung in einem engen Zusammenhang steht auch die gegenseitige Ausfällung entgegengesetzt geladener Kolloide, die von verschiedenen Forschern studiert, aber erst von *W. Biltz*[1] aufgeklärt worden ist.

Historisches. Gegenseitige Fällung von Kolloiden ist schon von *Graham* beobachtet worden.

*Picton* und *Linder*[2] haben bei der Untersuchung von Mischungen einiger Farbstofflösungen die Beobachtung gemacht, daß die, welche entgegengesetzten Wanderungssinn aufweisen, sich gegenseitig ausfällen, gleichgeladene dagegen sich unbeeinflußt lassen.

Ähnliches ist dann von *Lottermoser*[3] bezüglich des kolloiden Eisenoxyds, der Kieselsäure und einiger anderer Kolloidlösungen festgestellt worden. *Lottermoser* versuchte sogar, die Zusammensetzung der Niederschläge genauer festzustellen; dieser Versuch scheiterte jedoch daran, daß die Niederschläge wegen ihrer kolloiden Beschaffenheit sich nicht gründlich auswaschen ließen. In mehrfacher Richtung bestätigte er die von *Picton* und *Linder* gemachten Beobachtungen.

Im Gegensatz zu den Erfahrungen von *Picton* und *Linder* stehen einige Beobachtungen von *Spring*[4], auf Grund welcher die ganze bis dahin aufgestellte Regel bezüglich der gegenseitigen Fällung der Kolloide umgestoßen erschien. Erst durch *Biltz'* umfassende Untersuchungen sind die Verhältnisse so weit geklärt worden, daß wir gegenwärtig über eine wichtige Gesetzmäßigkeit der Kolloidchemie verfügen. Danach fällen sich entgegengesetzt geladene Kolloidlösungen immer aus, wenn sie in einem geeigneten Mischungsverhältnis zueinander stehen. Nimmt man aber einen beträchtlichen Überschuß des einen oder des anderen Kolloids, dann tritt überhaupt keine Fällung ein. Die Fällung ist also an bestimmte Mengenverhältnisse gebunden, und auf Nichtbeobachten derselben sind die Abweichungen in den Resultaten *Springs* zurückzuführen.

Zu ähnlichen Resultaten sind übrigens auch *Bechhold*[5], *Neißer* und *Friedemann*[6] ungefähr zur gleichen Zeit gekommen, ferner *Victor Henri*[7] und seine Mitarbeiter.

Zur Erläuterung des Gesagten möge die folgende Tabelle 14 dienen (*Biltz*).

---

[1] *W. Biltz:* Ber. **37**, 1095 bis 1116 (1904).

[2] *H. Picton* und *S. E. Linder:* Journ. Chem. Soc. **71**, 568 bis 573 (1897).

[3] *A. Lottermoser:* Anorganische Kolloide. Stuttgart 1901, S. 76ff.

[4] *W. Spring:* Bulletin de l'Acad. Roy. de Belg. (3) **38**, 483 bis 520 (1900).

[5] *H. Bechhold:* Zeitschr. f. phys. Chemie **48**, 385 bis 423 (1904).

[6] *M. Neisser* und *U. Friedemann:* Münch. med. Wochenschr. **51**, 465 bis 469, 827 bis 831 (1903/4).

[7] *V. Henri, Lalou, Mayer* und *Stodel*: Compt. rend. des séances de la Soc. de Biol. **55**, 1666 (1904).

## Tabelle 14.

$Sb_2S_3$-Sol gegen $Fe_2O_3$-Sol.
Je 2 ccm Sulfidlösung = 0,56 mg $Sb_2S_3$.
Je 13 ccm Eisenoxydlösung variabler Konzentration.

| mg $Fe_2O_3$ | Unmittelbar nach der Mischung beobachtete Erscheinungen |
|---|---|
| 20,8 | trübe, aber homogen. |
| 12,8 | trübe, aber homogen. |
| 8,0 | langsames Absetzen von Flocken; Lösung gelb. |
| 6,4 | völlige Fällung. |
| 4,8 | Flocken; Lösung gelblich. |
| 3,2 | geringe Flocken; Lösung gelb. |
| 0,8 | trübe, keine Flocken; Lösung gelb. |

Bei Einwirkung zweier elektrisch entgegengesetzt geladener Kolloide in wechselnden Mengenverhältnissen ist ein Optimum der Fällungswirkung zu bemerken. Fällungs-<br>optimum.

Innerhalb einer mehr oder weniger breiten Zone tritt zunächst teilweise Fällung ein und jenseits derselben keine Flockung. Läßt man die Mischungen längere Zeit stehen, so findet man, daß häufig vollständige Fällung nicht nur im Optimum, sondern auch innerhalb der Zone statthat. Fällungszone.

Dieses Verhalten unterscheidet sich von demjenigen reiner Elektrolytlösungen. Mischt man z. B. Glaubersalz mit Chlorbarium, so bildet sich, in welcher Menge man auch immer die Substanzen mischen mag, ein Niederschlag[1], dessen Menge durch die Konzentration des in geringerer Menge zugesetzten Elektrolyts bestimmt wird.

Bei den Kolloiden tritt Fällung nur innerhalb der erwähnten Zone ein. Die Erklärung für die Fällungszone ist naheliegend. Die entgegengesetzt geladenen Ultramikronen vereinigen sich unter teilweiser oder vollständiger Entladung zu größeren Komplexen. Heben sich die Ladungen vollständig auf, so wird die Koagulation sofort eintreten und die Koagulationsgeschwindigkeit ein Maximum erreichen (Fällungsoptimum). Ist die Entladung eine weniger vollständige, liegen aber die Teilchenpotentiale innerhalb der kritischen, so wird gleichfalls allmähliche Fällung eintreten (Fällungszone), wobei die stärker entladenen komplexen Sekundärteilchen sich schneller zu größeren, sedimentierenden Aggregaten vereinigen werden als die weniger entladenen (Erscheinungen, die in der Fällungszone mit der Zeit eintreten). Ist endlich eines der Kolloide in beträchtlichem Überschuß vorhanden, so kann die Niederschlagsbildung durch Umladung der in geringerer Menge vorhandenen Ultramikronen des anderen Kolloids vollständig verhindert werden. Die Aggregate haben dann die Ladung des überschüssigen Kolloids, dessen Teilchen von den neutralen Komplexen adsorbiert werden. Erklärung der<br>Fällungszone.

Die eingehende Behandlung dieses Gegenstandes durch *Biltz* hat auch in anderer Richtung aufklärend gewirkt. Bei der gegenseitigen Fällung von sauren und basischen Farbstoffen, die ja entgegengesetzten Wanderungssinn Gegenseitige<br>Fällung von<br>sauren und ba-<br>sischen Farb-<br>stoffen.

---

[1] Vorausgesetzt, daß man nicht zu verdünnte Lösungen nimmt.

aufweisen, kann man die Bildung schwerlöslicher chemischer Verbindungen annehmen. Es entspricht ja den Erfahrungen der Chemie, daß Farbbase und Farbsäure miteinander in Verbindung treten und dabei, wenn die Verbindung schwerlöslich ist, einen Niederschlag bilden. Zweifellos wird eine solche Reaktion bei vielen Farbstoffen eintreten. Je mehr aber die Farbstoffe kolloiden Charakter bekommen, um so mehr werden die Gesetze der Kolloidreaktionen in ihr Recht treten.

*Biltz*[1] hebt der rein chemischen Auffassung der Kolloidfällungen gegenüber mit Recht hervor, daß bei einem Kolloid wie Gold solche chemischen Reaktionen ausgeschlossen erscheinen, und auch dieses bildet infolge seiner elektrischen Ladungen mit positiven Kolloiden oder Farbstoffen Niederschläge. Seither sind diese Reaktionen vielfach studiert worden (vgl. Gegenseitige Fällung von Farbstoffen, Kap. 109).

*v. Galecki* und *Kastorskij*[2] haben gezeigt, daß die gegenseitige Fällung von Kolloiden in hohem Maße von dem Zerteilungsgrade abhängig ist. Das Fällungsoptimum wird mit dem Feinheitsgrade der Hydrosole, wie zu erwarten, verschoben[3], so daß z. B. von einer amikroskopischen Goldlösung 4 bis 5 mal so viel kolloides Eisenoxyd gefällt wird als von einer submikroskopischen. (Es hängt dies damit zusammen, daß in den feinen Goldlösungen mit der Masseneinheit zerteilten Goldes größere Elektrizitätsmengen zur Wirkung kommen als in den gröberen.)

## 26. Absorption und Adsorption.

Es ist eine allgemein bekannte Erscheinung, daß Kohlensäure, Ammoniak usw. von poröser Kohle, Meerschaum und verschiedenen anderen porösen Körpern, welche bei der Versuchstemperatur keine chemische Verwandtschaft zu den betreffenden Gasen besitzen, oft in beträchtlicher Menge verdichtet werden.

Ebenso wie Gase, werden auch viele Farbstoffe, Schwermetallsalze usw. von Kohle aus ihren Lösungen in großen Mengen aufgenommen. Man macht von dieser Eigenschaft in der Industrie Gebrauch, um Zuckerlösungen zu entfärben und zu reinigen, auch Fuselöl aus Alkohol und übelriechende Stoffe aus Gasgemischen zu entfernen.

Definition. Die Aufnahme von Gasen und gelösten Stoffen durch Kohle wurde ebenso wie die von Gasen durch Flüssigkeiten früher stets als Absorption bezeichnet, Als Merkmal diente dabei, daß die Gase in das Innere der Flüssigkeit resp. des porösen Körpers eindringen; in neuerer Zeit unterscheidet man zwischen Absorption und Adsorption, wobei z. B. in den älteren Auflagen von *Müller-Pouillets*[4] Physik als Adsorption die Verdichtung von Gasen auf der

---

[1] *W. Biltz:* Ber. **37**, 1111 (1904).

[2] *A. v. Galecki* und *M. S. Kastorskij:* Koll.-Zeitschr. **13**, 143 bis 146 (1913).

[3] Da mit zunehmendem Feinheitsgrade im allgemeinen auch die Gesamtladung der dispersen Phase zunimmt.

[4] *Müller-Pouillet:* Lehrbuch der Physik (9. Aufl.) **1**, 589. Braunschweig 1886.

Oberfläche von glatten, nicht porösen Körpern, wie Glas, Metall u. dgl., bezeichnet wird.

Bei der Absorption dringen die Gase in das Innere des Körpers, bei der Adsorption werden sie hingegen nur an seiner Oberfläche verdichtet. In diesem Sinne bezeichnet *van Bemmelen* die Aufnahme von Gasen und gelösten Körpern durch Hydrogele als Absorption und nicht als Adsorption; diese Bezeichnung ist nach obiger Definition vollkommen berechtigt; denn der von einer Gallerte aufgenommene Stoff durchdringt dieselbe in ihrer ganzen Masse, und die Aufnahme des gelösten Stoffes beschränkt sich nicht bloß auf die Oberfläche oder äußere Begrenzung des Hydrogels, wie etwa die reversible Gasverdichtung auf einer glatten Quarzoberfläche.

Erst die Betrachtung der porösen Stoffe und der Hydrogele als heterogen und von feinen Wänden durchsetzt hat dahin geführt, die Bezeichnung Adsorption auch auf die Erscheinungen der letzteren Art auszudehnen und den Umfang des Begriffes Absorption entsprechend einzuengen, so daß von vielen Physikochemikern die Aufnahme von Gasen und gelösten Stoffen durch Hydrogele gegenwärtig als Adsorption bezeichnet und als Oberflächenwirkung angesehen wird. „Adsorption“<br>bei Gelen.

Es scheint allerdings zunächst fraglich, ob es sich bei Hydrogelen um eine reine Oberflächenwirkung handelt. Gegen diese Auffassung hat sich unter anderen *van Bemmelen* ausgesprochen. Es würde zu weit führen, auf Einzelheiten einzugehen; eine prinzipielle Frage soll aber hier erörtert werden.

Wenn ein Gas sich auf der Oberfläche eines festen Körpers verdichtet, so kann das nur so erfolgen, daß es sich entweder auf der dem Gase zugewendeten Seite der Trennungsfläche anreichert oder diese durchsetzt und in den festen Körper bis zu einer gewissen Tiefe eindringt.

Für beide Arten von Vorgängen gibt es Beispiele. So beruhen die bekannten *Moser*schen Hauchbilder nach *Weidele*[1] auf einer die Oberfläche des glatten Körpers umhüllenden, verdichteten Gasschicht, während andererseits die Risse und Blasenbildung beim Erhitzen alter Glasstücke auf ein Eindringen und nachträgliches Entweichen von Wasser und Kohlensäure aus dem Innern der Glassubstanz zurückzuführen sind. *Mosers*<br>Hauchbilder.

Nur wenn die Gasschicht die äußere Oberfläche bekleidet, kann es sich um reine Adsorption handeln. In anderen Fällen wird das Gas oder die gelöste Substanz bis zu einer gewissen Tiefe in das Innere des festen Körpers eindringen. Wasserdampf und Kohlensäure dringen z. B., wie erwähnt, in das Innere der Glasoberfläche ein, und Ähnliches dürfte in vielen anderen Fällen stattfinden. Allerdings bleibt dieses Eindringen wegen der außerordentlich großen Langsamkeit der Diffusion bei starren Körpern auf eine dünne Schicht nahe der Grenzfläche beschränkt, und der massive Körper in seinem Innern behält die ursprüngliche Zusammensetzung. Ganz anders wird der Fall jedoch werden, wenn wir eine äußerst dünne Lamelle desselben Körpers in Betracht ziehen. Ist die Lamelle dünner als die Tiefe,

---

[1] *Weidele:* siehe *Müller-Pouillet* (9. Aufl.) I, 593 und (10. Aufl.) III. 506 (1907).

6*

bis zu welcher die Gase in den festen Körper eindringen, dann wird ihre Zusammensetzung bei diesem Vorgang sich ändern, und wir ersehen daraus, daß ein wesentlicher Unterschied bestehen kann zwischen dem Verhalten des massiven Körpers und dem sehr dünner Lamellen. Der massive Körper behält im wesentlichen seine Zusammensetzung; die äußerst dünnen Lamellen verändern dieselbe in ihrer ganzen Masse, sobald ein fremder Stoff in dieselben eindringt.

In diesem Fall wird es sich also mehr um Absorption als um Adsorption handeln oder um ein gleichzeitiges Stattfinden der beiden Vorgänge nebeneinander.

Mit solchen außerordentlich feinen Lamellen oder auch vielgestaltigen Ultramikronen haben wir es aber bei den porösen Körpern und Hydrogelen zu tun, und die Frage gewinnt an Interesse, um welche Vorgänge es sich bei der Aufnahme von Gasen oder gelösten Stoffen durch die genannten Substrate handelt. Neben reiner Adsorption kann noch, wie im Falle des Eindringens von Wasser und Kohlensäure in Glas, chemische Reaktion eintreten.

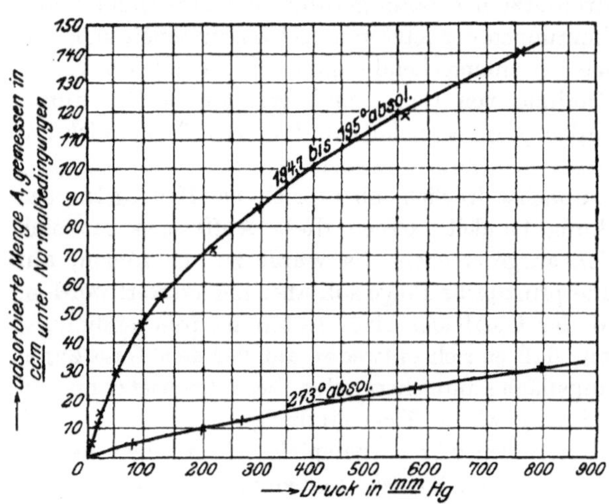


Fig. 15.
Adsorption von Argon durch Kohle.

Die Entscheidung ist keineswegs leicht, und wir wollen, um den Fall nicht zu sehr zu komplizieren, einfache Beispiele betrachten, also solche, bei denen chemische Reaktionen ausgeschlossen sind, wie die Aufnahme von Gasen durch poröse Körper, mit denen sie nicht reagieren.

Hier zeigt die quantitative Untersuchung, daß der Verlauf der Aufnahme von Gasen usw. bei konstanter Temperatur zum Ausdruck gebracht werden kann durch eine Kurve (Adsorptionsisotherme), wie sie in Fig. 15 dargestellt ist; wenn man den Gasdruck oder die Konzentration des gelösten Stoffes als Abszissen $(x)$ und die aufgenommenen Mengen als Ordinaten $(y)$ aufträgt, so erhält man eine gegen die Abszissenachse konkave Kurve, deren Gesetz in den meisten Fällen durch die Formel:

$$(1) \qquad \ldots \qquad y = K x^b$$

mit beträchtlicher Annäherung dargestellt werden kann, worin $K$ und $b$ Konstanten bedeuten; dabei liegt $b$ in der Regel zwischen 0,1 und 0,8, während $K$ stark variieren kann.

Bei der Absorption von Gasen in Flüssigkeiten gilt bekanntlich der *Henry*sche Satz, der durch obige Formel ausgedrückt werden kann, wenn man $b = 1$ setzt.

Da also die Aufnahme von Gasen in Kohle usw. meist quantitativ anders verläuft als bei der Lösung, so hat man schon darin einen Grund für die Annahme, daß es sich nicht um eine Lösung des Gases in der Kohle usw. handelt, sondern um eine Anreicherung an der Oberfläche der Kohlenteilchen oder allgemeiner an der Oberfläche der ultramikroskopischen Teilchen, die das Innere des porösen Körpers ausmachen. Ähnliche Betrachtungen gelten auch bezüglich der Aufnahme von in Flüssigkeiten gelösten Stoffen durch poröse Körper, Gele usw.; auch hier gilt die Beziehung $y = Kx^b$ .

Der Verlauf der Isotherme läßt aber keine ganz einwandfreien Rückschlüsse auf den Vorgang selbst zu, weil die Verteilung von gelösten Stoffen nicht immer nach dem *Henry*schen Satz erfolgt, dieser vielmehr ein Grenzgesetz für verdünnte Gase und gelöste Stoffe darstellt, die Verteilung also zuweilen auch nach der obigen Formel (1) erfolgt, worin $b$ ähnliche Werte annehmen kann wie bei der Adsorption[1]; ferner weil bei der Aufnahme von Gasen durch Kohle zuweilen $b = 1$ werden kann.

Auf Grund der Adsorptionsisotherme vermag man also nicht mit Sicherheit zu entscheiden, ob Adsorption oder Absorption vorliegt, und es wird daher erforderlich, andere Umstände zur Beurteilung der Frage heranzuziehen. Gründe gegen<br>die Annahme<br>von Absorption.

Bei der Aufnahme von Gasen durch poröse Stoffe, Kohle usw. ist es auch aus anderen Gründen unwahrscheinlich, daß diese auf Lösung in der Substanz der Adsorbentien beruht, und zwar 1. wegen der großen Langsamkeit, mit der die Diffusion in festen Körpern erfolgt; man müßte zur Einstellung des Gleichgewichts sehr lange warten, während dieselbe in der Regel sehr schnell erfolgt[2]; 2. weil die Auflösung eines Gases in festen Körpern mit Strukturänderung, d. h. Quellung der porösen Stoffe, verknüpft sein müßte, von der aber nichts zu bemerken ist. Endlich ist zu berücksichtigen, daß die Löslichkeit in höchstem Maße von der Natur der Stoffe abhängt. Man müßte also erwarten, daß die Reihenfolge[3], in der die Gase von Adsorbentien aufgenommen werden, eine sprunghaft wechselnde wäre, wenn man Kohle durch Meerschaum oder durch das Gel der Kieselsäure ersetzt usw. Die Aufnahme der Gase durch Adsorptionsmittel erfolgt aber nach einer ganz anderen Gesetzmäßigkeit; sie wird im allgemeinen weniger beeinflußt durch Änderung der Zusammensetzung des Adsorbens als vielmehr durch die Natur der Gase derart, daß die am leichtesten komprimierbaren auch am stärksten verdichtet werden. Es ist sehr unwahrscheinlich, daß die Löslichkeit in den verschiedenen Stoffen sich stets nach dieser Reihenfolge richten sollte; vielmehr erscheint es wahr-

---

[1] Z. B. bei der Verteilung von Valeriansäure zwischen Benzin und konz. Schwefelsäure nach *Gurwitsch*, ferner bei der Löslichkeit von Schwefeldioxyd in geschmolzenem Kupfer nach *Sieverts* u. a. m.

[2] Ausnahmen sind beobachtet worden, doch in diesen kann man auf feste Lösung schließen. (Vgl. *Freundlich*, Kapillarchemie.)

[3] Geordnet nach der Menge, in der die Gase von Kohle bei bestimmtem Druck und bestimmter Temperatur aufgenommen werden.

scheinlich, daß, wie *Arrhenius* hervorhebt, diejenigen Moleküle, welche einander am stärksten anziehen, auch von Fremdkörpern, wie Kohle usw., stärker angezogen werden als andere.

Sprechen diese Umstände bei der schnellen Gasverdichtung sehr gegen die Vermutung einer Adsorption, so ist in der Existenz der affinen Adsorptionskurven ein weiterer Grund gegen die Annahme von echten Lösungen gegeben. Als affine Adsorptionskurven bezeichnet *W. Mecklenburg*[1] solche Kurven, von denen die eine (die abgeleitete) aus der anderen (der Einheitskurve) durch Multiplikation der Ordinaten mit dem Faktor $f$ hervorgeht. $f$ ist die Konstante der abgeleiteten Kurve. Die Existenz der affinen Adsorptionskurven spricht in der Tat sehr dafür, daß es sich hier um Vorgänge an der Oberfläche der Ultramikronen handelt, um Vorgänge, die der Größe der Oberfläche proportional sind.

Denken wir uns je 1 g eines Stoffes als feines Pulver von der Oberfläche $F$ und denselben Stoff noch weiter verkleinert, so daß die Oberfläche (z. B. durch Zerreibung[2]) $2F$ wird, dann ist vorauszusehen, daß auf dieser durch reine Adsorption die doppelte Menge Gas verdichtet wird, während durch Lösung nur die gleiche Menge Substanz aufgenommen würde wie von dem gröberen Pulver, vorausgesetzt, daß die Löslichkeit des Gases im Pulver durch das Zerreiben nicht verändert wird. Eine derartige Abhängigkeit der Löslichkeit vom Feinheitsgrade ist aber bisher nicht nachgewiesen worden. Sollte eine solche bestehen, so würde sie zweifellos einem anderen Gesetz folgen als dem der affinen Adsorptionskurven.

Dieselbe Betrachtung gilt für die Aufnahme von krystalloid gelösten Stoffen durch Kohle, Gele u. dgl. In der Tat sind affine Adsorptionskurven mehrfach beobachtet worden, und *Mecklenburg* definiert daher als Adsorption eine nicht nur von der Natur, sondern auch von der Größe der Grenzfläche abhängige Verteilung eines Stoffes zwischen zwei Phasen[3].

Die Feststellung der affinen Kurven ist daher als Beweis für Adsorption im Sinne von *Mecklenburg* anzusehen. Sie gibt aber noch keine Entscheidung darüber, ob der Vorgang in einer reinen Verdichtung der Moleküle auf einer Oberfläche oder in einer chemischen Reaktion an den Molekülen der Oberfläche des Adsorbens besteht.

Bei der rasch erfolgenden Kondensation von Gasen, die keinerlei Verwandtschaft zum Substrat haben (Argon, Krypton, Xenon usw. auf Kohle) hat man zweifellos Fälle von reiner Adsorption; anders liegen die Verhältnisse vielfach im Verhalten von Gelen gegenüber krystalloiden Lösungen.

---

[1] *W. Mecklenburg:* Zeitschr. f. physik. Chem. **83**, S. 609, 1913.

[2] Um Mißverständnissen vorzubeugen, sei erwähnt, daß man bei feinporösen Stoffen, wie Holzkohle, Gel der Kieselsäure usw., durch Zerreiben eine solche Vergrößerung der Oberfläche der Primärteilchen, auf die es hier ankommt, nicht leicht wird herbeiführen können.

[3] Sowohl die von ihm untersuchte Sorption der Phosphorsäure durch Zinnsäuregel wie die Adsorption von arseniger Säure durch kolloides Eisenoxyd (*Biltz*) führen zu affinen Adsorptionskurven. (Vgl. auch „Kurzes Lehrbuch der Chemie" von *Mecklenburg,* Braunschweig 1919, S. 186.)

Gele. Besondere Wichtigkeit für die Kolloidchemie besitzt die Aufnahme von gelösten Stoffen durch Gele oder allgemein durch Ultramikronen. Sie spielt nicht nur eine große Rolle in der analytischen Chemie, sondern auch in der Biologie und Technik. Die Färberei ist ein allgemein bekanntes Beispiel dafür.

Hier sind auch die vielumstrittenen Fragen aufgetaucht, die in Kap. 111 näher behandelt werden sollen: beruht die Aufnahme der Farbstoffe, der Gerbstoffe durch Fasern und Haut auf Adsorption, Lösung oder chemischer Reaktion? Obgleich eine einheitliche Erklärung schon im Interesse des Unterrichts sehr wünschenswert wäre, muß doch schon hier betont werden, daß dieselbe nicht durchführbar ist und daß diese Fragen von Fall zu Fall entschieden werden müssen. *Vorgänge bei der Aufnahme von gelösten Stoffen in Gele.*

Ähnliches gilt auch von der Adsorption krystalloider Stoffe durch anorganische Gele (arsenige Säure durch Eisenoxyd usw.). Zwar gilt auch hier die Adsorptionsisotherme, aber sie ist noch weniger beweisend als bei der Gasadsorption.

Beim sog. Basenaustausch z.B. erfolgt ein Vorgang, den man im allgemeinen durchaus als chemisch ansehen müßte, nämlich die Substitution eines Kations durch ein anderes, gleichfalls nach der Adsorptionsisotherme, wie *Wiegner*[1] gezeigt hat. In der Feststellung affiner Adsorptionskurven hat man ein Mittel, zu beweisen, daß es sich um Vorgänge an der Oberfläche handelt, aber noch keine Möglichkeit, zu prüfen, ob einfache Verdichtung der Moleküle oder chemische Reaktion an der Oberfläche erfolgt ist.

Es wäre daher vielleicht zweckmäßig, in allen solchen Fällen, wo noch gewisse Zweifel über die Natur des Vorganges bestehen, mit einigen Autoren[2] *Sorption.* nur von Sorption zu reden und den Ausdruck Adsorption, seiner ursprünglichen Bedeutung gemäß, nur auf Fälle der reinen Oberflächenverdichtung von Molekülen im Sinne von *Arrhenius* zu verwenden.

Da aber der Begriff Adsorption durch den allgemeinen Sprachgebrauch schon eine Wandlung erfahren hat, so wird es vielleicht zweckmäßig sein, zu unterscheiden zwischen echter Adsorption (die in einer Verdichtung von Molekülen an der Oberfläche besteht) und Adsorption in weiterem Sinne entsprechend der Definition von *W. Mecklenburg*.

Eine besondere Gruppe von Sorptionserscheinungen bildet die Aufnahme von spurenweise vorhandenen Kationen durch schwer lösliche Salze, wie die Aufnahme von Ra durch Bariumsulfat, die *Paneth* auf kinetischen Austausch der Atome zurückführt (Kap. 26 I a). Hier dringt der aufgenommene Stoff in die Oberfläche ein und besetzt einen Teil der vorhandenen Raumgitterpunkte. Die Aufnahme ist stark abhängig von der Zusammensetzung des Adsorbens und unterscheidet sich schon dadurch von gewöhnlicher Adsorption.

Über die Adsorption besteht bereits eine sehr umfangreiche Literatur; Verfasser kann sich hier auf das Notwendigste beschränken und auf die Aus-

---

[1] G. *Wiegner:* Journal f. Landwirtschaft 1912, S. 111 bis 150.
[2] *J. W. Mc. Bain:* Zeitschr. f. phys. Chem. **68**, 471 bis 497 (1908). *Georgievics* u. a.

führungen von *W. Ostwald*[1], *Wo. Ostwald*[2] und *H. Freundlich*[3] verweisen. Auf eine Anzahl neuer Arbeiten sei hier aufmerksam gemacht[4].

[1] *W. Ostwald:* Lehrb. d. allgem. Chemie (1. Aufl.) **1**, 778 bis 791 (1885); (2. Aufl.) **2, 3**, 217 ff. (1906).

[2] *Wo. Ostwald:* Grundriß der Kolloidchemie. Dresden 1909, S. 390 bis 445.

[3] *H. Freundlich:* Kapillarchemie. Leipzig 1909.

[4] *S. Arrhenius:* Das Hauptgesetz der Adsorptionserscheinungen: Meddelanden från K. Vetenskapsakademiens Nobelinstitut **2**, Nr. 7, 1911.

*W. Biltz* und *H. Steiner:* Über anomale Adsorption; Koll.-Zeitschr. **7**, 113 bis 122, 1910.

*H. R. Kruyt* und *C. F. van Duin:* Der Einfluß kapillaraktiver Stoffe auf suspensoide Hydrosole; Koll.-chem. Beihefte **5**, 269, 1914.

*A. Lottermoser:* Adsorption in Hydrosolen; Zeitschr. f. Elektrochem. 806, 1911; Anomale Adsorption; Koll. Zeitschr. **9**, 135, 1911.

*W. Mecklenburg:* Über affine Adsorptionskurven; Zeitschr. f. physik. Chem. **83**, 609, 1913.

*W. Reinders:* Die Verteilung eines suspendierten Pulvers oder eines kolloidgelösten Stoffes zwischen zwei Lösungsmitteln; Koll. Zeitschr. **13**, 235, 1913.

*H. Siegrist:* Phénomènes d'Adsorption. Lausanne 1910.

*G. v. Georgievics:* Zur Kenntnis der Pikrinsäurefärbungen. Sitzungsber. der K. Akad. d. Wiss. in Wien. Mathem.-naturw. Klasse **120**, Abt. 2b, 1911.

— Studien über Adsorption in Lösungen. Sitzungsber. der K. Akad. d. Wiss. in Wien **120**, Abt. 2b, 1911.

— Monatshefte f. Chem. **34**, 733, 1913; **34**, 751, 1913; **35**, 643, 1914; **36**, 391, 1915.

— Über Adsorption in Lösungen; Koll.-Zeitschr. **10**, 31, 1912.

— Über eine neue Form und Grundlage des Verdünnungsgesetzes der Elektrolyte. Monatshefte der Chemie **36**, 771, 1915.

— Über das Wesen und die Ursachen der Sorption aus wässerigen Lösungen; Zeitschr. f. physik. Chem. **83**, 269, 1913.

— Über das Wesen des Vorgangs, welcher bei der Verteilung eines Stoffes zwischen zwei flüssigen Lösungsmitteln stattfindet; Zeitschr. f. physik. Chem. **84**, 353, 1913.

*R. Marc:* Über die Adsorption an Krystallen; Zeitschr. f. physik. Chem. **75**, 710, 1911.

— Über Adsorption von Lösungen; Zeitschr. f. physik. Chem. **76**, 58, 1911.

— Über Adsorption und gesättigte Oberflächen; Zeitschr. f. physik. Chem. **81**, 641, 1913.

— Über die Bestimmung der Konzentration kolloidaler Lösungen mittels des neuen Flüssigkeitsinterferometers; Chemiker-Zeitung Nr. 58, 537, 1912.

— Eine neue Methode zur Gehaltsbestimmung kolloider Lösungen und zur Abwässeruntersuchung. Koll.-Zeitschr. **11**, 195, 1912.

— Über die Wirkung der krystallinischen und nichtkrystallinischen Bestandteile der Böden bei der Filtration von Abwässern; Silikat-Zeitschr. **1**, Nr. 8, 1913.

— Die Wechselbeziehungen zwischen Kolloiden und krystallinen Stoffen einerseits, krystalloiden und amorphen Stoffen anderseits, sowie einige Vorlesungsversuche zu deren Demonstration; Koll.-Zeitschr. **13**, 281, 1913.

*L. Michaelis* und *M. Ehrenreich:* Die Adsorptionsanalyse der Fermente; Biochem. Zeitschrift **10**, 283, 1908.

— und *P. Rona:* Untersuchungen über Adsorption. Biochem. Zeitschr. **15**, 196, 1908.

— — Über die Adsorption des Zuckers; Biochem. Zeitschr. **16**, 489, 1909.

— — Die Beeinflussung der Adsorption durch die Reaktion des Mediums; Biochem. Zeitschr. **25**, 359, 1910.

*L. Michaelis* und *H. Lachs:* Über die Adsorption der Nährsalze; Koll.-Zeitschr. **9**, 275, 1911.

*G. Wiegner:* Der Einfluß von Elektrolyten auf die Koagulation von Tonsuspensionen. Agrikultur-chemisches Laboratorium der Eidgen. Techn. Hochschule in Zürich. S. 283, 1914.

### Einteilung.

Um die fast undurchdringliche Fülle von Tatsachen, welche auf Adsorption zurückgeführt werden, überblicken zu können, ist zunächst eine Einteilung des Gebietes erforderlich. Man kann unterscheiden:

1. Adsorption von krystalloid gelösten Stoffen durch glatte Oberflächen, poröse Körper und Pulver.

2. Adsorption von krystalloid gelösten Stoffen durch Hydrogele, wobei

a) der gelöste Stoff im Hydrogel angereichert wird und das Gel äußerlich unverändert bleibt;

b) die Beschaffenheit des Gels verändert wird und es die Eigenschaft erhält, sich selbständig zu einem Hydrosol zu zerteilen (meist gepaart mit chemischen Reaktionen).

3. Aufnahme von krystalloid gelösten Stoffen durch Ultramikronen der kolloiden Lösungen. Dabei kann

a) das System scheinbar unverändert bleiben,

b) Ausfällung der Ultramikronen eintreten, wobei die Ladungen der Ultramikronen durch entgegengesetzt geladene Ionen neutralisiert werden (Koagulation).

4. Adsorption von kolloid gelösten Stoffen durch glatte Oberflächen, Pulver, Kohle usw.

5. Gegenseitige Adsorption von Ultramikronen, die unter anderem der Schutzwirkung zugrunde liegt.

Man könnte noch mehr Arten der Adsorption anführen oder die Einteilung noch weiter führen. *Freundlich* bezeichnet unter anderem als Adsorption auch die Anreicherung eines gelösten Stoffes an der Grenze gegen den Gasraum und behandelt darum die Anreicherungen an den Grenzflächen: fest-gasförmig, fest-flüssig, flüssig-flüssig, flüssig-gasförmig gesondert.

### 1. Adsorption von krystalloid gelösten Stoffen und Gasen.

Auf Grund eingehender thermodynamischer Überlegungen ist *Gibbs* zu der Erkenntnis gelangt, daß diejenigen Stoffe, welche die Oberflächenspannung einer Lösung gegenüber einer anderen Phase erniedrigen, sich an der Oberfläche anreichern müssen. Ferner gilt der Satz: Eine kleine Menge gelösten Stoffes kann wohl die Oberflächenspannung stark erniedrigen, nicht aber stark erhöhen[1].

Diese Sätze haben weitgehende qualitative Bestätigung gefunden[2]; sie gelten sowohl für Krystalloide wie für Kolloide (Seifen, kolloide Farbstoffe usw.), lassen sich jedoch nur prüfen, soweit die Oberflächen flüssig-gasförmig und flüssig-flüssig in Betracht kommen; denn nur an ihnen kann die Oberflächenspannung mit genügender Sicherheit bestimmt werden.

Von *Freundlich* ist nun die Regel aufgestellt worden, daß Stoffe, welche die Oberflächenspannung zwischen zwei Flüssigkeiten stark herabsetzen, sich nicht nur an deren Grenzfläche stark anreichern, sondern auch von festen Stoffen stark adsorbiert werden[3]; ferner, daß die Adsorptionsisotherme Die Adsorptions-isotherme.

---

[1] *J. W. Gibbs:* Thermodynamische Studien. Deutsch von *W. Ostwald.* Leipzig 1892.

[2] Die von *Gibbs* abgeleitete quantitative Beziehung $u = -\dfrac{C}{RT} \cdot \dfrac{d\sigma}{dc}$ hat allerdings der experimentellen Prüfung nicht Stich halten können.

[3] Gewisse Einwände sind dagegen von *L. Michaelis* u. *P. Rona* erhoben worden. Biochem. Zeitschr. **97**, 78 [1919].

(welche die quantitativen Beziehungen der Adsorption an festen Stoffen regelt) auch für die Grenze flüssig-gasförmig und flüssig-flüssig gilt.

Schon früher hatte *W. Ostwald*[1] gezeigt, daß diese Adsorption reversibel ist, und daß man ein Gleichgewicht von beiden Seiten her erreichen kann.

Sehr ausgedehnte Untersuchungen verschiedener Forscher haben ergeben, daß der quantitative Verlauf der Aufnahme krystalloid gelöster Stoffe in Abhängigkeit von der Endkonzentration der Lösung sich annähernd ausdrücken läßt durch die Gleichung (1) (siehe Seite 84), die von *Freundlich*[2], der diesen Gegenstand sehr eingehend untersucht hat, in folgender Form geschrieben wird:

$$(2) \quad\quad\quad\quad\quad\quad \frac{x}{m} = \alpha \cdot c^{\frac{1}{n}} .$$

Hierin bedeuten $\frac{x}{m}$ die adsorbierte Menge gelösten Stoffes auf die Mengeneinheit des Adsorbens, $\alpha$ und $\frac{1}{n}$ sind Konstanten, die von der Natur der beteiligten Substanzen abhängig sind, $c$ bedeutet die Endkonzentration der Lösung.

Die Werte für $\frac{1}{n}$ bewegen sich nach *Freundlich* zwischen 0,1 und 0,5. Die $\alpha$-Werte schwanken stark und sind z. B. für

         Essigsäure in Wasser und Blutkohle . . . . . 2,6
         Brom       ,,     ,,     ,,        ,, . . . . . . 23,1

Bezüglich aller Einzelheiten auf diesem Gebiete verweise ich auf *Freundlichs* Kapillarchemie.

Es muß hier hervorgehoben werden, daß die Formel einer theoretischen Ableitung entbehrt, und daß sie eine recht schmiegsame Interpolationsformel mit zwei Konstanten darstellt. Eine andere Formel ist von *G. C. Schmidt*[3] angegeben worden.

Für die echte Adsorption hat *Svante Arrhenius*[4] eine Adsorptionsisotherme mit nur einer Konstanten abgeleitet und theoretisch begründet; danach ist die Adsorption auf Molekularanziehung zwischen den Molekülen des Gases oder gelösten Stoffes und denjenigen des Adsorbens zurückzuführen.

In der *Arrhenius*schen Formel:

$$k \frac{dx}{dc} = \frac{(s-x)}{x} \quad \text{oder integriert:} \quad \log_{10} \frac{s}{s-x} - 0{,}4343 \frac{x}{s} = \frac{1}{k} c$$

bedeutet $x$ die auf 1 g Kohle verdichtete Menge, $s$ den Maximalwert dieser Menge, $c$ den Druck des umgebenden Gases oder den osmotischen Druck

---

[1] *W. Ostwald:* Lehrb. d. allg. Chemie S. 789 (1. Aufl.).

[2] Die Exponentialformel ist, wenn auch in andrer Form, schon von *Boedecker* im Jahre 1859 angewandt worden. (Vgl. *v. Georgievics:* Monatsh. d. Chem. **34**, 733.)

[3] *G. C. Schmidt:* Zeitschr. f. physik. Chem. **77**, 641 bis 660, 1911.

[4] Meddelanden från K. Vetenskapsakad. Nobelinstitut **2**, Nr. 7, 1911. Siehe dazu *G. C. Schmidt:* Zeitschr. f. physik. Chemie **78**, 667 bis 681, 1912.

des umgebenden gelösten Körpers, welcher adsorbiert wird, und $k$ eine Konstante.

Die folgende Tabelle ist der Abhandlung von *Arrhenius* entnommen; sie bringt den auch von *Titoff* vermuteten Zusammenhang zwischen der Adsorption und der Größe $a$ der Gleichung von *van der Waals* gut zum Ausdruck, worin $a$ ein Maß der gegenseitigen Anziehung der Gasmoleküle abgibt. Unter $A$ steht die von 1 g Kokosnußkohle bei $0°$ C adsorbierte Menge in ccm, unter $T$ die kritische Temperatur vom absoluten Nullpunkt an gerechnet, $t$ bedeutet die Temperatur, bei welcher die obige Formel ihre Gültigkeit verliert und $s$ den Maximalwert der Adsorption pro Gramm Kohle. (H. und T. bedeuten die Namen der Beobachter: *Homfrey* und *Titoff*.)

Tabelle 16.

| Substanz | $a \cdot 10^3$ | $A$ | $T$ | $t$ | $s$ |
|---|---|---|---|---|---|
| Äthylen | 8,83 | 41 H. | 284 | $> 273$ | 58 |
| Ammoniak | 8,08 | 71 T. | 403 | 273 | 158 |
| Kohlensäure | 7,01 | 30,4 T. | 304 | 250 | 116 |
| Methan | 3,67 | 9,4 H. | 178 | 230 | 91 |
| Kohlenoxyd | 2,80 | 3,2 H. | 133 | 195 | 60 |
| Sauerstoff | 2,69 | (2,5 H.) | 155 | 83 | 87 |
| Stickstoff | 2,68 | 2,35 T. | 127 | 83 | 90 |
| Argon | 2,59 | 1,67 H. | 154 | 83 | 87 |
| Wasserstoff | 0,42 | 0,227 T. | 32 | $< 283$ | — |

$A$ steigt also mit steigendem $a$ (abgesehen von Ausnahmen, die auf Verschiedenheiten der verwendeten Kohlen zurückzuführen sind).

Während nach *Arrhenius* $A$ ein Maß für die Haftintensität der ersten von der Kohle adsorbierten Gasmoleküle angibt, ist $t$ ein solches für die in den äußersten Schichten der Adsorptionssphäre angelagerten Moleküle. Aus der Tabelle kann gefolgert werden, daß diejenigen Moleküle, welche von gleichartigen am stärksten angezogen werden, dieses Verhalten auch gegenüber den Molekülen der Fremdkörper, wie Kohle, äußern.

In den von *Arrhenius* betrachteten Fällen handelt es sich um Beispiele echter Adsorption, bei der die Aufnahme der Gasmoleküle anscheinend nicht oder nur wenig von der chemischen Zusammensetzung des Adsorbens beeinflußt wird. Bei der Aufnahme gelöster Stoffe zeigen sich dagegen sehr deutlich, zuweilen sogar in hohem Maße, spezifische Einflüsse, die von der Natur — auch des festen Körpers — abhängig sind. Einige Beispiele dieser Art seien im folgenden gegeben:

### 1a. Abhängigkeit von der Natur des Adsorbens.

*Marc*[1] untersuchte die Adsorption an Krystallpulvern. Kolloide werden nach ihm an Oberflächen von Krystallen leicht adsorbiert, Krystalloide nur dann stark, wenn sie imstande sind, Mischkrystalle mit dem Adsorbens zu bilden, also mit diesem isomorphe Stoffe.

Marcs Regeln.

---

[1] *R. Marc:* Zeitschr. f. physik. Chem. **81**, 641, 1913 und Koll.-Zeitschr. **13**, 282, 1913.

Diese Regel wird durch zahlreiche Beispiele belegt, erleidet aber andererseits beträchtliche Ausnahmen (Adsorption kolloider Farbstoffe durch Fasern; Adsorption von kolloidem Gold durch das Gel der Tonerde usw.). Jedenfalls zeigen die Versuche, daß die Sorption in hohem Maße von der Natur der Adsorbentien abhängig ist.

Besondere Beachtung verdient die erwähnte Beobachtung *Marcs*, daß Krystalloide dann den gelösten Stoff reichlicher Aufnehmen, wenn sie befähigt sind, mit dem Adsorbens Mischkrystalle zu geben. Diese Tatsache erscheint im Lichte der von *Paneth*[1] gegebenen Theorie der „Adsorbierung" und Fällung von Radioelementen besonders interessant.

*K. Horowitz* und *Paneth* haben durch Versuche festgestellt, daß von den Radioelementen diejenigen gut adsorbiert werden, deren analoge Verbindungen in dem betreffenden Lösungsmittel schwer löslich sind[2]. Analoge Verbindungen sind Verbindungen mit dem negativen Bestandteil des Adsorbens. So werden in einer normalen Salzsäure von Bariumsulfat 88% der ursprünglichen Radiummenge adsorbiert, von Chromoxyd und Chlorsilber dagegen kein Radium.

Weitere Beziehungen finden sich in der folgenden Tabelle.

Tabelle 16a.

| Adsorbens | Lösungsmittel | Adsorbierte Menge (in Prozenten der ursprünglich vorhandenen) | |
|---|---|---|---|
| $BaSO_4$ | $\frac{1}{10}$ n HCl | 81% Thorium B [3] | 32% Thorium C [4] |
|  | $\frac{1}{10}$ n KHO | 20%  „ | 64%  „ |
|  | $\frac{1}{10}$ n $NH_3$ | 100%  „ | 86%  „ |
| $Cr_2O_3$ | $\frac{1}{10}$ n HCl | 2,5%  „ | 69%  „ |
| AgBr | $\frac{1}{1}$ n HBr | 81%  „ | 34%  „ |

Diese durchaus spezifische Sorption steht in nahem Zusammenhang mit der Fällung isotoper Elemente und erklärt auch, daß die Isotopen bereits bei Konzentrationen gefällt werden, die ihr Löslichkeitsprodukt um mehrere Zehnerpotenzen unterschreiten.

*Paneth* erklärt die „irreversible" Sorption auf Grund kinetischen Austausches der Moleküle.

In obigem Falle würden also Moleküle (resp. Ionen) von Bariumsulfat stets in die Lösung eintreten und wieder durch andere aus derselben ersetzt werden. Es ist leicht erklärlich, daß bei solchem Austausch auch die in der Nachbarschaft befindlichen Atome der Radioelemente von der Oberfläche aufgenommen und festgehalten werden, indem die Atome der isotopen Elemente den Platz der entflohenen Atome im Raumgitter des Adsorbens einnehmen. Je schwerer löslich die Verbindung der Radioelemente, um so leichter wird sie festgehalten.

Die Schwerlöslichkeit selbst erklärt *Paneth* auf Grund der neueren Auffassung der Beziehungen der Atome im Raumgitter untereinander als durch chemische Valenz hervorgerufen, etwa so, daß die Sulfatgruppe an der Ober-

Sorption von Radioelementen.

Kinetischer Austausch der Moleküle.

---

[1] *Paneth:* Physik. Zeitschr. **15**, 924 bis 929, 1914.
[2] und die mit dem Adsorbens wohl auch Mischkrystalle geben dürften.
[3] Isotop mit dem Blei.
[4] Isotop mit dem Wismut.

fläche des Bariumsulfatkrystalls die Fähigkeit hat, noch Barium an sich zu ziehen, während andererseits das schon gebundene Barium sich noch mit neuen Sulfatgruppen verbinden kann (z. B. im Sinne der *Werner*schen Valenztheorie oder durch die Annahme, daß Barium und $SO_4$ im Raumgitter gesondert ihre Plätze einnehmen). Je größer die Kraft ist, durch welche ein Metallatom von einer im Raumgitter des Krystalls befindlichen negativen Gruppe, z. B. durch Nebenvalenzen, gebunden wird, um so schwerer löslich wird die Verbindung sein.

Der kinetische Austausch der Atome an der Oberfläche des Adsorbens bildet also eine ganz neue und fruchtbare Deutung für die Aufnahme von gelösten Stoffen durch feste Körper und erklärt in der Tat viele Erscheinungen bedeutend besser als die bisherigen Theorien der Adsorption. Man darf darüber aber nicht vergessen, daß die von *Paneth* in Betracht gezogenen Fälle ganz anderer Art sind als die Verdichtung der Gase an Kohle, schon deshalb, weil wir es bei seinen Adsorbentien zwar mit schwerlöslichen, aber durchaus nicht unlöslichen Substanzen zu tun haben. Bei der Adsorption an solchen schwerlöslichen Pulvern kann es nicht zu einem Adsorptionsgleichgewicht kommen, weil die Oberfläche stets veränderlich ist. In der Tat vergröbert sich das Pulver fortwährend, indem einzelne (die kleineren) Kryställchen allmählich aufgezehrt werden und größere auf Kosten der kleineren heranwachsen. Die zunächst an der Oberfläche festgehaltenen Atome werden auf diese Art allmählich in das Innere des heranwachsenden Krystalles gelangen und so einen Bestandteil desselben bilden.

Die Aufnahme findet nicht durch Verdichtung der adsorbierten Moleküle an der Oberfläche statt, wie bei *Moser*s Hauchbildern, sondern erfolgt durch Austausch der Atome, und die aufgenommenen Atome bilden einen Bestandteil der Oberflächenschicht oder auch allmählich einen Bestandteil des Inneren der kleinen Teilchen.

Ein anderer Fall von Aufnahme gelöster Ionen, bei dem gleichfalls ein Austausch einer Ionenart durch eine andere stattfindet, liegt beim sogenannten Basenaustausch in der Ackererde durch „Zeolithe“ oder durch permutitähnliche Gele vor. Wie bereits erwähnt, zeigt *Wiegner*[1], daß diese Substitution gleichfalls nach der Adsorptions-Isotherme erfolgt, und sie ist daher häufig auch als Adsorption bezeichnet worden. Im Permutit wird Natrium sehr leicht gegen $NH_4{}^{\cdot}$ $K^{\cdot}$ $Ca^{\cdot\cdot}$ usw. ausgetauscht und diese lassen sich wieder durch andere Kationen ersetzen. Zur Erklärung könnte man eine ähnliche Vorstellung heranziehen, wie sie *Paneth* gegeben hat; freilich ist der Bau des amorph erscheinenden Gels des Permutit ein ganz anderer als der eines $BaSO_4$-Niederschlags; er ist weitgehend dem des Gels der Kieselsäure analog.

Auch bei der Sorption von Farbstoffen durch gewisse Gele tritt nach *Michaelis* und *Rona*[2] ein Austausch mit den dieselben verunreinigenden Ionen ein. Eosinanion wird von Eisenoxydgel unter Austausch gegen in ihm enthaltene Anionen aufgenommen und die Aufnahme ist eine um so geringere, je freier das adsorbierende Oxyd ist.

Von denselben Forschern wurde die Sorption von Elektrolyten durch Kohle näher untersucht. Sie fanden im Gegensatz zu früheren Angaben, daß die Elektrolyte in der

---

[1] *G. Wiegner:* Journ. f. Landwirtsch. (1912) S. 111 bis 150 u. 197 bis 235. Vgl. auch *G. Kornfeld:* Zeitschr. f. Elektrochem. **23**, 173 (1917); *V. Rotmund* u. *G. Kornfeld:* Zeitschr. f. anorg. Chem. **103**, 129 bis 163 (1918), daselbst auch Literaturangaben.
[2] *L. Michaelis* u. *P. Rona:* Biochem. Zeitschr. **97**, 81 (1919).

Hauptsache als solche aufgenommen werden und nicht unter Hydrolyse. Wo eine vorzugsweise Aufnahme des Kations eintritt, wird dasselbe gegen das die Kohle verunreinigende Calcium ausgetauscht. Es handelt sich also hauptsächlich um Aufnahme beider Ionenarten oder um die der Moleküle der undissoziierten Elektrolyte, die bei leicht adsorbierbaren Stoffen recht beträchtlich werden kann. Es liegt nahe, an Adsorption der undissoziierten Moleküle zu denken, wie sie auch bei der Einwirkung von Kohle auf Edelgase eintritt.

Auch Nichtelektrolyte und Kolloide werden reichlich von Kohle aufgenommen. In der Regel steht die Adsorbierbarkeit im Zusammenhang mit der Oberflächenaktivität, aber nicht immer, Zucker bildet z. B. eine Ausnahme.

### 2. „Adsorption" von krystalloid gelösten Stoffen an Ultramikronen von Hydrogelen.

Die Aufnahme von krystalloid gelösten Stoffen, bei welcher eine selbständige Zerteilung von Hydrogelen stattfindet, soll bei der Theorie der Peptisation ausführlich besprochen werden (Kap. 33).

### 3. „Adsorption" von Krystalloiden durch Ultramikronen in kolloiden Lösungen.

Ein Beispiel dafür ist schon bei Besprechung von *Bechholds* Ultrafiltration (Seite 46) gegeben, wo die „Adsorption" von Methylenblau durch gelöstes Eiweiß erwähnt wurde. Fälle dieser Art treten oft ein, und sie lassen sich mit Hilfe der Ultrafiltration näher untersuchen[1].

Bezüglich der Aufnahme von Ionen, welche Koagulation bewirken, vgl. Kap. 24 d und 25 e.

### 4. Adsorption von Kolloiden durch Adsorbentien.

Der Fall, daß Kolloide durch poröse Körper, Pulver und Gallerten aus einer Flüssigkeit entfernt werden können, tritt sehr häufig ein[2]. So wird kolloides Gold von Tierkohle, Bariumsulfat oder vom Gel der Tonerde vollständig aufgenommen, und dieser Vorgang läßt sich zum Teil ultramikroskopisch verfolgen (vgl. Kolloides Gold). Es ist unwahrscheinlich, daß hier elektrische Ladungen eine Rolle spielen, denn Tierkohle und Gold z. B. sind beide negativ geladen. Man wird am einfachsten spezifische Anziehungskräfte zwischen Kohle usw. und Gold als Ursache dieser Vorgänge annehmen. Ebenso wie Gold werden sehr viele andere Kolloide zuweilen quantitativ aus der Flüssigkeit entfernt.

Als Vorlesungsversuch verwendet Verfasser die Aufnahme von Molybdänblau durch Tierkohle: die tiefblau gefärbte Flüssigkeit wird bei einmaligem Schütteln vollkommen entfärbt; durch Abfiltrieren von der Kohle erhält man ein farbloses Filtrat. Wie in diesem Falle erfolgt in vielen anderen die Aufnahme von Kolloiden durch Adsorbentien quantitativ und irreversibel.

Von manchen Forschern wird angenommen, daß bei der Adsorption von Kolloiden nur der krystalloid gelöste Anteil adsorbiert wird, nicht aber der kolloid gelöste. Es mag in einzelnen Fällen sich tatsächlich so verhalten, z. B. bei Anfärbung von Geweben durch Farbstoffe, wo der krystalloid gelöste Teil einen beträchtlichen Bruchteil des Ganzen ausmacht und die Submikronen recht groß und in relativ geringer Zahl vorhanden sind. Bei echten Kolloiden, wo der krystalloid gelöste Anteil verschwindend klein ist, muß hingegen die Aufnahme der Ultramikronen selbst angenommen werden; sie ist in einzelnen Fällen sogar direkt nachzuweisen, z. B. bei der Aufnahme von kolloidem Gold durch das Gel der Tonerde, durch Gelatineflocken usw.

---

[1] *A. Lottermoser* und *P. Maffia:* Ber. **43**, 3613 bis 3618, 1910. — *Wo. Ostwald:* van Bemmelen-Gedenkboek. 1910, S. 267 bis 274. *Stevenson* Kap. 110.

[2] *R. Zsigmondy:* Verhandl. d. Gesellsch. Deutscher Naturf. u. Ärzte. 73. Vers. Hamburg 1901, S. 168 bis 172. — *L. Vanino:* Ber. **35**, 662, 1902. — *W. Biltz:* Nachr. d. Kgl. Ges. d. Wiss. Göttingen, Math.-Phys. Kl. 1905, 46 bis 63.

**5. Gegenseitige Adsorption von Ultramikronen. Schutzwirkung.**

Der Adsorption von Kolloiden durch feinst zerteilte Tierkohle nahe verwandt ist die Aufnahme von gelösten Kolloiden durch Ultramikronen anderer Kolloide. Sie spielt sowohl bei der gegenseitigen Fällung der Kolloide (Kap. 25f), wie auch bei der Schutzwirkung eine hervorragende Rolle.

Die Teilchen eines Schutzkolloids werden im allgemeinen von denjenigen eines irreversiblen Kolloids aufgenommen. Daß diese Aufnahme a u c h erfolgt, wenn beide Arten Kolloide d i e s e l b e  e l e k t r i s c h e  L a d u n g  t r a g e n, ist bekannt, ebenso, daß zuweilen umgekehrt die Ultramikronen des irreversiblen Kolloids von denen des Schutzkolloids aufgenommen werden. Dieser Vorgang läßt sich ultramikroskopisch verfolgen, wenn das Schutzkolloid in relativ grober Zerteilung vorliegt (Kap. 43 u. 125).

Die Schutzwirkung beruht eben auf Teilchenvereinigung. Die mit einer gewissen Anzahl Ultramikronen des Schutzkolloids vereinigten Teilchen des irreversiblen Kolloids verlieren die Fähigkeit zu koagulieren, d. h. unter irreversibler Zustandsänderung zu größeren Flocken zusammenzutreten. Weder beim Eintrocknen noch bei Elektrolytzusatz tritt Koagulation ein.

Die Schutzwirkung der einzelnen Kolloide ist außerordentlich verschieden. Ein relatives Maß für dieselbe gegenüber kolloidem Golde findet man durch Bestimmung der Goldzahl (vgl. Kap. 44, 124 und 125, woselbst auch alles Wichtige über Schutzwirkung angegeben ist).

## 27. Viskosität.

Die Zähigkeit kolloider Systeme und ihre Änderung durch Temperaturschwankungen und andere Einflüsse wie die von Koagulationsmitteln sind namentlich in neuerer Zeit vielfach besprochen worden. Theoretische Untersuchungen stammen von *Einstein*[1] und von *Hatschek*[2]. Letzterer Forscher unterscheidet zwei Fälle: 1. Erhöhung der inneren Reibung durch feste, nicht deformierbare, in der Flüssigkeit schwebende Kugeln, deren Gesamtvolumen weniger als 40% der Flüssigkeit ausmacht; 2. Erhöhung der Zähigkeit durch Flüssigkeitströpfchen[3].

*Einstein* kommt bei festen Teilchen zu der einfachen Beziehung[4]:

$$\eta' = \eta\left(1 + \tfrac{5}{2}f\right),$$

worin $\eta$ den Viskositätskoeffizienten der Flüssigkeit, $f$ das Verhältnis von *Einsteins Formel.* Gesamtvolum der Teilchen zu Gesamtvolum des Systems, $\eta'$ die Viskosität des Systems bedeuten. Danach ist die innere Reibung in solchen Systemen eine lineare Funktion des Volumens der dispersen Phase und unabhängig von der Teilchengröße.

Beide Ergebnisse wurden bis zu einem gewissen Grade bei gewöhnlichen Suspensionen bestätigt; dagegen fand *Sven Odén*[5] bei kolloidem Schwefel Abweichungen, die darin be- *Abweichungen.* standen, daß sich insbesondere die Unabhängigkeit von der Teilchengröße nicht bestätigte, feinere Hydrosole eine größere innere Reibung zeigten als mittelfeine. *Hatschek* führt das

---

[1] *A. Einstein:* Annalen d. Phys. **19**, 289 (1906); **34**, 591 (1911).

[2] *E. Hatschek:* Koll.-Zeitschr. **7**, 301 bis 304 (1910); **8**, 34 bis 35 (1911); **12**, 238 bis 246 (1913).

[3] Auf die den zweiten Fall betreffende Theorie soll hier nicht weiter eingegangen werden, da sie für Emulsionen gilt, deren disperse Phase einen großen Teil des Gesamtvolumens ausmacht

[4] Von *Einstein* wurde zunächst die Beziehung $\eta' = \eta(1 + f)$, später $\eta' = \eta(1 + 2,5f)$ gegeben. Die von *Hatschek* berechnete Formel $\eta' = \eta(1 + 4,5f)$ ist nach v. *Smoluchowski* aus unzutreffenden Voraussetzungen abgeleitet.

[5] *Sven Odén:* Zeitschr. f. phys. Chemie **80**, 709 bis 736 (1912).

wohl mit Recht auf die Flüssigkeitshüllen zurück, die, mit den Teilchen verbunden, das Volumen der dispersen Phase bei hoch dispersen Systemen stärker vergrößern als bei minder dispersen[1].

Aus der Formel ist u. a. zu entnehmen, daß die Viskosität der Hydrosole, welche sehr wenig Kolloid (einige Hundertstel Prozent und darunter) enthalten, sich kaum von der des Wassers unterscheidet. Dies ist in der Tat bestätigt, aber nicht nur bezüglich der Metallhydrosole, sondern auch bezüglich der lyophilen Kolloide.

Dagegen findet man bei den letzteren ziemlich häufig Viskositätsänderungen, die mit bekannten Zustandsänderungen Hand in Hand gehen und sehr auffällig hohe Viskositätswerte relativ verdünnter Kolloidlösungen herbeiführen, die eine besondere Erklärung erfordern; es sind das sehr bemerkenswerte Eigenschaften, welche als empfindlicher Indikator für Zustandsänderungen verwendet werden können, auf die besonders *Wo. Ostwald*[2] aufmerksam macht.

*Zustands-änderungen und Viskosität.*

Als Beispiele seien angeführt: ca. 0,1 bis 0,5 proz. Seifen-, Agar- und Gelatinelösungen, die in der Wärme dünnflüssig, beim Erkalten aber zähflüssig werden und schon bei 0,5% zuweilen abnorm hohe Viskositätswerte annehmen. Die hohe Zähigkeit beruht bei erkalteten Seifenlösungen auf der Ausbildung zunächst amikroskopisch dünner, dann submikroskopischer Fäden, die in höherer Konzentration eine schleimige, fadenziehende Beschaffenheit herbeiführen[3], bei Gelatinelösungen auf Bildung von Gallertflöckchen[4], die sich an die Gefäßwände des Viskosimeters und aneinander hängen oder, solange sie noch keinen Zusammenhang untereinander besitzen, als ultramikroskopische Sekundärteilchen ein beträchtliches Volumen Wasser einschließen und dadurch das Volumen der „dispersen Phase" in ungewöhnlichem Maße erhöhen. Man kann sich nach *Nägeli* die Primärteilchen kettenartig zusammenhängend denken oder als einfache amikroskopische Fädchen aus aneinandergereihten Amikronen bestehend, deren Vorhandensein die Zähigkeit ähnlich erhöhen müßte wie bei Seifenlösungen. Diese Annahme erklärt auch ohne weiteres den viskositätsvermindernden Einfluß des Rührens und Durchschüttelns der Flüssigkeit, durch welches die Zusammenhänge zwischen den Fäden und Flocken wieder zerrissen werden.

Eine ähnliche Aggregation von Primärteilchen tritt auch bei der Elektrolytfällung ein, wodurch die überraschende Viskositätszunahme bei der Koagulation von kolloiden Oxyden und anderen lyophilen Kolloiden erklärt wird. *Freundlich*[5] hat diese Eigenschaft zum genaueren Studium der Koagulationsgeschwindigkeit verwendet.

*Viskositäts-zunahme durch Ionisation.*

Eine andere Erklärung muß für die Viskositätszunahme bei der Ionisation von Eiweiß- und ähnlichen Lösungen angenommen werden, die insbesondere von *Wo. Pauli* näher untersucht ist (vgl. Eiweiß). Hier wird man wohl eine Verdickung der Wasserhüllen annehmen müssen, wie sie durch elektrische Ladungen allgemein hervorgerufen wird (vgl. Theorie *Lenard*, Kap. 28).

Überhaupt würde die innere Reibung ein gutes Maß für die Größe der Wasserhüllen sein, wenn nicht die oben erwähnten Zustandsänderungen als Komplikationen die Reinheit der Resultate trüben würden. Die Annahme einer flüssigen Beschaffenheit der Primärteilchen scheint dem Verfasser zur Erklärung der hohen Viskositätswerte der sog. emulsoiden Kolloide nicht erforderlich.

*v.Smoluchowskis Ausführungen.*

Lange nach Niederschrift des vorliegenden Kapitels erschien eine Arbeit von *M. v. Smoluchowski*[6], die so bemerkenswerte Betrachtungen enthält, daß sie nicht übergangen werden kann.

---

[1] *Hatschek* berechnet die Dicke der Adsorptionshüllen zu 0,87 $\mu\mu$, ein durchaus wahrscheinlicher Wert.

[2] *Wo. Ostwald:* Grundriß der Kolloidchemie (3. Aufl.). Dresden 1912. S 181. Koll.-Zeitschr. **12**, 213 bis 222 (1913).

[3] *R. Zsigmondy* u. *W. Bachmann:* Koll.-Zeitschr. **11**, 145 bis 157 (1912).

[4] *W. Bachmann*, vgl. Kap. 30.

[5] *H. Freundlich* und *N. Ishizaka:* Koll.-Zeitschr. **12**, 230 bis 238 (1913).

[6] *v. Smoluchowski:* Koll.-Zeitschr. **18**, 190 (1916).

Bezüglich der Gültigkeit der *Einstein*schen Formel bemerkt *v. Smoluchowski*, daß sie nur für kugelförmige Teilchen gilt, daß man für andersgestaltete aber statt 2,5 einen Zahlenfaktor $k$ zu $f$ einzusetzen hat, der größer als 2,5 ist.

Damit die *Einstein*sche Formel ihre Gültigkeit behält, dürfen die Teilchen weder zu groß noch zu klein sein; der Teilchenradius muß zum Teilchenabstand klein sein. Eine Anzahl Abweichungen der beobachteten von den berechneten Werten 2,5 sind wohl auf die Gestalt der Teilchen zurückzuführen.

*v. Smoluchowski* berechnete ferner eine Formel für die Zähigkeitsvermehrung durch elektrisch geladene Teilchen, die einen Zähigkeitszuwachs infolge kataphoretischer Ströme herbeiführen müssen; diese können in sehr schlecht leitenden Medien (ähnlich wie die Wasserhüllen bei besser leitenden) zur Erklärung einer erhöhten Zähigkeit herangezogen werden.

Für die Zähigkeitszunahme bei der Koagulation gibt *v. Smoluchowski* eine mit obigen Ausführungen im wesentlichen übereinstimmende Erklärung und ein anschauliches Bild, wie dieselbe zustande kommen muß durch Vergrößerung des Teilchenvolumens infolge der von den Sekundärteilchen eingeschlossenen Flüssigkeit. Für die in einem koagulierenden Aluminiumoxydhydrosol enthaltenen Flocken berechnet *v. Smoluchowski* aus der Zähigkeitszunahme ein 400 bis 500 mal größeres Volumen als die Trockensubstanz einnehmen würde, eine scheinbare Volumvergrößerung, die sich durch Aggregation von nadelförmigen Teilchen leicht erklären läßt.

## 28. Flüssigkeitshüllen.

Zahlreiche Erfahrungstatsachen haben allgemein zur Überzeugung geführt, daß die Körper bei ihrer Auflösung sich mit Flüssigkeitsmolekülen vereinigen, die sowohl chemisch gebunden wie auch durch Adsorption festgehalten sein können. In dieser Wasserbindung liegt nach Auffassung neuerer Forscher[1] auch die Ursache der Auflösung von Substanzen, speziell der Elektrolyte, deren Dissoziation gleichfalls darauf zurückgeführt werden kann. Die Eigentümlichkeiten der Leitfähigkeit, Viskosität usw. der Elektrolytlösungen haben Material für die oben erwähnte Annahme gegeben. Obgleich die Forschungen auf diesem Gebiete noch keineswegs zu abschließenden Resultaten geführt haben, so dürfen dieselben hier nicht vollständig übergangen werden[2].

Wasserbindung<br>der Ionen.

---

[1] *F. Kohlrausch* (1903), *W. R. Bansfield:* Zeitschr. f. phys. Chemie 53, 259 (1905), *H. C. Jones* ib. 74, 337 (1910); *Riesenfeld, Remy* ib. 89, 481 (1915); *Wo. Ostwald:* Koll.-Zeitschr. 9, 189 (1911), vgl. bez. der Literaturangaben insbesondere *Dhar:* Zeitschr. f. Elektrochem. 20, 57 (1914).

[2] Es wird insbesondere die im Vergleich zur Ionenbeweglichkeit der H·- und OH′-Ionen relativ langsame Beweglichkeit der übrigen Ionen als Stütze der Hydrattheorie angesehen. Man nimmt an, daß H· und OH′ sehr wenig Wasser binden, die anderen Ionen dagegen viel, entsprechend ihrer geringeren Beweglichkeit. *Richard Lorenz* (Zeitschr. f. physik. Chemie 73, 252, (1910), ferner 79, 63 (1912), vertritt hingegen die Anschauung, daß die lösungsfremden Ionen (K·, Na·, Ca··, Cl′, Br′ usw.) kein oder nur wenig Wasser gebunden haben und ebenso die lösungsverwandten H· oder OH′. Die größere Beweglichkeit der letzteren würde sich nach *Lorenz* auf eine besondere Art der Wanderung zurück-

Auf Grund einer von *E. H. Riesenfeld* angeregten Untersuchung konnte *H. Remy*[1] zu der Auffassung kommen, daß bei der Ionenhydration zwischen chemisch gebundenem und Adhäsionswasser zu unterscheiden ist. Wenn man die Wasserstoffionen als unhydratisiert annimmt, so kann man die Wasserhüllen durch Vergleich der Beweglichkeiten berechnen. *Remy* kommt dabei zur Annahme, daß zahlreiche Ionen gerade mit einer Lage von Wassermolekülen bedeckt sind[2].

**Komplexe Moleküle.** Eine eingehende Untersuchung über die durch Assoziation gebildeten Molekularkomplexe hat *P. Lenard* durchgeführt[3]. *Lenard* geht von der Tatsache aus, daß elektrische Ladungen an der Flüssigkeitsoberfläche nicht flüchtig sind, und schließt daraus auf die komplexe Beschaffenheit der Ladungsträger, die, von einer Anzahl Flüssigkeitsmoleküle umgeben, ein nicht flüchtiges komplexes Molekül darstellen. Das Nichtabdampfen solcher größerer Molekularkomplexe aus der Flüssigkeit erklärt sich aus den großen Molekularkräften, mit welchen sie in die Flüssigkeit gezogen werden. Auch unelektrische, nicht flüchtige Moleküle sind nach *Lenard* mit Flüssigkeitsmolekülen assoziiert.

Die Gesetze des osmotischen Druckes, der Dampfdruckerniedrigung, die komplizierten Erscheinungen der Wasserfallelektrizität, ferner das Ladungsgesetz von *Coehn* und andere, von *Coehn* und seinen Mitarbeitern näher studierte Erscheinungen, sowie auch die der beginnenden Nebelbildung werden unter diesen Grundannahmen einer neuen Ableitung und Betrachtung unterzogen, die zum Teil zu überraschend einfachen und mit der Erfahrung übereinstimmenden Resultaten führt[4].

---

führen lassen, die nach Art der *Grotthuß*schen Vorstellung erfolgt und beschleunigend wirkt. Daraus würde sich erklären, daß die nach einer von *Einstein* gegebenen Formel berechneten Ionendurchmesser im allgemeinen mit den nach *Reinganum* aus der kinetischen Gastheorie berechneten übereinstimmen, bei H· und OH′ dagegen beträchtlich zu klein gefunden werden. Betrachtet man aber die Einzelwerte für die lösungsfremden Ionen, so ergeben sich auch bei ihnen gewisse Abweichungen, die immerhin die Annahme zulassen, daß Wasserbindung vorhanden ist. (Vgl. *H. Remy*: Zeitschr. f. physik. Chemie **89**, 481 (1915).

[1] *H. Remy*: Zeitschr. f. physik. Chemie **89**, 467 bis 485 (1915).

[2] Aus den neueren ausführlichen Arbeiten von *Richard Lorenz*, sowie von *Lorenz* und *Posen*: Zeitschr. f. anorg. Chem. **94**, 240 (1916); **94**, 255 (1916); **94**, 265 (1916); **95**, 340 (1916); **96**, 81 (1916); **96**, 217 (1916); **96**, 231 (1916) geht hervor, daß die Annahme einer vollständigen Wasserhülle mit den Ergebnissen der kinetischen Gastheorie nicht in Übereinstimmung zu bringen ist, wenn man nach der Formel von *Stokes-Einstein* rechnet. Es wäre jedoch möglich, worauf mich *R. Lorenz* aufmerksam macht, daß die Formel von *Stokes-Einstein* gar keine Auskunft über etwa vorhandene Wasserhüllen gibt, wenn nämlich letztere nur so beschaffen sind, daß sie im Potentialgefälle des Stromes nicht mit wandern, sich also im Austausch mit dem Lösungswasser befinden. Vgl. auch *Lorenz*: „Raumerfüllungszahlen" Zeitschr. f. anorg. Chem. **103**, 243 (1918); **105**, 175 u. **106**, 46 u. 49 (1919).

[3] Sitzungsbericht der Heidelberger Akademie der Wissenschaften 1914, 27.—29. Abhandlung.

[4] Die Dampfkondensation tritt auf ungeladenen wie auch auf geladenen Amikronen ein. Die ersteren sind nach *Lenard* (Probleme komplexer Moleküle, Teil III, Heidelberg 1914, Winters Verlag) Molekularkomplexe in festem Verband und nicht Flüssigkeitströpfchen; die letzteren sind Flüssigkeitströpfchen mit erheblich größeren Dimensionen

Bezüglich der Hydrokolloide ist die Annahme, daß Quellung und Auf- Flüssigkeits-<br>
lösung auf Ausbildung einer Wasserhülle um die Ultramikronen beruhe, hüllen bei<br>
schon längst von *Nägeli* gemacht worden. Auch andere Forscher, wie *van Bem-* Kolloiden.<br>
*melen*, haben sich dieser Auffassung angeschlossen, so auch *Lagergren. Freund-*
*lich* sieht die die Ultramikronen umgebenden Wasserhüllen als Träger des
inneren Teils der elektrischen Doppelschicht an.

Für die Existenz von Flüssigkeitshüllen bei Kolloiden spricht auch die beim Lö-
sungsvorgange eintretende Volumkontraktion. Damit im Zusammenhang steht die Tatsache, daß das Volumen einer kolloiden Lösung kleiner ist als die Summe der Volumina
von gelöster Substanz und Lösungsmittel. Dieses Verhalten ist, wie *Wintgen*[1] gezeigt hat,
auch bei typischen hydrophoben Kolloiden wie Arsensulfid zu beobachten; da bei diesen
die Annahme einer chemischen Bindung des Wassers unwahrscheinlich ist, so wird man
nicht umhinkönnen, einer physikalischen Erklärung der Kontraktion gegenüber der
chemischen den Vorzug zu geben. Eine solche bietet sich zunächst in der Annahme, daß
der gelöste Stoff beim Lösungsvorgang eine Volumverminderung erleide. Wie aber
*Kruyt*[2] wahrscheinlich gemacht hat, reicht diese Volumkontraktion nicht aus, um die beobachteten Effekte zu erklären.

Wir sind vielmehr genötigt, an eine Verdichtung des Lösungsmittels zu denken.
Dementsprechend muß man sich vorstellen, daß die kolloid gelösten Teilchen von Adsorptionshüllen des Lösungsmittels umgeben sind, in denen die Dichte des Lösungsmittels
von innen nach außen abnimmt, eine Vorstellung, die übrigens schon *van Bemmelen*[3]
beim Gel der Kieselsäure zum Ausdruck gebracht hat[4].

Wir müssen annehmen, daß die Flüssigkeitshüllen von den Ultramikronen
verschiedener Kolloide verschieden fest gebunden werden. Dafür spricht
schon der sehr verschiedene Wassergehalt der aus den Hydrosolen sich abscheidenden gallertigen Niederschläge. Bei hydrophilen Kolloiden wie Eiweiß,
Gelatine, sind größere und schwerer durchbrechbare Wasserhüllen anzu-

---

als die ersteren. Auch diese geladenen Träger besitzen zunächst eine nur minimale Dampfspannung; auf ihnen kondensiert sich der Flüssigkeitsdampf auch in ungesättigten
Dämpfen. Bei weiterer Kondensation in übersättigtem Dampf wächst die Dampfspannung
zu einem Maximum und ändert sich darüber hinaus bis zur Tension $p_1 = p_0$, wobei $p_0$
die der ebenen Oberfläche bedeutet. Aus Versuchen von *Pribram* berechnet *Lenard*
auch die Träger- und Kernradien. Für die elektrisch geladenen Kerne ergibt sich ein
größerer Radius ($S = 7$ bis $9.10^{-8}$ cm) als für die unelektrischen ($S = 4.5$ bis $4.6.10^{-8}$ cm).
Auch die der maximalen Dampfspannung entsprechenden Trägerradien sind etwas größer
($R\,m = 14$ bis $19.10^{-8}$ cm) als die der ungeladenen ($R\,m = 11$ bis $14.10^{-8}$ cm). Bezüglich
der Oberflächenspannung wäre noch zu erwähnen, daß dieselbe bei sehr kleinen aus
wenigen normalen Flüssigkeitsmolekülen bestehenden Tröpfchen kleiner ist als die normale; dagegen ist sie bei Flüssigkeitshüllen um die Kerne größer als die normale Oberflächenspannung (III, S. 53, Anm. 85).

[1] *R. Wintgen:* Koll.-chem. Beih. **7**, 251 bis 282 (1915).

[2] *H. R. Kruyt:* Koll.-Zeitschr. **20**, 239 bis 242 (1917).

[3] *van Bemmelen:* Zeitschr. f. anorg. Chem. **13**, 305 (1896).

[4] Sehr sorgfältige Messungen der Volumkontraktion an verschiedenen Kolloiden
sind neuerdings von *R. Wintgen* gemacht worden. Derselbe konnte auch zeigen, daß die
Kurve für das spezifische Volumen aller von ihm untersuchten Hydrosole anfangs gerad-
linig, und zwar stärker geneigt zur (die Konzentration der Kolloidlösungen darstellenden)
Abszissenachse verläuft, als dem additiven Verhalten entspricht; er konnte auch an Messungen von *Rodewald* u. *Frank* an Stärke zeigen, daß sie in der Kurve für die höchsten
Konzentrationsgebiete mündet. In diesem Falle muß auch eine Kontraktion des Kolloids
angenommen werden. (Sitzungsberichte der Chem. Abt. d. Niederrh. Ges. f. Natur- u.
Heilkunde **1914**, S. 25 bis 27.

nehmen, wie bei lösungsfremden hydrophoben (z. B. kolloides Gold). Darauf beruht zweifellos die größere Beständigkeit der ersteren bei Elektrolytzusatz und umgekehrt die geringere der letzteren und nicht auf der besonderen Teilchengröße (Suspensionsähnlichkeit) der hydrophoben Kolloide.

Man wird annehmen müssen, daß das an den Teilchen der hydrophilen Kolloide anhaftende Wasser nicht nur chemisch gebundenes Hydratwasser, sondern in seiner Hauptmenge als Adsorptions- oder Adhäsionswasser vorhanden ist.

Einfluß der Ladung auf die Wasserbindung.

Es existieren Tatsachen, welche dafür sprechen, daß die Flüssigkeitshüllen nicht nur von Kolloid zu Kolloid variieren, sondern daß sie auch bei ein und demselben Kolloid verschieden sind, je nach der Stärke der elektrischen Ladung. *Wolfgang Pauli* hat bei Eiweiß gefunden, daß die elektrische Aufladung der Teilchen sowohl Viskositätserhöhung wie Erhöhung der Beständigkeit der Hydrosole gegen Koagulationsmittel wie Alkohol bedingt. Beides spricht für eine Vermehrung der Wasserbindung in den Flüssigkeitshüllen um die Eiweißteilchen.

Wir haben also hier dieselbe Erscheinung wie bei den Flüssigkeits- und Gasionen: Elektrische Ladung bedingt Vermehrung des gebundenen Wassers. Auch bei elektrolytempfindlichen lyophoben Kolloiden muß man wohl eine — wenn auch wenig beständige — Wasserhülle um die elektrisch geladenen Teilchen annehmen. Diese die elektrische Doppelschicht enthaltenden Flüssigkeitshüllen bedingen ja die Beständigkeit der elektrisch geladenen irreversiblen Hydrosole; ferner spricht für obige Annahme die Tatsache, daß die innere Reibung vieler Hydrosole, wie z. B. des kolloiden Silbers, durch Elektrolytzusätze, die entladend wirken, herabgesetzt wird[1].

## 29. Farbe der Hydrosole[2].

Sole und Gele können farblos oder auch gefärbt sein. Da bei kolloiden Lösungen das Medium meistens farblos ist, so kommen die Färbungen durch die zerteilte Materie in erster Linie in Betracht. Sehr kleine Ultramikronen farbloser Substanzen geben farblose Hydrosole (kolloide Kieselsäure, Zinnsäure, Tonerde usw., ferner Eiweiß- und Gelatinelösungen); kolloide Lösungen gefärbter Isolatoren zeigen meist die Farbe, welche den betreffenden Isolatoren in der Durchsicht zukommt (Berlinerblau, *Raffo*s kolloider Schwefel, kolloides Eisenoxyd usw.).

Bei nicht zu feinen, massiv erfüllten Teilchen kommt neben der Eigenfärbung noch die diffuse Zerstreuung in Betracht, die nach *Rayleighs* Theorie bei farblosen Ultramikronen zu den Färbungen der „trüben Medien" führt (Mastixhydrosole: in der Durchsicht gelb oder braun, im auffallenden Licht bläulich). Diese Farben trüber Lösungen treten bei farbigen Kolloiden ganz in den Hintergrund gegenüber der Eigenfarbe des betreffenden Kolloids, welche in erster Linie auf Absorption der Lichtstrahlen zurückzuführen ist.

Die Farbe der Submikronen ist in der Regel annähernd komplementär derjenigen, die das Hydrosol im durchfallenden Licht zeigt, vorausgesetzt, daß die Hauptmenge des zerteilten Körpers in Form von einfarbigen Submikronen vorhanden ist und daß diese die Färbung der Lösung bedingen.

---

[1] *H. W. Woudstra:* Zeitschr. f. physik. Chemie **63**, 619 (1908).
[2] Vgl. Kap. 106.

Die Farbe des abgebeugten Lichtes der Submikronen läßt sich nur bei sehr weitgehender Verdünnung (bis zur Farblosigkeit) richtig beurteilen.

Mannigfaltige Farben der Submikronen treten bei Metallhydrosolen auf (vgl. kolloides Gold, Silber). Sie sind von der Natur des zerteilten Metalles resp. seinen optischen Konstanten, von der Teilchengröße und -aggregation abhängig; namentlich die letztere bewirkt auffällige Farbenänderungen.

Die Farbenänderungen durch Verringerung des Dispersitätsgrades spielen nach *Wo. Ostwald*[1] auch eine wichtige Rolle bei den Indikatorreaktionen. Nach *Hantzsch*[2] beruhen aber diese Reaktionen in der Regel auf Änderung der Konstitution der Farbstoffe; er betont, daß sie reversibel sind im Gegensatz zu den Farbenumschlägen bei Metallhydrosolen und daß bei reinen, wohldefinierten Indikatoren der Farbenumschlag in der Regel ohne merkliche Änderung des Dispersitätsgrades erfolgt[3]. Es gibt aber viele Indikatorreaktionen, bei welchen sehr auffällige Aggregation unzweifelhaft nachgewiesen ist, und in solchen Fällen ist die rein chemische Erklärung nicht immer ausreichend.

Es sei ausdrücklich hervorgehoben, daß nicht die Änderung des Dispersitätsgrades allein ausreicht, einen Farbenumschlag herbeizuführen, und ebensowenig der „suspensoide" Charakter der Hydrosole. Farblose Hydrosole zeigen bei der Koagulation nur Änderungen des Trübungsgrades, nicht merklich solche der Färbung. Viele gefärbte, wie kolloides Berlinerblau, Eisenoxyd, Schwefel u. a. behalten ihre Farbe bei der Koagulation bei; Kongorot gibt bei der Koagulation mit Alkali nach *Kurt Voigt*[4] eine Aufhellung, aber nur eine unbedeutende Verschiebung des Absorptionsbandes; ähnlich verhalten sich nach *Pihlblad*[5] viele Farbstoffe. Der *Cassius*sche Purpur behält seine rote Farbe bei der Koagulation und wird nicht blau, obgleich kolloides Gold der färbende Bestandteil ist.

Zum Zustandekommen eines auffälligen Farbenumschlags genügt also die Teilchenaggregation (unter Verringerung des Dispersitätsgrades) noch nicht; es ist noch erforderlich, daß die optischen Eigenschaften des zerteilten Körpers ähnlich denen der Metalle seien (was bei Farbstoffen häufig zutreffen dürfte); es kommt als wesentlich hinzu, daß die Teilchen sich innig aneinanderlagern wie bei reinen kolloiden Metallen. Verhindert man die innige Vereinigung etwa durch Hinzufügen genügender Mengen Schutzkolloid, so tritt selbst bei der Koagulation kein Farbenumschlag ein, trotz Verringerung des Dispersitätsgrades. Mit dem „suspensoiden" Charakter eines Hydrosols hat diese Erscheinung nichts zu tun, denn echte, feine Sus-

---

[1] *Wo. Ostwald:* Koll.-Zeitschr. **10**, 132 bis 146 (1912).

[2] *A. Hantzsch:* Vgl. z. B. Zeitschr. f. Elektrochem. **20**, 480 bis 483 (1914) und Koll.-Zeitschr. **15**, 79 bis 83 (1914).

[3] Nach *H. R. Kruyt* u. *J. M. Kolthoff* (Koll.-Zeitschr. **21**, S. 22) ist es — wie zu erwarten — wesentlich für das Auftreten von Ultramikronen, daß die Löslichkeitsgrenze der entstehenden Farbsäure oder -base überschritten wird. Bleibt man unter dieser Grenze, so tritt zwar Farbumschlag ein, aber keine sichtbare Dispersitätsvergröberung.

[4] *K. Voigt:* Koll.-Zeitschr. **15**, 84 bis 85 (1914).

[5] *N. Pihlblad:* Zeitschr. phys. Chem. **81**, 417 bis 430 (1913).

pensionen von Berlinerblau, Ton usw. ändern ihre Farbe bei der Koagulation nicht wesentlich.

Um schöne, auffällige Farbenumschläge zu erhalten, ist gerade eine sehr weitgehende Zerteilung des Metalls erforderlich. Metallzerteilungen mit scharf ausgeprägtem Absorptionsmaximum zeigen viel schönere Farbenänderungen als solche mit verwaschenen Absorptionsspektren. Der Farbenumschlag geht allgemein mit Erhöhung und Verschiebung des Absorptionsmaximums gegen Ultrarot hin und mit einer Verbreiterung des Absorptionsbandes Hand in Hand.

# IV. Gel- und Solbildung.

### Zustandsänderungen. — Strukturen und Reaktionen.

Der verhältnismäßig einfache Fall der Elektrolytkoagulation von kolloidem Gold wurde bereits Kap. 25 eingehend besprochen. Dort handelt es sich um flockenartiges Zusammentreten von entladenen Primärteilchen zu dichtgelagerten, wasserarmen, unlöslichen und nicht mehr peptisierbaren Sekundärteilchen, die einen pulverigen Niederschlag geben. Auch bei anderen irresolublen, aber peptisierbaren Kolloiden erfolgt Koagulation nach Entladung unter das kritische Potential. Auch hier kann Teilchenattraktion der entladenen Ultramikronen als die wirksame Ursache der Koagulation angesehen werden; die entladenen Teilchen lagern sich aber nicht so dicht aneinander wie bei Gold, sondern sind durch Wasserhüllen und größere Wassereinschlüsse voneinander getrennt (vgl. Kap. 28). Das Resultat ist eine flüssigkeitserfüllte Gallerte.

Solche Gele lassen sich durch nachträgliche Aufladung wieder peptisieren, in ein Sol zurückverwandeln; das Nähere soll in dem Kap. 33 über die Theorie der Peptisation mitgeteilt werden.

Viele andere Fälle der Gelbildung, bei welchen Elektrolyte keine Rolle spielen und die auch anders erklärt werden müssen, kommen vor, z. B. bei der Koagulation der Gelatine, von Seifenlösungen, bei der Hitzekoagulation von Eiweiß, Blutgerinnung usw.

Wenn man über die dabei eintretenden Vorgänge Aufschluß erhalten will, so muß man zunächst die Strukturen der entstehenden Gebilde näher kennen lernen. Da gerade hier (namentlich für die Biologen) wichtige Fragen auftreten, so wollen wir uns zunächst mit den Gallertstrukturen eingehender befassen. Hier zeigt sich eine große Mannigfaltigkeit, und eine einheitliche Erklärung sämtlicher Gallertstrukturen erweist sich als undurchführbar.

Ebenso wie die Gelbildung aus reversiblen Kolloiden ist auch der umgekehrte Prozeß: die Bildung von Hydrosolen von Wichtigkeit. Bei ihnen ist elektrische Ladung nicht erforderlich, sondern die Auflösung erfolgt spontan bei Berührung der trockenen Kolloide mit dem Lösungsmittel unter vorübergehender Quellung. Die Quellung selbst soll im Anschluß an die

Ausführungen über Gelstrukturen im Kap. 32 näher behandelt werden, in
Kap. 33 dagegen die Peptisation. Bei letzterer spielen chemische Reaktionen schon eine erhebliche Rolle.

Eigentümliche Zustandsänderungen treten auch ein beim Schütteln
kolloider Lösungen mit organischen Lösungsmitteln. Auf diese und die damit zusammenhängende Änderung der Oberflächenspannung werden wir
bei Kap. 37 zurückkommen.

In diesem Abschnitt sind hauptsächlich örtliche Verteilung der Ultramikronen oder Erscheinungen berücksichtigt worden, bei welchen die örtliche
Verteilung eine wesentliche Veränderung erleidet. Anhangsweise sind auch
Ausführungen über die Wärmetönung bei Kolloidreaktionen und die Theorie
des Membrangleichgewichtes eingefügt worden.

## 30. Über den Bau von Gallerten und trockenen Gelen.

Gallerten können aus kolloiden Lösungen wie auch aus festen Kolloiden
auf sehr verschiedene Weise gewonnen werden und sich durch ihre Eigenschaften wie in ihrer Struktur weitgehend voneinander unterscheiden. Es ist
daher nicht leicht, Allgemeines über dieselben auszusagen.

So entsteht das Hydrogel der Kieselsäure durch Koagulation des Hydrosols und kann weder durch Verdünnen mit Wasser noch durch Erwärmen
wieder in die kolloide Lösung zurückverwandelt werden. Beim Eintrocknen
hinterläßt es einen glasartigen, festen, porösen Rückstand, über den später
eingehend zu berichten sein wird.

*Entstehung von Gallerten.*

Die Gelatinegallerte hingegen entsteht entweder durch Quellung fester
Gelatine in Wasser oder bei Abkühlung ihrer in der Wärme bereiteten Lösung.
Sie zerfließt beim Erwärmen und entsteht neuerdings beim Erkalten. Beim
Eintrocknen hinterläßt sie einen durchsichtigen Rückstand, der keine Poren
enthält und in Wasser wieder zur Gallerte aufquillt. Ähnlich verhalten sich
Stärke, Agar-Agar u. dgl.

Geronnenes Eiweiß ist eine opake, stark getrübte Gallerte, die beim
Eintrocknen zu einer durchscheinenden Masse einschrumpft, die ihrerseits
wieder in Wasser aufquillt.

Gallertähnliche Gebilde können auch entstehen durch chemische Reaktionen zwischen konzentrierten Salzlösungen, wobei unlösliche Körper
gebildet werden.

Die typischen Gallerten unterscheiden sich von tropfbaren Flüssigkeiten
durch ausgesprochene Elastizität und Formbeständigkeit; hierin stimmen
sie überein mit starren, elastischen Körpern, wie Stahl, Glas, Elfenbein.
Von ihnen unterscheiden sie sich aber durch viel geringere Festigkeit und
weitere Elastizitätsgrenzen. Sie lassen in der Regel, ohne zu zerreißen, eine
größere, vorübergehende Deformation zu als die genannten starren Körper
und erinnern hierin an den Kautschuk. Die elastischen Eigenschaften sind
es gleichfalls, durch welche sich Gallerten von anderen Systemen hoher
Viskosität, wie pechartigen, breiartigen und plastischen Massen, unterscheiden.

*Eigenschaften der Gallerten.*

Bei echten Gallerten findet man alle möglichen Übergänge zwischen typisch festen Körpern und typisch tropfbaren Flüssigkeiten. Dies ist darauf zurückzuführen, daß sie aus mindestens zwei Bestandteilen, einem festen und einem flüssigen, zusammengesetzt sind. Je geringer der Gehalt an festem Kolloid, um so mehr hat die Gallerte die Eigenschaft einer Flüssigkeit; je konzentrierter die Gallerte, um so mehr treten die Eigenschaften eines starren Körpers hervor. — Auch Übergänge zu plastischen Massen sind bekannt.

Ein charakteristisches Merkmal echter Gallerten besteht ferner darin, daß ein relativ geringer Gehalt an fester Substanz ausreicht, um Formbeständigkeit und Elastizität herbeizuführen (bei Gelatine oder Kieselsäure 1 bis 2%).

Aus verdünnten Gallerten lassen sich reichliche Mengen Wasser abpressen, das nur sehr wenig des Kolloids gelöst enthält.

*Theorien der Gelstrukturen.* **Theorien der Gelstrukturen** sind zum Teil schon aufgestellt worden, bevor man Mittel hatte, sie experimentell zu prüfen. Die wichtigsten Theorien der Gallertstrukturen können auf zwei Grundvorstellungen zurückgeführt werden:

1. Die Gallertelemente sind sehr kleine, im Mikroskop nicht mehr sichtbare Kryställchen oder krystallartige Gebilde (*Frankenheim, Nägeli* u. a.). Ihren Zusammenhalt erhalten diese Teilchen durch Anziehungskräfte zwischen den Gallertelementen, die in nassem Zustande durch Wasserhüllen voneinander getrennt sind; die kolloide Auflösung erfolgt durch Zerfall in diese Elemente (Mizellartheorie *Nägelis*).

2. Die Gallerten bestehen wenigstens im Moment ihrer Entstehung aus zwei Flüssigkeiten, einer wässerigen, dünnflüssigen und einer zähen, ölartigen, die ursprünglich in der Kolloidlösung homogen gemischt sind, bei der Gallertbildung aber sich voneinander trennen und infolge der Oberflächenspannung allerlei Formen annehmen können, vorzugsweise aber Schaum- oder Wabenstrukturen (*Quincke, Bütschli, Hardy, Wo. Ostwald* u. a.).

Beide voneinander anscheinend grundverschiedene Vorstellungen sind zunächst geeignet, die wichtigsten Eigenschaften der Gallerten, ihre Formbeständigkeit und Elastizität zu erklären: die Mizellartheorie unter der Annahme, daß die Teilchen infolge der Anziehungskräfte ihre im ursprünglichen Hydrosol vorhandene freie Beweglichkeit gegeneinander bei der Gallertbildung teilweise eingebüßt haben und nur mehr Verschiebungen innerhalb der Elastizitätsgrenzen gestatten; die Wabentheorie auf Grund der Erfahrungstatsache, daß selbst gaserfüllte Schäume eine gewisse Formbeständigkeit und Elastizität besitzen.

Die von anderen Forschern aufgestellten Theorien lassen sich im allgemeinen auf die erwähnten beiden Grundvorstellungen zurückführen.

*Wabentheorie.* Zugunsten der Annahme, daß die Gallerten, wenigstens im Moment ihrer Entstehung, aus zwei Flüssigkeiten bestehen (als Grundlage der Wabentheorie), sind zahlreiche Gründe ins Feld geführt worden, vor allem, daß man aus verdünnten Gallerten einen Teil des Wassers abpressen kann und daß der Rückstand sich noch ähnlich wie eine „zähe Flüssigkeit" verhält. *Quincke* betont insbesondere den Einfluß der Oberflächenspannung auf die Strukturen zahlreicher Systeme u. a. der Gallerten; *Bütschli* und *Hardy* schließen aus mikroskopischen Beobachtungen, daß die beiden Phasen, wenigstens im Moment der Entstehung der Gallerten, flüssig seien.

Für die Mizellartheorie sprach in den Augen ihrer Gegner zunächst nichts; denn man konnte die Mizellen weder sehen noch sonst direkt nachweisen. „Der Schwerpunkt dieser Theorie ist — wie *Bütschli*[1] sich ausdrückt —, daß sich das aufgenommene Wasser gewissermaßen molekular zwischen die Moleküle oder Molekülgruppen, die sog. Mizellen, einlagert und daher die ganze Frage in das molekular-hypothetische Gebiet hinüberführt."

Es darf aber nicht vergessen werden, daß *Nägeli* auf Grund seiner Mizellartheorie eine Reihe von Erscheinungen in einfachster Weise erklärt hat.

So die Doppelbrechung von pflanzlichen und tierischen Fasern, die Quellung fester Kolloide in Wasser, die kolloide Auflösung, die Formbeständigkeit und Elastizität der Gallerten; das Gelatinieren verdünnter Gelatinelösungen unter der Annahme, daß die Mizellen sich kettenartig aneinanderreihen und ein Gerüst von Balken mit weiten Maschen bilden, zwischen denen die Hauptmenge des Wassers nur lose gehalten wird, eine Vorstellung, die die leichte Abpreßbarkeit von Wasser aus diesen Gebilden viel besser erklärt als die Wabentheorie[2].

Auf gleichen Grundlagen konnte *H. Ambronn*[3] die Doppelbrechung von gedehnter Gelatine und anderen Gallerten erklären, ebenso den Pleochroismus gefärbter Fasern und manches andere.

Wie man sieht, stehen sich hier zweierlei Betrachtungsweisen gegenüber:

die eine, welche die Eigenschaften der Gallerten aus Gesetzmäßigkeiten, die an makroskopischen Gebilden — den Schäumen — erkannt wurden, zu erklären versucht;

die andere, der molekulartheoretischen Betrachtungsweise analoge, die die Eigenschaften gröberer Gebilde aus denjenigen der zunächst hypothetischen strukturellen Elemente und ihren Beziehungen zueinander ableitet.

Und geradeso wie manche Forscher die Molekulartheorie bekämpften, ehe ein einwandfreier Beweis für die Existenz der Moleküle erbracht wurde, konnten die Gegner der Mizellartheorie mit Recht auf den hypothetischen Charakter der Grundannahmen dieser Theorie verweisen.

---

[1] *O. Bütschli:* Untersuchungen über die Mikrostruktur künstlicher und natürlicher Kieselsäuregallerten, Heidelberg 1900, S. 305.

[2] In seinen Ausführungen von 1901 (Archiv f. Entwicklungsmechanik der Organismen **11**, 568) nähert sich *Bütschli* in dem Satze: „alles Tatsachen, welche die... Präexistenz eines festen Gerüstes in der Gelatinegallerte, sei dies nun schwammig oder wabig, wohl unabweislich machen" übrigens sehr der *Nägeli*schen Mizellartheorie.

[3] *H. Ambronn:* Ber. d. Bot. Ges. VI 229 (1888), VII, 103—114 (1889). Ber. d. Kgl. Sächs. Ges. d. Wiss. Leipzig **48**. Math. phys. Kl. S. 613 bis 628 (1896). **50**, 1—31 (1898).

Einfluß der Kolloidchemie.

Die ganze Angelegenheit ist auf Grund der modernen Entwicklung der Kolloidchemie und Ultramikroskopie in ein neues Stadium getreten; der Nachweis von Ultramikronen in Kolloidlösungen, die Möglichkeit, ihre Größe zu ermitteln und bis ins amikroskopische Gebiet hinein zu verfolgen, hat die Zweifel an der realen Existenz der von *Nägeli* supponierten ultramikroskopischen Teilchen[1] wohl endgültig beseitigt.

Für das Problem der Entstehung von Gallerten tritt nunmehr die Frage in den Vordergrund: Welches ist das Schicksal der Ultramikronen bei der Gallertbildung? Auf diese Frage werden wir weiter unten kurz zurückkommen.

der Ultramikroskopie.

Neben dem direkten Nachweis der von *Nägeli* vorausgesagten Ultramikronen in vielen Kolloidlösungen hat die Ultramikroskopie noch einen Einblick in Gallertstrukturen gegeben, die bisher der Beobachtung unzugänglich waren.

Es zeigte sich, daß auf diesem Gebiete eine größere Mannigfaltigkeit existiert, als man vorher angenommen hatte.

*Bütschlis* mikroskopische Untersuchungen.

Wir wollen zunächst die mikroskopischen, dann die ultramikroskopischen Strukturen in Betracht ziehen. — *Bütschli* ist bei seinen mikroskopischen Untersuchungen mit größter Gründlichkeit vorgegangen; er studierte zunächst an Ölschäumen die Bedingungen, unter denen die Öltröpfchen sichtbar werden, und ging allmählich zu feineren Zerteilungen über. Dichte Emulsionen von Öltröpfchen in Gelatine ordnen sich zu wabenähnlichen Schaumgebilden an, die der mikroskopischen Untersuchung gut zugänglich sind. Bei hoher Einstellung erscheint das optisch dichtere Medium weiß auf dunklem Grunde (Tafel IV, Fig. 1a), bei tiefer dunkel auf hellem Grunde (Tafel IV, Fig. 1b). Bei zu hoher Einstellung entstehen Zerstreuungskreise, die sich schneiden (falsche Netzbilder), bei eben richtiger Einstellung werden die Öltröpfchen unsichtbar. — Bei Gallertstrukturen zieht *Bütschli* die tiefe Einstellung der hohen vor.

Es zeigte sich, daß wässerige Gallerten von Gelatine, Gummi, Dextrin usw. im Mikroskop keine sichtbaren Strukturen zeigen; zu ihrer Sichtbarmachung zieht *Bütschli* in solchen Fällen verschiedene Mittel heran. So wird Gelatinegallerte mit Alkohol oder Chromsäurelösung gehärtet, wobei sie sich trübt und der mikroskopischen Untersuchung zugänglich wird.

Der Annahme *Bütschlis*, daß dabei die primären Strukturen unverändert bleiben, hat schon *Wolfgang Pauli*[2] ernste Bedenken entgegengehalten, die in der ultramikroskopischen Untersuchung der unveränderten Gallerten eine weitere Stütze erhielten.

*Bütschli* findet neben „globulitischen“ und Netzstrukturen, die zuweilen auftreten, fast überall Wabenstrukturen (vgl. Tafel IV, Fig. 2) und sieht

---

[1] Der Nachweis der krystallinen Natur ultramikroskopischer Teilchen ist bisher nur in einzelnen Fällen gelungen.

[2] *W. Pauli:* Der kolloidale Zustand und die Vorgänge in der lebendigen Substanz. Braunschweig 1902.

Fig. 1 a.

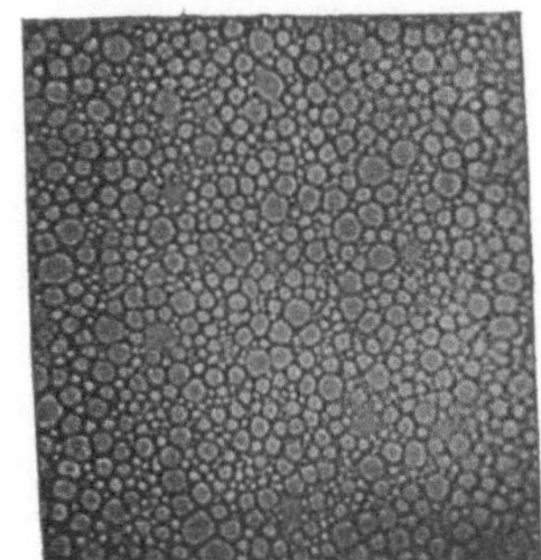

Fig. 1 b.

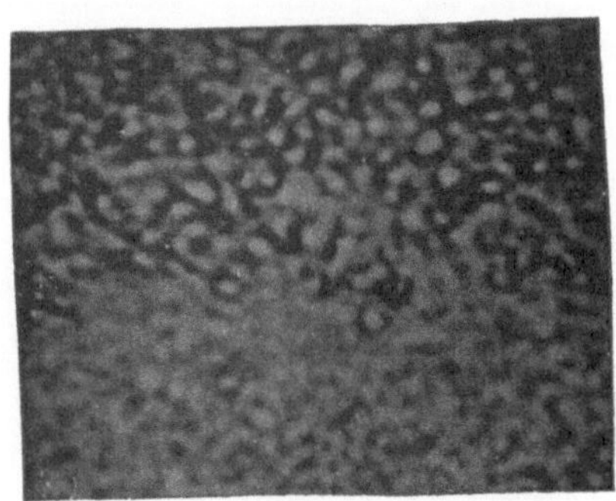

Fig. 2.

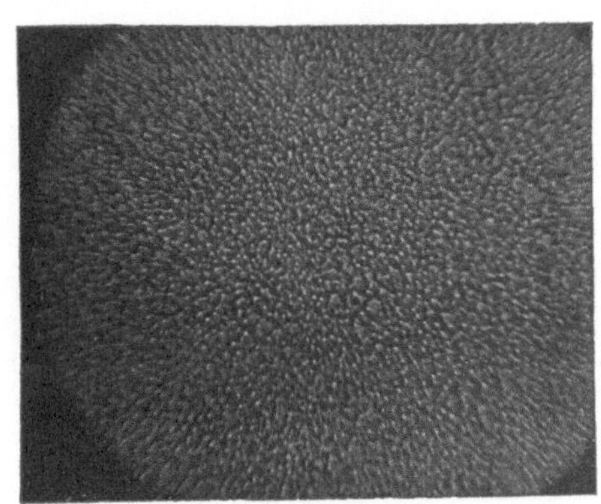

Fig. 3.

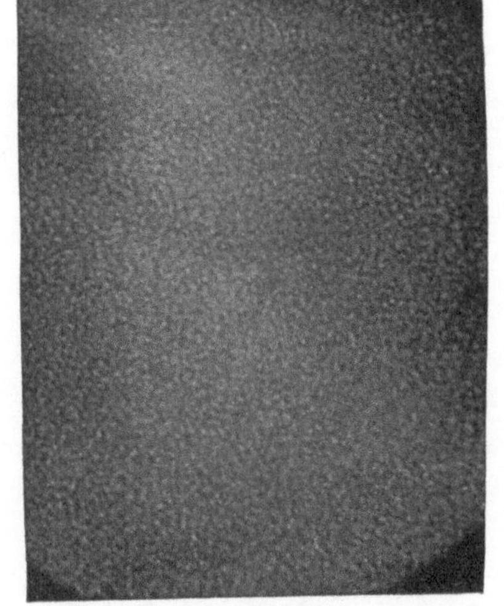

Fig. 4.

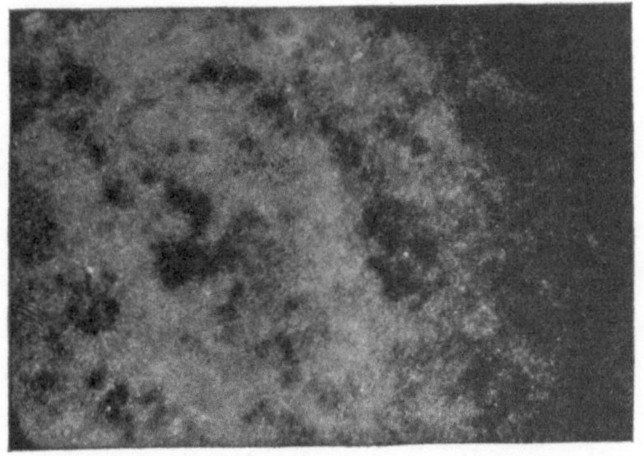

Fig. 5.

*Leipzig, Verlag von Otto Spamer.*

in seinen Befunden eine Bestätigung der Annahme, daß die Gallertbildung auf Entmischung zweier Flüssigkeiten beruhe[1].

Sehr deutliche Tröpfchenbildung hat *Hardy*[2] beim Erstarren ternärer Systeme gefunden. Läßt man ein Gemisch von Wasser, Alkohol und wenig Gelatine erkalten, so bilden sich mikroskopische Tröpfchen aus, die um so größer werden, je langsamer die Abkühlung geleitet wird. Die Tröpfchen erstarren allmählich und hängen sich aneinander, so daß man schließlich lose Gallerten erhält.

Aus konzentrierteren ternären Gelatinelösungen bilden sich gleichfalls Tröpfchen aus, die aber gelatinearm sind und nicht erstarren, während die gelatinereichere erstarrende Phase sie umschließt. Man kann Tröpfchen bis zu 10 $\mu$ Durchmesser erhalten.

Wie *Bachmann*[3] gezeigt hat, entspricht dieser Vorgang nicht dem Erstarren rein wässeriger Gelatinelösungen, der nur im Ultramikroskop beobachtet werden kann, und bei dem unvergleichlich feinere Diskontinuitäten ausgebildet werden als die von *Hardy* beobachteten mikroskopischen.

Verfolgt man den Erstarrungsvorgang wässeriger $^1/_2$ bis 1 proz. Gelatinelösungen im Ultramikroskop, so kann man bei geeigneter Temperatur das Auftreten unzähliger Ultramikronen beobachten, durch deren Heranwachsen bzw. Aneinanderlagern allmählich Flocken gebildet werden, die aus mikroskopischen und submikroskopischen Teilchen bestehen. Diese Teilchen sind zunächst nicht in Ruhe, sondern in oszillatorischer Bewegung, die allerdings nicht so lebhaft ist wie im Hydrosol. Allmählich hört die Bewegung auf, und die Flocke verfestigt sich. Diese Zusammenlagerung der Ultramikronen führt zur Bildung einer „körnigen" Struktur (Tafel IV, Fig. 5). In konzentrierteren Lösungen ist infolge immer dichterer Lagerung die Differenzierung immer schwieriger. Immerhin weist die lineare Polarisation des *Faraday-Tyndall*schen Lichtkegels auf das Vorhandensein der äußerst feinen Heterogenität.

Ähnliche ultramikroskopische Bilder wie bei Gelatine erhält man auch bei Untersuchung von Stärke, Kieselsäure- und von alkoholischen Natrium-palmitatgallerten.

Gänzlich abweichend davon sind aber die Strukturen von wässerigen Seifengallerten. Sie haben meist ausgesprochen krystallinischen Charakter und bestehen aus einem Fadengewirre, dessen Entstehung deutlich verfolgt werden kann, oder aus Krystallnadeln in radikaler Anordnung. Mannigfache andere krystalline Bildungen sind von *Bachmann*[4] beobachtet worden (Kap. 102).

Auch die von *Flade*[5] beschriebenen Gallerten aus malonsaurem Barium

*Tröpfchen-bildung nach Hardy.*

*Ultramikrosko-pie der Gallert-bildung.*

*Strukturen krystalliner Gallerten.*

---

[1] Fig. 2 ist aus *Bütschlis* Atlas (Untersuchungen über Strukturen, Leipzig 1898) entnommen; Fig. 3 u. 4 stellen nach *Bütschlis* Verfahren gewonnene Gelatinestrukturen dar. (Aufnahme von *Bachmann*).

[2] *W. B. Hardy:* Zeitschr. f. phys. Chemie **33**, 326 bis 343 (1900).

[3] *W. Bachmann:* Zeitschr. f. anorg. Chem. **73**, 125 bis 172 (1912).

[4] *R. Zsigmondy* und *W. Bachmann:* Koll.-Zeitschr. **11**, 145 bis 157 (1912).

[5] *Fr. Flade:* Zeitschr. f. anorg. Chem. **82**, 173 bis 191 (1913).

bestehen aus mikroskopischen, bzw. submikroskopischen verfilzten Nadeln[1].

Neuerdings hat *H. Stübel*[2] durch ultramikroskopische Untersuchung gezeigt, daß auch die Blutgerinnung auf einem Krystallisationsprozeß beruht.

Wieder anderen Charakter besitzen die Gallerten, die man erhält durch Vermischen hochkonzentrierter Salzlösungen, welche unter Bildung eines schwerlöslichen Reaktionsproduktes (z. B. Bariumsulfat) aufeinander reagieren und die von *v. Weimarn*[3] näher studiert worden sind.

Es bilden sich Zellen aus Niederschlagsmembranen aus, die zunächst undifferenzierbar, nach längerer oder kürzerer Frist in Partikelchen zerfallen, deren krystallinische Natur er nachweisen konnte. Derartige Gallerten, die man vielleicht zweckmäßig „Niederschlagsgallerten" nennen könnte, unterscheiden sich übrigens von gewöhnlichen Gallerten häufig dadurch, daß sie statt wässeriger Flüssigkeit konzentrierte Salzlösungen enthalten.

Die angeführten Tatsachen beweisen, welch große Mannigfaltigkeit auf diesem Gebiete anzutreffen ist.

Bei Seifen und Bariummalonatstrukturen beruht die Gallertbildung zweifellos auf einem Krystallisationsvorgang; ein solcher liegt nach *v. Weimarn* auch der Bildung von Niederschlagsgallerten zugrunde; verallgemeinernd nimmt der genannte Autor das gleiche für sämtliche anderen Gallerten an.

*Hardy*s Beobachtungen beweisen unzweideutig, daß der eigentlichen Gallertbildung zuweilen auch ein Entmischungsvorgang unter Bildung zweier Flüssigkeiten vorangeht.

Es ist dabei zu beachten, daß es sich in diesem Falle um Entmischung **ternärer** Flüssigkeitsgemische handelt, daß die eine der zunächst entstehenden Flüssigkeiten nachträglich erstarrt, und daß mit dieser Erstarrung erst die Gallertbildung vollendet ist. Die Erstarrung geht einher mit der Ausbildung einer neuen, äußerst feinen Heterogenität, die der Mikroskopie nicht mehr zugänglich ist.

Wabenstrukturen durch dynamische Vorgänge.

Dieses Beispiel zeigt deutlich, wie die Entstehungsbedingungen der Gele mikroskopische Strukturen herbeiführen können, die keineswegs als die letzten, wesentlichen der Gallerten anzusehen sind. Häufig genug werden wabenähnliche Strukturen auch hervorgerufen durch dynamische Vorgänge an der Oberfläche, und Verfasser hatte öfter Gelegenheit, solche sogar makroskopische „Waben" vorübergehend in einer Tasse heißen Kakaos zu beobachten oder auch an ölhaltigen Kollodiummembranen, bei welchen die „Waben" leicht mit der Lupe zu sehen waren. Derartige durch sekundäre Vorgänge

---

[1] *Flade* (Sitzungsber. d. Ges. zur Beförderung d. ges. Naturwiss. zu Marburg 1914, Nr. 3) nimmt Ähnliches auch bezüglich gewisser Kieselsäuregele an, die er bei Zusatz geringer Mengen Ammoniumfluorid zum Zwecke einer Vergröberung der Strukturelemente hatte entstehen lassen. Durch Quetschung zerfielen diese Gallerten in Fasern, die im Dunkelfeld sichtbar waren. Es ist möglich, daß derartige vorbehandelte Gallerten tatsächlich faserige Strukturelemente aufweisen.

[2] Archiv für die ges. Physiologie **156**, 361 bis 400 (1914).

[3] *P. P. v. Weimarn:* Koll.-Zeitschr. **2, 3** usw.

herbeigeführte gröbere Heterogenitäten haben natürlich nichts mit dem wesentlichen Bau der Gallerten zu tun.

Wieviel feiner die wesentlichen Diskontinuitäten vieler typischer Hydrogallerten z. B. die der Kieselsäure oder Gelatine sind, lehren die ultramikroskopischen Beobachtungen, bei welchen Tröpfchenbildung nicht zu beobachten ist, und ferner in überzeugender Weise die nähere Untersuchung des trockenen Kieselsäuregels, dessen wesentliche Diskontinuitäten weit unter der Grenze des mit dem Mikroskop oder Ultramikroskop zu beobachtenden liegen.

Läßt man die gallertige Kieselsäure über Schwefelsäure vollkommen eintrocknen, so hinterbleibt ein klarer, durchsichtiger, fast wasserfreier Körper, der von winzigen, untereinander zusammenhängenden Hohlräumchen von solcher Feinheit durchsetzt ist, daß die optische Homogenität des Gels durch die vorhandenen Diskontinuitäten nicht gestört wird, obgleich das Volumen der Hohlräume 30 bis 60% des Gesamtvolumens ausmacht. Die Größe dieser Kapillaren ist verschieden je nach der Bereitungsart des Gels. Sie sind meist so fein, daß Flüssigkeiten in ihnen eine Dampfdruckerniedrigung erleiden, ähnlich wie wenn sie chemisch gebunden oder in einem nichtflüchtigen Medium gelöst wären. Die Dampfdruckerniedrigung läßt Rückschlüsse auf die Größe der vorhandenen Hohlräume zu (siehe Kap. 162), und die auf Grund der Kapillaritätsgesetze ermittelten Kapillardurchmesser von etwa 5 bis 10 $\mu\mu$ stehen in guter Übereinstimmung mit anderen Eigenschaften des Kieselsäuregels.

Aber nicht alle Gallerten haben die Eigenschaft, poröse Trockenrückstände zu hinterlassen: die wässerige Gelatinegallerte z. B. verschließt ihre Poren vollständig beim Eintrocknen, und auf sie kann die hier besprochene Betrachtungsweise nicht angewendet werden. Um Aufschluß über die der Ultramikroskopie nicht mehr zugänglichen Diskontinuitäten derartiger Gebilde zu erhalten, wird man nach neuen Methoden suchen müssen.

Vielfach bewahren die Ultramikronen trotz mehrfacher Zustandsänderungen, denen sie unterworfen sind, durchaus ihre Individualität. Auch in solchen Fällen kann die Gelbildung nicht auf Krystallisation zurückzuführen sein, weil die Ultramikronen bei einer solchen ja ihre Individualität einbüßen und sich vergrößern würden. Beispiele dieser Art lassen sich viele anführen, so geschütztes kolloides Gold und andere Metallkolloide, deren Teilchen nach erfolgter Gallertbildung und nachträglicher Auflösung der Gallerte zu einem Hydrosol ultramikroskopisch wieder nachgewiesen werden können. Dann die mannigfaltigen kolloiden Zinnsäuren, deren Verschiedenheit nach *W. Mecklenburg* auf unterschiedliche Größe ihrer Primärteilchen zurückzuführen ist. In allen derartigen Fällen wird man die Gelbildung nicht auf Krystallisationsvorgänge, sondern auf Zusammentritt von Ultramikronen zurückführen oder, um im Bilde *Nägelis* zu bleiben, auf Zusammentritt von Mizellen zu Mizellenverbänden, die ihrerseits wieder in typischen Gallerten Waben, netzartige Gerüstwerke u. dgl. bilden können oder den Raum in amikroskopischer Feinheit erfüllen.

Diese Vorstellung steht auch in vorzüglicher Übereinstimmung mit der außerordentlichen Feinheit der räumlichen Diskontinuitäten vieler Gele, kann zur Erklärung zahlreicher anderer Eigenschaften herangezogen werden und bietet eine gute Grundlage für eine rationelle Theorie der Peptisation und Koagulation.

## 30 a. Bestimmung der Druck-Konzentrationsdiagramme der Gele.

Einen wichtigen Aufschluß über den Feinheitsgrad vieler Gele, vorausgesetzt, daß sie poröse, nicht quellende Trockenrückstände hinterlassen, gibt die Bestimmung der Druck-Konzentrationsdiagramme (Entwässerungs- und Wiederwässerungsisothermen), die namentlich von *van Bemmelen* an zahlreichen Hydrogelen durchgeführt wurde. Bei nicht porösen quellenden Körpern kann dieselbe Methode zur Untersuchung des ,,Quellungsgrades'' Verwendung finden.

*Methode van Bemmelens.*    *van Bemmelen* brachte Kieselsäuregele in Exsikkatoren, die mit Schwefelsäure verschiedener Konzentration versehen waren. Er wandte etwa 36 verschiedene Konzentrationen der Schwefelsäure an und erhielt so Abstufungen der Dampfspannung des Wassers zwischen 12,7 mm, der Tension des Wasserdampfes bei der Versuchstemperatur und der Dampfspannung Null über konz. Schwefelsäure. Die Hydrogele wurden in den Gasraum der Exsikkatoren gebracht, zunächst über die verdünnteste Schwefelsäure, allmählich über konzentriertere, und bei jedem einzelnen Versuche wurde gewartet, bis die Gewichtsabnahme des Hydrogels von einem Tage zum anderen eine unmerkliche wurde. Nach Einstellung des Gleichgewichts zwischen der Tension des im Gel vorhandenen Wassers und dem Dampfdruck der verdünnten Schwefelsäure war nach Bestimmung des Wassergehalts des Gels ein Punkt der Dampfdruckisotherme ermittelt. Die so erhaltenen Isothermen sollen in Kap. 61 und 62 eingehend besprochen werden.

*Vakuumapparat.*    Die Methode *van Bemmelens* ist recht zeitraubend und nur bei Hydrogelen anwendbar. In dem nachstehend beschriebenen Vakuumapparate[1] können die Druck-Konzentrationsdiagramme auch für Alkogele, Benzolgele und andere Organogele bestimmt werden.

Der mit dem Manometer $m$ versehene Behälter[2] $b$ (Fig. 15a) nimmt die Gemische[3] auf, welche die Tension des Wassers, Alkohols, Benzols usw. bestimmen. Die Hochvakuumhähne[4] $h_1$, $h_2$ und $h_3$ dienen der Reihe nach zur Absperrung des Behälters $b$, des Weges zur Vakuumpumpe und des Wägegefäßes $w$ mit der Versuchssubstanz. Dieses ist seinerseits durch einen Normalschliff $s$ mit dem Hauptteil des Apparates verbunden. Bei Alkogel- und Benzol-

---

[1] *R. Zsigmondy, W. Bachmann* und *Elisabeth F. Stevenson:* Zeitschr. f. anorg. Chem. **75**, 189 bis 197 (1912).

[2] $b$ faßt etwa 300 ccm Flüssigkeit.

[3] Verdünnte Schwefelsäuren für Hydrogele, Glyzerin-Alkoholmischungen für Alkogele, Benzol-Paraffinölmischungen für Benzolgele.

[4] Die Hochvakuumhähne sowie die Normalschliffe sind von der Firma *E. Leybold*, Köln, zu beziehen.

geluntersuchungen verwendet man den Apparat der Fig. 16, welcher statt
des gewöhnlichen Normalschliffes $s$ einen solchen für Quecksilberabschluß ($q$)
besitzt, weil sonst ein Auseinanderlaufen des „Ramsayfettes", mit welchem
alle Hähne und Schliffe gedichtet werden müssen, eine Verunreinigung der
Versuchssubstanz herbeiführen könnte. Auch der Hahn $h^3$ kann für solche
Fälle zur Not mit Quecksilber abgeschlossen werden. Anderenfalls ist er
nur an seiner oberen Hälfte sorgfältig einzufetten.

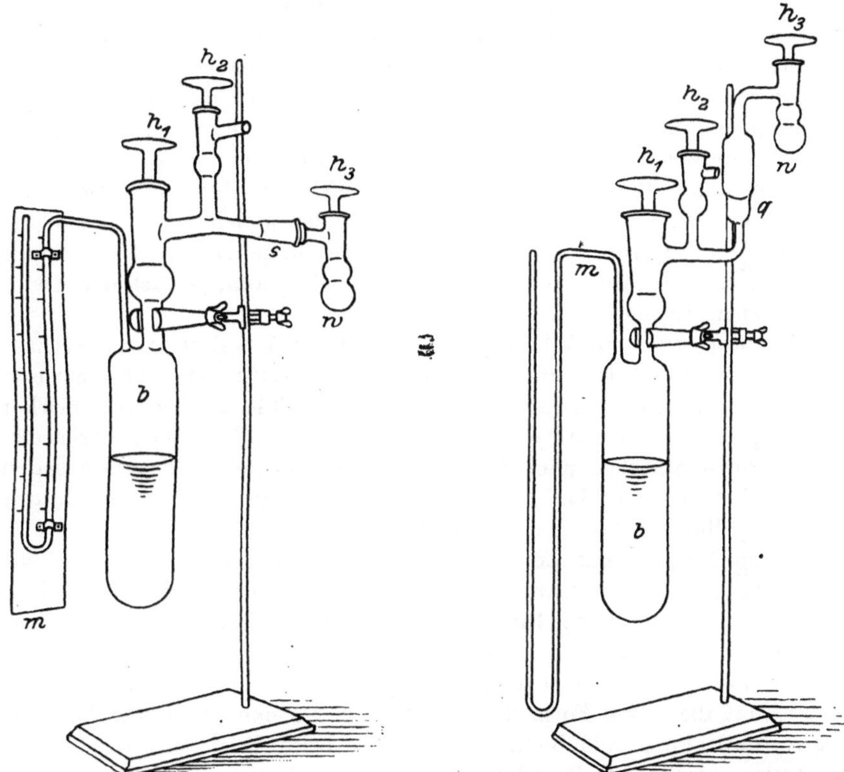

Fig. 15a u. 16. Vakuumapparate zur Ermittlung der Druck-Konzentrationsdiagramme.

Bei Benzolgel verwendet man übrigens besser an Stelle des Ramsayfettes eine Dextrinlösung in Glyzerin zur Abdichtung gegen die Benzoldämpfe.
Der obere Teil der Hähne kann mit Ramsayfett gedichtet werden.

Die Handhabung des Apparates findet sich bei *Zsigmondy, Bachmann*
und *Stevenson*[1] beschrieben, sowie bei *Anderson*[2], der damit eine wichtige
Untersuchung über Kieselsäuregele ausgeführt hat.

[1] Vgl. Anm. 1, S. 110.
[2] *J. S. Anderson:* Zeitschr. f. phys. Chemie 88, 191 bis 228 (1914).

### 30 b. Stäbchendoppelbrechung und Eigendoppelbrechung.

Sehr wichtige optische Untersuchungen, die das Zusammenwirken von Stäbchendoppelbrechung und Eigendoppelbrechung betreffen und berufen sind, weitgehende Aufschlüsse über die Strukturelemente der Gele zu geben, rühren von *Hermann Ambronn* her[1]. In der Tat haben sie schon bei Zellulose und Nitrozellulose zu sehr wertvollen Ergebnissen geführt.

Feine Gitter aus isotropem Material (z. B. Diatomeenschalen, Fasertonerde u. a.) zeigen Doppelbrechung, die auf einen Vorgang zurückzuführen ist, der nach *O. Wiener* als Stäbchendoppelbrechung bezeichnet wird[2].

Stäbchen, deren Längsachse parallel zueinander stehen, erzeugen, in Medien von anderem Brechungsexponenten eingebettet, die erwähnte Doppelbrechung, und das System verhält sich wie ein optisch einachsiger, positiver Krystall, in welchem die optische Achse parallel zu den Längsachsen der Stäbchen steht. Die Doppelbrechung verschwindet aber, wenn Brechungsexponenten von Stäbchen und Medium einander gleich werden. Sind aber die Stäbchen anisotrop, z. B. selbst kleine Kryställchen, so bleibt eine Doppelbrechung bestehen, die positiv oder negativ sein kann, je nach der Art der vorhandenen Kryställchen.

Zellulose (z. B. in Zellhäuten von Bastfasern) besitzt Doppelbrechung, die diejenige des Quarzes um das Sechsfache übertrifft. Die Doppelbrechung ist positiv. Durch Tränken der Zellulose mit Flüssigkeiten von gleichem Brechungsexponenten müßte die Doppelbrechung, welche durch Vorhandensein isotroper Stäbchen nach *O. Wiener* hervorgerufen wird, verschwinden, dies ist aber nicht der Fall; die orientierten Strukturelemente besitzen also Eigendoppelbrechung, und zwar positive.

Durch Nitrieren der Zellulose werden die Elemente so verändert, daß jetzt negative Doppelbrechung auftritt; Denitrieren bewirkt wieder das Entstehen von positiver Doppelbrechung. *H. Ambronn* kommt auf Grund einer eingehenden Untersuchung zu dem sehr beachtenswerten Schluß, daß die Zellulose aus anisotropen Stäbchen von positiver Doppelbrechung aufgebaut ist, und daß die äußere Form der Einzelstäbchen keine wesentliche Änderung erfährt, daß also sowohl beim Nitrieren wie beim Denitrieren die Gesamtanordnung, nämlich die Parallelstellung der Stäbchen zueinander, im wesentlichen beibehalten wird.

Die Strukturelemente der Nitrozellulose würden demnach als Pseudomorphosen von Nitrozellulose nach Zellulose aufzufassen sein. Die Stäbchennatur der Strukturelemente bleibt auch beim Auflösen und bei der Gelatinierung erhalten. Wir haben hier einen ähnlichen Fall, wie er früher von *Cotton* und *Mouton* durch magnetooptische Untersuchungen an kolloidem

---

[1] *H. Ambronn:* Zeitschr. f. wissensch. Mikr. **32**, 43 (1915). Koll.-Zeitschr. **18**, 80 und 273 (1916); **20**, 173 (1917). Vgl. auch über optisches Verhalten der Cellulose bei der Nitrierung *Hans Ambronn:* Inaug.-Diss. Jena 1914. (Koll.-Zeitschr. **13**, 103 [1913]).

[2] *H. Ambronn:* Koll.-Zeitschr. **6**, H. 4 (1910). *O. Wiener:* Zur Theorie der Stäbchendoppelbrechung: Ber. d. Sächs. Ges. d. Wiss.; Math.-physik. Klasse **61**. Sitzung vom 19. Juli 1909. Abh. der Ges. **32**, Nr. 6 (1912).

Eisenoxyd festgestellt worden ist. Durch diese schönen Arbeiten aus *Ambronns* Institut hat die *Nägeli*sche Mizellartheorie eine wesentliche Stütze erhalten, und es ist zugleich eine Methode gewonnen, welche gestattet, sehr wichtige Aufschlüsse über die Natur der sog. akzidentellen Doppelbrechung der Gewebefasern u. dgl. zu erhalten und damit wichtige Anhaltspunkte über die ultramikroskopische Struktur derselben, die sonst der direkten Beobachtung kaum mehr zugänglich ist[1] (s. auch Anhang).

## 31. Einfluß der Temperaturänderungen auf Kolloide.

Bei höherer Temperatur sind kolloide Lösungen im allgemeinen weniger beständig als bei gewöhnlicher. Jedoch zeigen die verschiedenen Kolloide dabei ein außerordentlich mannigfaltiges Verhalten. So ertragen kolloide Goldlösungen, nach des Verfassers Verfahren hergestellt, längeres Erhitzen auf Siedetemperatur, ohne sich zu verändern. Die *Faraday*schen Goldlösungen dagegen koagulierten bei Siedehitze, ebenso wie die Platinhydrosole nach *Bredig*[2]. *Grahams* kolloide Tonerde ließ Erhitzung auf Siedetemperatur zu, koagulierte aber beim Einkochen. Ähnlich verhalten sich sehr viele irreversible Sole. Kolloides Silber koaguliert nach *Schneider*[3] vollständig, wenn man seine Lösung in geschlossenem Rohre auf die kritische Temperatur des Wassers erhitzt.

Eiweißlösungen koagulieren bekanntlich noch unter der Kochtemperatur. Im Gegensatz dazu nehmen Gelatinelösungen bei höherer Temperatur einen feineren Zerteilungsgrad an als bei gewöhnlicher Temperatur.

Gefrieren der Kolloide. Beim Gefrieren des Dispersionsmittels verhalten sich gleichfalls die Kolloide sehr verschieden. Viele erleiden dabei irreversible Zustandsänderungen, so daß sie nach dem Auftauen nicht mehr als Kolloidlösungen fortbestehen, sondern als lose Gallerte, feines Pulver oder in Form von Blättchen sich ausscheiden.

Reine Metallhydrosole werden gewöhnlich glatt ausgefällt. Das gebildete Metallpulver läßt sich nicht mehr zu einem Hydrosol zerteilen. Geschützte Metallkolloide hingegen ertragen das Gefrieren vielfach, ohne zu koagulieren.

Bei kolloiden Sulfiden und Oxyden ist der Gehalt an Peptisationsmittel wesentlich für das Verhalten des Kolloids beim Einfrieren. Man kann im allgemeinen sagen, daß ein Kolloid beim Gefrieren um so beständiger ist, je stabiler es sich sonst auch gegenüber Einflüssen von Elektrolyten oder gegenüber Wasserentziehung beim Eintrocknen erweist.

So wird kolloides Eisenoxyd nach *Ljubavin*[4] nur dann unlöslich, wenn

---

[1] Eine übersichtliche Zusammenstellung der wichtigsten Ergebnisse findet sich in einem von *Ambronn* auf Einladung der Ges. d. Wissenschaften gehaltenen Vorträge (Göttingen, Nachr. Math. naturw. (1919).

[2] Hier wie in vielen anderen Fällen handelt es sich wohl nur um Beschleunigung der Koagulation von an sich unstabilen Hydrosolen durch Temperaturerhöhung und die dabei auftretenden Wirbelbewegungen.

[3] *E. A. Schneider:* Zeitschr. f. anorg. Chemie **3**, 78 bis 79 (1893).

[4] *K. Ljubavin:* Journ. russ. phys. chem. Ges. **21**, I, 397 bis 407 (1889). Ref. Koll.-Zeitschr. **1**, 53 (1906).



Verhalten beim Erhitzen.

Verhalten beim Gefrieren.

es weitgehend dialysiert ist. Ähnliches hat *Lottermoser*[1] beobachtet und gezeigt, daß wenig dialysierte Hydrosole von Eisenoxyd keine wesentliche Änderung beim Gefrieren erleiden, wohl aber, daß sehr elektrolytarme beim Ausfrieren koagulieren. Dabei zeigte sich unter anderem, daß die Leitfähigkeit des Systems nach dem Auftauen sich vergrößert hatte; dies ist so zu erklären, daß das Kolloid den adsorbierten und zu seiner Beständigkeit erforderlichen Elektrolyt beim Gefrieren abgibt und eine irreversible Zustandsänderung erleidet, welche ihm die Fähigkeit nimmt, sich nach dem Auftauen neuerdings zu peptisieren.

Gelatine, Hausenblase, ferner Carrageen, Agar-Agar (zwei aus Seetang gewonnene Kohlenhydrate) und Sapo medicatus verändern sich so, daß die ersten Mengen der auftauenden Flüssigkeit fast nichts von dem gelösten Stoff enthalten. Nach dem völligen Auftauen ist die Substanz inhomogen, aus dünner Flüssigkeit und schwammiger Gallerte bestehend. Bei Zimmertemperatur ist die Veränderung nach selbst 48 Stunden nicht rückgängig[2].

Gefrieren von Gallerten.

*Molisch*[3] hat eine eingehende Untersuchung über das Gefrieren der Pflanzen angestellt und unter anderem unter dem Mikroskop auch die Veränderungen von Gallerte beim Ausfrieren beobachtet.

Wie Fig. 17 zeigt, bildet sich dabei ein kompliziertes Maschenwerk zwischen den Eisklümpchen aus; die ursprünglich homogen erscheinende Gelatine ist in einen Schwamm umgewandelt, dessen Gerüstwerk aus Gelatine besteht und dessen Hohlräume mit Eis erfüllt sind.

*H. Ambronn*[4] zeigte, daß das Kolloidnetz aus Gelatine und Agar-Agar in mancher Hinsicht einem parenchymatischen Pflanzengewebe ähnlich ist; in ihrem optischen Verhalten stimmen die Wände der Maschen ganz mit den normalen Zellwänden überein; sie weisen eine starke Doppelbrechung und dieselbe Orientierung auf wie die Zellwände.

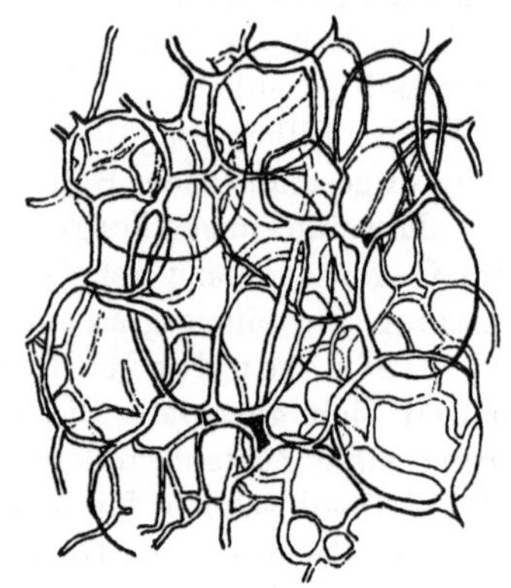

Fig. 17.
Wässerige 2 proz. Gelatinelösung gefroren und sodann aufgetaut.

*Ambronn* zeigte auch, daß man die Eisblumen, welche beim Gefrieren einer auf einer Glasplatte ausgebreiteten Gummilösung entstehen, dadurch fixieren kann, daß man das Eis bei niedriger Temperatur verdunsten läßt.

Eine interessante physiko-chemische Studie ist von *H. W. Fischer*[5] durchgeführt worden. *Fischer* untersuchte zunächst die Abkühlungsgeschwindigkeit verschiedener Gallerten und fand, daß die Kurve derselben unterhalb der Gefriertemperatur mit der des reinen Wassers meist nicht übereinstimmt. Auf diese Weise wurde erwiesen, daß beim Gefrieren der Gallerten unter anderem Veränderungen eintreten, bei welchen Wärme frei wird.

---

[1] *A. Lottermoser:* Zeitschr. f. phys. Chemie **60**, 462 (1907); Ber. **41**, 3976 bis 3979 (1908).

[2] *O. Bobertag, K. Feist* und *H. W. Fischer:* Ber. **41**, 3675 bis 3679 (1908).

[3] *H. Molisch:* Untersuchungen über das Erfrieren der Pflanzen. Jena 1897.

[4] *H. Ambronn:* Verh. d. Kgl. Sächs. Ges. d. Wiss. Leipzig. Math.-phys. Kl. **43**, 28 bis 31 (1981).

[5] *H. W. Fischer:* Beiträge zur Biologie der Pflanzen **10**, 133 bis 234 (1910).

Ähnliche Zustandsänderungen finden auch beim Erfrieren der Pflanzen und Tiere Erfrieren pflanzlicher und tierischer Gewebe. statt, und das Erfrieren beruht, wie *Fischer* gezeigt hat, in erster Linie auf den erwähnten Veränderungen. Die Analogie mit dem Verhalten der Hydrogele ist eine weitgehende; wie bei Gelen ist das Wasser nach Auftauen der gefrorenen Blätter, Früchte, Muskeln viel schwächer gebunden als vorher. In beiden Fällen treten Prozesse ein, bei denen Wärme frei wird. Einfaches Gefrieren wirkt meist noch nicht tötend; es muß vielmehr, wie bei den Gelen, die Temperatur so weit erniedrigt werden, daß irreversible Prozesse eintreten.

Über den Zustand des Wassers in der überlebenden und abgetöteten Muskelsubstanz vgl. eine Untersuchung von *P. Jensen* und *H. W. Fischer*[1].

## 32. Quellung.

Wie die Gallertstrukturen hat auch das Problem der Quellung seit langem die Biologen beschäftigt: *Carl Ludwig* (1849), *Nägeli*, *Bütschli*, *Hugo de Vries*, *Reinke* haben sich neben anderen Forschern damit befaßt.

Als charakteristische Merkmale der Quellung sind hervorzuheben: **Auf**-**nahme von Flüssigkeit in das Innere des quellbaren Körpers unter Volumzunahme**[2]**, Festigkeitsabnahme und Zunahme der Elastizitätsgrenzen.** *Merkmale.*

Dadurch unterscheidet sich die Quellung scharf von der Flüssigkeitsaufnahme poröser Stoffe, wie sie beim Gel der Kieselsäure näher charakterisiert wird.

Die Trockenrückstände irresolubler Kolloide quellen meist nicht in gewöhnlichen Lösungsmitteln, wohl aber zuweilen in Flüssigkeiten, die chemisch auf sie einwirken und die sie unter Bildung chemischer Verbindungen auflösen, falls das lösende Reagens im Überschuß vorhanden ist.

Dagegen trifft man Quellung ganz allgemein an bei reversiblen Kolloiden, selbst bei krystallisierten Kolloiden (Eiweißarten u. dgl. m.).

Die Quellung ist entweder begrenzt (Gelatine in Wasser bei gewöhnlicher Temperatur) oder scheinbar unbegrenzt, indem allmählich vollständige Mischung von Lösungsmittel und Kolloid eintritt. Die resultierende Lösung ist aber nicht als molekulare Zerteilung des gelösten Stoffes anzusehen, sondern besteht meist aus ultramikroskopischen Aggregaten, die sich auf mehrfache Weise zu erkennen geben.

Mehrere Forscher sehen die gequollenen Kolloide als feste Lösungen von *Quellung als "feste Lösung"* Flüssigkeiten in der Kolloidsubstanz an; neuerdings hat *Katz* in einer umfangreichen Untersuchung dieser Auffassung zahlreiche Stützen gegeben. Wie bei der Löslichkeit ist die Flüssigkeitsaufnahme durchaus spezifisch, von der Natur der Körper abhängig; so quillt Gelatine in Wasser, nicht aber in Toluol, Benzol usw., Kautschuk sehr stark in Benzol, nicht merklich in Wasser usw.

Sogar der quantitative Verlauf ist ein ganz analoger wie bei konzentrierten, flüssigen Lösungen; auf die diesbezüglichen Messungen werden wir zurückkommen. Man muß sich trotzdem hüten, die Vorgänge als wesensgleich

---

[1] *P. Jensen* und *H. W. Fischer:* Zeitschr. f. allg. Physiol. **11**, 23 bis 93 (1910).

[2] Bezogen auf das Volumen des quellenden Körpers; indem Wasser in ihn eindringt, nimmt sein Volumen zu, aber wegen der S. 99 und 116 erörterten Kontraktion nicht ganz so stark, als dem Volumen des aufgenommenen Wassers entsprechen würde,

hinzustellen und eine Identität derselben vorauszusetzen. Diese ist schon deshalb nicht vorhanden, weil bei der Quellung die Moleküle und Ultramikronen *Unterschiede von der echten Lösung.* nicht wie in Flüssigkeiten frei (unabhängig voneinander) beweglich sind, sondern noch einen gewissen Zusammenhalt bewahren, die Verteilung also unmöglich genau die gleiche sein kann wie bei Flüssigkeitsgemischen, wo Diffusion beider Komponenten ungehindert stattfindet; ferner, weil die quellenden Kolloide, selbst wenn es zur kolloiden Lösung kommt, meist nicht in Einzelmoleküle zerfallen.

Bei der echten Lösung sind die Dampfdruck-Konzentrations-Isothermen vollkommen reversibel, bei der Quellung zeigt sich meist (wie auch bei der Wasseraufnahme durch poröse Stoffe) eine mehr oder minder beträchtliche Hysteresis.

*Quellungs-gesetze.* Aus den sehr umfangreichen Untersuchungen von *J. R. Katz*[1] ergibt sich, daß (wenn man die Hysteresis durch Mittelbildung eliminiert) die Gesetzmäßigkeiten der Quellung bei den verschiedensten Substanzen sich durch

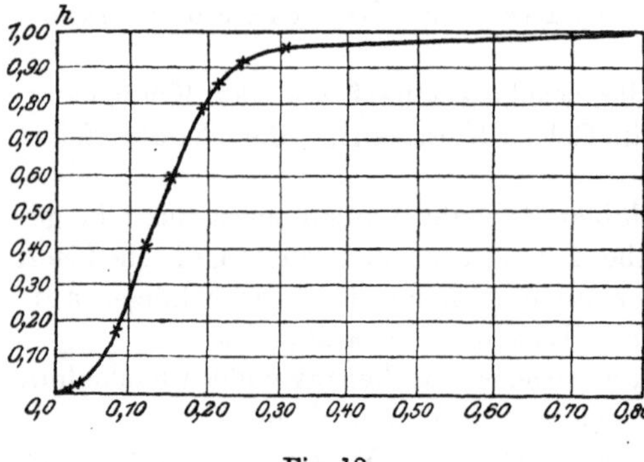

Fig. 18.

recht einfache, in ihrer äußeren Gestalt übereinstimmende Kurven darstellen lassen. Die allgemeinen Gesetze sind nach *Katz* die folgenden:

„Die hygrometrischen Linien[2] haben überall eine charakteristische S-förmige Gestalt. — Die Quellungswärme ist immer stark positiv und läßt sich in ihrer Abhängigkeit vom Quellungsgrade durch eine rechtwinklige Hyperbel gut darstellen. — Die Volumkontraktion ist immer stark positiv, und ihre Abhängigkeit vom Quellungsgrade läßt sich gleichfalls durch eine rechtwinklige Hyperbel darstellen. — Das Verhältnis von Volumkontraktion und Wärmetönung ist bei verschiedenartigen quellbaren Körpern von der gleichen Größenordnung, und zwar liegt es bei allen zwischen den Grenzen $10 \cdot 10^{-4}$ und $32 \cdot 10^{-4}$ ccm/Kal.

Als Beispiel seien die Kurven für Nuclein, eines nach *Katz* begrenzt quellbaren Körpers, angeführt. Fig. 18 zeigt die hygrometrische Linie (Dampfdruck-Konzentrations-Isotherme), worin $i$ den „Quellungsgrad", d. h. die von 1 g trockener Substanz im „Gleichgewicht" aufgenommene Wassermenge (in Gramm), bedeutet; $h$ ist die relative Dampfspannung, bezogen auf die Tension des Wassers = 1, d. h. die als Bruchteil der Maximalspannung des reinen Wassers gemessene Dampftension.

Fig. 18a gibt die Quellungswärme in Abhängigkeit vom Quellungsgrad, d. h. die in Kalorien ausgedrückte Wärmemenge, die entwickelt wird, wenn 1 g des trockenen Körpers $i$ g Wasser aufnimmt.

Fig. 18b stellt die Volumkontraktion bei der Wasseraufnahme dar.

Das Volum des gequollenen Körpers setzt sich nur annähernd additiv aus den Volumen der Komponenten zusammen. Stets tritt eine kleine Kontraktion ein, so daß

---

[1] *J. R. Katz:* Die Gesetze der Quellung. Dresden u. Leipzig 1916.
[2] Dampfdruck-Konzentrations-Isothermen.

der gequollene Körper ein etwas kleineres Volum besitzt als die beiden Komponenten zusammen. In Fig. 18 b bedeutet $C$ die Volumkontraktion als Volumverkleinerung in Kubikzentimetern, die auftritt, wenn ein Gramm des trockenen quellbaren Körpers $i$ g Wasser aufnimmt.

Bei Untersuchung zahlreicher anderer Kolloide hat *Katz* ähnliche Kurven erhalten wie bei Nuclein und gelangt so zu den oben ausgesprochenen Gesetzen der Quellung. Dabei ist zu bemerken, daß es sich allerdings wegen Eliminierung der Hysteresis zum Teil um eine vereinfachte Darstellung der wirklichen Gesetze handelt, ferner daß diese annähernden Gesetzmäßigkeiten ein weiteres Gebiet umfassen als das der Quellung allein; denn *Katz* ist das Versehen unterlaufen, auch ein gealtertes Gel der Kieselsäure (ein typisches Beispiel eines porösen, in Wasser nicht quellenden Körpers) mit aufzunehmen, und auch hier findet er die „Gesetze der Quellung" in bezug auf Wasseraufnahme und Wärmetönung bestätigt.

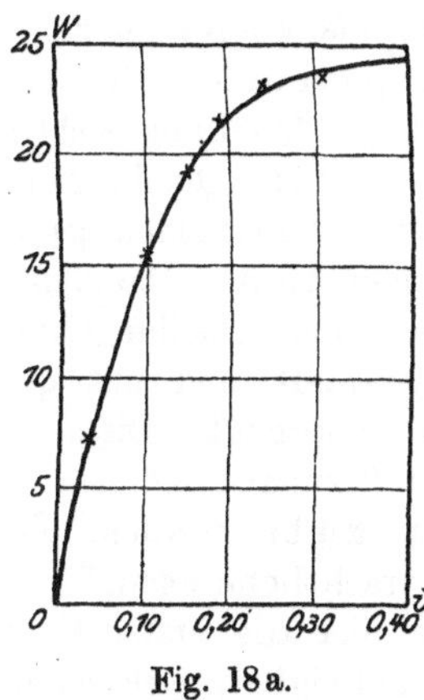

Fig. 18 a.

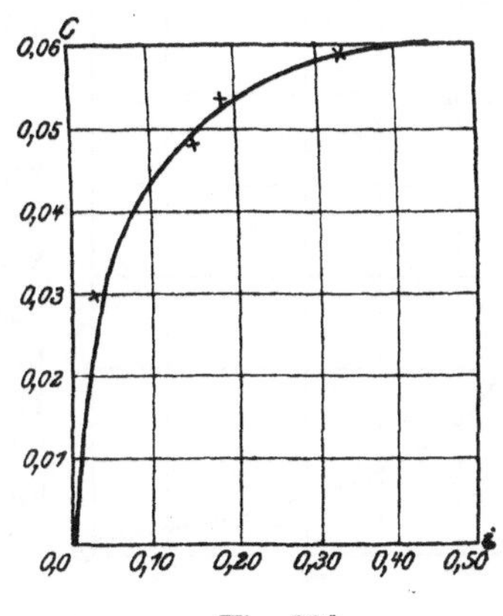

Fig. 18 b.

Ferner ergibt sich eine weitgehende qualitative Übereinstimmung mit der Bildung konz. Lösungen (z. B. von Wasser in Schwefelsäure, in Phosphorsäure usw.), sowie auch mit der von dieser in vielen Richtungen gänzlich abweichenden Adsorption. In der Tat findet *Katz* die Gesetze der idealen konz. Lösungen auch für die Quellung gültig, zeigt aber andererseits, daß der quantitative Verlauf der Wasseraufnahme in gewissen Fällen und Gebieten der Quellung gut durch die Adsorptionsisothermen dargestellt werden kann.

Versuchen wir uns ein Bild davon zu machen, auf welche Ursachen diese Übereinstimmung zurückzuführen sein könnte, so sind dabei folgende Umstände in Betracht zu ziehen: Aus der Gültigkeit der Gesetze der idealen konz. Lösungen folgert *Katz*, daß nicht das Diffusionsbestreben des Wassers in die quellende Substanz, sondern die Molekularattraktion zwischen den Wassermolekülen und den Molekülen des quellenden Körpers den wesentlichen Teil des Vorganges ausmacht; andererseits ist nach *Arrhenius* bei der Adsorption gleichfalls die Anziehung zwischen den Molekülen des Gases und der Oberfläche des Adsorbens das Maßgebende. (Vgl. Kap. 26.)

Molekulare Anziehung.

Es können also beide voneinander so abweichende Erscheinungen auf die gleiche Ursache zurückgeführt werden. Auf dieser Grundlage erklärt sich die Übereinstimmung im Verlauf der Wasseraufnahme; in beiden Fällen werden die ersten Mengen der aufgenommenen flüchtigen Substanz besonders fest gebunden, die weiteren viel schwächer. Damit in Zusammenhang erklärt sich auch die Volumkontraktion und die Wärmetönung, die gerade bezüglich der ersten kondensierten Moleküle besonders groß sind und später geringer werden. Ob die dabei in Betracht kommenden Kräfte derselben Art sind wie die, welche der Kondensation im allgemeinen, der Benetzung und Kapillarität zugrunde liegen, oder chemischer Art, etwa Valenzen oder Nebenvalenzen, wird die Zukunft von Fall zu Fall zu entscheiden haben (s. auch Kap. 28).

Quellungsdruck. Mit der Volumzunahme bei der Quellung steht in engem Zusammenhang der Quellungsdruck, der unter günstigen Umständen ganz enorme Werte annehmen kann. Die alten Ägypter haben bereits den Quellungsdruck nutzbringend angewandt und mit quellendem Holze Felsen gesprengt. Diese ungewöhnlichen Kraftäußerungen können von Kolloiden nur ausgeübt werden, solange sie selbst eine beträchtliche Festigkeit besitzen; es sind auch hier die ersten Mengen aufgenommener Flüssigkeit, welche sich als besonders wirksam erweisen.

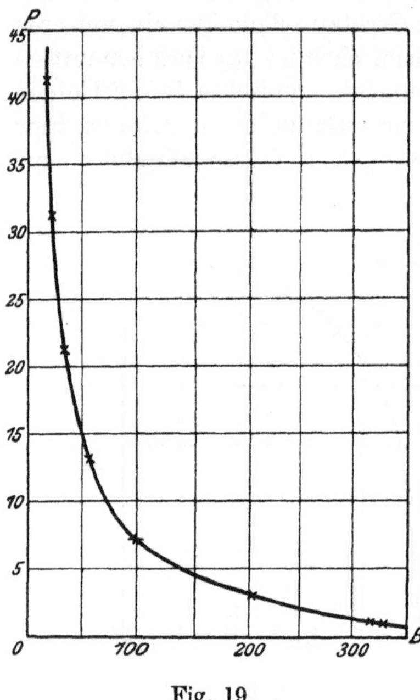


Fig. 19.

Einen Einblick in die Abhängigkeit des Quellungsdruckes $P$ vom Wassergehalt $B$ (in Prozenten des Volumens der lufttrockenen Substanz) gibt die Kurve Fig. 19, welche Resultate einer Untersuchung von *Reinke* darstellt und sich auf Quellung der Laminaria bezieht.

Über einen Versuch der Berechnung des Quellungsdruckes auf thermodynamischer Grundlage vgl. *H. Freundlich*, Kolloidchem. Beihefte **3**, 442, 1912, und *J. R. Katz*, Die Gesetze der Quellung, Leipzig 1916.

## 33. Theorie der Peptisation.

Wir haben bei der Quellung einen Fall von Solbildung besprochen, der spontan bei Berührung mit dem Lösungsmittel erfolgt, und bei dem elektrische Aufladung der Ultramikronen nicht erforderlich ist. Andererseits gibt es Gele (z. B. die der reinen Metallkolloide), die weder quellbar noch auch durch elektrische Aufladung peptisierbar sind.

Eine Mittelstellung zwischen beiden nehmen die peptisierbaren Gele ein; sie verteilen sich nicht selbständig im Lösungsmittel, können aber durch Aufladung in den Solzustand zurückversetzt werden. Hierher gehören zahlreiche frisch gefällte reine Gele irreversibler Kolloide (Oxyde, Sulfide, Salze).

Wichtige Bedingungen für die Peptisierbarkeit sind: eine weitgehende Zerteilung muß bereits vorgebildet sein; ferner darf der Zusammenhang der Ultramikronen kein zu fester sein, so daß die elektrische Aufladung der Teilchen diese noch zu trennen vermag.

Es sind in der Regel sehr wasserreiche, flockenartig aufgebaute, durch Koagulation der zugehörigen Hydrosole entstehende Gele, die sich leicht und vollständig peptisieren lassen. *Cassius*scher Purpur, kolloide Zinnsäure, kolloides Eisenoxyd, solange sie noch sehr wasserreich sind, können als typische Beispiele betrachtet werden. In ihnen sind die Gele als aus amikroskopischen, flockenartig vereinigten Teilchen bestehend aufzufassen, die durch Aufladung zunächst in Sekundärteilchen, dann allmählich in Primärteilchen getrennt werden und bei der Fällung sich wieder flockenartig vereinigen. Hier ist die Bedingung des vorletzten Absatzes, Kap. 30 erfüllt, daß die Individualität der Teilchen bei Zustandsänderungen (Peptisation und Koagulation) erhalten bleibt. Die Individualität der Primärteilchen bleibt erhalten.

Daß die Ultramikronen bei der Koagulation nicht miteinander zu neuen homogenen Gebilden verschmelzen, kann auf Grund zahlreicher Tatsachen als erwiesen angesehen werden (vgl. die Kapitel Farbenumschlag des kolloiden Goldes, Peptisation des *Cassius*schen Purpurs usw.). Ferner spricht dafür die Leichtigkeit, mit der ein frisch bereitetes Hydrogel in ein Hydrosol zurückverwandelt werden kann.

Neuerdings fand die Annahme, daß bei der Koagulation bzw. reversiblen Fällung k e i n e Verschmelzung der Einzelteilchen stattfinde, eine ausgezeichnete Bestätigung in Versuchen von *Sven Odèn* und *Ohlon*[1], die bei der wiederholten Elektrolytfällung von Silber- und Schwefelhydrosolen und Wiederauflösung keine Veränderung der Teilchenzahl feststellen konnten, während eine solche in höchstem Maße stattfinden müßte, wenn die Einzelteilchen bei der Koagulation (bzw. Elektrolytfällung) sich nach Art der Flüssigkeitströpfchen vereinigt hätten.

Wir werden uns also ein Hydrogel des Schwefels, der Kieselsäure, Zinnsäure usw. vorstellen als zusammengesetzt aus Ultramikronen derselben Art, wie sie in den Hydrosolen vorliegen, die aber genügend entladen, einander infolge der Kohäsionskräfte anziehen, was Ausscheidung zur Folge hat. Wir müssen sie uns ferner in frisch bereiteten Hydrogelen als durch Wasserhüllen getrennt vorstellen. Wir brauchen zum Hydrogel nur Elektrolyte hinzuzufügen, von denen ein Ion stärker adsorbiert wird als das andere, so erfolgt elektrische Ladung der Teilchen und, wenn dieselbe stark genug ist, Peptisation; leichter noch, wenn das Peptisationsmittel (z. B. eine Säure oder ein Alkali) mit den Molekülen der Oberfläche dissoziierende Verbindungen bildet, deren eines Ion an der Oberfläche festgehalten wird und die Aufladung bewirkt.

---

[1] *Sven Odèn* und *E. Ohlon:* Zeitschr. f. phys. Chemie **82**, 78 bis 85 (1913).

## a) Art der Zustandsänderung.

Fügt man zu einem Gel ein geeignetes Peptisationsmittel, so tritt Zerfall desselben ein, der im Ultramikroskop verfolgt werden kann.  Solche Beobachtungen hat Verfasser gemeinsam mit *Paul Sternberg*, z. B. an kolloidem Eisenoxyd gemacht.  Es ist sehr interessant zu beobachten, wie nach Hinzufügen des Peptisationsmittels flimmerartige Bewegung der Gallertteilchen eintritt, die vom Rande der Flocken allmählich ins Innere sich fortsetzt. ʻEinzelne Flöckchen, deren sichtbare Strukturelemente gegeneinander Beweglichkeit besitzen, reißen sich dann aus dem Verbande los und verteilen sich unter *Brown*scher Bewegung in der Flüssigkeit; allmählich tritt Zerfall in submikroskopische Sekundärteilchen ein und weitere Aufteilung dieser in Amikronen.  Darüber soll später ausführlich berichtet werden.

Als Peptisationsmittel dienen meist Substanzen, die eine chemische Wirkung auf das Gel ausüben.  Ist ein großer Überschuß desselben vorhanden, so geht die Aufteilung weiter bis in Primärteilchen, und diese werden ganz allmählich in eine krystalloide Lösung der betreffenden chemischen Verbindung übergeführt (z. B. Eisenoxyd durch Salzsäure in Eisenchlorid).

Nimmt man weniger Peptisationsmittel, so bleibt der Zerfall bei Primär- und Sekundärteilchen stehen.  Zur eigentlichen Peptisation genügen aber Mengen von peptisierbarem Elektrolyt, die nur einen kleinen Bruchteil, z. B. $^1/_{100}$ bis $^1/_{1000}$, der zur Salzbildung erforderlichen ausmachen.

Eine zur Peptisation eben ausreichende Menge Peptisationsmittel (z. B. Kalilauge im Verhältnis 1 Mol. KHO zu 100 bis 200 Mol. $SnO_2$) bewirkt den Zerfall in recht große submikroskopische Sekundärteilchen.  Je mehr Peptisationsmittel, um so kleiner werden die Teilchen.  Diese Verhältnisse sind bestimmend für die Teilchengröße, das Verhalten bei der Ultrafiltration, das Aussehen im Ultramikroskop und für alle Eigenschaften, die von der Teilchengröße abhängen.  Sie sind eingehend in einer Dissertationsarbeit von *E. Heinz* behandelt (vgl. Kap. 73).

## b) Elektrisches Verhalten.

Hydrogele tragen in reinem Wasser meist schon eine geringe elektrische Ladung[1], die aber zu einer Zerteilung des Gels meist nicht ausreicht; zur Peptisation ist eine beträchtlich stärkere Ladung erforderlich.  Diese wird im allgemeinen bewirkt durch Säuren und Salze mehrwertiger Kationen (die positiv aufladen) und Alkalien und Salze mehrwertiger Anionen (die negativ aufladen).  Erst bei genügender Aufladung der Submikronen tritt Zerfall des Gels in Sekundärteilchen und Primärteilchen ein.

Die Aufladung kann ganz allgemein durch Ionenadsorption erklärt werden, in speziellen Fällen aber noch besonders durch Ionisierung der Oberflächenmoleküle (vgl. die folgenden Kapitel).

---

[1] Vgl. z. B. *Glixelli*: Koll.-Zeitschr. **13**, 195 (1913). Die Beweglichkeit der sehr zarten, langsam sedimentierenden Gelflöckchen von Zinnsäure ist etwa 1,2 $\mu$/Sek. (für 1 Volt/cm). Der isoelektrische Punkt liegt hier bei ca. 0,0001 Mol/Lt H·-Ion.

Die aufladenden Ionen werden durch die Natur der in Betracht kommenden Stoffe bestimmt, und man kann nicht allgemein einzelne bestimmte Ionen für die Aufladung verantwortlich machen. Früher hielt man die Wasserstoff- und Hydroxylionen für wesentlich, weil die Säuren positiv und die Laugen negativ aufladen; es sind aber gerade bei diesen Ionen chemische Reaktionen unter Bildung neuer Ionenarten im allgemeinen zu erwarten, und die Annahme, daß diese die wirksamen sind, wird dadurch besonders gestützt, daß gerade basische Gele sich leicht durch Säuren zu Hydrosolen mit positiven Kolloidteilchen, saure Gele durch Alkalien zu solchen mit negativen Teilchen peptisieren lassen. Bildung neuer Ionenarten.

Es macht ganz den Eindruck, als ob es sich bei dieser Peptisation um weiter nichts als gewöhnliche Auflösung unter Bildung eines löslichen hochmolekularen Salzes handle; diese Ähnlichkeit mit der Salzbildung ist so groß, daß Forscher wie *Jordis, Wyrouboff* und *Verneuil, Malfitano* u. a. die Peptisation als Lösungsvorgang unter Bildung hochmolekularer Salze aufgefaßt haben. Die Gründe, die gegen diese zu spezielle Auffassung sprechen, sind schon öfter angegeben worden (vgl. z. B. *Zsigmondy*, Zur Erkenntnis der Kolloide, Jena 1905, S. 167 und die erste Auflage dieses Buches, S. 75).

Bei der richtigen Peptisation erfolgt der Zerfall der Gele vorwiegend unter Bildung von Sekundär- und Primärteilchen, wie weiter oben dargetan wurde.

Berücksichtigt man alles hier Angeführte, besonders die komplizierten Strukturverhältnisse, so erscheint die Peptisation als ein äußerst verwickelter Vorgang, und eine allgemeine Theorie derselben würde beinahe unmöglich erscheinen.

Glücklicherweise gelingt es, eine Darstellung zu finden, die den wesentlichen für den Chemiker interessanten Teil der Peptisation doch herauszuheben erlaubt, so daß man mit Hilfe derselben eine Übersicht über die wichtigsten Reaktionen sowie über das allgemeine Verhalten der Gele und der daraus entstehenden Sole bekommen kann, ohne sich zu sehr in Einzelheiten zu verlieren.

Das Wesentliche bei allen diesen Vorgängen ist nämlich, daß Ultramikronen vorwiegend mit einem Ion bestimmter Art gepaart werden, das ihnen die Ladung erteilt. Bezeichnen wir mit einem Rechteck ☐ ein solches ultramikroskopisches Teilchen, gleichgültig welcher Größe und Zusammensetzung, und hängen daran das Zeichen desjenigen Ions, auf welches die Ladung vorwiegend zurückzuführen ist, so erhält man ein Bild, das eine Reihe von Eigenschaften des entstehenden Hydrosols vorauszusagen gestattet.

So würde ☐$^{Anion}$ ein negativ geladenes Teilchen darstellen, ☐$^{Kation}$ ein positives.

Bezeichnen wir die aufladenden Ionen näher, so können wir auf Grund dieser Charakterisierung schon eine Reihe von spez. Reaktionen der Hydrosole voraussagen. Dies soll insbesondere am Beispiel der Zinnsäure in den folgenden Kapiteln näher erörtert werden. Die Aufgabe der künftigen Kolloidchemie wird es sein, die aufladenden Ionen bei der Peptisation in den speziellen

Fällen zu ermitteln. Zur Unterscheidung von Primär- und Sekundärteilchen kann man geeignete Schraffierung einführen.

Mit fortschreitender Entwicklung der Kolloidchemie wird eine nähere einfache Charakterisierung der einzelnen Systeme ermöglicht werden, wenn man in das Rechteck die durchschnittliche Masse des wesentlichen Bestandteils der Einzelteilchen schreibt und an das Zeichen des Anions gleichfalls eine Zahl anhängt, die dessen Menge einfach zum Ausdruck bringt. Die Teilchenzahl pro Volumeinheit kann dadurch ausgedrückt werden, daß man die ganze Formel in Klammern setzt und die Teilchenzahl als Index daranhängt. Vorläufig ist eine solche nähere Charakterisierung noch nicht erforderlich.

In den folgenden Kapiteln soll der Nutzen dieser Betrachtungsweise an einigen Beispielen mehr qualitativer Art dargetan werden. Zur Bezeichnung der zerteilten Substanz ist in das Quadrat die Formel des Glührückstandes eingeschrieben.

### 33 a. Alkalipeptisation der Zinnsäure.

Überschüssiges Alkali verwandelt die Zinnsäure bekanntlich in leicht lösliche Stannate, Ätzkali z. B. in gut krystallisierendes Kaliumstannat $K_2SnO_3 \cdot 3\,H_2O$.

Wird aber zu einem ganz reinen Gel der Zinnsäure allmählich ganz wenig Kaliumhydroxyd zugesetzt, so wird dieses vollständig von der Zinnsäure aufgenommen[1]. Die überstehende Flüssigkeit enthält nichts mehr vom zugesetzten Alkali, auch kaum nachweisbare Mengen löslicher Kaliumverbindungen.

Das aus der (schwach sauren) Zinnsäure und dem Alkali gebildete Stannat wird also vom Bodenkörper im wesentlichen festgehalten[2].

Dieses kann sowohl auf Adsorption des gebildeten Kaliumstannats wie auch darauf zurückzuführen sein, daß das Kaliumhydrat mit den Oberflächenmolekülen der Zinnsäureprimärteilchen in Reaktion tritt, wobei diese von der Oberfläche der Primärteilchen festgehalten werden[3].

Äußerlich ändert sich durch diese Reaktion das Gel nur wenig, es wird etwas lockerer, setzt schwerer ab, seine an sich schwache elektrische Ladung nimmt aber mit gesteigertem Alkaligehalt allmählich zu.

Dies ist darauf zurückzuführen, daß die von den Amikronen der Zinnsäure festgehaltenen Moleküle des gebildeten Salzes der elektrolytischen Dissoziation unterliegen, derart, daß Kalium abdissoziiert, während die Stannationen den Amikronen eine elektrische Ladung erteilen[4]. Dadurch wird das Zusammenhalten der Teilchen innerhalb der Gelflocken verringert, und bei genügender

---

[1] *G. Varga:* Koll. Beih. **11**, 26 (1919).

[2] Näheres s. Zinnsäure, wo die Reaktion erklärt wird.

[3] Zwischen beiden Annahmen läßt sich z. Z. nicht entscheiden; bei der Zinnsäurepeptisation ist die zweite wahrscheinlicher, bei vielen anderen Peptisationrseaktionen aber die erste Annahme. Da sie die allgemeine ist, so werde ich im folgenden von Adsorption der Ionen resp. Salzmoleküle sprechen, auch wenn ich in dem betreffenden Falle Ionisation der Oberflächenmoleküle für wahrscheinlicher halte.

[4] Nachweisbar durch Überführungsversuche im U-Rohr, vgl. *Varga* loc. cit.

Aufladung tritt Zerfall in elektrisch geladene Sekundärteilchen ein, die durch weitere Aufladung (mittels Alkali) noch weiter verkleinert werden können. Aufkochen der Lösung beschleunigt den Vorgang, ist aber zur Erreichung des Endzustandes nicht erforderlich.

Trotz der Verschiedenheit der Teilchenart (Primär- oder Sekundärteilchen) und der Teilchengröße zeigen nun die durch Alkalipeptisation erhaltenen Sole der Zinnsäure ein weitgehend übereinstimmendes Verhalten gegen Reagenzien wenigstens in qualitativer Hinsicht. Es ist daher sehr wünschenswert, durch geeignete Zeichen diese Eigenschaft derart zum Ausdruck zu bringen, daß der Chemiker wie aus einer chemischen Formel eine Reihe von Reaktionen des betreffenden Systems sogleich herauslesen kann.

Um dies zu erleichtern, habe ich vor Jahren die oben erwähnten Zeichen eingeführt.

Es genügt, von der Mannigfaltigkeit der Teilchengröße und der Art der Raumerfüllung ganz abzusehen und ein frei bewegliches, im Hydrosol enthaltenes Teilchen mittlerer Größe durch ein Rechteck $\square$ darzustellen.

Auch reicht es aus für die qualitative Betrachtung, an Stelle der vielen, ein einzelnes Teilchen aufladenden gleichartigen Amikronen ein einziges anzuführen, das für die Reaktionen bestimmend ist und sofort erkennen läßt, mit welchen Reagenzien unlösliche Verbindungen gebildet werden, welche Reagenzien also (in äquivalenter Menge) fällend wirken.

$\boxed{SnO_2}$ $SnO_3K_2$ würde also das ultramikroskopische Teilchen[1] gepaart mit Kaliumstannat und

$\boxed{SnO_2}$ $SnO_3''$ ein durch Aufladung mit Stannation ($SnO_3''$) gebildetes Teilchen des Sols sein. Dieses stellt demnach ein ultramikroskopisches Teilchen der Zinnsäure, gleichgültig welcher Größe, Raumerfüllung, Gestalt oder Zusammensetzung ($SnO_2$ oder ein Hydrat derselben, Primär- oder Sekundärteilchen), dar, das mit einer Anzahl Stannationen gepaart ist und dadurch negativ elektrische Ladung erhalten hat. Dieser Komplex hat die Eigenschaften eines mehrwertigen Komplexions von besonderer Größe und unterscheidet sich von einem solchen nur in einzelnen Punkten; darauf kommt Verfasser noch ausführlich zurück.

Im Grenzfalle, wenn das Primärteilchen molekulare Größe annimmt, wird es in ein echtes Ion übergehen, und damit hätten wir die Brücke zu der von *Wyrouboff* und *Verneuil*, von *Jordis* u. a. Forschern vertretenen Auffassung.

Gegenüber den letzteren ist die hier vorgetragene Auffassung aber viel allgemeiner, den tatsächlichen Verhältnissen Rechnung tragend und erklärt eine Reihe von Erscheinungen, die durch die rein chemischen Theorien un-

---

[1] Nach *van Bemmelen* ist die Zinnsäure nicht als Hydrat, sondern als Anhydrid aufzufassen. Das Gelwasser sei durch „Absorption" und nicht chemisch gebunden. Wenn ich das für das Gel der Kieselsäure (Kap. 60a und 61) zutreffend halte, so scheint es mir doch wahrscheinlicher, daß hier ein Stannioxyhydrat vorliegt. Zur Bezeichnung der ultramikroskopischen Teilchen ist, wie S. 122 angedeutet, die Formel des Glührückstandes eingesetzt.

geklärt bleiben würden, so die Bildung der Peptoide (Kap. 83) und die Peptisation des *Cassius*schen Purpurs (Kap. 34). Tatsächlich hat die Betrachtung
des letzten Vorganges den Verfasser auch von der Mangelhaftigkeit der rein
chemischen Theorie überzeugt und zur Aufstellung der vorliegenden veranlaßt.

Hierbei ist die Annahme zugrunde gelegt, daß Moleküle, die sich an
Teilchenoberflächen befinden, chemisch reagieren können, ohne sich aus
dem Verbande mit den Teilchen loszulösen. — Diese Annahme hat an sich
nichts Befremdendes, denn es gibt viele Beispiele dafür, so die jodierten Silberplatten der Daguerreotypie.

Um die Peptisation wirksam und rasch durchzuführen, läßt man zweckmäßig eine ganz kleine Menge des konzentrierten Peptisationsmittels auf das
Gel einwirken und verdünnt hierauf stark mit Wasser. Während der Verdünnung erfolgt dann die kolloide Auflösung schnell, und man erhält meist
vollkommen klare Hydrosole.

So wird schon seit langem die Meta-Zinnsäure mit Salzsäure in Lösung gebracht,
und Verfasser hat mit gutem Erfolg dieselbe Methode verwendet, um die Peptisation des
*Cassius*schen Purpurs mit Salzsäure oder Ammoniak durchzuführen. Man braucht nicht
zu befürchten, daß dabei das Gel in die zu erwartende krystalloide Verbindung übergeführt wird. Meist sind die Primärteilchen sehr resistent, und man benötigt einen großen
Überschuß der Säure oder Lauge, um sie in Salze zu überführen. Will man ganz sicher
gehen, so verwendet man eine — gegen die zur Salzbildung erforderliche — kleine Menge
des konzentrierten Peptisationsmittels und läßt diese vor der Verdünnung auf das Gel
einwirken.

In der konzentrierteren Kalilauge bleibt das Gel scheinbar unverändert;
auf der Oberfläche der Primärteilchen bildet sich aber zweifellos Kaliumstannat, das dann beim Verdünnen dissoziiert und die Teilchen auflädt. Der
Vorgang könnte so dargestellt werden:

$$\overline{|SnO_2|}\,SnO_3H_2 + 2\,KOH = \overline{|SnO_2|}\,SnO_3K_2 + H_2O;$$

beim Verdünnen

$$\overline{|SnO_2|}\,SnO_3K_2 = \overline{|SnO_2|}\,SnO_3{}'' + 2\,\overset{\cdot}{K}.$$

Auch *Kohlschütter*, der neuerdings die Peptisation der festen Thoriumoxyde durch
Säure eingehend studiert hat, kommt zu der Überzeugung, daß dabei die Thoriumoxyd-
teilchen im wesentlichen ihre Individualität behalten und durch Bildung von Th···· und
ThO· Ionen auf der Teilchenoberfläche ihre (positive) Ladung und den Zusammenhang
verlieren (vgl. Kap. 82), während man früher dafür die Annahme der Bildung von
basischen Salzen oder das „Anätzen" des festen Oxydes verantwortlich machte.

Die Verkleinerung der Ultramikronen, das „Anätzen" des Hydrogels, hat keineswegs die Bedeutung, die ihm von manchen Seiten zugeschrieben wird. Das ergibt sich
ohne weiteres aus Betrachtung der minimalen Mengen von Elektrolyt, welche die Peptisation herbeiführen können. Diese vermögen die Lineardimensionen der einzelnen Ultramikronen, wie eine Überschlagsrechnung lehrt, nur um ein ganz Geringes zu vermindern,
falls alle gleichzeitig angegriffen werden, und es wäre nicht einzusehen, warum diese geringfügige Verkleinerung eine so radikale Änderung der Eigenschaften des ganzen
Systems herbeiführen sollte. Auch läßt die „Ätztheorie" die elektrischen Ladungen
der Ultramikronen ganz außer acht.

Ist die oben gegebene Vorstellung richtig, so muß die kolloide Lösung
osmotischen Druck gegen eine für die $SnO_2$-Amikronen undurchlässige Mem-

bran ausüben, muß Leitfähigkeit besitzen, bei der Elektrolyse Zinnsäure an der Anode abscheiden, gegen Elektrolyte ähnlich sich verhalten wie die Lösung eines hochmolekularen Komplexsalzes. Tatsächlich ist das alles der Fall, wie im folgenden gezeigt werden soll.

### 33 b. Natur der adsorbierten Ionen.

Die elektrische Ladung der Ultramikronen läßt sich auch erklären, wenn man annimmt, daß irgendein anderes Anion als das Stannation aufgenommen wird. Im vorliegenden Falle könnte auch die Adsorption von OH′ die Ladungen bedingen. Es scheint mir aber nicht nur aus chemischen, sondern auch aus anderen Gründen richtiger, die Bildung von Stannationen anzunehmen, und zwar mit Rücksicht auf die folgenden Reaktionen.

Aus der Art des adsorbierten Anions müssen die Reaktionen des Kolloids im wesentlichen zu erklären sein, wobei zu berücksichtigen ist, daß das mit dem Anion gepaarte ultramikroskopische Teilchen dessen Reaktionen modifiziert, und zwar stets im Sinne einer Begünstigung oder Erleichterung der Fällungsreaktionen.

Es lassen sich unter anderem folgende Reaktionen leicht erklären:

Zusatz von Kaliumhydroxyd bewirkt eine Fällung der kolloiden Zinnsäure. Die Amikronen entladen sich unter Aufnahme von Kaliumionen[1].

$$\overline{SnO_2}\,SnO_3'' + 2\,K^{\cdot} = \overline{SnO_2}\,SnO_3K_2 \, .$$

Die entladenen Ultramikronen fallen samt dem adsorbierten Stannat heraus. Ganz Ähnliches erfolgt bei Zusatz von KCl oder anderen Kaliumsalzen.

Wenn die Vorstellung richtig ist, so muß die gefällte Zinnsäure nach Entfernung des Fällungsmittels in Wasser wieder löslich sein, infolge neuerlicher Dissoziation der adsorbierten Stannationen. Das ist tatsächlich der Fall.

Ein sehr geringer Zusatz von Säuren, wie HCl, HNO$_3$ usw., genügt, um das Hydrosol der Zinnsäure zu koagulieren:

$$\overline{SnO_2}\,SnO_3'' + 2\,H^{\cdot} = \overline{SnO_2}\,SnO_3H_2 \, .$$

Nach vorstehender Gleichung entsteht dabei Zinnsäure ($SnO_3H_2$), die als sehr schwache und praktisch unlösliche Säure keine große Neigung zur Dissoziation zeigt. Das gefällte Gel der Zinnsäure wird nach Entfernung der überschüssigen Säure wegen ungenügender Aufladung durch Dissoziation der $SnO_3H_2$ nicht wieder löslich sein. Auch dies trifft zu.

Zusatz von Schwermetallsalzen, z. B. Cu(NO$_3$)$_2$, bewirkt meist irreversible Fällungen. Der Niederschlag enthält eine kleine Menge des

---

[1] Die Wirkung der zugesetzten Alkalisalze kann auf Zurückdrängen der Dissoziation, auf Ionenadsorption oder auch auf die noch unbekannten Ursachen zurückgeführt werden, welche dem „Aussalzen" überhaupt zugrunde liegen: Änderung der Beziehungen des Lösungsmittels zum Gelösten.

fällenden Kations, die sich nicht herauswaschen läßt, und ist in reinem Wasser nicht mehr löslich, weil die betreffenden Stannate praktisch unlöslich sind[1]. Nach folgendem Formelbild erklärt sich dies Verhalten:

$$\overline{SnO_2}\,SnO_3'' + Cu^{..} = \overline{SnO_2}\,SnO_3Cu \;.$$

Soweit nicht weitere Adsorption des fällenden Salzes eintritt, müssen die dabei aufgenommenen Mengen Anion einander äquivalent sein.

Zweifellos werden die Reaktionen komplizierter sein, als hier dargestellt ist, aber für einen ersten Überblick über ein umfangreiches und wenig übersichtliches Gebiet scheint mir die vorliegende Darstellung die beste zu sein.

### 33 c. Betrachtung des Verhaltens der Hydrosole.

a) Ultrafiltration. Werden Filter verwendet, die gewöhnliche Elektrolyte unverändert durchlassen, Kolloidteilchen aber zurückhalten (z. B. Kollodiummembranen), so müssen bei der Filtration der kolloiden Zinnsäure nicht nur deren Ultramikronen mit den daran hängenden Anionen, sondern auch die ihnen äquivalenten Alkaliionen zurückgehalten werden, während überschüssige Elektrolyte, wie KOH, $K_2SnO_3$ usw., die im Dispersionsmittel krystalloid gelöst sind, dasselbe passieren müssen.

Das Filtrat wird also nur den nicht adsorbierten Anteil der Elektrolyte enthalten, der adsorbierte bleibt, gleichgültig, ob er im Sinne obiger Formeln dissoziiert ist oder nicht, beim Kolloid. Dieser Anteil ist aber ein notwendiger Bestandteil des Hydrosols; entfernt man ihn (etwa durch Dialyse)[2], so koaguliert das Kolloid.

*Duclaux*, der das Verhalten beim Eisenoxyd, Ferrocyankupfer usw. eingehend studiert hat, nennt die Ultramikronen samt adsorbierten Molekülen und ihren Dissoziationsprodukten die „Micelle", während das sie umgebende Medium von ihm „intermicellare Flüssigkeit" genannt wird. Neuere Untersuchungen an der Zinnsäure sind von *E. Heinz*, *Franz*, insbesondere von *Varga* durchgeführt worden (Kap. 73).

b) Leitfähigkeit. Bezüglich der Leitfähigkeit der kolloiden Lösung und ihres Filtrats läßt sich folgendes voraussagen:

1. Ist die Ionenkonzentration der intermicellaren Flüssigkeit groß gegen die der Micelle, so wird die Ultrafiltration die Leitfähigkeit kaum beeinflussen, d. h. das Filtrat wird annähernd dieselbe Leitfähigkeit besitzen wie der Filterinhalt. Tatsächlich sind solche Fälle von *Malfitano* beobachtet worden (siehe Kolloides Eisenoxyd, Kap. 85).

2. Ist dagegen die Ionenkonzentration der intermicellaren Flüssigkeit eine relativ geringe, so wird die Leitfähigkeit des Filtrats geringer sein als die des Filterinhalts, und dieser wird mit zunehmender Konzentration an

---

[1] Dabei ist zu berücksichtigen, daß die Adsorption des Anions an den Ultramikronen dieses immer geneigt macht, Niederschläge zu bilden, also so verändert, als ob die gebildeten Salze eine geringere Löslichkeit hätten als die entsprechenden freien.

[2] Bezüglich der Hydrolyse, die mit der Dialyse Hand in Hand geht, vgl. Kap. 38.

Leitfähigkeit zunehmen, da sowohl die elektrisch geladenen Ultramikronen wie auch die zugehörigen, entgegengesetzt geladenen Ionen sich am Elektrizitätstransport beteiligen. *Duclaux* hat Zunahme der Leitfähigkeit bei der Filtration von kolloidem Eisenoxyd beobachtet (über die dabei anzutreffenden besonderen Verhältnisse vgl. Kolloides Eisenoxyd, Kap. 85).

c) **Osmotischer Druck.** Der Filterinhalt muß osmotischen Druck gegen das Filtrat besitzen. Nach den Ausführungen S. 57 üben bei geeigneter Membran nicht nur die gelösten Moleküle, sondern auch größere, sogar suspendierte Teilchen nach Maßgabe ihrer Anzahl pro Volumeneinheit osmotischen Druck gegen das reine Lösungsmittel aus. Dabei verhält sich jedes Teilchen wie ein Molekül.

Im vorliegenden Falle werden nicht nur die Komplexe $\overline{SnO_2}\,SnO_3''$ am Drucke sich beteiligen, sondern auch die zur Micelle gehörigen (zur Neutralisation der elektrischen Ladungen erforderlichen, den adsorbierten Anionen äquivalenten) Kationen K˙. Der osmotische Druck würde der Gesamtzahl der in der Volumeneinheit vorhandenen osmotisch wirksamen Teilchen entsprechen[1], wenn nicht gewisse Komplikationen durch die Verteilung der intermicellaren Elektrolyte zwischen Filterinhalt und Filtrat hinzukämen (vgl. Kap. 38). Im allgemeinen wird dieser Einfluß gering sein, wenn die molare Konzentration der intermicellaren Elektrolyte (die in das Filtrat gehen) gering ist im Vergleich zu der des Kolloids.

d) **Verhalten bei der Elektrolyse.** Bei der Elektrolyse muß der Komplex $\overline{SnO_2}\,SnO_3''$ zur Anode wandern und sich dort unter Entladung ausscheiden, die Kationen müssen dagegen zur Kathode wandern, wo sie unter Entladung und Wasserstoffentwicklung Alkali bilden. Das ist tatsächlich der Fall.

Interessant ist das Verhalten bei zwischengeschalteter Pergamentmembran. Ultramikronen vermögen diese nicht zu durchdringen, entladen sich daselbst unter Gelbildung. Man kann hier annehmen, daß das adsorbierte Anion aus dem Adsorptionsverbande herausgelöst wird, für sich allein die Membran durchdringt und sich an der weiteren Stromleitung beteiligt oder daß die Entladung durch Aufnahme entgegenwandernder Kationen (etwa H˙ bei Wasser als Anodenflüssigkeit) erfolgt. Die nähere Untersuchung dieser Vorgänge wird einigen Aufschluß über die tatsächlichen Verhältnisse geben.

e) **Äquivalenz.** Die Kap. 24d erwähnte Äquivalenz der bei der Elektrolytfällung in den Niederschlag aufgenommenen Ionen läßt sich ohne weiteres erklären. Die aufgenommenen Ionen dienen zur Neutralisation der elektrischen Ladungen der adsorbierten Anionen und müssen daher einander äquivalent sein, wenn man gleiche Mengen eines bestimmten Hydrosols mit verschiedenen entgegengesetzt geladenen Ionen fällt. Zur Veranschaulichung der bei einem Einzelteilchen in Betracht kommenden Vorgänge diene folgendes Schema:

$$\overline{SnO_2}\,SnO_3'' + 2\,Ag˙ = \overline{SnO_2}\,SnO_3Ag_2\,,$$
$$\overline{SnO_2}\,SnO_3'' + Cu¨ = \overline{SnO_2}\,SnO_3Cu\,.$$

---

[1] Ob das Kaliumion der elektrischen Doppelschicht stets wie ein Molekül wirkt oder (durch elektrostatische Kräfte an die unmittelbare Nähe des amikroskopischen Teilchens gebunden) am Zustandekommen des osmotischen Drucks sich nicht beteiligt, ist noch nicht entschieden. Es scheint, daß bei höheren Konzentrationen des Kolloids ersteres der Fall ist, bei niedrigeren aber letzteres.

Die zur Neutralisation der Ladung eines bestimmten Einzelteilchens (und ebenso die von n Einzelteilchen) erforderlichen Mengen von Cu·· und Ag· sind einander äquivalent.

Ebenso leicht erklärt sich die Äquivalenz bei der Substitution eines fällenden Ions durch ein anderes.

### 33 d. Peptisation der Zinnsäure durch Salzsäure.

Nicht nur die Alkalipeptisation der kolloiden Zinnsäure, sondern auch die durch Säuren läßt sich auf Grund obiger Annahme erklären. Bekanntlich hat die Metazinnsäure die Eigenschaft, in konzentrierter Chlorwasserstoffsäure unlöslich zu sein, beim Verdünnen aber sich zu lösen und dabei eine trübe Flüssigkeit von kolloiden Eigenschaften zu bilden. Diese Reaktion ist aus der analytischen Chemie wohlbekannt.

Die konzentrierte Säure wird zweifellos Zinnchlorid und Stannioxychlorid bilden. Nehmen wir an, daß letzteres (etwa $SnOCl_2$) gebildet und von den Ultramikronen der Metazinnsäure weitgehend adsorbiert werde, so ist die Peptisation beim Verdünnen zurückzuführen auf Dissoziation dieses Salzes, wobei das Kation des Oxychlorides (etwa $SnO··$)[1] an den Ultramikronen adsorbiert bleibt und ihnen positive Ladung erteilt. Bildlich würde sich der Vorgang so darstellen lassen:

$$SnO_2 + 2\,HCl = SnOCl_2 + H_2O\,,$$

$$\boxed{SnO_2} + SnOCl_2 = \boxed{SnO_2}\,SnOCl_2$$

(Adsorption des Oxychlorids)  (Submikron der Zinnsäure mit
Oxychlorid, neutral)

$$\boxed{SnO_2} + SnOCl_2 \rightleftarrows \boxed{SnO_2}\,SnO·· + 2\,Cl''$$

Dissoziation des Oxychlorids unter
Bildung einer kolloiden Lösung von Metazinnsäure.

### 33 e. Peptisation anderer Kolloide.

Auf ähnliche Weise läßt sich die Peptisation der meisten Oxyde, Sulfide und Salze erklären. Die des Ferrioxydhydrogels z. B. tritt nach *Graham* ein durch Behandeln des Eisenoxydgels („Ferrihydroxyd") mit Ferrichlorid.

Man kann hier die Adsorption von Feriionen an den Ultramikronen des Eisenoxydgels annehmen; sie erteilen diesen positive elektrische Ladung:

$$\boxed{Fe_2O_3} + Fe··· = \boxed{Fe_2O_3}\,Fe···$$

Ultramikroskopisches Teilchen  Ultramikron der
des Eisenoxydgels [eventuell  kolloiden Lösung,
$Fe(OH)_3$] samt Wasserhülle.  positiv geladen.

Oder man kann die Bildung irgendeines Oxychlorids (z. B. $Fe_2O_2Cl_2$)[1] annehmen, dessen Kation den Ultramikronen des Gels positive Ladung erteilt.

---

[1] Es handelt sich hier um willkürlich gewählte Formeln, die nur zur Erläuterung dienen sollen.

Alle wesentlichen Eigenschaften des Hydrosols erklären sich unter dieser Annahme (siehe Kolloides Eisenoxyd).

Die Peptisation des Thoriumoxyds wird von *Kohlschütter* in analoger Weise erklärt.

Arsensulfid wie viele andere Sulfide werden peptisiert durch Einleiten von Schwefelwasserstoff. Man kann hier vermuten, daß die Anionen des Schwefelwasserstoffs SH′ den Teilchen die negative Ladung erteilen:

$$\overline{As_2S_3} + SH' = \overline{As_2S_3}\,SH' \,.$$

Bei Arsensulfid könnten aber auch Anionen der sulfarsenigen Säure an der Teilchenoberfläche gebildet und festgehalten werden. Auch ist die Bildung von dissoziierenden Hydrosulfiden nicht ausgeschlossen. Vorläufig ist darüber nicht zu entscheiden, zweifellos ist aber der Aufnahme von Anionen bei der Peptisation (oder der Ionisierung der Teilchenoberfläche, S. 122) die negative elektrische Ladung der Ultramikronen des Hydrosols zuzuschreiben.

Die künftige Kolloidchemie wird sich jedenfalls mit der Feststellung der von den Ultramikronen aufgenommenen Ionen zu beschäftigen haben.

Kolloide Salze. Auch in vielen anderen Fällen erleichtern die Formelbilder, wie sie hier gebracht werden, die Veranschaulichung der Vorgänge und der Reaktionen. Bei den kolloiden Salzen sollen noch einige Beispiele dafür gegeben werden. Hier soll nur als Beispiel die Peptisation des Ferrocyankupfergels durch Ferrocyankalium veranschaulicht werden:

$$\overline{FeCy_6Cu_2} + FeCy_6'''' + 4\,K^{\cdot} = \overline{FeCy_6Cu_2}\,FeCy_6'''' + 4\,K^{\cdot} \,.$$

Das Ferrocyankupfer nimmt Ferrocyanionen auf, wird dadurch negativ geladen und geht in kolloide Lösung.

### 34. Peptisation von Kolloidverbindungen.

Nicht nur die Peptisation der einfachen kolloiden Oxyde, Sulfide usw. läßt sich in der gegebenen Weise erklären, sondern auch die von kolloiden Gemengen oder „Kolloidverbindungen", als deren Repräsentant der *Cassius*sche Purpur angesehen werden kann.

Hier reicht die rein chemische Theorie, welche die genannten irreversiblen Hydrosole als Lösungen salzartiger Verbindungen von amphoteren Stoffen ansieht, nicht aus. Im *Cassius*schen Purpur liegt eine Substanz vor, bei welcher Gold und Zinnsäure bei allen Reaktionen stets beisammen bleiben, solange der kolloide Charakter gewahrt bleibt, d. h. solange man *Cassius*schen Purpur vor sich hat (vgl. *Cassius*scher Purpur, Kap. 79).

Dies kann durch folgendes Bild veranschaulicht werden, das nur die Zusammengehörigkeit von Gold- und Zinnsäureultramikronen darstellen soll, nichts aber über Größe, Gestalt, Art der räumlichen Verteilung oder über die Mengenverhältnisse angeben will (man kann sich auch mehrere Zinnsäureultramikronen mit einem Goldteilchen vereinigt denken oder ein Sekundärteilchen, das aus vielen Gold- und Zinnsäureamikronen besteht):

$$\overline{Au\,|\,SnO_2} \,.$$

Zusatz von Alkali bewirkt auch hier Peptisation unter negativer Aufladung der Teilchen, die man geradeso wie bei der Zinnsäure unter vorausgehender Stannatbildung erklären kann:

Vorgang bei der Verdünnung der Suspension (Solbildung):

$$\boxed{Au\ SnO_2}\,SnO_3K_2 = \boxed{Au\,|\,SnO_2}\,SnO_3'' + 2\,K^{\cdot}.$$

Das Verhalten bei der Elektrolyse, bei Ultrafiltration, bei Fällungsreaktionen erklärt sich dann in gleicher Weise wie bei der Zinnsäure.

Obgleich der peptisierte *Cassius*sche Purpur sich ganz ähnlich verhält wie die Lösung eines hochmolekularen Komplexsalzes, kann er doch nicht als Salz einer Purpursäure angesehen werden, da das Gold darin seine elementare Natur bewahrt (vgl. Kap. 79).

### 34a. Einfluß der Teilchenabstände und des Gelgefüges auf die Peptisation.

Bei Besprechung der Koagulation (S. 40, 74 u. 75) ist ausgeführt worden, daß elektrisch geladene Kolloidteilchen sich abstoßen, unelektrische oder teilweise entladene sich dagegen anziehen. Das Gesetz der Abnahme dieser Anziehungskräfte mit der Entfernung ist vorläufig noch nicht feststellbar. Es ist aber anzunehmen, daß die Attraktion sehr stark mit der Entfernung abnimmt, wie überhaupt bei Kräften, die in der Kapillaritätslehre in Betracht kommen.

Dafür sprechen viele Tatsachen in der Kolloidchemie, so die irreversible Koagulation der Metallhydrosole, die bekanntlich einen sehr dichten, wasserarmen Niederschlag geben. Auf keinerlei Weise gelingt es, die einmal dicht vereinigten Metallteilchen wieder voneinander zu trennen; verhindert man aber die innige Berührung der einzelnen Metallteilchen, z. B. durch zwischengelagerte Kolloide (z. B. kolloide Kieselsäure, Zinnsäure, bei *Cassius*schem Purpur), so läßt sich durch nachträgliche Aufladung die Trennung trotz eingetretener Koagulation wieder durchführen.

In solchen Fällen, wenn also die Metallteilchen in einiger Entfernung voneinander gehalten werden, vermag die elektrische Ladung die Teilchenattraktion noch zu überwinden.

Das gleiche gilt von allen peptisierbaren Gelen, wie vom Gel der Zinnsäure, des Eisenoxyds, des Arsensulfids usw. Dieselben sind meist sehr wasserreich, und man darf annehmen, daß ihre Amikronen in diesem Zustande durch Wasserhüllen voneinander getrennt sind. Ladet man die Gelteilchen genügend auf, so tritt Zerfall des Gels ein, und zwar in der weiter oben kurz beschriebenen Weise, indem der flockenartige Verband zunächst an den Stellen gelöst wird, wo er an sich schon gelockert war.

Trocknet man das Gel aber ein, so daß die Einzelteilchen zur Berührung kommen, dann ist die Peptisation mit verdünnten Lösungen von Alkali oder Säure überhaupt nicht mehr möglich[1], und man muß zu energischem chemischen Eingriff mit konzentrierten Reagentien schreiten, um auf dem Umwege über eine chemische Verbindung das Sol zurückzugewinnen.

In überraschender Weise dokumentiert sich der Einfluß des Teilchenabstandes bei sehr lockeren, leicht peptisierbaren Hydrogelen der Zinnsäure, z. B. bei dem von *Heinz*[2] untersuchten Gel, das sich mit Alkali noch pepti-

---

[1] Vgl. Zur Erkenntnis der Kolloide S. 177 u. 178. Jena 1905.

[2] *E. Heinz*, Inaugural-Diss. Göttingen 1914 u. Referat: *Zsigmondy*, Z. f. anorg. Chemie, **89**, 213; 1914.

sieren ließ bei einem Molekularverhältnis 200 $SnO_2$ zu 1 $K_2O$. *Heinz* fand, daß dieses Gel nach einmaligem Absaugen (wobei es einen Teil seines Wassergehalts verlor) nicht mehr mit stark verdünnter Kalilauge peptisierbar war. Näher ist dies Verhalten von *Glixelli* untersucht worden. (Ausführlicheres darüber s. Kap. 72).

Alle diese Versuche, ferner auch die Tatsache, daß die Gele beim Eintrocknen immer fester werden, u. a. m. geben Belege für die von vornherein plausible Annahme, daß die Attraktionskräfte mit abnehmender Entfernung stark zunehmen.

Wie erwähnt ist die Peptisation der trockenen Gele mit stark verdünnten Laugen und Säuren meist nicht durchführbar; immerhin gibt es einige Gele, deren Teilchen einen verhältnismäßig geringfügigen Zusammenhang haben, so daß sie sich noch peptisieren lassen; die Konzentration der Peptisationsmittel muß aber in solchen Fällen bedeutend höher gewählt werden als im Fall der nassen Gele.

Trockene Metazinnsäure läßt sich peptisieren trotz ihres pulverigen Aussehens sowohl durch Säure wie durch Lauge, ohne daß die Natur der Primärteilchen dadurch wesentlich geändert würde; man muß aber meistens einen bedeutenden Überschuß der Peptisationsmittel anwenden.

Ein anderes Beispiel der Peptisierbarkeit einer trockenen und sogar wasserfreien Substanz haben *Kohlschütter* und *Frei* in einer interessanten Untersuchung[1] näher studiert. Sie zeigen bei Thoriumoxyd, daß hier der Zerfall gleichfalls durch Aufladung der aus dem Oxalat gebildeten Thoriumoxydultramikronen erfolgt, und daß das Anätzen hierbei viel weniger in Betracht kommt als die Aufladung. Das Oxyd wird um so schwerer peptisierbar, je fester seine Teilchen infolge Glühens aneinanderhaften.

## 35. Übergänge zwischen Elektrolytlösungen und irreversiblen Hydrosolen.

Zwischen Elektrolytlösungen und irreversiblen Hydrosolen bestehen zahlreiche Übergänge, so daß es kaum möglich ist, eine scharfe Grenze zwischen beiden Arten disperser Systeme zu ziehen.

Betrachten wir eine wässerige Lösung von Eisenchlorid, die allmählich verdünnt werde. Bei der vollständigen Hydrolyse dieses Salzes in weitgehender Verdünnung erhält man bekanntlich einen braungelben Niederschlag, Ferrihydroxyd oder das Gel des Eisenoxyds. Es ist noch nicht mit Sicherheit entschieden, ob derselbe aus Hydraten des Eisenoxyds oder aus Amikronen von $Fe_2O_3$ besteht, die durch Wasserhüllen voneinander getrennt sind. Wir wollen mit *van Bemmelen* der Einfachheit halber von kolloidem Eisenoxyd sprechen, ohne dabei die Wahrscheinlichkeit der Bildung von kolloiden Hydraten irgendwie in Abrede zu stellen.

Auch in konzentrierteren Lösungen wird das Endprodukt der Hydrolyse, Eisenoxyd (oder ein Hydrat desselben), gebildet werden, neben verschiedenen noch nicht näher bekannten Ferrioxychloriden, die ihrerseits der elektrolytischen Dissoziation und der Hydrolyse unterliegen werden.

---

[1] *Kohlschütter* u. *Frei:* Zeitschr. f. Elektrochem. 1916, S. 145. S. auch Kap. 82.

Die Amikronen des Eisenoxyds finden demnach reichlich Kationen vor, die ihnen erfahrungsgemäß positive Ladung erteilen; die Teilchen vereinigen sich nicht, sondern bleiben in der Lösung. Bei allmählich gesteigerter Verdünnung wird immer mehr Eisenoxyd gebildet, das sich entweder an den vorhandenen Amikronen ablagert, ihre Masse vergrößernd, oder zur Entstehung neuer Amikronen Veranlassung gibt, die gleichfalls durch Ionenadsorption Ladung erhalten.

Bei genügend großer Verdünnung wird der größte Teil der vorhandenen Kationen des Eisenchlorids (Ferriionen wie die der Oxychloride) mit den Oxydteilchen vereinigt sein (Hydrosol des Eisenoxyds), und weitere Verdünnung (oder Zusatz von Alkali) bewirkt dann deren Entladung unter Aufnahme von Hydroxylionen (Gelbildung). Ganz Ähnliches tritt bei der Dialyse einer Lösung von Eisenchlorid oder -nitrat ein.

Schon *Vorländer*[1] konnte die Hydrolyse des Ferrisulfats ultramikroskopisch verfolgen. *Bachmann*[2] hat dann gezeigt, daß man im Immersionsultramikroskop auch in Ferrichloridlösungen ein Gewimmel sehr lichtschwacher Submikronen des gebildeten Eisenoxydsols beobachten kann.

Bei höherer Temperatur ist die Hydrolyse viel weiter fortgeschritten: man erhält Hydrosole bereits in höheren Konzentrationen (Braunfärbung der Lösungen von Ferrinitrat beim Erwärmen). Längeres Kochen bewirkt bei Ferriacetat fast vollständige Hydrolyse. Hierbei sind die Bedingungen für die Entstehung größerer Teilchen gegeben: die Amikronen wachsen ins submikroskopische Gebiet hinein; die Hydrosole erscheinen stark getrübt (kolloides Metaeisenoxyd). Die Submikronen haben, wie *Cotton* und *Mouton* gezeigt haben, krystallinischen Charakter (vgl. kolloides Eisenoxyd, Kap. 87).

### 36. Wärmetönung bei Kolloidreaktionen.

Die Wärmetönungen, welche die Kolloidreaktionen begleiten, sind gewöhnlich recht gering. Die Wärmetönung bei der Quellung wurde bereits Kap. 32 kurz besprochen. Für irreversible Kolloide findet man meist einander widersprechende Angaben; so beobachtete *Thomson*[3] keine Wärmetönung bei Koagulation der Kieselsäure, *Wiedemann* und *Lüdeking*[4] erhielten pro Gewichtseinheit Kieselsäure 12,2 bis 11,3 Cal., während *Graham*[5] bei Koagulation 5 proz. Kieselsäurelösung Temperatursteigerung von 1° feststellte. Nach *Picton* und *Linder*[6] tritt ferner bei der Gelatinierung von $As_2S_3$, $Sb_2S_3$ und $Fe_2O_3$ keine meßbare Wärmetönung ein.

*Doerinckels Untersuchungen.* In einer sorgfältig durchgeführten Arbeit von *Doerinckel*[7] wurde zunächst gezeigt, daß die Koagulationswärme von Kieselsäure wie von Eisenoxyd stets

[1] *D. Vorländer:* Ber. **46**, 190 (1913).

[2] *W. Bachmann:* Zeitschr. f. anorg. Chem. **100**, 83 (1917).

[3] *J. Thomson:* Thermochemische Untersuchungen **1**, 211 bis 219. Leipzig 1882.

[4] *E Wiedemann* und *Ch. Lüdeking:* Wiedemanns Annalen (N. F.) **25**, 145 bis 153 (1885).

[5] *Th. Graham:* Poggendorffs Annalen **123**, 529 bis 541 (1864).

[6] *H. Picton* und *S. E. Linder:* Journ. Chem. Soc. **61**, 144, 146 u. 153 (1892).

[7] *F. Doerinckel:* Zeitschr. f. anorg. Chemie **66**, 20 bis 36 (1910).

positiv ausfällt, weiter wurde ihre Abhängigkeit von der Konzentration des Hydrosols und des fällenden Elektrolyten untersucht. (Fig. 20 u. 21; die Ordinaten geben die Wärmetönung in Kalorien für 250 ccm Hydrosol an.)

Die Koagulationswärme als Funktion der Menge des adsorbierten Elektrolyten ist durch eine Kurve dargestellt (Fig. 22).

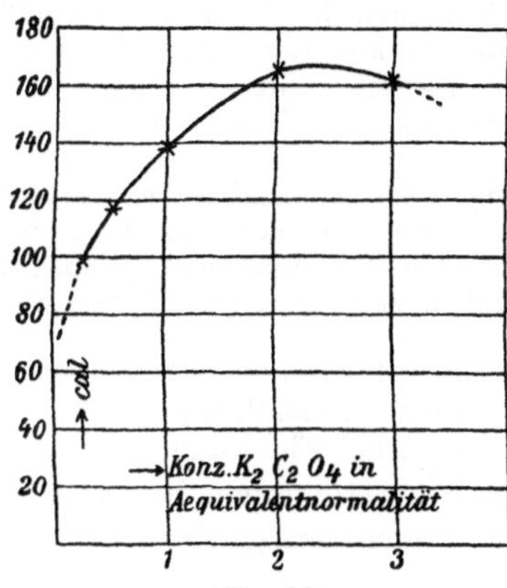


Fig. 20.
Koagulationswärme von 10,8%igem Fe₂O₃-Hydrosol[1] durch Kaliumoxalatlösung variabler Konzentration.

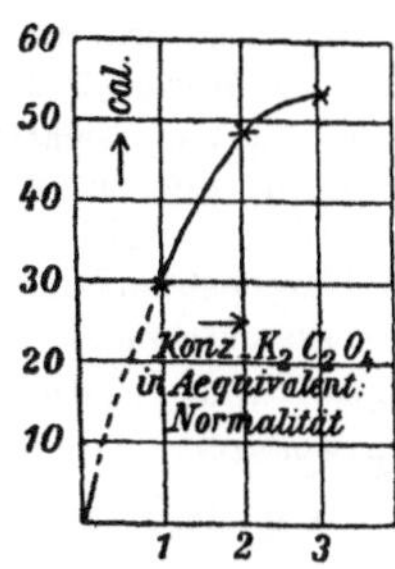


Fig. 21.
Koagulationswärme von 5%igem Fe₂O₃-Hydrosol[1] durch Kaliumoxalatlösung variabler Konzentration.

Die bei der Koagulation frei werdende Wärmemenge ist unter anderem abhängig von der · Natur des Koagulationsmittels. Bei der Fällung von kolloidem Eisenoxyd mit Kaliumoxalat erhielt *Doerinckel* etwa dreimal so große Werte wie bei der Fällung mit Aluminiumsulfat.

Die Untersuchung ergab ferner, daß die entwickelte Wärme sich gewöhnlich nicht als lineare Funktion der Konzentration des Kolloids darstellen läßt. Bei der linearen Extrapolation wurde meist ein von Null verschiedener positiver Wert erhalten. Die von 1 g Eisenoxyd bei der Koagulation entwickelte Wärme ist demnach größer bei verdünnteren als bei konzentrierteren Lösungen. Der Grund dieser Abweichungen ist darin zu suchen, daß beim Zusammengießen konzentrierter Lösungen Niederschlagsmembranen gebildet werden, die eine vollständige Vermischung beider Lösungen und damit eine vollständige

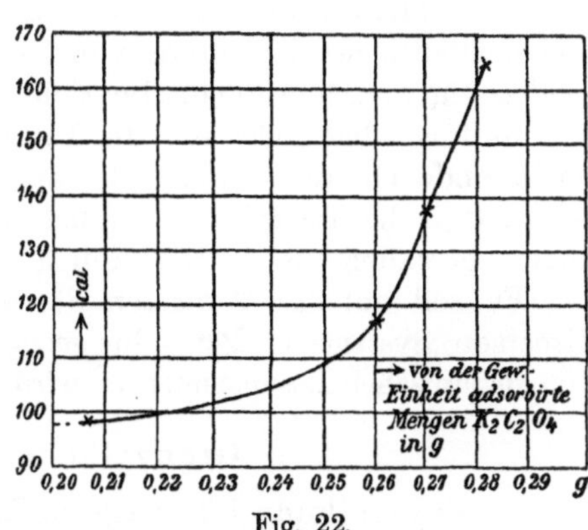


Fig. 22.
Koagulationswärme von 250 ccm 10,8%igem Fe₂O₃ als Funktion der adsorbierten Menge Kaliumoxalat.

Koagulation des Eisenoxyds innerhalb der Versuchsdauer verhindern. Weiter erwies es sich, daß die Koagulationswärme unter anderem abhängig von dem Gehalt an peptisierendem Elektrolyt ist.

Interessant sind auch die Versuche *Doerinckels*[2] betreffs der gegenseitigen Fällung von kolloidalem Silber („Argoferment" von *Heyden*, Radebeul) und kolloidem Eisenoxyd

---

[1] Die Hydrosole sind zwei Präparate verschiedener Darstellung.
[2] *F. Doerinckel*: Zeitschr. f. anorg. Chemie **67**, 161 bis 166 (1910).

in Abhängigkeit von dem Konzentrationsverhältnis der beiden Komponenten. Es wurden bei der Fällung bis 47 cal. auf 2,5 g disperser Phase entwickelt; das Fällungsoptimum fiel nicht mit dem Maximum der Wärmetönung zusammen. Das „Argoferment" enthielt beträchtliche Mengen Schutzkolloid, die aber, wie besondere Versuche zeigten, nicht direkt an der Wärmetönung beteiligt waren.

Bei der reversiblen Fällung von „Argoferment" mit Ammoniumnitrat[1] wurde eine sehr geringe positive Wärmetönung beobachtet, nämlich 1 bis 2 cal. für 1 g Silber, während *Prange*[2] für sehr reines (schutzkolloidarmes) kolloides Silber 126,7 bzw. 250,9 cal. für die Fällung von 1 g Silber gefunden hatte. Hier scheint in erster Linie die Verschiedenheit der Präparate eine Rolle zu spielen, wenn auch die Messungen *Pranges* nach seinen eigenen Angaben wenig genau sind.

Diese Resultate erklären zum Teil die widersprechenden Angaben verschiedener Forscher über die Wärmetönung bei der Fällung irreversibler Kolloide. Je nach der Art des Hydrosols, seinem Elektrolytgehalt, seinem Zerteilungsgrad, je nach der Natur und der Konzentration des Koagulationsmittels kann man verschiedene Werte für die Koagulationswärme erhalten.

Es sei hier noch auf den Apparat, dessen sich *Doerinckel* für seine Messungen bediente, aufmerksam gemacht (siehe die erstcitierte Abhandlung).

*R. Kruyt* und *J. van der Speck*[3] haben bei Flockungen von Arsensulfid- und Eisenoxydsolen nur sehr geringe Wärmetönungen beobachtet, 0,01 bis 0,05 cal. pro g $As_2S_3$ resp. 2 Grammkalorien pro g $Fe_2O_3$.

### 37. Anreicherung an Oberflächen.

#### Oberflächenspannung.

Bezüglich der Oberflächenspannung von Lösungen gilt das Theorem von *Gibbs*, das schon Kap. 26 bei der Adsorption Erwähnung fand. Die Ausbreitung von Flüssigkeiten auf Oberflächen hat *G. Quincke* eingehend studiert, und bezüglich des Verhaltens von festen Körpern ist eine Theorie von *Descoudres* entwickelt worden, die sich auf Versuche von *Quincke* stützt.

In folgendem sollen nur die Tatsachen näher betrachtet werden, da eine umfassende Theorie wohl erst der Zukunft vorbehalten bleibt[4]. Wir werden sehen, daß die Tatsachen bezüglich der irreversiblen Hydrosole sich etwas anders gestalten, als sie gewöhnlich dargestellt werden.

Es soll nur das Verhalten der wässerigen Lösungen resp. wässerigen dispersen Systeme in Betracht gezogen werden; die Oberflächenspannung von organischen Lösungsmitteln wird in der Regel wenig beeinflußt.

#### Grenzfläche Luft - Wasser.

a) **Krystalloide Lösungen.** Es gibt Stoffe, welche die Oberflächenspannung erhöhen, andere, welche sie erniedrigen und in genügender Verdünnung keine Wirkung auf die Oberflächenspannung in der Grenze Luft-Wasser ausüben. Anorganische Elektrolyte erhöhen in der Regel die Oberflächenspannung, stark verdünnte lassen sie unbeeinflußt; organische Elektro-

---

[1] Sie fand erst bei Verwendung von mindestens 40 proz. Lösung von Ammoniumnitrat statt.

[2] *J. A. Prange*: Receuil d. travaux chim. des Pays-Bas **9**, 121 bis 133 (1890).

[3] Koll.-Zeitschr. **24**, 145 (1919).

[4] Näheres über hierhergehörige Theorien siehe *Freundlich*, Kapillarchemie.

lyte erhöhen oder erniedrigen dieselbe. Alkohol, organische Säuren und viele andere flüchtige Stoffe erniedrigen sie.

b) Kolloide Lösungen. Bei Kolloiden finden wir dasselbe wie bei Krystalloiden; es gibt solche, die die Oberflächenspannung erhöhen, andere, die sie erniedrigen, und sehr verdünnte, die sie unbeeinflußt lassen. (Beispiele: Gummi arabicum und andere Gummiarten, Stärke usw. erhöhen etwas die Oberflächenspannung, kolloide Kieselsäure, Zinnsäure lassen sie fast unbeeinflußt, Gold, Arsensulfid und andere Kolloide verändern nicht merklich die Oberflächenspannung.)

Gelatine, Eiweiß, insbesondere Seifenlösungen, ferner Saponin usw. erniedrigen die Oberflächenspannung und reichern sich an der Oberfläche an; zuweilen verfestigen sie dieselbe und bilden einen beständigen Schaum.

Grob suspendierte Körper verändern nicht die Oberflächenspannung; ein solcher Einfluß ist auch nicht zu erwarten, weil sie nicht an die Oberfläche gehen, sondern sedimentieren.

Kolloides Gold verhält sich demnach gegenüber der freien Oberfläche wie eine Suspension, aber auch wie eine stark verdünnte Kochsalzlösung, indem die Oberflächenspannung in beiden Fällen nicht merklich beeinflußt wird. Für die Klassifikation ist dieses Verhalten also nicht verwendbar, man kann daraus nicht auf den suspensoiden Charakter der Goldlösung schließen, wie das zuweilen geschieht, weil auch verdünnte Elektrolytlösungen sich ebenso verhalten.

Grenzfläche zwischen organischen Lösungsmitteln und Wasser.

Wir wollen hier die Änderungen der Grenzflächenspannung selbst unberücksichtigt lassen, da dieselbe für die in Betracht kommenden Stoffe meist nicht genügend bekannt ist. Es ist zu erwarten, daß auch hier das Theorem von *Gibbs* Gültigkeit besitzt.

Krystalloide Lösungen verhalten sich ähnlich wie gegenüber der freien Oberfläche (Grenzfläche Luft-Wasser), und die gelösten Stoffe können sich an der Grenzfläche anreichern oder auch nicht.

Manche kolloid gelösten Stoffe, wie Eiweiß, Pepton, Gelatine u. a., haben die Eigenschaft, beim Schütteln mit Benzol, Äther, Chloroform usw. sich stark an der Grenzfläche anzureichern, so daß die Tröpfchen des organischen Lösungsmittels mit einem mehr oder weniger festen Häutchen umhüllt werden, die dann, indem sie an die Oberfläche steigen, (oder auch zu Boden sinken) das Kolloid mitnehmen, so daß auf diese Weise die kolloid gelösten Stoffe aus der Flüssigkeit entfernt und an die Grenzfläche gebracht werden können.

Schüttelt man z. B. nach *Winkelblech*[1] Gelatinelösung kurze Zeit kräftig mit Benzin, so bildet sich eine steife Emulsion aus Leim, Benzin und Wasser, die allmählich emporsteigt. Verwendet man eine stark verdünnte Gelatinelösung, so bemerkt man, daß eine Anzahl größerer oder kleinerer auf der wässerigen Schicht ruhende Blasen eine Zeitlang bestehen bleiben, dann aber bei ihrem Zerplatzen einen dauerhaften weißen Ring an der Gefäßwand geben.

Ausschütteln der Kolloide mit Benzin usw.

---

[1] *K. Winkelblech:* Zeitschr. f. angew. Chemie **19**, 1953 (1906).

Ebenso wie Gelatine können andere hydrophile Kolloide, wie lösliche Stärke, Eiweiß, Harnmucine usw., durch Schütteln mit Benzol, Toluol, Benzin und anderen organischen Lösungsmitteln ausgeschüttelt werden; auch Pepton, Saponin, Gerbsäure erweisen sich als sehr „oberflächenaktiv".

**Reines kolloides Gold läßt sich nicht ausschütteln.** Führt man nun dasselbe Experiment mit hochroter kolloider Goldlösung, die nach dem Formolverfahren hergestellt wird, durch, so zeigt sich, daß das Gold durchaus keine Neigung hat, an die Oberfläche zu gehen[1].

Sowohl kurzes Schütteln mit reinem Benzol, Toluol oder Äther wie auch längeres Schütteln in der Schüttelmaschine lassen das Gold ganz unverändert; die Flüssigkeit bleibt hochrot und ist höchstens durch die in ihr verteilten Tröpfchen des organischen Lösungsmittels vorübergehend getrübt. An der nach einigem Stehen gut reflektierenden Grenzfläche von Benzol und Hydrosol bemerkt man keine Spur von Metallschimmer, falls das Hydrosol keine größeren teilweise entladenen Teilchen enthielt.

Ähnliche Versuche kann man mit klarem kolloiden Arsensulfid anstellen; falls man sauber arbeitet und das Sulfid nicht durch Oxydation usw. instabil geworden ist, geht es nicht an die Oberfläche.

Ganz anders sind die Verhältnisse, wenn man durch ganz kleine Elektrolytzusätze Koagulation herbeiführt. Dann kann man nach einmaligem kräftigen **Koaguliertes Gold geht an die Grenzflächen.** Umschütteln das suspendierte Gold- oder Arsensulfid sofort an die Oberfläche bringen.

Die mit dem suspendierten Gold erhaltene Flüssigkeitshaut an der Grenzfläche ist in der Durchsicht blau, im reflektierten Licht bronzeglänzend und hat je nach den Entstehungsbedingungen verschiedene Eigenschaften. Manchmal macht sich das Bestreben der Expansion geltend, so daß die durch Schütteln an der Grenzfläche der beiden Flüssigkeiten konzentrierte Goldschicht in kurzer Zeit zwischen der die Glaswand bekleidenden Wasserhaut und dem organischen Lösungsmittel sich ausbreitet, das Gold also am Rande emporsteigt; in manchen Fällen erkennt man deutliche Kontraktion.

**Vergleich mit Membranen.** In Toluol schwimmende von der Goldhaut umgebene Toluolblasen steigen durch eine Luftblase getragen an die Oberfläche der Flüssigkeit, platzen dort, und die Haut, die eine gewisse Elastizität besitzt, zieht sich zusammen und

---

[1] Derartige Versuche sind von mir schon vor Jahren angestellt und von meinen Schülern im Praktikum mit gleichem Erfolg wiederholt worden. Voraussetzung ist, daß man ein reines hochrotes Goldhydrosol verwendet, das möglichst frei von gröberen Teilchen ist, und daß die organischen Lösungsmittel frei von gewissen Verunreinigungen, z. B. Säuren, sind. Äther, der längere Zeit im Laboratorium gestanden hat, enthält häufig etwas Säure und bewirkt sofortige Koagulation des Goldes, das sich dann als bronzeglänzende Schicht an der Trennungsfläche anreichert. Auch muß das Goldhydrosol genügend rein sein; kleine Säuremengen, wie sie sich bei der Reduktion von Goldchlorid ohne Zusatz von Kaliumcarbonat mit Phosphor bilden, verringern die Haltbarkeit der Goldlösung, indem sie sie empfindlich gegen gewisse Verunreinigungen machen und koagulieren. (Näheres s. koll. Gold.) Darauf sind die schwankenden und von den hier beschriebenen abweichenden Resultate, die *Reinders* (Koll.-Zeitschr. **13**, 235, 1913) gefunden hat, zurückzuführen, ebenso das Verhalten der von *v. Weimarn* untersuchten Hydrosole. Ausführlich ist dieser Gegenstand behandelt in einer Abhandlung des Verfassers: Göttinger Nachrichten 1916.

sinkt wie die Hülle eines geplatzten Luftballons auf die Flüssigkeitsgrenze nieder, wo sie, ohne sich weiter zu verändern, in allerlei Gestalten liegen bleibt. Diese Beobachtungen sind wichtig für die Theorie der Membranen. Anfangs hat das Häutchen noch die Eigenschaft einer elastischen Flüssigkeit, ähnlich wie eine Seifenblase. Sie verliert dieselbe aber bei einer gewissen Dicke und Anreicherung der Goldteilchen während der Kontraktion und gewinnt Formbeständigkeit, also die Eigenschaften eines festen Körpers.

Betrachten wir nun die vier Systeme: Gelatinelösung (oder Eiweißlösung), Goldsuspension, Kochsalzlösung und kolloides Gold (oder Arsensulfidsol) ohne Voreingenommenheit, so ergibt der Vergleich unmittelbar, daß sich die Gelatine (ebenso wie die Eiweißlösung) wie eine Goldsuspension verhält und an der Grenzfläche ansammelt, das kolloide Gold aber (und das Arsensulfid) wie die Kochsalzlösung, indem es beim Schütteln nicht an die Oberfläche geht; hier also verhält sich das kolloide Gold (Arsensulfid) nicht als „Suspensoid", sondern gerade so wie die sonst so beständige Gelatine- oder Eiweißlösung.

## 38. Theorie der Membrangleichgewichte bei Vorhandensein von nicht dialysierenden Elektrolyten.

*Donnan*[1] hat die Ionengleichgewichte untersucht, die sich ergeben, wenn eine Ionengattung durch eine für sie undurchlässige Membran von diffundierbaren Elektrolyten abgeschlossen ist.

a) Verteilung eines Elektrolyten mit gemeinsamem Ion. Ein Salz NaR sei vollständig in die Ionen $\mathrm{Na}^{\cdot}$ und $\mathrm{R}'$ dissoziiert; die Lösung sei durch eine Membran, welche nur für die Ionen $\mathrm{R}'$ undurchlässig ist, von einer Kochsalzlösung $\mathrm{Na}^{\cdot}\mathrm{Cl}'$ getrennt. Schematisch werden diese Verhältnisse durch folgendes Bild angedeutet:

$$
\begin{array}{c|c}
(1) & (2) \\
\mathrm{Na}^{\cdot} & \mathrm{Na}^{\cdot} \\
\mathrm{R}' & \mathrm{Cl}'
\end{array}
$$

NaCl wird dann von (2) nach (1) diffundieren, und wir erhalten den Gleichgewichtszustand:

$$
\begin{array}{c|c}
(1) & (2) \\
\mathrm{Na}^{\cdot} & \mathrm{Na}^{\cdot} \\
\mathrm{R}' & \\
\mathrm{Cl}' & \mathrm{Cl}'
\end{array}
$$

Die in diesem Gleichgewichtszustande für die isotherme, umkehrbare Überführung eines Mols $\mathrm{Na}^{\cdot}$ von (2) nach (1) erforderliche Arbeit ist ebenso groß wie die durch die entsprechende umkehrbare Überführung eines Mols $\mathrm{Cl}'$ gewinnbare Arbeit. Die hierdurch gewinnbare Arbeit (Abnahme der freien Energie) ist Null, deshalb ist:

---

[1] *F. G. Donnan*: Zeitschr. f. Elektrochemie **17**, 572 bis 581 (1911).

$$\delta n\,R\,T \log \frac{[\mathrm{Na}^{\cdot}]_2}{[\mathrm{Na}^{\cdot}]_1} + \delta n\,R\,T \log \frac{[\mathrm{Cl}']_2}{[\mathrm{Cl}']_1} = 0$$

oder
$$[\mathrm{Na}^{\cdot}]_2 \cdot [\mathrm{Cl}']_2 = [\mathrm{Na}^{\cdot}]_1 \cdot [\mathrm{Cl}']_1 \ldots (1),$$

worin die eckigen Klammern molare Konzentration andeuten.

Für die folgende Betrachtung ist vollständige elektrolytische Dissoziation der Salze und das Vorhandensein gleicher Volumina Flüssigkeit an beiden Seiten der Membran vorausgesetzt.

| Ursprünglicher Zustand: | | | | Gleichgewichtszustand; | | | | |
| --- | --- | --- | --- | --- | --- | --- | --- | --- |
| $\mathrm{Na}^{\cdot}$ | $\mathrm{R}'$ | $\mathrm{Na}^{\cdot}$ | $\mathrm{Cl}'$ | $\mathrm{Na}^{\cdot}$ | $\mathrm{R}'$ | $\mathrm{Cl}'$ | $\mathrm{Na}^{\cdot}$ | $\mathrm{Cl}'$ |
| $c_1$ | $c_1$ | $c_2$ | $c_2$ | $c_1 + x$ | $c_1$ | $x$ | $c_2 - x$ | $c_2 - x$ |
| (1) | | (2) | | (1) | | | (2) | |

Die algebraischen Symbole bedeuten die molaren Ionenkonzentrationen, $\dfrac{100\,x}{c_2}$ ist die prozentuale Menge NaCl, die von (2) nach (1) diffundiert, und $\dfrac{c_2 - x}{x}$ das beim Gleichgewicht vorhandene Verteilungsverhältnis von NaCl zwischen (2) und (1).

Die Gleichung (1) gibt die Beziehung

$$(c_1 + x)\,x = (c_2 - x)^2 \qquad \text{oder} \qquad x = \frac{c_2^2}{c_1 + 2c_2}\,;$$

daraus läßt sich das Verteilungsverhältnis für einzelne spezielle Fälle leicht berechnen.

Zur Veranschaulichung diene folgende kleine Tabelle *Donnans*[1]:

| Ursprüngliche Konzentration von NaR in (1) $c_1$ | Ursprüngliche Konzentration von NaCl in (2) $c_2$ | Ursprüngliches Verhältnis von NaR zu NaCl $\dfrac{c_1}{c_2}$ | Prozent NaCl von (2) nach (1) hingewandert $\dfrac{100\,x}{c_2}$ | Verteilungsverhältnis von NaCl zwischen (2) und (1) $\dfrac{c_2 - x}{x}$ |
| --- | --- | --- | --- | --- |
| 0,01 | 1 | 0,01 | 49,7 | 1,01 |
| 0,1 | 1 | 0,1 | 47,6 | 1,1 |
| 1 | 1 | 1 | 33 | 2 |
| 1 | 0,1 | 10 | 8,3 | 11 |
| 1 | 0,01 | 100 | 1 | 99 |

Eine genügend große Konzentration von NaR vermag demnach das Eindringen von NaCl durch die Membran fast vollständig aufzuheben. Ist dagegen die Konzentration von NaCl groß gegen die von NaR, so beeinflußt das letztere kaum die Diffusion von NaCl.

b) Osmotischer Druck. Die ungleiche Verteilung von NaCl beeinflußt auch die Messung des osmotischen Drucks.

---

[1] ib. S. 574.

Ist $P_0$ der wahre osmotische Druck von NaR und $P_1$ der beobachtete osmotische Druck, so ergibt sich im vorliegenden Falle nach *Donnan*

$$\frac{P_1}{P_0} = \frac{c_1 + c_2}{c_1 + 2c_2}\,.$$

Wird also $c_1$ klein gegen $c_2$, so wird $P_1 = \tfrac{1}{2}P_0$; ist aber $c_2$ klein gegen $c_1$, so wird $P_1 = P_0$, d. h. der Druck des nicht durch die Membran wandernden Salzes bleibt unbeeinflußt.

c) **Verteilung eines Elektrolyten mit keinem gemeinsamen Ion.** Ersetzt man in der Flüssigkeit (2) NaCl durch KCl, so führt eine der obigen ähnliche Betrachtung zu folgendem Resultat:

Ist die Konzentration von NaR groß gegen die des KCl, so diffundiert das meiste $\overset{\cdot}{\text{K}}$ durch die Membran zu (1); nur ein kleiner Teil von $\text{Cl}'$ vermag die Membran zu durchdringen, und nur ein kleiner Teil von $\overset{\cdot}{\text{Na}}$ wandert von (1) nach (2). Ist umgekehrt die Konzentration des KCl groß gegen die des NaR, so wird ein beträchtlicher Teil des $\overset{\cdot}{\text{Na}}$ aus (1) nach (2) wandern.

d) **Hydrolytische Zersetzung von Salzen durch die Wirkung einer Membran.** Wenn zu einer Seite (1) der Membran die Lösung NaR, zur anderen (2) reines Wasser sich befindet, so wird $\overset{\cdot}{\text{Na}}$ bestrebt sein, durch die Membran hindurchzugehen, was aber nur möglich ist, wenn gleichzeitig $\text{OH}'$-Ionen von (1) nach (2) diffundieren. Die Lösung (1) wird sauer. Die Verhältnisse lassen sich durch folgendes Schema zum Ausdruck bringen:

| Anfangszustand: | | Gleichgewichtszustand: | |
|---|---|---|---|
| (1) | (2) | (1) | (2) |
| $\overset{\cdot}{\text{Na}}$ | Reines $H_2O$ | $\overset{\cdot}{\text{Na}}$ | $\overset{\cdot}{\text{Na}}$ |
| $\text{R}'$ | | $\overset{\cdot}{\text{H}}$ | |
| | | $\text{R}'$ | $\text{OH}'$ |

Durch eine ganz analoge Betrachtung wie oben erhalten wir:

$$\frac{[\overset{\cdot}{\text{Na}}]_1}{[\overset{\cdot}{\text{Na}}]_2} = \frac{[\text{OH}']_2}{[\text{OH}']_1} \ \ldots (2)$$

Unter Voraussetzung vollständiger elektrolytischer Dissoziation aller vorhandenen Elektrolyte, gleicher Volumina in (1) und (2) und relativ großer $\text{OH}'$-Konzentration in (2) (im Vergleich zur $\text{OH}'$-Konzentration des reinen Wassers) lassen sich Anfangs- und Endzustand des Systems in folgender Weise formulieren:

| Anfangszustand: | | Endzustand: | | | |
|---|---|---|---|---|---|
| (1) | (2) | (1) | | | (2) |
| $\overset{\cdot}{\text{Na}}$ $\quad$ $\text{R}'$ | Reines $H_2O$ | $\overset{\cdot}{\text{Na}}$ $\quad$ $\overset{\cdot}{\text{H}}$ $\quad$ $\text{R}'$ | | | $\overset{\cdot}{\text{Na}}$ $\quad$ $\text{OH}'$ |
| $c_1$ $\quad$ $c_1$ | | $c_1 - x$ $\quad$ $x$ $\quad$ $c_1$ | | | $x$ $\quad$ $x$ |

Gleichung (2) liefert dann die Beziehung:

$$\frac{c_1 - x}{x} = \frac{x}{[\text{OH}']_1}$$

da $x \cdot [OH']_1 = K_\omega$, so erhalten wir

$$\frac{c_1 - x}{x} = \frac{x^2}{K_\omega} \quad \text{oder} \quad x^3 = K_\omega \, (c_1 - x) \, .$$

Ist $x$ klein gegen $c_1$, so folgt

$$x = \sqrt[3]{K_\omega \cdot c_1} \, .$$

In diesem Falle ist die hydrolytische Zersetzung von NaR nur sehr klein, z. B. für:

| $c_1$ | $x$ | $\dfrac{100\,x}{c_1}$ |
|:---:|:---:|:---:|
| 0,01 | $5 \cdot 10^{-6}$ | $0,05^0/_0$ |
| 0,1 | $1 \cdot 10^{-5}$ | $0,01^0/_0$ |
| 1 | $2 \cdot 10^{-5}$ | $0,002^0/_0$ |

Durch Vergrößerung des Volumens (2) kann man die Hydrolyse steigern. Für $v_{(2)} = 100 \, v_{(1)}$ und $c_1 = 0,1$ würde $\dfrac{100\,x}{c_1}$ von der Größenordnung $10^{-1}$ sein.

Ist die Dissoziationskonstante der Säure HR sehr klein oder ihre Löslichkeit sehr gering, dann wird gleichfalls die Hydrolyse beträchtlich gesteigert. *Donnan*[1] berechnet mehrere derartige Fälle.

e) **Ionisierung einer Säure mit nicht dialysierendem Anion durch Membrandialyse.** Ist an der Seite (1) die nicht dialysierende Säure RH vorhanden, an der Seite (2) die äquivalente Menge NaOH, so muß das NaOH zum größten Teile von (2) nach (1) dialysieren, wo es zur Bildung des nicht dialysierenden Salzes RNa größtenteils verbraucht wird.

Ist die Säure ursprünglich in Form von Kryställchen oder einer Gallerte vorhanden, so übt dieselbe keinen osmotischen Druck gegen reines Wasser aus; man erhält aber sofort osmotischen Druck, wenn man zum Außenwasser NaOH bringt, das dann nach (1) diffundiert und zur Bildung des Salzes NaR verwandt wird.

*Donnan* betrachtet schließlich die beim Gleichgewicht bestehenden Potentialdifferenzen und rechnet für einzelne Fälle die Größe derselben aus. Betrachtungen dieser Art sind wichtig für die Beurteilung der Nerven wie zur Erklärung der elektrischen Organe mancher Fische.

Da sich, wie weiter oben ausgeführt, die elektrisch geladenen Ultramikronen wie hochmolekulare Komplexionen verhalten, denen die Eigenschaft abgeht, durch Membranen zu diffundieren, so dürfte die *Donnan*sche Theorie nach entsprechender Erweiterung auch auf sie anwendbar sein. Ausgehend von *Donnans* Formeln hat *Sörensen*[2] auch die für das Membrangleichgewicht der Proteïnlösungen geltenden Gesetzmäßigkeiten aufgestellt.

[1] ib. S. 578.
[2] Zeitschr. physiolog. Chem. **106**, 1 (1919).

# Spezieller Teil.

## I. Anorganische Kolloide.

### A. Kolloide Metalle.

Allgemeine Eigenschaften. Zunächst sollen nur reine, d. h. schutz- Reine Metall-<br>kolloide.
kolloidfreie Metalle behandelt werden. Sie treten häufig in submikroskopischer Form und in den verschiedensten Farben auf und sind zur ultramikroskopischen Sichtbarmachung ganz besonders geeignete Objekte. Trotz
dieser Eigenschaft gelingt es aber bei Anwendung geeigneter Vorsichtsmaßregeln, sie in nahezu optisch homogener Form zu erhalten, so daß selbst im
Ultramikroskop unter Umständen kaum ein schwacher Lichtkegel bemerkbar
wird.

Sie sind nie in hohen Konzentrationen zu erhalten, meist nur unter 0,1%.
Beim Versuch, sie zu konzentrieren, sei es durch Eindampfen, sei es durch
Ultrafiltration, koagulieren sie stets bei genügender Annäherung der Einzel- Teilchen-<br>vereinigung.
teilchen; ebenso meist bei Behandlung mit Elektrolyten aller Art. Ihr wesent-
liches, charakteristisches Merkmal ist demnach das Streben nach Teilchenvereinigung, und tatsächlich kann die Herstellung eines Metallkolloids als
ein in den Anfangsstadien unterbrochener Kondensationsprozeß angesehen
werden[1].

Wie weiter oben ausgeführt wurde, sind als Ursache des Koagulationsbestrebens Anziehungskräfte von kleiner Attraktionssphäre erkannt worden,
deren Wirkung bei reinen Metallkolloiden durch elektrische Ladung der
Teilchen kompensiert wird.

Die Ladung ist meist negativ und kann unter Umständen einen so vollständigen Schutz verleihen, daß reine kolloide Goldlösungen z. B. jahrelang
unverändert haltbar bleiben, vorausgesetzt, daß man alle Einflüsse, die koagulierend wirken, fernhält. Solche Metallkolloide werden zu unrecht als instabil

---

[1] *R. Zsigmondy:* Zur Erkenntnis der Kolloide 1905,, S. 141.

bezeichnet, denn sie sind in der Tat haltbarer als die sog. stabilen Kolloide wie Eiweiß, Gelatinelösungen u. dgl., die unter gleichen Umständen aufbewahrt schon wegen der Hydrolyse einer Zersetzung unterliegen. Entlädt man die Teilchen aber auf irgendeine Weise, z. B. durch Elektrolytzusatz, dann tritt sofort Koagulation ein.

Es gibt aber Mittel, auch der Elektrolytkoagulation wirksam entgegenzutreten: Hinzufügen von reversiblen Kolloiden, Schutzkolloiden, die oft in minimaler Menge die Koagulation verhindern.

*Schutzwirkung.* Gerade diese Eigenart ist es, der für die Erkenntnis der reversiblen Kolloide eine große, noch immer nicht genügend gewürdigte Bedeutung zukommt. Denn die Eigenschaft, sich ohne Veränderung der ultramikroskopischen Sichtbarkeit und der sonstigen optischen Eigenschaften einem oft nur spurenweise vorhandenen Kolloid derart einverleiben zu können, daß sie weitgehend dessen Reaktionen mitmachen, beweist deutlich, wie wenig begründet die Annahme ist, daß die Schutzkolloide ausschließlich aus feineren, untereinander gleich großen Teilchen bestehen, und wie falsch es wäre, sie im allgemeinen als Molekularzerteilungen nach Art der Krystalloidlösungen anzusehen. Nimmt ja kolloides Gold, welches nur 3% seines Metallgewichts Gelatine enthält, im wesentlichen die Reaktionen derselben an; es wird durch Kochsalz unfällbar, dagegen durch Gerbsäure fällbar. Obgleich also die Amikronen der Gelatine mit Gold vereint sind, haben die so gebildeten Komplexultramikronen dennoch die wesentlichen Reaktionen der Gelatinelösung.

Auch eine praktische Anwendung hat die erwähnte Eigenschaft der Metallkolloide gefunden in der Ermittelung der Schutzwirkung, welche reversible und irreversible Kolloide auf das kolloide Gold ausüben. Die Bestimmung der Goldzahlen dient zu einer näheren Charakterisierung der Schutzkolloide (vgl. Goldzahlen, Kap. 44).

*Bedeutung der kolloiden Metalle.* Die Metallkolloide haben wie wenige andere zur Förderung der Kolloidwissenschaften beigetragen. Dies geht nicht nur aus den schon angeführten Beispielen hervor: hat doch *Bredig*[1] in einer eingehenden Arbeit die Analogie dargetan, welche zwischen kolloiden Metallen und den Fermenten besteht. Nicht minder haben sie zu einer Reihe von anderen Fortschritten geführt, und eine Untersuchung von kolloiden Metallen hat den Anstoß zur Ausbildung der Ultramikroskopie gegeben.

An die Untersuchung von Metallkolloiden knüpfen sich die Arbeiten von *Svedberg*[2] über die *Brown*sche Bewegung, die zu einer Bestätigung der kinetischen Theorie geführt haben. Mit kolloidem Gold wurden Untersuchungen ausgeführt, die zu einer Bestätigung der von *Smoluchowski*schen Koagulationstheorie führten (Kap. 25 b). Anknüpfend an die gegenseitige Fällung von kolloiden Metallen mit positiven Hydrosolen hat *Biltz*[3] gezeigt, daß derartige Vorgänge nicht durch die Annahme einfacher Salzbildung erklärt

---

[1] *G. Bredig:* Anorganische Fermente. Leipzig 1901.

[2] *The Svedberg:* Studien zur Lehre von den kolloiden Lösungen. Upsala 1907, S. 125 bis 160.

[3] *W. Biltz:* Ber. **37**, 1095 bis 1116 (1904).

werden können, und allgemein, daß bei Kolloidfällungen wie auch bei der Färberei neben chemischen Reaktionen noch besondere, der fein zerteilten Materie eigentümliche Reaktionen in Betracht zu ziehen sind.

Für die Theorie der Kolloidverbindungen hat der *Cassius*sche Purpur und dessen Synthese aus dem kolloiden Golde Bedeutung gewonnen. Die nähere Betrachtung der Peptisation des Purpurs und seiner Reaktion macht eine einseitige, nur chemische Auffassung der Peptisationserscheinungen und verwandter Vorgänge undurchführbar.

Mancherlei Erscheinungen bei der Photographie finden, wie *Lüppo-Cramer*[1] gezeigt hat, ihre einfachste Erklärung in dem Verhalten der Metallkolloide, und auch die Photochloride *Carey Lea*,[2] sind nach *R. Lorenz* und *Lüppo-Cramer* nicht als Subchloride, sondern als Adsorptionsverbindungen aufzufassen (Kap. 98).

**Darstellung.** Reine Metallhydrosole werden hergestellt entweder durch Reduktion von sehr verdünnten Metallsalzlösungen oder durch elektrische Zerstäubung (*Bredig, The Svedberg*) oder durch Lichtreaktionen. *The Svedberg*[3] stellt z. B. Silberhydrosole her durch Einwirkung ultravioletter Strahlen auf eine in Wasser liegende Silberplatte (auch bei Blei, Kupfer und Zinn gelingt die Lichtzerstäubung, nicht bei Aluminium und Gold), *Siedentopf* durch Bestrahlung von AgBr-Hydrosol im Kardioid-Ultramikroskop[4].

**Geschützte Metallkolloide.** Als kolloide Metalle werden auch häufig die metallreichen Kolloidverbindungen von Schutzkolloiden mit Metallen bezeichnet. Sie sollen erst später behandelt werden, aber schon hier sei erwähnt, daß auch sie Interesse verdienen und ebenfalls schon praktische Anwendung gefunden haben.

Hierher gehört z. B. *Lea*s kolloides Silber, dessen Entdeckung seinerzeit allgemeines Aufsehen erregt hat; ferner gehören hierher die Metallkolloide, welche *Paal*[5] hergestellt hat, und die mancherlei interessante Eigenschaften aufweisen, unter denen die katalytischen Wirkungen bei Reduktionsprozessen mittels Wasserstoff besonders hervorzuheben sind (Darstellung der Bernsteinsäure aus Fumarsäure, der Stearinsäure aus Ölsäure).

Von praktischen Anwendungen der Metallkolloide sei noch erwähnt die Herstellung der Kolloidlampen nach *Kuzel*s Verfahren.

Fabrikmäßig werden geschützte Metallkolloide erzeugt und zu medizinischen Zwecken verwendet, über deren Wirkung und Bedeutung aber zur Zeit noch Meinungsverschiedenheiten herrschen.

Die kolloiden Metalle haben sich — soweit sie bisher darauf untersucht sind — nach der *Debye-Scherrer*schen Methode geprüft, als krystallinisch erwiesen (s. Anhang).

---

[1] *Lüppo-Cramer:* Kolloidchemie und Photographie. Dresden 1908.

[2] *M. Carey Lea* übersetzt von *Lüppo-Cramer:* Kolloides Silber und die Photohaloide. Dresden 1908.

[3] *The Svedberg:* Ber. **42**, 4375 bis 4377 (1909); Koll.-Zeitschr. **6.** 129 bis 136 (1910).

[4] Siehe Anm. 1, S. 22.

[5] *C. Paal* und *C. Amberger:* Ber. **37**, 124 bis 139 (1904); **38**, 1398 bis 1405 (1905); **40**, 1392 bis 1404 (1907).

# 1. Reine Metallkolloide.

## 39. Bildungsbedingungen kolloider Metalle.

Zwei schon lange erkannte Bedingungen für die Bildung s c h u t z k o l l o i d -
f r e i e r Metalle und im allgemeinen f e i n t e i l i g e r irreversibler Hydrosole
durch chemische Reaktionen sind die folgenden.

1. Der durch chemische Reaktion gebildete Körper muß in der Flüssigkeit, in der er entsteht, praktisch unlöslich sein[1];

2. das Reaktionsgemisch muß weitgehend verdünnt sein[2]; je größer
die Verdünnung, um so feinteiliger wird das Hydrosol[3].

D i e s e B e d i n g u n g e n r e i c h e n a b e r l a n g e n i c h t a u s, u m d e n Z e r-
t e i l u n g s g r a d a u c h n u r a n n ä h e r n d z u b e s t i m m e n; e r h ä n g t i m
h ö c h s t e n M a ß e a u c h v o n a n d e r e n E i n f l ü s s e n a b.

Einfluß der Re-<br>duktionsmittel<br>u. Fremdstoffe.

So kann man das praktisch unlösliche Gold auch bei vollkommen bestimmter Konzentration in den verschiedensten Zerteilungsgraden erhalten, je nach
dem Reduktionsmittel, mit welchem das Goldsalz reduziert wird, und, selbst
bei bestimmtem Reduktionsmittel und bestimmter Konzentration, in sehr
verschiedenen Teilchengrößen und -zahlen je nach Anwesenheit von Spuren
vorhandener Fremdstoffe.

Da diese Verhältnisse allgemeinere Bedeutung für die Gewinnung irreversibler Hydrosole besitzen, so soll hier näher darauf eingegangen werden.

D i e E n t s t e h u n g s b e d i n g u n g e n b e i d e r D a r s t e l l u n g i r r e v e r s i b-
l e r k o l l o i d e r L ö s u n g e n s i n d g a n z ä h n l i c h w i e b e i d e r K r y s t a l l i-
s a t i o n u n d d e r E n t g l a s u n g. Hier wie dort kommt es auf die Zahl der in
der Zeiteinheit gebildeten Wachstumszentren und auf die Geschwindigkeit
an, mit der dieselben heranwachsen. *Tammann*[4] hat die für die Krystallisation im Einstoffsystem geltenden Gesichtspunkte ausführlich dargelegt;
dieselbe Betrachtungsweise hat sich mit Erfolg auf die Vorgänge bei der
Rubinglasbildung[5] und auch auf die Darstellung der Hydrosole übertragen
lassen[6].

Ohne auf die Komplikationen, welche bei den Vorgängen der Solbildung
eintreten können, zu sehr einzugehen, möchte Verf. in folgendem die Aufmerksamkeit auf die wesentlichen Gesichtspunkte lenken, die hier in Betracht
kommen.

Zunächst sei erwähnt, daß ohne Anwesenheit von Wachstumszentren
keine Reduktion eintritt. Keime müssen entweder spontan gebildet oder
den Reduktionsgemischen hinzugefügt werden.

---

[1] Zur Erkenntnis der Kolloide, S. 170 u. 171.

[2] ib. S. 136.

[3] ib. S. 173, eingehender von *W. Biltz, v. Weimarn* u. a. begründet.

[4] *G. Tammann:* Zeitschr. f. physikal. Chemie **25**, 441 (1898). Zeitschr. f. Elektrochem.
**10**, 532 (1904). Lehrbuch der Metallographie, Kap. 9.

[5] Zur Erkenntnis der Kolloide, S. 131.

[6] ib. S. 170 und Zeitschr. f. physikal. Chemie **56**, 65 (1906).

Bei Anwendung kräftiger Reduktionsmittel wird die spontane Keim- 
bildung erzwungen; bei schwächeren bleibt die Bildung der Wachstumszentren
zuweilen aus, und in solchen Fällen wird überhaupt kein Metall reduziert.
Fügt man aber Keime hinzu, so wird die Reaktion ausgelöst, und die Reduktion
erfolgt um so rascher, je mehr Keime hinzugefügt werden. Bilden sich bei
der Reduktion von selbst Keime, so wird das Sol um so feinteiliger, je mehr
Amikronen sich im ganzen gebildet haben; denn dann verteilt sich das gesamte vorhandene Metall auf eine sehr große Anzahl von Teilchen.

Welche enormen Unterschiede in der Größenordnung der Teilchenzahlen
bei verschiedenen Reduktionsmitteln vorkommen, ergibt sich aus folgendem
Beispiel.

Drei nur wenig überschüssiges Alkalikarbonat enthaltende Lösungen von 
Goldchlorid wurden ohne Keimzusatz reduziert:

A. mit ätherischer Phosphorlösung in mäßiger Wärme;

B. mit Formol bei Siedehitze;

C. mit Hydroxylaminchlorhydrat bei Zimmertemperatur. Alle Lösungen enthielten gleichviel Gold ($^5/_{1000}\%$); nach erfolgter Reduktion erhielt man bei A. und B. eine hochrote, vollkommen klare Goldlösung, bei C.
eine trübe, blaue, absetzende Suspension. Die weiteren Daten ergaben sich
aus folgender Tabelle.

| Reduktionsmittel | Teilchenzahl $Z$ in 1000 $\mu^3$ | Reduktionsdauer |
|---|---|---|
| A. Phosphor | 120000 | wenige Minuten |
| B. Formol | 5000 | 2 Sekunden |
| C. Hydroxylamin | 5 | 10 Sekunden |

Mit Formol hatten sich tausendmal soviel, mit Phosphor sogar vierund-
zwanzigtausendmal soviel Goldteilchen gebildet wie mit Hydroxylamin. Da
die Gesamtmasse $M$ des Goldes sich auf $Z$ Teilchen verteilt, so wird die Masse
der Einzelteilchen $\frac{M}{Z}$ in den ersten zwei Fällen viel kleiner als im letzten.

Man erkennt den enormen Einfluß der spontanen Keimbildung auf die
Qualität der Hydrosole; aber diese allein ist nicht ausschließlich maßgebend.
Auch das Teilchenwachstum ist von Einfluß auf die Qualität der Hydrosole.

Bei der Rubinglasbildung kann spontane Keimbildung vom Wachstum 
zeitlich getrennt werden; erstere liegt bei tieferen Temperaturen, letzteres
wird bei höheren merklich. Erst wenn das Glas erweicht, setzt das schnelle
Wachstum der gebildeten Keime ein, und es ist verständlich, daß die Goldteilchen, da alle in einem bestimmten Glasstück sich unter gleichen Bedingungen
befinden, auch zu gleicher Größe heranwachsen werden. Die Größe der entstandenen Goldteilchen ist abhängig von der Menge des reduzierten Goldes
und der Teilchenzahl pro Volumeinheit.

Etwas Ähnliches, nämlich Wachstum für sich allein, erreicht man in
wässeriger Lösung, wenn man zu Reduktionsgemischen, in denen die spontane Keimbildung unterdrückt ist, Keime hinzufügt.

Keimbildung
und Wachstum
verlaufen
nebeneinander.

Meist verlaufen aber spontane Keimbildung und Wachstum nebeneinander, es wird also das vorher krystalloid gelöste Metall gleichzeitig sowohl
zur Keimbildung wie zum Wachstum verbraucht.

In solchen Fällen kommt es auf das Verhältnis der Geschwindigkeit,
mit der die Keime gebildet werden, zu der Geschwindigkeit, mit der sie heranwachsen, an.

Nehmen wir die erstere als konstant an, bilden sich also während der
ganzen Reduktionsdauer in jeder Sekunde $n$-Teilchen, so ist ersichtlich,
daß die zuerst gebildeten $n$-Teilchen während der ganzen Reduktionsdauer
heranwachsen werden und daß gleichartig in den folgenden Sekunden neue
Teilchen sich bilden. Es ist klar, daß die Teilchen dann ungleich groß werden
und daß sowohl die Reduktionsdauer wie auch die Zahl und mittlere Größe
der Teilchen abhängen werden von der Wachstumsgeschwindigkeit $v$ der
Teilchen. Ist dieselbe groß, so wird der vorhandene Vorrat an reduzierbarem
Metallsalz durch rapides Wachstum der zuerst gebildeten Keime bald erschöpft,
und die Reduktionsdauer $t$ wird klein, die Teilchen werden also groß. Ist
umgekehrt die Wachstumsgeschwindigkeit klein, dann wird die Reduktionsdauer $t$ groß und $Z = n\,t$ gleichfalls groß. Wir erhalten hier bei langsamer
Reduktion zahlreiche, aber kleine Teilchen.

Einfluß der
Fremdstoffe.

Die Wachstumsgeschwindigkeit ist nun ebenso wie die spontane Keimbildung in höchstem Maße abhängig von der Natur der Reduktionsmittel
und der Art der vorhandenen Fremdstoffe.

Einige Beispiele werden das erläutern.

a) Verzögerung des Wachstums.

Stellt man Gold nach der Formolmethode her, so sind in reinstem Wasser
sowohl spontane Keimbildung wie mittlere Wachstumsgeschwindigkeit sehr
groß, so daß beinahe momentan ein ungleichteiliges und nicht allzu feines
Hydrosol gebildet wird. Halogenalkalien verzögern das Wachstum der Keime,
sind aber ihrer Entstehung nicht hinderlich; die Reduktionsdauer wird vergrößert, der Goldvorrat wird nicht gleich durch rapides Wachstum erschöpft,
so daß in den folgenden Sekunden sich neue Teilchen ausbilden können.

In der Tat entstehen, wie *Hiege* fand[1], bei Gegenwart von sehr wenig
Bromkalium und Jodkalium viel feinteiligere Hydrosole als in reinem Wasser.

b) Verzögerung der spontanen Keimbildung.

Andererseits kann man die spontane Keimbildung durch Zusatz geeigneter
Stoffe stark herabsetzen, ja unterdrücken, ohne die Wachstumsgeschwindigkeit wesentlich zu ändern (Kap. 40, 1a).

Dann bilden sich in der Zeiteinheit durchschnittlich wenige Keime aus,
und diese wachsen ebenso schnell heran wie ohne jenen Zusatz. Auch hier
zeigt sich eine Verzögerung der Reduktion, weil weniger Teilchen gebildet
werden, die durch ihr normales Wachstum den Goldvorrat nur ganz allmählich
erschöpfen. Da aber nach vollendeter Reduktion der gesamte Goldvorrat sich

---

[1] Inaug.-Diss. Göttingen 1914, S. 35.

auf nur wenige Teilchen verteilt, so müssen diese größer werden als im Null-versuch (bei Anwendung von reinem Wasser). Auch dies hat sich bestätigt.

Man muß also zwei verschiedene Ursachen für die Verzögerung eines Reduktionsprozesses unterscheiden, die zu einem ganz verschiedenen Endergebnis führen: Verlangsamung der spon-tanen Keimbildung, welche zu einem groben Hydrosol, und Verzöge-rung der Wachstumsgeschwindigkeit, die zu einem feinteiligen Hydrosol führt.

Verzögerung der Reduktion.

Durch diese Betrachtungen wird folgendes dargetan. Verlaufen Keim-bildung und Wachstum nebeneinander, so erhält man um so gröbere Sole, je größer die Wachstumsgeschwindigkeit und je kleiner die spontane Keim-bildung ist. Es kommt also in diesem Falle auf das Verhältnis der beiden Größen

$$\frac{v}{n} = \frac{\text{Wachstumsgeschwindigkeit}}{\text{Zahl der in der Zeiteinheit gebildeten Keime}}$$

an, wobei der Einfachheit halber beide Geschwindigkeiten als konstant an-genommen wurden[1].

Es ist ersichtlich, daß bei einem derartigen Verlauf des Reduktions-prozesses die gebildeten Teilchen ungleich groß werden müssen, da den zu-erst entstehenden Keimen viel mehr Metall zur Verfügung steht als den letzten und sie auch längere Zeit wachsen können als diese. Tatsächlich findet man ungleichteilige Hydrosole recht häufig.

Andererseits erhält man bei der Reduktion der Metalle oft sehr gleich-teilige Kolloidlösungen, was darauf schließen läßt, daß in solchen Fällen die Mehrzahl der Keime sich schon gebildet hat, ehe das schnelle Wachstum ein-setzt, oder mit anderen Worten, daß die spontane Keimbildung aussetzt, wenn die Übersättigung an krystalloid gelöstem Metall durch rapides Wachs-tum genügend weit herabgesetzt wird.

Auf den quantitativen Verlauf der Reduktionsgeschwindigkeit in Zu sammenhang mit spontaner Keimbildung und Wachstumsgeschwindigkeit soll hier noch nicht näher eingegangen werden, obgleich sich auch hier manches Bemerkenswerte bietet.

Kehren wir zu dem weiter oben gegebenen Zahlenbeispiel zurück, so be-merken wir, daß bei der Reduktion mit Phosphor und Formol die Wachstums-geschwindigkeit im Verhältnis zur spontanen Keimbildung sehr klein und bei Hydroxylamin sehr groß sein muß; daher sind die beiden erstgenannten Re-duktionsmittel für die Herstellung von feinteiligem kolloidem Gold besonders geeignet.

---

[1] Auf die Komplikationen, die in der Praxis dadurch eintreten, daß diese Geschwin-digkeiten nicht konstant sind, soll hier nicht näher eingegangen werden; die Darlegung dieser Verhältnisse wird den Gegenstand einer späteren ausführlichen Mitteilung bilden. Für das Endergebnis genügt es wegen der enormen Größenunterschiede, die durch An-wesenheit von Fremdstoffen hervorgerufen werden, in der vorläufigen Betrachtung eine mittlere konstante Geschwindigkeit anzunehmen, ähnlich wie in der Meteorologie eine mittlere Windgeschwindigkeit angegeben wird, obgleich die letztere stets Schwankungen unterworfen ist.

Diese Erörterungen haben Bedeutung auch für die Herstellung anderer irreversibler Hydrosole; so darf man annehmen, daß in allen Fällen, wo sehr feinteilige Sole (Berlinerblau, Eisenoxyd, Zinnsäure usw.) entstehen, die spontane Keimbildung vorwiegt, das Wachstum dagegen zurücktritt, daß

*Allgemeines.* hingegen bei grobteiligen Hydrosolen das Wachstum gegenüber der spontanen Keimbildung ein sehr ausgesprochenes ist. Die in Hydrosolen der ersten Art häufig anzutreffenden gröberen Submikronen sind meist durch Aggregation gebildete Sekundärteilchen.

*Temperatur-einfluß.* Temperaturerhöhung begünstigt meist sehr stark die Wachstumsgeschwindigkeit und scheint die spontane Keimbildung herabzusetzen, die Entstehung der grobteiligen Metaoxyde ist darauf wohl zurückzuführen. Bei den kolloiden Oxyden wird näher darauf eingegangen werden. Besonders lehrreich sind in dieser Hinsicht die Versuche *Mecklenburgs* über Metazinnsäure.

*Einfluß der Konzentration.* Konzentrationserhöhung der reagierenden Komponenten verursacht in der Regel bedeutende Zunahme der Wachstumsgeschwindigkeit, so daß man bei Gold z. B. in höheren Konzentrationen in kurzer Zeit mikroskopische, ja sogar makroskopische Krystalle erhalten kann; dagegen scheint die spontane Keimbildung eher ab- als zuzunehmen[1]. Dazu tritt die koagulierende Wirkung der Elektrolyte. Dementsprechend erhält man bei der Reduktion konzentrierter Lösungen von Metallsalzen meist grobe, schwammige Niederschläge, nicht feinteilige Hydrosole oder Gallerten, falls man Schutzkolloide und dergleichen Verunreinigungen fernhält.

Unter Umständen können auch die reagierenden Salze und deren Reaktionsprodukte oder Verunreinigungen auf die Wachstumsgeschwindigkeit verzögernd oder die spontane Keimbildung begünstigend wirken; in solchen Fällen kann bei höheren Konzentrationen auch eine Abnahme der Teilchengröße eintreten. Diese Umstände scheinen bei den von *v. Weimarn* studierten Fällen der Gallertbildung bei der Reaktion höchst konzentrierter Salzlösungen eine Rolle zu spielen.

*Kleinste Keime.* Von Interesse ist auch die Größe der kleinsten Teilchen, welche als Keime noch auslösend wirken.

Von *Wilhelm Ostwald* ist die kleinste Menge eines festen Stoffes festgestellt worden, welche übersättigte Lösungen leichtlöslicher Körper noch zur Krystallisation zu bringen vermag[2]. *Ostwald* fand, daß diese Grenze etwa bei $10^{-6}$ bis $10^{-9}$ mg, also noch bei mikroskopischen Dimensionen liegt. Bei schwerlöslichen Körpern liegt sie viel tiefer. *Reitstötter* hat versucht, die kleinsten Goldteilchen festzustellen, die noch als Keime auf Goldreduktionsgemische auslösend wirken; er fand als Grenze etwa $2\,\mu\mu$, was einer Masse von etwa $10^{-16}$ mg entspricht. Da zweifellos noch kleinere Goldteilchen in manchen Hydrosolen existieren, so ist wohl anzunehmen, daß diese nicht mehr oder nur sehr langsam auslösend wirken.

---

[1] Vielleicht infolge des höheren Gehalts an Reaktionsprodukten oder vorhandenen Verunreinigungen.

[2] Lehrbuch der allg. Chemie, 2. Aufl., II, 2, S. 789.

## a) Kolloides Gold.

### 40. Darstellung des kolloiden Goldes.

Schon lange kennt man Beispiele für kolloide Lösungen metallischen Goldes. Seit *Kunkels* Zeiten (1679) ist das Goldrubinglas bekannt[1], seit *Andreas Cassius* (1685) der *Cassius*sche Goldpurpur. In beiden Präparaten ist metallisches Gold in kolloider Form enthalten, wenn auch erst sehr viel später die wahre Natur der betreffenden Färbungen einwandfrei bewiesen worden ist.

Annähernd reine Goldhydrosole sind zuerst von *Faraday*[2] im Jahre 1857 hergestellt worden. Wenn derselbe auch ihre Zugehörigkeit zu den übrigen Hydrosolen nicht erkannt hat und auch nicht erkennen konnte, da der Begriff „kolloide Lösung" erst einige Jahre später von *Graham* geschaffen worden ist, so ist *Faradays* Arbeit doch so gründlich, daß sie kurz besprochen werden muß.

*Faraday* versetzte verdünnte Goldchloridlösungen mit Lösungen von Phosphor in Äther oder Schwefelkohlenstoff. Er erhielt dabei zuweilen purpurrote, zuweilen violette oder blaue, mehr oder weniger getrübte Flüssigkeiten, die ihren Goldgehalt meist leicht absetzten, zuweilen aber mehrere Monate haltbar waren. Diesen Flüssigkeiten und insbesondere dem sich in ihnen bildenden Bodensatze wandte *Faraday* sein Augenmerk zu. Er erbrachte den qualitativen Nachweis, daß die roten und blauen Färbungen von metallischem Golde und nicht von Goldverbindungen herrühren. Eine quantitative Analyse des Niederschlags hat er jedoch nicht ausgeführt. Er prüfte ferner seine Goldflüssigkeiten mit Hilfe gesammelten Sonnenlichts und fand, daß sie alle mehr oder weniger diffuse Zerstreuung aufwiesen, zuweilen mit ausgesprochener Farbe des metallischen Goldes, eine Zerstreuung, welche vielen anderen Lösungen, z. B. denjenigen von Kaliumbichromat, abgeht. *Faradays* Goldsole.

Daß *Faraday* in seinen Flüssigkeiten nicht grob mechanische Suspensionen annahm, wie man aus Referaten über seine Arbeit vermuten könnte, geht schon daraus hervor, daß er an einer Stelle die Frage aufwirft, ob nicht der Bodensatz in seinen Flüssigkeiten aus Molekülen des Goldes bestehe; er fand es besonders auffällig, daß der Raum, welchen dieser Bodensatz in der Flüssigkeit einnahm, mehrere hundert- oder tausendmal größer war als derjenige, welchen das Gold in seinem kompakten Zustande einnehmen würde.

Verfasser hat, als er sich mit der Frage nach der Natur des *Cassius*schen Purpurs befaßte, eine neue Methode der Darstellung möglichst reiner hochroter kolloider Goldlösung ausgearbeitet. Bei dieser Methode[3], die zu der Herstellung haltbarer und auch bei Siedehitze beständiger kolloider Goldlösungen führte, wurde als Reduktionsmittel Formaldehyd verwendet und eine schwach alkalische, stark verdünnte Goldlösung bei Siedehitze reduziert. Man verfährt am besten wie folgt: Verfahren des Verfassers.

---

[1] Schon früher von *Libavius* und *Neri* erwähnt.
[2] *Faraday:* Phil. Transact. 1857, S. 154.
[3] *R. Zsigmondy:* Liebigs Annalen **301**, 30 (1898), Zeitschr. f. analyt. Chemie **40**, 711 (1901).

## 1. Verfahren (Formol $Au_F$).



120 ccm besonders reines Wasser, welches man durch Destillation von gewöhnlichem destillierten Wasser unter Anwendung eines Silberkühlers herstellt und in einem Kolben aus Jenaer Geräteglas auffängt, werden in ein Jenaer Becherglas von 300 bis 500 ccm Inhalt gebracht und zum Kochen erhitzt. Während des Erwärmens fügt man 2,5 ccm einer Lösung von Goldchloridchlorwasserstoff[1] (6 g der Krystalle von $AuCl_4H$, 4 $H_2O$ in destilliertem Wasser gelöst und auf 1 l aufgefüllt) und 3 ccm einer Lösung von reinstem Kaliumkarbonat (0,18 normal) hinzu.

Gleich nach dem Aufkochen fügt man unter lebhaftem Umschwenken der Flüssigkeit (Glasstäbe aus weichem Glase sind zu vermeiden, solche aus Geräteglas dagegen anwendbar) ziemlich schnell 3 bis 5 ccm einer verdünnten Lösung von Formaldehyd (0,3 ccm käuflichen Formols in 100 ccm $H_2O$) hinzu und erwartet unter Umrühren den meist nach einigen Sekunden, längstens 1 Minute, erfolgenden Eintritt der Reaktion. Man beobachtet dabei das Auftreten einer hellen, in wenigen Sekunden intensiv hochrot werdenden Farbe, die sich nicht weiter verändert.

Nach einer Untersuchung von *Naumoff*[2] spielen sich dabei folgende Reaktionen ab:

$$\text{I. } AuCl_4H + 2\,K_2CO_3 + H_2O = Au(OH)_3 + 2\,CO_2 + 4\,KCl;$$
$$\text{II. } 2\,Au(OH)_3 + K_2CO_3 = 2\,AuO_2K + 3\,H_2O + CO_2;$$
$$\text{III. } 2\,AuO_2K + 3\,HCHO + K_2CO_3 = 2\,Au + 3\,HCOOK + KHCO_3 + H_2O.$$

Die Zulässigkeit der in I. und II. gegebenen Gleichungen wurde durch Ermittlung der beim Kochen entweichenden Kohlensäure geprüft. Nach Zugabe von Formol wurde dann noch die nach III. zu berechnende Kohlensäure bestimmt.

Alle Flüssigkeiten, die zur Herstellung der Goldlösungen dienen, lassen sich unverändert aufbewahren. Hat man sie einmal vorrätig, so wird man bei einiger Übung in einer Stunde leicht 1 bis 2 l Goldlösung und mehr herstellen können.

Die Kosten der Herstellung sind sehr geringe. 1 l Goldlösung enthält nur 0,005 bis 0,006% Au.

Man erhält auf diese Weise hochrote oder auch purpurrote kolloide Goldlösungen von großer Beständigkeit, deren Teilchen ultramikroskopisch sichtbar gemacht werden können. Die Größe der Ultramikronen liegt meist zwischen 10 und 40 $\mu\mu$. Die Flüssigkeiten werden aber nur dann untereinander gleichartig, wenn man Wasser von geeigneter Qualität zur Verfügung hat, am besten Wasser, welches durch zweimalige Destillation und Kondensation im Silber- oder Goldkühler erhalten wird.

Um sehr feine Zerteilungen mit Formaldehyd herzustellen, muß man das Reduktionsgemisch sehr weitgehend verdünnen, z. B. auf $^5/_{100\,000}$%, und nachträglich wieder durch Einkochen konzentrieren. Solche Flüssigkeiten lassen sich auf das Achtzig- bis Hundertfache durch Einkochen konzentrieren, und man erhält auf diese Weise Goldlösungen mit amikroskopischen Teilchen.

---

[1] Krystalle, welche sich nach genügendem Eindampfen einer Lösung von reinem Gold in Königswasser beim Erkalten ausscheiden.

[2] *W. Naumoff:* Zeitschr. f. anorg. Chem. **88**, 38 bis **48** (1914).

Die hochroten, mit Formaldehyd hergestellten Goldlösungen mit 0,005 bis 0,006% Au sind ohne weiteres zur Bestimmung der Goldzahl anderer Kolloide verwendbar. Sie sind sehr verdünnt und können durch Einkochen bis zu einem gewissen Grade konzentriert werden. Sie lassen sich bis ungefähr zur Hälfte des ursprünglichen Volumens einkochen, koagulieren jedoch bald darauf infolge der erhöhten Elektrolytwirkung in den konzentrierten Flüssigkeiten. Um sie weiter zu konzentrieren, muß man zur offenen Dialyse schreiten. Man stellt zu diesem Zwecke den Dialysator an einen warmen Ort, woselbst durch lebhafte Luftzirkulation ein allmähliges Verdunsten stattfindet. Auf diese Weise gelingt es, Goldlösungen auf den 10. bis 20. Teil ihres ursprünglichen Volumens einzuengen, indem die Elektrolyte mit zunehmender Konzentration durch Dialyse gleichzeitig entfernt werden. Treibt man dies Einengen sehr weit, so erhält man auf der kugelförmig gebogenen Pergamentmembran goldglänzende Ringe, die über verdampfendes Quecksilber gehalten, dieses stellenweise unter Amalgambildung aufnehmen. Es war Verfasser nicht schwer, auf diese Weise zu kolloiden Goldlösungen von 0,12% zu gelangen, die dann für weitere Versuche verwandt wurden.

Konzentrieren der Goldlösung.

Die kolloiden Goldlösungen sind geschmacklos, nicht giftig, und das Metall wird durch eine Reihe von Neutralsalzen, Säuren und Alkalien unter Blaufärbung und Koagulation ausgefällt. Im Gegensatz zu den meisten Elektrolyten zeigt Cyankalium in verdünnteren Goldlösungen keine fällende Wirkung, es bewirkt im Gegenteil infolge der teilweisen Auflösung der Goldteilchen eine Aufhellung der Farbe. Bei Anwendung konzentrierterer Lösungen geht allerdings der Auflösung eine Koagulation des Goldes unter Blaufärbung voraus.

Eigenschaften.

Auch zur Kathode wandernde Farbstoffe wie Fuchsin, Bismarckbraun usw. fällen Gold unter Farbenumschlag und werden von diesem als Adsorptionsverbindung mit zu Boden gerissen, so daß nach Absetzen des Niederschlags die überstehende Flüssigkeit farblos erscheint. Diesem Gold-Fuchsin-Niederschlag vermag Wasser den Farbstoff nicht zu entziehen, wohl aber gelingt es leicht, ihn durch Alkohol herauszulösen, wobei polierbares Gold als schwarzes Pulver zurückbleibt.

Ebenso wird Gold durch entgegengesetzt geladene Kolloide wie Eisenoxyd, Tonerde, Zirkoniumoxyd usw. ausgefällt, wie *Biltz*[1] gezeigt hat, und es existiert hier wie meist in solchen Fällen ein Optimum der gegenseitigen Fällung, bei welchem beide Kolloide vollständig ausfallen.

Verwendet man zur Herstellung des Hydrosols gewöhnliches destilliertes Wasser, das Spuren organischer Substanzen enthält, so entwickeln sich zuweilen in der Goldlösung Schimmelpilze, die den größten Teil des Metalls in ihrem Mycel verdichten und sich dabei schwarz färben. Beim Eintrocknen nimmt das Mycel Goldglanz an.

Das Metall in den Hydrosolen amalgamiert sich nicht oder nur sehr unvollständig mit Quecksilber. Zwei- bis dreitägiges Schütteln einer durch Dialyse gereinigten und konzentrierten Goldlösung bewirkte keinerlei sichtbare Veränderung des kolloiden Metalls. Wird dagegen der Versuch durch

Verhalten gegen Quecksilber.

---

[1] *W. Biltz:* Ber. **37**, 1104 (1904).

mehrere Wochen ausgedehnt und täglich mehrfach geschüttelt, dann zeigen sich allerdings in einzelnen Fällen Änderungen der Farbennuance und Zunahme der Trübung in der Goldzerteilung.

## 1a. Eigentümlichkeiten der Formolmethode.

Während die nach der Formolmethode hergestellten Goldhydrosole sich durch eine beachtenswerte Beständigkeit auszeichnen, erweist sich das Verfahren selbst als außerordentlich empfindlich gegen Spuren von analytisch nicht mehr nachweisbaren Verunreinigungen.

Arbeitet man mit nicht ganz reinem Wasser, so erhält man statt der roten meist blauviolette, stark getrübte Hydrosole. Diese Wirkung ist auf die Anwesenheit von Stoffen zurückzuführen, welche die Gesamtzahl der in der Volumeinheit entstehenden Goldkeime verringern. Dann bilden sich nur wenige Goldteilchen aus und diese wachsen zu recht großen Submikronen heran (vgl. Kap. 39).

Die Verminderung der Keimzahl kann sowohl auf Koagulation der gebildeten Keime wie auf Störung der spontanen Keimbildung zurückgeführt werden, also auf Störungen der Bildung der ersten amikroskopischen Metallteilchen, die dann im Verlaufe der Reduktion heranwachsen. Gewisse Stoffe haben im höchsten Maße die Fähigkeit, diese Bildung der kleinsten Teilchen (die spontane Keimbildung) zu unterdrücken oder zu schädigen, während sie dem Wachstum derselben nicht hinderlich sind. Einen Beweis dafür kann man erbringen, wenn man die nach dem 2. Verfahren (siehe unten) hergestellten amikroskopischen Goldteilchen als Keime in die Flüssigkeit bringt: die Reduktion erfolgt dann glatt, indem die zugesetzten Goldkeime schnell heranwachsen. Zuweilen begünstigen Stoffe, die aber im gewöhnlichen destillierten Wasser nicht vorkommen, die spontane Keimbildung.

*Hiege*[1], der auf Veranlassung des Verfassers diese Verhältnisse näher untersuchte, hat u. a. gefunden, daß Ammoniak, Ferro- und Ferricyankalium im höchsten Maße die spontane Keimbildung schädigen. Ferricyankalium z. B., führt bei einer Konzentration von $3,8 \cdot 10^{-3}$ Millimol im Liter Blaufärbung herbei, während es bei $7,6 \cdot 10^{-3}$ Millimol die spontane Keimbildung ganz unterdrückt. Das Wachstum der Keime wird aber durch diesen Zusatz nicht beeinflußt; man kann daher durch Zugabe von Keimen den Reduktionsprozeß glatt zur Auslösung bringen, während er ohne dieselben nicht statthat. Weniger stark, aber in gleichem Sinne wirkt Ammoniumchlorid oder Ammoniak (vgl. Tabelle 17, Spalte A).

In Spalte B sind Stoffe angeführt, welche die spontane Keimbildung begünstigen. Als Maß dafür ist die Menge Substanz angegeben, welche die entstehende Goldlösung amikroskopisch macht. Viel weniger schädlich als Ammoniak und Ferrocyanid sind die Nitrate, Chloride usw. ein- und zweiwertiger Kationen (Spalte C). Bei Schwermetallsalzen tritt Schädigung unter Bildung von positiv geladenen kolloiden Oxyden ein (Spalte D).

---

[1] *K. Hiege:* Zeitschr. f. anorg. Chemie **91**, 145 bis 185 (1915).

Tabelle 17. Der Einfluß von Elektrolyten auf die Bildung der Goldkeime.

| A. Schädigung der spontanen Keimbildung | | B. Bei geringen Zusätzen Begünstigung des spontanen Keimbildungsvermögens (oft neben reduzierender Wirkung) | | C. Schädigung infolge Elektrolytwirkung | | D. Fällung des Goldes durch kolloidal gelöste, positiv elektrisch geladene Oxyde | |
|---|---|---|---|---|---|---|---|
| | Blaufärbung Milliäquivalent/ Liter | | Amikroskopisch (Spaltultramikroskop) Milliäquivalent/ Liter | Einfluß | Blaufärbung Milliäquivalent/ Liter | Einfluß | Blaufärbung Milliäquivalent/ Liter |
| 1. Ammoniak . . . | | 1. Rhodankalium . | $0,77 \times 10^{-2}$ | a) war schädlich: | | a) zunächst etwas günstig: | |
| 2. Ammonium-chlorid . . Über | $3,8 \times 10^{-1}$ | 2. Kongorot und Benzopurpurin .{ | 1 mg/130 ccm-Lösung | 1. Natriumnitrat . . | 12 | 1. Eisennitrat . . . | $2,8 \times 10^{-2}$ |
| 3. Ferricyankalium | $3,8 \times 10^{-3}$ | 3. Oxalsaures Kalium . . . . . . | 3,8 | 2. Natriumsulfat . . | 12 | 2. Aluminiumsulfat | $4 \ \times 10^{-2}$ |
| 4. Ferrocyankalium | $3,8 \times 10^{-3}$ | 4. Natriumzitrat . . | 15 (ohne Formol) | 3. Rosanilinchlor-hydrat . . . . : | 0,1 mg/ 130 ccm-Lösg. | b) war schädlich: | |
| | | Eine geringere Verfeinerung der Teilchen trat auf bei: | | b) anfänglich auch günstig: | | Kupfersulfat . . . | $1,2 \times 10^{-2}$ |
| | | 1. Kaliumbenzoat Natriumformiat Natriumacetat | | 1. Kaliumchlorid . Kaliumbromid u. -jodid starke Verzögerung d. Wachstumsgeschwindigkeit | 12—14 | Nickelsulfat . . . . Kobaltsulfat. . . . Chromnitrat . . . . | $1 \ \times 10^{-2}$ $7,5 \times 10^{-3}$ $3 \ \times 10^{-2}$ |
| | | 2. Morphin-Brucin-chlorhydrat und anderen | | 2. Calciumnitrat . . Strontiumnitrat . Bariumnitrat . . Quecksilber-chlorid . . . . | 0,46 0,36 0,28 $0,2 \times 10^{-2}$ | | |

Allgemeineres Interesse beansprucht die Wirkung der Rhodanide und
Zitrate; die letzteren werden ja bekanntlich auch bei der Herstellung von
kolloidem Silber nach *Lea* angewandt. Sie begünstigen in so hohem Maße
die spontane Keimbildung, daß man bei Anwendung von Zitraten zur
Reduktion von Metallsalzen meist amikroskopische Hydrosole erhält.

Unter den anderen Stoffen, welche das Wachstum der Keime un-
günstig beeinflussen, seien erwähnt: Seifen, Fette, Öle, vor allem koll. Schwefel
und Schwefelwasserstoff. Letzterer vermag das Wachstum derart zu beeinträchtigen, daß selbst bei Zusatz von reichlichen Keimmengen die Reduktion
verhindert wird.

Man erkennt aus diesen Versuchen, in welch enormem Maße Fremdstoffe
die spontane Keimbildung und die Wachstumsgeschwindigkeit beeinflussen;
dieser Einfluß überwiegt so sehr den der Konzentration der reagierenden
Komponenten, daß Gesetze über den Einfluß der Konzentration nicht festgestellt werden können, solange nicht die Einflüsse der Verunreinigungen
und der bei der Reaktion gebildeten Stoffe eingehend berücksichtigt werden.
Dies ist auch zu beachten bei der Bildung anderer Hydrosole, so der kolloiden
Salze, Oxyde und Sulfide.

## 2. Verfahren (Au$_P$).

2. Verfahren<br>(mit P) Au$_P$.

Zur Herstellung höchst feinteiliger reiner Hydrosole eignet sich am
besten eine Methode[1], die im Anschluß an *Faradays* Verfahren ausgearbeitet
wurde. Mit Kaliumcarbonat versetzte Goldchloridlösung gleicher Reinheit und derselben Zusammensetzung, wie bei der Reduktion mit Formaldehyd,
wird mit einigen Tropfen ätherischer Phosphorlösung versetzt. Besser wird
eine gesättigte Lösung von Phosphor mit Äther auf das Fünffache verdünnt
und ca. $^1/_2$ ccm davon der Flüssigkeit zugesetzt.

Läßt man das Gemisch mehrere Stunden stehen, so färbt es sich zunächst
meist braun (zuweilen auch blau, violett oder schwarz), dann allmählich
rot, und nach 24 Stunden hat man eine nahezu homogene Goldzerteilung,
die auch im Ultramikroskop keine Einzelteilchen mehr wahrnehmen läßt,
ja zuweilen sogar nicht einmal die Andeutung eines Lichtkegels. Schneller
erfolgt die Rotfärbung der Flüssigkeit, wenn man dieselbe aufkocht. Man
kann ruhig bis zum Vertreiben des Äthers weiterkochen und zur Oxydation
des Phosphors Luft durchleiten, ohne eine Veränderung des Hydrosols befürchten zu müssen.

Eine nähere Prüfung dieser Methode von *J. Reitstötter*[2] hat u. a. zu dem
Resultate geführt, daß die erwähnten blauen, violetten oder schwärzlichen
Farben auf Bildung von Goldoxydul zurückzuführen sind, das dann auftritt,
wenn ungenügende Mengen von Phosphor hinzugefügt werden. Die genannten
Farben sind häufig bei Anwendung alter, teilweise oxydierter Phosphor-
lösungen zu beobachten.

---

[1] *R. Zsigmondy:* Zur Erkenntnis der Kolloide, S. 100 (1905).
[2] Inaug.-Diss. Göttingen 1917.

Die Teilchengröße der roten nach diesem Verfahren hergestellten kolloiden Goldlösungen schwankt in der Regel zwischen 1—6 $\mu\mu$, bei sorgfältiger Herstellung mit reinen, frisch bereiteten Reagenzien zwischen 2 und 3 $\mu\mu$.

### 3. Verfahren (Keimmethode).

Ein drittes Verfahren[1], welches gestattet, mit einiger Sicherheit Goldzerteilungen beinahe beliebiger Teilchengröße zu erhalten, besteht in einer Kombination der beiden vorher erwähnten.

Es beruht auf der Anwendung der nach Verfahren II hergestellten Goldlösung $Au_P$ (die als Keimflüssigkeit bezeichnet werden möge) bei der Reduktion mit Formaldehyd nach dem ersten Verfahren. Wie in Abschnitt Ia schon ausgeführt wurde, ist die Reinheit des Wassers von wesentlichem Einfluß auf die spontane Keimbildung, derart, daß manche Verunreinigungen dieselbe stark herabsetzen, ja sogar unterdrücken können.

Wird solches Wasser (das z. B. etwas Ammoniak enthalten kann) zur Herstellung von Goldlösungen nach Verfahren I verwendet, so wird nicht nur die Reduktionsdauer stark herabgesetzt (Kap. 39b), sondern auch die Keimzahl, so daß man leicht statt roter Goldhydrosole getrübte, absetzende Suspensionen erhält.

Verfährt man aber nach dem Verfahren I und setzt unmittelbar vor der Reduktion etwas Keimflüssigkeit ($Au_P$) zu der Auratlösung, oder reduziert man mit einem Gemisch von Formaldehyd und Keimflüssigkeit, so erhält man nach kurzer Zeit prächtig rote Goldhydrosole, auch bei Spuren von Verunreinigungen.

Die Teilchengröße des reduzierten Goldes läßt sich weitgehend regulieren; man erhält, je nachdem man mehr oder weniger von der Keimflüssigkeit zusetzt, kleinere oder größere Teilchen und kann auf diese Weise zu Goldlösungen gelangen, deren Ultramikronen bei Verwendung von viel Keimflüssigkeit noch amikroskopisch sind, oder bei Verwendung geringer Mengen derselben submikroskopisch werden.

Vorausgesetzt ist allerdings, daß die Flüssigkeiten kein Keimgift enthalten, d. h. daß sie frei sind von solchen Substanzen, welche die Wirkungen der Goldamikronen vernichten (Schwefelwasserstoff, koll. Schwefel, Seifen u. a.). Die Wirkung der Keimflüssigkeit beruht nämlich, wie schon der Name andeutet, darauf, daß die einzelnen Goldteilchen derselben gleich Krystallkeimen als Krystallisationszentren wirken. Jedes einzelne Goldteilchen der Keimflüssigkeit wächst demnach in dem Reduktionsgemisch zu größeren Goldteilchen heran, solange noch Gold überhaupt reduziert werden kann.

Sind sehr viele solche Goldamikronen vorhanden, so wird der ganze Goldvorrat in verhältnismäßig kurzer Zeit erschöpft, und die einzelnen Teilchen können nicht zu der Größe heranwachsen, welche sie erreichen würden, wenn weniger Keime der Flüssigkeit zugesetzt worden wären. Es steht demnach im Belieben des Experimentators, nach dieser Methode die Größe der gewonnenen Goldteilchen zu variieren.

---

[1] *R. Zsigmondy*, Zeitschr. f. phys. Chemie **56**, 65 bis 76 (1906).

Verfahren 3a<br>(Formol).

Dieses Verfahren kann angewandt werden sowohl zur Herstellung von Goldlösungen, welche bestimmten Zwecken dienen sollen, als auch zur Ermittlung der Teilchengröße in der ursprünglichen Keimflüssigkeit, deren Amikronen ja im Ultramikroskop nicht mehr sichtbar gemacht werden können.

Dazu ist allerdings Wasser zu verwenden, bei welchem die spontane Keimbildung äußerst langsam erfolgt (nach 1 bis 5 Min.), weil sonst durch diese die Resultate gefälscht werden können. Neuerdings ist es *Hiege*[1] gelungen, die Schwierigkeit, welche in der Beschaffung von solchem Wasser liegt, zu beseitigen durch Anwendung von Ferri- oder Ferrocyankalium, deren die spontane Keimbildung behindernde Wirkung schon erwähnt wurde (S. 152). Einige seiner Versuchsergebnisse sind nachfolgend zusammengestellt (Tabelle 17a und Fig. 23).

Tabelle 17a.

$$\mathrm{Au_F} + 7.6 \times 10^{-3} \text{ Millimol i. Lit. } \frac{\mathrm{FeK_3Cy_6}}{3} + \text{Keime.}$$

Gesichtsfed: $217\mu^3$; Beleuchtung: Bogenlicht.

| Gehalt an Keimflüssigkeit in ccm | Teilchenzahl (bez. auf ursprüngl. Goldlösung in $217\mu^3$) | Dauer des Heranwachsens in Minuten |
|---|---|---|
| 1 | 192 | $1^3/_4$ |
| 0,5 | 99 | 3 |
| 0,25 | 48,5 | 5 |
| 0,1 | 21 | $12^1/_2$ |

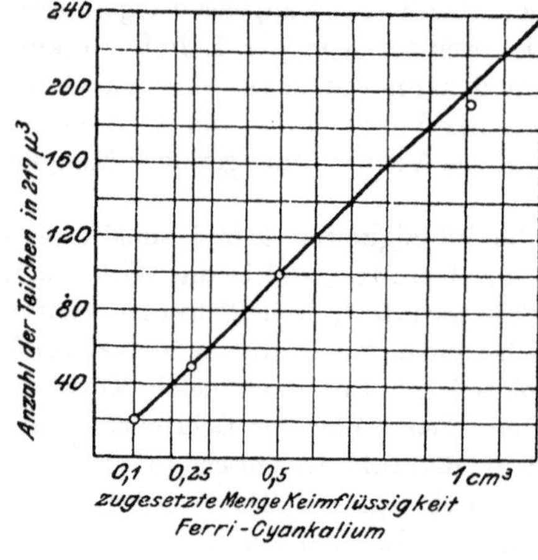


Fig. 23a.

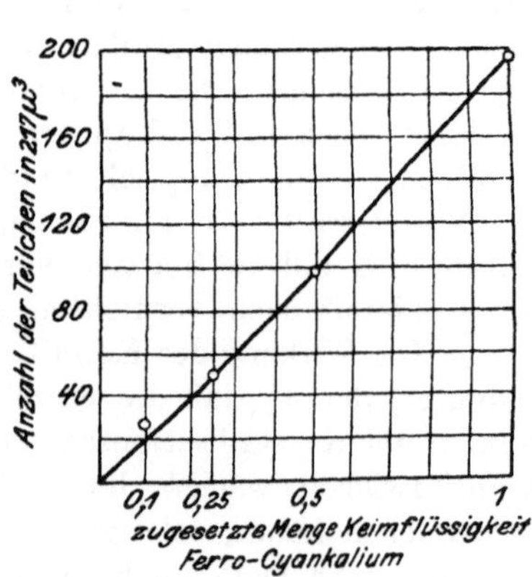


Fig. 23b.

Die Versuchsresultate sind in Fig. 23a übersichtlich dargestellt, während Fig. 23b die Ergebnisse einer analogen Versuchsreihe mit Ferrocyankalium enthält.

---

[1] l. c. siehe S. 152.

Beide Bilder führen uns nicht nur die überraschend gute Übereinstimmung beider Versuche (Ferri- und Ferrocyankalium), sondern auch die Proportionalität zwischen Zahl der herangewachsenen auszählbaren Goldteilchen und zugesetzter Menge Keimflüssigkeit vor Augen. *Hiege* hat daraus die Lineardimension der Goldteilchen in der ursprünglichen Keimflüssigkeit zu 3,15 $\mu\mu$ berechnet.

Auch bei der Reduktion von $AuCl_4H$ mit $H_2O_2$ nach *Doerinckel* kann man, wie *A. Westgren*[1] gezeigt hat, Proportionalität zwischen Keimzahl und Submikronenzahl erreichen, falls nicht gar zu wenige Keime zugesetzt werden.

Das gleiche hat *J. Reitstötter*[2] bezüglich der Reduktionsmittel Hydrazinsulfat und Hydroxylaminchlorhydrat gezeigt, so daß wir gegenwärtig über mehrere voneinander unabhängige Methoden zur Bestimmung der Keimzahl in amikroskopischen kolloiden Goldlösungen verfügen.

### 3a. Modifikation des Keimverfahrens.

Die Anwendung der beiden zuletzt genannten Reduktionsmittel hat auch zu neuen Modifikationen des Keimverfahrens geführt, die gestatten, schön hochrote, sehr gleichteilige Hydrosole mit fast nur grünen Submikronen bei gewöhnlicher Temperatur zu erhalten.

Verwendet man sehr reines Wasser (über Kaliumpermanganat destilliert und im Goldkühler kondensiert) und Goldchloridlösungen derselben Konzentration wie in Methode 1 und 2, so erhält man ohne Alkali sehr grobe, himmelblaue, absetzende Suspensionen, mit Alkalikarbonat meist intensiv blaue Hydrosole, deren Farben schon von *Gutbier* näher beschrieben worden sind.

Überraschend ist hier die Wirkung der Keime: Hinzufügen von 1 bis 4 ccm der Lösung $Au_P$ (Metallhydrosol nach Methode 2 hergestellt) bewirkt die Bildung roter, sehr farbenprächtiger Hydrosole. Mit Hydroxylaminsalzen erhält man hochrote Farbentöne, wenn man eine dem Chlorgehalt des Goldchlorids äquivalente Menge von Kaliumcarbonat zusetzt, bei Hydrazinsulfat hingegen auch ohne Alkali.

Das Verfahren ist sehr einfach und kann zur Demonstration der Keimwirkung als Vorlesungsexperiment vorgeführt werden[3].

Lösung A. 100 ccm Goldchloridlösung, enthaltend 7,5 mg Au, werden mit 1 ccm Kaliumcarbonat (0,18-n) neutralisiert und nach Bedarf mit Keimflüssigkeit versetzt. Verfahren 3 b.<br>(Hydroxylamin)

Lösung B. Eine Lösung von 27 mg Hydroxylaminchlorhydrat in 100 ccm Wasser wird langsam unter stetem lebhaften Umrühren in die Lösung A geträufelt. Man erhält entweder sogleich oder nach Erwärmen der Flüssigkeit prächtig hochrote Hydrosole.

---

[1] *A. Westgren:* Zeitschr. f. anorg. Chemie **93**, 151 (1915).

[2] *J. Reitstötter:* Inaug.-Diss. Göttingen 1917.

[3] Näheres darüber: *Zsigmondy* und *Reitstötter:* Die Keimmethode zur Herstellung kolloider Metallösungen, Göttinger Nachrichten, Math.-Physik. Klasse. 1916. Und *J. Reitstötter:* Inaug.-Diss. Göttingen 1917.

Verfahren 3c· (Hydrazin).

Bei der Reduktion mit Hydrazinsulfat verfährt man ebenso, nur wird die Goldchloridlösung ohne Kaliumcarbonat zur Anwendung gebracht, und Lösung B besteht aus 100 ccm Wasser, die 5 mg Hydrazinsulfat enthalten. Auch hier entstehen prächtig hochrote, gleichteilige und haltbare Hydrosole, falls man reines Wasser verwendet, trotz der bei der Reduktion sich bildenden Säure. Läßt man die Keime weg, so entstehen in beiden Fällen himmelblaue, stark getrübte, dem Saphiringlas gleichende Metallsuspensionen an Stelle der Hydrosole.

Diese beiden Modifikationen des Keimverfahrens werden überall da Anwendung finden, wo man gleichteilige, reine, hochrote Hydrosole benötigt.

## 4. Andere Methoden.

Andere Methoden.

Es sind im Laufe der Zeit verschiedene Methoden zur Herstellung kolloider Goldlösungen auf chemischem Wege vorgeschlagen worden, ohne daß damit wesentlich Neues gebracht worden wäre.

Zu erwähnen wären Hydrazin (*Gutbier*[1]), Kohlenoxyd (*Donau*[2]), Wasserstoffsuperoxyd (*Doerinckel*[3]) als Reduktionsmittel. Diese Verfahren ermöglichen gleichfalls, die eventuelle Bildung von Schutzkolloiden auszuschließen.

*Donau*[4] richtet eine Wasserstoffflamme gegen stark verdünnte Goldchloridlösungen und erhält Rotfärbung an den von der Flamme getroffenen Stellen. Nach *Halle* und *Pribram*[5] entstehen dabei niedrige Oxyde des Stickstoffs, die sich an der Reduktion beteiligen.

Man kann die Goldlösungen auch mit Zucker, Phenolen, aromatischen Aldehyden usw. und ätherischen Ölen reduzieren (*Vanino* u. a.), bringt aber damit nur Fremdkörper hinein, die bei verschiedenen Anwendungen des Goldhydrosols stören.

*Blake*[6] reduzierte das Gold mittels einer ätherischen Lösung von Azetylen.

Bredigs Verfahren.

Eine Dispersionsmethode der Herstellung von kolloidem Gold rührt von *Bredig*[7] her; *Bredig* zerstäubt Golddraht unter Wasser mittels eines Lichtbogens von ca. 1 mm Länge (er verwendet Gleichstrom von 110 Volt Spannung mit vorgeschaltetem Widerstand bei 4 bis 5 Ampère) und erhält so elektrolytfreie Goldzerteilungen von blauer oder blauvioletter Färbung. Zur Herstellung purpurroter Flüssigkeiten ist allerdings der Zusatz von Alkalien erforderlich. Diese verschieden gefärbten Hydrosole eignen sich besonders für solche Untersuchungen, bei welchen die Anwesenheit von Elektrolyten schädlich ist (wie bei Leitfähigkeitsmessungen) oder bei welchen Reduktionsmittel und andere Substanzen, die als Katalysatorgifte wirken könnten, vermieden werden sollen.


[1] *A. Gutbier*: Zeitschr. f. anorg. Chemie **31**, 448 bis 450 (1902).

[2] *J. Donau*: Monatsh. f. Chemie **26**, 525 bis 530 (1905).

[3] *F. Doerinckel*: Zeitschr. f. anorg. Chemie **63**, 344 bis 348 (1909).

[4] *J. Donau*: Monatshefte der Chemie **34**, 335 (1913).

[5] *W. Halle* und *E. Pribram*: Ber. **47**, 1398. Chem. Centralbl. 1914, I, 2148.

[6] *J. C. Blake*: Amer. Journ. of Sc. (4) **16**, 381 bis 387 (1903).

[7] *G. Bredig*: Zeitschr. f. Elektrochemie **4**, 514 (1898); Zeitschr. f. angew. Chemie 1898, 951 bis 954. Anorganische Fermente, Leipzig 1901, S. 24.

*Paals* Methode zur Herstellung von kolloidem Gold beruht auf Anwendung von Schutzkolloiden; sie soll später bei den Kolloiden der Platingruppe besprochen werden (Kap. 53).

## 40a. Nachweis der metallischen Natur des kolloiden Goldes.

Während *Faraday* die metallische Natur seiner Goldzerteilungen durch qualitative Untersuchungen festzustellen trachtete, ist der Beweis für die mit Formaldehyd hergestellten Flüssigkeiten durch direkte Analyse des durch Kochsalzfällung daraus erhaltenen Niederschlags geführt worden[1]. Der Niederschlag wurde in einer Asbestfilterröhre gesammelt und nach dem Trocknen in einem Kohlensäurestrom bis zum Glühen erhitzt. Das daraus entweichende Gas wurde über Kalilauge aufgefangen; Phosphor und Pyrogallussäure vermochten aus diesem Gas nur ein Zehntel von derjenigen Menge Sauerstoff aufzunehmen, welche sich hätte entwickeln müssen, wenn der Niederschlag aus Goldoxydul ($Au_2O$, dem niedrigsten Oxyd des Goldes) bestanden hätte. Der Rest war N (beide Gase offenbar aus der Luft adsorbiert).

Goldoxydul zersetzt sich ferner nach der Gleichung (*Berzelius*):

$$3\ Au_2O + 6\ HCl = 4\ Au + 2\ AuCl_3 + 3\ H_2O$$

Als der schwarze Niederschlag aus der Goldlösung mit Salzsäure behandelt wurde, ergab sich, daß nur Spuren davon in Lösung gingen, woraus man auf einen äußerst niedrigen Gehalt an Goldoxydul schließen konnte. Da die Anwesenheit höherer Oxyde des Goldes ausgeschlossen ist, so ergab sich, daß der aus den Goldlösungen fällbare und auch in den ursprünglichen Lösungen enthaltene Körper tatsächlich metallisches Gold war.

*J. C. Blake*[2] hat kolloide Goldlösungen durch Reduktion mit Azetylen und Äther hergestellt und die durch Barytsalze gefällten Niederschläge genauestens untersucht. Er fand sie ganz rein oder durch kleine Mengen Ba verunreinigt. letzteres insbesondere, wenn die Reaktion bei der Fällung basisch war. Dann wurden auch Spuren von C im Niederschlag gefunden, von Äther usw. herrührend.

Noch mögen einige Bemerkungen über die purpurnen Goldoxyde eingefügt werden, deren Existenz übrigens schon von *Proust, Buisson, Figuier* bezweifelt und von *Kruess*[3] widerlegt worden war. Die Annahme dieses Goldoxyds war, wie man jetzt leicht erkennen kann, ein Notbehelf, um über die eigentümlichen Färbungen, welche das Gold dem Rubinglas und dem *Cassius*schen Purpur erteilt, Aufklärung zu geben zu einer Zeit, wo man von der Existenz kolloider Goldlösungen noch nichts wußte.

---

[1] Die Fällung war vollständig, die überstehende Flüssigkeit enthielt kein durch $SnCl_2$ oder $SH_2$ nachweisbares Gold [*R. Zsigmondy*: Liebigs Annalen **301**, 43 (1898)].

[2] *J. C. Blake*: Contributions from the Kent Chem. Lab. of Yale University CXX, 4. Ser., **16** (1903).

[3] *G. Kruess*: Liebigs Annalen **237**, 274 bis 307 (1887).

## 40b. Raumgitter und Größe der Goldteilchen.

Nach der *Debye-Scherrer*schen Methode kann man nicht nur das Raumgitter der Submikronen feststellen, sondern auch die Größe der ultramikroskopischen Kryställchen (siehe Anhang). Die Resultate stehen in guter Übereinstimmung mit den nach andern Methoden bestimmten Größen (vgl. Kap. 40, 3).

## 41. Farbe des kolloiden Goldes (Theorie).

Die Farbe kolloider Goldlösungen im durchfallenden Lichte kann rot, violett oder blau sein (zuweilen auch gelbbraun oder braun[1]). Die Ultramikronen der **roten Lösungen** erscheinen im Ultramikroskop **grün**, die der **blauen gelb bis rotbraun**; violette Lösungen enthalten meist beide Arten gemischt. Man hat es also vorwiegend mit grünen und gelben bis braunen Ultramikronen zu tun. Die Mannigfaltigkeit, wie sie bei kolloidem Silber und kolloidem Natrium angetroffen wird, fehlt hier.

**Zusammenhang zwischen Teilchengröße und Farbe.** Sowohl grüne wie braune Ultramikronen können die verschiedensten Teilchengrößen besitzen, vom amikroskopischen Gebiet an bis zu 120 $\mu\mu$ Lineardimensionen und darüber; größere Teilchen sind aber meist braun oder gelb, während bei feineren Zerteilungen in der Regel die grüne Farbe der Ultramikronen vorwaltet.

Die merkwürdige Erscheinung, daß sehr kleine braune Ultramikronen existieren, ist theoretisch noch nicht ganz aufgeklärt. Man kann aber im folgenden den Schlüssel zu einer Erklärung finden: Nach der *Mie*schen Theorie müßten kleinere Goldteilchen (unter ca. 40 $\mu\mu$) stets grün sein; dabei ist Kugelgestalt der Teilchen und massive Raumerfüllung mit metallischem Golde vorausgesetzt. Eine Abweichung von der Theorie spricht dafür, daß die Voraussetzungen nicht erfüllt sind. Dies kann nun einesteils daran liegen, daß die Teilchen keine Kugelgestalt besitzen, oder anderenteils daran, daß sie nicht massiv mit Gold erfüllt sind; die erstere Voraussetzung scheint jedoch keine notwendige zu sein (vgl. weiter unten[2]).

Natur der braunen Goldteilchen. Bezüglich der braunes Licht abbeugenden Teilchen läßt nun eine sehr große Zahl von Erfahrungstatsachen darauf schließen, daß sie tatsächlich meist nicht massiv mit Au erfüllt sind. Denn immer, wenn grüne Teilchen flockenartig zusammentreten (oder einander sehr genähert werden), tritt Farbenumschlag ein, und die gebildeten Aggregate der Ultramikronen, selbst wenn sie amikroskopisch klein sind, erscheinen braun. Wenn man also kleine braune Teilchen antrifft, wird man schließen können, daß sie aus Konglomeraten von noch kleineren grünen zusammengesetzt sind.

---

[1] Ganz grobe Suspensionen erscheinen zuweilen in der Durchsicht grün, worauf hier nicht näher einzugehen ist.

[2] Man kann bei Abweichungen von der Theorie auch annehmen, daß die Ultramikronen der Hydrosole aus einer allotropen Modifikation des Goldes bestehen; letztere Annahme ist aber zur Erklärung der Goldfärbung nicht erforderlich.

Bei grünen Submikronen kann man hingegen annehmen, daß sie massiv mit Gold erfüllt, also durch normales Wachstum amikroskopischer Kryställchen entstanden sind.

Absorptionsspektren. Die Absorptionsspektren der roten Goldlösungen, im Vergleich zu denjenigen der Rubingläser, sind vom Verfasser zuerst und dann von zahlreichen anderen Forschern in guter Übereinstimmung festgestellt worden. Das Maximum der Absorption liegt bei hochroten und purpurroten Flüssigkeiten nahe der Spektrallinie $E$. Bei blauen Goldlösungen rückt das Maximum mehr gegen das rote Ende des Spektrums, das Absorptionsband wird breiter, und das von den Teilchen abgebeugte Licht erscheint gelb oder braun.

Braune Goldhydrosole. Neben blauen, violetten und roten Goldzerteilungen gibt es auch solche, die im durchfallenden Lichte braun oder gelb erscheinen; sie sind den Chemikern und Technologen schon lange bekannt. So erhält man bei der Herstellung von *Cassius*schem Purpur aus $SnCl_2$ und $AuCl_4H$ anfangs sehr häufig braune Flüssigkeiten, die sich allmählich in rote verwandeln. Ebenso bei der Reduktion verdünnter Goldchloridlösungen mittels Phosphor. Stark blei- oder zinnhaltiges Goldrubinglas erstarrt oft in dunkelgelber oder brauner Farbe. Verfasser hat gelbrote Flüssigkeiten erhalten bei Reduktion von sehr stark verdünnten Lösungen von Goldchlorid nach der Formaldehydmethode bei Anwendung von Wasser, das im Jenaer Glas kondensiert worden war. Neuerdings hat *The Svedberg*[1] derartige Flüssigkeiten eingehend untersucht.

Ob es sich hier um eine Farbe des feinst zerteilten Goldes in Wasser oder Glas selbst handelt, oder ob diese Farbe nur zustande kommt durch Anlagerung des Goldes an feinste Teilchen anderer Körper (etwa an PbO, $SnO_2$, P u. dgl.), ist vorläufig nicht mit Sicherheit zu sagen.

Theorie der Färbungen. Mit der Theorie der Färbungen der kolloiden Metalle befassen sich eine Reihe ausführlicher Arbeiten[2]. *Ehrenhaft* u. a. erklären die Farben unter Annahme optischer Resonanz der Teilchen.

*Maxwell Garnett* berechnete die Absorptionsspektren der Goldhydrosole und Rubingläser aus der Theorie, die *L. Lorenz*[3] für optisch inhomogene Medien entwickelt hat, und fand sie in mancher Hinsicht in guter Übereinstimmung mit der Erfahrung. Vieles andere dagegen stimmte nicht. So

[1] *The Svedberg:* Zeitschr. f. phys. Chemie **65**, 624 bis 633 (1909); **66**, 752 bis 758 (1909); **67**, 249 bis 256 (1909); **74**, 513 bis 536 (1910).

[2] *F. Ehrenhaft:* Sitzungsber. d. Akad. d. Wiss. Wien **112**, IIa, 181 bis 209 (1903); **114**, IIa, 1115 bis 1141 (1905). — *F. Kirchner* und *R. Zsigmondy:* Drudes Annalen d. Phys. (4) **15**, 573 bis 595 (1904). Diskussion zwischen *F. Pockels* und *F. Ehrenhaft:* Physikal. Zeitschr. **5**, 152, 387, 460 (1904). — *J. C. Maxwell Garnett:* Phil. Transact., Ser. A. **203**, 385 bis 420 (1904); **205**, 237 bis 288 (1905). — *G. Mie:* Drudes Annalen d. Phys. (4) **25**, 377 bis 445 (1908). — *A. Lampa:* Sitzungsber. d. Akad. d. Wiss. Wien **118**, IIa, 867 bis 883 (1909). — *R. Gans* und *H. Happel:* Drudes Annalen d. Phys. (4) **29**, 277 bis 300 (1909. *Steubing* s. S. 164.

[3] *L. Lorenz:* Wiedemanns Annalen, N. F., **11**, 70 bis 103 (1880).

berechnete *Maxwell Garnett* eine Absorptionskurve für molekular zerteiltes (krystalloid gelöstes) Gold und fand ein Maximum nahe bei

$$\lambda = 0{,}475\,\mu\,,$$

danach müßten krystalloide Lösungen metallischen Goldes gefärbt sein; die rasch gekühlten Rubingläser, welche solches Gold enthalten, sind aber farblos[1].

*Mies* Theorie.     Eine Theorie, die mit einer größeren Reihe von Erfahrungstatsachen annähernd übereinstimmt, ist von *Mie* gegeben worden. Sowohl Polarisation wie Absorptionsspektrum und diffuse Zerstreuung bei normalen, durch regelmäßiges Teilchenwachstum entstandenen Goldlösungen stehen in guter Übereinstimmung mit der *Mie*schen Theorie.

*Mie* gibt eine vollständige Darstellung der Integration der *Maxwell*schen Gleichungen für eine Kugel und der Induktion einer Kugel durch eine einfallende, linear polarisierte Welle. Die Absorption in der Goldlösung wird berechnet aus dem Energieverlust, den die Welle in einer Kugel erfährt, und der sich zusammensetzt aus dem Energieverlust durch diffuse Strahlung und aus dem in *Joule*sche Wärme umgesetzten Energiebetrage. Der Absorptionskoeffizient wird berechnet durch Multiplikation der von einem Teilchen verbrauchten Energie mit der Teilchenzahl[2].

Der Absorptionskoeffizient für verdünnte Lösungen mit sehr kleinen Teilchen ist nach *Mie*[3]

$$K = N \cdot V \frac{6\,\pi}{\lambda'} \cdot Im\left(\frac{n_0^2 - n_1'^2}{2\,n_0^2 + n_1'^2}\right),$$

worin $N$ die Zahl der Teilchen im Kubikmillimeter, $V$ das Volum eines Teilchens, $\lambda'$ die Wellenlänge im Wasser, $n_0$ den Brechungsexponenten des Wassers, $n_1'$ den komplexen Brechungsexponenten des Goldes bedeuten. Das Symbol $Im\,(\text{——})$ bedeutet, daß der imaginäre Teil des komplexen Ausdrucks zu nehmen ist.

Bei gröberen Zerteilungen müssen noch Koeffizienten $a$, $b$, $c$, $d$ hinzugefügt werden, und zwar den Brechungsexponenten; doch kann obige Formel als Näherungsformel zur ersten Orientierung gelten, da $a$, $b$, $c$, $d$ mit abnehmender Teilchengröße dem Wert 1 sich nähern. Es zeigt sich, daß die Absorptionskurve bei gleichem Goldgehalt ($N \cdot V = $ konstant) die gleiche ist, solange die Teilchen nicht groß sind.

Dies stimmt mit der Erfahrung überein, da die Goldlösungen bei Größen zwischen 2 bis ca. 40 $\mu\mu$ nur wenig in der Farbe verschieden sind, voraus-

---

[1] Der Einwand, daß in diesen das Gold in Form einer chemischen Verbindung im Glase enthalten ist, läßt sich leicht widerlegen: selbst nach Einrühren von geeigneten Reduktionsmitteln in großem Überschuß (z. B. Kohle, Zinn, Antimon, Arsen), die sicher alles Gold in Metall überführen würden, bleibt das Rubinglas bei schneller Abkühlung farblos.

[2] Eine ähnliche Rechnung bezüglich der Gase hat vorher *F. Hasenoehrl* [Sitzungsber. d. Akad. d. Wiss. Wien **111**, II a, 1229 bis 1663 (1902)] durchgeführt, bei welcher die beiden Energieverluste nicht getrennt behandelt sind. Die beiden Rechnungen führen zu den gleichen Resultaten, wie *Lampa* gezeigt hat.

[3] *G. Mie:* Koll.-Zeitschr. **2**, 129 bis 133 (1907). Genauer und in anderer Form l. c. siehe S. 161.

gesetzt, daß die Goldteilchen durch regelmäßiges Wachstum entstehen und nicht durch Teilchenvereinigung (beginnende Koagulation usw.) Störungen eingetreten sind.

Bei gröberen Teilchen verschiebt sich das Maximum der Absorption gegen Rot, und die Flüssigkeiten erscheinen im durchfallenden Lichte violett oder blau; sie enthalten dann im allgemeinen gelbe oder rote (bzw. rote oder braune) Ultramikronen, jedoch trifft man öfter Ausnahmen von dieser Regel[1].

Bezüglich der diffusen Strahlung der Goldlösungen mit sehr kleinen Teilchen gilt nach *Mie* die *Rayleigh*sche Formel: *(Diffuse Strahlung.)*

$$N \cdot \frac{24\,\pi^3\,V^2}{\lambda'^4} \cdot \left| \frac{n_0^2 - n_1'^2}{2\,n_0^2 + n_1'^2} \right|^2,$$

in welcher $V$, $N$ usw. dieselbe Bedeutung haben wie vorher, und durch die Vertikalstriche angedeutet wird, daß der absolute Betrag des zwischen ihnen stehenden komplexen Wertes zu nehmen ist[2]. Dieser überwiegt derart den aus dem *Rayleigh*schen Gesetz bekannten Einfluß des Faktors $\lambda^{-4}$, daß die Strahlungskurven für Gold einen ganz anderen Verlauf nehmen als die für isolierende Teilchen aus *Rayleighs* Gesetz zu berechnenden Kurven.

Aus der Theorie ergibt sich, daß der Verlauf der Strahlungskurve für verschiedene Teilchengrößen ein ähnlicher ist, und daß bei gleichem Goldgehalt ($V.N =$ konst.) die Ordinaten der Strahlungskurven den Teilchenvolumina proportional sind. Auch diese Folgerung wird durch die Erfahrung annähernd bestätigt.

Aus der Fig. 24, welche den Messungen von *Steubing*[3] entnommen ist, geht hervor, daß die Strahlung nur einen geringen Bruchteil der ganzen Absorption ausmacht, und daß sie um so schwächer wird, je kleiner die Teilchen sind. Während die Absorption für Flüssigkeiten von 20 $\mu\mu$ und 36 $\mu\mu$ fast dieselbe ist, zeigt sich bei ihnen eine bedeutende Verschiedenheit in der Intensität der Strahlung. Schon bei 20 $\mu\mu$ ist sie sehr gering, und sie würde bei Teilchen von 2—4 $\mu\mu$ ganz unter den Bereich des Meßbaren sinken.

Optisch verhalten sich also derartige Lösungen mit kleinen Amikronen ganz wie homogen gelöste Farbstoffe. Erst bei viel gröberen Verteilungen des Metalls ist ein Teil der Gesamtabsorption auf die diffuse Zerstreuung zurückzuführen, die dann im Gebiet der groben Zerteilungen wesentlich die Farbe beeinflußt.

---

[1] Mit der Tatsache, daß das Absorptionsmaximum sich bei gröberen Zerteilungen stark nach Rot verschiebt, die Zerteilung also in der Regel violett oder blau erscheint, stimmen auch Versuche über das Zentrifugieren von Goldhydrosolen überein, die von *Hedwig Robitschek* (Sitzungsber. d. Akad. d. Wiss. Wien **121**, II a) auf Veranlassung von *Lampa* ausgeführt wurden. Es zeigte sich, daß die blau färbenden Goldteilchen vorwiegend auf den Boden des Gefäßes sanken. *Faraday* hat aber schon gefunden, daß rot färbende Goldteilchen sich manchmal schneller zu Boden setzen als blau färbende, und Ähnliches hat Verfasser oft beobachtet.

[2] Für größere Teilchen sind auch hier die Faktoren $a$, $b$ usw. einzusetzen. Vgl. *Mie:* l. c. siehe S. 162.

[3] l. c. S. 164.

Es handelt sich also bei der **Farbe feinerer** Goldhydrosole **nicht**, wie früher vielfach fälschlich angenommen wurde, um eine Farbe trüber Medien, analog dem Blau des Himmelslichts, sondern um spezifische Absorption von Ätherwellen, deren Art sich aus den optischen Konstanten des Metalls berechnen läßt. Die diffuse Zerstreuung spielt dabei eine ganz untergeordnete Rolle.

**Polarisation der Metallteilchen.** Das von feinen Ultramikronen bei Seitenbeleuchtung diffus zerstreute Licht ist bekanntlich linear polarisiert, um so vollständiger, je feiner die Teilchen sind.

Nach *Mie*[1], *Ehrenhaft, Steubing*[2] ist auch das von kleinen Metallteilchen diffus zerstreute Licht linear polarisiert, nicht elliptisch, wie irrtümlicher-

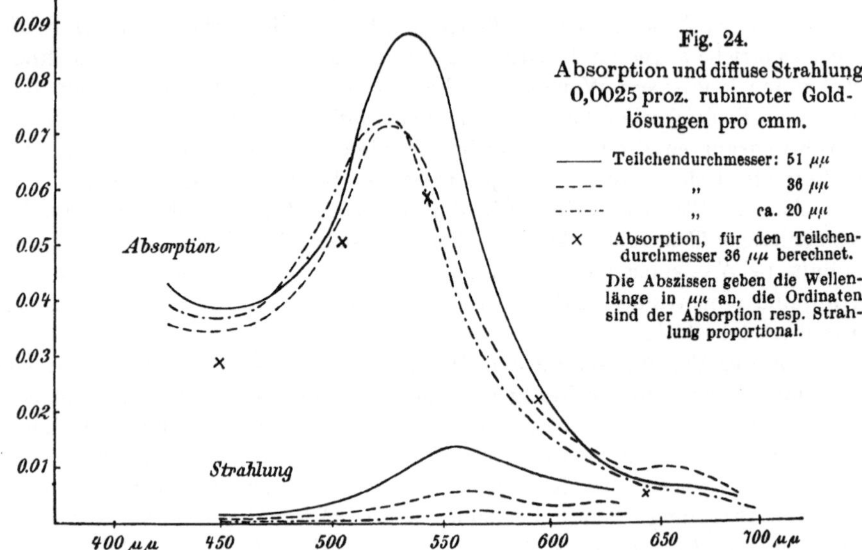


weise oft behauptet wurde. *Mie*[1] hat diese Polarisation in Abhängigkeit von der Teilchengröße eingehend theoretisch behandelt, und aus seiner Abhandlung sind die folgenden Strahlungsdiagramme entnommen (Fig. 25a und b), die für natürliches einfallendes Licht gelten. Darin ist die Intensität der Strahlung als Länge auf die von den Teilchen ausgehenden Radienvektoren aufgetragen.

Die äußeren Kurven schneiden von den Radien Stücke ab, die der Intensität der gesamten Strahlung proportional sind; die inneren Kurven geben ebenso die unpolarisierte Strahlung; das Zwischenstück ist also der polarisierten Strahlung proportional. Die Pfeilrichtung deutet die Richtung des einfallenden beleuchtenden Strahls an.

Aus den Figuren ist zu entnehmen, daß kleine Goldteilchen in der Richtung senkrecht zum einfallenden Strahle vollständig linear polarisiertes Licht

---

[1] *G. Mie:* Drudes Annalen d. Phys. (4) **25**, 429 (1908).

[2] *W. Steubing:* Drudes Annalen d. Phys. (4) **26**, 329 bis 371 (1908).

aussenden, nach anderen Richtungen aber nur teilweise polarisiertes Licht; daß sehr grobe Teilchen, 160 $\mu\mu$ und darüber, ein Maximum der Polarisation bei ca. 120° besitzen und daß sie unverhältnismäßig mehr Licht in der Fortpflanzungsrichtung des beleuchtenden Strahles aussenden als in der entgegengesetzten.

Die theoretische Optik der Metallkolloide, speziell des kolloiden Goldes, vermag demnach eine Reihe von Erscheinungen in Übereinstimmung mit der Erfahrung recht gut zu beschreiben; es sind dies insbesondere Farbe und Polarisation der durch ungestörtes Wachstum gebildeten Metallteilchen.

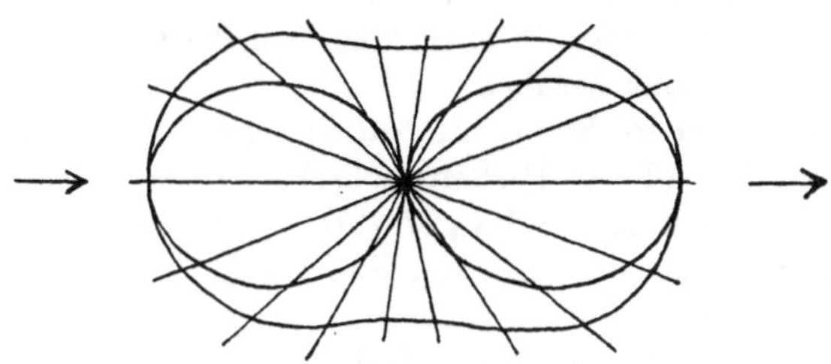

Fig. 25a.
Strahlungsdiagramm eines „unendlich" kleinen Goldkügelchens.

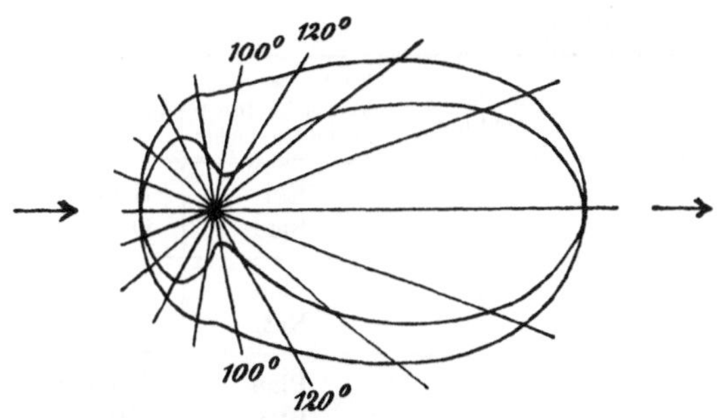


Fig. 25b.
Strahlungsdiagramm eines Goldkügelchens von 160 $\mu\mu$ Durchmesser.

Dagegen steht eine einheitliche Erklärung zahlreicher anderer Phänomene noch aus, vor allem die des charakteristischen Farbenumschlags bei der Koagulation und der Farbe der dabei gebildeten Sekundärteilchen, welche gelblichbraunes bis rotbraunes Licht aussenden, gleichgültig, ob sie selbst amikroskopisch oder submikroskopisch sind.

Des weiteren sprechen zahlreiche Zeichen dafür, daß die Ultramikronen vielfach nicht isodimensional sind, sondern Stäbchen- oder Blättchenform besitzen[1]. Dies geht unter anderem aus dem Verhalten der gedehnten, goldhaltigen, dichroitischen Gelatinehäutchen hervor[2], deren Dichroismus entweder auf Verschiedenheit der Teilchenabstände in der Dehnungsrichtung und senkrecht dazu, oder auf orientierte Anordnung von Stäbchen oder Blättchen in der Dehnungsrichtung zurückzuführen ist. Letzteres ist das Wahrscheinlichere; denn nicht alle Goldhydrosole sind geeignet, der gedehnten Gelatine Dichroismus zu erteilen, und diese Eigenschaft scheint in besonders hohem Maße nur solchen zuzukommen, welche reich an ungleich ausgebildeten Goldteilchen sind.

*Stäbchen- und Blättchenform der Ultramikronen.*

---

[1] Vgl. auch *G. Mie*, ib. S. 379 und *The Svedberg:* Arkiv för Kemi etc. 4. Nr. 19. (1911).

[2] *H. Ambronn* und *R. Zsigmondy:* Ber. d. Kgl. Sächs. Ges. d. Wiss. Leipzig **51**, Math.-Phys. Kl., Naturwiss. Teil, S. 13 bis 15 (1899).

Nach neueren Versuchen des Verfassers gelang es mit bestimmten amikroskopischen Goldlösungen absolut nicht Dichroismus, hervorzurufen.

*Teilchengestalt und -farbe.* Es mag ferner daran erinnert werden, daß Gold häufig in sechsseitigen, dünnen Blättchen krystallisiert, ferner daß dichroitische, mikroskopische Stäbchen von *Ambronn*[1] beobachtet worden sind.

Einen sicheren Beweis dafür, daß die Gestalt der Metallultramikronen für die durch sie hervorgerufenen Farben mitbestimmend ist, hat *Siedentopf*[2] erbracht. Drückt man Gold- oder Silbersubmikronen zwischen Deckglas und Objektträger des Kardioid-Ultramikroskops, so werden grüne oder buntfarbige Teilchen braun. Dabei kann der Farbenwechsel sowohl auf Plattdrücken von kleinen Würfeln wie auf einer Orientierung von Blättchen oder Stäbchen senkrecht zur Druckrichtung beruhen.

Das Gleiche hat *Siedentopf* bei gedrücktem, mit Natrium gefärbtem Steinsalz beobachtet. Auch hier wird durch Druck Farbenwechsel der Ultramikronen bewirkt. Der dabei entstehende Dichroismus des gefärbten Salzes ist zurückzuführen auf Gestaltsänderung, welche die einzelnen Submikronen durch den Druck erfahren haben.

Nimmt man eine Abplattung der einzelnen Submikronen durch den Druck oder eine Orientierung vorhandener Blättchen an, derart, daß ihre größte Fläche senkrecht zur Druckrichtung zu stehen kommt, so ergibt sich aus nachstehendem Schema[3] (Tabelle 18) folgendes:

Tabelle 18.

| Druckrichtung | Vermutliche Lage der Teilchen | Schwingungsrichtung | Betrachtungsrichtung | Farbe des Steinsalzes im durchfallenden Lichte | Farbe der Beugungsscheibchen des Natriums |
|---|---|---|---|---|---|
| — | 0 | — | . | Rot | Grün |
| — | 0 | \| | . | Blau | Orangebraun |
| \| | ⊂ | — | . | Blau | Orangebraun |
| \| | ⊂ | \| | . | Rot | Grün |
| . | ◯ | — | . | Blau | Orangebraun |
| . | ◯ | \| | . | Blau | Orangebraun |

Schwingt das vom Analysator (oder Polarisator) durchgelassene Licht parallel der kürzeren Dimension der Blättchen (senkrecht zu ihrer größeren Ausdehnung), dann ist das durchgelassene Licht rot, das abgebeugte aber grün.

Schwingt das vom Analysator durchgelassene Licht parallel der größeren Ausdehnung, dann ist das durchfallende Licht blau, das abgebeugte braun oder gelb.

*Pleochroismus kolloider Metalle.* In vollkommener Übereinstimmung mit dieser Beobachtung stehen Versuche von *H. Ambronn* und *Zsigmondy*[4] über den Pleochroismus gedehnter

---

[1] *H. Ambronn:* Zeitschr. f. wiss. Mikroskopie **22**, 349 bis 355 (1905).
[2] *H. Siedentopf:* Verh. d. Deutsch. Phys. Ges. **12**, 6 bis 47 (1910).
[3] *H. Siedentopf:* ib. S. 33.
[4] l. c. siehe S. 165.

Gold- oder Silber-Gelatinehäutchen, für die *Ambronn*[1] eine Erklärung gegeben hat: Anisotrope Metallteilchen (Blättchen oder Stäbchen) werden durch die Dehnung der Gelatine[2] gleichsinnig orientiert.

Ist die Schwingungsrichtung des durchfallenden Lichtes parallel zur Dehnungsrichtung der Gold-Gelatine, dann erscheint dieselbe blau; steht sie senkrecht dazu, dann erscheint sie rot.

Die Orientierung der submikroskopischen Goldstäbchen oder Blättchen erfolgt nach obigem in diesem Falle so, daß ihre Längsrichtung sich parallel zur Zugrichtung stellt; eine solche Orientierung ist aber von vornherein zu erwarten, wenn man annimmt, daß die Metallteilchen sich etwa in sehr engen Hohlräumen einlagern, die bei der Dehnung gestreckt werden[3]

**Farbenumschlag bei Koagulation.** Dies allein reicht aber nicht, aus, um alle Erscheinungen zu erklären. Ein charakteristisches Merkmal aller reinen roten Goldhydrosole ist ihre Eigentümlichkeit, bei der Koagulation einen Farbenumschlag in Blau zu zeigen.

Dieser Farbenumschlag kommt zustande durch flockenartige Vereinigung einer gewissen Anzahl von Grün abbeugenden Teilchen zu einem Komplex, der als Ultramikron nur braunes Licht zerstreut.

Die Farbenveränderung einfach aus der Teilchenvergrößerung zu erklären, geht nicht an. Sie tritt immer ein, gleichgültig ob Amikronen oder Submikronen sich vereinigen. In ersterem Falle kann der gebildete Komplex amikroskopisch klein bleiben und eine mehrere hundertmal kleinere Masse haben als ein sehr großes rotfärbendes Teilchen[4]. Trotzdem sendet es braunes Licht aus, und die Flüssigkeit, die solche Teilchen enthält, erscheint im durchfallenden Lichte blau. Zusammentreten von Primärteilchen metallischen Goldes zu Sekundärteilchen bewirkt also Farbenumschlag von Rot in Blau.

Theorie des Farbenumschlags.

---

[1] *H. Ambronn:* Ber. d. Kgl. Sächs. Ges. d. Wiss. Leipzig **48**, Math.-Phys. Kl. S. 613 bis 628 (1896).

[2] Bei metallgefärbten Fasern tritt ähnlicher Pleochroismus auf; auch hier wird von *Ambronn* orientierte Anordnung anisotroper Teilchen angenommen.

[3] *R. Gans* [Annalen d. Phys. (4) **37**, 883 (1912)] hat die *Mie*sche Theorie auf Rotationsellipsoide ausgedehnt, wodurch es möglich wird, den Einfluß der Teilchengestalt auf die Farbe zu berücksichtigen, unter Annahme der Richtigkeit der der Theorie zugrunde liegenden Voraussetzungen. *Gans* kommt im wesentlichen zu folgenden in Figuren dargestellten Resultaten: Je stärker das Rotationsellipsoid sich der Blättchen- oder Stäbchenform nähert, um so mehr verschiebt sich das Absorptionsmaximum nach den größeren Wellenlängen und wird bedeutend höher, gibt demnach zur Bildung blauer Lösungen Veranlassung. *Gans* hat seine Rechnungen auf Teilchen beschränkt, die klein sind gegenüber der Wellenlänge. Überträgt man die durch *Siedentopfs* Beobachtungen gewonnenen Erfahrungen auf sehr kleine Teilchen, so müßte man erwarten, daß durch Abplattung von Amikronen eher eine Verschiebung des Absorptionsmaximums nach den kleineren Wellenlängen erfolgen würde, als nach den größeren, vorausgesetzt, daß die größte Dimension der Teilchen nicht mehr als etwa 40 $\mu\mu$ beträgt. (Vgl. 2. Aufl. S. 167.) Man sollte also das Auftreten von gelblich roten Farbtönen (in der Durchsicht) erwarten, die in der Tat bei amikroskopischen Zerteilungen öfter beobachtet wurden und nicht das Auftreten blauer Farben. Es wäre erwünscht, durch einwandfreie Messungen die Theorie zu stützen.

[4] Am besten erhält man die braunen Amikronen durch Stehenlassen einer Gold-keimflüssigkeit in Flaschen aus gewöhnlichem Glase (etwa Medizinflaschen).

Koagulierendes
Gold ver-
schmilzt nicht
zu größeren
Tröpfchen.

Man kann kaum einen besseren Beweis als gerade diesen Farbenumschlag dafür finden, daß die Goldteilchen sich flockenartig (d. h. durch Zusammenlagerung) und nicht nach Art der Flüssigkeitströpfchen durch Teilchenverschmelzung zu größeren Tröpfchen vereinigen. Würde letzteres der Fall sein, so müßten die Ultramikronen von koaguliertem Golde (der blau durchsichtigen Goldzerteilungen) mit den durch Wachstum entstandenen (der roten Lösungen) identisch sein, wofern sie die gleiche Masse besitzen wie diese.

Kugelförmige Teilchen gleicher Masse und Anzahl müßten dann aber unbedingt auch den gleichen Farbenton erzeugen, unabhängig davon, ob sie durch normales Wachstum wie in den roten Lösungen, oder durch Verschmelzen von kleineren Goldtröpfchen zu größeren entstanden sind. Tatsächlich sind aber Ultramikronen, die durch Teilchenvereinigung aus kleineren entstanden sind, stets anders gefärbt als die normalen der Hydrosole, auch wenn sie die gleiche Masse besitzen wie diese. Sie können also nicht mit den ersteren identisch sein.

Oberflächen-
verkleinerung
spielt hier keine
wesentliche
Rolle.

Als weitere Konsequenz dieser Betrachtung ergibt sich noch die wichtige Folgerung, daß nicht die Oberflächenverkleinerung des Goldes eine wesentliche Rolle bei der Koagulation spielt; denn diese kann — selbst wenn man ein Durchbrechen der Wasserhüllen, welche die Teilchen umgeben, annimmt — nur eine verhältnismäßig geringe sein, da ja die Gesamtoberfläche aller Teilchen nur nach Maßgabe der sich unmittelbar berührenden Kanten und Flächen verkleinert wird. — Einen reversiblen Farbenumschlag erhält man leicht durch Eintrocknen von kolloidem Gold mit sehr wenig Gelatine[1]. Solche Häutchen werden beim Anfeuchten rot, beim Eintrocknen blau.

Kirchners
Theorie.

Zur Erklärung dieses Farbenumschlages nahm *Kirchner*[2] auf Grund der *Planck*schen[3] Dispersionstheorie für isotrope Dielektrika an, daß eine Annäherung der als Resonatoren betrachteten Teilchen die Blaufärbung beim Eintrocknen mit Gold gefärbter Gelatinehäutchen bewirkt. Diese Annäherung der Teilchen hat nach *Kirchners* Theorie eine Verschiebung des Absorptionsmaximums gegen Rot hin, auch eine Erhöhung und Verbreiterung desselben zur Folge in guter Übereinstimmung mit der Erfahrung. Gegen die Annahme der optischen Resonanz der Metallteilchen selbst hat aber *Mie*[4] gewisse Bedenken erhoben, so daß eine Klärung dieser Frage noch aussteht.

Eine vollständige optische Theorie der Metallkolloide wird jedenfalls auch den Farbenumschlag, welcher zu den charakteristischen Eigenschaften des kolloiden Goldes und anderer Metallkolloide gehört, zu berücksichtigen haben.

Blaue
Hydrosole.

Noch ein Wort über die blauen Hydrosole: Die blaue Färbung bei der Reduktion von Goldchloridlösungen kann auf dreierlei Ursachen zurückgeführt werden:

[1] *F. Kirchner* und *R. Zsigmondy*: l. c. siehe S. 161; ferner *R. Zsigmondy*: Zur Erkenntnis der Kolloide 1905, S. 114.

[2] *F. Kirchner*: Ber. d. Kgl. Sächs. Ges. d. Wiss. Leipzig **54**, Math.-Phys. Kl. 261 bis 266 (1902).

[3] *M. Planck*: Drudes Annalen d. Phys. (4) **1**, 69 bis 122 (1900); Sitzungsber. d. Kgl. Akad. d. Wiss. zu Berlin 1902, S. 470 bis 494.

[4] l. c. siehe S. 161.

Entweder darauf, daß die Reduktion unvollständig war, und daß sich statt kolloiden Goldes blaues Goldoxydul bildet (vgl. S. 159); dann wird weitere Reduktion, eventuell bei Temperaturerhöhung, zuweilen einen Farbenumschlag nach rot bewirken. Dieser Umstand ist bei den meisten hierhergehörigen Arbeiten nicht berücksichtigt worden. Oder die Reduktion ist vollständig; dann kann die Blaufärbung auf den obenerwähnten flockenartigen Zusammentritt der kleinen roten Teilchen oder auf unregelmäßiges Wachstum zurückgeführt werden, etwa indem statt der Würfel oder Blättchen drusenartige, wenn auch sehr kleine submikroskopische Gebilde entstehen[1]. Schließlich kann Blaufärbung auch eintreten, wenn die Flüssigkeit sehr große massiv mit Gold erfüllte Submikronen enthält, die nach *Mies* Theorie gleichfalls zu blauen Farbentönen Veranlassung geben. Bei der Reduktion mit Hydroxylaminchlorhydrat [Keimverfahren 3a] erhält man in alkalischer Lösung blaue Hydrosole, in neutraler rote. Die blauen werden beim Kochen rot, ohne daß die Teilchenzahl sich ändert. Wie *Reitstötter*[2] gefunden hat, ist dieser Farbenumschlag im wesentlichen nicht auf Reduktion von Goldoxydul zurückzuführen, er scheint vielmehr auf Strukturänderungen innerhalb der Teilchen zu beruhen.

## 42. Reaktionen des kolloiden Goldes.

Ein überaus interessantes und vielseitiges Bild bieten die Reaktionen des kolloiden Goldes, die um so reizvoller sind, als sie sich äußerlich in derselben Weise abspielen wie chemische Reaktionen, obwohl die reagierenden Komponenten keine chemische Verwandtschaft zueinander besitzen. Ist schon der Farbenumschlag, welchen kolloides Gold mit Salzsäure gibt, ähnlich dem, welchen Chlorwasserstoff in Kongorot hervorruft, so wirkt die Ähnlichkeit mit Indikatorreaktion noch überraschender bei Betrachtung der reversiblen Farbenänderung, welche man mit kaseinhaltigem kolloidem Gold $Au_F$ erhält. Die rote Farbe einer solchen Mischung geht beim Ansäuern in Blauviolett über, kann aber durch Alkali wiederhergestellt werden[3]. Die Flüssigkeit verhält sich demnach, obgleich hier nur eine reversible Aggregation zu Sekundärteilchen vorliegt, ganz ähnlich wie eine Kongo- oder Benzopurpurinlösung, die als Indikator in der Maßanalyse Verwendung findet. *(Gold als Indikator.)*

Bei der Mehrzahl der Reaktionen des kolloiden Goldes dient überhaupt die Farbenänderung als Indikator auf eine erfolgte Aggregation der Goldteilchen oder das Ausbleiben einer solchen auf eine Behinderung derselben durch einen dritten reagierenden Stoff. In ersterem Falle (wie bei der Elektrolytkoagulation) sind es meistens elektrische Vorgänge (Entladung der Goldteilchen), die angezeigt werden; in letzterem handelt es sich um Vereinigung des Goldes mit fremden Kolloidteilchen, welche die Koagulation verhindern (Schutzwirkungen).

[1] Vgl. *R. Zsigmondy:* Zur Erkenntnis der Kolloide 1905, S. 114, 133 bis 134.
[2] Inaug.-Diss. Göttingen 1917.
[3] *Zsigmondy:* Göttinger Nachrichten 1916. S. Kap. 34.

Da derartige Vorgänge in der Natur und im chemischen Laboratorium, und zwar bei den verschiedensten Systemen, überaus häufig auftreten, aber wohl meist irrtümlich für chemische Reaktionen gehalten wurden, und weil in keinem Falle Natur und Eigenart der Erscheinungen so überzeugend dargetan werden können wie hier, so hat Verfasser schon seit 1898 den Reaktionen des kolloiden Goldes — als typisch für eine Reihe von kolloidchemischen Reaktionen — besondere Aufmerksamkeit gewidmet.

Drei Anforderungen müssen aber erfüllt sein, wenn das kolloide Gold mit Erfolg als Indikator verwendet werden soll: es muß eine möglichst rein rote Farbe besitzen, genügend stabil und frei von schädlichen Verunreinigungen sein.

$Au_F$ als Reagens.

Da das nach dem Formolverfahren mit oder ohne Keime hergestellte kolloide Gold $Au_F$ diesen Anforderungen genügte, so hat Verfasser diesem Verfahren auch stets den Vorzug gegeben, und sein Bestreben ging in erster Linie dahin, es im Laufe der Jahre zu vervollkommnen, ohne Rücksicht auf die Möglichkeit — nachdem einmal die Bedingungen zur Darstellung einer kolloiden Goldlösung gegeben waren —, in unbegrenzter Menge die Zahl der Darstellungsmethoden vermehren zu können, was denn auch besonders leicht wird, wenn man die Reduktion bei Gegenwart von Schutzkolloiden vornimmt.

Einfluß der Verunreinigungen.

Die große Anzahl der anderweit bekanntgegebenen Methoden hat dahin geführt, daß allerlei einander widersprechende Angaben über das Verhalten der Goldhydrosole in der Literatur sich vorfinden. Kein Wunder, denn es genügt $^1/_{1000}\%$ gewisser Stoffe, um z. B. die sonst so leichte Fällbarkeit des Goldes durch Kochsalz ganz zu verhindern; ein noch viel geringerer aber von anderen Stoffen, um allmähliche spontane Koagulation der Goldlösung herbeizuführen. Auch die Teilchenzahl und -größe sind von Einfluß auf das Verhalten der nach verschiedenen Methoden dargestellten Hydrosole; Versuche haben

Einfluß der Teilchengröße.

aber gezeigt, daß zwar eine Abhängigkeit der Reaktionen von der Teilchengröße vorhanden ist, diese aber meist ganz in den Hintergrund tritt gegen den Einfluß von Verunreinigungen, die vielfach durch das Verfahren der Darstellung in die Goldsole hineinkommen. Wir werden daher hauptsächlich dem Einflusse der Fremdstoffe unsere Aufmerksamkeit widmen.

Einen wesentlichen Einfluß auf viele Reaktionen hat die Konzentration der Wasserstoffionen. Goldhydrosol, nach *Donaus* Verfahren hergestellt,

$Au_{Do}$.

$(Au_{Do})$ wird blau, wenn man es in einer mit dem Finger verschlossenen Probierröhre schüttelt, während $Au_F$ bei gleicher Behandlung ganz unverändert bleibt. Ersteres reagiert gegen Lackmus schwach sauer, letzteres schwach alkalisch. Man würde geneigt sein, die Ursache der Farbenänderung von $Au_{Do}$ darin zu sehen, daß die Wasserstoffionen das Gold selbst gegen Erschütterungen empfindlich machen. Tatsächlich ist aber die Ursache darin gelegen, daß der Finger, mit welchem das Reagierglas verschlossen wurde, Spuren von Eiweißsubstanzen an die Flüssigkeit abgibt, die in Gegenwart von Wasserstoffionen positive Ladung erhalten und dann fällend auf das Gold wirken[1].

---

[1] S. Kap. 119.

In einer mit Glasstopfen verschlossenen Flasche läßt sich das *Donau*-sche Gold ohne Farbänderung kräftig schütteln, erweist sich also als stabil. Wir werden daher zu unterscheiden haben zwischen Reaktionen, die den schwach alkalischen, und solchen, die den sauren Hydrosolen eigentümlich sind, neben allgemeinen Reaktionen, die beiden gemeinsam zukommen.

Zu den gemeinsamen Reaktionen der reinen Metallkolloide gehören: Fällbarkeit durch Elektrolyte, Fällung mit positiven Kolloiden, Beständigkeit beim Schütteln mit Benzol und anderen reinen organischen Lösungsmitteln, Adsorption des Goldes an Tonerde, Bariumsulfat, Fullererde usw., Schutzwirkung bei Anwesenheit von genügendem Überschuß an Schutzkolloiden.

Verfolgt man die einzelnen Reaktionen quantitativ, so bemerkt man aber vielfach Unterschiede, so daß es notwendig wird, je nach dem Anwendungsgebiet für bestimmte Reaktionen nur Lösungen bestimmter Darstellungsart zu verwenden. Daher soll für die Bestimmung der Goldzahlen, die ein Maß für die Schutzwirkung abgeben, nur das nach der Formolmethode hergestellte Gold verwendet werden; für die Bestimmung der Elektrolyt-Schwellenwerte, der U-Zahlen, dagegen besser oder notwendig schwach saure Hydrosole.

Eine Anzahl Reaktionen, die verschieden ausfallen, je nachdem man saure oder alkalische Goldlösungen verwendet, findet sich in der folgenden Übersicht zusammengestellt. Sie zeigt das Verhalten der nach dem Formolverfahren hergestellten hochroten Goldlösung $Au_F$, welche von ihrer Her-

Einfluß von Säure u. Alkali.

$Au_F$- u. $Au_{Fs}$-Reaktionen.

Tabelle 19.

| Zugesetzte Stoffe | Menge desselben | $Au_F$ (schwach alkalisch) | $Au_{Fs}$ (schwach sauer) |
|---|---|---|---|
| $AlCl_3$, $FeCl_3$, $Th(NO_3)_4$ usw., $^n/_{100}$ | sehr wenig | Purpurflocken, wegen Bildung koll. Oxyde | Normale Elektrolytfällung entsprechend der Wertigkeitsregel, auch Umladung der Aggregate |
| | größerer Zusatz | Umladung, zuweilen Blaufärbung, auch Schutzwirkung usw. | |
| Gelatine, Kasein, Albumin usw. | sehr wenig | keine Veränderung | Blaufärbung unter Niederschlagsbildung |
| | größerer Zusatz | Schutzwirkung | Schutzwirkung erst bei sehr viel Schutzkolloid |
| Peptone | sehr wenig | keine Veränderung | Blaufärbung |
| | größerer Zusatz | Blauviolett- oder Blaufärbung | Blaufärbung |
| Gel der Tonerde | | Adsorption unter Bildung eines roten Niederschlags | Adsorption unter Bildung eines roten bis blauen Niederschlags |

stellung her neben etwas Chlorkalium und anderen Salzen, die indifferent sind, noch ca. 2,7 Milliäquivalent/Liter Kaliumcarbonat enthält und zum Vergleich das Verhalten derselben Lösung, angesäuert mit 1,1 Millimol/Liter überschüssiger Salzsäure (diese Lösung wird mit $Au_{F_8}$)[1] bezeichnet.)

## 43. Adsorption des kolloiden Goldes durch Tonerde, Bariumsulfat und Fasern.

Sehr bemerkenswert ist die Eigenschaft des kolloiden Goldes, von verschiedenen Substraten ähnlich wie ein gelöster Farbstoff aufgenommen zu werden. Diese Eigenschaft hängt hauptsächlich mit dem Grade der Zerteilung zusammen. Sie ist also bedingt durch die Kleinheit der Ultramikronen und durch ihre ungeheure Anzahl. Ein interessantes Beispiel für die Eigenschaft bildet die Adsorption von Gold durch **Aluminium-hydroxyd**, das Hydrogel der Tonerde. Schüttelt man eine kolloide Goldlösung $Au_F$ mit der genannten Substanz, so färben sich die Flocken der letzteren beinahe momentan mehr oder weniger intensiv rot an, ganz ebenso wie Tonerdegel durch Karminfarbstoff gefärbt wird[2]. In beiden Fällen erhält man rotgefärbte Produkte und unter geeigneten Verhältnissen vollständige Entfärbung der darüberstehenden Flüssigkeit. In letzterem Fall entsteht Karminlack, in ersterem eine lackartige Kolloidverbindung von Gold und Tonerde. Die Bildung des Goldlacks kann ultramikroskopisch verfolgt werden; man kann, wenn man sehr schnell operiert, das Anlagern der Goldsubmikronen an die Gelteilchen beobachten. Ähnlich wie gegen Tonerde verhält sich das kolloide Gold auch gegen gebeizte Fasern[3].

Gold und Bariumsulfat. Auch eine Anzahl sehr feiner krystallinischer Niederschläge, wie Calciumcarbonat, Strontiumcarbonat, Bariumsulfat haben die Eigenschaft, kolloides Gold durch Adsorption aufzunehmen. Letztere Reaktion ist von *Vanino*[4] entdeckt worden, der gezeigt hat, daß Bariumsulfat als Reagens auf eine Anzahl irreversibler Hydrosole verwendet werden kann.

In einer nicht publizierten Arbeit in Gemeinschaft mit *Fr. N. Schulz* wurde diese Reaktion eingehender untersucht. Es zeigte sich dabei, daß nur die feineren Teilchen der Bariumsulfatsuspension die Eigenschaft haben, sich mit dem Gold zu vereinigen. Die Menge des Sulfates, welche eben ausreicht, um 5 ccm Goldlösung zu entfärben, hängt von der Qualität des verwendeten Bariumsulfats ab. Von einem käuflichen Präparat wurden stets 21 mg resp. 60 mg zu 5 ccm Goldlösung (0,25 mg Au) gesetzt, die dadurch vollständig entfärbt wurde. Nach Zusatz von genügenden Mengen Schutz-

*Goldlack.* (margin)

*Vaninos Reaktion.* (margin)

---

[1] Aus $Au_F$ zu erhalten, wenn man 100 ccm mit 3,8 Cl $^n/_{10}$ HCl ansäuert.

[2] Basische Salze, die öfter im Gel der Tonerde enthalten sind, bewirken Blaufärbung. In solchen Fällen setzt man dem Gel etwas $NH_3$ zu.

[3] *R. Zsigmondy:* Verh. d. Ges. D. Naturfr. u. Ärzte, 73. Vers., Hamburg 1901, S. 171. — *W. Biltz:* Nachr. d. Kgl. Ges. d. Wiss. zu Göttingen, Math-Phys. Kl. 1904, S. 18 bis 32; Ber. **37**, 1095 bis 1116 (1904).

[4] *L. Vanino:* Ber. **35**, 662 (1902).

kolloid trat aber überhaupt keine Entfärbung ein. Das allgemeine Ergebnis dieser Versuche war folgendes:

Es gibt eine untere Grenze für die Menge an Schutzkolloid, welche bei gegebenen Mengen von Gold, Bariumsulfat und Wasser eben noch die Fällung verhindert. In unserem Falle bei Anwendung von 5 ccm Goldhydrosol und 60 mg Bariumsulfat für:

Leim . . . . . . . . . . . . . . . . . . . 0,1  mg
Gummi arabicum . . . . . . . . . . . . . . 0,044  „
Eiweiß . . . . . . . . . . . . . . . . . . 0,5—1,5  „

Wird weniger Kolloid zugesetzt, so wird dieses samt dem Golde ganz aus der Flüssigkeit entfernt. Setzt man mehr zu, so wirkt es der Fällung von Gold entgegen; man erhält weiße Niederschläge und darüber eine rote Flüssigkeit, die Gold und Schutzkolloid enthält.

Wird viel mehr Schutzkolloid und auch viel mehr Bariumsulfat zugesetzt, so treten Komplikationen ein, die auf teilweiser Koagulation des Schutzkolloids und der dabei eintretenden Ausfällung des Goldes, sowie auf gemeinsamer Adsorption des Goldes und eines Teiles des Schutzkolloids auf den großen Mengen von Bariumsulfat beruhen.

## 44. Schutzwirkung und Goldzahl.

Der scharfe Farbenumschlag des roten kolloiden Goldes macht dieses besonders geeignet, die Wirkungen der Schutzkolloide zu demonstrieren, ja, gerade an ihrem Verhalten gegenüber dem kolloiden Golde wurde zum ersten Male in einer systematischen Untersuchung gezeigt, daß es sich hier um eine allgemeine Eigenschaft reversibler sowie einiger irreversibler Kolloide handelt, bei welcher chemische Reaktionen nicht beteiligt sind[1].

Der Farbenumschlag, den Elektrolyte in rotem Goldhydrosol $Au_F$ hervorrufen, wird durch Zusatz der erwähnten Kolloide verhindert. Die verschiedenen Kolloide zeigen aber untereinander außerordentlich große Unterschiede der Schutzwirkung, und das gibt die Möglichkeit an die Hand, die Kolloide in ihrem Verhalten gegen Gold näher zu charakterisieren. Dies geschieht mit Hilfe der Goldzahl.

Als Goldzahl wurde diejenige Anzahl Milligramm Schutz- Goldzahl.
kolloid bezeichnet, welche eben nicht mehr ausreicht, den Farbenumschlag von 10 ccm hochroter Goldlösung $Au_F$ gegen Violett oder dessen Nuancen zu verhindern, welcher ohne Kolloidzusatz durch 1 ccm 10proz. Kochsalzlösung hervorgerufen wird.

Um vergleichbare Werte der Goldzahlen zu erhalten, muß man sich Bestimmung
an die Vorschrift des Verfassers halten. Es ist insbesondere erforderlich, der Goldzahl.
Goldhydrosole $Au_F$ von nicht zu großem Feinheitsgrade zu verwenden. Solche mit Teilchen zwischen 20 und 30 $\mu\mu$, wie sie nach der Formaldehydmethode (Kap. 40) mit oder ohne Keime gewonnen werden können, sind sehr geeignet dafür. Man erkennt den richtigen Zerteilungsgrad äußerlich an einer schwachen bräunlichen Opalescenz im auffallenden Licht; im durchfallenden müssen sie klar und hochrot sein.

Man soll ferner nicht mit mehr als 1 ccm Schutzkolloid arbeiten und dabei die Konzentration der Kolloidlösung so wählen, daß man in der Regel mit

---

[1] *R. Zsigmondy:* Zeitschr. f. analyt. Chemie **40**, 697 bis 719 (1901). Früher waren vereinzelte Schutzwirkungen zwar beobachtet worden, aber es war nicht bekannt, daß es sich hier um eine gut charakterisierbare allgemeine Eigenschaft der Kolloide handle.

wenigen Zehntel Kubikzentimeter derselben auskommt. Bei zu starker Ver-
Vorsichtsmaß-<br>regeln. dünnung der Goldlösung erhält man meistens zu große Goldzahlen. Man soll
auch die Goldlösung auf einmal unter heftigem Umschütteln in die vorher
abgemessene Schutzkolloidlösung gießen (nicht umgekehrt) und die weiter
unten angegebene Einwirkungsdauer zwischen Gold und Schutzkolloid ab-
warten. Weicht man von diesen Versuchsbedingungen ab, so erhält man
Zahlen, die mit den hier angegebenen nicht vergleichbar sind, und die vielleicht
besser nicht als normale Goldzahlen bezeichnet werden.[1] Bei sehr schwachen
Schutzkolloiden, bei welchen man genötigt ist, von obigen Vorschriften ab-
zuweichen, machen sich gewisse Schwierigkeiten geltend, die besonders von
*Biltz*[2] näher erörtert worden sind.

Verfahren.　　　Zur Bestimmung der Goldzahl beginnt man mit einem Vorversuch: In drei kleine
Bechergläser (a, b, c) bringt man der Reihe nach 0,01; 0,1 und 1 ccm der zu prü-
fenden Lösung; hierauf werden unter heftigem Umschütteln am besten auf einmal
je 10 ccm Goldlösung zugesetzt. Nach 3 Minuten läßt man unter Umschütteln in jedes
Becherglas noch 1 ccm 10 proz. Kochsalzlösung zufließen. Angenommen, in Glas a wäre
Farbenumschlag eingetreten, in b und c nicht, so liegt die der Goldzahl entsprechende
Schutzkolloidmenge zwischen der in 0,01 und 0,1 ccm enthaltenen; zu ihrer genauern
Ermittelung wiederholt man das Verfahren, indem man die Schutzkolloidmenge in kleineren
Abständen in die Becher bringt, etwa 0,01; 0,02; 0,05 und 0,07 ccm. Man ermittelt dann
aus den abgemessenen Mengen Schutzkolloid diejenige Anzahl Milligramm, welche eben
nicht mehr ausreicht, um 10 ccm Goldlösung vor dem Farbenumschlag zu bewahren. Bei
unscharfen Farbenübergängen schließt man die Goldzahl zwischen diejenigen Grenzen
ein, in welchen sie nach Beurteilung der Farbennuancen liegen muß[3].

Es haben sich außerordentliche Verschiedenheiten in den Werten der
Goldzahl verschiedener Kolloide herausgestellt, so daß diese sehr gut zur
Charakterisierung der Schutzkolloide verwendet werden kann, wie aus folgen-
der Tabelle 20 ersichtlich ist.

In der Tabelle sind auch die reziproken Goldzahlen angeführt, die man
als Maß für die Schutzwirkung ansehen kann.

Goldzahl<br>zur Charakteri-<br>sierung der<br>Schutzkolloide. Es muß erwähnt werden, daß die Goldzahlen charakteristische Merkmale
der Kolloide darstellen, und daß man bei Anwendung bestimmter Kolloide
die gleichen Goldzahlen immer wieder findet, we n n  ma n  mit der sel b e n
Goldlösung und unter vollkommen gleichartigen Bedingungen
arbeitet. Andererseits gestattet sie, gewisse Zustandsänderungen der
Kolloidlösungen zu erkennen, wenn auch diese im allgemeinen von weitaus
geringerem Einfluß auf den Grad der Schutzwirkung sind als die Qualitäts-
verschiedenheiten der Schutzkolloide selbst[4]. Es lassen sich also zunächst
Qualitätsunterschiede der Schutzkolloide feststellen. Ein Beispiel dieser Art

---

[1] Man kann z. B. die erwähnte Goldlösung durch eine nach Verfahren 2 (S. 154)
hergestellte (Au p) oder NaCl durch HCl ersetzen und erhält dann ganz andere Werte
der Schutzwirkung, die vielleicht am besten als Phosphorgoldzahlen oder Salzsäuregold-
zahlen bezeichnet werden.

[2] *W. Biltz:* Zeitschr. f. phys. Chemie **83,** 699 (1913)

[3] Alles Nähere über die Bestimmung der Goldzahl findet sich in der zitierten Abhandlung, einige weitere Angaben auch in der Abhandlung von *Fr. N. Schulz* und *R. Zsigmondy*: Hofmeisters Beiträge z. chem. Physiol. u. Pathol. **3,** 137 bis 160 (1902).

[4] Vgl. *R. Zsigmondy:* l. c. siehe S. 173.

Tabelle 20.

| Kolloide | Goldzahl | Reziproke Goldzahl | Klasse des Schutz-Kolloids |
|---|---|---|---|
| Gelatine und andere Leimsorten | 0,005—0,01 | 200—100 | |
| Hausenblase . . . . . . . . . . | 0,01 —0,02 | 100— 50 | I. |
| Kasein . . . . . . . . . . . . | 0,01 | 100 | |
| Gummi arabicum . . . . . . . | 0,15—0,25 | 6,7—4 | |
| „     „  schlechtere Sorten . | 0,5 —0,4 | 2 —0,25 | II. |
| Oleinsaures Natrium . . . . . . | 0,4 —1 | 2,5—1 | |
| Tragant . . . . . . . . . . . | ca. 2 | ca. 0,5 | |
| Dextrin . . . . . . . . . . . . { | 6—12<br>10—20 | 0,17—0,08<br>0,1 —0,05 | III. |
| Kartoffelstärke. . . . . . . . . | ca. 25 | ca. 0,04 | |
| Kolloide Kieselsäure . . . . . . | $\infty$ | 0 | |
| Alte Zinnsäure . . . . . . . . | $\infty$ | 0 | IV. |
| Schleim der Quittenkerne . . . | $\infty$ | 0 | |

wurde in Gemeinschaft mit *Schulz* in Jena aufgefunden bei näherer Charakterisierung der einzelnen Eiweißfraktionen von Hühnereiweiß mit Hilfe der Goldzahl[1]. Das Hühnereiweiß läßt sich durch fraktionierte Fällung mit Ammonsulfat in eine Reihe von Einzelfraktionen zerlegen, die selbst noch keine einheitlichen Körper darstellen, aber gewisse charakteristische Merkmale aufweisen.

Es zeigten sich große Unterschiede unter den einzelnen Eiweißarten, ja selbst die in vielen Eigenschaften einander nahestehenden Albuminfraktionen zeigten ganz auffällige Unterschiede. So hatte das krystallisierte Albumin die Goldzahl 2 bis 8, die nächste amorphe Albuminfraktion bewirkt für sich allein, also ohne Elektrolytzusatz, Trübung und Blaufärbung der Goldlösung, eine dritte zeigt die Goldzahl 0,03 bis 0,06, übt also sehr starken Schutz aus. Näheres über Schutzwirkung resolubler Kolloide wird in den Eiweißkapiteln im zweiten Teil besprochen.

## 45. Die Umschlagzahlen.

Die quantitative Untersuchung der Wirkung von Fremdkörpern auf saure Goldsole führte zu dem Resultate, daß stickstoffhaltige basische oder amphotere organische Substanzen höheren Molekulargewichts auf saures Goldhydrosol zuweilen in minimalen Mengen schon koagulierend wirken, dagegen stickstofffreie Substanzen meist wirkungslos sind[2].

Als Umschlagszahl (U-Zahl oder U.Z.) wurde die Anzahl Milligramm Definition. einer Substanz bezeichnet, die in 10 ccm der sauren Goldlösung $Au_{Do}$ oder $Au_{Fs}$[3] einen Farbenumschlag von Rot nach Violett erzeugt.

Alle untersuchten Eiweißkörper hatten Umschlagzahlen, die zwischen 0,002 und 0,004 lagen; man kann also mit Hilfe der sauren Goldlösung noch kleinere Substanzmengen feststellen als bei Bestimmung der Goldzahl, nur

---

[1] *Fr. N. Schulz* und *R. Zsigmondy:* l. c. siehe S. 179.

[2] *Zsigmondy:* Göttinger Nachrichten (1916) Heft 2, S. 177.

[3] Darstellung siehe S. 172.

zeigen sich hier keine so charakteristischen Unterschiede wie bei der Schutzwirkung. Auch basische Farbstoffe wie Fuchsin haben sehr kleine Umschlagszahlen zwischen 0,002 und 0,004; Aminosäuren von niedrigerem Molekulargewicht erwiesen sich als beinahe oder ganz wirkungslos.

Tabelle 21.

|  | U. Z. | Goldzahl |
|---|---|---|
| Gelatine . . . . . | 0,002 —0,004 | 0,005—0,01 |
| Hämoglobin-Merck | 0,0015—0,003 |  |
| Albumin-Merck . . | 0,002 —0,003 | 0,1—0,2 |
| Kasein . . . . . . | 0,002 —0,004 | 0,01— 0,03 |
| Wittepepton. . . . | 0,002 —0,0035 |  |
| Fuchsin . . . . . | 0,002 —0,003 |  |

     *J. A. Gann*[1] hat dann in einer ausführlichen Untersuchung die U-Zahlen von vielen
organischen Verbindungen festgestellt und den Zusammenhang zwischen jenen und der
chemischen Konstitution näher untersucht unter sorgfältiger Berücksichtigung aller
Fehlerquellen der Methode u. a. des Einflusses der Verdünnung, des Zerteilungsgrades,
der Wasserstoffionenkonzentration usw. Es ergab sich, daß man mit Hydrosolen verschiedener Darstellung reproduzierbare Werte erhält, falls die Wasserstoffionenkonzentration
und die Teilchengröße annähernd konstant gehalten werden. Bezüglich der koagulierenden Wirkung organischer stickstoffhaltiger Substanzen fand *Gann* u. a., daß die U-Zahl
eine konstitutive Eigenschaft der organischen Verbindung ist, daß für die Fällung der
sauren Goldsole die Anwesenheit von mindestens einer basischen Stickstoffgruppe erforderlich ist, daß in homologen Reihen die U-Zahlen um so kleiner werden, je größer die
Zahl der Aminogruppen. Die Fällungswirkung amphoterer Körper geht der Elektrolytfällung durch Salze organischer Basen parallel (vgl. die folgende Tabelle).

*(Randnotiz: Chemische Konstitution und U-Zahl.)*

Tabelle 21 a.

| A |  | B |  |
|---|---|---|---|
| Substanz | U-Zahl | Substanz | U-Zahl |
| Glykokoll . . . . . | $> 80$ | 1-2-4-Diamido- | |
| Leuzylglycin . . . . | $> 20$ | phenol HCl . . | 0,10—0,20 |
| Histidin . . . . . | 0,10—0,20 | p-Amidodiphenyl- | |
| Pepton (aus Witte- | | amin HCl . . . | 0,04—0,06 |
| pepton) . . . . . | 0,04—0,06 | Tetramethyl- | |
| Erepton . . . . . | 0,02—0,04 | diamidobenzo- | |
| Albumosen . . . . | 0,002—0,004 | phenon . . . . . | 0,03—0,05 |
| Gelatine . . . . . | 0,002—0,004 | Malachitgrün . . . | 0,0025—0,004 |
| Anilin HCl . . . . | 8—12 | Methylviolett . . . | 0,002—0,003 |
| p-Amidophenol HCl | 2—3 | | |

     Man kann die fällende Wirkung der Albumosen und der Eiweißkörper
als Elektrolytfällung ansehen. Andererseits sind auch die Reaktionen des
sauren Goldsols mit Eiweiß als Spezialfall der gegenseitigen Fällung entgegengesetzt geladener Kolloide aufzufassen. Dies besitzt insofern allgemeineres
Interesse, als hier Elektrolytfällung und gegenseitige Fällung von Kolloiden

---

[1] Inaug.-Diss. Göttingen 1916. Kolloidchem. Beihefte **8**, 252 bis 298 (1916).

durch allmähliche Übergänge miteinander verbunden sind, man also keinen prinzipiellen Unterschied zwischen beiden zu machen braucht.

Hier wie überall in der Kolloidchemie finden sich Bindeglieder von einem Erscheinungsgebiet zum anderen.

Aus einer in der 2. Auflage dieses Buches mitgeteilten Tabelle ersieht man, daß die U-Zahlen im allgemeinen mit steigendem Molekulargewicht abnehmen, daß aber konstitutive Einflüsse sich dieser Regel überlagern.

## 45a. Geschütztes kolloides Gold.

Nach der in Kap. 53 beschriebenen Methode hat *Paal* wasserlösliches kolloides Gold mit 80—90% Au herstellen können.

Verfasser ging, um ein Trockenpräparat feinster Zerteilung zu erhalten, von Verfahren 2 aus (Kap. 40, 2, S. 159) und stellte durch Reduktion mit Phosphor feinstteilige Goldsole her, bei denen die Konzentration des Goldes aber dreimal so groß gehalten wurde als bei Verfahren 2. Unmittelbar nach der Herstellung wurden sie mit gekochter Gelatine geschützt und hierauf nach äußerst sorgfältiger Reinigung (durch Dialyse und Ultrafiltration) eingedampft. Der grünlich glänzende Rückstand löste sich leicht im Wasser zu einer vollkommen klaren, tiefroten Flüssigkeit. Dieses Präparat mit 79,5% Au und 20,5% Gelatine wurde Herrn *Scherrer* zur Bestimmung der Teilchengröße mittels Röntgenstrahlen übergeben (siehe Anhang). Es war leider versäumt worden, die Teilchengröße gleich nach der Herstellung der schutzkolloidfreien Lösung nach der Keimmethode (Kap. 40, 3, S. 156) festzustellen, aber aus der Art der Darstellung waren Teilchen von 2—3 $\mu\mu$ zu erwarten (S. 155) und die Untersuchung im Ultramikroskop, die einen nur schwachen Lichtkegel zu erkennen gab, deutete gleichfalls auf sehr kleine Teilchen unter 2 bis 3 $\mu\mu$ hin. Ein Teil der sorgfältigst gereinigten Lösung mit 0,562 g Au in 100 ccm wurde zur Messung des osmotischen Drucks in ein Osmometer gebracht. Der Druck betrug bei 8° C 3,1 cm Wassersäule, daraus ergibt sich eine Teilchenzahl von $7,9 \cdot 10^{16}$ pro ccm und (unter der Voraussetzung, daß der osmotische Druck nur von den Goldteilchen herrührt), eine Lineardimension $l = 1,6\,\mu\mu$, also etwas kleiner als nach obiger Schätzung. Die Messung von *Scherrer* führte zu einem Werte $l = 1,86\,\mu\mu$.

Durch *Scherrer*s Untersuchung ist nicht nur festgestellt worden, daß auch kleinste Goldteilchen der kolloiden Goldlösungen ($Au_F$) dasselbe Raumgitter besitzen wie die großen Krystalle, sondern auch eine neue Methode zur Bestimmung der Größe von Primärteilchen gewonnen, die in glücklicher Weise die ultramikroskopische Methode ergänzt.

Die Übereinstimmung zwischen der im Osmometer bestimmten Teilchengröße mit der von *Scherrer* gefundenen spricht dafür, daß die Gelatine sich nur wenig am Zustandekommen des osmotischen Drucks beteiligt hat[1].

[1] Das ist wohl darauf zurückzuführen, daß durch wiederholtes Ultrafiltrieren und Waschen mit reinstem Wasser die Hauptmenge der zugesetzten Gelatine entfernt worden und nur die am Golde absorbierte zurückgehalten worden war. Das verwendete Kollodium war für Gelatine durchlässig.

Es ist sehr erfreulich, daß wir nunmehr mehrere von einander unabhängige Methoden besitzen, um Teilchengrößen von Metallamikronen zu bestimmen, und daß die auf Grund der Erfahrung geschätzten Lineardimensionen mit den auf neuen Wegen gewonnenen Werten in der Größenordnung übereinstimmen.

*Sammel-krystallisation.* Zum Schlusse sei noch bemerkt, daß Goldteilchen gleicher Größenordnung bei Abwesenheit von Schutzkolloiden gefällt und nach dem Waschen mit Wasser getrocknet, zu recht großen submikroskopischen Goldkryställchen zusammenwachsen (siehe Anhang).

## b) Kolloides Platin.

Kolloides Platin ist auf chemischem Wege von *Lottermoser*[1] hergestellt worden durch Reduktion mit Formaldehyd, von *Gutbier*[2] durch Reduktion mit Phenylhydrazin, durch elektrische Zerstäubung im Lichtbogen von *Bredig*[3].

*Eigenschaften des Bredigschen Hydrosols.* Wenn gut bereitet, stellt es eine braune, wenig getrübte Flüssigkeit dar, die bis 20 mg Platin auf 100 ccm Wasser enthält. Dieses Hydrosol ist berühmt geworden durch seine Anwendung als ausgezeichneter Katalysator. Es enthält Ultramikronen verschiedener Größe (z. B. zwischen 30 und 50 $\mu\mu$), die das Licht weniger stark abbeugen, als die Gold- oder Silberteilchen. Sie sind meist unscheinbar grauweiß gefärbt mit Nuancen nach Gelb oder Blau. In hohem Maße besitzen sie die dem kompakten Platin auch zukommende Eigenschaft, Wasserstoffsuperoxyd zu katalysieren. Diese Eigenschaft ist eingehend von *Bredig* und seinen Schülern (*Ikeda*, *Müller von Berneck* u. a.) studiert worden, und sie ist deshalb interessant, weil Blutkörperchen, Enzyme, Fermente ebenso wirken und weil *Bredig* eine weitgehende Analogie im Verlauf der beiden Erscheinungen gefunden hat. Aus diesem Grunde nennt *Bredig* seine Hydrosole „anorganische Fermente“, obgleich viele, besonders die spezifischen Fermentwirkungen, dem Platin abgehen. Viele Substanzen, wie Blausäure, Schwefelwasserstoff usw., vermindern oder unterbrechen die Katalyse sowohl der Fermente wie der Platinteilchen.

*Bredig* hat im Verein mit seinen Mitarbeitern[4] eine große Reihe von Versuchen über die katalytische Wirkung des Platinsols angestellt; die wichtigsten Resultate dieser Untersuchungen seien hier mitgeteilt.

### 46. Katalytische Wirkungen.

Zuerst wurde geprüft, welche Minimalmengen Platin ausreichen, um eine deutliche Wasserstoffsuperoxydkatalyse herbeizuführen. — Es zeigte sich, daß 1 Grammatom Platin in 7 Millionen Litern Wasser (2,8 mg in 100 Litern)

---

[1] *A. Lottermoser:* Anorganische Kolloide 1901, S. 33.

[2] *A. Gutbier:* Zeitschr. f. anorg. Chemie **32**, 347 bis 356 (1902).

[3] *G. Bredig:* Anorganische Fermente. Leipzig 1901, S. 30. Zeitschr. f. Elektrochemie **4**, 514 bis 515 (1898).

[4] *G. Bredig:* Ibid. — *Bredig* und *R. Müller von Berneck:* Zeitschr. f. phys. Chemie **31**, 258 bis 353 (1899). — *Derselbe* und *K. Ikeda:* Ibid. **37**, 1 bis 68 (1901). — *Derselbe* und *W. Reinders:* Ibid. **37**, 323 bis 341 (1901).

noch eine sehr merkliche Beschleunigung des Wasserstoffsuperoxydzerfalls herbeiführt[1]. Es wurde ferner nachgewiesen, daß der Zerfall des Wasserstoffsuperoxyds bei der Platinkatalyse sich durch die für die Reaktionen erster Ordnung geltende Gleichung ausdrücken läßt. Ferner ergab sich, daß die Katalyse durch geringe Mengen von Alkali sehr bedeutend beschleunigt wird, und es ist bemerkenswert, daß eine derartige Beschleunigung auch bei Enzymen durch Alkalizusatz herbeigeführt wird. Größere Mengen Alkali bewirken hingegen eine Verzögerung der Reaktionsgeschwindigkeit (vgl. Fig. 26).

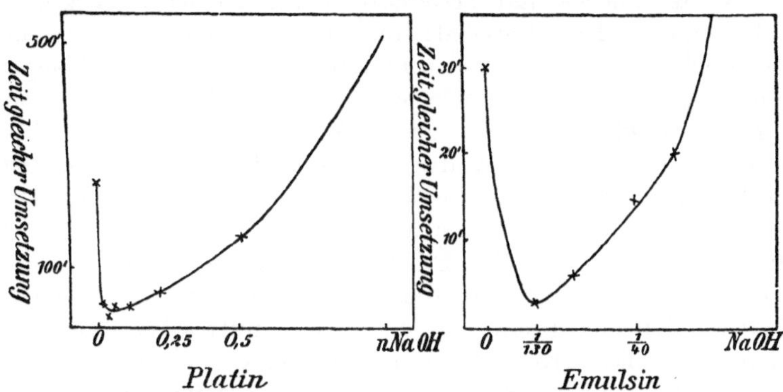


Fig. 26. Einwirkung von Alkali auf die Katalyse.

Sehr eigentümlich ist der Einfluß der Katalysator-Konzentration auf die Reaktionsgeschwindigkeit. „Vermindert man nämlich die Konzentration des Platins in geometrische Progression von 2 : 1, so sinkt auch die Geschwindigkeitskonstante der Katalyse in geometrischer Progression (ungefähr 3 : 1).“

Der Einfluß der Temperatur auf die Reaktionsgeschwindigkeit ist bei Temperaturen zwischen 25 und 85° C gemessen worden, und zwar in schwach essigsaurer Lösung. Es zeigte sich, daß bei kurzer Vorwärmungsdauer und bei sonst gleichen Bedingungen die Konstanten nach bekannten Gesetzen der chemischen Kinetik annähernd in geometrischer Progression wachsen, nämlich für je 20° auf etwa das Dreifache. Pro 10° Temperaturintervall erhält man den Quotienten 1,7. Allerdings ergeben sich hier gewisse Schwankungen, welche in der Veränderung des Platinsols beim Erwärmen ihre Erklärung finden.

Zu langes Erwärmen des Hydrosols muß vermieden werden, vermutlich weil dabei Teilchenvereinigung eintritt, welche die Aktivität der Platinflüssigkeit herabsetzt. So hat $1\frac{1}{2}$ stündige Vorerwärmung einer Platinflüssigkeit auf 65° C deren Aktivität im Verhältnis von 24 : 15 herabgesetzt. Ähnliches hatte aber bereits *Schoenbein*[2] bei organischen Enzymen beobachtet,

Einfluß der Temperatur.

---

[1] Hierin wird Platin nach *Paal* und *Amberger* (Ber. **40**, 2201 bis 2208 [1907]) noch durch Osmium übertroffen, das in Verdünnung von 1 Grammatom auf 21 Mill. 1 Wasser noch stark katalytisch wirkt.

[2] *C. F. Schoenbein:* Journ. f. prakt. Chemie (1) **89**, 340 (1863).

worin sich wieder eine Analogie zwischen der Wirkung von Platin und von Enzymen auf Wasserstoffsuperoxyd ausprägt.

Vergiftungserscheinungen bei Platinsolen. Höchst bemerkenswert ist die Eigentümlichkeit, daß eine Reihe von Giften die katalytische Wirkung von Platin- und Goldsolen weitgehend lähmt oder vollständig aufhebt, und zwar genügen minimale Mengen von Schwefelwasserstoff, Blausäure, arseniger Säure, Phosphor u. a. m. So vermag 1 Mol. $SH_2$ in 10 Mill. l Wasser noch eine deutlich verzögernde Wirkung auf die Metallkatalyse auszuüben. Ganz Ähnliches hat *Schoenbein*[1] bezüglich der wässerigen Auszüge von Pflanzenteilen (Kartoffelschale, Blätter von Leontodon Taraxacum) gefunden. Auch deren Wirksamkeit wird durch Schwefelwasserstoff augenblicklich gehemmt. Eine weitere Analogie zwischen Platin- und Fermentwirkung findet *Bredig* bei Blausäure. Es genügt 1 Mol. Blausäure in 20 Mill. l Wasser, um die Geschwindigkeit der Katalyse auf die Hälfte herabzusetzen. Geradeso wie bei Fermenten ist bei Platin die Lähmung eine vorübergehende. Allmählich erholt sich das Platinsol, und die Katalyse tritt wieder ein, zunächst aber verhältnismäßig langsam. Die Erholung beruht wahrscheinlich auf einer Oxydation der giftigen Blausäure durch Wasserstoffsuperoxyd. (Bekanntlich ist Wasserstoffsuperoxyd ein wirksames Gegenmittel bei Blausäurevergiftungen des menschlichen Körpers.) Es macht einen Unterschied aus, ob Wasserstoffsuperoxyd oder Blausäure zuerst dem Platin zugefügt werden. Im ersten Falle ist die Giftwirkung der Blausäure eine viel geringere; Ähnliches war schon bekannt bezüglich der Enzyme.

*Wirkung der Blausäure.*

Auch der Phosphor ist ein Platingift, und es genügen 0,00004 Mol. Phosphor im Liter, um die Katalyse auf $1/_8$ herabzusetzen.

*Wirkung von Phosphor, CO usw.*

Eigenartige Verhältnisse finden sich bei Kohlenoxyd: Schütteln des Platinsols mit Kohlenoxyd bedingt eine völlige Lähmung der Katalyse für etwa eine halbe Stunde. Dann tritt Erholung ein, und die Katalyse verläuft schneller als vorher. Umgekehrt beschleunigt das Kohlenoxyd von Anfang an die Katalyse, wenn das Wasserstoffsuperoxyd von vornherein der Flüssigkeit zugesetzt war. Diese Wirkung des Kohlenoxyds beruht vielleicht auf einer Auflockerung des Platins[2] oder auf einer Entfernung von Katalysatorgiften.

Sublimat wirkt in Verdünnungen von 1 Mol. auf $2^1/_2$ Mill. l Wasser stark lähmend auf die Katalyse. Eine Erholung der Platinflüssigkeit ist nicht beobachtet worden. Quecksilbercyanid, welches nach *Paul* und *Kroenig*[3] ein schwächeres Bakteriengift darstellt als das Chlorid, wirkt auch auf Platin weniger giftig als das letzte.

Durch diese Versuche ist eine weitgehende Analogie zwischen der Giftwirkung auf lebende Organismen und auf die Platinflüssigkeit nachgewiesen und damit in hohem Maße wahrscheinlich gemacht, daß es sich bei der Giftwirkung auch um eine Lähmung von Katalysatoren durch Fremdkörper handelt.

---

[1] l. c. siehe S. 179.

[2] Die Submikronen des *Bredig*schen Platinsols sind wahrscheinlich Sekundärteilchen.

[3] *Th. Paul* und *B. Kroenig*: Zeitschr. f. phys. Chemie **21**, 414 bis 450 (1896).

## c) Kolloides Silber.

Wenn es bei den Edelmetallen der Platingruppe und bei Gold sehr leicht ist, sie vollkommen frei von Schutzkolloiden zu erhalten, so stehen der Herstellung von schutzkolloidfreien Hydrosolen weniger edler Metalle erheblichere Schwierigkeiten im Wege. Schon das kolloide Silber wird ohne Schutzkolloid in der Regel nur in gröberer Zerteilung erhalten; meist enthält es auch nachweisbare Mengen von $Ag_2O$, das die Stabilität beeinflußt.

## 47. *Bredigs* kolloides Silber.

Möglichst elektrolytfreies kolloides Silber läßt sich nach dem Verfahren von *Bredig*[1] durch Zerstäubung von Silberdrähten in reinem Wasser herstellen; die betreffenden Hydrosole sind meist sehr trüb, von grauer Farbe, zuweilen auch rehfarbig. Ein Teil des Silbers scheint darin in Form von Oxyd vorhanden zu sein. Im Ultramikroskop gewährt das *Bredig*sche Silber wie auch viele andere Sorten kolloiden Silbers einen glänzenden Anblick: blau-, rot-, purpurfarbig und violett leuchtende Sternchen bewegen sich mit großer Lebhaftigkeit im Inneren der Flüssigkeit.

Kolloides Silber zeigt neben kolloidem Natrium überhaupt die mannigfaltigsten und reinsten Farben unter allen ultramikroskopischen Objekten. Würde nur eine Sorte von gefärbten Submikronen vorhanden sein, z. B. nur blaue, so würde das Silber im durchfallenden Lichte annähernd in der Komplementärfarbe, also gelb oder braun, erscheinen; da aber im *Bredig*schen Silber die verschiedenartigst gefärbten Teilchen vorhanden sind, so ergänzen die verschiedensten Farben einander, und die ganze Flüssigkeit erscheint im auffallenden Lichte grau. Manchmal herrscht eine Teilchenfarbe, z. B. Blau, vor; dann erscheint die Flüssigkeit braun[2].

## 48. Kolloides Silber nach *Kohlschütter*.

Eine andere Methode, recht reines kolloides Silber herzustellen, hat *Kohlschütter*[3] aufgefunden, der silberoxydhaltiges Wasser mit Wasserstoff behandelte. Bei 50 bis 60 ° C trat Reduktion des $Ag_2O$ zu Ag ein unter Spiegel- und Hydrosolbildung. Die Reduktion tritt aber nur an den Gefäßwandungen ein, nicht im Innern der Flüssigkeit.

Es ist nun sehr eigenartig, daß die Farbe des Sols von der Natur der Gefäßwände abhängt, ohne daß die Ursache dafür in der Löslichkeit der Gefäßwände gefunden werden könnte. Gefäße aus gewöhnlichem Glas und aus

Einfluß der Gefäßwandung.

---

[1] *G. Bredig:* Anorganische Fermente. Leipzig 1901, S. 31.

[2] Die erwähnte Regel bezieht sich nur auf Hydrosole, in welchen das Silber ausschließlich in Form von Submikronen vorhanden ist; es gibt Silberlösungen mit so kleinen Amikronen, daß deren abgebeugtes Licht kaum zu erkennen ist; sie sind im durchfallenden Licht meist intensiv braun gefärbt. Ist solchem Silber eine gröbere Zerteilung mit Submikronen beigemengt, so können sie die verschiedensten Farben besitzen, ohne die braune Farbe der Lösung merklich zu beeinflussen.

[3] *V. Kohlschütter:* Zeitschr. f. Elektrochemie **14**, 49 bis 63 (1908).

Quarz geben gelbbraune Sole, aus Jenaer Glas rote, rotbraune, violette und blaue Sole. In Platingefäßen tritt Solbildung gar nicht ein, sondern es scheidet sich krystallinisches Silber ab, was dadurch erklärt werden kann, daß $H_2$ von Platin reichlich absorbiert wird. Das mit Wasserstoff beladene Platin wirkt aber wie ein unedles Metall reduzierend auf die krystalloide AgOH-Lösung, und das Silber scheidet sich in krystallinischer Form aus. Daß aber Quarz ähnlich wie gewöhnliches Glas wirkt, Jenaer Glas sich davon abweichend verhält, ist sehr eigentümlich.

Es wäre zu erwarten, daß die aus den Gefäßwänden gelösten Bestandteile von Einfluß auf die Farbe sind; diesen Einwand hat *Kohlschütter* damit entkräftet, daß er gewöhnliches Glaspulver mit Wasser extrahierte und diese Lösung mit Silberoxyd in Jenaer Gläser brachte. Auch in diesem Falle erhielt das Hydrosol die eigentümliche Farbe, welche sonst auch in Jenaer Gläsern erhalten wurde. Es handelt sich also um einen noch nicht aufgeklärten Einfluß der Gefäßwände, der vielleicht darin seine Erklärung finden kann, daß, da die Reduktion des Silbers an der Gefäßwand stattfindet, diese auf die Größe und Gestalt der gebildeten Ultramikronen Einfluß hat.

Durch Behandlung der noch mit AgOH verunreinigten Silberhydrosole mit Wasserstoff in Platingefäßen konnte eine weitgehende Reinigung erzielt werden. Die Leitfähigkeit ging dabei auf etwa den zehnten Teil des ursprünglichen Wertes zurück und blieb konstant, wenn sie ungefähr das Dreifache der Leitfähigkeit des angewendeten Wassers hatte ($k_{25} = 4$ bis $8 \cdot 10^{-6}$).

Auch die gereinigten Lösungen enthielten stets noch etwas Silberhydroxyd. Es ist anzunehmen, daß dieser Gehalt dem Hydrosol die *Beständigkeit* und das von den Ultramikronen aufgenommene OH-Ion diesen ihre elektrische Ladung erteilt. Auch *Kohlschütter* vergleicht die ultramikroskopischen Silberteilchen mit Komplexionen.

Die Reinigung des Sols von Elektrolyten mit Wasserstoff ist demnach eine sehr weitgehende; diese Methode ist um so wertvoller, als die Reinigung im Dialysierschlauch mehrfach zu sofortiger Koagulation geführt hatte.

Adsorbiertes<br>AgOH. Es ist bemerkenswert, daß das Silber im ungereinigten Sol beträchtliche Mengen AgOH adsorbiert enthält, die durch Salpeter mit dem Silber gemeinsam ausgefällt werden. Die Menge des adsorbierten Oxyds ist größer bei den braunen, beträchtlich geringer bei den bunten Hydrosolen. Es ist daher wahrscheinlich, daß die Gesamtsilberoberfläche bei den braunen Hydrosolen größer ist als bei den buntfarbigen.

### 49. Andere Formen kolloiden Silbers (Silberspiegel).

Auf eine interessante Studie von *Kohlschütter*[1] über mannigfache Formen, die metallisches Silber je nach der Art seiner Ausscheidung annehmen kann, sei hier aufmerksam gemacht.

In verdünnten Gasen erhält man durch Glimmentladung Zerstäubung und Abscheidung des Silbers, die von der Dichte des anwesenden Gases

---

[1] *V. Kohlschütter:* Koll.-Zeitschr. **12**, 285 bis 296 (1913).

abhängig sind derart, daß die feineren Zerteilungen in schweren Gasen erhalten werden, die gröberen in leichten (Argon gibt feinere Niederschläge als Wasserstoff).

Bei der Reduktion des Silbers aus ammoniakalischer Lösung mit Aldehyd können harzartige Umwandlungsprodukte des Aldehyds eine Rolle spielen und die gleichmäßige Verteilung des Silbers begünstigen.

Obgleich diese Silberspiegel im Mikroskop homogen erscheinen, ist ihre disperse Natur im Ultramikroskop sofort zu erkennen, selbst dann noch, wenn die metallische Leitfähigkeit bereits auf einen im Ultramikroskop nicht mehr nachweisbaren Zusammenhang der Ultramikronen schließen läßt. Man kann nach *Kohlschütter* in allen diesen Fällen zunächst atomistische Zerteilung und nachträgliche Kondensation des Silbers annehmen. Diese wird beeinflußt durch die Gegenwart fremder Stoffe.

Zur Reduktion von ammoniakalischen Silberlösungen mit Aldehyd ist noch folgendes zu bemerken. Ammoniak wirkt spezifisch gegen die spontane Keimbildung, stört aber das Wachstum der Keime nicht (vgl. Kap. 40, S. 152). Dies erschwert die Bildung von kolloidem Silber innerhalb der Lösung. In recht verdünnten Lösungen tritt bei der Aldehydreaktion (unter bestimmten Bedingungen) überhaupt keine Abscheidung von Silber ein, sofern Keime fehlen; setzt man diese aber zu, dann geht die Reduktion glatt vonstatten. Selbst Goldkeime wirken auslösend auf derartige Silberreduktionsgemische ein[1]. Man erhält dann je nach der Zahl der zugesetzten Keime feinere oder weniger feine kolloide Silberlösungen, deren Silberteilchen je einen Kondensationskern aus Gold tragen. Ohne Keime bleiben die Lösungen monatelang farblos, und Reduktion von Silber ist überhaupt nicht zu beobachten.

Bei konzentrierteren ammoniakalischen Lösungen von Silbernitrat und entsprechendem Überschuß von Aldehyd wird nun auch ohne die Anwendung von Keimen Reduktion eintreten, und zwar dort, wo der Bildung der neuen Phase (Ag) der geringste Widerstand entgegensteht; das ist in der Regel an den Grenzflächen gegen feste Phasen, hier also an der Glaswand der Fall. Ebendort werden bevorzugte Stellen sein, welche die Abscheidung der ersten Keime begünstigen, und damit läßt sich die ultramikroskopische Inhomogenität der Silberspiegel erklären.

Ein zweites Moment, das andererseits zu makroskopischer Gleichförmigkeit des Spiegels führt, ist wohl in der von *Kohlschütter* erwähnten Bildung von Aldehydharzen und dgl. zu sehen, die einer ausgesprochenen Krystallisation und damit einer gröberen Inhomogenität entgegenwirken. Verschiedene Reduktionsmittel geben Spiegel von verschiedenem Aussehen; man kann die Spiegel beeinflussen durch Zusätze von gewissen kolloiden Oxyden und Hydroxyden.

Diese Verschiedenheit im Aussehen der Spiegel ist offenbar bedingt durch verschiedenartige Lagerung der Silberultramikronen gegeneinander. Je dichter sie gelagert sind, um so mehr werden die metallischen Eigenschaften sowohl im optischen wie im elektrischen Verhalten (Leitfähigkeit) zum

_______
[1] *R. Zsigmondy:* Zeitschr. f. phys. Chemie **56**, 77 (1906).

Vorschein kommen. In der Tat läßt sich dieses Verhalten durch Temperatur-
änderung und Elektrolyteinwirkung ganz ähnlich beeinflussen wie die Koagulation von kolloiden Metallen, d. h. sowohl Temperaturerhöhung wie
Elektrolytzusatz bewirken **Aggregation** der Teilchen.

## d) Andere kolloide Metalle.

Nach einer von *Th. Svedberg*[1] angegebenen Methode kann man alle
möglichen Metallsole, sowohl Hydro- wie Organosole, erhalten. *Svedberg* zerstäubt die Metalle mit Hilfe eines Funkeninduktoriums. Unter Anwendung
eines geeigneten Apparates und sorgfältigst gereinigten Äthyläthers, Pentans
usw. als Dispersionsmittel gelingt ihm bei guter Kühlung sogar die Darstellung
kolloider Alkali- und Erdalkalimetalle.

Die folgende Tabelle 22 enthält einige Angaben über die Farbe der Äthyl-
äthersole von Alkalimetallen kleineren und größeren Dispersitätsgrades zugleich mit der Farbe des betreffenden Metalldampfes.

Tabelle 22.

| Metall | Farbe des Äthylätherosols | | Farbe des Metall-dampfes |
| --- | --- | --- | --- |
| | kleinere Teilchen | größere Teilchen | |
| Li | Braun | Braun | — |
| Na | Purpur-Violett | Blau | Purpur |
| K | Blau | Blaugrün | Blaugrün |
| Rb | Grünlichblau | Grünlich | Grünlichblau |
| Cs | Blaugrün | Grünlichgrau | — |

Das Absorptionsmaximum des Natriumkolloids wandert bei der Koagulation von Gelbgrün nach Rot, ähnlich wie das des kolloiden Goldes.

Die relative Stabilität der Organosole nimmt ab vom Natrium zu Caesium.

*Svedberg* hat dann noch eine Reihe anderer Metalle (Mg, Cu, Cd, Hg
usw.) insbesondere in Isobutylalkohol zerstäubt und deren Stabilität untersucht (l. c.).

# 2. Geschützte Kolloide.

Aus jedem reinen kolloiden Metall läßt sich durch Hinzufügen von Schutzkolloid ein reversibles Kolloid herstellen. Gewöhnlich geht man nicht diesen
Weg, sondern setzt das Schutzkolloid gleich bei der Reduktion des Metalls
zu, oder man reduziert, wie bei *Leas* kolloidem Silber, unter Verhältnissen,
welche die Entstehung eines Schutzkolloids begünstigen.

Daß die Schutzwirkung gegenüber fertigen kolloiden Metallen anderer
Art ist als die Schutzwirkung bei der Herstellung kolloider Metalle, habe ich
schon in meiner Monographie: „Zur Erkenntnis der Kolloide"[2] kurz dargetan.

---

[1] *The Svedberg:* Ber. **38**, 3616 bis 3620 (1905); **39**, 1705 bis 1714 (1906). Studien
zur Lehre von den kolloiden Lösungen. Upsala 1907.
[2] Jena 1905, S. 144.

Diese Ausführungen sind bisher, wie es scheint, übersehen worden, und ich möchte noch einmal auf dieselben hinweisen, da die Identifikation der beiden Arten Schutzwirkung eine kleine Verwirrung bezüglich des Begriffes „Schutzkolloid" herbeigeführt hat.

Im folgenden seien zunächst die *Lea*schen Modifikationen des kolloiden Silbers besprochen, bei welchen die Konzentration des Metalls bis 99% getrieben werden kann, welche also den reinen Metallkolloiden am nächsten stehen. Von anderen an Schutzkolloid reicheren Metallen werden insbesondere einige *Paal*sche kolloide Metalle als Beispiel näher besprochen.

## 50. *Lea*s kolloides Silber.

Im Jahre 1889 veröffentlichte *Carey Lea*[1] seine Beobachtungen über eine wasserlösliche Modifikation des metallischen Silbers. Die betreffende Publikation hat seinerzeit nicht geringes Aufsehen erregt und die allgemeine Aufmerksamkeit auf ein neues, interessantes Gebiet gelenkt.

Es war in hohem Maße auffallend, daß ein Metall wie Silber, dessen Unlöslichkeit von alters her bekannt war, nun in einer neuen, wasserlöslichen Form vorlag; allerdings konnte das allotrope Silber, wie *Lea* seine wasserlöslichen Präparate (und auch einige unlösliche) nannte, nicht im Zustande vollständiger Reinheit hergestellt werden, sondern nur mit einem Gehalt von etwas über 97% Silber; der Rest bestand aus einer kolloiden Verbindung von Zitronensäure und Eisen.

*Lea* stellt sein allotropes Silber (A) her, indem er 200 ccm einer 10 proz. Silbernitratlösung mit einem Gemisch von 200 ccm einer 30 proz. Eisenvitriollösung, 250 ccm einer 40 proz. Natriumzitratlösung und 50 ccm einer 10 proz. Ätznatronlösung in der Kälte versetzt. Der violette Niederschlag wird abfiltriert und in Wasser gelöst. Die Lösung wird zur Entfernung der Verunreinigungen mehrfach mit salpetersaurem Ammon gefällt. Die schließlich hergestellte Lösung des kolloiden Silbers kann eingetrocknet werden und bildet eine metallglänzende Masse, die, wie schon erwähnt, der Hauptsache nach aus Silber besteht.

Der früher öfter geäußerten Annahme, daß anorganische Kolloide allotrope Modifikationen der betreffenden Körper darstellen, hat *Lea* sich angeschlossen, nachdem er gezeigt hatte, daß die wässerige Lösung kolloid ist, also nicht durch Membranen diffundiert und sich durch Dialyse von Elektrolyten befreien läßt. Er bezeichnete demnach sein wasserlösliches kolloides Silber als allotropes.

Auch heute können wir nicht mit Sicherheit sagen, ob das kolloide Silber nicht tatsächlich eine instabile Modifikation des gewöhnlichen enthält. Es sind nur Wahrscheinlichkeitsgründe gegen die Annahme *Lea*s angeführt worden, denen andere für dieselbe entgegengestellt werden können. Namentlich *Barus* und *Schneider*[2] haben ausgeführt, daß man ohne die Annahme

[1] *M. Carey Lea:* Amer. Journ. of Sc. [3] **37**, 476 bis 491 (1889). Siehe auch *Ca. Lea:* Kolloides Silber und die Photohaloide. Dresden 1908. Deutsch von *Lüppo-Cramer.*
[1] *C. Barus* und *E. A. Schneider:* Zeitschr. f. phys. Chemie **8**, 278 bis 298 (1891).

allotroper Modifikationen die selbständige Zerteilung des kolloiden Silbers in Wasser aus der von vornherein vorhandenen feineren Verteilung des Metalls ableiten kann, ebenso sein Verhalten gegen Elektrolyte und manches andere. Man braucht also nach *Barus* und *Schneider* nicht Allotropie des Silbers anzunehmen; damit ist aber kein Beweis gegen das Vorhandensein einer allotropen Modifikation gegeben.

Die von *Scherrer* festgestellte Identität des Raumgitters von Kollargolteilchen mit dem größerer Silberkrystalle spricht allerdings gegen Allotropie des kolloiden Silbers, wenigstens in diesem speziellen Falle.

*Pranges Hydrosol.* Ein Jahr später hat *Prange*[1] die Versuche *Lea*s wiederholt. *Prange* gab eine besondere Abänderung der *Lea*schen Methode zur Herstellung des kolloiden Silbers an und machte insbesondere die Beobachtung, daß gut bereitetes Silberhydrosol das Tyndallsche Phänomen nicht zeigt, eine Beobachtung, die von *Stoeckl* und *Vanino*[2] irrig dahin gedeutet wurde, daß das kolloide Silber zirkular polarisiertes Licht diffus zerstreue. Von zirkular polarisiertem Lichte ist nach neueren Beobachtungen überhaupt nichts zu merken, ebensowenig von elliptisch polarisiertem. Es handelt sich bei Hydrosolen der Metalle wie auch bei allen anderen immer um ganz oder teilweise linear polarisiertes Licht. Der Versuch von *Prange* wie auch ein ähnlicher von *Carey Lea*[3] zeigen vielmehr, daß das kolloide Silber ebenso wie auch das kolloide Gold sich in einer nahezu oder ganz optisch leeren Form herstellen läßt[4].

*Prange* konnte nach seinem Verfahren Silberlösungen herstellen, die beinahe 0,4 g Silber im Liter enthielten und außerordentlich empfindlich gegen den Einfluß fällender Substanzen waren. Nicht nur Elektrolyte, sondern auch Quarz und Graphit koagulieren das Hydrosol, wobei nach *Prange* eine ganz beträchtliche Wärmeentwicklung zu beobachten ist.

*Reinigung des kolloiden Silbers.* Mit der Reinigung des kolloiden Silbers hat sich besonders *E. A. Schneider*[5] befaßt. *Schneider* verfährt nach der Vorschrift von *Carey Lea* und befreit den Niederschlag von der Hauptmenge der Flüssigkeit durch Absaugen derselben auf einem Papierfilter. Dieser Niederschlag wird in Wasser gelöst (1,7% Ag) und wird unter Umschütteln mit Alkohol gefällt. Das auf diese Weise hergestellte kolloide Silber kann nochmals in Wasser gelöst und wieder mit Alkohol gefällt werden.

*Organosole.* *Schneider*[6] hat auch gezeigt, daß man Organosole des Silbers herstellen kann, das Alkosol z. B. und das Glyzerosol. Er gewinnt das Alkosol durch Dialyse des Hydrosols gegen absoluten Äthylalkohol oder auch durch Fällen

---

[1] *J. A. Prange:* Recueil d. travaux chim. des Pays-Bas **9**, 121 bis 133 (1890); J. B. 1890, S. 634.

[2] *K. Stoeckl* und *L. Vanino:* Zeitschr. f. phys. Chemie **30**, 98 bis 112 (1899).

[3] *M. Carey Lea:* Zeitschr. f. anorg. Chemie **7**, 341 (1894).

[4] Dasselbe geht aus einer Arbeit von *Sven Odén* [Zeitschr. f. phys. Chem. **78**, 682 bis 707 (1912)] hervor. Die von ihm ausgesprochene Vermutung, daß die polychromen Teilchen ihre Farbe im allgemeinen einer Oberflächenänderung verdanken, scheint mir nicht genügend begründet.

[5] *E. A. Schneider:* Ber. **25**, 1281 bis 1284 (1892).

[6] *E. A. Schneider:* Ber. **25**, 1283 (1892).

des Hydrosols mit einer größeren Menge von Alkohol und Auflösen des Niederschlags in absolutem Alkohol nach partiellem Trocknen auf porösen Tonplatten. Auf diese Weise kann man sowohl weinrote wie chlorophyllgrüne Lösungen des Silbers erhalten, die dann interessante Reaktionen gegen verschiedene organische Lösungsmittel aufweisen[1].

Auch das nach *Carey Lea* dargestellte Hydrosol des Silbers zeigt ganz eigenartige Reaktionen, die noch der näheren Aufklärung bedürfen.

Von den übrigen mannigfachen Formen des kolloiden Silbers möge noch die goldgelbe (Modifikation C von *Ca. Lea*) erwähnt werden, die durch Zusammengießen zweier Lösungen a) und b) erhalten wird. a) enthält 200 ccm einer 10 proz. Silbernitratlösung, 200 ccm einer 20 proz. Lösung von Rochellesalz (Seignettesalz) und 800 ccm destillierten Wassers; b) dagegen 107 ccm einer 30 proz. Lösung von Eisenvitriol, 200 ccm einer 20 proz. Lösung von Rochellesalz und 800 ccm destillierten Wassers.

*Leas Modifikation C.*

Die zweite Lösung, die erst unmittelbar vor dem Gebrauche gemischt werden darf, wird unter stetem Rühren in die erste gegossen. Ein zuerst glitzernd rotes, dann schwarz werdendes Pulver fällt aus, das auf dem Filter ein Aussehen wie Bronze hat. Nach dem Waschen muß es im breiigen Zustande auf Uhrgläsern oder flachen Glasscherben ausgebreitet werden, um von selbst zu trocknen. Dieses Silber trocknet zu Klumpen, welche dem Gold durchaus ähneln. Streicht man die breiige Masse auf Glanzpapier, so trocknet sie mit dem Glanz von Blattgold ein; auf Glas erhält man schöne goldfarbige Spiegel. Zu weit gehendes Waschen erteilt der Farbe einen Bronzeton. Dieses Präparat enthält nahezu 99% Silber. Es ist in Wasser unlöslich, zeigt aber eine Reihe interessanter Reaktionen: Oxydationsmittel und Alkalisulfat erzeugen zuweilen prächtige Interferenzfarben. (Besonders geeignet dazu ist eine verdünnte Lösung von Ferricyankalium.)

Durch Druck wird das Silber in normales verwandelt, das dann weiß, oft auch schwarz gefärbt ist, letzteres, wenn das Präparat nicht rein ist. Erwärmen verwandelt das goldfarbige in helleres Silber, das dann die erwähnten Reaktionen mit Oxydationsmitteln nicht mehr zeigt. Ähnlichen Einfluß haben dauernde Belichtung und Elektrizität, sowie dauernde Erschütterungen.

Proben goldfarbigen Silbers, die lose in einer Eprouvette eingeschlossen eine Reise von 2400 Meilen zurückgelegt hatten, verwandelten sich dabei in weißes Silber, während andere Proben, in welchen der leere Raum der Probierröhre mit Baumwolle ausgefüllt worden war, derart, daß die Teilchen sich nicht gegenseitig reiben konnten, unverändert blieben[2].

## 51. Krystallisation.

*Lea* setzte eine ungereinigte rote Lösung (der Form A) in verkorkter Flasche beiseite. Nach einigen Wochen zeigte sich die Bildung eines krystallinischen Bodensatzes, der unter der Lupe kurze schwarze Nadeln und dünne

---

[1] *E. A. Schneider:* Zeitschr. f. anorg. Chemie **7**, 339 (1894).

[2] *M. Carey Lea:* Kolloides Silber und die Photohaloide. Deutsch von *Lüppo-Cramer.* Dresden 1908. S. 100.

Prismen aufwies. Durch Hinzufügen von Wasser wurde die Form der Krystalle zerstört; sie gingen aber nicht in Lösung und die Mischung trocknete zu einer grünen glänzenden Masse ein.

Diese Beobachtung *Leas* ist sehr interessant, weil sie darauf hindeutet, daß ultramikroskopische Krystalle sich vergrößern, und daß das Wachstum bis zur Ausbildung makroskopischer Krystalle fortschreitet.

Die Veränderlichkeit durch Wasser ist vielleicht auf Einschlüsse wasserlöslicher Substanzen zurückzuführen. Dieses Verhalten erinnert bis zu einem gewissen Grade an das des krystallisierten Eiweiß, welches gleichfalls die Fähigkeit besitzt, in reinem Wasser zu quellen.

Ferner ist es *Ambronn*[1] gelungen, äußerst dünne, mikroskopische Krystalle zu züchten, die einen ähnlichen Pleochroismus wie die gedehnte silberhaltige Gelatine besaßen, und die zuweilen unter Änderung ihrer Begrenzungsflächen in isotrope Krystalle sich umwandelten.

Das Heranwachsen der Ultramikronen in gold- oder silberhaltigen Reduktionsgemischen ist ja bekannt, nur ist es bisher noch nicht gelungen, auf diesem Wege mikroskopische Goldkryställchen zu züchten. Bei kolloidem Silber scheint die Neigung, zu größeren Krystallen heranzuwachsen, besonders ausgeprägt zu sein, was zum Teil wohl auf seine größere Löslichkeit zurückzuführen ist. In einem $^3/_4$ Jahre alten Silbersol nach *Lea* konnte Verfasser eine Unzahl glitzernder Flitter bemerken,

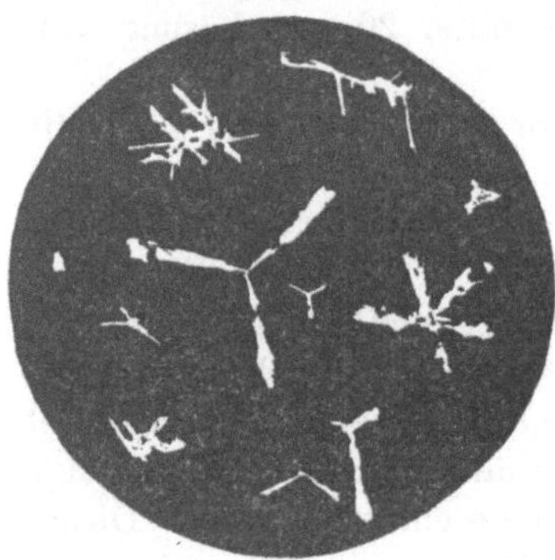

Fig. 27.
Kryställchen aus *Leas* Silber.

die bei mikroskopischer Untersuchung sich ebenfalls als Krystalle erwiesen. Es waren meist drei- oder sechsstrahlige Sternchen, ähnlich den einfachsten Schneeflocken bis zu $^1/_4$ mm Größe (Fig. 27).

Auch *v. Weimarn*[2] hat eine ähnliche Beobachtung gemacht. Er erklärt das Wachstum der Krystalle aus dem Zusammentritt ultramikroskopischer Kryställchen zu größeren, mikroskopischen.

Im Gegensatz zu den von *Lea* beobachteten haben die hier beschriebenen Krystalle aber nicht die Fähigkeit, in Wasser zu quellen. Sogar aus einem schwammigen Niederschlage von Silber unter Wasser entstehen zuweilen nach einigen Monaten massenhaft Silberkryställchen.

## 52. Technisches kolloides Silber.

Technisches kolloides Silber, als Argentum *Credé* zu medizinischen Zwecken verwendet, wurde früher nach einem dem *Lea*schen ähnlichen Verfahren hergestellt. (Das gegenwärtig im Handel vorkommende, viel haltbarere „Collargol" enthält ein organisches Schutzkolloid.)

<hr>

[1] *H. Ambronn:* Zeitschr. f. wiss. Mikroskopie **22**, 349—355 (1905).
[2] *P. P. von Weimarn:* Koll.-Zeitschr. **5**, 62 (1909).

Mit technischem kolloidem Silber der ersten Art haben *Lottermoser* und *v. Meyer*[1] eine Reihe von Fällungsversuchen angestellt und gefunden, daß alle Elektrolyte fällend wirken, ferner, daß Alkali- und Erdalkalisalze derjenigen Säuren, welche unlösliche Silbersalze besitzen, das Gel des Silbers in unlöslicher Form niederschlagen. Die Alkalisalze der Säuren, welche lösliche Silbersalze bilden, schlagen dagegen das lösliche Silber nieder[2]. Schwermetallchloride verwandeln das kolloide Silber in Chlorsilber.

*Lottermoser* und· *v. Meyer* fanden ferner die interessante Tatsache, daß Eiweiß, Leim, Gummi usw. das kolloide Silber gegen die fällende Wirkung von Elektrolyten schützen. Heutzutage wissen wir, daß es sich dabei um eine ganz allgemeine Eigenschaft der Schutzkolloide handelt.

**Medizinische Anwendung.** Kolloides Silber (insbesondere Argentum Credé und neuerdings Collargol, Protargol usw.) wird zu medizinischen Zwecken verwendet und darum fabrikmäßig hergestellt. Collargol usw.

Man injiziert intravenös, oder man verwendet kolloides Silber in Salbenform zu äußerlichem Gebrauch bei akutem Rheumatismus, Pneumonie, Pyämie usw. Über die Heilerfolge, die von einigen Medizinern sehr gerühmt werden, sind die Anschauungen noch geteilt. Medizinische<br>Anwendungen.

Dies dürfte zum Teil, wie *Wolfrom*[3] hervorhebt, auf die Verschiedenartigkeit der verwendeten Präparate zurückzuführen sein. Nur die Präparate mit feiner zerteiltem Silber sind wirksam, nicht die teilweise oder ganz koagulierten. *Wolfrom* rühmt besonders die sehr günstige Wirkung bei Eiterkokkeninffektion, auch bei eitriger Angina, ferner in vielen Fällen von Gelenkaffektionen.

Im Zusammenhang mit der medizinischen Wirksamkeit der feineren Präparate steht die Beobachtung von *V. Henri*, daß viele Bacillen in ihrem Wachstum gehemmt werden durch feinkörniges Silbersol (Verdünnung 1 zu 50 000 noch sehr wirksam), nicht aber durch grobkörniges Silber.

Die Wirkung des Collargol ist vielleicht zurückzuführen auf Bildung von Silberionen in großer Verdünnung. In dem Maße als diese Ionen aufgebraucht werden, könnten sich aus den vorhandenen Submikronen durch chemische Einflüsse, z. B. Oxydation, neue bilden. Das Silber wird also als Speicher wirken und dazu dienen, eine zur Desinfektion notwendige, aber sehr geringe und daher unschädliche Konzentration der Silberionen längere Zeit konstant zu erhalten. Daneben können noch andere Ursachen der therapeutischen Wirkung zugrunde liegen, wie Anregung zur Bildung von Antikörpern, Erhöhung des Stoffwechsels u. a. m.

Es existiert eine beträchtliche Literatur über die medizinische Wirkung des kolloiden Silbers, vgl. z. B. *Jeanne Bourguignon*, Paris, 1908.

---

[1] *A. Lottermoser* und *E. v. Meyer:* Zeitschr. f. prakt. Chemie [2] **56**, 241 bis 247 (1897); **57**, 540 bis 543 (1898).

[2] Andere Arten kolloiden Silbers werden auch von diesen Salzen koaguliert; je reiner das Hydrosol, um so leichter ist es im allgemeinen koagulierbar.

[3] *G. Wolfrom:* Münch. med. Wochenschr. **56**, 1377 bis 1382 (1909).

Eine kritische Bearbeitung dieses Materials hat *Voigt*[1] begonnen. Aus den bisher erschienenen Publikationen sei nur folgendes kurz mitgeteilt. Injiziert man Versuchstieren intravenös kolloides Silber, so wird dieses in verschiedenen Organen gespeichert, am meisten in Leber, Milz und Knochenmark, also in den blutbildenden Organen. Dies wurde sowohl durch quantitative Analyse, wie auf Grund einer besonderen ultramikroskopischen Untersuchung festgestellt. Mit Hilfe seiner ultramikroskopischen Methode konnte *Voigt* die räumliche Verteilung des Silbers in den einzelnen Organen feststellen; durch sie ist auch die Möglichkeit gegeben, die ultramikroskopischen Zirkulationswege des Blutes kennenzulernen, die der direkten mikroskopischen Beobachtung unzugänglich sind.

## 52 a. Farbenänderungen des kolloiden Silbers.

*Lippmann*sche Platten.

*Lippmann*sche entwickelte Bromsilber-Gelatineplatten ändern ihre Farbe beim Eintrocknen und Anfeuchten im gleichen Sinne wie Goldgelatinepräparate, was bei beiden Präparaten auf Änderung der Teilchenabstände innerhalb mikroskopischer oder submikroskopischer Aggregate von kleineren Metallteilchen zurückzuführen ist[2].

Farbänderung beim Eintrocknen.

Die reversible Farbänderung beim Eintrocknen ist stets mit Erhöhung und Verschiebung des Absorptionsmaximums gegen das rote Ende des Spektrums und mit Verbreiterung des Absorptionsbandes verbunden.

Gelbe, schutzkolloidhaltige Silbersole können so ihre Farbe in der Durchsicht nach Rot und Violett, rote nach Violett und Blau verschieben.

Farbwandlung beim Wachstum der gelatinehaltigen Keime.

Wird Silber nach *Lüppo-Cramer*[3] bei Gegenwart von Silberkeimen und Gelatine reduziert, so erhält man, solange viel Keime vorhanden sind, die wenig heranwachsen, gelbe Hydrosole; nimmt man weniger Keime, an denen sich mehr Silber anlagert, so erhält man rote und bei noch geringerem Keimgehalt violette und blaue Hydrosole.

Wirkung der Phosphorsäure.

Es ist bemerkenswert, daß bei Anwesenheit genügender Keimmenge, die unter normalen Verhältnissen zu gelben Solen führt, die Gegenwart von Phosphorsäure während des Wachstums Farbenänderungen hervorruft, und zwar mit zunehmendem Gehalt an Phosphorsäure die Farben Rot, Violett, Blau, daß aber nach beendigtem Wachstum durch Phosphorsäure keine Farbenänderung herbeigeführt wird[4]. Wie Phosphorsäure und Phosphate wirken auch Zitronensäure und Zitrate auf silberhaltige Gelatinelösungen[5]. Auch sie bewirken das Auftreten roter, violetter und blauer Farben an Stelle der gelben, während viele andere Säuren und deren Salze wirkungslos bleiben. Da Phosphor- und Zitronensäure auf die Reduktion der gelatinefreien

---

[1] *J. Voigt:* Biochem. Zeitschr. **62**, 280 bis 294, **63**, 409 bis 424 (1914); **68**, 409 bis 424 und **73**, 211 bis 235. Deutsche med. Wochenschr. 1914, Nr. 10. Münch. med. Wochenschrift 1915, S. 1247 bis 1248. Biochem. Zeitschr. **96**, 248 (1919).

[2] *Kirchner:* Ber. d. Sächs. Ges. d. Wissensch. 30. 6. 1902. *Kirchner* und *Zsigmondy:* Drudes Annalen **15**, 573 bis 595. (1904).

[3] Koll.-Zeitschrift **7**, 99 (1910).

[4] *Lüppo-Cramer:* Koll.-Zeitschr. **9**, 74 (1911).

[5] Koll.-Zeitschr. **14**, 190 (1914).

Silbernitratlösung verschieden und in ganz anderer Art einwirken[1], so scheint hier eine gleichartige Wirkung der Anionen beider Säuren auf die Gelatine selbst eine Rolle zu spielen.

*Lüppo-Cramer* hat so sehr schöne Farbenskalen erhalten und durch Aufgießen auf Glas bunte Platten hergestellt, die lebhafte Farbenabstufungen aufweisen.

Eine Deutung der Farbenänderungen wird dadurch sehr erschwert, daß es sich um recht komplizierte Systeme handelt, bei denen zwar Teilchenwachstum und Aggregation des Silbers die Hauptrolle spielen, bei welchen aber auch das Vorhandensein von Gelatine und Elektrolyten Einfluß auf das Endresultat ausübt, indem diese sowohl das Wachstum wie auch die Aggregation in mannigfaltiger Weise beeinflussen können.

Daß aber in *Lüppo-Cramer*s Präparaten mit Gelatine durchsetzte Sekundärteilchen geradeso wie in denjenigen von *Kirchner* und *Zsigmondy* vorhanden sind, geht daraus hervor, daß die Sole beim Aufkochen Farbenänderungen erleiden[2], und zwar im Sinne Rot gegen Gelb, was auf Quellung der Sekundärteilchen (Vergrößerung der Abstände der Silberteilchen) oder Zerfall der ersteren in Primärteilchen hindeutet. Auch der Verfasser konnte Ähnliches beobachten. Eine Glasplatte mit violett-blauem Gelatinesilberbelag[3] wurde beim Anfeuchten violett-rot, beim Erwärmen hellerrot, und beim Aufkochen mit etwas Säure wurde der gelöste Anteil sogar gelbrot, was auf eine Quellung und Peptisation von Sekundärteilchen hindeutet. *[Randnote: Sekundärteilchen in Lüppo-Cramers Präparaten.]*

Alles spricht dafür, daß sich schon in den Gelatine-Silberkeim-Gemischen, ehe dieselben heranwachsen, insbesondere unter Einwirkung der genannten Säuren, Aggregate von Keimen mit Gelatine bilden, die, wenn die Keime in diesen Komplexen genügenden Abstand voneinander haben, gelb sein können. Bei der Reduktion wachsen die Keime heran, wodurch silberreichere Sekundärteilchen gebildet werden; die Abstände der Primärsilberteilchen verringern sich beim Wachstum, und dies bewirkt die Farbenänderung Gelb-Rot-Violett-Blau. Eine weitere Verringerung der Teilchenabstände tritt dann beim Eintrocknen ein und infolgedessen eine weitere Vertiefung der Farbe gegen Blau hin. Diese Farbenänderungen können infolge der Abstandvergrößerungen bei der Quellung der Teilchen zuweilen in umgekehrtem Sinne durchlaufen werden. *[Randnote: Aggregate von Gelatine und Keimen, deren Abstände durch Wachstum verändert werden.]*

Es liegt also offenbar die Bildung von Sekundärteilchen vor, ähnlich wie sie von *Kirchner* und *Zsigmondy* bereits beobachtet und durch mikroskopische Untersuchung nachgewiesen worden sind, von denen ein einzelnes Hunderte und Tausende von Primärteilchen enthalten kann.

Da die erwähnten Farbenänderungen durch Quellung auch bei den ohne Phosphor- oder Zitronensäure hergestellten Präparaten *Lüppo-Cramer*s eintreten, so müssen auch in ihnen färbende Sekundärteilchen vorhanden sein.

---

[1] Zitronensäure gibt schwarzes hochdisperses, Phosphorsäure krystallisiertes weißes Silber.

[2] Koll.-Zeitschr. **14**, 190 (1914).

[3] Von Herrn *Lüppo-Cramer* freundlichst zur Verfügung gestellt.

Die Wirkung der Phosphor- und Zitronensäure könnte nun darin bestehen,
daß sie die Abstände der Primärteilchen verringern, oder daß sie einen Teil
derselben unwirksam machen, so daß diese nicht heranwachsen können,
während die anderen um so größer werden und dadurch Farbenänderungen
herbeiführen. Auch das Heranwachsen größerer Teilchen auf Kosten der kleineren, nach den Vorstellungen von *W. Ostwald*, die *Lüppo-Cramer* annimmt,
ist mit in Betracht zu ziehen.

Erst eine eingehende ultramikroskopische Untersuchung wird hier vollständige Klarheit bringen.

## 53. Kolloide Metalle nach *Paal*.

*Paal* und *Amberger*[1] haben mit Hilfe von Schutzkolloiden einige Metalle
der Platingruppe (Pt, Os, Ir, Pd) hergestellt, die gemeinsam behandelt werden
mögen.

Wie auch bei Gold- und Silber wurde Protalbin- und Lysalbinsäure
in Form ihrer Natriumsalze als Schutzkolloid verwendet. Auf diese Weise
wurden zahlreiche hochprozentige Präparate mit 50 bis 70% Metall und darüber
gewonnen; alle sind reversible Kolloide von großer Beständigkeit. Diese
Präparate sind wasserlöslich, durch Elektrolyte im allgemeinen nur in hoher
Konzentration fällbar; sie werden in wässeriger Lösung von 10 proz. Chlornatrium meist nicht gefällt, viele derselben sogar nicht einmal durch Chlorcalcium. Säuren dagegen bewirken meist Fällung; die Niederschläge sind
aber in Wasser bzw. verdünnten Alkalien wieder löslich. Die Farbe der Hydrosole ist meist schwarz oder dunkelbraun.

*Paal* und seine Mitarbeiter haben eine Reihe von interessanten chemischen
Reaktionen mit ihren Metallkolloiden ausgeführt, die eine nähere Besprechung
verdienen.

Darstellung. Die *Paal*sche Methode zur Gewinnung kolloider Metalle
sei am Beispiel des Platinhydrosols erläutert.

1 g lysalbinsaures Natron wird in der dreißigfachen Menge Wasser gelöst
und etwas mehr Natron zugefügt, als zur Bindung allen Chlors der Platin-
chlorwasserstoffsäure erforderlich ist. Von letzterer werden 2 g in Wasser
gelöst und obiger Mischung zugefügt. Die so erhaltene rotbraune Flüssigkeit
wird mit Hydrazinhydrat versetzt. Unter Aufschäumen entweicht Stick-
stoff; nach fünfstündigem Stehen dialysiert man die Lösung und dampft
sie vorsichtig auf dem Wasserbad, eventuell im Vakuum, ein. Man erhält
so eine schwarze, spröde, glänzende Masse, die in Wasser leicht löslich ist.

*Paal* und *Amberger* haben dann noch andere Mischungsverhältnisse aus-
probiert und statt des lysalbinsauren auch protalbinsaures Natron verwendet.
Ähnlich werden auch andere Metallkolloide gewonnen, das kolloide Palladium
z. B. leicht mit protalbinsaurem Natron. Das Eindampfen geschieht bei 60 bis
70° und das Trocknen über Schwefelsäure im Vakuum. Man erhält schwarze,

---

[1] *C. Paal* und *C. Amberger*: Ber. **37**, 124 bis 139 (1904); Journ. f. prakt. Chemie [2]
**71**, 358 bis 365 (1904); Ber. **38**, 1398 bis 1405 (1905); **40**, 1392 bis 1404 (1907).

leicht lösliche Lamellen. Die Anreicherung an Metallen kann durch Fällen mit Essigsäure und Lösen in Ätznatron mit darauffolgender Dialyse erfolgen.

In ähnlicher Weise werden auch das kolloide Osmium und Iridium hergestellt, letzteres unter Anwendung von Natriumamalgam als Reduktionsmittel. Das Osmiumpräparat ist auf nassem Wege nicht oxydfrei zu erhalten. wohl aber durch nachträgliche Reduktion des getrockneten Präparats mit Wasserstoff bei 30 bis 40° C. Die trockenen Präparate nehmen infolge der Bildung von flüchtigem Osmiumtetroxyd allmählich an Gewicht ab.

**Kolloides Palladium.** Die Palladiumsole sind braunschwarze Flüssigkeiten mit größtenteils amikroskopischen Teilchen. Beim Filtrieren durch Kollodiumfilter, die verdünnte Hämoglobinlösung zurückhalten, geht ein kleiner Teil des Palladiums durch die Filterporen; wir haben es also hier mit einer außerordentlich feinen Verteilung des Metalles zu tun; die Farbe dieses Filtrats ist aber annähernd dieselbe, wenn auch etwas mehr rötlich, wie die einer entsprechend verdünnten Probe der ursprünglichen Lösung. Verdünnungen von 0,0005% Pd sind in 1 cm dicker Schicht noch deutlich hellbraun gefärbt und wirken bei Reduktion (s. unten) noch sehr gut katalytisch (Oldenberg)[1].

**Palladiumwasserstoff.** Nicht nur aus gewöhnlichem Palladium und aus Palladiumschwarz, sondern auch aus dem kolloiden Metall läßt sich Palladiumwasserstoff herstellen, und zwar sowohl auf trockenem wie auf nassem Wegef Auf trockenem Wege[2] gewinnt man ihn durch Überleiten von Wasserstof. über festes kolloides Palladium bei 60°, besser bei 100° oder 110°, wobei 3 Atome Palladium ungefähr 1 Atom Wasserstoff aufnehmen. Beim Erhitzen im Kohlensäurestrom wird der Wasserstoff bei 130 bis 140° wieder abgegeben. Selbst diese Temperatur ertrugen die Präparate, ohne ihre Wasserlöslichkeit einzubüßen. Das flüssige Hydrosol haben *Paal* und *Gerum*[3] durch Sättigen des Palladiumhydrosols mit Wasserstoff hergestellt. Es wurde festgestellt, daß kolloides Palladium 926 bis 2952 Volumina Wasserstoff aufnimmt im Gegensatz zu Palladiummohr, das nach *Mond, Ramsay* und *Shields*[4] 873 Volumina absorbiert. Der durch Erhitzen wieder abgegebene Wasserstoff beträgt weniger als der aufgenommene.

Von *Skita* und *Meyer*[5] sind interessante Mitteilungen über die Herstellung von kolloidem Platin und Palladium bei Gegenwart von Gummi arabicum gemacht worden. Palladiumchlorid wird bei gleichzeitiger Anwesenheit von Gummi arabicum und Aldehyden oder Ketonen durch Wasserstoff glatt zu einem Hydrosol reduziert. Läßt man die genannten Stoffe (Aldehyde oder Ketone) weg, so bildet sich kein kolloides Palladium, sondern das reduzierte Metall fällt trotz Anwesenheit von Gummi arabicum als körniger Niederschlag

---

[1] Nach nicht veröffentlichten Versuchen meines leider zu früh verstorbenen Assistenten Dr. *L. Oldenberg.*

[2] *C. Paal* und *C. Amberger:* Ber. **38**, 1399 (1905).

[3] *C. Paal* und *J. Gerum:* Ber. **41**, 805 bis 817 (1908).

[4] *L. Mond, W. Ramsay* und *J. Shields:* Zeitschr. f. anorg. Chemie **16**, 325 bis 328 (1898) und Zeitschr. f. phys. Chemie **26**, 109 bis 112 (1898).

[5] *A. Skita* und *W. A. Meyer:* Ber. **45**, 3579 (1912).

zu Boden. In letztem Falle bilden sich offenbar nur wenig Metallkeime, die zu großen absetzenden Teilchen heranwachsen. Aldehyde und Ketone begünstigen also die spontane Keimbildung[1].

Daß tatsächlich Keime hier wie bei kolloidem Golde oder Silber eine Rolle spielen, haben die genannten Autoren gleichfalls gezeigt: Auch bei Abwesenheit von Aldehyd oder Keton entstehen bei der Wasserstoffreduktion von Platin- oder Palladiumsalzen in gummihaltiger Lösung kolloide Metalle, falls man der Lösung etwas bereits fertiges Metallhydrosol hinzufügt. Auch in diesem Falle entsteht ein Hydrosol, weil eben die Zahl der zugesetzten Metallteilchen so groß ist, daß dieselben trotz ihres Wachstums klein bleiben. Die Autoren nahmen mit gutem Grunde an, daß hier nicht bloß Auslösung, sondern auch katalytische Beschleunigung des Reduktionsprozesses stattfindet (vgl. Kolloides Silber S. 183). Die erhaltenen Hydrosole lassen sich eintrocknen, ohne ihre Wasserlöslichkeit zu verlieren, und finden Verwendung zur Reduktion organischer Verbindungen.

Eine große Zahl anderer Schutzkolloide sind von seiten einzelner Forscher und Industrieller zur Herstellung kolloider Metalle verwendet worden. Verf. verweist diesbezüglich z. B. auf die umfangreichen Untersuchungen *Gutbiers* in der Kolloid-Zeitschrift, Jahrgang 1916 und 1917.

### 54. Katalytische Wirkungen der Platinmetallkolloide.

Sehr interessant sind die Untersuchungen von *Paal* gemeinsam mit *Amberger*[2], *Gerum*[3] und *Roth*[4] über die katalytischen Wirkungen der Platinmetallhydrosole, insbesondere die Aktivierung des Wasserstoffes.

Zunächst wurde die Wirkung verschiedener Hydrosole auf den Wasserstoffsuperoxydzerfall (Kap. 47) festgestellt. Es zeigte sich dabei, daß Osmium am stärksten katalytisch wirkt, und daß die Wirkung der anderen Metalle in nachstehender Reihenfolge abnimmt[5].

$$Os > Pt > Pd > Ir.$$

Eine Vorbehandlung mit Wasserstoff kann unter Umständen die Katalyse sehr beschleunigen. Die Aktivierung des Wasserstoffes wurde zuerst an der Reduktion von Nitrobenzol erwiesen, wobei sich herausstellte, daß kolloider Palladiumwasserstoff beträchtliche Mengen Nitrobenzol in Anilin umzuwandeln vermag, eine Eigenschaft, die dem Palladiumblech und -schwarz bei Gegenwart von Wasserstoff nicht zukommt. Um verschiedene Hydrosole in ihrer katalytischen Wirkung miteinander vergleichen zu können, wurde die bei ihrer Gegenwart in der Zeiteinheit (in einer Stunde) zur Reduktion verbrauchte

Reduktion von Nitrobenzol.

---

[1] Die Autoren nehmen an, daß Additionsverbindungen von Aldehyden usw. mit Metallsalzen die Solbildung begünstigen, und haben derartige Verbindungen auch hergestellt.

[2] *C. Paal* und *C. Amberger:* Ber. **38**, 1406 bis 1409, 2414 (1905); **40**, 2201 bis 2208 (1907).

[3] *C. Paal* und *J. Gerum:* Ber. **40**, 2209 bis 2220 (1907); **41**, 2273 bis 2282 (1908).

[4] *C. Paal* und *K. Roth:* Ber. **41**, 2283 bis 2291 (1908).

[5] Da der Zerteilungsgrad zweifellos eine große Rolle spielt, so müßten diese Versuche mit nachweisbar gleichteiligen Hydrosolen wiederholt werden.

Wasserstoffmenge berechnet. Daraus und aus der Menge des angewandten Palladiums berechnet sich das Volumverhältnis zwischen aktiviertem Wasserstoff und vorhandenem Palladium.

Als „Aktivierungszahl" bezeichnen die Forscher die von 1 ccm Pd in einer Stunde aktivierte Wasserstoffmenge in Kubikzentimetern. Die Aktivierungszahl schwankt zwischen 12000 und 32000, d. h. von 1 ccm Palladiummetall wird in einer Stunde die angegebene Zahl Kubikzentimeter Wasserstoff zur Reduktion von Nitrobenzol verbraucht. Es zeigt sich, daß die Aktivierungszahl mit der Temperatur zunimmt, aber in erster Linie von der Beschaffenheit des angewandten Palladiumsols abhängig ist. Zufälligerweise wirkte ein altes Hydrosol am besten.

Die Versuche wurden in der Weise angestellt, daß ein Gemenge von 10 ccm Palladiumsol, 2 g Nitrobenzol und 10 ccm Alkohol in einem Kölbchen mit Rückflußkühler bei kontinuierlich durchströmendem Wasserstoff auf 20 bis 70° C erwärmt wurde.

Es ist zu verwundern, daß die Reduktion von Nitrobenzol verhältnismäßig glatt vor sich geht, obgleich nach *Bredig* Anilin ein wirksames Katalysatorgift darstellt. Es zeigte sich u. a., daß mit zunehmendem Anilingehalt die Aktivierung zunächst ab- und nachher zunahm.

In ähnlicher Weise wurden die Aktivierungszahlen von Platin zu 6700 bis 37000 gefunden, die von Iridium zu 2000 bis 4000, während kolloides Silber und Osmium eine sehr schwache, Gold und Kupfer keine Aktivierung des Wasserstoffes bewirkten. Der Vergleich mit der obenstehenden Reihe zeigt, daß die Reihenfolge, in der die Metalle katalytisch wirken, von der Art der Reaktion abhängt, die katalytisch beschleunigt werden soll.

**Reduktion ungesättigter organischer Verbindungen.** Die Hydrierung ungesättigter Verbindungen mit Hilfe von Platinmetallen als Katalysator ist schon seit längerer Zeit bekannt; allerdings handelte es sich vor den Untersuchungen *Paals* um Anwendung dieser Schwermetalle in nicht kolloider Form, vor allem um das Platinschwarz. (Die vielfach zum gleichen Ziel führende Reduktion mit Hilfe katalytisch wirkendem Co und Ni nach *Sabatier* und *Senderens*, sowie *Leprince* und *Siveke*[1] gehört nicht an diese Stelle.) Außer *Debus*[2] und *Fokin*[3] hat vor allem *Willstätter*[4] die Bedeutung des Verfahrens erkannt und auch speziell zu Konstitutionsnachweisen herangezogen.

*Paal* zeigte nun, daß Reduktionen gleicher Art, wie z. B. die ungesättigter Säuren, Aldehyde, Ketone, Diketone, Nitrile u. a., mit Hilfe seines **Palladiumwasserstoffkolloids** ausgeführt werden können, und das mit noch besserem Erfolge als die erwähnte Reduktion von Nitrobenzol.

---

[1] *Leprince* und *Siveke:* D. R. P. 141029 (1902); C. 1903, I, S. 1199.

[2] *H. Debus:* Liebigs Annalen **128**, 200 ff. (1863).

[3] *S. Fokin:* C. 1906, II, S. 758; 1907, II, S. 1324. Journ. russ. Phys.-Chem. Ges. **38**, 419 ff.; **39**, 607 ff.

[4] *R. Willstätter* und *E. W. Mayer:* Ber. **41**, 1475, 2199 (1908). — *Derselbe* und *E. Hauenstein:* Ibid. **42**, 1850 (1909). — *Derselbe* und *E. Waser:* Ibid. **43**, 1176 (1910); **44**, 3423 (1911).

Der Vorzug seiner Methode besteht insbesondere darin, daß infolge der außerordentlich feinen Verteilung des Katalysators seine Oberfläche eine größere und weiter die mittlere Entfernung zwischen den Palladiumteilchen und den Molekülen der zu reduzierenden Substanz eine kleinere ist als bei den festen Metallniederschlägen, also Umstände mitwirken, welche die Geschwindigkeit der Katalyse erheblich steigern.

**Reduktion von Malein- und Fumarsäure.** Als Beispiel sei die Reduktion der Malein- und Fumarsäure angeführt. Die reine Säure in alkoholischer Lösung wird von Wasserstoff nicht reduziert, wohl aber verläuft die Reduktion beinahe quantitativ, wenn man die Säure mit Natriumcarbonat neutralisiert und dann nach Zusatz von Palladiumhydrosol Wasserstoff einleitet. Die Reduktion kann bequem in einer Gasbürette verfolgt werden oder besser noch in einem Schüttelapparat, der mit einer Gasbürette in Verbindung steht. Die in der Figur 28 gezeichnete Form des Apparates ist der *Paal*schen Anordnung nachgebildet[1]. Das mit 2 Glashähnen versehene Gefäß (*A*) wird mittels eines kleinen Motors in beständiger Bewegung gehalten; mit einem kurzen Schlauchstück ist es an die mit einer federnden Glasröhre (*C*) versehene Gasbürette (*B*) angesetzt.

Nach dem völligen Vertreiben der Luft aus dem Apparat und Füllung der Bürette mit Wasserstoff wird Palladiumhydrosol eingeführt und unter Schütteln des Apparates mit Wasserstoff gesättigt. Hierauf bringt man die zu reduzierende Lösung (ebenso wie das Palladiumhydrosol selbstverständlich ohne Luftzutritt) in den Schüttelapparat und schüttelt, solange noch Wasserstoff absorbiert wird. Aus dem Gasverbrauch, der an der Bürette abgelesen werden kann, läßt sich das Fortschreiten der Reduktion verfolgen. Glashähne wie Gummischlauch müssen selbstverständlich gut gefettet sein. Der Inhalt des Gefäßes (*A*) beträgt ungefähr 150 ccm.

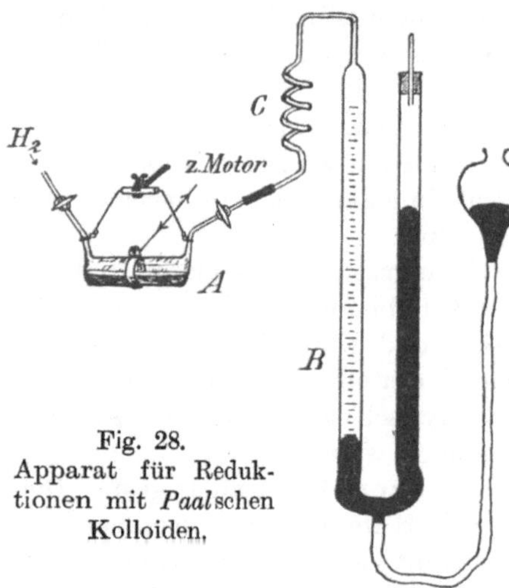


Fig. 28.
Apparat für Reduktionen mit *Paal*schen Kolloiden.

Die folgenden Mengenverhältnisse sind für den Versuch geeignet: 0,1 g Fumarsäure mit Natriumcarbonat neutralisiert und in 10 ccm Wasser gelöst; 0,08 g festes Palladiumkolloid in 10 ccm Wasser gelöst.

Ebenso wie Malein- und Fumarsäure läßt sich nach *Paal*[2] auch das Natriumsalz der Zimtsäure reduzieren, ferner, was besonders interessant ist, auch Glycerinester ungesättigter Fettsäuren, wie Ölsäuren u. dgl. So lassen sich im Schüttelapparat Olivenöl, Ricinusöl und Lebertran sehr gut reduzieren, und man erhält aus dem Öl einen festen Talg. Ricinusöl wird in alkoholisch-ätherischer Lösung fast quantitativ reduziert; es verwandelt sich gleichfalls in einen festen Talg, ebenso Lebertran. Olivenöl (1 g) wird mit 0,5 g Gummi arabicum und 0,75 g Wasser emulgiert; hierauf werden 15 ccm Wasser und 0,05 g Palladiumhydrosol in 8 ccm Wasser zugesetzt. Die Reduktion wird vorteilhaft unter Erwärmung durchgeführt. Der erhaltene Talg schmilzt bei 47° C.

**Weitgehende Anwendung des *Paal*schen Verfahrens in der organ. Chemie.** Diese Reduktionsmethode ist neuerdings im Gebiete der organischen Chemie von verschiedenen Seiten höchst erfolgreich herangezogen worden.

---

[1] Die kleinen Änderungen gegenüber der *Paal*schen Form hat Dr. *A. Elfer* im Institut des Verfassers ausgeführt. Ein anderer Apparat zur Reduktion mit Platinmetallen ist von *A. Skita* angegeben. *A. Skita*, Katalytische Reduktionen organischer Verbindungen, Stuttgart 1912.

[2]) *C. Paal* und *J. Gerum:* Ber. **41**, 2281 (1908).

Nachdem schon *Skita*[1] nach diesem Verfahren ungesättigte Ketone und Aldehyde reduziert hatte, ist seine Anwendbarkeit vor allem von *Wallach*[2] eingehend bei den verschiedenen Terpenverbindungen durchforscht worden. *Wallach* stellte fest, daß es mit Hilfe des kolloiden Palladiums gelingt, alle Kohlenstoffdoppelbindungen, an welcher Stelle des Moleküls sie auch liegen mögen, zu lösen, wobei der Typus der betreffenden Verbindung meist erhalten bleibt, da in neutraler wässeriger oder alkoholischer Lösung in ihr Umlagerungen, wie sie sonst bei diesen vielfach labilen Systemen leicht eintreten, nicht vorkommen, und da ferner andere Doppelbindungen wie

$$= CO, \qquad = C = N - \qquad \text{oder} \qquad - C \equiv N$$

u. a.[3], bei Zimmertemperatur und normalem Druck zunächst nicht oder kaum angegriffen werden. Eine ganze Anzahl bisher gar nicht oder nur schwer zugänglicher Terpenderivate wurde durch Reduktion entsprechender ungesättigter Verbindungen der Forschung erschlossen, wie z. B. aktives Tetrahydrocarvon, p-Menthanol-8, m-Menthanol, Hydrofenchonitril, Methylheptanon, Cyclohexylessigsäure u. a.

Die Wasserstoffaufnahme durch Terpene erfolgt oft schon ohne Anwendung eines Lösungsmittels, häufig besser noch, wenn man die zu reduzierenden Verbindungen in Methylalkohol oder reinem Aceton auflöst.

Die verschiedene Lage der Äthylenbindungen im Molekül bedingt zuweilen deutliche Unterschiede in der Leichtigkeit der Wasserstoffanlagerung.

Von weiteren Anwendungen des *Paal*schen Verfahrens möge noch eine Untersuchung von *Kötz* und *Rosenbusch*[4] angeführt werden, denen die bisher vergeblich versuchte Reduktion des Tropilens zu Suberon gelang. Die Übertragbarkeit des Verfahrens auf Alkaloide zeigte *Oldenberg*[5], der das noch unbekannte Hydromorphin gewann. Auch *Skita*, ferner *Wienhaus*[6] u. a. haben umfangreiche Untersuchungen über die Hydrierung der Alkaloide und anderer Naturstoffe angestellt, die Literatur über diesen Gegenstand ist sehr umfangreich geworden, kann aber hier nicht eingehender berücksichtigt werden.

---

[1] *A. Skita:* Ber. **41**, 2938—2946 (1908); **42**, 1627—1636 (1909).

[2] *O. Wallach:* Nachr. d. Kgl. Ges. d. Wiss. Göttingen 1910, Math.-Phys. Kl. S. 517 bis 544. Liebigs Annalen 381, 51ff.; **384**, 193ff. (1911). Nach einer Privatmitteilung von Herrn *O. Wallach* ist die Methode noch dadurch vereinfacht worden, daß an Stelle von Quecksilber (siehe Fig. 28) Wasser als Sperrflüssigkeit genommen wurde.

[3] Blausäure und auch Ferrocyanwasserstoff lassen sich aber, wie Verf. in Gemeinschaft mit *L. Oldenberg* fand, durch $H_2$ bei Gegenwart von kolloidem Pd zu Methylamin reduzieren.

[4] *A. Kötz* und *R. Rosenbusch:* Ber. **44**, 464 bis 466 (1911). Die Reduktion ist zugleich ein Beweis für das Vorhandensein eines Kohlenstoffsiebenringes in den Alkaloiden der Tropingruppe.

[5] *L. Oldenberg:* Ber. **44**, 1829 bis 1831 (1911). Ihm ist auch die Darstellung von Hydrocodein, Tetrahydrothebain u. a. gelungen, deren Veröffentlichung ihm nicht mehr vergönnt war.

[6] Phenole und Phenoläther aus ätherischen Ölen, Terpene, Campher, Harzsäuren, Furan- und Pyronderivate, Santonin u. a. Verbindungen unbekannter Konstitution. Ber. **46**, 1927 u. 2836 (1913).

Um die Reduktion in nichtwässerigen Lösungen ausführen zu können, tränkt *Mannich*[1] gereinigte Blutkohle mit Palladiumchlorür, reduziert mit Wasserstoff und verwendet dieses palladiumhaltige Pulver als Katalysator. Über die Ursachen der katalytischen Wirkung des kolloiden Palladiums sind die Ansichten noch geteilt[2].

## 55. Kolloides Kupfer.

Kolloides Kupfer ist interessant wegen seiner Beziehungen zum Kupferrubinglas. Die Natur des färbenden Bestandteiles des Kupferrubinglases[3] war bisher strittig; einige Forscher nahmen an, daß derselbe in Kupferoxydul, andere, daß er in metallischem Kupfer bestände. Der Nachweis ist auf analytischem Wege kaum zu erbringen. Der Stand dieser Frage trat in ein neues Stadium durch Darstellung des kolloiden Kupfers von der Farbe des Kupferrubinglases.

Herstellung. Schon früher hatten *Lottermoser*[4] und *Billitzer*[5] braune Hydrosole, *Gutbier*[6] ein blaues durch Reduktion von Kupfersalzen oder elektrische Zerstäubung erhalten. *Paul* und *Leuze*[7] haben sowohl rotes wie blaues Kupferhydrosol durch Reduktion von kolloidem Kupferoxyd mittels Wasserstoff oder Hydrazinhydrat erhalten. Das erforderliche Kupferoxyd wurde aus Kupfersulfat und protalbin- resp. lysalbinsaurem Natron unter Zusatz von Kaliumhydrat hergestellt. Die dunkelblaue Flüssigkeit wurde dialysiert und eingedampft.

Bei der Reduktion des kolloiden Kupferoxyds mit Hydrazinhydrat auf nassem Wege erhält man zuerst eine orangefarbene Milch, die auf Bildung von Kupferoxydul zurückzuführen ist. Bei weiterer Reduktion wird die Flüssigkeit klar und tiefrot. *Paal* und *Leuze* erhielten so im auffallenden Licht tiefschwarze, im durchfallenden Licht intensiv rote Flüssigkeiten, die in der Farbe vollständig mit der des Kupferrubinglases übereinstimmen. Spektroskopische Vergleiche wurden nicht angestellt, Verfasser konnte sich aber an einem selbstdargestellten Präparate überzeugen, daß es den Absorptions- charakteristischen Absorptionsstreifen des Kupferrubins nahe der D-Linie streifen. aufweist.

Der Absorptionsstreifen war allerdings etwas verbreitert, und sein Maximum gegenüber dem Knpferrubinglas nach C hin verschoben, was darauf hindeutet, daß in der Kolloidlösung die Teilchen teilweise zu flockenartigen Komplexen zusammengetreten waren, ähnlich wie bei eingetrockneter Goldgelatine. An diese Beobachtungen lassen sich einige wissenschaftliche Arbeiten anschließen, die auch für die Technik Interesse haben dürften.

---

[1] *C. Mannich u. P. Thiele:* Ber. d. pharm. Ges. **26**, 37—39 (1916).

[2] Vgl. darüber *Fokin:* Chem. Centralblatt 1910, II, 1743 und *Wieland:* Ber. **45**, 484 (1912) und **46**, 3329 (1913).

[3] Über das analoge Goldrubinglas und das Wachstum der darin enthaltenden Ultramikronen vgl. *R. Zsigmondy:* Zur Erkenntnis der Kolloide, Kap. XVI (1905).

[4] *A. Lottermoser:* Journ. f. prakt. Chemie [2] **59**, 489 bis 493 (1899).

[5] *J. Billitzer:* Ber. **35**, 1929 bis 1935 (1902).

[6] *A. Gutbier:* Zeitschr. f. anorg. Chemie **32**, 355 (1902).

[7] *C. Paul* und *W. Leuze:* Ber. **39**, 1545 bis 1549, 1550 bis 1557 (1906).

## 56. Andere Metallkolloide.

Von anderen kolloiden Metallen hat noch das kolloide Wolfram Bedeutung erlangt wegen seiner industriellen Verwertbarkeit zu elektrischen Glühlampen. Ein Verfahren zur Herstellung derartiger Glühlampen ist von *Kužel* ausgearbeitet worden[1]. Das kolloide Metall wird durch Feinreiben von Wolframmetall und durch abwechselndes Behandeln des so erhaltenen Pulvers mit Säuren und Alkali gewonnen. Das Metallkorn wird dadurch so weit verkleinert, daß es schließlich als Hydrosol in den dispersen Zustand übergeht. Durch Ausfällen des Sols erhält man eine plastische Masse, die ohne Bindemittel durch Düsen zu feinen Fäden ausgepreßt werden kann. Die oben erwähnten Fäden werden getrocknet und geglüht; indem die Kolloidteilchen dabei zusammenschweißen, bilden sie einen Metallfaden, der in den Glühlampen Verwendung findet. Er ist aber noch spröde und gebrechlich. Ein sehr bedeutender Fortschritt ist neuerdings durch die Herren *Schaller* und *Orbig* der Firma J. Pintsch herbeigeführt worden. Durch Zusatz von kolloidem Thoriumoxyd zu der plastischen Masse und geeignete nachträgliche Behandlung der Fäden in Glühhitze wird erreicht, daß die Kolloidteilchen unter Schwindung zu einem einzigen langen Krystall zusammentreten, der die Form des Fadens beibehält[2]. Diese Krystallfäden aus Wolfram besitzen ganz ausgezeichnete Festigkeit und Haltbarkeit. Nach *R. Gross* und *N. Blassmann*[3], die diese Krystalle auch nach der *Laue*-Methode untersucht haben, entstehen dieselben aus kolloiden kryptokrystallinen Metallteilchen durch wirkliche Sammelkrystallisation.

Die Wolframhydrosole haben in der Regel nicht den Feinheitsgrad, den wir bei kolloidem Silber oder Gold anzutreffen gewöhnt sind; sie stehen den absetzenden Suspensionen schon recht nahe. Gröbere in ihnen enthaltene Teilchen sind aber[4] als Sekundärteilchen anzusehen, die unter Druck oder bei Anwendung geeigneter Peptisationsmittel in kleinere Primärteilchen zerfallen. Auf dieser Zerteilbarkeit in Primärteilchen und wohl auch auf dem Vorhandensein einer adsorbierten Schicht von kolloider Wolframsäure oder kolloiden Wolframoxyden (z. B. Wolframblau) beruhen jedenfalls die plastischen Eigenschaften des Materials.

Ebenso wie Wolfram lassen sich auch andere Elemente, wie Molybdän, Silicium, Titan, Thorium, nach dem angegebenen Verfahren in den dispersen Zustand überführen.

Bezüglich des Zirkoniums hat *Wedekind*[5] gezeigt, daß man durch Anätzen mit HCl ein Pulver erhält, das durch Waschen mit Wasser in den Solzustand übergeht. Dieses Hydrosol zeigt ein durchaus individuelles Verhalten gegen Elektrolyte: durch Säuren wird es im allgemeinen nicht gefällt,

---


[1] Siehe *A. Lottermoser:* Chem.-Ztg. 1908, 311. Ref. Koll.-Zeitschr. **2**, 347 (1908).
[2] Vgl. *W. Böttger:* Zeitschr. f. Elektrochem. **23**; 1917, S. 121.
[3] Neues Jahrb. f. Min., Geol. und Pal., Beilageband XIII, 728 (1919).
[4] Nach eingehenden ultramikroskopischen Versuchen gemeinsam mit *Bachmann.*
[5] *E. Wedekind:* Koll.-Zeitschr. **2**, 289 bis 293 (1908).

wohl aber durch arsenige Säure, Weinsäure, Pikrinsäure. Ätzalkalien wirken sofort fällend, Ammoniak nur sehr langsam. Neutrale Elektrolyte wirken vielfach nicht koagulierend. Es ist kaum zu bezweifeln, daß bei der Behandlung des Metalls mit HCl ein Schutzkolloid entsteht, dessen Anwesenheit das eigentümliche Verhalten des Hydrosols gegen Elektrolyte bedingt. Eingehende experimentelle Studien über Quecksilbersole sind von *S. Nordland*[1] angestellt worden.

Geschütztes kolloides Quecksilber findet gegenwärtig Anwendung in der Syphilistherapie. So verwendet *Richter* ein von ihm hergestelltes Präparat besonderen Feinheitsgrades („Kontraluesin") zu Injektionskuren. Nach *Stodel* wirkt kolloides Quecksilber in Verdünnungen von 1 : 130 000 noch entwicklungshemmend auf Typhus- und Staphylokokken; es ist aber viel weniger giftig als seine Salze.

# B. Kolloide Nichtmetalle.

## 57. Kolloider Schwefel.

*Sobrero* und *Selmi*[2], *Wackenroder*[3], ferner *Debus*[4] haben die Reaktionen zwischen Schwefelwasserstoff und schwefliger Säure studiert und gefunden, daß dabei neben verschiedenen Thionsäuren auch kolloider Schwefel gebildet wird, der in Wasser als Trübung zerteilt bleibt oder nach seiner Abscheidung sich löst. Derartige Hydrosole sind meist stark getrübt und enthalten einen Teil des Schwefels in Form mikroskopischer Tröpfchen[5], den *größten Teil* aber kolloid gelöst, vermutlich als Amikronen.

*Raffos Verfahren.*    *Raffo*[6] hat neuerdings ein Verfahren zur Herstellung von kolloiden Schwefellösungen angegeben, die nicht nur vollkommen klar sind, sondern auch eine gewisse Bestandigkeit gegen Elektrolyte zeigen.

50 g krystallisiertes Natriumthiosulfat in 30 ccm Wasser werden in 70 g Schwefelsäure von 1,84 spez. Gewicht tropfenweise unter Kühlung eingetragen. Nach erfolgter Reaktion werden 30 ccm Wasser zugesetzt und die Mischung 10 Minuten auf 80° C erwärmt. Man filtriert durch Glaswolle und reinigt den nach dem Abkühlen ausgeschiedenen Schwefel durch mehrfaches Erwärmen, Filtrieren und Abkühlen. Nach erfolgter Reinigung wird der beim Erkalten ausgeschiedene Niederschlag abzentrifugiert und in Wasser gelöst. Man neutralisiert hierauf mit Natriumcarbonat, wobei der Schwefel größtenteils ausfällt. Die Lösung enthielt noch 1% S und 6% Natriumsulfat.

Der gefällte Schwefel löste sich vollständig in Wasser zu einer klaren Flüssigkeit, die 4,5% S und 1,5% $Na_2SO_4$ enthielt. Durch Dialyse kann das Salz teil-

---


[1] Inaug.-Diss. Uppsala 1918.

[2] *A. Sobrero* und *F. Selmi:* Annales de Chim. et de Phys. [3] **28**, 210 bis 214 (1850).

[3] *Wackenroder:* Archiv d. Pharmazie **48**, 140, 272 (1846); Annalen d. Chemie u. Pharmazie **60**, 189 (1846).

[4] *H. Debus:* Liebigs Annalen **244**, 76 bis 189 (1888).

[5] *J. Stingl* und *Th. Morawski:* Journ. f. prakt. Chemie [2] **20**, 76 bis 105 (1879).

[6] *M. Raffo:* Koll.-Zeitschr. **2**, 358 bis 360 (1908).

weise entfernt werden; es fällt aber mit zunehmender Reinigung immer mehr
Schwefel aus, und schließlich, wenn alles Natriumsulfat weggegangen ist,
befindet sich auch kein Schwefel mehr in Lösung.

Die Flüssigkeit verhält sich also ganz anders als die reinen kolloiden Metalle, die in reinem Wasser im allgemeinen beständiger sind als in elektrolythaltigem. Die erwähnte 1proz. Lösung enthält sogar 6% Natriumsulfat. Eine derartige Lösung wird gefällt durch halbnormale Lösungen der Kaliumsalze verschiedener Säuren, nicht aber durch die Ammoniumsalze entsprechender Konzentration. Hier haben wir ein durchaus individuelles Verhalten, das gerade dem Schwefel eigentümlich ist. Während die übrigen kolloiden Elemente durch geringe Elektrolytmengen meist gefällt werden, benötigt der *Raffo*sche Schwefel, um gelöst zu bleiben, gerade eine kleine Menge Elektrolyt (wird aber durch grössere wieder gefällt). Hierin schließt er sich dem Globulin an, das gleichfalls nicht in reinem Wasser, wohl aber in Salzlösungen löslich ist[1]. Es zeigt sich ferner, daß der Schwefel in heißer Elektrolytlösung viel leichter löslich ist als in kalter, was seinerseits wieder an das Verhalten von Leim, löslicher Stärke u. dgl. m. erinnert. Andererseits unterscheidet er sich von diesen Substanzen wiederum sehr durch die Beschaffenheit der Fällungsprodukte.

Elektrolyt-<br>beständigkeit.

Temperatur-<br>abhängigkeit<br>der<br>Löslichkeit.

Die kolloiden Schwefellösungen nach *Raffo* sind weitgehend homogen; sie bestehen größtenteils aus Amikronen und nur zum kleinen Teil aus Submikronen. Eigenartig ist noch das vom Verfasser beobachtete Verhalten der Schwefelhydrosole in Kollodiummembranen, die sich als ziemlich dicht gegen den Schwefel erweisen, so daß die Filtrate nahezu frei davon waren; gegen sein Filtrat hatte der kolloide Schwefel anfangs einen Druck von 136 mm Wassersäule, der im Laufe eines Monats auf 100 mm herabsank. Zum Schluß bestand die Innenflüssigkeit noch größtenteils aus Amikronen.

Wie schon *Raffo* beobachtet hat, krystallisiert aus den wässerigen Lösungen, namentlich bei längerem Stehen, Schwefel aus in wohlausgebildeten Krystallen von normalem Schmelzpunkt. Dieser Schwefel löst sich leicht in Schwefelkohlenstoff, nicht mehr dagegen in Wasser. Bei dem Versuch, aus dem kolloiden Schwefel durch Reinigung eine reine wasserlösliche Form darzustellen, verlor derselbe nach Beobachtungen des Verfassers gleichfalls seine Wasserlöslichkeit. Solange der kolloide Schwefel, der übrigens negativ geladen ist, seine Wasserlöslichkeit behält, erscheint er durchaus amorph, etwas plastisch und ist in beträchtlichem Grade durch Wasser und Elektrolyt verunreinigt. Man muß annehmen, daß die Amikronen des kolloiden Schwefels mit großer Hartnäckigkeit diese Substanzen festhalten, und daß sie dieser Eigenschaft ihre Zerteilbarkeit in Wasser verdanken.

Krystallisation.

*The Svedberg* hat den kolloiden Schwefel durch Fällen mit Chlornatrium und Dekantation soweit gereinigt, daß die Sulfationen durch Chlorionen ersetzt waren. Trotzdem blieb das gefällte Kolloid löslich.

---

[1] *Sven Odén* hat allerdings gezeigt, daß kolloider Schwefel nach einem besonderen Reinigungsverfahren auch praktisch elektrolytfrei hergestellt werden kann.

Die Abhängigkeit der Löslichkeit des Schwefels von der Temperatur und der Elektrolytkonzentration ist aus beistehender graphischer Darstellung nach *The Svedberg* zu entnehmen (Fig. 29).

Das Vorhandensein von kolloid gelöstem Schwefel in der *Wackenröder*schen Flüssigkeit neben suspendiertem hat schon *Debus* durch Eindampfen festgestellt. Es bildet sich eine dicke Haut, die wieder zerteilbaren Schwefel

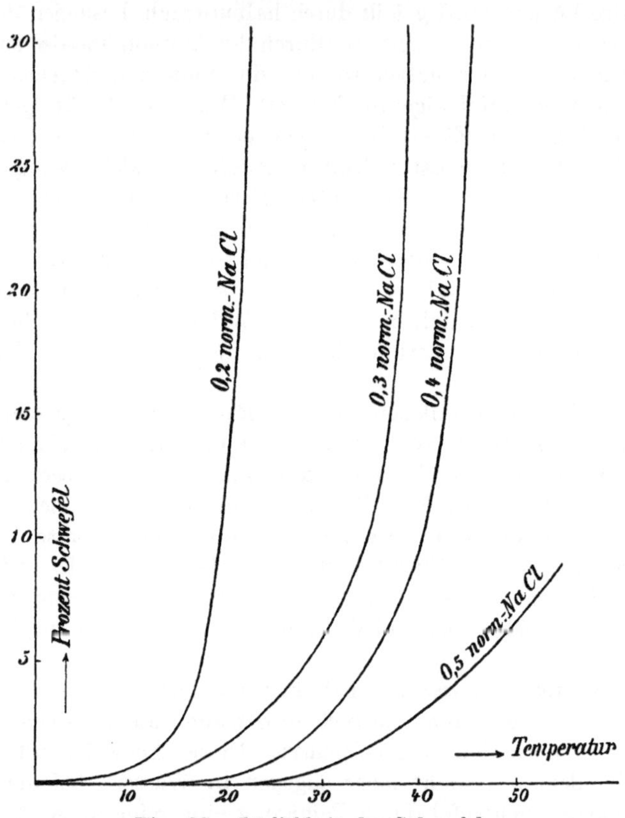


Fig. 29. Löslichkeit des Schwefels.

enthält. Wenn etwa zwei Drittel des Wassers verdampft sind, so bleibt eine klare, gelbe Lösung zurück, die bei der Dialyse ihren Schwefel geradeso abscheidet wie die *Raffo*sche.



Eine eingehende Untersuchung über fraktionierte Fällung ist von *Sven Odén*[1] ausgeführt worden. Es zeigte sich, daß kolloider Schwefel mit größeren Teilchen leichter durch Elektrolyte gefällt wird als solcher mit feineren.

Darauf gründete er ein wertvolles Verfahren zur Herstellung von kolloiden Schwefellösungen verschiedenen Dispersitätsgrades. Die makroskopische und ultramikrokopische (Spaltultramikroskop, Bogenlicht) Charakteristik dieser Hydrolyse findet sich in Tabelle 23, S. 203.

---

[1] *Sven Odén:* Zeitschr. f. phys. Chemie **78**, 682 bis 707 (1912).

## Tabelle 23.
### Die Eigenschaften von Schwefelhydrosolen verschiedener Teilchengröße.

| Bezeichnung der Fraktion[1] | Makroskopische Charakteristik | Ultramikroskopische Charakteristik |
|---|---|---|
| Fr. (—0,25) . . . . | In konzentrierter Lösung (25% S) hellgelb und durchsichtig, in der Aufsicht schwach trübe; reflektiertes Licht grünlich. | 1 proz. Sol zeigt einen schwachen amikroskopischen Lichtkegel, welcher bei der Konzentration 0,05 verschwindet. Keine Submikronen. |
| Fr. (0,25—0,20) . . | Konzentrierte Lösungen etwas trüb, 1 proz. sind sie in der Durchsicht klar, gelb, in der Aufsicht schwach trübe. | 1 proz. Sol zeigt einen ziemlich schwachen amikroskopischen Lichtkegel, welcher bei Konzentration 0,02 verschwindet. Keine Submikronen. |
| Fr. (0,20—0,16) . . | 1 proz. Lösungen in der Durchsicht fast klar, gelb, in der Aufsicht trübe. Konzentriert (10 proz.) sind sie in der Durchsicht gelb mit rötlicher Färbung. | 0,5 proz. Sol zeigt starken amikroskopischen Lichtkegel, welcher bei Konzentration 0,008 verschwindet. |
| Fr. (0,16—0,13) . . | 1 proz. Lösungen gelb mit Stich in Rot, schwach trübe. In der Aufsicht milchig trüb. Konzentrierte Lösungen undurchsichtig, milchig weiß. | 0,5 proz. Sol zeigt starken Lichtkegel von heller, bläulicher Farbe, welcher noch bei Konzentration 0,001 sichtbar ist. Der Lichtkegel besteht aus Teilchen an der Grenze ultramikroskopischer Sichtbarkeit. Teilchen auf ungefähr 25 $\mu\mu$ geschätzt (sehr unsicher). |
| Fr. (0,13—0,10) . . | 1 proz. Lösungen milchig trüb. Verdünnte (0,3%) in d. Durchsicht rötlichgelb trübe, in der Aufsicht trübe. | Sichtbare kleine Teilchen von lebhafter Bewegung. Eine Teilchengrößenbestimmung ergab ca. 90 $\mu\mu$ als Teilchendiameter. Kein amikroskopischer Lichtkegel. |
| Fr. (0,10—0,07) . . | Milchig trüb auch bei 0,2%. Bei Verdünnen auf 0,05% rötlichbraune Farbe, schwach durchsichtig. Nur geringe Tendenz zur Sedimentation bemerkbar. | Sichtbare Teilchen. Kein amikroskopischer Lichtkegel. Teilchendurchmesser ca. 140 $\mu\mu$. |
| Fr. (0,07) . . . . . | Noch bei Konzentration 0,02% milchig trüb. Keine ausgesprochene Farbe beim Verdünnen. Die Teilchen sedimentieren nach einigen Tagen. | Große Teilchen von weniger lebhaften Bewegungen. Teilchendurchmesser ca. 210 $\mu\mu$. |

[1] Was die Bezeichnungen der Fraktionen betrifft, so ist als obere Fraktionsgrenze diejenige „freie" Chlornatriumkonzentration angegeben, bei der die Fraktion

Bezüglich der Elektrolytwirkung fand *Sven Odén* unter anderem folgende Gesetzmäßigkeit: die Alkalisalzfällungen sind bei vorsichtigem Elektrolytzusatz im allgemeinen reversibel; die Kationen haben eine fällende, die Anionen eine fällungshemmende Wirkung. Zusatz von Säuren vermag einen Elektrolytniederschlag zuweilen aufzulösen, selbst bei Gegenwart des fällenden Salzes. Bezüglich der fällenden Wirkung der Kationen ergab sich folgende Reihe, die sich bei Kieselsäure wiederfinden wird:

$$Cs^{\cdot} > Rb^{\cdot} > K^{\cdot} > Na^{\cdot} > NH_4^{\cdot} > Li^{\cdot} > H^{\cdot}.$$

Die Anionen behindern die Fällung in folgender Reihe:

$$\frac{SO_4'}{2} > NO_3' > Cl' > Br' > J',$$

eine Reihe, die bei den Eiweißreaktionen gleichfalls öfters wiederkehrt.

Zweiwertige Kationen wirken stärker fällend als einwertige, aber die Unterschiede sind nicht so erheblich, wie nach *Schulze-Hardys* Fällungsregel zu erwarten wäre.

Die Tabelle 24 gibt die Schwellenwerte und das molekulare Fällungsvermögen der Elektrolyte nach *Sven Odén* bezüglich eines Hydrosols, dessen Teilchen an der Grenze ultramikroskopischer Sichtbarkeit (Spaltultramikroskop, Bogenlicht) lagen.

Wie man sieht, haben Bariumionen weitaus das größte Fällungsvermögen, was vermutlich mit ihrer Fähigkeit, mit Sulfationen schwer lösliches Bariumsulfat zu geben, in Zusammenhang steht[1]. Aluminiumchlorid sollte nach der Fällungsregel stärker koagulierend wirken als Bariumchlorid, das ist jedoch nicht der Fall. Merkwürdig ist der niedrige Fällungswert von Zinksulfat, Cadmium- und Nickelnitrat.

**Physikalische Eigenschaften.** Die Dichte des Hydrosols wächst annähernd proportional dem Schwefelgehalt. Sie läßt sich durch folgende Beziehung ausdrücken:

$$d_{Sol} = d_{Medium} + K \cdot A,$$

worin $d_{Sol}$ die Dichte des Hydrosols, $d_{Medium}$ die Dichte des Mediums und $K$ eine Konstante bedeutet; $A$ ist der Gehalt in Gramm pro 100 ccm des Mediums (der Wert von $K$ schwankt allerdings zwischen 4,81 und 5,85 für ein amikroskopisches Hydrosol).

Die Abscheidung des Schwefels bei Temperaturerniedrigung bringt keine Volumänderung mit sich.

Die innere Reibung nimmt mit wachsender Zerteilung zu. Gröbere Hydrosole passen sich besser den theoretischen Formeln an als feinere und haben eine geringere Viskosität als diese. Abscheidung des Schwefels durch

koaguliert wurde, als untere Fraktionsgrenze diejenige Konzentration, welche die Fraktion ohne Ausflockung ertragen kann. (*Sven Odén*: Der kolloide Schwefel, Nova Acta Reg. Soc. Sc. Uppsala. 1912. [Monographie: Akad. Buchhandlung Uppsala.] S. 60.)

[1] Es ist nicht unwahrscheinlich, daß die elektrische Ladung der Schwefelteilchen wenigstens zum Teil auf Adsorption von Sulfationen zurückzuführen ist.

### Tabelle 24.
### Koagulierende Wirkung der Salze.
#### Versuchstemperatur 18—20° C.

| Koagulierendes Salz | Schwellenwert in | | Molekulares Fällungsvermögen[1] |
|---|---|---|---|
| | Prozent | Mol pro Liter | |
| $HCl$ . . . . . . . . . . . . . . . . . . . . | ca. 22 | 6 | ca. 0,16 |
| $LiCl$ . . . . . . . . . . . . . . . . . . . | 3,877 | 0,913 | 1,1 |
| $NH_4Cl$ . . . . . . . . . . . . . . . . . . | 2,325 | 0,435 | 2,3 |
| $(NH_4)_2SO_4$ . . . . . . . . . . . . . . . | 3,963 | $\frac{1}{2} \times 0,600$ | $2 \times 1,7$ |
| $NH_4NO_3$ . . . . . . . . . . . . . . . . . | 4,044 | 0,506 | 2,0 |
| $NaCl$ . . . . . . . . . . . . . . . . . . . | 0,955 | 0,153 | 6,1 |
| $Na_2SO_4$ . . . . . . . . . . . . . . . . . | 1,249 | $\frac{1}{2} \times 0,176$ | $2 \times 5,7$ |
| $NaNO_3$ . . . . . . . . . . . . . . . . . . | 1,389 | 0,163 | 6,1 |
| $KCl$ . . . . . . . . . . . . . . . . . . . | 0,164 | 0,021 | 47,5 |
| $K_2SO_4$ . . . . . . . . . . . . . . . . . | 0,220 | $\frac{1}{2} \times 0,025$ | $2 \times 39,7$ |
| $KNO_3$ . . . . . . . . . . . . . . . . . . | 0,220 | 0,022 | 45,5 |
| $RbCl$ . . . . . . . . . . . . . . . . . . | 0,192 | 0,016 | 63 |
| $CsCl$ . . . . . . . . . . . . . . . . . . | 0,156 | 0,009 | 108 |
| $MgSO_4$ . . . . . . . . . . . . . . . . . | 0,112 | 0,0093 | 107,5 |
| $Mg(NO_3)_2$ . . . . . . . . . . . . . . . | 0,117 | 0,0080 | 125 |
| $CaCl_2$ . . . . . . . . . . . . . . . . . | 0,046 | 0,0041 | 245 |
| $Ca(NO_3)_2$ . . . . . . . . . . . . . . . | 0,066 | 0,0040 | 247 |
| $Sr(NO_3)_2$ . . . . . . . . . . . . . . . | 0,055 | 0,0025 | 385 |
| $BaCl_2$ . . . . . . . . . . . . . . . . . | 0,043 | 0,0021 | 475 |
| $Ba(NO_3)_2$ . . . . . . . . . . . . . . . | 0,057 | 0,0022 | 461 |
| $ZnSO_4$ . . . . . . . . . . . . . . . . . | 0,122 | 0,0756 | 13,2 |
| $Cd(NO_3)_2$ . . . . . . . . . . . . . . . | 0,117 | 0,0493 | 20,3 |
| $AlCl_3$ . . . . . . . . . . . . . . . . . | 0,059 | 0,0044 | 227 |
| $CuSO_4$ . . . . . . . . . . . . . . . . . | 0,157 | 0,0098 | 102 |
| $Mn(NO_3)_2$ . . . . . . . . . . . . . . . | 0,171 | 0,0096 | 105 |
| $Ni(NO_3)_2$ . . . . . . . . . . . . . . . | 0,816 | 0,0446 | 22,4 |
| $UO_2(NO_3)_2$ . . . . . . . . . . . . . . | 0,690 | 0,0137 | 73 |

Temperaturerniedrigung hat eine abnorme Steigerung der Viskosität zur Folge, wahrscheinlich wegen der dabei eintretenden Flockenbildung.

Die Oberflächenspannung wird nicht merklich beeinflußt durch die Gegenwart des Schwefels, selbst bei einem Gehalt von 45% S. Ein solches Hydrosol enthielt 3,3% NaCl, das für sich allein eine Erhöhung der Oberflächenspannung um 7 % hervorrufen würde, trotzdem zeigte sich keine Änderung derselben. Es ist dies darauf zurückzuführen, daß das Salz größtenteils vom Schwefel gebunden wird. Oberflächenspannung.

Der Berechnungsindex zeigt eine dem Schwefelgehalt proportionale Zunahme.

*Raffo* und *Rossi*[2] zeigten, daß dialysierter, elektrolytarmer kolloider Schwefel die Leitfähigkeit der Lösungen von Natriumsulfat und Schwefel-

---

[1] Der reziproke Wert derjenigen Konzentration des Elektrolytes in Gramm-Mol. pro Liter, welche zur Koagulation nötig ist.

[2] *M. Raffo* und *Rossi:* Koll.-Zeitschr. **11**, 121 bis 124 (1912); **13**, 289 (1913).

Bindung von<br>Elektrolyten.

säure bedeutend herabsetzt, daß Schwefel also die genannten Elektrolyte in beträchtlichem Maße bindet.

*Sven Odén* hat auch gefunden, daß die Alkalisalzfällungen des kolloiden Schwefels zwar in der Regel reversibel verlaufen, daß aber ein rasches Zusetzen von energischen Koagulatoren (K- oder Ba-Salz) irreversible Zustandsänderungen herbeiführen kann. Darauf ist wohl die Beobachtung von *Sobrero* und *Selmi* an ihrem kolloiden Schwefel (erhalten durch Auflösung des Niederschlages von der Einwirkung von Schwefelwasserstoff auf schweflige Säure),

Reversible<br>Fällung.

durch Natriumsalze reversibel, durch Kaliumsalze irreversibel gefällt zu werden, zurückzuführen.

Bezüglich der reversiblen Fällung mit Natriumchlorid fand *Sven Odén* folgendes: Kolloider Schwefel mit ungleichförmigen Teilchen hat keinen aus-

Schwellenwerte.

gesprochenen Schwellenwert, da die größten Teilchen zuerst ausfallen, dann die feineren; man kann so durch allmählich gesteigerten Natriumchloridzusatz eine allmähliche Fällung des Schwefels erzielen[1] (s. S. 204).

Bei gleichkörnigem Schwefelhydrosol gilt folgendes: Eine notwendige Bedingung für die Elektrolytfällung ist, daß der Elektrolyt eine gewisse Konzentration erreicht hat; wird dieselbe überschritten, so scheidet sich Schwefel aus, aber zunächst wenig. Der ausfallende Schwefel bindet ein wenig Elektrolyt, verringert damit die Elektrolytkonzentration, so daß man zur weiteren Fällung etwas mehr Salz hinzufügen muß. Wird eine bestimmte Salzkonzentration überschritten, so fällt beinahe aller Schwefel auf einmal aus; nur kleine Mengen bleiben in kolloider Lösung, zu deren Fällung noch größere Elektrolytmengen erforderlich sind. Die Fällung erfolgt bei gleichförmigen Schwefelhydrosolen meist innerhalb enger Grenzen des NaCl-Gehalts.

Der Verlauf der Fällung in Abhängigkeit von der Gesamtelektrolytmenge ist in Fig. 30 dargestellt. Kurve 1 bezieht sich auf ein Hydrosol mit ungleichen, gröberen Teilchen, Kurve 2 auf ein Hydrosol mit annähernd gleichgroßen Ultramikronen. Man ersieht daraus, daß die Fällung der Hauptmenge des Schwefels innerhalb sehr enger Grenzen erfolgt.

## 58. Kolloides Selen.

*H. Schulze*[2] erhielt 1885 Hydrosole von Selen durch Behandeln von Selendioxyd mit schwefliger Säure. Verwendet man zur Herstellung genügend konz. Lösungen, so erhält man einen Niederschlag, der in Wasser unter Solbildung wieder löslich ist. Diese Hydrosole sind im Dunkeln ziemlich beständig, sind klar und erscheinen im durchfallenden Licht rot. Nach längerem Stehen trübt sich zuweilen die Flüssigkeit und bildet allmählich eine scharf abgegrenzte Bodenschicht, die die Hauptmenge des Selens enthält und ein bedeutend höheres spezifisches Gewicht besitzt als die darüberstehende Flüssigkeit. Beim Neigen der Flasche fließt die Bodenschicht unter starker

---

[1] Allerdings existiert eine Minimalkonzentration für NaCl, bei welcher die größten Teilchen eben zu koagulieren beginnen.

[2] *H. Schulze*: Journ. f prakt. Chemie [2] **32**, 390 bis 407 (1885).

Strömung nach den tieferen Stellen des Gefäßes, fast wie Wasser unter einer Ölschicht. Sie bleibt aber mit den darüberstehenden Schichten mischbar und besteht aus Selenteilchen, die, durch Wasser voneinander getrennt, sich nicht vereinigt haben.

Kolloides Selen ist lichtempfindlich; wird eine Probe in einer zum größten Teil mit schwarzem Papier umhüllten Flasche dem Licht ausgesetzt, so zeigt sich nach längerer Zeit an der belichteten Stelle ein glänzender Beschlag von Selen. Lichtempfind-lichkeit.

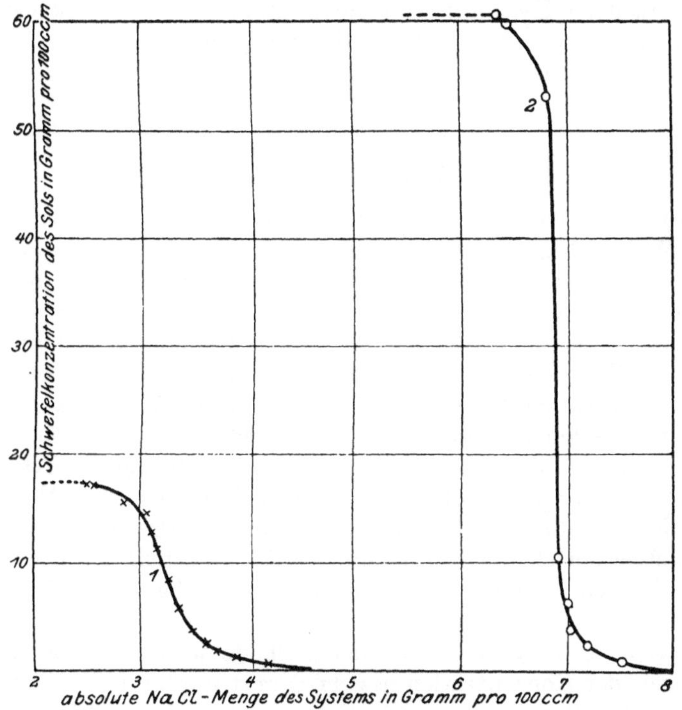


Fig. 30.

Durch Elektrolyte wird das kolloide Selen gefällt; beim Kochen gibt es dabei oft einen Farbenumschlag in Blau. Aus dieser blauen Flüssigkeit scheidet sich beim Schütteln mit Schwefelkohlenstoff das suspendierte Selen an der Grenzfläche $CS_2$—$H_2O$ aus, scheint aber nicht gelöst zu werden. Schüttelt man rote Flüssigkeiten mit Schwefelkohlenstoff, so geht das Selen, ähnlich wie koaguliertes Gold, zunächst an dessen Oberfläche und wird dann größtenteils durch Schwefelkohlenstoff gelöst.

Besonders schön rot gefärbte und elektrolytbeständige Präparate erhält man nach dem *Paal*schen Verfahren[1].

_______________

[1] *C. Paal* und *C. Koch:* Ber. **38**, 526 bis 534 (1905).

*Gutbier* und *Engeroff*[1] haben eine elegante Methode der Herstellung von kolloidem. Selen entdeckt, die auch als Vorlesungsversuch einem größeren Auditorium vorgeführt werden kann. Eine konz. Lösung von Wasserstoffselenbromid, $H_2SeBr_6$, wird in ein Becherglas gebracht und mit viel Wasser übergossen. Es bildet sich sofort ein rotes Selenhydrosol neben seleniger Säure, Br und BrH etwa nach folgenden Gleichungen:

$$H_2SeBr_6 + 3\,H_2O = H_2SeO_3 + 6\,HBr,$$
$$H_2SeBr_6 + H_2O = Se + Br_2 + 3HBr + HOBr\,[2].$$

Das erhaltene Hydrosol wird durch Dialyse gereinigt, ist dann recht beständig, läßt sich z. B. mit $^n/_{20}$ — HCl weitgehend einkochen, bevor irreversible Koagulation eintritt.

# C. Kolloide Oxyde.

Überblick. Wohl kaum eine andere Gruppe von Kolloiden weist eine so große Mannigfaltigkeit der Erscheinungsformen auf wie gerade die kolloiden Oxyde. Man findet hier alle Arten von ionendispersen bis zu relativ grob heterogenen, den Suspensionen nahestehenden Zerteilungen, reversible und irreversible, stabile und instabile, elektrolytempfindliche und sehr widerstandsfähige Hydrosole, positiv wie auch negativ geladene Teilchen.

Die Eigenschaften dieser Kolloide sind in hohem Maße abhängig von der Natur der zerteilten Substanz, unvergleichlich mehr als bei den kolloiden Metallen, Sulfiden und Salzen. Über diese mehr sprungweise Veränderung der Eigenschaften von Substanz zu Substanz lagert sich eine Abhängigkeit von der Konzentration des Kolloids, seiner Vorgeschichte, von seinem Gehalt an Peptisationsmittel, die eine kontinuierliche Änderung der Eigenschaften eines bestimmten Kolloids innerhalb gewisser häufig sehr weiter Grenzen gestattet.

Gerade diese Veränderlichkeit der Kolloide je nach den Entstehungsbedingungen, der Konzentration usw. erschwert ungemein ihre korrekte Beschreibung. Der Referent steht hier vor einer fast undurchdringlichen Fülle von Tatsachen, deren eingehende Wiedergabe vorläufig mehr Verwirrung als Aufklärung schaffen würde. Erst in Zukunft wird eine exakte Darstellung der Verhältnisse möglich sein, wenn ein auf systematischer Untersuchung der einzelnen Kolloide beruhendes Material vorliegt, welches in die Änderungen der Eigenschaften mit dem Gehalt an Peptisationsmittel usw. Klarheit bringt. Allerdings liegen jetzt bereits gute Untersuchungen vor. Welchen Einfluß das Peptisationsmittel auf die Beschaffenheit des Hydrosols hat, wird hier bei der kolloiden Zinnsäure näher erörtert, ebenso der Einfluß der Größe der Primärteilchen.

---

[1] *A. Gutbier* und *F. Engeroff:* Koll.-Zeitschr. **15**, 193 (1914).

[2] Das Brom ist im Dialysat kaum nachweisbar, weshalb die Autoren noch Umwandlung desselben nach der Gleichung $Br_2 + H_2O = HBr + HOBr$ annehmen.

Um ein ungefähres Bild von der bei den kolloiden Oxyden anzutreffenden Mannigfaltigkeit zu geben, hat Verfasser sich an die Beschreibung der *Graham*schen kolloiden Oxyde und einiger anderer gehalten, ohne irgendwie Vollständigkeit anzustreben[1]. Dafür wurden eingehender solche Oxyde berücksichtigt, deren Studium Aufschlüsse von allgemeiner Bedeutung gegeben hat. Bei der kolloiden Kieselsäure z. B. wird des näheren dargelegt, wie man sich den feinsten Bau der Gele vorzustellen hat; beim Hydrosol des Eisenoxyds werden die Untersuchungen von *Duclaux* über Leitfähigkeit und osmotischen Druck berücksichtigt, ferner die wichtigen magneto-optischen und ultramikroskopischen Beobachtungen von *Cotton* und *Mouton* über die Gestalt der Ultramikronen. Bei der Zinnsäure wird das Verhältnis von a- und b-Zinnsäure, beim *Cassius*schen Purpur die Ähnlichkeit der Kolloidverbindungen mit chemischen Verbindungen erläutert, bei der Zirkonsäure der Einfluß, den der Übergang krystalloid gelöster Stoffe in kolloid gelöste auf die Reaktionen der Stoffe ausübt.

Die schon von *Graham* hervorgehobene Eigentümlichkeit vieler kolloider Oxyde, in zwei voneinander verschiedenen Modifikationen aufzutreten, ist an mehreren Stellen berührt. Wenn es zurzeit auch noch nicht entschieden ist, ob es sich hier um verschiedene Substanzen im Sinne des Chemikers handelt, ob also Hydrate oder Anhydride des Oxydes (eventuell Isomere bzw. Polymere ein und desselben Stoffes) vorliegen oder ob es sich nur um kolloidchemische Unterschiede handelt, etwa um Zerteilungen verschiedenen Dispersitätsgrades, so sprechen doch mancherlei Tatsachen zugunsten der letzteren Auffassung, wie aus den folgenden Kapiteln zu ersehen sein wird. *Mecklenburg*[2] hat neuerdings bei der Zinnsäure eingehender begründet, daß man die Unterschiede zwischen beiden Modifikationen auf unterschiedliche Größe ihrer Primärteilchen zurückführen könne.

Die Übergänge zwischen den gewöhnlichen und den Metaoxyden erklären sich dann ungezwungen aus der Eigenschaft kolloider Gemenge, Reaktionen zu besitzen, welche von denjenigen der Bestandteile verschieden sind, oder auch aus Verschiedenheiten im Zerteilungsgrade.

## a) Kolloide Kieselsäure.

Das Hydrogel der Kieselsäure kommt in der Natur als Opal, Hydrophan, Tabaschir usw. vor. Künstlich wird das Hydrosol der Kieselsäure hergestellt entweder nach *Grahams*[3] Verfahren durch Dialyse eines Gemisches von Wasserglas und Salzsäure oder nach *Grimaux*[4] durch Zersetzen von Kieselsäuremethylester mit Wasser, durch Einwirkung von Wasser auf Siliciumchlorid[5], -sulfid usw.

---

[1] Ausführliche Behandlung des Gegenstandes findet man in *Lottermosers* Berichten in *Abeggs* Handbuch der anorganischen Chemie.

[2] *W. Mecklenburg:* siehe koll. Zinnsäure, S. 242.

[3] *Th. Graham:* Liebigs Annalen **121**, 36 (1862).

[4] *E. Grimaux:* Compt. rend. **98**, 1434 bis 1437 (1884).

[5] *E. Ebler* und *M. Fellner:* Ber. **44**, 1915 bis 1918 (1911).

Als Hydrogel scheidet die kolloide Kieselsäure sich bekanntlich bei der Zersetzung der meisten Silikate zunächst in gallertigem Zustande aus, bei vollständigem Eintrocknen bis zur staubigen Trockne als unlösliches Pulver.

## 59. Hydrosol der Kieselsäure.

*Darstellung nach Graham.*   Darstellung und Eigenschaften. Bei der Herstellung der Kieselsäure nach *Graham*s Verfahren arbeitet man zweckmäßig, wie folgt: ca. 10 proz. Natriummetasilikat wird in etwa 10 proz. Salzsäure unter Umschütteln eingegossen. Um die richtigen Mischungsverhältnisse zu erfahren, macht man zunächst eine Vorprobe, indem man Wasserglas aus einem Meßzylinder in 20 ccm der Säure unter heftigem Schütteln einfließen läßt, so lange, bis die Flüssigkeit erstarrt. Wendet man für den Hauptversuch nur die Hälfte oder $^2/_3$ der Menge Wasserglas, welche Erstarrung verursacht, an, so braucht man ein nachträgliches Gallertigwerden der Kieselsäure beim Dialysieren nicht zu befürchten. Sollte es dennoch erfolgen, so verdünnt man die Kieselsäure bei einem zweiten Versuche in geeigneter Weise, oder man erhöht den Säuregehalt.

Durch Dialyse läßt sich die kolloide Kieselsäure weitgehend reinigen und nachher durch Einkochen noch weiter konzentrieren.

*Eigenschaften.*   Gut gereinigtes, nicht zu verdünntes Hydrosol der Kieselsäure kann als ein instabiles System angesehen werden, das stets der Koagulation zustrebt, und zwar erfolgt dieselbe, wie schon *Graham* festgestellt hat, um so schneller, je konzentrierter die Lösung ist. Es kann daher als ein seltener Zufall betrachtet werden, wenn es gelingt, die Konzentration über 10 Proz. zu treiben. *Graham* hat einmal sogar eine 14 proz. Lösung in Händen gehabt, die aber außerordentlich instabil war und selbst durch indifferente Substanzen wie Graphit, durch Einleiten von Kohlensäure usw. zur Koagulation gebracht wurde.

Verdünntere Lösungen, namentlich solche unter 1 Proz., sind zuweilen jahrelang haltbar und ziemlich elektrolytbeständig; sie werden nur durch einige Elektrolyte sofort gefällt, von anderen erst nach längerem Stehen in Gallerten verwandelt.

Gut bereitete Kieselsäurelösungen sind vollkommen klare, farblose Flüssigkeiten, die auch im Ultramikroskop kaum die Andeutung einer Inhomogenität erkennen lassen. Sind sie dagegen über Pergamentmembranen dialysiert, so erscheinen sie häufig getrübt und enthalten Submikronen, die wahrscheinlich z. T. aus dem Pergament stammen.

*Reine Kieselsäure.*   *Jordis*[1] hat auf die Schwierigkeiten aufmerksam gemacht, welche der Darstellung von reiner Kieselsäure entgegenstehen. Er hielt es überhaupt für unmöglich, reines Sol der Kieselsäure herzustellen, das mehr als 1 bis 2 Proz. $SiO_2$ enthält, und nahm an, daß die *Graham*schen Kieselsäurelösungen ihre Beständigkeit einer Fremdsubstanz verdanken, ja daß in ihnen überhaupt keine Kieselsäure, sondern eine Verbindung derselben mit Alkali oder Säuren vorliegt.

---

[1] *E. Jordis:* Zeitschr. f. anorg. Chemie **35**, 16 bis 22 (1903).

Man braucht aber nicht so weit zu gehen, um die Unbeständigkeit der reinen Hydrosole zu erklären. Es genügt die Analogie zu berücksichtigen, welche zwischen ihnen und übersättigten Krystalloidlösungen besteht; wie bei letzteren wird das System um so unbeständiger, je größer die Übersättigung ist; die spontane Auslösung der Übersättigung hängt von unkontrollierbaren Zufälligkeiten ab (Staubteilchen u. dgl.). Es ist daher wohl möglich, daß ein Forscher unter Umständen arbeitet, die ihn Konzentrationsgrade erreichen lassen, welche von anderen, die unter weniger günstigen Umständen arbeiten, nicht leicht wieder erreicht werden können.

Über den durch Dialyse zu erzielenden Reinheitsgrad der Kieselsäure liegt eine Arbeit vor von *Zsigmondy* und *Heyer*[1], nach welcher es leicht gelingt, die kolloide Kieselsäure praktisch von Chlorionen zu befreien; schwieriger ist es dagegen, etwa vorhandenes Sulfat zu entfernen. Nach genügend langer Dialysendauer blieben immer noch 2 bis 3 Mol. Natriumsulfat auf 1000 Mol. $SiO_2$ zurück. Diese letzten Spuren von Elektrolyt zu entfernen, macht ziemliche Schwierigkeiten. So gereinigte Hydrosole ließen sich bis 6 Proz. und sogar 12 Proz. einkochen, ehe sie kòagulierten.

*Ebler* und *Fellner*[2] gelang die Darstellung vollkommen alkalifreier kolloider Kieselsäure durch Einleiten eines mit $SiCl_4$-Dampf gesättigten Gasstromes in Wasser. Das gebildete Hydrosol läßt sich nach dem Dialysieren weitgehend konzentrieren, bevor Koagulation eintritt.

Genügend reine Kieselsäure zeigt nur äußerst geringe Gefrierpunktserniedrigung. Nach *Sabanejeff*[3] läßt sich daraus ein Molekulargewicht von über 49 000 berechneh. Andere Forscher, z. B. *Bruni* und *Pappadà*[4], haben überhaupt keine Gefrierpunktserniedrigung gefunden.

Die empfindlichere direkte Messung des osmotischen Drucks läßt erkennen, daß der Kieselsäure geradeso wie den meisten anderen kolloiden Lösungen osmotischer Druck gegen das Filtrat zukommt, der in dem Maße abnimmt, wie die Kieselsäure instabil wird, der Koagulation entgegengeht (Versuche des Verfassers).

**Elektrische Ladung.** Die Amikronen der Kieselsäure sind im allgemeinen negativ geladen; sie wandern zur Anode in neutraler, alkalischer, wie in schwach saurer Lösung. Bei der Elektrolyse eines neutralen Hydrosols scheidet sich aber die Kieselsäure nicht in Form einer Gallerte ab wie die Zinnsäure und viele andere Kolloide, sondern die konzentrierte Lösung senkt sich in Schlieren langsam längs der Anode zu Boden, ähnlich wie Schwefelsäure.

**Elektrolytfällung.** Wie schon erwähnt, wird die Kieselsäure durch die meisten Elektrolyte nicht sofort koaguliert; so geben Salzsäure, Alkali-

---

[1] *R. Zsigmondy* und *R. Heyer:* Zeitschr. f. anorgan. Chemie **68**, 169 bis 187 (1910).

[2] *E. Ebler* und *M. Feller:* Ber. **44**, 1915 bis 1918 (1911).

[3] *A. Sabanejeff:* Journ. d. russ. phys.-chem. Ges. **21**, 515 bis 525 (1889); Ber. **23**, R., 87 (1890).

[4] *G. Bruni* und *N. Pappadà:* Atti della R. Accad. dei Lincei Roma [57] **9**, 354 bis 358 (1900); Gazzetta chimica ital. **31**, I, 244 bis 252 (1901).

und Erdalkalichloride und -sulfate keine Fällung, wohl aber bewirkt ihre Anwesenheit ein beschleunigtes Gelatinieren, das nach Stunden, Tagen oder Wochen eintreten kann. Sofort gefällt wird die Kieselsäure dagegen durch Barytwasser, konzentrierte Lösungen von Aluminiumsulfat, durch verdünnte von Eiweiß, Leim und manchen basischen Farbstoffen wie Methylenblau. Über die Fällung durch Alkalisalze hat *Pappadà*[1] eingehende Versuche angestellt und gefunden, daß die fällende Wirkung von der Natur der Anionen ziemlich unabhängig, dagegen vom Atomgewicht des Kations abhängig ist, derart, daß Cäsium am stärksten wirkt, dann in absteigender Reihenfolge: Rb, K, Na und Li. Dieselbe Gesetzmäßigkeit findet sich bei kolloidem Schwefel (Kap. 57).

Schutzwirkung der Kieselsäure. Das Hydrosol der Kieselsäure übt gegenüber dem kolloiden Golde keine bemerkenswerte Schutzwirkung aus; es vermag den Farbenumschlag, welcher durch Kochsalz hervorgerufen wird, nicht zu verhindern, ebensowenig die Bildung einer Trübung oder eines Niederschlages von Chlorsilber, sofern nicht allzu geringe Mengen von Chlorionen vorhanden sind. In letzterem Falle wird die Einwirkung derselben auf Silberionen allerdings verdeckt; es handelt sich aber auch hier nicht um eine eigentliche Schutzwirkung, denn sowohl Trübung wie Fällung des Chlorsilbers werden sofort hervorgerufen durch Zusatz von geeigneten Elektrolyten, wie Schwefelsäure, Kaliumsulfat usw. Bei Gegenwart von zwei Tropfen konzentrierter Schwefelsäure in 10 ccm des Kieselsäurehydrosols können noch Spuren von Chlor mittelst Silbernitrat nachgewiesen werden, fast ebensogut wie in Wasser.

Ebenso wie das Auftreten der ersten Chlorsilbertrübung wird durch kolloide Kieselsäure auch die Bildung von gröberen Teilchen von Edelmetallen verhindert, was zur Bildung von klaren Metallhydrosolen führen kann[2].

Man kann sich vorstellen, daß das Schwermetallsalz oder die daraus reduzierten Metalle im Entstehungsmoment von den Kieselsäureteilchen adsorbiert werden, bzw. sich mit ihnen vereinigen und dadurch in äußerst feiner Zerteilung verharren. Eine diesbezügliche Untersuchung von *Hiege*[3] bestätigt diese Auffassung.

Eigentliche Schutzwirkung tritt erst im Moment der Ausfällung der Kieselsäure ein (z. B. beim Fällen mit Barytwasser, wo durch die ausfallende Kieselsäure eine Vereinigung der Goldteilchen zu größeren Komplexen und der Farbenumschlag verhindert wird).

Umwandlungen der Kieselsäure. *Mylius und Groschuff*[4] haben bewiesen, daß die Kieselsäure im Moment der Bildung aus Wasserglas durch

---

[1] *N. Pappadà:* Gazzetta chimica ital. **33**, 272 bis 276 (1903); **35**, 78 bis 86 (1905).

[2] *F. Küspert:* Ber. **35**, 2815 (1902).

[3] *F. Hiege:* Zeitschr. f. anorg. Chemie **91**, 145 bis 185 (1915). Die merkwürdigen Farbenänderungen erklären sich u. a. aus unregelmäßigem Wachstum der Metallkeime. Vgl. auch *P. P. v. Weimarn:* Koll.-Zeitschr. **11**, 287 (1912).

[4] *F. Mylius* und *E. Groschuff:* Ber. **39**, 116 bis 125 (1906).

Salzsäure in krystalloidem Zustande vorhanden ist und erst allmählich in den kolloiden übergeht. Diese zunächst gebildete Kieselsäure zeigt erhebliche Gefrierpunktserniedrigung, die allmählich abnimmt, in dem Maße, wie sich die Umwandlung in das Hydrosol vollzieht. Die Umwandlung kann auch mittelst geeigneter Reagenzien verfolgt werden, wozu sich z. B. Eiweiß eignet, das in frisch bereiteter Lösung keine Fällung, in den gealterten dagegen sofortige Niederschlagsbildung hervorruft.

Damit in Zusammenhang stehen die erheblichen Verluste, die man bei der Dialyse der Kieselsäure zuweilen feststellen kann. *Zsigmondy* und *Heyer*[1] fanden z. B., daß bei Anwendung von dünner, aber gegenüber kolloidem Silber vollständig dichter Kollodiummembran zur Dialyse auf dem Sterndialysator mehr als 90 Proz. der Kieselsäure durch die Membran gingen.

Krystallisation der Kieselsäure. Es ist mehreren Autoren gelungen, aus dem Hydrosol der Kieselsäure durch Erhitzen auf höhere Temperaturen wie auch aus dem Gel Krystalle von Kieselsäure zu erhalten. Meist waren die Krystalle Quarz oder Tridymit.

*Senarmont*[2] erhielt z. B. bei mehrtägigem Erhitzen gelatinöser Kieselsäure mit Spuren von Salzsäure bei 350° Quarzkrystalle. Auch andere Autoren erhielten Krystalle: *Chrustschoff*[3] z. B. Quarz und Tridymit bei 6 Monate dauerndem Erhitzen einer dialysierten Lösung von Kieselsäure auf 250°; *Bruhns*[4] Quarz und Tridymit in 10 Stunden durch Erhitzen auf 300° bei Zusatz von Fluorammonium.

Man kann also sowohl aus dem Hydrosol wie auch aus dem Gel der Kieselsäure Krystalle von Kieselsäureanhydrid erhalten. Um die Krystallisation bis zur Bildung sichtbarer Krystalle zu treiben, ist allerdings Erwärmen auf höhere Temperatur erforderlich. Bei *Senarmont*s Versuch ist die Krystallbildung unter Verbrauch von gallertiger Kieselsäure, bei *Chrustschoff* auf Kosten der kolloid gelösten Kieselsäure erfolgt.

Es ist kaum zu bezweifeln, daß derartige Prozesse auch bei gewöhnlicher Temperatur im reinen Gel der Kieselsäure, wenn auch äußerst langsam sich vollziehen, und eine Anzahl Änderungen, die im Hydrogel bei Aufbewahrung unter gesättigtem Wasserdampf vor sich gehen, könnte ihre einfachste Deutung unter der Annahme der Bildung ultramikroskopischer Kryställchen auf Kosten der Amikronen erhalten (s. w. u.). Der Nachweis läßt sich durch Röntgenaufnahme erbringen[5].

## 60. Gel der Kieselsäure.

Aus dem Hydrosol der Kieselsäure entsteht durch Elektrolytfällen oder Eindampfen, manchmal auch von selbst das Hydrogel der Kieselsäure. Seine Eigenschaften sind ganz andere als die der Niederschläge, die man durch

---


[1] l. c. siehe S. 211.

[2] *M. de Senarmont:* Annales de Chim. et de Phys. [3] **32**, 129 bis 175 (1851).

[3] *K. v. Chrustschoff:* N. Jahrb. f. Min. usw. **1887**, 1, 205.

[4] *W. Bruhns:* N. Jahrb. f. Min. usw. **1889**, 2, 62 bis 65.

[5] Siehe Anhang dieses Buches: *Kyropulos* hat dagegen in einem gallertigen Gel keine Kryställchen gefunden. Zeitschr. f. anorg. Chemie **99**, 197 (1917).

Koagulation aus reinen Metallhydrosolen erhält. Die letzten sind pulverförmig; es findet weitgehende Lostrennung vom umgebenden Wasser statt.

Ganz anders beim Gel der Kieselsäure! Dieses ist stets wasserreich. Nur ein Teil dieses Wassers läßt sich durch Zerreiben des Gels und Abfiltrieren oder Abpressen entfernen. Ein immer sehr beträchtlicher Anteil bleibt beim Hydrogel und kann durch Eintrocknen entfernt werden, wobei das Gel bis zum Umschlag (siehe Kap. 60b und e) eine Reihe irreversibler Zustandsänderungen erleidet, die seine Beschaffenheit fortlaufend verändern; die letzten Anteile lassen sich nur durch Glühen vertreiben. Ähnliches gilt von den meisten anderen Gelen der Oxyde. Das Wasser in diesen Gelen ist also viel fester gebunden als bei den Metallen, seine Lostrennung viel schwieriger.

Man hat wohl Hydratbildung für dieses Verhalten verantwortlich gemacht, es scheint aber für die Erklärung des Gesamtverhaltens der Gele ziemlich gleichgültig, ob der Kern des wasserreichen Gebildes ein Hydrat ist oder nicht. Das geht schon aus dem großen Wasserreichtum der frisch bereiteten Gele hervor, der bis zu 330 Mol $H_2O$ auf 1 Mol $SiO_2$ steigen kann und von dem sich durch Zerreiben und Abfiltrieren etwa $^2/_3$ entfernen lassen.

Selbst sehr wasserreiche Gele besitzen Verschiebungselastizität, sie lassen sich aber zu Klümpchen zerteilen, die während des Abfließens eines Teiles des Wassers sich wieder zu größeren Klumpen vereinigen. Dieses „Zusammenfließen" (besser „Adhärieren)" der Gelklümpchen zu größeren, wasserärmeren Gebilden erinnert an das Verhalten einer zähen Flüssigkeit, und der *Vergleich der Gelbildung mit der freiwilligen Trennung zweier Flüssigkeiten* (*Bütschli, van Bemmelen, Quincke*) ist in gewissem Sinne berechtigt. Die Behauptung aber, daß die Ultramikronen der Gele oder Sole lyophiler Kolloide selbst flüssig seien, erscheint kaum besser gerechtfertigt als etwa die Annahme, die Moleküle der Flüssigkeiten seien flüssig oder die der Gase gasförmig. Ein Rückschluß aus dem Aggregatzustande von größeren Anhäufungen kleiner Teilchen auf den der Teilchen selbst ist nur bedingt zulässig. Die Frage nach dem Aggregatzustande der Ultramikronen bleibt daher zunächst noch offen.

Die „flüssige" Beschaffenheit eines sehr wasserreichen Gels läßt sich ohne weiteres aus der Annahme erklären, daß die Teilchen mit Wasserhüllen umgeben sind, die eine gewisse Beweglichkeit derselben gegeneinander gestatten; das von *Quincke*[1] betonte Vorhandensein einer Oberflächenspannung läßt sich herleiten aus den Anziehungskräften der Ultramikronen untereinander.

Die eine (zum Teil abpreßbare) der beiden erwähnten „Flüssigkeiten" ist fast reines Wasser, sie enthält nur wenig Kolloid; die andere „zähe" oder „ölige Flüssigkeit" enthält die Hauptmenge des Kolloids. Das Nähere über diese beiden „Flüssigkeiten" werden wir in den nächsten Kapiteln erfahren. Durch diese (unvollkommene) Scheidung der Sole bei der Gelbildung in zwei Anteile wird die Abpreßbarkeit eines Teils des Gelwassers im groben erklärt.

---

[1] *G. Quincke:* Drudes Annalen d. Phys. [4] **9**, 793 bis 836, 969 bis 1045 (1902); **10**, 478 bis 521, 673 bis 703 (1903).

### a) Festerwerden des Gels der Kieselsäure beim Eintrocknen.

Je mehr das Gel eintrocknet, um so schwieriger wird es, Wasser aus demselben abzupressen. Ein ungefähres Bild von der Änderung der Beschaffenheit des Hydrogels mit abnehmendem Wassergehalt gibt folgende Tabelle[1] 25:

#### Tabelle 25.

| Gehalt an $H_2O$ in Mol pro Mol $SiO_2$ | Beschaffenheit des Hydrogels |
|---|---|
| 40—30 | Das Gel läßt sich schneiden. |
| 20 | „ „ ist ziemlich steif. |
| 10 | „ „ wird bröcklig. |
| 6 | „ „ läßt sich zu einem feinen, anscheinend trockenen Pulver zerreiben. |

### b) Volumänderung und Trübung beim Eintrocknen[2].

#### Tabelle 26.

| Wassergehalt in Mol $H_2O$ | Volumen |
|---|---|
| 122 | 29 |
| 75,7 | 18 |
| 45,2 | 11 |
| 23,2 | 4 |
| 11,3 | 3 |
| 2,8 | 1 |
| 2,2 | 0,86 |
| 1,7 | 0,75 |
| Umschlag | |
| 1,0 | 0,73 |
| 0,39 | 0,73 |
| 0,3 | 0,73 |

Wird das Gel noch weiter eingetrocknet, so nimmt das Volumen bis zu einem charakteristischen Punkte ab, den *van Bemmelen* als Umschlagspunkt[3] (mit O) bezeichnet hat. Von hier ab bleibt das Volumen konstant. Die weitere Entwässerung führt zu einer auffallenden Änderung im optischen Verhalten des Gels: das vorher klare Gel trübt sich, wird kreideweiß (Umschlag *van Bemmelens*); schließlich klärt es sich wieder, wenn der Wassergehalt unter etwa 1 Mol gesunken ist. Die nebenstehende Tabelle 26 gibt ein Bild der Volumänderung beim Eintrocknen[4].

Bei der Wiederwässerung tritt keine merkliche Volumänderung ein[5].

### c) Organogele der Kieselsäure.

Eine bemerkenswerte Eigenschaft der Hydrogele, die für ihre Beurteilung von Wichtigkeit ist, besteht darin, daß man nach *Graham*[6] das Wasser ziemlich vollständig durch Alkohol, Essigsäure, Glyzerin, konz. Schwefelsäure usw. ersetzen kann und diese Flüssigkeiten wieder durch Wasser, ohne daß dabei die Beschaffenheit des Gels, seine Elastizität, Durchsichtigkeit usw. wesentlich geändert würden.

---

[1] *J. M. van Bemmelen:* Zeitschr. f. anorg. Chemie **59**, 225 bis 247 (1908).

[2] *J. M. van Bemmelen:* Zeitschr. f. anorg. Chemie **18**, 98 bis 146 (1898).

[3] Der Wassergehalt in diesem Punkte ist für verschiedene Gele verschieden und liegt zwischen 1,5 bis 3 Mol $H_2O$ für 1 Mol $SiO_2$.

[4] Sie gilt für ein bestimmtes Gel der Kieselsäure, nicht für alle.

[5] Das Volum wurde durch Messung der Lineardimension nach einer nicht sehr empfindlichen Methode festgestellt. Theoretisch müssen aber kleine Volumänderungen auch im weiteren Verlauf der Entwässerung und Wiederwässerung eintreten (siehe Kap. 62).

[6] *Th. Graham:* Poggendorffs Annalen **123**, 529 (1864).

So konnte *Graham* das Wasser aus einem wasserreichen Gel der Kieselsäure durch Eintragen in absoluten Alkohol und öfteres Erneuern desselben
verdrängen und auf diese Weise das Hydrogel in ein schwach opalisierendes
Alkogel.  Alkogel verwandeln, das **fast ganz das ursprüngliche Volumen des
Gels beibehielt.** Die Zusammensetzung des Alkogels war folgende:

$$\begin{array}{lr}
\text{Alkohol} & 88{,}13\% \\
\text{Wasser} & 0{,}23\% \\
SiO_2 & 11{,}04\% \\
\hline
& 99{,}4\ \%
\end{array}$$

Das Alkogel läßt sich durch Einlegen in Wasser wieder in das Hydrogel
verwandeln, ohne seine Beschaffenheit wesentlich zu ändern.

*E. Stevenson* führte auf Vorschlag des Verfassers eine ähnliche Untersuchung aus[1] und ersetzte das Wasser ziemlich vollständig durch Alkohol,
Benzolgel.  diesen durch Benzol. Das Benzol konnte durch Chloroform ersetzt werden,
ohne daß sich die Beschaffenheit des Gels wesentlich geändert hätte.

Bemerkenswert ist, daß sich das Volumen des Gels bei diesen Verdrän-
gungsprozessen innerhalb der Versuchsfehler nicht ändert. So wurde das
Volumen eines Hydrogels durch Wägen in Luft und Wasser, des daraus erhaltenen Alkogels in Luft und Alkohol usw. bestimmt. Die mit zwei Gelstücken
I und II erhaltenen Werte waren die folgenden:

| | Volumen von | | Volumen beider Gelstücke | Versuchs-temperatur |
| --- | --- | --- | --- | --- |
| | Gel. I | Gel. II | | |
| Hydrogel . . . . . . . | 4,96 ccm | 5,58 ccm | 10,54 ccm | 21° C |
| Alkogel . . . . . . . | 5,04 „ | 5,65 „ | 10,69 „ | 25° „ |
| Benzolgel . . . . . . | 4,89 „ | 5,50 „ | 10,39 „ | 28° „ |

Volum-
konstanz.  Diese annähernde Volumkonstanz (die Differenzen liegen innerhalb der
Versuchsfehler) spricht dafür, daß die Kieselsäure im gallertigen Gel bereits
ein Gerüstwerk bildet, dessen Beschaffenheit durch Ersetzen von einer Flüssigkeit durch die andere nicht wesentlich geändert wird.

Wohl aber tritt Volumenkontraktion ein, sobald man eine der Flüssigkeiten verdunsten läßt. Die durch vollständiges Eintrocknen erhaltene Volumenkontraktion ist nach vorläufigen Versuchen bei Wasser am größten,
bei Alkohol und Benzol viel geringer[2]. Diese Resultate sind vorauszusehen,
wenn man berücksichtigt, daß das Wasser infolge seiner viel größeren Oberflächenspannung das Gelgerüst stärker komprimiert als die anderen Flüssigkeiten (vgl. Kap. 62). Tatsächlich hinterbleibt beim Eintrocknen von Alkogel im Vakuum ein viel poröseres Gel als beim Eintrocknen von Hydrogel[3].

---

[1] Nicht publiziert. Das ursprüngliche Gel enthielt ca. 90% Wasser, die bis auf
einen kleinen Rest, weniger als 2%, durch Alkohol und Benzol verdrängt wurden.

[2] Beim Eintrocknen von kleinen Stücken Alkogel ist zu beachten, daß der Alkohol
leicht durch Luftfeuchtigkeit ersetzt wird und man dann annähernd dieselbe Kontraktion erhält wie beim Hydrogel.

[3] *R. Zsigmondy, W. Bachmann* und *E. F. Stevenson:* Zeitschr. f. anorg. Chemie **75,**
**189 bis 197 (1912).**

Alle diese Tatsachen lassen sich mit der Annahme *Nägelis* vereinbaren, daß in Gallerten die Mizellarverbände ein Gerüstwerk bilden, welches die Hauptmenge des Wassers „lose gebunden" enthält. Das Gerüstwerk ist fest genug, um sich beim Ersatz von einer Flüssigkeit durch die andere nicht zu ändern, wird aber beim Verdunsten der Flüssigkeiten zusammengedrückt, bis seine erhöhte Festigkeit der kapillaren Kompression das Gleichgewicht hält. Erklärung der Wasserbindung.

Zieht man die ultramikroskopischen Beobachtungen (Kap. 60d) in Betracht, so wird man geneigt sein, dieses Gerüstwerk als flockenartig aufgebaut anzusehen; die zunächst sehr lockeren, sich berührenden Flocken schließen Hohlräume verschiedenster Größe ein, die sich beim Verdunsten der Flüssigkeit immer mehr verkleinern; damit geht Hand in Hand eine Zunahme der Festigkeit des Gels. Auch mit der Annahme einer stäbchenartigen Form der Primärteilchen sind diese Erfahrungen vereinbar.

Man kann das Wasser im Hydrogel auch durch Schwefel-, Salpeter-, Ameisensäure usw. ersetzen. *van Bemmelen* erhielt ein Acetogel mit Acetogel.

$$1 \quad \text{Mol. } SiO_2 ,$$
$$0{,}25 \quad \text{„} \quad H_2O ,$$
$$21{,}7 \quad \text{„} \quad \text{Essigsäure.}$$

Diese leichte, sehr weitgehende Substituierbarkeit des Wassers durch andere Lösungsmittel ohne Änderung der Beschaffenheit des Gels spricht, wie *van Bemmelen* hervorhebt, in hohem Maße dafür, daß das Wasser des Hydrogels nicht als Hydratwasser chemisch gebunden ist, sondern als „Absorptionswasser" die Zwischenräume zwischen den Amikronen der Kieselsäure erfüllt[1].

*d) Der mikroskopische und ultramikroskopische Bau des Kieselsäuregels.*

1. **Struktur wasserreicher gallertiger Gele.** Die ultramikroskopische Struktur der Kieselsäuregallerte[2] ist etwas ausgeprägter als die eines Gelatinegels gleicher Konzentration. Der Untersuchung besonders gut zugänglich sind 1 bis 3 proz. Kieselsäuregallerten, obgleich auch Gallerten höherer Konzentration noch Diskontinuitäten erkennen lassen; die ultramikroskopischen Bilder gleichen durchaus denjenigen der 1 bis 2 proz. Gelatinegallerten. Hier wie dort ist die Struktur eine mehr körnige als wabige und auf Zusammentritt von Ultramikronen zurückzuführen. S. S. 107.

In sehr verdünnten Kieselsäuregelen (0,5 bis 0,75 Proz. $SiO_2$) treffen wir ganz wie im Falle der Gelatine Gallertflocken an, welche oft wassererfüllte

---

[1] Es soll damit noch nicht gesagt sein, daß es keine Hydrate der Kieselsäure gäbe. Für die Existenz von Hydraten spricht sich u. a. *G. Tschermak* [Zeitschr. f. physikal. Chemie **53**, 349 bis 367 (1905)] aus; ferner *G. Tammann* [siehe das Zitat Zeitschr. f. anorg. Chemie **71**, 375 (1911)].

Bezüglich der Literatur, welche diesen Gegenstand betrifft, vgl. außerdem *van Bemmelen* [Zeitschr. f. anorg. Chemie **59**, 225 bis 247 (1908); **62**, 1 bis 23 (1909)], *Tschermak* [ibid. **63**, 230 bis 274 (1909)], auch die Auseinandersetzung zwischen *Mügge* und *Tschermak* im Centralbl. f. Min. Geol. **1908**, ferner *E. Jordis* [Zeitschr. f. angew. Chemie **19**, 1699 (1906)]

[2] *W. Bachmann*: Inaug.-Diss. Göttingen 1911. Zeitschr. f. anorg. Chem. **73**, 125 bis 172 (1911).

Hohlräume einschließen. Die Gallertelemente vermochten also aus Substanzmangel eine zusammenhängende Gallerte, in welcher die Ultramikronen räumlich gleichmäßig verteilt sind, nicht mehr zu bilden (abpreßbares Wasser, S. 214).

Sinkt beim Eintrocknen einer Kieselsäuregallerte der Wassergehalt, so verringern sich gleichzeitig die Abstände der sichtbaren Gallertelemente, die ihrerseits schrumpfen, und es ist erklärlich, daß konzentrierte Gallerten eine optisch viel homogenere Struktur aufweisen als die stark verdünnten. Daß die im Ultramikroskop sichtbaren Strukturelemente selbst aus feineren zusammengesetzt sind, geht aus Beobachtungen über die Bildungen von Gallerten[1] hervor, ferner aus ihrer Polarisation.

Sinkt der Wassergehalt unter 30 bis 50 Proz., so tritt der obenerwähnte Umschlag ein: das Gel trübt sich und wird opak, zuweilen kreideweiß. Nach weiterer Trocknung wird es wieder wasserhell. Getrocknete Gele zeigen Strukturen, über die jetzt berichtet werden soll.

Bütschlis Auffassung.

2. Struktur trockner Gele. *Bütschli*[2] hat in vielen trockenen Hydrogelen einen wabenartigen Bau der Kieselsäure beobachtet. Die Waben sind für gewöhnlich nicht sichtbar. Tränkt man aber das klare trockene Hydrogel mit geeigneten Flüssigkeitsgemischen, z. B. Chloroform und Cedernholzöl, und verdampft ein Teil dieser Flüssigkeit, so trübt sich das Gel und eine Struktur wird sichtbar.

*Bütschli* nimmt an, daß die Wabenwände so dünn sind, daß sie mit dem gewöhnlichen Mikroskop nicht sichtbar gemacht werden können. Verdickt man aber die Wände durch geeignete Flüssigkeiten, und sind die Waben selbst noch mit Luft erfüllt, so kann man die Struktur wahrnehmen. Ersetzt man die Luft durch Flüssigkeit, so verschwindet die Struktur wieder; die dünnen Wände sind dann wieder in ein homogenes Medium eingebettet und können daher ebensowenig gesehen werden, wie vorher in Luft.

*Bütschli* bestimmt den Durchmesser der Hohlräumchen zu 1 bis 1,5 $\mu$ und berechnet unter gewissen Voraussetzungen den Durchmesser der Wabenwände zu 0,2 bis 0,3 $\mu$, nimmt jedoch an, daß die wahre Dicke der Wände erheblich kleiner ist.

Der Gründlichkeit und Kritik, mit der *Bütschli* den von ihm bearbeiteten Gegenstand behandelt hat, ist es wohl zuzuschreiben, daß seine Auffassung weitgehend Anerkennung gefunden hat.

Mir erschien es seit langem sehr unwahrscheinlich, daß ein ungetrübtes, trockenes Gel der Kieselsäure lufterfüllte Hohlräume von 1 bis 1,5 $\mu$ Durchmesser enthalten sollte. Solche Hohlräume würden wahre Riesengebilde darstellen im Vergleich zu den Teilchengrößen, die wir gewohnt sind, in klaren Kolloidlösungen anzutreffen.

---

[1] *W. Bachmann:* l. c. siehe S. 217.

[2] *O. Bütschli:* Untersuchungen über die Mikrostruktur künstlicher und natürlicher Kieselsäuregallerten. Heidelberg 1900. Verh. d. Heidelb. Naturhist.-Med. Vereines NF **VI 1900.**

Sind die Brechungsexponenten der dispersen Phase und des Dispersionsmittels einigermaßen voneinander verschieden, so erscheinen disperse Systeme mit Teilchen von 1 bis 1,5 $\mu$ Durchmesser und selbst noch beträchtlich kleinere äußerst stark getrübt (Kaolin- und Tonsuspensionen, Ölemulsionen usw.), selbst bei geringem Gehalt an zerteilter Materie. Eine viel weitgehendere Zerteilung ist erforderlich, um zu klaren Kolloidlösungen zu gelangen.

Ein lufterfüllter Schaum von $SiO_2$ mit Hohlräumchen von 1 $\mu$ Durchmesser müßte, selbst wenn die Wabenwände erheblich dünner wären als 0,2 $\mu$, wegen der Beugung und Reflexion des Lichts an den Grenzflächen ganz weiß opak erscheinen und im Ultramikroskop blendend helle Heterogenitäten aufweisen.

Die ultramikroskopische Untersuchung zeigt nun, daß die trocknen Hydrogele zuweilen deutliche Submikronen enthalten, zuweilen aber fast optisch leer erscheinen. Dies deutet auf eine außerordentlich viel feinere Struktur als die von *Bütschli* beschriebene hin. Ultramikroskopische Untersuchung.

Ein klares trockenes Gel mit lichtschwachen Submikronen und Amikronen nahm, im Exsikkator der Einwirkung von Benzoldämpfen ausgesetzt, bis zu 37 Proz. seines Trockengewichts an Benzol auf und erschien dann vollkommen klar und optisch leer. Beim Verdunsten des Benzols an der Luft konnte Verfasser folgendes feststellen: Zunächst Auftreten eines schwachen, immer stärker werdenden Lichtkegels, allmähliches Auftreten von Submikronen, die nicht gezählt werden konnten und so hell wurden, daß sie die Nachbarteilchen bestrahlten; allmähliches Abblassen der Helligkeit des Lichtkegels.

Die Anordnung der Submikronen war äußerst dicht und ganz ähnlich wie die bei Rubingläsern mit Teilchen an der Grenze der Wahrnehmbarkeit[1]: hier wie dort Ungleichmäßigkeit der Verteilung und eine Teilchengestalt, die auf Anhäufungen von Amikronen schließen läßt. Das Licht war linear polarisiert, und der Kegel konnte durch Drehen des Nicols zum Verschwinden gebracht werden; abermals ein Beweis für die Feinheit der Heterogenität.

### e) *Der Umschlag.*

Die Erscheinungen im Umschlag erklären sich einfach in folgender Weise: die Kieselsäureluftmischung ist wegen der Feinheit der Hohlräume der Hauptsache nach amikroskopisch heterogen, nahezu optisch leer, nur einzelne dichtere oder weniger dichte Anhäufungen der Kieselsäure lassen sich als lichtschwache Submikronen im trocknen Präparat erkennen[2].

Der Brechungsexponent der amikroskopisch heterogenen Mischung von Kieselsäure-Benzol liegt zwischen dem des Benzol und dem der Kieselsäure, der Mischung Kieselsäure-Luft ebenso zwischen den Brechungsexponenten dieser Substanzen[3].

---

[1] *H. Siedentopf* und *R. Zsigmondy:* Drudes Annalen d. Phys. [4] **10**, 1 bis 39 (1903).

[2] Vielleicht auch etwas größere Hohlräume oder Kieselsäurekryställchen, eventuell auch Verunreinigungen des Gels.

[3] *D. Brewster:* Philos. Transact. **1819**, II, 283. Schweiggers Journ. f. Chem. u. Phys. **29**, 411 bis 429 (1820).

Erklärung des
Umschlags.

Beim Eintrocknen des Benzolgels entwickeln sich im Inneren der Kieselsäure unzählige, winzige Hohlräume, die mit Benzoldampf oder einem Benzol-
Luftgemisch erfüllt sind. In dem Maße, wie Benzol verdampft, breiten sich
die Hohlräume aus und füllen die amikroskopischen Kanäle der Nachbarschaft
mit Gas (Benzoldampf). Es bildet sich ein submikroskopisches Gemisch Gas-
Kieselsäure; aber dieses hat einen anderen Brechungsexponenten als das
umgebende Gemisch Benzol-Kieselsäure. Es beugt daher als Ganzes Licht
ab und kann, wenn der gaserfüllte Raum groß genug ist, auch als Submikron
wahrgenommen werden. Zur Veranschaulichung dieser Vorstellung diene die
schematische Figur 31[1].

Die gaserfüllten Hohlräume im Kieselskelett werden unregelmäßig wachsen: es können mehrere zu einem zusammentreten und, wenn sie groß genug

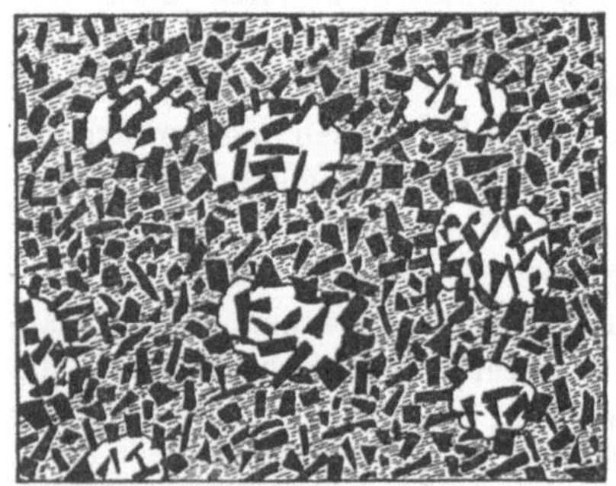

Fig. 31.
Submikroskopische Luftblasen im Gel
der Kieselsäure.

  ■  Kieselsäureamikronen.
  ☐  Gas im Gel.
  ⊠  Benzol im Gel.

sind, als Waben der mikroskopischen
Beobachtung zugänglich werden. Die
Wabenwände bestehen nach dieser Auffassung im wesentlichen aus benzol-
getränkter Kieselsäure, die *Bütschli*-
schen Hohlräume im wesentlichen aus
gaserfüllter Kieselsäure[2].

Mit dieser Auffassung steht eine
Beobachtung von *Bachmann*[3] vollkommen in Einklang. *Bachmann* sah an
einem geeigneten mit Benzol getränkten
Gel der Kieselsäure während des Ver-
dampfens des Benzols im Ultramikroskop
einen fortwährenden Wechsel des ultramikroskopischen Bildes. Massenhaft entstanden und verschwanden Submikronen
vor dem Auge des Beobachters; Anhäufungen von Amikronen erschienen

in deutlichen Umrissen, deren Gestalt fortwährend wechselte. Verfasser
konnte sich von der Richtigkeit dieser Beobachtung überzeugen: Man hatte
in der Tat das Bild lebhafter Beweglichkeit und Veränderlichkeit vor sich.

Diese Veränderlichkeit ist auf das allmähliche Zurückweichen des Benzols und die damit verbundenen Änderungen der Verteilung von Flüssigkeit
und Dampf in amikroskopischen Kanälen zurückzuführen. Mit dem Verdampfen des Benzols verliert sich wiederum die künstlich hervorgerufene,
gröbere Heterogenität, und man erhält wieder das ursprüngliche, lichtschwache
Bild im Ultramikroskop, das, wie erwähnt, noch nicht der wirklich vorhandenen feinsten Struktur entspricht.

----

[1] Durch dieselbe soll natürlich keine bestimmte Vorstellung über Form, Gestalt
und Lagerung der Amikronen festgelegt werden.

[2] Die Wabenstruktur kann natürlich auch noch anders, etwas komplizierter gedacht werden.

[3] *W. Bachmann:* Zeitschr. f. anorg. Chemie **73**, 165 (1911).

Aus allem Angeführten ergibt sich, daß die *Bütschli*sche Wabenstruktur keineswegs die wahre, feinste Struktur des Gels der Kieselsäure darstellt, sondern das Bild einer gröberen Heterogenität der Anhäufung von Flüssigkeit in einem ganz von amikroskopischen Hohlräumen durchsetzten Konglomerat von Kieselsäuremikronen.

## 61. Entwässerung der Kieselsäure bei stufenweise vermindertem Dampfdruck.

Über das Verhalten der Hydrogele der Kieselsäure bei der Entwässerung hat *van Bemmelen*[1] eingehende und wichtige Untersuchungen durchgeführt. Die Methode ist S. 110 kurz mitgeteilt. Untersuchungen van Bemmelens.

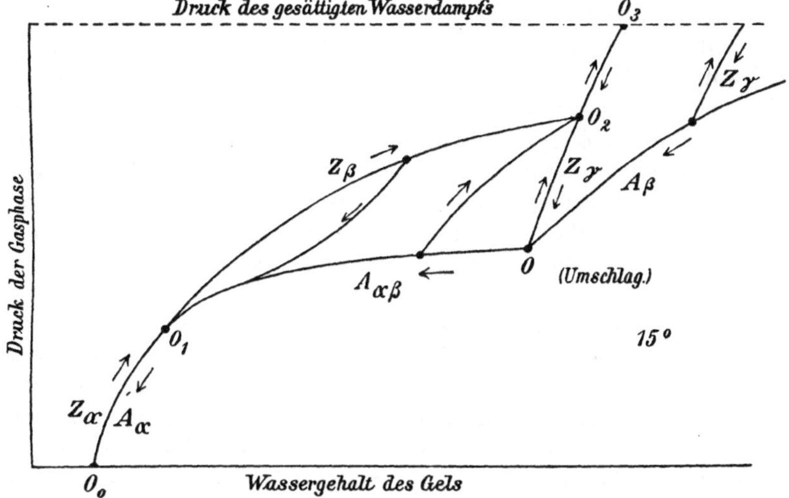

Fig. 32. Schematische Kurve nach *van Bemmelen*.

Es ergab sich, daß der allgemeine Gang der Entwässerung sehr verschieden ausfällt je nach der Bereitungsweise, der Vorgeschichte und dem Alter des Hydrogels. Der gewöhnliche Gang der Entwässerung ist schematisch in Fig. 32 angedeutet.

Die Dampfspannung nimmt zunächst längs der Kurve $A_\beta$ ab, während gleichzeitig das Volumen des Hydrogels sich nach Maßgabe der Wasserabgabe verringert. In Punkt $O$, dem „Umschlagspunkt", erhält die Kurve einen Knick. Längs des Kurventeils $OO_1$ wird ein beträchtlicher Teil des Wassers bei nahezu konstantem Druck abgegeben. Das Volumen der Kieselsäure bleibt

---

[1] *van Bemmelen:* Zeitschr. f. anorg. Chemie **13**, 233 bis 356 (1897); **59**, 225 bis 247 (1908); **62**, 1 bis 23 (1909). Vgl. auch „Die Absorption", gesammelte Abhandlungen usw., herausgegeben von *W. Ostwald,* Dresden 1910 (mit einem Porträt des Verfassers).

trotz der Wasserabgabe annähernd konstant. Gleichzeitig macht sich noch eine eigentümliche Erscheinung bemerkbar: Das Hydrogel trübt sich, wird porzellanartig weiß und klärt sich allmählich wieder; in Punkt $O_1$ ist es wieder vollständig klar geworden. Die weitere Entwässerung bis zu einem geringen Wassergehalt, der erst durch Glühen ausgetrieben werden kann, erfolgt längs der Kurve $A_\alpha$. Es ist sehr bemerkenswert, daß die Entwässerung längs der Kurve $A_\beta$ vollständig irreversibel verläuft derart, daß man bei der Wiederwässerung ganz neue Kurven erhält, die in $Z_\gamma$ dargestellt sind. Hingegen ist das Kurvenstück $O_0O_1$ vollständig reversibel; die Wiederwässerungskurve $Z_\alpha$ fällt mit der Entwässerungskurve zusammen. Ganz eigentümlich ist das Verhalten im Kurvenstück $OO_1$. Jeder Punkt dieses Kurvenstückes kann durch geeignete Wiederwässerung und darauffolgende Entwässerung beliebig oft erreicht werden. Von $O_0$ aus z. B. durch Wiederwässerung längs des Kurvenstückes $Z_\alpha Z_\beta$ und Wiederentwässerung längs $Z_\gamma$, nicht aber längs der Ent

Hysteresis. wässerungskurve $O_1O$ (Hysteresis).

Aus dem Umstand, daß der Punkt $O$ öfter bei 2 Mol. Wasser auf 1 Mol. Kieselsäure, der Punkt $O_1$ bei 1 Mol. Wasser liegt, könnte man schließen, daß es sich hier um Zersetzung von Hydraten handelt. Die Dampfspannung im Punkt $O$ würde der Zersetzungsspannung des Orthohydrats entsprechen, und die Trübung dem Auftreten einer neuen Phase. Dieser Auffassung des Vorganges widersprechen unter anderem zahlreiche Kurven *van Bemmelens*, aus welchen hervorgeht, daß der Umschlag nicht immer bei 2 Mol. Wasser einsetzt, sondern bei 1,5 bis 3,0, daß ferner der Punkt $O_1$ öfter zwischen 0,5 und 1 liegt.

Schon *van Bemmelen* hat sich daher gegen die Annahme einer Zersetzung von Hydraten ausgesprochen. Entscheidend scheint mir aber die Tatsache zu sein, daß die Wasserabgabe längs $OO_1$ auf Entleerung der im Gel vorgebildeten Hohlräume zurückzuführen ist, daß man eben diese Hohlräume nachträglich mit Alkohol, Benzol, Benzin, ja mit jeder beliebigen Flüssigkeit füllen kann, und daß man bei der abermaligen Eintrocknung bei allen flüchtigen Flüssigkeiten gleichfalls die Erscheinungen des Umschlages beobachten kann.

Hohlraumvolumen.     *Bachmann*[1] hat die von 3 verschiedenen trockenen Kieselsäuregelen aufgenommene Flüssigkeitsmenge bestimmt und gefunden, daß die verschiedenen Flüssigkeiten nur nach Maßgabe der vorhandenen Hohlräume aufgenommen werden, nicht aber in stöchiometrischen Verhältnissen. Dies ist in überzeugender Weise aus nachstehender Tabelle 27 bei Gel Nr. 5 und Nr. 2 zu entnehmen.

Das aus der Flüssigkeitsaufnahme berechnete Hohlraumvolumen ist bei einem bestimmten Gel konstant, das Molarverhältnis (IV) schwankt sehr bedeutend.

Größe der Hohlräume.     Eine Frage, welche für die Beurteilung des Gels der Kieselsäure von größter Wichtigkeit ist, betrifft aber die Größe dieser Hohlräume.

---

[1] *W. Bachmann:* Zeitschr. f. anorg. Chemie **79**, 202 bis 208 (1912).

Tabelle 27.

| I | | II | III | IV | V | VI |
|---|---|---|---|---|---|---|
| Nr. des SiO$_2$-Gels und Menge | Nr. | „Imbibierte" Flüssigkeit Spez. Gew. | Flüssigkeitsaufnahme in g und Gew.-% | Flüssigkeitsaufnahme in Mol pro Mol SiO$_2$ | Hohlraumvolumen in cmm** | Hohlraumvol. pro g Gelsubstanz in ccm** |
| Nr. 3 0,5200 g | 1 | (a) Chloroform 1,477 bei 25°* | 0,2238 = 43,04% (25—27°) | 0,218 | 152 | 0,2923 |
| | 2 | (b) Äthyljodid 1,934 bei 25°* | 0,2980 = 57,3% (ca. 25°) | 0,222 | 154 | 0,2960 |
| | 3 | Chloroform (Kontrollbest.) | 0,2230 = 42,9% (ca. 19°) | 0,2165 | 151 | 0,2902 |
| Nr. 5 0,5216 g | 4 | (c) Wasser 0,9984 bei 20° | 0,1886 = 36,15% (ca. 20°) | 1,213 | 189 | 0,3621 |
| | 5 | (d) Benzol 0,8791 bei 20° | 0,1615 = 30,96% (ca. 20°) | 0,239 | 183,9 | 0,3521 |
| Nr. 2 0,3672 g | 6 | (e) Wasser | 0,2318 = 63,1% (ca. 18°) | 2,119 | 232 | 0,6325 |
| | 7 | (f) Wasser | 0,2280 = 62,1% (ca. 18°) | 2,083 | 228,4 | 0,6226 |
| | 8 | (g) Benzol 0,8791 bei 20° | 0,2024 = 55,2% (ca. 20°) | 0,427 | 230 | 0,6270 |
| | 9 | (h) Acetylentetrabromid 2,9710 bei 17,5 | 0,6720 = 183,0% (17,5°) | 0,320 | 226,1 | 0,6160 |
| | 10 | (i) Wasser (Kontrollbest.) | 0,2276 = 62% (18°) | 2,080 | 228 | 0,6210 |

* Dichtebestimmung von *Bachmann*. ** Die Daten der Vertikalkolumnen V u. VI wurden unter der Annahme berechnet, daß eine Volumkontraktion der aufgenommenen Flüssigkeiten nicht statthat.

Über die ultramikroskopische Struktur des Gels ist schon einiges mitgeteilt. Daraus ergibt sich, daß die Struktur eine sehr feine sein muß. Aus der schnellen, vollständigen Durchtränkbarkeit ergibt sich ferner, daß das Hydrogel von untereinander zusammenhängenden Poren durchsetzt sein muß.

Führt man die Dampfdruckerniedrigung des Wassers im Hydrogel der Kieselsäure auf das Vorhandensein von außerordentlich feinen Kapillaren zurück, so läßt sich unter der Annahme, daß die Gesetze der Kapillarität für diese sehr feinen Hohlräume noch gelten, ein Anhalt über die Größe derselben gewinnen. Der aus der Dampfdruckerniedrigung zu berechnende Kapillardurchmesser ist meist recht klein.

## 62. Anwendung der Kapillaritätslehre auf den Entwässerungsvorgang[1].

Die Erkenntnis, daß das Gel der Kieselsäure eine viel feinere Struktur hat als von *Bütschli*[2] angenommen wird, eröffnet die Möglichkeit, die Eigentümlichkeiten der Kurve *van Bemmelens* auf bekannte Gesetze der Kapillaritätstheorie zurückzuführen[3].

*Kapillaritäts-lehre.*    Zum besseren Verständnis des Folgenden seien hier einige **Fundamentalerscheinungen der Kapillaritätslehre** in Erinnerung gebracht[4]:

1. Eine die Kapillare benetzende Flüssigkeit bildet einen nach dem Dampfraum konkaven Meniskus aus (Fig. 33). Infolge des durch die Ober-

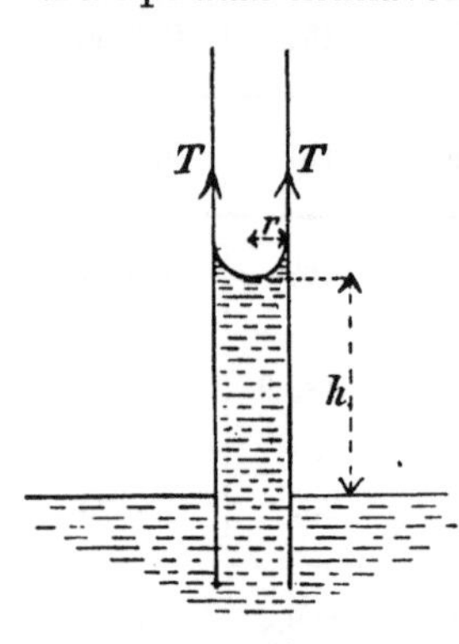


Fig. 33.

flächenspannung auf die darunter befindliche Flüssigkeit ausgeübten Zuges steigt die Flüssigkeit in der Kapillare empor. Der nach oben gerichtete Zug von der Größe $2\,\pi\,r\,T$ ist gleich dem Gewicht der gehobenen Flüssigkeit $r^2\,\pi\,h\,\sigma$, worin $T$ die Oberflächenspannung, $h$ die Steighöhe, $\sigma$ das spez. Gewicht der Flüssigkeit bedeutet[5]. Daraus ergibt sich

$$h = \frac{2\,T}{r\,\sigma}\,.$$

Die Formel gilt nur für vollkommen benetzende Flüssigkeiten und enge, zylindrische Kapillaren. Dann ist der Krümmungsradius der Grenzfläche (Flüssigkeit-Luft) gleich dem Radius der Röhre.

Für Wasser würde in Kapillaren von $5\,\mu\mu$ Durchmesser eine theoretische Steighöhe von mehreren Kilometern resultieren.

Wird der Krümmungsradius sehr klein und die Steighöhe daher sehr groß, so verdampft die Flüssigkeit unter merklich geringerem Druck als bei ebener Begrenzung. Die Dampfdruckerniedrigung läßt sich aus der weiter unten gegebenen Formel[6] berechnen.

II. Ist die Benetzung unvollkommen, so bildet sich ein von Null abweichender Randwinkel aus; der Krümmungsradius wird größer als der Kapillarhalbmesser. Dementsprechend ist die Steighöhe eine kleinere und der Dampfdruck erhöht sich (wichtig für die Beurteilung der Wiederwässerungskurve!).

---

[1] Nach *R. Zsigmondy:* Zeitschr. f. anorg. Chemie **71**, 356 bis 377 (1911).

[2] *O. Bütschli* selbst (Über den Bau quellbarer Körper usw., Göttingen 1896, S. 45; Untersuchungen über die Mikrostruktur usw., Heidelberg 1900, S. 342) spricht davon, daß die Wabenwände porös sein könnten.

[3] Einen Versuch in dieser Richtung hat schon *H. Freundlich* (Kapillarchemie, Leipzig 1909, S. 486ff.) gemacht, allerdings ganz auf der *Bütschli*schen Theorie vom Gel der Kieselsäure fußend.

[4] Ausführlicheres bei *Minkowski:* l. c. und in Lehrbüchern der Physik, z. B. *E. Riecke* (3. Aufl.) **1**, Leipzig 1905.

[5] *E. Riecke:* ibid. S. 283.

[6] Nach derselben Formel läßt sich auch die Dampfdruckerhöhung der Tropfen von konvexer Oberfläche berechnen. Darauf beruht bekanntlich das Wachstum größerer Tropfen auf Kosten der kleineren. [Vgl. Lord *Kelvin*, Proc. Roy. Soc. **7**, 63 bis 68 (1870).]

III. Die Oberflächenspannung übt überall, wo ein gegen den Gasraum konkaver Meniskus ausgebildet wird, eine Zugwirkung auf die darunter befindliche Flüssigkeit aus. Die Folge dieses Zuges ist eben der kapillare Aufstieg der Flüssigkeit. Einen gleich großen, aber entgegengesetzt gerichteten Zug, also einen Druck, erfährt die Kapillare selbst. Er ist bei vertikaler Kapillare gleich dem Gewicht der gehobenen Flüssigkeit und nach abwärts gerichtet.

IV. Das Angeführte genügt zum Verständnis der Entwässerungsisotherme. Wir betrachten zunächst das Gel im Kurventeil $OO_1O_0O_2O$, also das bis zum Punkt $O$ eingetrocknete, verfestigte und im Bau nicht mehr veränderliche Hydrogel der Kieselsäure (Fig. 32). Wir können uns dasselbe im Punkte $O$ zusammengesetzt denken aus einer Unzahl äußerst kleiner, flüssigkeitserfüllter Kapillaren. Die Begrenzung der Flüssigkeit in jeder Kapillare ist entsprechend der Kleinheit der Kapillardurchmesser eine nach dem Dampfraum konkave Halbkugel von sehr kleinem Krümmungsradius. Eine derartige Begrenzung bedingt nach I. eine mächtige Zugwirkung auf die darunter befindliche Flüssigkeit nach außen, deren Größe sich aus der kapillaren Steighöhe berechnen läßt, und gemäß III. eine Druckwirkung auf die sie begrenzenden Wände in entgegengesetztem Sinne (Fig. 34). Die letztere wird die Gelwände (Kieselsäuremikronen) gegeneinanderpressen, also eine Kontraktion des Gels bewirken, die erstere das Auftreten von Luftbläschen im Innern des Gels begünstigen. Nach den Ausführungen S. 220 beruht die Trübung im Umschlag auf dem massenhaften Auftreten von Gasbläschen im Innern des Gels.

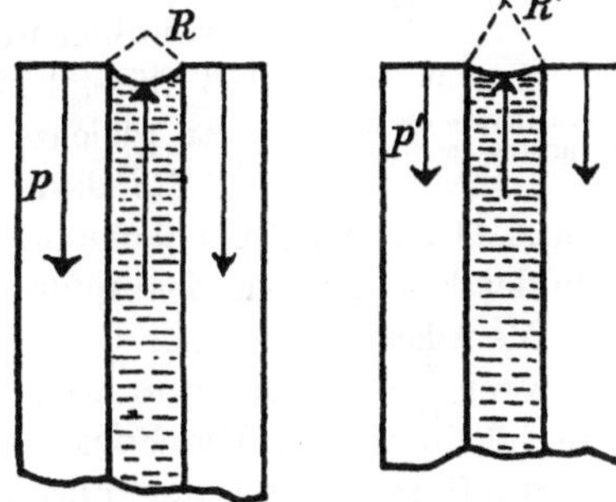

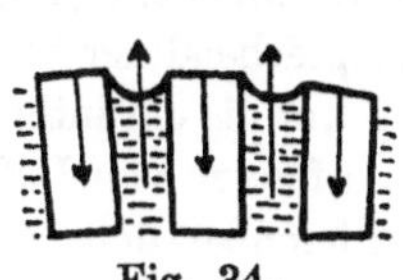

Fig. 34.

Fig. 35. $R < R'$ und $p > p'$.

V. Der Zustand des Gels in $O$ ist also charakterisiert durch das Vorhandensein einer Dilatation der eingeschlossenen Flüssigkeit und einer Kompression der sie einschließenden Kieselsäure.

Die Kompression des Kieselsäuregerüstes und die Dilatation der Flüssigkeit hängen nun ganz von dem Krümmungsradius $R$ der Flüssigkeitsoberfläche ab (Fig. 35). Beide sind sehr groß bei kleinem $R$, sie verschwinden hingegen bei ebener Begrenzung. Wird daher durch Zufuhr von sehr wenig Wasser der Krümmungsradius der Grenzfläche stark vergrößert, so ändert das sehr viel in den Spannungsverhältnissen des Hydrogels: Es bedeutet eine große Entlastung der Spannung, also der Kompression der Kieselsäure und der Dilatation der Flüssigkeit. Das Gelgerüst wird sich etwas ausdehnen, die Flüssigkeit sich kontrahieren, und das Gel wird eine entsprechende Wassermenge noch aufnehmen können. (Diese Verhältnisse sind wichtig zur Beurteilung der Kurven $Z_y$ und der Wiederwässerung von $O_2$ bis $O_3$.)

## 62 a. Entwässerung des Hydrogels.

Deutung der Kurve bis $O$. Das meiste Wasser bis etwa 6 Mol. $H_2O$ auf 1 Mol. $SiO_2$ verdampft beinahe unter normaler Tension des gesättigten Wasserdampfes (wahrscheinlich handelt es sich um das in dem Netzwerk des Gels eingeschlossene, anfangs abpreßbare Wasser). Aus der Tensionsabnahme von etwa 6 Mol. $H_2O$ an würde folgen, daß von da ab das Wasser in den Kapillaren konkave Menisken auszubilden beginnt. Aus den Dampfdruckerniedrigungen kann aber längs $A_\beta$ nicht auf den Durchmesser der Kapillaren geschlossen werden, weil das Gel noch nicht Volumkonstanz erreicht hat, sich also während des Eintrocknens fortwährend verändert.

Erst wenn die Gelwände sich verfestigt haben, das Gel sich bei weiterem Austrocknen nicht mehr zusammenzieht, kann unter Annahme zylindrischer Hohlräume obige Formel angewendet werden. Dann läßt der Dampfdruck im Gebiet des Umschlags Rückschlüsse auf die Größe der Hohlräume zu.

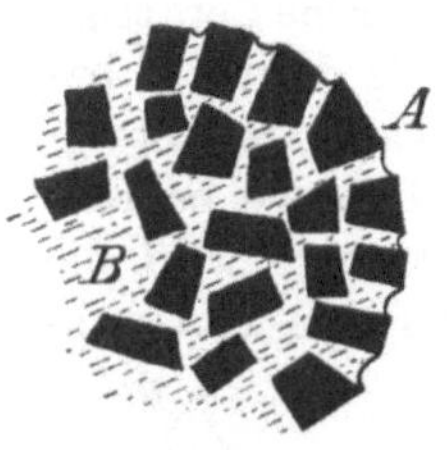

Fig. 36.
*A* Oberfläche des Gels.
*B* Inneres des Gels.

Entwässerung im Teil $OO_1$. Wie schon *Bütschli* beobachtet hat und wie aus der ultramikroskopischen Beobachtung S. 220 hervorgeht, erfolgt das Eintrocknen gewöhnlich nicht von außen nach innen, sondern derart, daß flüssigkeitsfreie Hohlräume im Innern entstehen, und zwar gleichzeitig an vielen Stellen.

Es darf angenommen werden, daß das Wasser im Punkt $O$ an der Oberfläche Menisken von einem Krümmungsradius ausgebildet hat, der dem Dampfdruck der Gasphase entspricht (Fig. 36).

Menisken von solcher Gestalt bedingen, entsprechend der Steighöhe von mehreren Kilometern, eine mächtige Zugwirkung auf die darunter befindliche Flüssigkeitsschicht. Die Folge davon wird das Auftreten von Luft und Benzoldampf[1] im Innern der Flüssigkeit sein (vergleichbar dem Aufschäumen von gasgesättigten Flüssigkeiten bei Druckentlastung, s. IV).

Der annähernd horizontale Verlauf der Entwässerungskurve in $OO_1$ deutet an, daß die Krümmungsradien der Menisken im Innern des Gels ungefähr gleich sind oder nur um weniges größer als die an der Oberfläche, von welchen aus die Verdunstung der Flüssigkeit erfolgt.

Kurventeil $O_1O_0$. Im Punkt $O_1$ sind die Kapillaren im wesentlichen entleert, und es handelt sich längs $O_1O_0$ nur mehr um adsorbiertes[2] oder in der Gelsubstanz gelöstes Wasser, falls das Gel aus $SiO_2$ besteht.

Wie schon erwähnt, ist die Entwässerung in diesem Teil vollkommen reversibel, und die Gleichgewichte stellen sich verhältnismäßig schnell ein[3].

---

[1] Das Hydrogel enthält beträchtliche Mengen Luft absorbiert, die bei Druckentlastung zu Bläschenbildung Veranlassung geben.

[2] Vgl. *H. Freundlich:* Kapillarchemie, S. 491.

[3] *van Bemmelen:* Zeitschr. f. anorg. Chemie **13**, 258 (1897).

## 62 b. Wiederwässerung des Hydrogels. Füllung der Kapillaren.

Die Kurve der Wiederwässerung $O_1O_2$ hat einen anderen Verlauf als die Entwässerungskurve.

Die Erklärung dieser Abweichung dürfte wohl in folgendem gefunden werden: Es ist eine bekannte und leicht zu demonstrierende Erscheinung, daß das Wasser in unbenetzten Röhren nicht so hoch aufsteigt wie in benetzten und beim Anstieg in ersteren einen Meniskus von größerem Krümmungsradius ausbildet als in letzteren. Diesem größeren Krümmungsradius entspricht aber ein höherer Dampfdruck. Nehmen wir an, daß Ähnliches bei der Wiederwässerung der Gele eintritt, so müßte die Füllung der Kapillaren unter höherem Druck erfolgen als die Entwässerung, bei welcher die Wände durch die zurücktretende Flüssigkeit, soweit dieselbe reicht, benetzt sind. Tatsächlich erfolgt die Wiederwässerung bei höherem Druck.

Die einfachste Erklärung der Hysteresis im Gebiet $OO_1O_2O$ scheint mir also darin zu bestehen, daß die Krümmungsradien der Menisken bei der Wiederwässerung größer sind als bei der Entwässerung[1]. Die mindere Benetzung bei der Wiederwässerung könnte auf Wirkung der adsorbierten Luft zurückgeführt werden. Es sind aber noch andere Erklärungen der Hysteresis möglich[2].

Im Punkte $O_2$ sind die Kapillaren wieder gefüllt, aber bei höherem Dampfdruck, als dem Umschlag entspricht, da bei der Wiederwässerung zufolge der Voraussetzung die Krümmungsradien größer sind als im Umschlag. Nach V. (Kap. 62) entspricht der geringeren Krümmung der Menisken eine Entlastung der Spannungen im Gel und dementsprechend eine vermehrte Flüssigkeitsaufnahme. Tatsächlich liegt der Punkt $O_2$ nicht nur höher als $O$, sondern auch nach rechts verschoben. Das Gel enthält also mehr Wasser als im Punkte $O$.

Auch der Verlauf der $\gamma$-Kurve $O_2O_3$ erklärt sich ungezwungen aus der Änderung der Krümmungsradien. Da das Gel nicht quellbar ist, sondern nur kleine Volumänderungen innerhalb der Elastizitätsgrenze gestattet, so ist auch hier die Wasseraufnahme nach V. zu erklären. Im Punkte $O_3$ ist die Tension des Gels gleich der des ebenen Wasserspiegels. Die Begrenzung der Wasseroberfläche in den Kapillaren gegen den Gasraum muß daher eine ebene sein, und die Kapillarspannung ist nach V. (Kap. 62) verschwunden. Längs $O_2O_3$ werden die Spannungen im wassererfüllten Gel also aufgehoben, und der Erweiterung des Gesamthohlraums entspricht eine weitere geringfügige Wasseraufnahme.

Dieselbe Erklärung kann man für alle anderen $Z_\gamma$-Kurven geben, und ihr nahezu geradliniger Verlauf spricht für die Richtigkeit der gemachten Voraussetzung.

---

[1] Auf diese Erklärung der Hysteresis wurde ich von Herrn Prof. Dr. *v. Kármán* aufmerksam gemacht, dem ich auch für Durchsicht dieser Kapitel sehr verbunden bin.

[2] Vgl. *Freundlich:* Kapillarchemie, S. 486 ff.

## 62 c. Bestätigung der Theorie.

Eine überaus gute Bestätigung hat die neue Theorie durch eine Untersuchung von *Anderson*[1] erhalten.

*Anderson* hat auf Veranlassung des Verfassers ein trockenes Gel der Kieselsäure der Einwirkung von Benzol-, Alkohol- und Wasserdämpfen ausgesetzt und die Isothermen für Entleerung und Wiederfüllung der Hohlräume

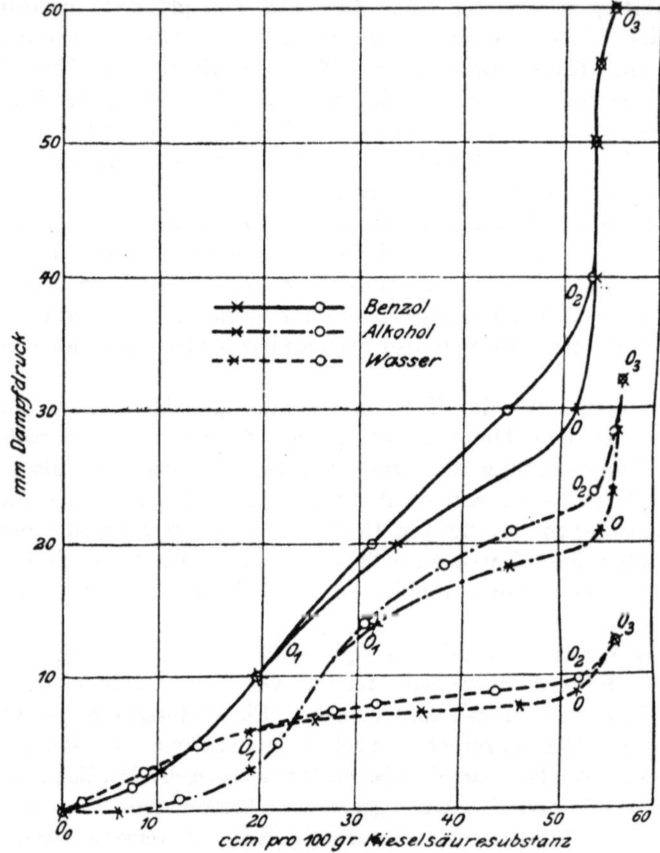


Fig. 37.  Volumina der Flüssigkeiten im Gel.

des Kieselsäuregels mit Wasser, Alkohol und Benzol festgestellt. Es zeigte sich, daß die Kurven für Alkohol und Benzol der Entwässerungsisotherme ganz analog sind, und daß insbesondere die Hysteresiserscheinungen im Kurventeil $OO_1O_2O$ ebenso ausgeprägt sind wie bei Wasser (Fig. 37). Die Kurven haben eine etwas andere Form als bei *van Bemmelen*, was auf die Bereitungsart des Gels und auf den Umstand, daß die Hohlräume nicht so gleichmäßig sind wie bei *van Bemmelen*, zurückzuführen ist.

---

[1] *J. S. Anderson:* Zeitschr. f. phys. Chemie **88**, 191 bis 228 (1914).

Dem Umschlagspunkt *O van Bemmelens* entspricht der Teil stärkster Krümmung der Entwässerungskurve. Bei weiterer Verflüchtigung der Flüssigkeit tritt in allen Fällen Trübung auf, geradeso wie bei *van Bemmelen*. In diesem Gebiete ($OO_1$) erfolgt die Entleerung der Hohlräume; bei *van Bemmelens* Isotherme ist dieser Teil der Kurve in der Regel annähernd horizontal, was auf große Gleichförmigkeit der Hohlräume schließen läßt; bei *Andersons* Isothermen ist er gegen die Abszissenachse geneigt; die Hohlräume werden also nicht bei konstantem, sondern bei allmählich abnehmendem Dampfdruck entleert, woraus man schließen kann, daß die Kapillaren ungleiche Größe besitzen und zunächst die größeren, dann die kleineren entleert werden.

Mit Hilfe einer von der Kapillaritätstheorie gegebenen Formel vermag man aus der Dampfdruckerniedrigung, welche eine Flüssigkeit in zylindrischen Kapillaren erfährt, den Krümmungsradius $r$ zu berechnen[1].

Dieser ist

$$r = 2\,T\,\frac{s_0}{\sigma}\,\frac{1}{p_0\ln\dfrac{p_0}{p_j}},$$

worin

   $\sigma$ die Dichte der Flüssigkeit,
   $s_0$ die Dampfdichte an der ebenen Oberfläche,
   $p_0$ den Dampfdruck an der ebenen Oberfläche,
   $p_1$ den Dampfdruck an der Oberfläche des Meniskus,
   $T$ die Oberflächenspannung der Flüssigkeit

bedeuten.

Unter der Voraussetzung, daß die Kapillaritätsgesetze hier noch Gültigkeit haben, kann man diese Formel in erster Annäherung auf das Gel der Kieselsäure anwenden. *Anderson* hat die Rechnung für die Umschlagspunkte Kapillarradien. $O$ (die Punkte stärkster Krümmung der Entleerungskurven) durchgeführt und findet den Radius $r$ der Kapillaren aus allen drei Kurven in unerwartet guter Übereinstimmung zu annähernd 2,6 $\mu\mu$ mit kleinen Abweichungen in der ersten Dezimale.

Die Einzelwerte von $r$ sind folgende:

    für Wasser . . . . . . . . . . . . . . . . . . . . . 2,60 $\mu\mu$,
    „ Alkohol . . . . . . . . . . . . . . . . . . . 2,54 „ ,
    „ Benzol . . . . . . . . . . . . . . . . . . . 2,79 „ .

Daraus würde sich der Durchmesser der größten Hohlräume, die zunächst entleert wurden, zu annähernd 5,2 $\mu\mu$ ergeben.

Für die Punkte $O_1$ sind die entsprechenden Werte $r_1$ folgende:

    für Wasser . . . . . . . . . . . . . . . . . . . . 1,37 $\mu\mu$,
    „ Alkohol . . . . . . . . . . . . . . . . . . 1,21 „ ,
    „ Benzol . . . . . . . . . . . . . . . . . 1,35 „ ,

d. i. im Mittel 1,31. Das gibt einen Durchmesser der kleinsten Hohlräume von 2,6 $\mu\mu$.

Hierzu ist zu bemerken, daß man nach obiger Formel nur dann den Durch- Kapillar- messer der Kapillaren selbst berechnen kann, wenn man die Dicke der die durchmesser.

---

[1] Die hier gegebene Formel ist auf sehr kleine Hohlräume besser anwendbar als die in der 1. Auflage dieses Buches mitgeteilte (vgl. die zitierte Arbeit von *Anderson*).

Hohlräume des Gels bekleidenden (adsorbierten) Flüssigkeitsschicht, die wir mit $\delta$ bezeichnen wollen, gegen den Radius $r$ vernachlässigen kann. Dies ist bei den sehr kleinen Hohlräumen des Gels nicht mehr der Fall. Der wahre Kapillarradius ergibt sich für den Punkt $O$ zu $r + \delta$ und der Durchmesser zu $2r + 2\delta$, er wird also etwas größer sein, als oben angegeben ist. Bringt man diese Korrektur an, so werden die Kapillardurchmesser um etwa 0,3 bis $3\,\mu\mu$ größer als die S. 229 angegebenen Werte[1].

Die Resultate *Andersons* dürfen im Verein mit den vorher erwähnten Tatsachen wohl als sicherer Beweis dafür angesehen werden, daß der Bau des Gels der Kieselsäure ein amikroskopisch feiner ist und daß die Dampfdruckerniedrigung der vom Gel aufgenommenen Flüssigkeiten im Umschlagsgebiet nicht auf Hydratbildung zurückzuführen ist, sondern auf die Tensionserniedrigung, welche Flüssigkeiten in engen Hohlräumen infolge der Ausbildung konkaver Menisken erleiden.

Zu den drei tensionserniedrigenden Faktoren: chemische Bindung, Lösung in nichtflüchtigen Substanzen und Adsorption, tritt noch ein vierter: die kapillare Dampfdruckerniedrigung; sie muß in allen Fällen berücksichtigt werden, wo äußerst feinporige Gebilde mit Sicherheit nachgewiesen sind, wie bei vielen anorganischen Hydrogelen.

Ursachen der Dampfdruckerniedrigung.

Neuerdings hat *Bachmann*[2] gefunden, daß viele andere Körper, die von amikroskopischen Hohlräumen durchsetzt sind, Dampfspannungsisothermen ergeben, die denen des Gels der Kieselsäure ganz analog verlaufen und auf die, da die Hohlräumchen jener Körper feste Wände besitzen, die Theorie sich ohne weiteres übertragen läßt. Hierher gehören: Kokosnußkohle, Permutit, Hydrophan, sowie auch die durch Alkohol gehärteten Gelatinegele, deren Hohlräume ganz wie das Kieselsäuregel jeden Flüssigkeitsaustausch[3] gestatten. An letzteren zeigte schon *Bütschli*, daß sie eine Hohlraumstruktur aufweisen, ferner die Umschlagserscheinung u. a. m. zeigen, genau so wie das feste Kieselsäuregel. Ausführliches über die Isothermen der *Bachmann*schen Arbeit und deren Deutung sind in der Originalarbeit[2] einzusehen.

Besonders interessant ist das Verhalten des Hydrophans[4], der als ein in geologischen Zeiträumen gealtertes Gel der Kieselsäure sich vollständig als das den Endzustand der Alterung darstellende Glied den in Fig. 38 gegebenen Isothermen von Kieselsäuregelen zunehmenden Alters zuordnet; ferner das Verhalten der Kokosnußkohle, die neben Adsorption auch Kondensation des Wassers in zwei deutlich gesonderten Systemen von Hohlräumen verschiedener Größe erkennen läßt, deren Entstehung auf zwei der Größe nach verschiedene, wohl in der Struktur der Pflanzenfaser selbst schon begründete Struktursysteme zurückzuführen ist.

---

[1] Nach *van der Waals* beträgt $\delta$ für Wasser 0,15 $\mu\mu$, nach *Bakker* 1,6 $\mu\mu$; um so viel würde also der Radius größer sein (vgl. die zitierte Arbeit von *Anderson*, S. 220).

[2] *W. Bachmann:* Über Dampfspannungsisothermen von Körpern mit Gelstruktur, Zeitschr. f. anorg. Chemie **100**, 1 bis 76 (1917).

[3] *W. Bachmann:* l. c., S. 50; vgl. auch dieses Lehrbuch S. 218.

[4] *W. Bachmann:* l. c., S. 40 bis 42.

Über das Benzolgel der (gehärteten) Gelatine siehe den Abschnitt über Gelatine (Kap. 128 a).

## 62 d. Irreversible Zustandsänderungen (Kurve $A_\beta$).

Bei der Entwässerung des Hydrogels der Kieselsäure längs $A_\beta$ treten uns zwei Fragen von Wichtigkeit entgegen:

1. Die Frage — Warum kann die $A_\beta$-Kurve nicht in entgegengesetztem Sinne durchlaufen werden?

2. Die Frage nach der Natur der irreversiblen Änderungen im Bau des Gels, die längs $A_\beta$, also solange das Gel noch nicht fest geworden ist, mit der Zeit eintreten. Wie weiter unten gezeigt wird, hat *van Bemmelen* festgestellt, daß eine monate- oder jahrelange Alterung des Gels bei konstantem Dampfdruck stets Änderung der Lage und Länge des Kurvenstücks $OO_1$ herbeiführt (Fig. 38).

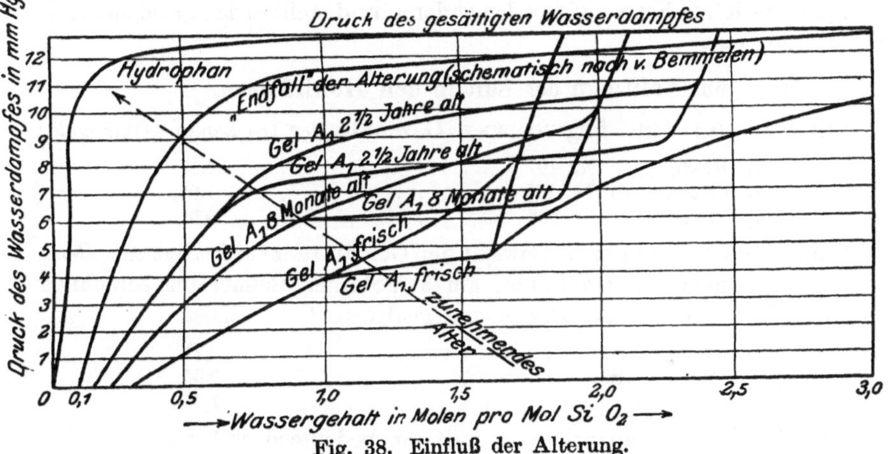


Fig. 38. Einfluß der Alterung.

Was die erste Frage anlangt, so sind zur Zeit noch verschiedene Erklärungsmöglichkeiten vorhanden; ihre Beantwortung erfordert noch eingehendes Studium.

Die zweite Frage scheint schon eher einer Beantwortung zugänglich zu sein. Beim Versuch einer Erklärung der zeitlichen Veränderungen des Gelbaues müssen jedenfalls zwei Vorgänge in Betracht gezogen werden, die in der Kolloidchemie überall eine große Rolle spielen; die Teilchenvereinigung, ähnlich der bei der Koagulation der Metallkolloide auftretenden[1], dann die Vergrößerung von Ultramikronen auf Kosten kleinerer, also Teilchenwachstum eventuell durch Krystallisation[2].

---

[1] Bei der Koagulation der Kieselsäure tritt keine so weitgehende Lostrennung vom Wasser ein wie bei den Metallkolloiden. Betrachtet man die Amikronen im Gel der Kieselsäure als durch Wasserhüllen voneinander getrennt, so ist noch ein weiter Spielraum für das Zusammentreffen derselben unter Durchbrechung der Wasserhüllen gegeben.

[2] Das Auftreten von Kieselsäurekryställchen im Gel der Kieselsäure bei höheren Temperaturen ist schon mehrfach beobachtet worden (vgl. S. 213). Auch bei gewöhnlicher

Beide Vorgänge müssen zu einer Verfestigung des Gelgerüstes und zu einer Vergrößerung der Hohlräume führen, wenn sie unter Bedingungen erfolgen, bei welchen das Gesamtvolum des Systems Kieselsäure-Wasser annähernd konstant erhalten wird, also bei Aufbewahrung unter Wasser oder bei konstantem Dampfdruck.

Einfluß der Alterung. Wenn bei langem Aufbewahren eines Gels unter Wasser oder bei konstantem Dampfdruck Krystallisationsprozesse od. dgl. zu einer Erweiterung der Hohlräume im festen, trockenen Gel führen, so muß der Dampfdruck im Umschlag bei derartig gealterten Gelen größer sein als bei frischen. Dies ist, wie aus Fig. 38 ersichtlich, tatsächlich der Fall: Je älter das Hydrogel, um so höher liegt der Umschlag. Die Alterung des Gels erfolgte hier bei Aufbewahrung unter gesättigtem Wasserdampf.

In das Diagramm Fig. 38 nach *van Bemmelen* ist auch die früher S. 230 erwähnte Kurve des Hydrophans nach *Bachmann* aufgenommen. Wie man sieht, paßt die letzte Kurve gut zu den anderen und stellt so den „Endzustand" der Alterung dar.

## 63. Volumen der Luft in den Hohlräumen.

*van Bemmelen*[1] fand folgende spez. Gewichte der trockenen Hydrogele:

$A_1$ (frisch)          Nr. 107 . . . . . . . . . . . . . . 1,17,
$A_1$ 6 Monate alt  Nr. 105 . . . . . . . . . . . . . . 1,05,
$A_1$ 5 Jahre alt    Nr. 106 . . . . . . . . . . . . . . 0,9 .

Daraus und aus dem spez. Gewicht der Gelsubstanz[2] selbst hat *van Bemmelen* das Volumen der Hohlräume auf 1 Volumen Gelsubstanz berechnet und folgende Werte für das frische und gealterte Gel gefunden[3]:

$A_1$ (frisch) . . . . . . . . . . . . . . . . . . . . 0,71,
$A_1$ 6 Monate alt . . . . . . . . . . . . . . . . . 0,94,
$A_1$ 5 Jahre alt . . . . . . . . . . . . . . . . . . 1,25.

Das Volumen der adsorbierten Luft ist bedeutend größer als das der Hohlräume, woraus folgt, daß die Luft im Hydrogel verdichtet ist. Auf 1 Volumen Hohlräume kommen folgende Volumina Luft von Normaldruck und Temperatur:

$A_1$ (frisch) . . . . . . . . . . . . . . . . . . . . 4,2 ,
$A_1$ 6 Monate alt . . . . . . . . . . . . . . . . . 2,65,
$A_1$ 5 Jahre alt . . . . . . . . . . . . . . . . . . 2,0 .

Diese Zahlen sprechen dafür, daß eine Verringerung der Gesamtoberfläche der Gelteilchen durch Alterung herbeigeführt worden ist; denn je kleiner die Oberfläche, um so weniger Gas kann dieselbe durch Adsorption aufnehmen. Gleichzeitig sind aber, wie aus obigen Zahlen hervorgeht, die Hohlräume ver-

---

Temperatur wird zweifellos Krystallisation eintreten können, nur erfolgt vermutlich das Wachstum so langsam, daß die Krystalle im Verlauf einiger Monate oder Jahre optisch noch nicht nachweisbar werden. (S. Anhang).

[1] *van Bemmelen:* Zeitschr. f. anorg. Chemie **18**, 114—117 (1898).

[2] Das spez. Gewicht der Gelsubstanz ist nach einer neuen Methode von *J. S. Anderson* (l. c. siehe S. 228) zu 2,05 gefunden worden.

[3] Über Einzelheiten siehe die Originalabhandlung S. 115.

größert. Es spricht dies sehr für das vorhererwähnte Heranwachsen von Ultramikronen auf Kosten kleinerer, etwa einem Krystallisationsprozeß vergleichbar.

## 64. Einfluß des Glühens auf das Hydrogel der Kieselsäure.

Ein ganz schwaches Glühen des Hydrogels hat folgenden Einfluß auf die Wasseraufnahme desselben: Die Größe des Drucks, im Gebiete $OO_1$ ändert sich wenig, aber das Konzentrationsintervall $OO_1$ nimmt stark ab; stärkeres Glühen wirkt in ähnlichem Sinne, wie aus folgender Fig. 39, die *van Bemmelens*[1] Arbeit entnommen ist, zu ersehen ist. Bei starkem Glühen verliert schließlich das Hydrogel fast ganz seine Wasseraufnahmefähigkeit.

Nach *Bütschli*[2] ist ein Salzgehalt des Gels (der durch Auswaschen meist schwer zu entfernen ist) von Einfluß auf die Veränderungen beim Glühen. Während fast salzfreie Gelstücke sich im Innern kaum verändern, zeigen

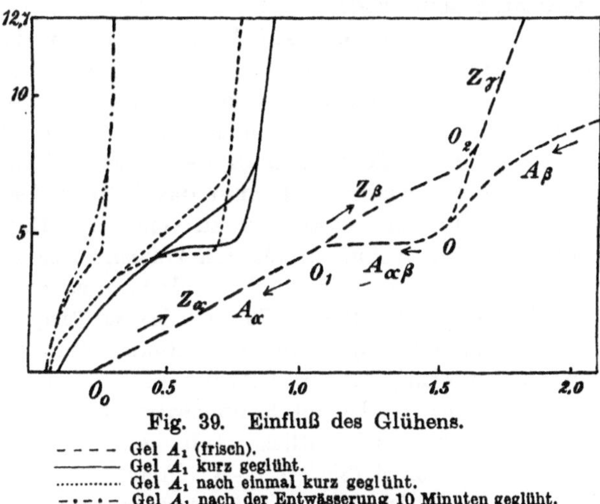


Fig. 39. Einfluß des Glühens.

- - - - Gel $A_1$ (frisch).
——— Gel $A_1$ kurz geglüht.
·············· Gel $A_1$ nach einmal kurz geglüht.
– · – · – Gel $A_1$ nach der Entwässerung 10 Minuten geglüht.

salzhaltige eine bemerkenswerte Veränderung, indem sie sich trüben und das Vermögen, Wasser aufzunehmen, einbüßen. Es konnte in solchen geglühten Stücken eine sehr deutliche Wabenstruktur bzw. die Ausbildung von Sphäriten nachgewiesen werden.

Auf Grund der Kurven und des mikroskopischen Befundes könnte man sich etwa folgendes Bild von den Vorgängen machen: Im Platintiegel werden die Gelstücke verschiedenen Temperaturen ausgesetzt; dabei sintern sie an den stärker erhitzten Stellen zusammen. Spuren von Alkalisalzen, die im Hydrogel meist enthalten sind, begünstigen den Vorgang.

An den weniger erhitzten Stellen oder an solchen, die ganz salzfrei sind, wird das Gelgewebe noch intakt bleiben, die Poren haben ihre ursprüngliche

---


[1] *van Bemmelen:* Zeitschr. f. anorg. Chemie **13**, 350 (1896).
[2] *O. Bütschli:* Untersuchungen über Mikrostruktur usw., S. 337.

Größe, der Umschlag muß daher noch bei demselben Dampfdruck erfolgen, bei dem er früher eingetreten ist[1]. Da aber ein Teil der Poren vernichtet oder dem Dampfdurchtritt entzogen ist, so kann im ganzen nicht so viel Wasser aufgenommen werden wie vorher: daher die Kurven mit dem verkürzten Umschlag bei annähernd gleichem Dampfdruck.

## 65. Adsorption im Gel der Kieselsäure.

Bisher ist das Verhalten des trockenen Gels der Kieselsäure gegenüber Dämpfen unterhalb des Siedepunktes der den Dampf erzeugenden Flüssigkeit eingehender besprochen worden. Die beiden wesentlichen Momente sind Adsorption und Kondensation der Dämpfe in den Hohlräumen. Es war zu erwarten, daß beide Vorgänge auch oberhalb der Siedepunkte der Flüssigkeiten zu beobachten sein werden, daß aber bei Temperaturen weit über den Siedepunkten die Kondensation verschwinden und nur mehr Adsorption zu beobachten sein werde.

*Patrick*[2], der diese Verhältnisse auf Vorschlag des Verfassers näher untersucht hat, kam in der Tat zu einer Bestätigung dieser Erwägungen. Zunächst zeigte sich, daß das Gel der Kieselsäure entsprechend seiner großen Innenfläche („inneren Oberfläche") auch ein sehr beträchtliches Adsorptionsvermögen für Gase besitzt. Hierin steht es neben der Kokosnußkohle an erster Stelle. Vorversuche ergaben, daß man das Gel der Kieselsäure auf 300° C erhitzen kann, ohne die Gelstruktur zu verändern. Durch kräftiges Evakuieren kann man den in ihm enthaltenen Wasserrest bis auf 3,5 Proz. entfernen, ohne die Adsorptionsfähigkeit des Gels herabzusetzen.

Die mit Kohlendioxyd (Siedep. — 79° C) bis zu Temperaturen von — 15° C angestellten Versuche zeigten, daß die Adsorption in normaler Weise nach der Adsorptionsisotherme verläuft, daß aber bei — 75° eine Abweichung vom normalen Verlauf eintritt, der auf Kondensation von Kohlendioxyd in den Gelporen schließen läßt. Viel deutlicher trat diese Erscheinung bei dem höher siedenden Schwefeldioxyd (Siedep. — 8° C) auf. Während dieses bei 100° und 34° noch normale Adsorptionsisothermen ergibt, tritt bei 15° und noch mehr bei 0° eine Kondensation in den Poren der Kieselsäure ein, die bewirkt, daß die Gasaufnahme bei diesen Temperaturen eine viel größere wird, als bei der Kokosnußkohle, die normales Adsorptionsvermögen zeigt. Besonders stark ist das Aufnahmevermögen des Kieselsäuregels für Ammoniak.

Adsorption radioaktiver Stoffe. Von Wichtigkeit für die Anreicherung bzw. Trennung radioaktiver Substanzen von anderen Beimengungen erwies sich die von *Ebler* und *Fellner*[3] erfundene „fraktionierte Adsorption", die darin besteht, daß man z. B. Lösungen, welche in der Volumeinheit geringe Mengen radioaktiver Substanzen enthalten, mit Kieselsäuregel schüttelt, hierauf die Kieselsäure abdekantiert und mit Flußsäure verjagt, dann

---

[1] Die geringfügige Erniedrigung des Umschlags läßt allerdings auf ein wenn auch unbedeutendes Einschrumpfen der Poren schließen.

[2] *W. A. Patrick:* Inaug.-Diss. Göttingen 1914.

[3] *E. Ebler* und *M. Fellner:* Zeitschr. f. anorg. Chemie **73**, 1 bis 30 (1912).

eindampft, den erhaltenen aktiven Rückstand löst und die Lösung mit neuer Kieselsäure behandelt, ein Verfahren, welches man bis zur gewünschten Anreicherung der aktiven Substanz öfters wiederholt. Die Aktivität des adsorbierten Anteils überwiegt die des nichtadsorbierten jedesmal erheblich.

Diesem hier praktisch ausgenutzten Adsorptionsvermögen des Gels der Kieselsäure für radioaktive Stoffe kommt auch in der Natur eine große Bedeutung zu u. a. bei der Verteilung der Radioelemente in radioaktiven Mineralquellen auf die verschiedenen Quellenbestandteile (Wasser, Sedimente, Mutterlaugen, Absätze in Quellspalten usw.).

## 66. Färbungen des Gels der Kieselsäure.

Das beträchtliche Adsorptionsvermögen gegen gelöste Stoffe kann am einfachsten am Verhalten gegen Farbstoffe demonstriert werden. Dabei zeigt sich, daß saure Farbstoffe verhältnismäßig schwach und reversibel adsorbiert werden, basische Farbstoffe dagegen sehr kräftig. Man könnte dies auf Bildung von salzartigen Verbindungen der Kieselsäure mit den Farbbasen zurückführen; gegen diese Auffassung spricht aber, daß die Kohle und zahlreiche andere Adsorbentien sich gegen basische Farbstoffe ganz ähnlich verhalten. Die mit Fuchsin, Methylviolett, Malachitgrün erhaltenen Färbungen sind zuweilen außerordentlich intensiv und können durch Auswaschen mit Wasser nicht entfernt werden. Die Färbungen mit sauren Farbstoffen hingegen lassen sich durch Waschen nahezu vollständig entfernen, auch die mit Kongorot.

*Tschermak*[1] hat Färbeversuche an Gelen der Kieselsäure, die durch Zersetzung von Mineralien gewonnen waren, durchgeführt und gefunden, daß sie sich in feuchtem Zustande schwächer mit Fuchsin oder Methylenblau anfärben als in trockenem Zustande. Kieselsäuren aus verschiedenen Mineralien färben sich in sehr verschiedenem Grade.

In Zusammenhang damit steht das Anfärben von Kaolin und anderen mineralischen Silikaten mit basischen und sauren Farbstoffen, das *Suida*[2] eingehend studiert hat. Die sauren Farbstoffe färben nicht, die basischen (Methylenblau, Fuchsin, Krystallviolett usw.) waschecht an. Es ist das wohl auf oberflächliche Bekleidung der Mineralstoffe mit Hydrogel der Kieselsäure zurückzuführen. Behandelt man Kaolin mit Salzsäure, so ändert das nichts an der Fähigkeit, basische Farbstoffe aufzunehmen. Wurde Kaolin aber mit Flußsäure geätzt, so zeigte es die Fähigkeit, sich mit sauren Farbstoffen anzufärben (entsprechend dem Verhalten des Gels der Tonerde, das nunmehr die Oberfläche der Kaolinteilchen bedeckt haben dürfte).

Nach *H. Ambronn*[3] färbt sich das Gel der Kieselsäure in violetten Jodlösungen braun. *Küster* verwendet diese Reaktion zum Nachweis von Kieselsäure in Pflanzenteilen.

[1] *G. Tschermak:* Zeitschr. f. phys. Chemie **53**, 349 bis 367 (1905).
[2] *W. Suida:* Sitzungsber. d. Akad. d. Wiss., Wien **113**, IIb, 725 bis 761 (1904).
[3] Mitgeteilt von *E. Küster:* Ber. d. D. Botan. Ges. **15**, 136 bis 138 (1897).

## 67. Mikroskopische Beobachtung des Durchtränkens trockener Gele.

Wie oben ausführlich gezeigt wurde, ist das trockene Gel der Kieselsäure von außerordentlich feinen Poren durchsetzt. Damit steht in Zusammenhang seine Fähigkeit, sich schnell mit Wasser zu durchtränken, Krystalloide ungehindert passieren zu lassen, sich mit diffundierenden Farbstoffen anzufärben, jedoch Kolloidteilchen den Eintritt in das Gelgerüst zu verwehren. Verfasser hat mit getrockneten glasklaren Stücken Kieselsäure Versuche angestellt, die beweisen, daß man das trockene Gel der Kieselsäure ähnlich wie ein Ultrafilter zur Trennung von Dispersionsmittel und disperser Phase verwenden kann.

*Fuchsin dringt in das Gel.*  In verdünnte Fuchsinlösungen geworfen, nahmen sie den Farbstoff ganz rapid auf. Kolloidlösungen dagegen gaben ihr Wasser an die trockenen Gelstücke ab, die dasselbe wie ein Schwamm aufsogen, wobei die Oberfläche der Gelstücke mit einer halbfesten Kolloidschicht bedeckt wurde. Ein Gelstückchen in 10 proz. Lösung, von kolloidem Silber eingetaucht und sofort aus der Lösung entfernt, zeigte momentan auf seiner Oberfläche einen lebhaft glänzenden Silberspiegel. *nicht aber Benzopurpurin usw.* Benzopurpurin blieb auf der Oberfläche und drang höchstens in die Spalten des Gels ein, nicht aber in die Hauptmasse. Ebenso wurden Karmin und kolloides Eisenoxyd an der Oberfläche gespeichert, ohne in das Innere zu dringen.

Da bei diesen Versuchen das Hydrogel in kleinere Stücke zerspringt, ist es zweckmäßig, die Beobachtungen bei 20 bis 30 facher Vergrößerung unter dem Mikroskop anzustellen und den Überschuß des Hydrosols mit Wasser, Alkohol u. dgl. zu entfernen.

Beobachtet man das Verhalten eines trockenen Gels der Kieselsäure unter Wasser bei etwa 20 facher Vergrößerung, so kann man eine Reihe interessanter Erscheinungen wahrnehmen. Gewöhnlich zerspringt nach wenigen Augenblicken das Hydrogel in eine Anzahl kleinerer Stücke[1]. *Eindringen von Wasser.* Das Wasser dringt anfangs rapid, später langsamer in das Innere der Kieselsäure ein, die dort befindliche Luft immer mehr zusammendrängend und komprimierend, bis schließlich, wenn nicht neuerdings Zersprengung eintritt, Luftblasen lebhaft durch gebildete Risse entweichen.

Da sowohl die wassergetränkte wie die lufthaltige Kieselsäure vollkommen durchsichtig bleiben, sich aber weitgehend durch ihren Brechungsexponenten unterscheiden, so hat man Gelegenheit, die Erscheinung ungehindert zu verfolgen. Die lufterfüllte Kieselsäure erscheint wie eine Luftblase in einem stärker brechenden Medium; sie verkleinert sich allmählich bis auf einen geringen Bruchteil ihres ursprünglichen Volumens, und schließlich tritt Entweichen der Luft durch Spalten oder Zerspringen ein, das gleichfalls von lebhafter Gasentwicklung begleitet ist.

---

[1] Wie schon *Bütschli* richtig bemerkt, ist das Zerspringen in erster Linie auf Spannungen im Gel zurückzuführen. In zweiter Linie kommt hier aber auch die Kompression der eingeschlossenen Luft mit in Betracht. Nach *Ehrenberg*: Die Bodenkolloide, 2. Aufl. (1918), S. 61, zerspringt auch trockenes Humusgel im Raume über Schwefelsäure äußerst leicht. Ich selbst habe Ähnliches nur bei feinstporigen Kieselgelen beobachtet.

Noch bequemer kann man das Eindringen von Benzin (oder Benzol) Eindringen von Benzol. beobachten. Seiner geringeren Oberflächenspannung entsprechend dringt es weniger heftig als das Wasser in die Kapillaren ein, und die Gelstücke bleiben meist ganz oder zerspringen nicht explosionsartig wie bei Einwirkung des Wassers.

## 67a. Medizinische Anwendung.

Kolloide Kieselsäure findet neuerdings Anwendung zur Herstellung pharmazeutischer Präparate. Die Eigenschaft des trocknen Gels, Flüssigkeiten intensiv aufzusaugen und in hohem Maße festzuhalten, wird von *Marcus*[1] verwendet, um allerlei Flüssigkeiten (Ichthyol, Perubalsam usw in Form staubfeiner Pulver zur Anwendung zu bringen. Derartige, mit Flüssigkeit teilweise imprägnierte Pulver finden Anwendung in der Chirurgie und Dermatologie; sie haben neben desinfizierenden auch austrocknende Eigenschaften. Auch jauchige Gerüche können so beseitigt werden.

Nach *Zunz* verhält sich die nach *Graf Schwerin* durch Elektroosmose hergestellte Kieselsäure gegenüber Toxin und Antitoxin anders als die gewöhnliche (chemisch reine?). Erstere adsorbiert Diphtherietoxin, letztere das Antitoxin. (Wahrscheinlich sind jedoch wohl kleine Verunreinigungen der Kieselsäure für das unterschiedliche Verhalten beider Präparate verantwortlich zu machen.)

## 68. Kolloide Kieselsäure im Mineralreiche.

Das trockene Gel der Kieselsäure kommt mehr oder weniger verunreinigt und verändert auch in der Natur vor, im Mineralreiche als Opal, Chalcedon, Achat, Hydrophan usw., im Pflanzenreich als Tabaschir. Hydrophan und Tabaschir zeigen größte Ähnlichkeit mit dem künstlichen Gel der Kieselsäure, welches hier beschrieben ist. Auch sie nehmen Flüssigkeit unter Entweichen von Luftblasen auf und sind je nach ihrem Wassergehalt mehr oder weniger durchsichtig, können auch kreideweiß werden. Bei Opal deutet das leichte Springen auf Spannungen hin, die durch Änderung des Wassergehaltes hervorgerufen werden, geradeso wie bei dem künstlichen Gel der Kieselsäure.

Bezüglich des Achats hat *Liesegang*[2] gezeigt, daß derselbe höchstwahrscheinlich aus einem Gel der Kieselsäure entstanden ist, in welchem durch Diffusion von Eisen- und anderen Salzen Schichtungen entstanden sind derselben Art, wie er sie bei der Diffusion von Silbernitrat in chromathaltiger Gelatine beobachtete (siehe Kap. 129).

Gel der Kieselsäure aus Mineralien. Viele silikatische Mineralien, namentlich Zeolithe, hinterlassen nach Behandlung mit Salzsäure ein Gel der Kieselsäure, das merkwürdigerweise die krystallographischen Eigenschaften des ursprünglichen Minerals bis zu einem gewissen Grade bewahrt. Daß es sich auch hier um ein Hohlraumsystem sehr feiner Art handelt, geht u. a.

---

[1] *R. Marcus:* Koll.-Z. **15**, 238 (1914). Verh. D. Naturf. u. Ärzte. 1911, II, Zweite Hälfte. 465/466.

[2] *R. E. Liesegang:* Centralbl. f. Min. Geol. usw. **1910**, 593 bis 597; **1911**, 497 bis 507.

aus den Untersuchungen von *Rinne* und seinen Schülern hervor. So fand *Theile*[1], daß sich das Wasser in diesen Gelen durch Alkohol, Chloroform, Tetrachlorkohlenstoff ersetzen läßt.

Höchst bemerkenswerte Hohlraumsysteme erhält man zuweilen durch Erwärmen gewisser wasserhaltiger Mineralien, wie Brucit, Chabasit, Heulandit, Desmin, Natrolith usw. Die optischen Achsen dieser Mineralien ändern bei der Entwässerung ihre Lage. Weitgehende Wasserentziehung bewirkt Übergang in höher symmetrische Zustände, und in diesen ist noch ein weiterer optischer Wechsel durch Veränderung des Winkels der optischen Achsen, also der Doppelbrechung möglich; die Doppelbrechung verringert sich schließlich (*Rinne*[2]).

Besonders interessant sind die Verhältnisse bei Chabasit. Nach *Friedel*[3] läßt sich Wasser im entwässerten Mineral durch trockene Luft, Ammoniak, Schwefelkohlenstoff, Chloroform, Alkohol usw. ersetzen; wasserarmer Chabasit vermag das 50fache seines Volumens an Luft aufzunehmen. Nach *Rinne*[4] besteht ein Zusammenhang zwischen der Raumerfüllung der Zeolithe durch Fremdkörper und ihrem optischen Verhalten.

Wasserentziehung führt zu einem Stadium lebhafter Doppelbrechung und veränderter Lage der Auslöschungsrichtungen. Schwefelkohlenstoff steigert außerordentlich die Doppelbrechung. Füllung der Hohlräume mit Quecksilber (bis zu 35 Proz. wird aufgenommen, dazu 25 Proz. Wasser) oder Jod führt zu Pleochroismus der Krystalle (krystallographisch-chemischer Abbau und Umbau nach *Rinne*).

## b) Kolloide Zinnsäure.

### 69. Das Hydrosol der Zinnsäure.

Darstellung. Nach *Graham*[5] erhält man das Hydrosol der Zinnsäure durch Dialysieren alkalischer Zinnchloridlösungen oder durch Dialyse von Natriumstannat unter Hinzufügen von Salzsäure. Die bei Alkaliüberschuß entstehende Gallerte wird bei fortschreitender Dialyse wieder peptisiert. Die letzten Spuren von Alkali lassen sich durch Zusatz von Jod entfernen.

*E. A. Schneider*[6] erhielt kolloide Zinnsäure durch Eingießen einer verdünnten Lösung von Zinnchlorid in verdünntes Ammoniak mit darauffolgender Dialyse.

Ein von Elektrolyten weitgehend freies Hydrosol der Zinnsäure kann man nach dem Verfahren des Verfassers[7] ohne Dialyse herstellen.

Man geht z. B. von einer wässerigen Lösung von Zinnchlorür aus, die sehr stark verdünnt und mittels Durchleitens von Luft oydiert wird.

---


[1] *M. Theile:* Inaug.-Diss. Leipzig 1913.
[2] *F. Rinne:* Fortschritte d. Mineral., Kryst. u. Petrogr. **3**, 159 bis 183 (1913).
[3] *G. Friedel:* Bull. de la soc. franç. de Minéral. **19**, 94 (1896).
[4] *F. Rinne:* N. Jahrbuch f. Mineral. **1897**, II, 28.
[5] *Th. Graham:* Poggendorffs Annalen **123**, 538 (1864).
[6] *E. A. Schneider:* Zeitschr. f. anorg. Chemie **5**, 82 (1894).
[7] *R. Zsigmondy:* Liebigs Annalen **301**, 369 (1898).

Dabei scheidet sich allmählich ein gallertartiger Niederschlag aus, der bis zum Verschwinden der Chlorreaktion durch Dekantieren gewaschen wird. Der Niederschlag wird mit wenig Ammoniak versetzt. Nach kurzer Einwirkung wird mit Wasser verdünnt, wobei die Auflösurg erfolgt, die man durch Erwärmen unterstützen kann. Das überschüßige flüchtige Alkali kann durch Kochen vertrieben werden.

Noch einfacher erhält man kolloide Zinnsäure durch Verdünnen von Zinnchloridlösungen mit sehr viel Wasser; durch Hydrolyse entsteht das Gel der Zinnsäure, das ebenso wie im vorhergehenden Verfahren gewaschen und peptisiert wird[1]. Die Zinnsäure hält nach dem Kochen 1 Mol $NH_3$ auf 20 bis 30 Mol $SnO_2$ zurück.

Diese Hydrosole sind sehr beständig, optisch nahezu homogen und lassen Eigenschaften. sich jahrelang aufheben, ohne ihr Aussehen zu ändern. Im Verhalten gegen kolloides Gold zeigt sich eine Veränderung, indem die Schutzwirkung allmählich zurückgeht. Durch Ausfrieren werden daraus krystallähnliche Blättchen erhalten, die in Wasser nicht mehr löslich sind.

Wie jedes Hydrosol zeigt auch das der Zinnsäure seine besonderen Reaktionen. Die Reaktionen. meisten Elektrolyte, wie Kochsalz, Salzsäure, Ätzkali usw. bewirken selbst in kleinen Mengen zugesetzt Fällung. Im Verhalten gegen Kochsalz und viele andere Alkalisalze zeigt sich ein Unterschied gegenüber der Kieselsäure, die durch dieselben nicht gefällt, sondern erst nach längerem Stehen koaguliert wird. Die Fällung mit Ätzkali, Kochsalz und anderen Alkalisalzen ist reversibel, d. h. die gefällte Zinnsäure löst sich nach dem Wegwaschen des Fällungsmittels wieder in Wasser. Die Fällungen mit Säuren hingegen sind irreversibel. Man kann das gefällte Hydrogel vollständig auswaschen, ohne daß etwas davon in Lösung geht (vgl. Theorie der Peptisation, Kap. 33).

Beim weitgehenden Einkochen verwandelt sich die kolloide Zinnsäure meist in eine Gallerte, die zu einer glasartigen, praktisch unlöslichen, mit Ammoniak nicht mehr peptisierbaren Masse eintrocknet, ähnlich dem Gel der Kieselsäure. Bei einem alten Hydrosol der Zinnsäure hat Verfasser die Beobachtung gemacht, daß es sich sehr weitgehend zu einer gummiartigen, zähflüssigen und fadenziehenden Masse einkochen ließ, die in Wasser wieder auflösbar war. Das vollständig eingetrocknete Gel der Zinnsäure läßt sich hingegen, wie erwähnt, nicht in Wasser auflösen und auch nicht mehr peptisieren.

Beim Stromdurchgang scheidet sich die Zinnsäure an der Anode als durchsichtige Elektrolyse. Gallerte ab. Der Vorgang gleicht durchaus der Elektrolyse von Salzen hochmolekularer Säuren, von Farbstoffen u. dgl.

Schutzwirkung der Zinnsäure. Im Gegensatz zur Kieselsäure zeigt frisch bereitete Zinnsäure Schutzwirkung gegenüber dem kolloiden Golde, auch wenn Kochsalz als Fällungsmittel verwendet wird. Gebraucht man anstatt Kochsalz verdünnte Salzsäure, so ist die Schutzwirkung außerordentlich viel größer, und man erhält beim Kochen der sehr wenig Salzsäure enthaltenden Lösung einen hochroten oder purpurroten Niederschlag: den *Cassius*schen Goldpurpur. Bei Überschuß von Salzsäure bleibt der Purpur in Lösung.

## 70. a- und b-Zinnsäure.

Aus der Experimentalchemie sind zwei Modifikationen der Zinnsäure, die auch in der analytischen Chemie eine Rolle spielen, wohl bekannt, die a- und die b-, oder gewöhnliche und Metazinnsäure; erstere entsteht be-

---

[1] *R. Zsigmondy:* Liebigs Annalen **301**, 370 (1898). Die allmählich erfolgende Hydrolyse der Zinnchloridlösungen hat schon *R. Lorenz* 1895 näher untersucht.

kanntlich aus Lösungen von Zinnchlorid durch Fällen mit Alkalien, letztere aus der ersteren unter verschiedenen Einflüssen; sie ist die stabilere Modifikation, denn beim Stehen der verdünnten sauren Lösungen oder reinen a-Modifikationen unter Wasser bildet sich immer nach längerer Zeit die b-Zinnsäure, oder es bilden sich Zwischenstufen zwischen a- und b-Zinnsäure. — Aus Zinn kann sie durch Auflösen desselben in Salpetersäure direkt erhalten werden.

Wassergehalt.　　Der Wassergehalt beider Modifikationen ist nach *van Bemmelen*[1] von der Temperatur und der Luftfeuchtigkeit abhängig. Das geht aus folgender Tabelle 28 hervor:

Tabelle 28.

| | Moleküle $H_2O$ auf 1 Molekül Metazinnsäure | | | | Moleküle $H_2O$ auf 1 Mol. Zinnsäure | | | |
|---|---|---|---|---|---|---|---|---|
| | im feuchten Raum | im trocknen Raum | bei 100° | bei Zimmerfeuchtigkeit und -temperatur | im feuchten Raum | im trocknen Raum | bei 100° | bei Zimmerfeuchtigkeit und -temperatur |
| 1. frisch bereitet . . | 2,3 | 0,8 | 0,06 | 2,0—2,2 | 3,0—2,7 | 1,0 | 0,8 | 2,6 |
| 2. nach Aufstellung im trocknen Raum . . | 1,07 | — | — | 1,5—1,6 | 2,3—2,0 | — | — | 2,0—1,8 |
| 3. nach Behandlung bei 100° C . . . . | 1,5 | — | — | 1,4—1,3 | 1,8—1,7 | — | — | 1,64—1,57 |
| 4. nach dem Glühen . | 0,65 | 0 | 0 | Spur | 0,8 | Spur | 0 | 0,24 |

Das gleiche hat auch *Richard Lorenz*[2] gefunden, der die Ergebnisse seiner Untersuchungen in den Satz zusammenfaßt: „Man hat zwei Modifikationen der Zinnsäure zu unterscheiden, die sich chemisch verschieden verhalten, aber beide in jedem Hydratationsgrade (also auch in dem den Formeln $SnO_4H_4$ und $SnO_3H_2$ entsprechenden) existieren." (S. 373.)

Reaktionen.　　Die Unterschiede in den Reaktionen der beiden Zinnsäuren erkennt man aus folgender Zusammenstellung (nach Lehrbüchern der analyt. Chemie):

a-Zinnsäure

I. In HCl, $HNO_3$, $H_2SO_4$ leicht löslich. Beim Kochen der verdünnten sauren Lösungen fällt Zinnsäure aus, die sich in verdünnten Säuren in der Kälte wieder löst.

II. KOH löst a-Zinnsäure.

III. $K_2CO_3$ löst a-Zinnsäure vollständig.

IV. $K_2SO_4$ und $Na_2SO_4$ erzeugen in a-Stannisalzlösungen in der Kälte keine Fällung, in der Hitze aber fällt alle Zinnsäure aus.

b-Zinnsäure

I. In Mineralsäuren unlöslich. In konzentrierter HCl nicht löslich, der Niederschlag löst sich beim Verdünnen mit Wasser[3].

II. Konzentrierte KOH löst b-Zinnsäure nicht. Bei Verdünnung wird alles gelöst.

III. $K_2CO_3$ löst b-Zinnsäure nicht.

IV. $K_2SO_4$ und $Na_2SO_4$ fällen in der Kälte aus b-Stannichloridlösungen einen weißen Niederschlag, der beim Waschen mit Wasser b-Zinnsäure gibt.

---

[1] *van Bemmelen:* Ber. **13**, 1466 bis 1469 (1880).

[2] Zeitschr. f. anorg. Chemie **9**, 369 bis 381 (1895).

[3] Es handelt sich hier nicht um wohldefinierte Verbindungen, sondern um Kolloide; die Auflösung beruht größtenteils auf Peptisation.

<table>
<tr><td>a) Zinnsäure</td><td>b) Zinnsäure</td></tr>
<tr><td>V. NH₃ fällt aus a-Stannisalzlösungen Zinnsäure aus, Weinsäure verhindert jedoch diese Fällung.</td><td>V. NH₃ fällt b-Zinnsäure auch bei Gegenwart von Weinsäure.</td></tr>
</table>

V. $NH_3$ fällt aus a-Stannisalzlösungen Zinnsäure aus, Weinsäure verhindert jedoch diese Fällung.

V. $NH_3$ fällt b-Zinnsäure auch bei Gegenwart von Weinsäure.

Bezeichnen wir mit a die Reaktionen der a-Zinnsäure, mit b die der b- a-b-Zinnsäure. Zinnsäure, so hat das durch Hydrolyse aus Zinnchlorid erhaltene Gel die folgenden Reaktionen (Tab. 29):

Tabelle 29.

| Verhalten gegen | Frisch bereitete Zinnsäure[1] | Frisch bereitete Zinnsäure[2] | 4 Monate alte Zinnsäure[2] | 6 Monate alte Zinnsäure[2] |
|---|---|---|---|---|
| I. HCl | a | a | a | b |
| II. $HNO_3$ | a—b | b | b | b |
| III. KOH | a | a | a | a |
| IV. $K_2CO_3$ | b | a | a | b |

Man sieht, daß diese Gele der Zinnsäure einige Reaktionen der a-, andere der b-Zinnsäure zeigen und sich mit zunehmendem Alter der b-Säure nähern.

Man muß sich bewußt bleiben, daß diese Reaktionen mit kolloiden Lösungen der beiden Modifikationen ausgeführt werden. Versucht man sie in krystalloide Lösung überzuführen, was durch Behandlung mit konzentrierten Laugen oder konzentrierten Säuren geschehen kann, so werden sie in identische Verbindungen übergeführt (Stannate, $SnCl_4$ usw.).

Die salzsaure Lösung der a-Zinnsäure enthält, wenn man nicht konzentrierte Salzsäure anwendet, neben Zinnchlorid stets beträchtliche Mengen von kolloider Zinnsäure (oder eines kolloiden Oxychlorides), von deren Anwesenheit man sich sofort durch Hinzufügen von rotem Goldhydrosol überzeugen kann. Ihre Schutzwirkung ist so groß, daß sie die fällende Wirkung der Säure vollständig verdeckt.

Auch Zinnchloridlösungen enthalten unmittelbar nach dem Verdünnen mit Wasser genügende Mengen durch Hydrolyse gebildeter Kolloide, daß sie sofort Schutzwirkung ausüben[3]. Nur konzentrierte Lösungen dieses Salzes bewirken Farbenumschlag und Fällung des kolloiden Goldes.

Wir haben also in der verdünnten, salzsauren Lösung der a-Zinnsäure stets die Lösung eines Kolloids vor uns. Das gleiche gilt von der Lösung der Metazinnsäure, mag sie aus der a-Zinnsäure durch allmähliche Umwandlung entstanden sein oder durch Peptisation des weißen Pulvers, welches man aus Zinn und Salpetersäure erhält.

Die Reaktionen, welche zur Charakterisierung der beiden Zinnsäure- Kolloid-chemische Auf-modifikationen dienen, sind also vorwiegend Kolloidreaktionen, der Unter- fassung.

---

[1] *R. Zsigmondy:* Liebigs Annalen **301**, 371 (1898).

[2] *E. Heinz:* Inaug.-Diss., Göttingen (1914).

[3] Nach neueren Untersuchungen scheint in diesen Lösungen neben kolloider Zinnsäure auch ein ätherlösliches kolloides Oxychlorid $SnCl_3OH$ vorhanden zu sein [*P. Pfeiffer:* Ber. **38**, 2466 bis 2470 (1905); *L. Wöhler:* Koll.-Zeitschr. **7**, 243 bis 249 (1910)].

schied zwischen beiden Arten Zinnsäure ist in erster Linie an den kolloiden
Zustand gebunden, und es ist wohl möglich, daß jener Unterschied sich auf
Grund der kolloiden Natur erklären läßt, ohne daß die Annahme isomerer
oder polymerer Modifikationen erforderlich wäre.

　　Es ist kaum zu bezweifeln, daß die zahlreichen anderen Modifikationen,
welche von *Fremy, Musculus* u. a. beschrieben worden sind, ebenfalls nur kolloide
Formen oder Gemenge der beiden äußeren Glieder der Reihe sind, nämlich
der a- und b-Zinnsäure, ebenso wie die vom Verfasser erhaltenen Zinnsäuren,
deren Reaktionen zwischen denjenigen der a- und b-Zinnsäure liegen, und
deren Verhalten von ihm eben in angegebenem Sinne gedeutet wurde[1].

*Mecklenburgs Erklärung.*　　Die Auffassung der b-Zinnsäure als kolloide Modifikation (*van Bemmelen*)
mit größeren Teilchen ist beso lers von *Mecklenburg*[2] eingehend begründet
worden. Sehr richtig sagt *Mecklenburg*, daß die Erklärung der wichtigen
Tatsache, daß die a- und b-Zinnsäure bei der Koagulation unter geeigneten
Bedingungen ihre spezifischen Eigenschaften beibehalten, indem sie sich
wieder zu a- und b-Zinnsäure auflösen lassen, keine großen Schwierigkeiten
bereitet. „Die Fällung der Kolloidlösung erfolgt allerdings immer unter
Zusammentritt zu größeren Komplexen[3], aber diese größeren Komplexe
bilden nicht einheitliche, homogene Massen, sondern die eigentlichen
Kolloidteilchen[4], aus denen sie bestehen, können in ihnen ihre Individualität bewahren.‟

　　Daß die b-Zinnsäure die größeren Teilchen enthalte, folgert *Mecklenburg*
aus ihrer geringeren Adsorptionsfähigkeit für Wasser (vgl. Tab. 28) und
andere Stoffe; dann aus der Darstellung der a-Zinnsäure, welche stets aus
krystalloiden Lösungen unmittelbar gewonnen wird, so daß sie die kleineren
Teilchen enthalten muß.

　　Eine Reihe von anderen Reaktionen, insbesondere diejenigen gegen
Ferricyankalium, führt *Mecklenburg* gleichfalls darauf zurück, daß die Teilchengröße der b-Zinnsäure diejenige der a-Zinnsäure übertrifft.

## 71. *Mecklenburgs* Theorie der Zinnsäuremodifikationen.

*Mecklenburg*[5] hat seine Hypothese über die Natur der a- und b-Säuren
durch eine wertvolle Untersuchung zu einer Theorie der Zinnsäuremodifikationen erweitert.

*Darstellung aus Sulfat.*　　Es gelang ihm durch Eingießen einer Lösung von Stannisulfat [Sn $(SO_4)_2$
2 $H_2O$ in konz. Schwefelsäure] in größere Mengen Wasser verschiedener
Temperatur (0°, 25°, 50°, 75°, 100° C) 5 verschiedene Zinnsäuren zu gewinnen,
die sich durch Größe ihrer Primärteilchen voneinander unterschieden. Es

---

[1] *R. Zsigmondy:* Liebigs Annalen **301**, 361 bis 387 (1898).
[2] *W. Mecklenburg:* Zeitschr. f. anorg. Chemie **64**, 368 bis 374 (1909). Eine ähnliche
Auffassung hat schon *van Bemmelen* [Recueil d. travaux chim. des Pays-Bas **7**, 98 (1888)]
ausgesprochen.
[3] Sekundärteilchen.
[4] Primärteilchen.
[5] *W. Mecklenburg:* Zeitschr. f. anorg. Chemie **74**, 207 bis 280 (1912).

ist von vornherein zu erwarten, daß in heißem Wasser gröbere Teilchen entstehen als in kaltem Wasser[1], da die Krystallisationsgeschwindigkeit bei
Siedehitze in der Regel viel größer ist als bei tieferen Temperaturen (Kap. 39).

Wenn die 100°-Säure die gröbsten Teilchen enthielt, so mußte sie auch
wegen der kleineren Gesamtoberfläche ein geringeres Adsorptionsvermögen
besitzen als die übrigen; der Versuch mit Phosphorsäure bestätigte diese
Voraussetzung, was aus Fig. 40 zu ersehen ist, in welcher die oberste Kurve
sich auf die 0°-Säure, die unterste auf die 100°-Säure bezieht, während die
übrigen in der Reihenfolge 25°-, 50°-, 75°-Säure folgen. *Mecklenburg* hat
weiter gezeigt, daß diese Adsorptionsisothermen „affine Kurven" sind,
woraus auf Wesensgleichheit der Zinnsäuren in allen fünf Präparaten geschlossen werden kann, die sich hauptsächlich in ihrer Teilchengröße und damit
in der Gesamtoberfläche voneinander unterscheiden (Kap. 26). Dementsprechend mußte auch ihr Verhalten gegen Salzsäure verschieden sein. Es

Gele<br>verschiedener<br>Teilchengröße.<br><br>100°-Säure usw<br><br>Adsorption der<br>Phosphorsäure.<br><br>Verhalten gegen<br>HCl.

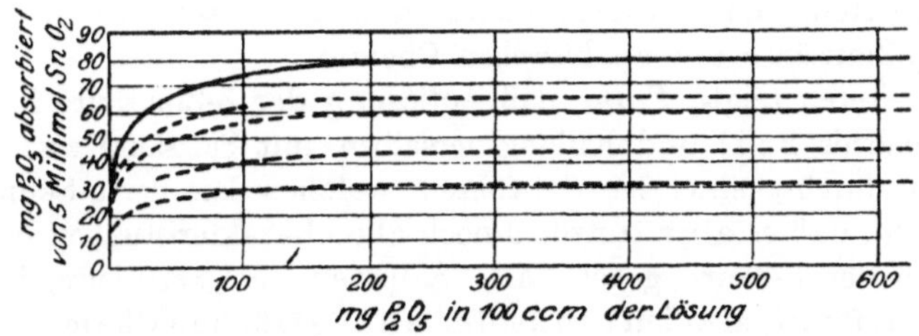


Fig. 40. Adsorption der Phosphorsäure durch Zinndioxydhydrat.

zeigte sich, daß die Zinnsäure mit den kleinsten Primärteilchen von Salzsäure viel schneller angegriffen wurde als die mit größeren Teilchen; die
0°-Säure erwärmte sich mit konz. Salzsäure und quoll darin auf, näherte sich
hierin also der a-Zinnsäure, während die 100°-Säure sich wie eine typische
Metazinnsäure verhielt. Dieses und das Verhalten der übrigen Präparate
berechtigt zu dem Satze, daß eine Zinnsäure um so mehr die Eigenschaften
einer b-Säure hat, je größer ihre Primärteilchen sind, um so mehr die der
a-Säure hat, je kleiner die Primärteilchen ausfallen. Auch das Verhalten der
mit Chlorwasserstoff unter Wasserzusatz peptisierten Zinnsäuren gegen
Natriumsulfat und konz. Salzsäure stand im Einklang mit obigem Satze.

Über diese einfachen Beziehungen lagern sich Komplikationen, die ihre
Ursache im Zusammentritt der Primärteilchen zu Sekundärteilchen haben
und zu Trübungserscheinungen, zeitlichen Veränderungen der Reaktionen
u. dgl. Veranlassung geben.

Es muß bemerkt werden, daß die Primärteilchen auch der 100°-Säure
recht klein sind (Amikronen); denn die durch Salzsäurepeptisation erhaltenen

---

[1] Es steht dies auch mit vielen anderen Erscheinungen bei der Bildung von Niederschlägen im Einklang; bekanntlich wird in der analytischen Chemie Bariumsulfat, Cal-
ciumoxalat usw. aus heißer Lösung gefällt, um die Niederschläge filtrierbar zu machen.
Siehe auch S. 147.

Hydrosole sind im Moment der Entstehung ziemlich klar; erst die Aggregation der Teilchen erzeugt eine erhebliche Trübung, die sich bis zur Undurchsichtigkeit steigern kann (Kap. 12). Die Primärteilchen aller Zinnsäuren stehen den molekularen Dimensionen schon recht nahe, und sie vermögen Kollodiummembranen ohne Rückstand zu durchlaufen.

Stellung der typischen b-Zinnsäure. Um die Stellung der typischen Metazinnsäure, welche man durch Behandeln von Zinn mit Salpetersäure erhält, gegenüber den *Mecklenburg*schen kennenzulernen, hat *Franz*[1] im Institut des Verfassers eine Untersuchung angestellt, die zu einigen nicht uninteressanten Resultaten führte. *Franz* zeigte, daß die pulvrige, aus Zinn und Salpetersäure gewonnene Zinnsäure zwischen der 50°- und 75°-Säure steht, und zwar in ihrem ganzen Verhalten, nach dem Wassergehalt beim Trocknen, dem Sulfatwert der Salzsäuresysteme, dem Adsorptionsvermögen gegenüber Phosphorsäure und der Peptisierbarkeit.

*Mecklenburg* hat demnach in der 100°- und der 75°-Säure zwei Zinnsäuren hergestellt, die von der a-Zinnsäure noch weiter entfernt sind als die typische b-Zinnsäure der analytischen Chemie.

Gel I und II. Des weiteren zeigte *Franz*, daß Auflösung der b-Zinnsäure in Kalilauge (Molarverhältnis 2 : 1) und Fällung derselben mit Salzsäure zwar zu einem gallertigen, durchscheinenden Gel führen, welches dem der a-Säure im Aussehen gleicht, daß es aber trotzdem noch alle charakteristischen qualitativen Reaktionen der b-Säure gegen Salz-, Salpeter-, Schwefelsäure, konz. Kalilauge usw. aufweist, also im Sinne der analytischen Chemie als b-Säure anzusehen ist, ein Beweis, daß die Primärteilchen sich bei der Peptisation und darauffolgenden Koagulation nicht wesentlich verändert haben. Dieses gallertige Gel sei als Gel II bezeichnet. Was sich verändert hat, ist die Lagerung der Primärteilchen gegeneinander, die in der durch Salpetersäure erhaltenen Metazinnsäure (Gel I) zu pulvrigen, dichten, wasserarmen Aggregaten zusammengelagert sind, während sie in dem gallertigen Gel II durch wasserreiche Zwischenräume getrennt sind[2].

Zur Erklärung der Verschiedenheiten von Gel I und II kann man folgendes in Betracht ziehen:

Beide Gele enthalten zwar dieselben Primärteilchen, ihre Lagerung zueinander ist aber verschieden. Gel I besteht aus einem lockeren Pulver und jedes mikroskopische Körnchen desselben ist selbst als Sekundärteilchen anzusehen, in welchem eine Unzahl Primärteilchen dicht zusammengedrängt sind. Diese Körnchen haften nicht oder nur lose aneinander; Gel I erscheint uns daher als ein lockeres Pulver oder in Form leicht zerreiblicher Körnchen. In Gel II hingegen sind die Primärteilchen selbst gegeneinander verschiebbar, wodurch es ermöglicht wird, daß beim Eintrocknen alle größeren Zwischenräume sich verschließen und glasartig durchsichtige Splitter von beträchtlicher

---

[1] *R. Franz:* Inaug.-Diss., Göttingen (1913).

[2] Dadurch werden auch gewisse Unterschiede im Verhalten der Gele gegen Reagenzien bedingt, die allerdings bei den qualitativen Reaktionen der analytischen Chemie nicht zur Geltung kommen, wohl aber bei der Peptisation sich sehr bemerkbar machen.

Härte[1] hinterbleiben, deren Struktur ähnlich wie die des Gels der Kieselsäure amikroskopisch fein ist. Wie dieses ist das Zinnsäuregel II porös und zerspringt in Wasser unter lebhafter Gasentwicklung.

Die beiden Gele unterscheiden sich also in folgendem: Gel I ist ein Pulver mit mikroskopischen Sekundärteilchen, deren Primärteilchen dicht aneinander gelagert sind; das gallertige Gel II kann als gequollenes Gel I angesehen werden mit gleichmäßigerer Verteilung der durch größere Wasserhüllen voneinander getrennten Primärteilchen.

## 72. Einfluß der Teilchenabstände auf die Peptisierbarkeit der Gele.

Die irreversiblen Zustandsänderungen vieler Hydrogele, die beim Eintrocknen eintreten und ein Quellen derselben in reinem Wasser unmöglich machen, beruhen zweifellos auf Verringerung der Abstände der Ultramikronen, mit welcher eine Erhöhung der Kohäsion des Gels einhergeht, die einer Trennung der Teilchen einen größeren Widerstand entgegensetzt als bei Gelen mit weiteren Abständen.

Zahlreiche, auch für die Chemie wichtige Erscheinungen können auf diese Eigentümlichkeit der Gele zurückgeführt werden, so daß „Unlöslichwerden" der Kieselsäure beim Abdampfen des Wassers auf dem Wasserbade, das der Zinnsäure in Ammoniak beim einfachen Eintrocknen[2].

Stellt man quantitative Versuche über Peptisierbarkeit an, so läßt sich der Einfluß der Teilchenabstände in überraschender Weise dartun. Es genügt nämlich ein einfaches Abfiltrieren oder Absaugen eines leicht peptisierbaren Gels der Zinnsäure ohne Eintrocknen, um die Peptisierbarkeit mit verdünnten Alkalien ganz oder teilweise aufzuheben. Diese Beobachtung ist u. a. von *Heinz* gemacht und im Institut des Verfassers näher untersucht worden[3]. Das untersuchte Gel war durch Hydrolyse von Zinnchlorid gewonnen (S. 239) und war besonders leicht peptisierbar, in Kalilauge schon bei einem Molarverhältnis 500 $SnO_2$ : 1 KHO; es sei hier als Gel A bezeichnet[4].  Gel A.

Ein einfaches Ansammeln auf einem Papierfilter reichte aus, um die Peptisierbarkeit bedeutend herabzusetzen. Viel stärker wirkte ein Absaugen des Wassers über Kollodiumhäutchen[5].

Verringert man also das Volumen eines Gels durch Absaugen von überschüssigem Wasser, so vermindert sich die Peptisierbarkeit in ganz überraschender Weise, so daß man bei starkem Absaugen des Gelwassers die 50- bis 100fache Menge Kalilauge wie beim frischen Gel benötigt, um Peptisation

---

[1] Entsprechend der Härte der Primärteilchen, die hier durch Kohäsion zu größeren, schwer teilbaren Komplexen vereinigt sind und nicht in Form von leicht abbröckelnden Aggregaten wie bei Gel I.

[2] *R. Zsigmondy:* Zur Erkenntnis der Kolloide, Jena (1905).

[3] Nicht publizierte Versuche von *St. Glixelli.*

[4] Schon das Alkali des Glasgefäßes genügte bei längerem Kochen, um Peptisation herbeizuführen.

[5] Es wurde besonders darauf geachtet, das Gel nirgends eintrocknen zu lassen, um einer etwaigen Zersetzung von Hydraten vorzubeugen.

herbeizuführen. Daß beim Absaugen eine chemische Änderung des Gels, etwa Zersetzung eines Hydrates, stattfindet, ist hier ausgeschlossen, da in dem abgesaugten Gel der Zinnsäure noch viel mehr Wasser zurückbleibt, als zur Hydratbildung erforderlich ist. Auch der Saugdruck, der weniger als 1 Atm. betrug, kann eine chemische Änderung kaum verursacht haben. Wir müssen vielmehr annehmen, daß die Verminderung der Teilchenabstände und die damit verbundene Vergrößerung der Kohäsion diese Änderung im kolloidchemischen Verhalten der kolloiden Zinnsäure bewirkt.

Es sind demnach 2 Momente, welche die Reaktionen der Zinnsäure beeinflussen:

1. die Größe der Primärteilchen (*Mecklenburgs* Theorie),
2. die Abstände der Primärteilchen innerhalb eines Gels. (Aus obigen Reaktionen gefolgert.)

Sowohl Vergrößerung der Primärteilchen wie Verkleinerung ihrer gegenseitigen Abstände vermehren die b-Charaktere eines Gels.

Da Ähnliches auch bei einem Eisenoxydgel beobachtet wurde, so dürfte es sich hier um eine allgemeine Eigenschaft handeln, die den irreversiblen Kolloiden zukommt und die sehr auffällige Reaktionsänderungen der Gele beim Eintrocknen in erster Linie veranlaßt.

## 73. Einfluß der Menge des Peptisationsmittels auf die Eigenschaften der Zinnsäurehydrosole (Alkalipeptisation).

Eine wichtige Frage von allgemeiner Bedeutung betrifft die Änderung der Eigenschaften eines Hydrosols mit zunehmendem Gehalt an Peptisationsmittel; wissen wir doch, daß viele Gele sich durch Säuren, andere durch Alkalien peptisieren lassen und daß ein Überschuß dieser Reagenzien in vielen Fällen zur Bildung eines Salzes führt, bei der Alkalibehandlung der Zinnsäure z. B. zu Stannaten, bei der Säurebehandlung zu Chloriden, Bromiden usw.; andererseits wissen wir, daß minimale Mengen der Alkalien ausreichen, das Gel in ein Sol zu verwandeln.

Es war zu erwarten, daß man durch allmählich gesteigerten Zusatz von Peptisationsmittel eine Reihe von Übergängen zwischen dem *Graham*schen Hydrosol und einer echten Elektrolytlösung erhalten könne, deren nähere Untersuchung für die Kolloidchemie Bedeutung besitzt. Eine derartige ausführliche Untersuchung hat *Heinz*[1] auf Veranlassung des Verfassers durchgeführt, aus welcher nur das Allerwichtigste mitgeteilt sei.

Als Ausgangsmaterial wurde das Gel der Zinnsäure, das durch Hydrolyse von Zinntetrachlorid gewonnen worden war, und dessen Reaktionen in Tab. 29 mitgeteilt sind, gewählt. Bestimmte Mengen desselben wurden mit wechselnden Mengen carbonatfreiem Kaliumhydroxyd versetzt[2], und zwar in folgenden Verhältnissen:

---

[1] *E. Heinz:* Inaug.-Diss., Göttingen (1914). Vgl. auch die zusammenfassende Mitteilung von *R. Zsigmondy:* Zeitschr. f. anorg. Chemie **89**, 210 bis 223 (1914).

[2] Vergleichende Versuche mit Natriumhydroxyd als Peptisationsmittel zeigten, daß dieses viel weniger gut zur Peptisation der Zinnsäure geeignet ist als Kaliumhydroxyd.

$$1. \ 200 \ \text{Mol. } SnO_2 : 1 \ \text{Mol } K_2O$$
$$2. \ 100 \ \text{„ } SnO_2 : 1 \ \text{„ } K_2O$$
$$3. \ 50 \ \text{„ } SnO_2 : 1 \ \text{„ } K_2O$$
$$4. \ 25 \ \text{„ } SnO_2 : 1 \ \text{„ } K_2O$$
$$5. \ 10 \ \text{„ } SnO_2 : 1 \ \text{„ } K_2O$$
$$6. \ 2 \ \text{„ } SnO_2 : 1 \ \text{„ } K_2O$$

Alle Hydrosole wurden auf 0,5 Proz. $SnO_2$ verdünnt.

Der Einfachheit halber werden in folgendem die erhaltenen Hydrosole als Sol 200 (d. h. 200 Mol $SnO_2$ auf 1 Mol $K_2O$), Sol 100, 50, 25, 10 und 2 bezeichnet. Sol 200, Sol 100 usw.

Sol 200 war durch fünfstündiges Erhitzen erhalten worden, Sol 100 durch ein ungefähr einstündiges; die anderen Hydrosole waren bereits in der Kälte herstellbar. Im Aussehen unterschieden sich die kolloiden Zinn- Aussehen. säuren durch abnehmende Opalescenz: Sol 200 war am stärksten opalisierend, Sol 100 weniger; Sol 10 und 2 waren ungetrübt.

Bei der Ultrafiltration durch dünne Kollodiummembranen zeigten sich Ultrafiltration. beträchtliche Unterschiede. Die Hydrosole 200 und 100 gaben ein Ultrafiltrat, das weder Zinnsäure noch Alkali in meßbarer Menge enthielt, das ganze Kolloid war als gallertige Masse auf dem Filter geblieben; ähnlich verhielt sich auch Sol 50, dessen Filtrat nur einen ganz geringen Rückstand hinterließ. Bei den Hydrosolen 25, 10 und 2 waren hingegen Zinnsäure wie auch Alkali im Ultrafiltrat vorhanden, und zwar in wachsender Menge mit steigendem Alkaligehalt des Hydrosols (vgl. Tab. 30).

Tabelle 30.

| Hydrosol | $SnO_2$-Gehalt | Alkaliter des Hydrosols[1] Millimol KHO in 100 ccm | | $SnO_2$-Gehalt des Ultrafiltrates | Alkaliter des Ultrafiltrates Millimol KHO in 100 ccm |
|---|---|---|---|---|---|
| | | berechnet | gefunden | | |
| 200 | 0,5% | 0,033 | 0,032 | — | — |
| 100 | 0,5% | 0,066 | 0,064 | — | — |
| 50 | 0,5% | 0,13 | 0,13 | — | — |
| 25 | 0,5% | 0,26 | 0,26 | 0,0012% | 0,05 |
| 10 | 0,5% | 0,66 | 0,65 | 0,453 % | 0,65 |
| 2 | 0,5% | 3,31 | 3,40 | 0,500 % | 3,4 |

Sol 10 hinterließ nur einen geringen Rückstand auf dem Filter; Sol 2 lief ganz glatt durch dasselbe.

Wie zu erwarten war, lösten sich die auf dem Filter hinterbleibenden Rückstände, da sie das gesamte Kalium des Peptisationsmittels enthielten, im nassen Zustande vollkommen in Wasser, so daß man aus dem Hydrosol 200 oder 100 wieder das ursprüngliche Sol zurückgewinnen konnte[2]; anders

---

[1] Stannate und alkalihaltige kolloide Zinnsäure lassen sich mit Salzsäure und Methylorange als Indikator ebenso titrieren wie Carbonate oder Silicate. Die verbrauchten ccm n. HCl entsprechen der Menge des zur Zinnsäure hinzugefügten KHO, selbst wenn Hydroxylionen des letzteren sich mit Lackmus nicht mehr nachweisen lassen.

[2] Das steht nicht im Widerspruch mit dem im vorigen Kapitel beschriebenen Verhalten der Gele, da es sich um Ultrafiltration von Hydrosolen handelt, deren elektrische Ladung und osmotischer Druck der irreversiblen Teilchenaggregation entgegenwirkt.

verhielten sich jedoch die Trockenrückstände. Beim Eintrocknen erleiden alle diese gallertigen Massen irreversible Zustandsänderungen, so daß sich das zurückbleibende Glas in Wasser nicht mehr auflöst, wohl aber zerfallen diese glasartigen Rückstände unter Aufbrausen in Wasser zu einem feinen Pulver.

Aus der Ultrafiltration wie auch aus der Ultramikroskopie ergibt sich also, daß die Zinnsäuren um so feinere Teilchen enthalten, je mehr Alkali zu ihrer Peptisation angewendet wird.

Alle diese Tatsachen stehen im Einklang mit der Theorie der Peptisation (S. 122), sie geben aber auch einen Einblick in die bei der Zinnsäure (und wohl auch bei vielen anderen Hydrosolen) obwaltenden räumlichen Verhältnisse.

Wie weiter oben ausgeführt, sind die Primärteilchen der a- wie auch der b-Zinnsäure so klein, daß sie ungehindert Ultrafilter aus Kollodium passieren können. Wenn daher die Ultramikronen eines Hydrosols (z. B. Sol 100 oder 50) von Kollodiumhäutchen zurückgehalten werden, so müssen sie aus zahlreichen Primärteilchen zusammengesetzt, also Sekundärteilchen sein.

*Sekundärteilchen in Sol 100 usw.*

Beim Peptisationsvorgang mit wenig Peptisationsmittel tritt demnach im allgemeinen zunächst ein Zerfall der Gallerte in ultramikroskopische Gallertflöckchen (Sekundärteilchen) ein; weitere Vermehrung des Peptisationsmittels bewirkt Zerfall dieser Sekundärteilchen in kleinere und so fort, bis bei genügendem Alkaligehalt der größte Teil der Komplexe in Primärteilchen zerfallen ist. Erst bei beträchtlichem Überschuß an Alkali und längerer Einwirkung wird dann eine wirksame Verkleinerung der Primärteilchen durch Anätzen (allmähliche Auflösung der Teilchen unter Stannatbildung) eintreten[1].

Die Hydrosole sind um so beständiger, je mehr Peptisationsmittel sie enthalten. Beim Einkochen entsteht z. B. aus Sol 200 viel eher eine Gallerte als aus Sol 10 oder 2.

*Viskosität und Oberflächenspannung.*

Viskosität und Oberflächenspannung der Hydrosole werden dagegen nur wenig vom Gehalt an Peptisationsmittel beeinflußt.

Die zum Durchfließen der Kapillaren des Viskosimeters erforderliche Zeit ist in Tab. 31 angeführt.

### Tabelle 31.

| Bei Sol | Die zum Durchfließen der Kapillare erforderliche Zeit betrug |
|---|---|
| 200 | 1 Minute 44 Sekunden |
| 100 | 1 „ 44 „ |
| 50 | 1 „ 43 „ |
| 25 | 1 „ 34 „ |
| 10 | 1 „ 32 „ |
| 2 | 1 „ 32 „ |
| Destilliertes Wasser | 1 „ 32 „ |

[1] Für die Belanglosigkeit dieser Auflösung bei der Peptisation spricht u. a., daß die b-Zinnsäure eine solche bleibt, auch wenn man sie mit viel Alkohol oder Säure auflöst und dann wieder fällt.

Die Tropfenzahl im Stalagmometer war für reines Wasser und die Sole 2 und 10 je 42 Tropfen und für die Sole 25, 50, 100 und 200 je 41 Tropfen. Diese Resultate sind insofern beachtenswert, als zuweilen mangelnde Oberflächenaktivität und Viskositätserhöhung als charakteristisches Merkmal der „Suspensionskolloide" hervorgehoben wird; wir sehen aber, daß die Hydrosole 2 und 10, von denen das erste sich von Elektrolytlösungen kaum mehr unterscheidet, dem Wasser in bezug auf diese beiden Merkmale noch näher stehen als die durch ihre Teilchengröße sich den Suspensionen nähernden Sole 100 und 200. Ähnliche Betrachtungen gelten auch bezüglich der Viskosität.

Die Prüfung des osmotischen Druckes gegen das Ultrafiltrat oder gegen kohlensäurefreies Wasser, dem eine dem Kaliumgehalt der Sole äquivalente Menge Kalilauge zugesetzt war, ergab, daß der Druck mit wachsendem Zerteilungsgrade zunimmt (Tab. 32).

Tabelle 32.

| Sol | Steighöhe in mm $H_2O$ |
|---|---|
| 200 | 15 |
| 100 | 30 |
| 50 | 63 |

**Elektrolytfällung.** Aus der Theorie (Kap. 33c) ergibt sich, daß die Fällungswerte, die zur vollständigen Fällung der Zinnsäure erforderlichen Mengen aller Kationen, die praktisch unlösliche Stannate geben, untereinander und auch dem Alkalimetallgehalt des Hydrosols äquivalent sein müssen.

Bezeichnen wir ein an der Oberfläche der Primärteilchen sitzendes Stannation mit $|SnO_3''$ und sind im ganzen n solcher Stannationen in 10 ccm des Sols enthalten, so werden zur vollständigen Fällung n Calciumionen erforderlich sein, gemäß der Gleichung:

Gesetze der äquivalenten Fällungswerte.

$$1)\qquad n\,|\,SnO_3'' + nCa^{..} = n\,|\,SnO_3Ca$$

oder 2 n Wasserstoffionen:

$$2)\qquad n\,|\,SnO_3'' + 2\,nH^{.} = n\,|\,SnO_3H_2,$$

also äquivalente Mengen. Die fällenden $Ca^{..}$- bzw. $H^{.}$-Ionen gehen in den Niederschlag, während KCl in Lösung bleibt[1]. Das gilt natürlich nur für solche Ionen, die unlösliche Stannate bilden; von $K^{.}$ und $Na^{.}$, welche lösliche Stannate geben, wird viel mehr erforderlich sein, da die Entladung in diesem Falle durch Zurückdrängen der Dissoziation oder durch Ionenadsorption bewirkt wird.

Alles dieses ist von *Heinz*[2] bestätigt worden. Die Äquivalenz bezüglich der Ca-, Ba-, Al- und Ag-Ionen (innerhalb der Fehlergrenze der Methode) ergibt sich aus der Tab. 33.

---

[1] Leicht zu ersehen aus der Gleichung, in der auch die $K^{.}$- und $Cl'$-Ionen mit aufgenommen sind:

$$n\,|\,SnO_3'' + 2\,n\,K^{.} + n\,Ca^{..} + 2\,n\,Cl' = n\,|\,SnO_3Ca + 2\,n\,K^{.} + 2\,n\,Cl',$$

alles unter Voraussetzung vollständiger Dissoziation. Ein kleiner Teil des Kaliumchlorids wird vom Niederschlag adsorbiert.

[2] *E. Heinz:* Inaug.-Diss., Göttingen (1914), S. 27.

Tabelle 33.

| Sol | Elektrolyt | Konzentration | Zur vollständigen Fällung erforderliche Menge in ccm | Milliäquivalent pro 10 ccm Lösung | Alkaligehalt von 10 ccm Sol in ccm $^1/_1$-n. KOH |
|---|---|---|---|---|---|
| 25 | NaCl | $^1/_5$-n. | 1,7 | 0,34 | 0,026 |
| 25 | $NaNO_3$ | $^1/_5$-n. | 1,5 | 0,30 | |
| 25 | $Na_2SO_4/2$ | $^1/_5$-n. | 1,6 | 0,32 | |
| 25 | Na-Citrat / 3 | $^1/_5$-n. | 2 | 0,40 | |
| 25 | HCl | $^1/_{10}$-n. | 0,25 | 0,025 | |
| 25 | $AlCl_3/3$ | $^1/_{10}$-n. | 0,25 | 0.025 | |
| 25 | $Al(NO_3)_3/3$ | $^1/_{10}$-n. | 0,25 | 0,025 | |
| 25 | $BaCl_2/2$ | $^1/_{50}$-n. | 1,1 | 0,022 | |
| 25 | $CaCl_2/2$ | $^1/_{50}$-n. | 1,1 | 0,022 | |
| 25 | $AgNO_3$ | $^1/_{10}$-n. | 0,25 | 0,025 | |
| 50 | NaCl | $^1/_{10}$-n. | 2,6 | 0,26 | 0,013 |
| 50 | $NaNO_3$ | $^1/_{10}$-n. | 2,8 | 0,28 | |
| 50 | Na-Citrat / 3 | $^1/_{10}$-n. | 5,2 | 0,52 | |
| 50 | $Na_2SO_4/2$ | $^1/_{10}$-n. | 2,8 | 0,28 | |
| 50 | HCl | $^1/_{100}$-n. | 1,35 | 0,0135 | |
| 50 | $AlCl_3/3$ | $^1/_{100}$-n. | 1,35 | 0,0135 | |
| 50 | $Al(NO_3)_3/3$ | $^1/_{100}$-n. | 1,4 | 0,0140 | |
| 50 | $CaCl_2/2$ | $^1/_{100}$-n. | 1,35 | 0,0135 | |
| 50 | $BaCl_2/2$ | $^1/_{100}$-n. | 1,30 | 0,0130 | |
| 50 | $AgNO_3$ | $^1/_{100}$-n. | 1,8 | 0,0180 | |

Auch daß die stark fällenden Ionen Ba", Ca", H˙ usw. völlig in den Niederschlag gehen, hat er durch besondere Versuche dargetan.

Was den Mechanismus der Koagulation anlangt, so ist folgendes zu bemerken: Allmählich gesteigerter Elektrolytzusatz bewirkt Entladung und Aggregation derjenigen Teilchen, die mit den fällenden Ionen in Berührung kommen; die so gebildeten Gallertflöckchen können zunächst durch Aufnahme von unveränderten elektrisch geladenen Ultramikronen wieder Ladung erhalten[1] und sich zerteilen und so ein Hydrosol geringerer Beständigkeit mit größeren Sekundärteilchen geben, und erst die Entladung aller Teilchen unter das kritische Potential bewirkt Koagulation (Schwellenwert).

In anderen Fällen genügt der Zusatz von ganz kleinen Mengen von Elektrolyt zur Bildung von nicht mehr zerteilbaren, sedimentierenden Aggregaten. Dann wird schon der erste Anteil Elektrolyt etwas Niederschlag erzeugen, dessen Menge sich in dem Maße steigert, wie Elektrolyt zugesetzt wird, bis alles ausgefällt ist. Dieser Fall erinnert lebhaft an die Fällung von Sulfaten mit allmählich gesteigerten Mengen von Bariumchlorid. Er ist bei hydrophoben Kolloiden zuweilen zu beobachten, z. B. bei der b-Zinnsäure, wie *Franz*[2] gezeigt hat.

---

[1] Auch durch etwaige Gegenwart freier Hydroxylionen, die in den alkalireichen Hydrosolen vorhanden sind.

[2] *R. Franz:* Inaug.-Diss., Göttingen (1914), S. 39.

### *Vargas* Untersuchung.

## Elektrizitätstransport durch kolloide Zinnsäure.

*Varga*[1] stellte 1914 durch Hydrolyse von Zinnchlorid größere Mengen eines Gels (Kap. 69, S. 239) her, das durch Waschen sorgfältig gereinigt und unter Wasser aufbewahrt wurde. Infolge des Weltkrieges konnte die Arbeit erst 1918 wieder aufgenommen werden. Die Zinnsäure hatte sich in den vier Jahren vollkommen in b-Zinnsäure verwandelt und war daher viel schwerer peptisierbar als 1914.

Durch Einwirkung von Kalilauge auf das reinst gewaschene Gel stellte *Varga* in derselben Weise wie *Heinz* Hydrosole der Zinnsäure her, untersuchte die Leitfähigkeit der Sole sowohl wie der Ultrafiltrate, die elektrische Überführung (im U-Rohr wie auch nach *Hittorf*) und ermittelte unter Berücksichtigung der Leitfähigkeit der intermicellaren Flüssigkeit die von der Zinnsäure transportierte negative Elektrizität als Bruchteil der durch das Sol gesandten Elektrizitätsmenge.

Das Gel der Zinnsäure rötet bekanntlich Lackmus. Demgemäß werden die ersten Alkalimengen vollkommen vom Gel aufgenommen, das die bereits Kap. 33 a, S. 122 beschriebenen Veränderungen erleidet. Erst bei einem Molarverhältnis von ungefähr 30 Mol Zinnsäure : 1 Mol $K_2O$ wurde das Gel neutral.

Die ersten Alkalimengen verursachen eine viel geringere Erhöhung der Leitfähigkeit als das KOH für sich allein in $H_2O$ hervorrufen würde, da das Alkali vom Gel gebunden wird, sie bedingen aber eine beträchtliche Erhöhung des Teilchenpotentials infolge der Aufladung durch Stannatbildung[2]. Erst die Solbildung bedingt eine starke Erhöhung der Leitfähigkeit.

Das vorher im Innern der Flocken befindliche Kaliumstannat kommt erst durch Zerteilung der Gelflöckchen voll zur Wirksamkeit. Sowohl die negativen Zinnsäureteilchen, die als große Komplexionen betrachtet werden können, wie auch die Kaliumionen beteiligen sich am Elektrizitätstransport. Bei Sol 50 z. B. wurden 71,5% der durch das Sol gesandten Elektrizitätsmenge von der Mizelle (vgl. Kap. 33 c) transportiert[3], von diesen entfallen ca. 29% auf die Zinnsäure und 42% auf die Kaliumionen. Man kann unter Berücksichtigung der pro Coulomb überführten Zinnsäure (Bestimmungen analog den *Hittorf*schen) eine dem elektrischen Äquivalent analoge Größe ermitteln. Für die Zinnsäure (Sol 50) sind die Werte naturgemäß entsprechend den Verhältnissen $\dfrac{\text{Teilchenmasse}}{\text{Teilchenladung}}$ sehr groß, sie werden aber kleiner mit zunehmendem Zerteilungsgrade.

---

[1] *G. Varga:* Kolloidchem. Beih. **11**, 1 bis 36 (1919). Leider ist der talentvolle junge Forscher der Revolution in Lemberg im November 1918 zum Opfer gefallen.

[2] Nach Untersuchungen von *Glixelli* ist auch das reine Gel negativ elektrisch geladen und bewegt sich dementsprechend zur Anode. Diese Ladung, die sich auf Dissoziation der Zinnoberflächenmoleküle oder auf Verschiedenheit der Dielektrizitätskonstanten zurückführen läßt, reicht aber zur Peptisation nicht aus, erst die infolge von Alkalizusatz erzeugte Aufladung durch Stannationen bewirkt Peptisation.

[3] und 28,5% von der intermicellaren Flüssigkeit.

Auf Grund der Untersuchungen von *Heinz* und *Varga* können wir uns folgendes Bild von den durch Alkalipeptisation gewonnenen Zinnsäurehydrosolen machen:

Die Sole enthalten die Zinnsäure als Sekundärteilchen, die um so kleiner sind, je mehr Peptisationsmittel dem Gel zugesetzt wurde. Ein Teil des gebildeten Stannats befindet sich im Innern der Sekundärteilchen und beteiligt sich nicht am Elektrizitätstransport, wohl aber an den Reaktionen[1], da die fällenden Salze auch ins Innere der Sekundärteilchen eindringen und sich dort mit dem Kaliumstannat umsetzen. Je kleiner die Sekundärteilchen sind, um so mehr Kaliumstannat befindet sich dissoziert an der Oberfläche, um so größer ist daher auch die mit der Gewichtseinheit Stannioxyd überführte Elektrizitätsmenge, um so größer wird das Verhältnis $\dfrac{\text{Ladung}}{\text{Masse}}$ der Einzelteilchen und um so elektrolytähnlicher wird das Hydrosol.

## 74. Metazinnsäure.

*Franz*[2] stellte eine der *Heinz*schen analoge Untersuchung an der b-Zinnsäure an, um festzustellen, wieweit sich die typische b-Zinnsäure von der durch Hydrolyse des Stannichlorids erhaltenen unterscheidet, die wegen ihrer Reaktionen als a-b-Zinnsäure bezeichnet sei.

Ein bemerkenswerter Unterschied liegt, wie erwähnt, in der weitaus schwierigeren Peptisierbarkeit der b-Zinnsäure. Alkalisole 200 oder 100 lassen sich nicht erhalten, auch Sol 50 nur aus dem gallertigen Gel II (Kap. 71). Die Hydrosole 25 waren im Gegensatz zu dem *Heinz*schen Sol 25 milchig opalisierend, Sol 2 dagegen wasserklar.

Bei der Ultrafiltration verhielten sich die Hydrosole ganz ähnlich wie die *Heinz*schen, nur wurde etwas mehr Alkali, auch bei Sol 50, im Ultrafiltrat beobachtet. Ferner wurde die Zinnsäure von Sol 25 vollkommen zurückgehalten, während bei *Heinz* etwas davon durchs Filter ging. Sol 10 und 2 passierten das Ultrafilter wie bei *Heinz*. Die Primärteilchen sind also sehr klein.

Bei der Elektrolytfällung zeigte sich dieselbe Gesetzmäßigkeit wie bei der a-b-Zinnsäure.

Es bestätigt sich die annähernde Äquivalenz der Fällungswerte mit Salzsäure, Aluminiumchlorid usw. und die Gesetzmäßigkeit, daß von Alkalisalzen viel mehr gebraucht wird als von Aluminiumchlorid, Bariumchlorid usw. Die ersteren Fällungen sind reversibel, die letzteren irreversibel, die fällenden Ionen gehen in den Niederschlag[3].

---

[1] Wie aus Tab. 33 hervorgeht, sind die zur Niederschlagsbildung erforderliche Kationen Ba'', Ca'' usw. den zur Solbildung gebrauchten Kaliumionen äquivalent.

[2] *R. Franz:* Inaug.-Diss. Göttingen (1914), S. 39.

[3] Gegenüber den a-b-Hydrosolen zeigten die Hydrosole der b-Zinnsäure eine etwas größere Elektrolytempfindlichkeit, was mit dem mehr lyophoben Charakter der b-Zinnsäure und der bei der Ultrafiltration erkennbaren geringeren Bindung des Alkali an Zinnsäure im Zusammenhang steht.

Beim Einkochen der b-Hydrosole zeigten sich im wesentlichen dieselben Erscheinungen wie bei den a-b-Hydrosolen.

Die Goldzahlen der b- wie der a-b-Hydrosole sind hoch, die Schutzwirkung der Zinnsäure gegenüber Kochsalz ist also gering, die Farbübergänge sind unscharf.

Überraschend groß ist dagegen die Schutzwirkung gegenüber Salzsäure (wenn man z. B. statt 1 ccm 10 proz. Kochsalzes bei Bestimmung der „Goldzahl" 1 ccm 20 proz. Salzsäure nimmt). Die so ermittelten Schutzzahlen finden sich in Tab. 34.

Tabelle 34.<br>Schutzzahlen gegen 20 proz. Salzsäure.

| *Franz'* b-Säure | | *Heinz'* a-b-Säure | |
|---|---|---|---|
| Sol[1] | Schutzzahl | Sol | Schutzzahl |
| I, 2 | 1—12  mg | 2 | 5—10 mg |
| II, 2 | 1—11  „ | 10 | 0,8 —1,5 „ |
| I, 10 | 0,08—0,40 „ | 25 | 0,1 —0,2 „ |
| II, 10 | 0,08—0,50 „ | 50 | 0,02—0,1 „ |
| I, 25 | 0,05—0,15 „ | 100 | 0,01—0,1 „ |
| II, 25 | 0,05—0,15 „ | | |
| II, 50 | 0,01—0,15 „ | | |

Da die Schutzwirkung gegenüber Salzsäure eine bedeutend größere als gegenüber Kochsalz ist (bei Sol 25 z. B. etwa 1000 mal so groß), so wird man zur Erklärung dieser Eigentümlichkeit wohl die Entstehung eines neuen Stoffes annehmen müssen, etwa eines kolloiden Zinnoxychlorides von sehr hoher Schutzwirkung. Diese Annahme wird auch dadurch gestützt, daß die mit Salzsäure behandelten Hydrosole nunmehr eine außerordentlich hohe Schutzwirkung auch gegenüber Kochsalz ausüben[2].

Daß der Schutz bei den Solen 2 und 10 viel geringer ist als bei den anderen, dürfte darauf zurückzuführen sein, daß die äußerst fein zerteilte Zinnsäure in diesen Solen durch Salzsäure zum beträchtlichen Teil in krystalloides Zinnchlorid (bzw. Stannichlorwasserstoff) übergeführt wird, ehe die Schutzwirkung eintritt; damit stimmt auch überein, daß die Sole 2 und 10 der b-Zinnsäure, entsprechend ihrer größeren Stabilität gegenüber Salzsäure, einen besseren Schutz ausüben als die der a-b-Zinnsäure.

## 75. Säurepeptisation der Zinnsäure.

Viel komplizierter als das Verhalten gegen Alkali ist das gegen Säuren. Daß sowohl a- wie b-Zinnsäure von Salzsäure angegriffen und durch konz. Salzsäure in flüchtiges Zinnchlorid verwandelt werden, ist bekannt. Die

---

[1] I und II bedeutet „gewonnen aus Gel I bzw. II"; die arabischen Ziffern bedeuten — wie immer — das Molarverhältnis $SnO_2 : 1 K_2O$.

[2] Man findet bei stark angesäuerten Alkalihydrosolen (vgl. *Franz:* Inaug.-Diss., S. 57) z. B. Goldzahlen von 0,005—0,04. Mit der Annahme, daß die höhere Schutzwirkung auf Umladung der Teilchen beruhe, kommt man nicht aus.

a-b-Säuren sind leichter angreifbar als die typische b-Zinnsäure. Durch mehrstündiges Erhitzen mit konz. Salzsäure wurden z. B. von der *Mecklenburg*schen 0°-Säure 95,6 Proz., von der 100°-Säure 32,7 Proz. in Zinnchlorid übergeführt. Daß auch bei gewöhnlicher Temperatur etwas Metasäure in Zinnchlorid übergeht, ist ebenfalls bekannt.

*Mecklenburg* fand in der Beständigkeit der durch Salzsäureeinwirkung erhaltenen Hydrosole beträchtliche Unterschiede, wie aus Tab. 35 zu ersehen ist.

Tabelle[1] 35.

<table>
<tr><th>Salzsäure</th><th>0°-Säure</th><th>25°-Säure</th><th>50°-Säure</th><th>75°-Säure</th><th>100°-Säure</th></tr>
<tr><td>0,4 mol.</td><td colspan="4">Lösungen, die etwa nach einem Monat wieder absetzen;</td><td rowspan="4">sehr trübe Lösung, die bereits nach wenigen Tagen wieder absetzt.</td></tr>
<tr><td>0,8 mol.</td><td colspan="4">Lösungen, die noch nach Monaten unverändert beständig sind;</td></tr>
<tr><td>1,6 mol.</td><td>—</td><td>—</td><td>nach Monaten noch klare Lösung;</td><td>trübe Emulsion, die sogleich abzusetzen beginnt;</td></tr>
<tr><td>3,2 mol.</td><td>—</td><td>wasserklare Lösung.</td><td>trübe Emulsion, die sofort abzusetzen beginnt.</td><td>—</td></tr>
</table>

Je gröber die Teilchen sind, um so unbeständiger ist die Lösung gegenüber Salzsäure. Die a-Zinnsäure löst sich als Kolloid leicht in konz. Salzsäure, nicht dagegen die b-Zinnsäure (und einige der a-b-Zinnsäuren); gießt man die Salzsäure ab und verdünnt den Rückstand mit Wasser, so bildet sich eine kolloide Lösung der b-Zinnsäure, die als solche in mehrfacher Hinsicht charakteristisch ist. Obgleich in der Regel ein großer Überschuß an Salzsäure zugesetzt wird, der mehrfach gereicht hätte, alles Zinn in krystalloide Zinnverbindungen zu überführen, so kann man, da nur wenige Salzsäure chemisch gebunden wird, den Vorgang als Peptisation bezeichnen. Da dazu aber ein beträchtlicher Überschuß von Salzsäure erforderlich ist, so könnte man denken, daß hier einfach Salzbildung eintrete, das gebildete „Metazinnchlorid" in konz. Salzsäure unlöslich und erst beim Verdünnen löslich sei[2]. So einfach ist der Vorgang aber nicht. *Mecklenburg* hat gezeigt, daß dabei kolloide Lösungen von b-Zinnsäuren entstehen, und das ist von *Franz* weiter bestätigt worden. Ein kleiner Teil der Zinnsäure geht allerdings schon bei gewöhnlicher Temperatur in Zinnchlorid[3] über und läßt sich im Ultrafiltrat der koagulierten b-Zinnsäure nachweisen, die Hauptmenge bleibt b-Zinnsäure.

---

[1] Sämtliche Sole sind in bezug auf Zinnsäure 0,1 molar (1,5% $SnO_2$), die Konzentration der Salzsäure ergibt sich aus der ersten Spalte.

[2] Vgl. z. B. *Treadwell:* Lehrbuch d. anal. Chemie I, Leipzig (1906), 215.

[3] und wohl auch in basische Salze.

Daß es sich bei der Salzsäurebehandlung der b-Zinnsäure nicht um den einfachen Vorgang der Bildung eines Salzes (z. B. des *Engel*schen Metastannylchlorids[1]) handelt, geht u. a. daraus hervor, daß die Eigenschaften der erhaltenen Hydrosole von der Größe der Primärteilchen und der Dauer der Einwirkung der konz. Salzsäure abhängig sind.

Die sauren Zinnsäurehydrosole erleiden allerlei Veränderungen. Verdünnt man stark mit Wasser, so tritt Trübung ein[2], setzt man konz. Salzsäure zu, so fällt die b-Zinnsäure infolge Elektrolytwirkung der Salzsäure heraus.

Die zeitlichen Veränderungen dieser sehr instabilen Systeme sind von *Mecklenburg* näher studiert worden, insbesondere am Verhalten gegenüber Natriumsulfat.

*Franz* hat typische b-Zinnsäure mit Salzsäure verschiedener Konzentration behandelt und nach erfolgter Verdünnung ultrafiltriert. Es zeigte sich, daß bei allen Hydrosolen, auch den wasserklaren, ein Teil der Zinnsäure auf dem Ultrafilter blieb, bei den salzsäureärmeren und den salzsäurereichsten aber alle Zinnsäure zurückgehalten wurde. Der Zerteilungsgrad ist in erster Linie von dem Salzsäuregehalt abhängig und scheint in annähernd normaler Salzsäure am größten zu sein; in solchen Flüssigkeiten geht die Hauptmenge der Zinnsäure ins Ultrafiltrat (vgl. Nr. 7 und Nr. 12 der Tab. 36).

Tabelle 36.

| | 0,5 g $SnO_2$ in 100 ccm Sol | | | 1,5 g $SnO_2$ in 100 ccm Sol | |
|---|---|---|---|---|---|
| Nr. | Mol HCl auf 1 Mol $SnO_2$ | g $SnO_2$ in 100 ccm Filtrat | Nr. | Mol HCl auf 1 Mol $SnO_2$ | g $SnO_2$ in 100 ccm Filtrat |
| 1 | 0,5 | 0,000 | 8 | 0,5 | 0,000 |
| 2 | 1 | 0,000 | 9 | 1 | 0,000 |
| 3 | 2 | 0,000 | 10 | 2 | 0,000 |
| 4 | 4 | 0,000 | 11 | 4 | 0,313 |
| 5 | 8 | 0,019 | 12 | 8 | 1,215 |
| 6 | 16 | 0,355 | 13 | 16 | 0,722 |
| 7 | 32 | 0,411 | 14 | 32 | 0,000 |

Nimmt man an, daß die Peptisation auf Bildung eines Oxychlorides auf der Oberfläche der Amikronen beruht, dessen Dissoziation bei der nachträglichen Verdünnung die positive Ladung der Teilchen und damit die Zerteilung des Gels bewirkt, so erscheint das Verhalten der Säuresysteme durchaus verständlich, da ja alle Chloride des Zinns in stark verdünnter Säure der Hydrolyse unterworfen sind. Diese bedingt den Übergang des Schutzkolloids in Zinnsäure, daher auch die Unbeständigkeit der mit Wasser stark verdünnten Lösungen.

[1] Ob hier ein wohldefiniertes Salz vorliegt, ist noch zweifelhaft. Nach *Engel* würde die Zusammensetzung desselben der Formel $Sn_5O_9Cl_2 \cdot 9$ (oder 4) $H_2O$ entsprechen, während *Biron* die doppelte Menge Cl gefunden hat. Vgl. *Gmelin-Kraut:* Handbuch, IV, I. S. 320.

[2] Vermutlich durch Hydrolyse eines bei der Einwirkung von Salzsäure gebildeten schützenden Oxychlorids, das der Teilchenvereinignng entgegenwirkt. Auch Erwärmen bedingt Trübungsvermehrung.

## 75a. Unterschiede zwischen Alkali- und Säurepeptisation.

Die wesentlichen Unterschiede zwischen Alkalipeptisation und Säurepeptisation der b-Zinnsäure sind in folgender Übersicht zusammengestellt. Hierin kommt auch deutlich er saure Charakter der Zinnsäure zum Ausdruck.

Tabelle 37.

| Alkalipeptisation der b-Zinnsäuren. | Säurepeptisation der b'-Zinnsäuren. |
|---|---|
| Sole entstehen schon bei einem Molarverhältnis $1,0\,SnO_2:0,01—0,1\,K_2O$. | Sole entstehen erst bei einem Molarverhältnis $1,0\ \ SnO_2:4—20\ HCl$. |
| Sole enthalten sehr wenig Elektrolyt. | Sole enthalten sehr viel Elektrolyt, sind daher als kolloidhaltige Elektrolytlösungen anzusehen. |
| Kochen erhöht die Beständigkeit. | Kochen bewirkt Trübung und Sedimentation. |
| Sole sehr beständig, verändern nur wenig ihre Beschaffenheit (auch bei jahrelanger Aufbewahrung). | Sole allen möglichen Veränderungen unterworfen. |
| Teilchen negativ geladen; wasserklare Sole passieren fast vollständig das Ultrafilter. | Teilchen positiv geladen; die Zinnsäure der wasserklaren Sole wird teilweise zurückgehalten. |
| Elektrolytfällung hauptsächlich von dem Gehalt an Peptisationsmittel abhängig, kaum von der Größe der Primärteilchen. | Elektrolytfällung abhängig von der Größe der Primärteilchen, ähnlich wie bei kolloidem Schwefel. |

Die Primärteilchen werden in ihren Eigenschaften durch beide Arten der Peptisation nicht wesentlich verändert.

## 76. Reversible Zinnverbindungen.

*Mecklenburg* hat durch Behandeln von Zinn mit salzsäurehaltiger Salpetersäure und Eindampfen Substanzen erhalten, welche die Eigenschaft besitzen, sich in Wasser, Alkohol usw. aufzulösen[1], und zwar um so leichter, je mehr Salzsäure die Salpetersäure enthält. Die Zusammensetzung dieser Substanzen kann durch die Formel $2\,SnO_2 \cdot H(Cl, NO_3) \cdot aq$ dargestellt werden, so daß die Annahme naheliegt, es handle sich um basische Salze des Zinnoxydhydrates. *Mecklenburg,* dem wir eine wertvolle Bereicherung der Zinnsäurechemie verdanken, führt allerdings einige Gründe gegen diese Auffassung an. Er faßt die Salzsäure als adsorbiert auf und ihre Wirkung als die eines ,,Schutzelektrolyten''.

Dieser Ansicht kann ich mich nicht anschließen, da mehrere Einwände gegen dieselbe geltend gemacht werden können. *Mecklenburg* hebt hervor, daß die Salzsäure gegen salpetersäurehaltige Zinnsäure ähnlich wirkt wie ein Schutzkolloid gegenüber irreversiblen Kolloiden. Jene Tatsache läßt sich aber überzeugender dadurch erklären, daß eben die

---

[1] *Mecklenburg* nennt diesen Vorgang irrtümlich ,,Peptisation''. Vgl. die Definition Seite 7.

Salzsäure in ihrer Wirkung auf Zinnsäure zur Bildung eines Schutzstoffes Veranlassung gibt, als wenn man annimmt, daß Salzsäure selbst ein Schutzstoff ist. In der Tat läßt sich nachweisen, daß die gebildeten alkohollöslichen Produkte vorzügliche Schutzkolloide sind oder solche enthalten[1], während Salzsäure selbst alles eher ist als ein Schutzstoff gegenüber kolloidem Gold.

Eine „Adsorption" von 5 bis 7 Proz. Salzsäure wie bei den chlorreicheren Präparaten von *Mecklenburg* sieht schon sehr stark einer chemischen Bindung ähnlich, um so mehr, wenn dieser Elektrolyt so leicht mit dem „Substrat" reagiert wie Salzsäure mit Zinnsäure. Auch erweist sich Salzsäure in den meisten Fällen, wo eine chemische Reaktion ausgeschlossen ist (z. B. bei Au, Pt, AgCl usw.), nur als Fällungsmittel, nicht als Peptisationsmittel[2].

Die Eigenschaften der von *Mecklenburg* erhaltenen Präparate scheinen mir in einfacher Weise erklärlich zu sein, wenn man die Existenz eines wasser- und alkohollöslichen Oxychlorids annimmt, etwa in der Formel $SnOCl_2 \cdot aq$[3], das durch die Existenz analoger Verbindungen der 4. Gruppe des periodischen Systems wahrscheinlich gemacht wird[4]. Eine derartige Verbindung könnte der salpetersäurehaltigen Zinnsäure, die selbst in Wasser und Alkohol nicht löslich ist, die Eigenschaften eines reversiblen Kolloids erteilen, dessen wäßrige Lösung wegen der Hydrolyse des Schutzkolloids, das dabei selbst in Zinnsäure übergeht, unbeständig ist; die Verschiedenheit der Sulfatwerte ließe sich auf verschiedene Korngröße der Primärteilchen der geschützten Zinnsäure zurückführen.

## 77. Das Gel der Zinnsäure.

Das Gel der Zinnsäuren kann erhalten werden durch Hydrolyse von Stannisalzen, z. B. $SnCl_4$, durch Eindunsten des Hydrosols oder durch Fällung desselben mit Elektrolyten. In ersterem Falle erhält man eine durchsichtige Gallerte, die zu glasigen Stücken eintrocknet, welche durchaus dem getrockneten Gel der Kieselsäure gleichen, in letzterem Falle gallertige Flocken.

Nur das wasserreiche Hydrogel läßt sich leicht peptisieren, nicht das Peptisation. getrocknete. Im theoretischen Teil ist erwähnt worden, daß eine wichtige Vorbedingung der Peptisation darin besteht, daß die Teilchen des zu peptisierenden Hydrogels in feiner Verteilung vorliegen. Wir können uns das frisch bereitete Hydrogel der Zinnsäure aus Amikronen derselben Art und derselben Größe bestehend denken, wie sie im Hydrosol vorliegen, nur entladen (durch Ionenaufnahme oder -abgabe) und einander infolge der Kohäsionskräfte anziehend. Durch Hinzufügen von Alkali wird Peptisation bewirkt, und die Teilchen diffundieren in die Flüssigkeit, wie bereits in Kap. 30 besprochen worden ist.

Beim allmählichen Eintrocknen der Zinnsäure tritt ein festerer Verband zwischen den einzelnen Amikronen ein, und die Peptisation wird erschwert; man erhält trübe Hydrosole. Ist das Gel der Zinnsäure vollständig eingetrocknet, so läßt es sich mit Ammoniak nicht mehr peptisieren. Glühen hebt die Peptisierbarkeit ganz auf.

---

[1] Für ein von Herrn *Mecklenburg* gütigst zur Verfügung gestelltes, in Alkohol leicht lösliches Produkt wurde die Goldzahl 0,05 bis 0,2 bestimmt.

[2] Als Peptisationsmittel wirkt sie dagegen, wenn die Möglichkeit einer chemischen Reaktion gegeben ist.

[3] Vgl. *Gmelin-Kraut:* Handbuch 4, I, 319.

[4] Z. B. die Verbindungen $ThOCl_2$, $Th(OH)_2Cl_2 \cdot 5 H_2O$, $ZrOCl_2$, $8 H_2O$, $TiCl_2(OH_2)$, $GeOCl_2$.

Wir beobachten hier eine Erscheinung, die bei Kolloiden sehr häufig ist, daß sie nämlich eine Reihe irreversibler Zustandsänderungen beim Eintrocknen erleiden, die schließlich zu einer trockenen Masse führen, welche vollständig neue Eigenschaften aufweist. Die einfachste Erklärung dieser Erscheinung dürfte darin liegen, daß die Amikronen, je näher sie durch Eintrocknen aneinander rücken, sich um so fester anziehen und dadurch schließlich der Trennung durch Peptisationsmittel einen zuweilen unüberwindlichen Widerstand entgegensetzen.

## 78. Rückblick.

Die kolloide Zinnsäure wurde hier besonders ausführlich behandelt, um ein Beispiel dafür zu geben, was für bemerkenswerte Komplikationen eintreten, wenn zu den Einflüssen der Größe und Verteilung der Ultramikronen noch solche chemischer Art treten.

Als namhafter, dauernder Fortschritt auf diesem Gebiete ist die Feststellung anzusehen, daß sowohl Teilchengröße wie Teilchenabstände das chemische Verhalten einer Substanz weitgehend ändern können. Dieser Fortschritt allein würde aber keineswegs ausreichen, die große Mannigfaltigkeit der bei der Zinnsäure anzutreffenden Erscheinungen zu erklären, und es wäre geradezu als Rückschritt zu betrachten, wollte man an Stelle der bisher üblichen allein chemischen Auffassung eine allein kolloidchemische treten lassen. Nur die gleichmäßige Betrachtung der chemischen sowie der kolloidchemischen Seite des Problems kann eine wirkliche Ordnung in dieses verwickelte Gebiet bringen.

Bei kolloidem Gold liegen die Verhältnisse relativ einfach; hier sind chemische Reaktionen meist ausgeschlossen. Anders bei der Zinnsäure, die mit den zugesetzten Säuren und Alkalien in mannigfaltiger Weise reagiert.

Wir beobachten in der Tat, daß die nachweisbaren Zustandsänderungen in der Regel mit chemischen Änderungen eng verknüpft sind, die sich wenigstens an der Teilchenoberfläche abspielen und sofort oder mit der Zeit eintreten können. Es sind demnach um so verwickeltere Erscheinungen zu erwarten, je mehr Gelegenheit zu chemischen Änderungen vorhanden ist; und so erkennen wir auch, daß jene Systeme, die viel Elektrolyt enthalten, eine viel größere Veränderlichkeit aufweisen als solche, welche wenig Peptisationsmittel für ihre Bildung beanspruchen.

Bei der Säurepeptisation der b-Zinnsäure, wo 4 bis 20 Mol HCl auf 1 Mol $SnO_2$ benötigt werden, treten viel größere Komplikationen auf als bei der Alkalipeptisation derselben Substanz, wo 0,01 bis 0,1 KOH auf 1 Mol Zinnsäure genügen, um beständige und wenig veränderliche Sole zu geben. (Kap. 73 und 75).

Die Verhältnisse werden besonders verwickelt, die Reaktionen in überraschender Weise verändert, wenn durch chemische Einwirkung Schutzkolloide entstehen, die den ganzen Charakter der Systeme verändern. Der

Einfluß dieser tritt besonders anschaulich beim *Cassius*schen Purpur und bei analogen Körpern zutage sowie bei der eisenhaltigen Metazinnsäure, die in Kapitel 80 näher beschrieben wird.

## 79. *Cassius*scher Purpur.

Der *Cassius*sche Purpur ist jener purpurfarbene oder braune Niederschlag, der durch Einwirkung von Zinnchlorür auf Goldchloridlösungen entsteht. Die Rotfärbung, welche der Niederschlagsbildung vorausgeht, wird bekanntlich in der analytischen Chemie als äußerst empfindliche Reaktion auf Gold benützt.

Der erwähnte purpurfarbene Niederschlag wird in der Porzellanmalerei als vorzügliche rote Farbe verwendet; er ist von *Andreas Cassius* in Leyden im Jahre 1663 entdeckt worden und wegen seiner Wichtigkeit für die Porzellan- und Glasmalerei seitdem nach verschiedenen Verfahren hergestellt worden. Für Zwecke der Keramik werden gewöhnlich reichlich zinnhaltige Präparate angewendet.

Man kann den Goldpurpur herstellen durch Behandlung einer Legierung von Gold, Zinn und Silber mit Salpetersäure oder durch Fällen von Goldchloridlösungen mit Zinnchlorür, wobei man zweckmäßig in folgender Weise[1] verfährt: 200 ccm Goldchloridlösung (mit 3 g Gold als $AuCl_4H$ im Liter), 250 ccm Zinnchlorürlösung (mit 3 g Zinn als $SnCl_2$ im Liter) und einem ganz geringen Überschuß von Salzsäure werden in 4 l Wasser unter heftigem Durchschütteln vereinigt. Nach dreitägigem Stehen ist der Purpur als dunkelviolettrotes Pulver abgesetzt und die Flüssigkeit darüber klar und farblos; sie enthält weder Gold noch Zinn. Der Niederschlag wird bis zum Verschwinden der Chlorreaktion durch Dekantieren gewaschen, auf ein Saugfilter gebracht und nochmals mit Wasser gewaschen. Der so gewonnene Niederschlag wird in Wasser aufgeschlämmt und nach Zugabe von wenig konzentriertem Ammoniak unter Aufkochen in Lösung gebracht. Man erhält eine vollkommen klare Lösung von *Cassius*schem Purpur.

*Darstellung.*

Obgleich schon früher von *Richter, Gay Lussac* u. a. Gründe dafür angeführt worden sind, daß der Purpur eine Mischung aus Gold und Zinnsäure darstellt, sind von anderen Forschern, insbesondere von *Berzelius*, Einwände gegen diese Auffassung erhoben worden.

*Chemische Natur des Cassius*schen Purpurs.

*Berzelius* stützte sich namentlich auf die Homogenität und die Ammoniaklöslichkeit des *Cassius*schen Purpurs. Ihm waren sehr wohl rotgefärbte Mischungen von Gold und Zinnsäure bekannt. Er aber hob hervor, daß die Farbe solcher Gemenge eine trüb ziegelrote sei, daß das Gold sich aus diesen Gemengen mit Königswasser leicht von der Zinnsäure trennen lasse, was beim *Cassius*schen Purpur nicht zutrifft. Die Ammoniaklöslichkeit spricht für eine chemische Verbindung, denn wenn auch die Zinnsäure unter Umständen in Ammoniak löslich ist, so müßte das Gold, nach *Berzelius*, zurückbleiben,

*Nach Berzelius.*

---

[1] *R. Zsigmondy:* Liebigs Annalen **301**, 365 (1898) (nach Verfahren von *Golfier Besseyere*, Ann. chim. phys **54**, 40).

wenn es mit der Zinnsäure bloß gemengt wäre. *Berzelius* sah den Purpur als eine chemische Verbindung von Goldoxyduloxyd mit Zinnoxyduloxyd an und gab ihm nach seinen Analysen die folgende Formel:

$$\text{Au}_2\text{O}_2 \cdot 2\,\text{Sn}_2\text{O}_2 \cdot x\,\text{H}_2\text{O}\,.$$

Es ließe sich auch leicht eine Strukturformel aufstellen, welche dem Verhalten des *Cassius*schen Purpurs zur Genüge Rechnung trüge. Nach dieser Auffassung beruht die Ammoniaklöslichkeit des Purpurs auf Salzbildung, ähnlich wie die der Karminsäure.

Gut bereitete Purpurlösungen stehen an Homogenität den krystalloiden Farbstofflösungen kaum nach. Auch das Verhalten des Purpurs gegen Quecksilber führt *Berzelius* zugunsten seiner Auffassung ins Treffen. Metallisches Gold wird bekanntlich sehr leicht von Quecksilber aufgelöst; der *Cassius*sche Purpur gibt bei der Behandlung mit diesem Metall kein Gold an dasselbe ab.

Die Elektrolyse der Purpurlösung hat die größte Ähnlichkeit mit der eines Komplexsalzes oder eines als Elektrolyt gelösten Farbstoffes wie Methylorange. Geradeso wie sich bei der Elektrolyse des letzten Salzes die Dimethylamidoazobenzolsulfosäure in krystallinischer Form an der Anode abscheidet, so scheidet sich die „Purpursäure" gallertig an der Anode ab.

Trotzdem müssen wir nach eingehendem Studium die *Berzelius*sche Ansicht fallen lassen. Zunächst ist anzuführen, daß minimale Mengen von Ammoniak genügen, um große Mengen des Purpurs zu lösen (etwa 3 mg $NH_3$ auf 1 g Purpur, letzterer wasserfrei gerechnet).

Man müßte, wenn diese geringe Menge Ammoniak zur Neutralisierung einer „Purpursäure" ausreichen sollte, dieser ein ungewöhnlich großes Molekulargewicht zuschreiben. Bei der Elektrolyse wird die Pergamentmembran nicht durchdrungen, eine Eigenschaft, welche die Purpurlösung von den Lösungen gewöhnlicher Elektrolyte unterscheidet.

Die endgültige Entscheidung wurde durch die Synthese des *Cassius*schen Purpurs aus seinen Bestandteilen getroffen: aus kolloidem Gold und kolloider Zinnsäure[1].

**Synthese des Purpurs.** Es gelingt leicht, durch Mischen von kolloidem Gold mit kolloider Zinnsäure und Fällen mit stark verdünnten Säuren einen purpurroten Niederschlag zu erzielen, der in seinen Eigenschaften mit dem *Cassius*schen Purpur übereinstimmt. Wählt man Zinnsäure und Gold in solchen Verhältnissen, wie sie im *Cassius*schen Purpur vorliegen, so erhält man Niederschläge, die gleiche chemische Zusammensetzung aufweisen.

Verwendet man purpurrote Goldlösungen anstatt der hochroten, so ist die Farbe des Niederschlages dieselbe wie die des aus Zinnchlorür und Goldchlorid gewonnenen Purpurs. Der synthetische Purpur ist geradeso ammoniaklöslich wie der gewöhnliche. (Bei Anwendung von Goldlösung purpurner Farbennuance ist die Farbintensität der synthetischen Purpurlösung genau die gleiche wie die des gewöhnlichen Purpurs gleicher Konzentration).

_________

[1] *R. Zsigmondy:* Liebigs Annalen **301**, 375 (1898).

**Beweise dafür, daß das Gold im Purpur nicht chemisch gebunden ist.** Daß der synthetische Purpur das Gold nicht chemisch gebunden enthält, geht schon ohne weiteres aus den bekannten Eigenschaften des elementaren Goldes hervor, dem keinerlei Neigung zukommt, chemische Verbindungen mit so indifferenten Substanzen, wie es die Zinnsäure ist, einzugehen. Ferner bleiben die Goldteilchen bei der Purpurbildung unverändert (trotz der fundamentalen Änderung ihrer Reaktionen), was durch ultramikroskopische Untersuchung bewiesen worden ist[1]. Ein weiterer Beweis liegt darin, daß die Absorptionsspektren des gewöhnlichen und synthetischen Purpurs übereinstimmen.

Dieser Beweis, daß eine von hervorragenden Chemikern früher für eine chemische Verbindung gehaltene Substanz ein kolloides Gemenge oder eine Kolloidverbindung darstellt, ist für die Auffassung zahlreicher anderer Kolloidsubstanzen von Wichtigkeit. Geradeso wie der Purpur sind auch viele andere Kolloidmischungen für chemische Verbindungen gehalten worden auf Grund ihres homogenen Aussehens oder ihrer besonderen Reaktionen, die geeignet waren, chemische Verbindungen vorzutäuschen[2].

Auch zur Erklärung der Peptisation ist der *Cassius*sche Purpur wichtig geworden. Solange die *Berzelius*sche Auffassung des Purpurs nicht widerlegt war, konnte man annehmen, daß es sich bei der Auflösung desselben in Ammoniak um eine gewöhnliche Salzbildung einer chemischen Verbindung von saurem Charakter handle. Durch den Beweis aber, daß im Purpur ein inniges Gemisch von kolloidem Gold mit kolloider Zinnsäure vorliegt, ist diese Auffassung unhaltbar geworden. Man mußte sich nach einer umfassenderen Erklärung der Peptisationsvorgänge umsehen; dieselbe ist in Kap. 33 gegeben.

### 79a. Analoga des *Cassius*schen Purpurs.

Zu den näheren Verwandten des *Cassius*schen Purpurs könnten solche Kolloide gezählt werden, welche aus einem Metall und kolloider Zinnsäure bestehen, wie z. B. der sogenannte Silberpurpur.

Silbernitrat gibt mit einer Lösung von Stannonitrat eine blutrote Lösung, die allmählich braun wird und einen rotbraunen Niederschlag fallen läßt, welcher früher von *Ditte*[3] für ein Silberstannat gehalten worden ist. *L. Wöhler*[4] hat den Nachweis erbracht, daß hier ein Analogon des *Cassius*schen Purpurs vorliegt.

*Lottermoser*[5] hat einen anderen Silberpurpur synthetisch gewonnen durch Mischen von kolloidem Silber mit kolloider Zinnsäure. Säuren fällen daraus

---

[1] Verwendet man submikroskopisches Goldkolloid zur Herstellung des Purpurs, so zeigen sich die Submikronen nach der Fällung mit Salzsäure und Auflösung mit Ammoniak ebenso deutlich wie in der ursprünglichen Goldlösung.

[2] Vgl. darüber *R. Zsigmondy:* Zur Erkenntnis der Kolloide, S. 56 (1905).

[3] *A. Ditte:* Annales de Chim. et de Phys. [5] **27**, 145 bis 182 (1882); J. B. 1882, 343, 1301.

[4] *L. Wöhler:* Koll.-Zeitschr. **7**, 248 (1910).

[5] *A. Lottermoser:* Anorganische Kolloide. Stuttgart 1901, S. 53.

cinen schwarzvioletten Niederschlag, der sich in Alkali mit tiefbrauncr Farbe löst. Man kann dasselbe Produkt auch durch Mischen von Silbernitrat mit Zinnchlorid bei Gegenwart von Ammoniumzitrat erhalten.

Ein Platinanalogon des *Cassius*schen Purpurs erhält man nach *L. Wöhler*[1] durch Mischen von Zinnchlorid mit Platinchlorid. Es entsteht eine blutrote Färbung, die gewöhnlich dem Platinchlorür zugeschrieben wurde. Tatsächlich ist sie aber dem fein zerteilten Metall zuzuschreiben. Bei starker Verdünnung mit Wasser fällt ein brauner Niederschlag aus, der nach gutem Auswaschen kein Chlor enthält und dessen Zusammensetzung durch folgende Formel ausgedrückt werden könnte:

$$PtSn_6O_{12}$$

[andere Niederschläge hatten die Zusammensetzung $Pt(SnO_2)_8$, $Pt(SnO_2)_5$].

Das Produkt hat alle Eigenschaften einer Kolloidverbindung, zeigt Alterungserscheinungen u. dgl. Frisch bereitet ist es in Ammoniak und verdünnter Salzsäure löslich, nach dem Trocknen aber kaum mehr in konzentrierter Salzsäure. Die rote Substanz diffundiert nicht durch Membranen.

Eine sehr eigentümliche Reaktion mag noch erwähnt werden. Der rote Platinpurpur ist, wenn er in stark salzsaurer Lösung hergestellt wird, in Äther und Essigäther löslich, man kann ihn damit ausschütteln. Die ätherische Lösung hinterläßt eine wasserlösliche Gallerte. Es scheint hier ein Stannioxychlorid die Rolle eines Schutzkolloids zu spielen, falls diese ätherlösliche Modifikation nicht doch eine krystalloide Komplexverbindung darstellt.

## 80. Eisenhaltige Metazinnsäure.

Im *Cassius*schen Purpur liegt eine eigenartige Verquickung der Eigenschaften seiner Bestandteile vor; seine Farbe und ein Teil seiner optischen Eigenschaften verdankt er dem kolloiden Golde, seine Reaktionen der kolloiden Zinnsäure. Nur wenn das Gold die Hauptmenge des Purpurs ausmacht, kommt seine Neigung zu koagulieren, sich zu größeren Aggregaten zu vereinigen, als mitbestimmend im Verhalten gegen Reagenzien in Betracht.

Bei anderen Kolloidverbindungen wirken beide Bestandteile jedes in seiner Art bestimmend auf die Reaktion. Ein interessantes Beispiel dafür ist von *Lepéz* und *Storch*[2] beobachtet worden.

Wird Zinn in konzentrierter Salpetersäure bei Wärme gelöst, so bildet sich immer die gewöhnliche Metazinnsäure; setzt man aber Ferrinitrat zur Salpetersäure, so erhält man eisenhaltige Metazinnsäure, die ganz andere Reaktionen zeigt als die gewöhnliche.

Die Metazinnsäure ist bekanntlich beim Verdünnen des Reaktionsgemisches mit Wasser ganz unlöslich, die eisenhaltige aber löst sich während des Verdünnens vollständig, falls die Kolloidverbindung wenigstens 1 Atom Eisen auf 1 Atom Zinn enthält. Ist Zinnsäure in größerer Menge vorhanden,

---

[1] *L. Wöhler:* Koll.-Zeitschr. **2**, Suppl. 1, S. III (1907); **7**, 243 bis 249 (1910).

[2] *C. Lepéz* und *L. Storch:* Monatshefte f. Chemie **10**, 283 bis 294 (1889).

so verliert sich die Löslichkeit beim Verdünnen, das Reaktionsprodukt löst sich aber in konzentrierter Salzsäure. Nicht nur die Reaktionen der Metazinnsäure werden in dieser Kolloidverbindung teilweise verdeckt, sondern auch diejenigen des Eisenoxyds. Ist genügend Zinnsäure im Niederschlag, so läßt sich dieselbe mit Ammoniak peptisieren, ganz im Gegensatz zum Verhalten des reinen Eisenoxyds, das diese Reaktion nicht zeigt, ja aus seinen Lösungen durch Ammoniak gefällt wird. Die Bedeutung der Eigentümlichkeit der Zinnsäure, viele andere Oxyde, wie die von Wismut, Kupfer, Blei, zurückzuhalten, für die analytische Chemie ist allgemein bekannt, und es braucht nur darauf verwiesen zu werden, ebenso auf die Fähigkeit der Zinnsäure, Phosphorsäure quantitativ abzuscheiden.

## c) Kolloide Titansäure, kolloides Zirkoniumoxyd, Thoriumoxyd.

Die kolloide Titansäure kann nach dem Verfahren von *Graham*[1] hergestellt werden durch Fällen von Titansalzen mit Ammoniak. Der Niederschlag wird mit verdünnter Salzsäure peptisiert und die Lösung dialysiert.

Die übrigen Kolloide lassen sich u. a. nach dem Verfahren von *Biltz*[2] durch Dialyse der Nitrate herstellen, ein Verfahren, welches ganz allgemein anwendbar ist zur Darstellung von kolloiden Oxyden der drei- und vierwertigen Metalle. Die zweiwertigen unterliegen im allgemeinen zu wenig der Hydrolyse, als daß man aus ihnen auf diesem Wege Hydrosole gewinnen könnte.

### 81. Kolloides Zirkoniumoxyd.

Kolloides Zirkoniumoxyd kann, wie erwähnt, durch Dialyse der Nitratlösung erhalten werden. Man dialysiert eine etwa 17 Proz. Nitrat enthaltende Lösung 5 Tage lang und erhält ein Hydrosol, dessen Teilchen positiv geladen sind. Mit Gold z. B. erhält man in geeigneten Mengenverhältnissen rote Niederschläge, Analoga des *Cassius*schen Purpurs. Die Lösung übt nach *Biltz*[2] beträchtliche Schutzwirkung aus. Die Schutzzahl des Zirkoniumoxyds beträgt nach *Biltz*[3] und *Behre*[4] 0,05, wenn man Salzsäure als fällenden Elektrolyt verwendet.

Hydrosol aus Zirkoniumoxychlorid. Das Zirkoniumoxychlorid unterliegt, wie *Ruer*[5] festgestellt hat, der Hydrolyse, die durch Erwärmen beschleunigt werden kann. Die Dialyse derartiger veränderter Lösungen führt zum Hydrosol von Zirkoniumoxyd. Eine weitere Veränderung erleidet die Lösung des erwähnten Salzes oder des Hydrosols durch teilweise Bildung von Metazirkonsäure. Mit diesen Veränderungen gehen gewisse Änderungen der Reaktion des Zirkoniumoxychlorids Hand in Hand.

---

[1] *Th. Graham:* Annalen d. Chemie u. Pharmazie **135**, 65 bis 79 (1865).
[2] *W. Biltz:* Ber. **35**, 4431 bis 4438 (1902).
[3] *W. Biltz:* l. c.
[4] *P. Behre:* Inaug.-Diss. Göttingen (1908).
[5] *R. Ruer:* Zeitschr. f. anorg. Chemie **43**, 282 bis 303 (1905).

Sowohl das Oxychlorid wie das Nitrat geben mit Oxalsäure Niederschläge, die im Überschuß des Fällungsmittels löslich sind. Diese Reaktion tritt nicht ein bei Zirkoniumsulfat oder bei Gegenwart von Sulfaten. (Bildung von Komplexsalzen, z. B. $[ZrO(SO_4)_2]K_2$, in welchem das Zirkonium im Anion vorhanden ist.) Infolge der erwähnten Hydrolyse zeigt die gealterte Lösung des Zirkoniumchlorids ein anderes Verhalten: die Gegenwart von Natriumsulfat vermag nun die Oxalsäurereaktion nicht mehr zu verdecken; ist die Lösung durch Kochen noch weiter verändert, dann geben sogar Natrium- und Ammoniumsulfat dicke Niederschläge, die im Überschuß des Sulfats löslich sind, während frisch bereitete Lösungen mit Natriumsulfat keine sichtbare Reaktion zeigen. Auf diese Veränderungen sind widersprechende Angaben über das Verhalten von Zirkoniumlösungen zurückzuführen.

Kolloide Metazirkonsäure. Durch Kochen verwandelt sich das Hydrosol der Zirkonsäure in das der Metazirkonsäure. Zur Herstellung der Metasäure kann man von „Metazirkoniumchlorid" ausgehen, das durch wiederholtes Eindampfen von Zirkoniumoxychlorid erhalten wird. Man diyalsiert die wässerige Lösung und erhält eine milchige Flüssigkeit, die nicht nur äußerlich, sondern auch in ihren Reaktionen eine große Ähnlichkeit mit der Metazinnsäure, besitzt.

Konzentrierte Salzsäure z. B. gibt einen Niederschlag, der in Wasser wieder löslich ist. Durch Schwefelsäure wird das Hydrosol vollständig gefällt. Der Niederschlag ist unlöslich im Überschuß. Alkalichloride geben erst in größerer Menge einen Niederschlag, löslich in reinem Wasser. Der durch Natriumsulfat erzeugte Niederschlag ist unlöslich sowohl in reinem Wasser wie im Überschuß des Fällungsmittels.

Die Trockenrückstände dieses Hydrosols sind amorph und opak zum Unterschied vom durchsichtigen Trockenrückstand der gewöhnlichen Zirkonsäure.

Das Hydrogel der Metazirkonsäure wird erhalten durch Fällen von Metachlorid mit Ammoniak. Es ist weniger voluminös als das Gel des gewöhnlichen Zirkonoxyds und verhält sich beim Erhitzen anders als dieses. Das gewöhnliche Oxyd erglüht beim Erwärmen, das Metaoxyd dagegen nicht. Die Wärmetönung bei der Umwandlung des gewöhnlichen Oxyds in das stabilere beträgt 9,2 cal. pro Gramm $ZrO_2$ (*Ruer*, l. c.).

## 82. Kolloides Thoriumoxyd.

Kolloides Thoriumoxyd wird nach *Biltz*[1] durch Dialyse der Nitratlösung gewonnen als völlig klares Hydrosol von neutraler Reaktion, das noch Spuren von Nitration enthält.

Nach dem Eintrocknen hinterbleibt eine gummiartige, glänzende Masse, die in Wasser nicht mehr löslich ist. Das Hydrosol ist gegen Elektrolyte sehr beständig, wird von normaler Kochsalzlösung, verdünnter Schwefelsäure usw. nicht gefällt, wohl aber von 30 proz. Ammoniumsulfat, konzentrierter Kochsalzlösung usw.

---

[1] l. c. S. 263.

*Szillard*[1] erhielt ein beständiges Hydrosol des Thoriumoxyds durch Peptisation von reinstem ausgewaschenen Thoriumhydrat mit Nitrat, *A. Müller*[2] ein reversibles Kolloid durch Peptisation des Gels des Thoriumhydroxyds mit Salzsäure bei Siedehitze. Das gut gewaschene Hydrogel wird in kochendem Wasser aufgeschlämmt und unter Umrühren mit $n/_{20}$ HCl peptisiert. Beim Eintrocknen dieses Hydrosols erhält man einen gummiartigen Rückstand, der in Wasser aufquillt und zu einer zähen Flüssigkeit sich auflöst. Dieses „mineralische Gummi" trocknet auf Papier zu einer glänzenden Schicht ein, und man kann vermittels dieser Flüssigkeit Papierstreifen aufeinanderkleben, geradeso wie mit Gummi arabicum.

Das zuletzt erwähnte Thoriumoxydhydrosol verhält sich also wie ein Halbkolloid, und die erwähnten Eigenschaften dürften darauf zurückzuführen sein, daß bei *Müllers* Verfahren relativ viel Salzsäure zur Peptisation verwendet wird und der Überschuß der gebildeten Elektrolyte durch Dialyse nicht entfernt wird. Wie alle positiven Kolloide fällt auch dieses Hydrosol kolloides Gold und andere negativ geladenen Kolloide.

### Metathoroxyd.

Geglühtes Thoriumoxyd ist bekanntlich sehr widerstandsfähig gegen Säuren; eine Ausnahme macht das durch vorsichtiges Glühen aus dem Oxalat gewonnene Oxyd; dieses, ein sehr lockeres Pulver, läßt sich ganz ähnlich wie Metazinnsäure mit Chlorwasserstoff und anderen Säuren peptisieren; das gewöhnlich etwas getrübte Hydrosol ist aber im Gegensatz zu dem der b-Zinnsäure recht beständig und gibt beim Eindampfen einen Trockenrückstand, der sich in Wasser zu einer trüben Flüssigkeit löst. Derselbe ist von *Bahr*[3], *Cleve*[4] u. a. näher untersucht worden. Der Trockenrückstand enthält etwas Wasser und geringe Mengen Chlor.

Eine neue Untersuchung dieses interessanten Kolloids rührt von *Kohlschütter* und *Frey*[5] her, aus der Verfasser folgendes entnimmt:

Das Glühen des Oxalats soll zwischen 500 bis 600° erfolgen; bei höheren Temperaturen, z. B. über 800° C, erhält man ein „totgebranntes" Produkt. Die Peptisation soll am frisch geglühten Präparate durchgeführt werden, längeres Liegen an der Luft stört infolge der Aufnahme von Wasser und Kohlensäure. Zur vollständigen Peptisation des frisch geglühten Oxyds genügt ein Molarverhältnis 1 HCl : 10 $ThO_2$; die Salzsäure darf aber nicht zu verdünnt angewendet werden (über $^1/_{100}$ n).

Das durch Peptisation von Thoriumoxyd erhaltene Hydrosol verhält sich zu den nach *Müllers* Verfahren gewonnenen ähnlich wie die salzsäurehaltigen Sole von b- zu denjenigen der a-Zinnsäure. Jene sind häufig milchig getrübt, durch Elektrolyte leicht fällbar, diese vollkommen klar und

Darstellung aus Oxalat.

---


[1] *B. Szillard:* Journ. de chim. phys. **5**, 488 bis 494 (1907).

[2] *A. Müller:* Koll.-Zeitschr. **2**, Suppl. I, S. VI—VIII (1907).

[3] *Bahr:* Ann. **132**, 227 (1864).

[4] *Cleve:* Bull. Soc. Chim. (2) **21**, 115 (1914).

[5] *V. Kohlschütter* und *A. Frey:* Zeitschr. f. Elektrochem. **22**, 145 (1916).

elektrolytbeständiger. *Kohlschütter* und *Frey* verglichen zwei Hydrosole annähernd gleichen Gehalts an Thoriumoxyd und Salzsäure (1,7 Proz. $ThO_2$ und etwa $^1/_{32}$ Mol HCl); das eine aus Thoriumoxyd, das andere aus dem gefällten Hydrat hergestellt. Die Fällungswerte für ein Kubikzentimeter der betreffenden Hydrosole finden sich in folgender Tabelle.

Tabelle 38.

| Nr. | Elektrolyt | Elektrolyt-konzentration | Metathoroxyd-Sol | Sol nach *Müller* |
|---|---|---|---|---|
| 1 | HCl | 2 n. | 0,2 ccm | 1—2,5 ccm |
| 2 | HBr | $^1/_{10}$-n. | 1,8 ccm | 3,5 ccm |
| 3 | $H_2SO_4$ | $^1/_{10}$-n. | 2 Tropfen | 3 Tropfen[1] |
| 4 | $NH_3$ | $^1/_{10}$-n. | 0,4 ccm | 0,1 ccm |
| 5 | $Th(NO_3)_4$ | $^1/_{10}$-n. | 0,7 ccm | 3—5 ccm |
| 6 | $BaCl_2$ | 2 n. | 2,5 ccm | 5 ccm |

Für die unveränderte Haltbarkeit der Thoriumoxydhydrosole spricht sehr, daß die Fällungswerte nach 9 Monaten annähernd dieselben waren.

Was das aus Thoriumoxalat durch Glühen gewonnene Oxyd besonders interessant macht, ist seine Peptisierbarkeit. Gewöhnlich genügt das Eintrocknen eines irreversiblen Gels, um die Peptisierbarkeit vollständig aufzuheben, und Glühen macht die Oxyde in der Regel sogar gegen chemischen Angriff sehr widerstandsfähig. Bei Thoriumoxyd (aus Oxalat) liegt aber ein geglühtes Produkt eines sonst kaum angreifbaren Oxyds vor, das sich leicht mit verdünnter Salzsäure peptisieren läßt. Als Ursache dieses eigentümlichen Verhaltens ist die bereits vorgebildete weitgehende Zerteilung des Oxyds und der geringe Zusammenhalt seiner Ultramikronen anzusehen, beides darauf zurückzuführen, daß das äußerst schwer schmelzbare Oxyd sich direkt aus dem Oxalat unter Gasentwicklung bildet, und zwar ohne Entstehung sinternder Zwischenprodukte.

Es bedarf dann nur mehr eines geringfügigen chemischen Angriffs der Oberfläche und elektrischer Aufladung der Teilchen, um einen Zerfall des Oxyds zu einem Hydrosol herbeizuführen.

Daß das „Anätzen" (die Verkleinerung des Korns) nicht wesentlich ist, sondern die Aufladung und Ionisation der Oberflächenmoleküle als wesentlich in Betracht kommen, folgert *Kohlschütter* u. a. aus dem Verhalten gegen Schwefelsäure und Salzsäure. Die erste Säure löst viel mehr Thoriumoxyd, peptisiert aber trotzdem schlechter als die letzte, die nur wenig Oxyd in krystalloide Lösung überführt. Würde die Verkleinerung der Teilchen durch den Lösungsvorgang das Wesentliche sein, so müßte die Schwefelsäure besser peptisieren als die Salzsäure.

---

[1] Der Niederschlag löst sich wieder im Überschuß des Fällungsmittels. Die Löslichkeit des Niederschlages in verdünnter Schwefelsäure spricht nach *Kohlschütter* dafür, daß hier ein Hydrat vorliegt. Nach der von *Mecklenburg* bei den Zinnsäuren gegebenen Auffassung würde aber die feinere Zerteilung des Oxyds schon genügen, um die leichtere Löslichkeit zu erklären. Wir wollen diese Frage zunächst noch offen halten.

Die Aufladung der Teilchen bei der Peptisation kann nach den in Kap. 33 gebrachten Formeln etwa so dargestellt werden:

$$|\,\mathrm{ThO_2} + 2\,\mathrm{H^{\boldsymbol{\cdot}}} + 2\,\mathrm{Cl'} = |\,\mathrm{ThO^{\boldsymbol{\cdot\cdot}}} + \mathrm{H_2O} + 2\,\mathrm{Cl'},$$

wobei $|\,\mathrm{ThO_2}$ ein Molekül Thoriumoxyd an der Oberfläche der Ultramikronen darstellt, das durch Einwirkung der Salzsäure in ein an der Oberfläche haftendes Ion[1] $|\,\mathrm{ThO^{\boldsymbol{\cdot\cdot}}}$ übergeführt wird.

## 83. Peptoide.

Es ist seit *Graham* bekannt, daß eine gewisse Analogie zwischen Peptonbildung aus Eiweiß und der anorganischen Peptisation besteht. *Szillard*[2] hat versucht, diese Analogie zu erweitern.

Koaguliertes Eiweiß, durch Pepsin verdaut, wird in Peptone und Albumosen verwandelt, die einen größeren Grad von Homogenität besitzen, als das gewöhnliche Eiweiß; ebenso lassen sich die Hydrogele verschiedener anorganischer Kolloide mit Salzsäure oder Alkali peptisieren, aber auch mit Schwermetallsalzen, worauf z. B. *Graham*s Darstellung des Eisenoxydhydrosols beruht.

*Szillard* zeigt nun, daß die Peptisation mit Schwermetallsalzen eine ganz allgemeine ist, daß man eine ganze Reihe neuer gemischter („heterogener") Kolloide herstellen kann, indem man das Hydrogel des einen Metalloxyds durch Salze eines anderen mehrwertigen peptisiert. Die erhaltenen Hydrosole bezeichnet *Szillard* als Peptoide.

Als Beispiele für zahlreiche andere seien erwähnt:

1. das Uranylhydrat-Thorium-Peptoid,
2. das Thoriumhydrat-Uranyl-Peptoid.

Das erste erhält man durch Peptisation von Uranylhydrat mit Thoriumnitrat; letztes, indem man Thoriumhydrat mit Uranylnitrat peptisiert. Das erste Hydrosol ist schwach gelblichgrün, das letzte dunkel rotgelb gefärbt. Bezüglich ihrer Darstellung ist zu erwähnen, daß man die betreffenden Oxydhydrate resp. Hydrogele sehr gut auswaschen muß, wobei sie sich zu einer feinen Suspension aufschlämmen. Dann wird die Lösung des Nitrats zum Kochen erhitzt und allmählich die Suspension des Hydrogels zugefügt.

Über den Vorgang selbst kann man sich etwa folgende Vorstellung machen: Die ersten Partien des Hydrogels werden entweder durch das Kation des Salzes peptisiert oder vom Nitrat unter Bildung basischer Salze aufgelöst. Diese vereinigen sich mit weiter zugesetztem Oxyd zu Adsorptionsverbindungen, die Anionen abspalten und sich selbst dabei positiv laden. Daß dabei verschiedene Produkte gebildet werden, erkennt man an der verschiedenen Färbung der entstehenden Hydrosole.

Auch koaguliertes Eiweiß läßt sich mit Schwermetallsalzen peptisieren.

---

[1] des Oxychlorids $\mathrm{ThOCl_2}$.

[2] *B. Szillard:* Journ. de chim. phys. **5**, 495, 636 bis 646 (1907).

# d) Kolloides Eisenoxyd.

Das kolloide Eisenoxyd wird nach *Graham*[1] durch Auflösen von Eisenhydroxyd in Eisenchloridlösungen und Dialyse erhalten. Auch aus verdünnten Lösungen von Eisenchlorid kann man nach *Krecke*[2] Ferrioxydhydrosol durch Dialyse erhalten oder nach *Biltz*[3] durch Dialyse des Nitrats.

Zu einem kolloiden Eisenoyxd von anderen Eigenschaften gelangt man nach *Péan de St. Gilles*[4] durch anhaltendes Kochen einer Lösung von Ferriacetat. Lösungen dieser Art bezeichnet *Graham* als Lösungen von kolloidem Metaeisenoxyd. Eine andere Art kolloiden Eisenoxyds wird Kap. 88 beschrieben.

*Grahams kolloides Eisenoxyd.* Das *Graham*sche kolloide Eisenoxyd besitzt eine tiefbraune Färbung, ist von Krystalloiden weitgehend befreit, enthält aber immer noch eine kleine Menge Chlor, die sich nicht vollständig entfernen läßt, ohne daß Koagulation eintritt. Es wird durch die meisten Elektrolyte vollständig gefällt; verdünnte Säuren machen aber das Hydrosol beständiger.

*Käufliches kolloides Eisenoxyd.* Ähnliche Eigenschaften wie das *Graham*sche besitzt das käufliche 5 proz. Hydrosol, das zu pharmazeutischen Zwecken Verwertung findet. Die Firma *Merck* in Darmstadt bringt sogar 10 proz. kolloides Eisenoxyd in den Handel, das aber relativ noch mehr Chlor enthält als das 5 proz. des Apothekerverbandes.

*Metaeisenoxyd.* Ganz andere Eigenschaften zeigt, wie erwähnt, das Hydrosol von *Péan de St. Gilles*; die braunrote Färbung des Ferriacetats geht allmählich beim Kochen in Ziegelrot über. Dabei verschwindet der zusammenziehende Geschmack des Acetats und macht dem der Essigsäure Platz.

Ultramikroskopisch unterscheiden sich die Hydrosole dadurch, daß das *Graham*sche die feineren Teilchen enthält. Im käuflichen Hydrosol bemerkt man neben Einzelteilchen einen homogenen Lichtkegel, der bei weiterem Verdünnen bläulich wird und schließlich verschwindet, ohne auflösbar zu sein. Ein Hydrosol aus Acetat gab einen viel intensiveren Lichtkegel, enthielt also größere Teilchen.

Die genannten Arten des Eisenoxyds sind nach *Coehn*[5] positiv geladen; neuerdings hat *Fischer*[6] ein negatives kolloides Eisenoxyd hergestellt.

## 84. Reaktionen des kolloiden Eisenoxyds.

Das aus Acetat gewonnene kolloide Eisenoxyd ist im durchfallenden Licht klar, im auffallenden Licht stark getrübt. Schwefelsäure oder ihre Salze koagulieren es sofort; der Niederschlag ist in konzentrierten Säuren unlöslich, im Gegensatz zu dem Niederschlag des *Graham*schen kolloiden Eisen-

---


[1] *Th. Graham:* Phil. Transact. **1861**, 183; Liebigs Annalen **121**, 45 (1862).

[2] *F. Krecke:* Journ. f. prakt. Chemie [2] **3**, 286 bis 306 (1871).

[3] *W. Biltz:* Ber. **35**, 4431 bis 4438 (1902).

[4] *Péan de St. Gilles:* Compt. rend. **40**, 568 bis 571, 1243 bis 1247 (1855).

[5] *A. Coehn:* Zeitschr. f. Elektrochemie **4**, 63 vis 67 (1897/8).

[6] *H. W. Fischer* und *E. Kusnitzky:* Biochem. Zeitschr. **27**, 311 bis 325 (1910).

oxyds. Eingießen des Hydrosols in konzentrierte Salzsäure oder Salpetersäure gibt einen Niederschlag, der in Wasser wieder löslich ist. Man findet hier mehrere Analogien mit den Reaktionen der Metazinnsäure, und die Bezeichnung Metaeisenoxyd ist daher berechtigt. Das Hydrosol verdient eingehende Untersuchung, die scheinbare Isomerie der beiden Modifikationen beruht hier wohl in erster Linie auf Verschiedenheit der Teilchengröße[1].

Das *Graham*sche Eisenoxyd unterscheidet sich vom Metaeisenoxyd durch geringere Fällbarkeit und durch leichtere Löslichkeit des gefällten Oxyds in Säuren. Das käufliche steht betreffs seiner Reaktionen zwischen den beiden genannten Kolloiden. So wird es durch mäßig konzentrierte Salzsäure vollständig gefällt; der Niederschlag löst sich aber allmählich nach dem Absetzen in der überstehenden Säure zu Chlorid. Dieses Kolloid steht also zu dem *Graham*schen und dem Metaeisenoxyd in einem ähnlichen Verhältnis wie das kolloide Zinnoxyd nach des Verfassers Verfahren zu der a- und b-Zinnsäure.

Im Anschluß daran kann an eine Bemerkung *Grahams*[2] erinnert werden, nach welcher die Reaktionen der Kolloide meist träge verlaufen. Wie man sieht, vollzieht sich die Kolloidreaktion, in diesem Fall also die Koagulation durch Säuren, zuweilen sehr rasch, langsam dagegen die eigentliche chemische Reaktion, also die Bildung von Eisenchlorid aus dem gefällten Oxyd. So kommt es, daß ein Lösungsmittel für Eisenoxyd dieses zunächst aus seiner kolloiden Lösung zu fällen vermag und daß die Fällung vollendet ist, lange bevor seine lösende Wirkung merklich zur Geltung kommt.

Andere Reaktionen des Eisenoxyds. Schon der Geschmack des Hydrosols deutet darauf hin, daß in der Lösung Ferriionen nur in sehr geringer Menge vorhanden sind. Der eigenartige Geschmack der letzteren fehlt vollständig, und das Hydrosol erzeugt nur ein rauhes Gefühl auf der Zunge.

Andere Beweise können aber erbracht werden durch Reagenzien, z. B. durch Ferrocyankalium, welches in weitgehend dialysiertem kolloiden Eisenoxyd, insbesondere im Metaoxyd, keine merkliche Veränderung hervorruft[3], während kleine Mengen von Ferriionen bekanntlich sofort an der Bildung von Berlinerblau erkannt werden können[4]. Auch das Ultrafiltrat enthält keine Ferrisalze.

Anders ist es bei dem käuflichen Präparat; dieses ist in der Regel weniger gut gereinigt. Im Ultrafiltrat erhält man mit Ferrocyankalium Blaufärbung,

---

[1] Vgl. Kap. 71, Isomerien der Zinnsäure.

[2] *Th. Graham:* Liebigs Annalen **121**, 70 bis 71 (1862).

[3] Sind merkliche Mengen von Eisenionen vorhanden, so färbt sich das Kolloid schwarz [*H. W. Fischer* und *E. Kusnitzky*: Biochem. Zeitschr. **27**, 311 bis 325 (1910)].

[4] Über die Berlinerblaureaktion ist in Kap. 99 Näheres mitgeteilt, auch über Verzögerungserscheinungen, auf welche *Vorländer* aufmerksam gemacht hat. Bezüglich eines kleinen Mißverständnisses (Ber. **46**, 190; 1913) möchte ich folgendes mitteilen: Es handelt sich bei der Reaktion auf Ferriionen selbstverständlich nicht um den Nachweis von Eisenoxydhydrat, sondern um Nachweis von Ionen des unzersetzten Ferrisalzes in der intermizellaren Flüssigkeit. Für diese Reaktion kann man Ferrocyanwasserstoff*säure* gar nicht gebrauchen, da diese mit dem kolloiden Eisenoxyd selbst unter Bildung von Berlinerblau reagiert. Die Berlinerblaureaktion mit $K_4FeCy_6$ ist für den vorliegenden Fall hinreichend empfindlich, da sich 0,03 mg Fe''' in 20 ccm Ultrafiltrat noch leicht nachweisen lassen.

ein Beweis, daß unzersetztes Ferrisalz also auch Ferriïon noch vorhanden ist,
wenn auch in geringer Menge.

　　　Chlorreaktion. Das Chlorion ist in kolloidem Eisenoxyd durch $AgNO_3$
nicht nachweisbar. Dies hat seine besondere Bewandtnis. Denn tatsächlich
ist es, wie *Ruer*[1] gezeigt hat, in dialysierbarer Form darin enthalten. *Hantzsch*
und *Desch*[2] haben schon gezeigt, daß das Eisenoxyd zwar chlorhaltig ist,
daß das Chlor aber mit Silbernitrat nicht direkt nachweisbar ist; sie schreiben dies dem Vorhandensein eines chlorhaltigen Komplexions zu. *Ruer* aber
führt den Nachweis, daß Chlorion tatsächlich vorhanden ist und daß das
Nichterscheinen der Chlorreaktion mittels Silbernitrat auf eine einfache
Schutzwirkung des kolloiden Eisenoxyds auf das gebildete Chlorsilber zurückzuführen ist, die das Auftreten einer sichtbaren Trübung und eines Niederschlags verhindert.

　　　Es zeigt sich, daß eine Lösung, welche

$$\left.\begin{array}{l} 0{,}752 \text{ g } Fe_2O_3 \\ 0{,}220 \text{ ,, } Cl \end{array}\right\} \text{ in } 100 \text{ ccm}$$

enthält, mit Silbernitrat keinen Niederschlag, sondern bloß eine schwache
Opaleszenz gibt. Durch Kochen der Lösung mit Salpetersäure (Verwandeln
des Eisenoxyds in Nitrat) kann man die Niederschlagsbildung leicht herbeiführen.

　　　Daß aber in der ursprünglichen Lösung tatsächlich Chlorion vorhanden
ist, beweist *Ruer* auf folgendem Wege: Die Flüssigkeit wurde ohne Wasserwechsel dialysiert. Danach enthielt

　　　das Außenwasser 0,0056 Proz. $Fe_2O_3$ und 0,0760 Proz. Cl,
　　　das Innenwasser 0,7032　　,,　　　,,　　,, 0,1388　,,　　,, .

　　　Das Außenwasser gab sofort eine Chlorreaktion, die Innenflüssigkeit dagegen nicht, obgleich sie gleichfalls Chlorion in Form von Chloriden oder
Chlorwasserstoff enthalten mußte. Trotz des Vorhandenseins dieser Bestandteile hat also die Innenflüssigkeit keine Chlorreaktion gezeigt, was nur unter
der Annahme einer Schutzwirkung erklärt werden kann.

*Duclaux'* Unter-　　　Eine Reihe interessanter und theoretisch wichtiger Reaktionen des
suchungen.　kolloiden Eisenoxyds hat *Duclaux*[3] durchgeführt, der es sich zur Aufgabe
gemacht hatte, die Allgemeingültigkeit der *Hardy*schen Fällungsregel zu ent-
kräften, und dafür eine Reihe von Beweisen am kolloiden Ferrocyankupfer
und am kolloiden Eisenoxyd gebracht hat. Es wurden verschiedene Arten
kolloiden Eisenoxyds mit einer Anzahl Elektrolyte gefällt, und es ergab sich,
daß von **geeigneten Elektrolyten**, gleichgültig, ob sie ein-, zwei- oder
dreiwertige Anionen enthielten, annähernd äquivalente Mengen zur Fällung
von 10 ccm eines bestimmten Eisenoxydhydrosols benötigt wurden.

　　　Wurde z. B. eine Lösung, die $\left\{\begin{array}{l} 0{,}0203 \text{ Grammatom Fe im Liter} \\ 0{,}00166 \text{　　　,,　　　Cl ,,　　,,} \end{array}\right\}$ enthielt,

---


[1] *R. Ruer:* Zeitschr. f. anorg. Chemie **43**, 85 bis 93 (1905).
[2] *A. Hantzsch* und *C. Desch:* Liebigs Annalen **323**, 28 bis 31 (1902).
[3] *J. Duclaux:* Journ. de Chim. Phys. **5**, 29 bis 56 (1907).

verwendet, so brauchte man zur Koagulation von 10 ccm Eisenoxydsol die folgenden Grammäquivalente der verschiedenen Anionen (als Neutralsalze zugesetzt) zur Fällung:

Tabelle 39.

| | | |
|---|---|---|
| $17 \cdot 10^{-6}$ Grammäquivalent | | $SO_4''$ |
| $16,5 \cdot 10^{-6}$ | „ | Citration |
| $15,2 \cdot 10^{-6}$ | „ | $CrO_4''$ |
| $17 \cdot 10^{-6}$ | „ | $CO_3''$ |
| $19 \cdot 10^{-6}$ | „ | $PO_4'''$ |
| $16,1 \cdot 10^{-6}$ | „ | $OH'$ |
| $13 \cdot 10^{-6}$ | „ | $FeCy_6''''$ |
| $1880 \cdot 10^{-6}$ | „ | $NO_3'$ |

Es zeigte sich ferner, daß die zur Fällung erforderliche Menge von Sulfat- oder Hydroxylion stets annähernd äquivalent ist dem Chlorgehalt des kolloiden Eisenoxyds. Enthielt das Hydrosol z. B. auf $203 \cdot 10^{-6}$ Grammatom Eisen die in der ersten Spalte gegebene Menge Chlor, so brauchte man die in der zweiten und dritten Spalte der folgenden Tabelle 40 in Grammäquivalent angegebenen Mengen von Sulfat- und Hydroxylion:

Tabelle 40.

| g Atom Cl | g Äquivalent | | |
|---|---|---|---|
| | $SO_4''$ | $OH'$ | $NO_3'$ |
| $17 \cdot 10^{-6}$ | $17 \cdot 10^{-6}$ | $16 \cdot 10^{-6}$ | $1880 \cdot 10^{-6}$ |
| $8 \cdot 10^{-6}$ | $6,8 \cdot 10^{-6}$ | $6,6 \cdot 10^{-6}$ | $440 \cdot 10^{-6}$ |
| $4,1 \cdot 10^{-6}$ | $4 \cdot 10^{-6}$ | $3,6 \cdot 10^{-6}$ | $70 \cdot 10^{-6}$ |
| $2,8 \cdot 10^{-6}$ | $2 \cdot 10^{-6}$ | $2,2 \cdot 10^{-6}$ | $36 \cdot 10^{-6}$ |

Bei Nitrat dagegen ist durchaus keine Äquivalenz festzustellen, wie man aus der letzten Spalte entnehmen kann. Ähnliches gilt vom Natriumchlorid, was aus folgender Tab. 41 ersichtlich ist:

Tabelle 41.

Eisenoxydhydrosol.

| mit g Atom Cl | Wird gefällt durch g Äquivalent | |
|---|---|---|
| | $SO_4''$ | NaCl |
| 11 | 13 | 2000 |
| 7,2 | 7,2 | 170 |
| 4,8 | 3,4 | 75 |
| 1 | 0,9 | 6 |

Wie man sieht, fällen, abgesehen von $Cl'$, $NO_3'$, alle anderen Anionen aus einem gegebenen Volumen Eisenoxydhydrosol das Ferrioxyd, wenn sie demselben in annähernd äquivalenten Mengen zugesetzt werden[1]. Die *Schulze-*

---

[1] Genaue Äquivalenz kann hier nicht erwartet werden, weil alle derartigen Kolloidfällungen mit beträchtlichen Fehlern behaftet sind, die auf die Art des Mischens, die Geschwindigkeit des Zusatzes von Elektrolyt usw. zurückzuführen sind.

*Hardy*sche Wertigkeitsregel (Kap. 25e) und die darauf gegründeten Erklärungsversuche der Elektrolytkoagulation versagen hier. Wir treffen hier also bei positiven Teilchen gegenüber Kationen genau dieselben Verhältnisse, wie sie bei der negativen Zinnsäure gegenüber fällenden Anionen gefunden wurden.

Zur Erklärung kann die Annahme herangezogen werden, daß das kolloide Eisenoxyd die Lösung eines sehr hochmolekularen Oxychlorides darstellt, dessen Kationen mit allen in äquivalenter Menge fällenden Anionen praktisch unlösliche Niederschläge geben, oder man kann annehmen, daß die Eisenoxydultramikronen die Kationen eines derartigen Oxychlorides[1] adsorbiert enthalten, wie Kap. 33e ausgeführt wurde. Die letztere Annahme ist die allgemeinere und soll darum hier berücksichtigt werden.

Das adsorbierte Kation, dessen Chlorid und Nitrat leicht löslich sein sollen, erteilt den Ultramikronen die elektrische Ladung und dem Hydrosol die Stabilität. Setzt man nun eines der erwähnten Fällungsmittel zu, so wird man wegen der Unlöslichkeit der Verbindung (Fe-Komplexkation)$n$ (Anion)$m$ zur Ausfällung nur soviel davon zuzusetzen brauchen, bis Entladung aller Ultramikronen (unter das kritische Potential) eintritt, also eine dem Cl′ äquivalente Menge.

Zur Veranschaulichung mögen folgende Formelbilder dienen, wobei angenommen wird, das Anion hätte die Zusammensetzung $Fe_2\overset{..}{O_2}$ und wäre zweiwertig (das undissoziierte Komplexsalz hätte die Zusammensetzung $Fe_2O_2Cl_2)^2$ :

$$\boxed{Fe_2O_3} \qquad\qquad\qquad \boxed{Fe_2O_3}\,Fe_2\overset{..}{O_2}$$

a) Ultramikroskopisches    b) mit adsorbiertem Komplexkation, elektrisch
   Eisenoxydteilchen,          geladen, von dem 2 Cl′ abdissoziiert sind.

Zur Neutralisation der elektrischen Ladung sind 2 Moleküle OH′ oder 1 Molekül $\overset{..}{CrO_4}$, $\overset{..}{SO_4}$ usw. erforderlich:

$$\boxed{Fe_2O_3}\,Fe_2\overset{..}{O_2} + 2\,OH' = \boxed{Fe_2O_3}\,Fe_2O_2(OH)_2 \,.$$

Entladenes Eisenoxydteilchen,
das in den Niederschlag geht.

$$\boxed{Fe_2O_3}\,Fe_2\overset{..}{O_2} + \overset{..}{CrO_4} = \boxed{Fe_2O_3}\,Fe_2O_2 \cdot CrO_4 \,.$$

Der Voraussetzung entsprechend sind Chloride und Nitrate des Komplexkations nicht schwer löslich; man braucht daher viel mehr Chloride oder Nitrate, um die Teilchen zu entladen[3].

---

[1] D. h. eines Komplexsalzes, dessen Kation mit den erwähnten Anionen schwerlösliche Verbindungen eingeht. Man kann auch annehmen, daß Ferriionen adsorbiert sind, deren Reaktionen infolge der Adsorption andere Eigenschaften erhalten als in freiem Zustande.

[2] Vgl. Anmerk. 1 S. 128.

[3] Die Einwirkung von Salzsäure auf kolloides Eisenoxyd wurde u. a. von *Kuriloff* untersucht [Zeitschr. f. anorg. Chemie **79**, 88 bis 96 (1913)].

### 85. Leitfähigkeit des kolloiden Eisenoxyds.

*Malfitano*[1], dem wir die Einführung der Kollodiummembran für derartige Untersuchungen verdanken, hat gezeigt, daß gewöhnliche Elektrolyte, wie Kaliumchlorid oder Eisenchlorid, beim Filtrieren die Membran unverändert passieren. So wurde die Leitfähigkeit einer $n/_{50}$-KCl-Lösung zu 0,00232 bestimmt; das Filtrat hatte die Leitfähigkeit 0,00237, während der Filterinhalt die Leitfähigkeit 0,00239 besaß; also innerhalb der Fehlerquellen ergaben sich dieselben Werte. Ähnliches wurde bei einer Eisenchloridlösung gefunden, die 0,371 Proz. Chlor und 0,132 Proz. Eisen enthielt.

Die Untersuchung echter Kolloidlösung hat dann *Duclaux*[2] erfolgreich in die Hand genommen. Er zeigte, daß kolloides Eisenoxyd nach *Graham*, das pro Liter 0,032 Grammatom Eisen enthielt, durch Kollodium filtriert, ein farbloses Filtrat gibt.

Die ursprüngliche Lösung hatte die Leitfähigkeit  . . . $113 \cdot 10^{-6}$
das Filtrat hatte die Leitfähigkeit  . . . . . . . . . . $82 \cdot 10^{-6}$
der Rückstand ($1/_{10}$ der ursprünglichen Lösung) hatte die
Leitfähigkeit  . . . . . . . . . . . . . . . . . . . $280 \cdot 10^{-6}$

Es hat also durch Anreicherung der „Mizellen" eine bedeutende Erhöhung der Leitfähigkeit stattgefunden.

Daß die intermizellare Flüssigkeit bei der Filtration innerhalb gewisser Grenzen unverändert die Membran passiert, geht gleichfalls aus Versuchen von *Duclaux* hervor (Tab. 42). Bei der Filtration eines Hydrosols, dessen Trockenrückstand der Zusammensetzung $Fe_2Cl_6 \cdot 80\,Fe_2O_3$ entsprach, fand er folgendes:

Tabelle 42.

| Zeitpunkt der Messung | Leitfähigkeit des Filtrates in willkürlichen Einheiten |
|---|---|
| Zu Beginn . . . . . . . . . . . . . . . . . | 100 |
| Nach Konzentration auf das 4fache . . . . | 99 |
| „  „  „  „ 6 „ . . . . | 101 |
| „  „  „  „ 24 „ . . . . | 106 |

Erst zum Schluß zeigt sich eine Zunahme der Leitfähigkeit. Dieses Resultat steht durchaus im Einklang mit Versuchen, welche auf Veranlassung des Verfassers von Dr. *Bachmann* durchgeführt wurden, aus denen zweifellos hervorgeht, daß die Adsorption des Elektrolyts durch Kollodiummembranen keine oder doch höchstens eine ganz untergeordnete Rolle spielt, ein Resultat, das von Wichtigkeit ist zur Beurteilung der Filtration, sowie auch des osmotischen Drucks in Anbetracht eines Einwands, den *Lottermoser*[3] erhoben hat.

---

[1] *G. Malfitano:* Compt. rend. **139**, 1221 (1904).
[2] *J. Duclaux:* Compt. rend. **140**, 1468 bis 1470, 1544 bis 1547 (1905); Koll.-Zeitschr. **3**, 126 bis 134 (1908).
[3] *A. Lottermoser:* Zeitschr. f. phys. Chemie **60**, 451 bis 463 (1907).

Zsigmondy, Kolloidchemie. 3. Aufl.    18

Später ist übrigens *Lottermoser* selbst in Gemeinschaft mit *Maffia*[1] zu dem gleichen Resultat gekommen und hat überdies gezeigt, daß die Filtrationsmethode sich vorzüglich dazu eignet, Sorptionen von Elektrolyten innerhalb der kolloiden Lösungen zu studieren.

Unabhängig davon ist schon vorher *Wo. Ostwald*[2] unter Benutzung der von *Dumanski*[3] gegebenen Daten über Leitfähigkeit elektrolythaltiger Eisenoxydlösungen zu dem Schlusse gelangt, daß hier Adsorption von Elektrolyten durch Ultramikronen vorliegt; er konnte die Gültigkeit der „Adsorptionsisotherme" für das Gleichgewicht zwischen kolloid gelöstem Eisenoxyd und Elektrolyt feststellen.

*Pauli* und *Matula* haben neuerdings die Ionenkonzentration in genügend dialysierter kolloider Eisenoxydlösung bestimmt[4] und gefunden, daß die elektrometrisch bestimmte Chlorkonzentration erheblich zurückbleibt gegenüber dem analytisch nachweisbaren Chlorgehalt, daß aber (in Übereinstimmung mit *Duclaux*) die dem fällenden Sulfation äquivalente Menge Chlor im Filtrat sich vorfindet.

Das Eisenoxydsol verhält sich demnach geradeso wie eine Elektrolytlösung, deren Anionen Chlor und deren Kationen aus Ultramikronen des Eisenoxyds gebildet sind; die Übereinstimmung mit einer gewöhnlichen, mäßig dissoziierten Elektrolytlösung ist eine weitgehende auch in anderer Hinsicht.

Die beiden Autoren sehen das positiv elektrisch geladene Eisenoxydteilchen als Komplexion an, dessen Zusammensetzung etwa durch die Formel

$$x\,Fe\,(OH)_3 \cdot y\,Fe^{\cdots}$$

zum Ausdruck gebracht werden kann. Die Elektrolytfällung ist nach ihnen nicht auf Ionenadsorption, sondern auf Zurückdrängen der Dissoziation zurückzuführen.

Die Resultate von *Pauli* und *Matula* enthalten eine wertvolle Stütze für den Satz, daß die elektrisch geladenen Ultramikronen der kolloiden Oxyde sich in vieler Hinsicht ganz wie große Komplexionen verhalten[5].

---

[1] *A. Lottermoser* und *P. Maffia:* Ber. **43**, 3613 bis 3618 (1910).

[2] *Wo. Ostwald: van Bemmelen*-Gedenkboek 1910, S. 267 bis 274.

[3] *A. Dumanski:* Koll.-Zeitschr. **1**, 281 bis 284 (1906); **2**, Suppl. I, S. XVIII bis XXII (1907).

[4] *Wo. Pauli* und *J. Matula:* Koll.-Zeitschr. **21**, 49 (1917).

[5] Die Auffassung dieser abfiltrierbaren Teilchen als echte Ionen, also als Spaltstücke von Molekülen echter Elektrolyte, würde aber nur unter Nichtbeachtung der wesentlichsten Fortschritte der Kolloidphysik und -chemie möglich sein. Ich nehme an, daß eine derartige Tendenz nicht in den Andeutungen der Verfasser über die Mizellen enthalten war.

Einige Eigentümlichkeiten, namentlich die von *Pauli* und *Matula* angenommene Erhöhung der Kationenbeweglichkeit mit der Zeit, verdienen nähere Prüfung. Die Viskositätsabnahme und die Zunahme der Leitfähigkeit ist am einfachsten erklärlich unter der Annahme, daß die betreffenden Eisenoxydhydrosole Sekundärteilchen enthalten, die unter dem Einfluß Alterung, der Erwärmung wie bei Gegenwart von Chlorkalium eine Schrumpfung erleiden; vgl. auch Kap. 27 (*v. Smoluchowski*).

## 86. Osmotischer Druck.

Das kolloide Eisenoxyd besitzt, wie *Duclaux*[1] gezeigt hat, osmotischen Druck gegen sein Filtrat, der mit zunehmender Konzentration steigt, aber nicht proportional derselben. Nahm die Konzentration im Verhältnis 1 : 18 zu, so stieg der Druck 1 : 80. Die Ursache dieser Druckzunahme ist noch nicht vollständig aufgeklärt. *Duclaux* hat jedoch in einer neueren Arbeit eine plausible Erklärung dafür gegeben[2]. (Vergl. auch Anm. 1, S. 56.)

Wie schon von diesem beobachtet worden ist, sinkt der osmotische Druck des Eisenoxydhydrosols mit steigender Temperatur. Verfasser hat einen Dauerversuch ausgeführt, der sich über $1^1/_2$ Jahre erstreckte und der regelmäßig bestätigte, daß eine Temperaturerhöhung von Zimmertemperatur auf 50° C ein Sinken des osmotischen Drucks um durchschnittlich 15 mm bewirkte, ein Temperaturabfall jedoch ein abermaliges Ansteigen des Druckes.

Über diese Erscheinung lagerte sich ein allmählicher Druckabfall der kolloiden Lösung gegen die Außenflüssigkeit, der zum Teil darauf zurückzuführen ist, daß statt des Filtrats Wasser in das äußere Gefäß gebracht wurde, wodurch ein Konzentrationsunterschied der schwerer diffundierenden Elektrolyte herbeigeführt wurde, der erst allmählich sich ausglich; zweitens aber auf eine Zustandsänderung innerhalb des Hydrosols, die darin bestand, daß die Amikronen teilweise zu Submikronen zusammentraten, deren massenhaftes Vorhandensein zum Schluß des Versuchs beobachtet wurde.

## 87. Magnetooptische Untersuchungen.

**Form der Ultramikronen.** Schon *Majorana*[3] hat beobachtet, daß kolloides Eisenoxyd im magnetischen Feld ganz ähnliche Eigenschaften annimmt wie ein einachsiger Krystall. Betrachtet man ein im Feld eines kräftigen Elektromagneten befindliches Hydrosol des Eisenoxyds, das von einem Lichtstrahl senkrecht zu den magnetischen Kraftlinien durchsetzt wird, so beobachtet man Doppelbrechung zuweilen von der Größenordnung des Quarzes, die verschwindet, wenn der Magnet ausgeschaltet wird. Die Erscheinung tritt je nach dem Alter der Lösung sehr verschieden stark auf.

*Schmauss*[4] machte darauf aufmerksam, daß es sich hier um eine gewissen Kolloidlösungen eigentümliche Erscheinung handelt, und nahm an, daß eine Orientierung der Teilchen durch den Magneten stattfindet.

*Cotton* und *Mouton*[5] untersuchten das Phänomen ultramikroskopisch, bestätigten die Beobachtung von *Schmauss* und kamen zu derselben Auffassung wie dieser, erweiterten jedoch das Beobachtungsmaterial und die theoretischen Folgerungen um ein ganz Beträchtliches.

Cotton und Moutons Untersuchungen.

---

[1] *J. Duclaux:* Compt. rend. **140**, 1544 (1905).

[2] *J. Duclaux:* Journ. de Chim. Phys. **7**, 405 bis 446 (1909).

[3] *Qu. Majorana:* Rendic. R. Accad. Lincei **11**, I, 374, 463, 531; II, 90, 139 (1902).

[4] *A. Schmauss:* Drudes Annalen d. Phys. [4] **12**, 186 bis 195 (1903).

[5] *A. Cotton* und *H. Mouton:* Compt. rend. **141**, 317, 349 (1905); Soc. fr. de phys., 17. Nov. 1905. Siehe auch: Les ultramicroscopes etc. Paris 1906, Kap. VIII.

Sie fanden, daß durch Konzentrieren des Kolloids mit Hilfe von Kollodiumfiltern eine starke Erhöhung der Doppelbrechung erzielt werden kann, während das Filtrat inaktiv bleibt.

Die Koagulation des Kolloids erzeugt eine inaktive Gallerte; läßt man es jedoch unter dem Einfluß des Magneten erstarren, so erhält man, wie schon *Schmauss* gefunden hatte, eine bleibend doppelbrechende Gallerte, die sich optisch wie ein Krystall verhält, auch nach Entfernung des Magnetfeldes. Endlich verändert sich das kolloide Eisenoxyd (es wurde „fer *Bravais*" angewandt) stark mit der Zeit; die Trübung und gleichzeitig auch die Doppelbrechung werden allmählich stärker als in der ursprünglichen Flüssigkeit. Diese Veränderung kann durch Erwärmen beschleunigt werden. Vierstündiges Erhitzen auf 100° C verstärkt die Doppelbrechung auf das Vierzigfache. Während des Erwärmens nehmen Trübung und Viskosität beständig zu; je größer die Teilchen, desto größer die Doppelbrechung.

Dieselben Versuche wurden auch durchgeführt mit einem nach *Bredigs* Verfahren durch Zerstäubung von Metalldraht erhaltenen kolloiden Eisen. Zuweilen erhielt man so große Teilchen, daß sie im gewöhnlichen Mikroskop beobachtet werden konnten. Sie hatten längliche Form und orientierten sich unter dem Einfluß eines Magneten, gleichzeitig wurde die Doppelbrechung sehr auffällig. Es ist sehr naheliegend anzunehmen, daß auch bei den Ultramikronen die Doppelbrechung auf Orientierung von Lamellen oder Stäbchen zurückzuführen ist. Sie könnte aber auch zurückgeführt werden auf Aneinanderreihen von solchen Stäbchen zu feinen Fäden[1]. Doch haben *Cotton* und *Mouton* ultramikroskopisch nachgewiesen, daß diese Annahme zu verwerfen ist. Es bleibt nur die obenerwähnte Erklärung, daß die Teilchen selbst magnetisch sind, längliche Form besitzen und sich unter dem Einfluß des Magneten orientieren.

Zu erklären blieb noch, warum größere Submikronen das Phänomen von *Majorana* so stark zeigen, kleinere nicht oder doch nur schwach. Die Gründe liegen nach *Cotton* und *Mouton* in der *Brown*schen Bewegung der Teilchen, die bekanntlich mit Abnehmen der Größe der Ultramikronen stark zunimmt. Es tritt Konkurrenz zwischen dieser und der orientierenden Kraft des Magneten ein, und nur wenn die letztere überwiegt, kann Orientierung und damit Doppelbrechung eintreten.

Die Frage, ob die Doppelbrechung allein auf Orientierung der vorhandenen Stäbchen oder Lamellen zu einer Art Raumgitter zurückzuführen ist oder ob sie selbst doppelbrechend sind, ist auf Grund zahlreicher Beobachtungen und Überlegungen von *Cotton* und *Mouton* dahin beantwortet worden, daß letzteres anzunehmen ist.

Diese Resultate der Forschungen von *Cotton* und *Mouton* sind für die Theorie der Kolloide bedeutungsvoll. Es wird hier zum erstenmal der einwandfreie Beweis erbracht, daß die Teilchen in einem Kolloid, das sich in

---

[1] Vgl. die Theorien von *O. Wiener:* Physikal. Zeitschr. **5**, 332 bis 338 (1904); Lord *Rayleigh:* Philos. Magaz. [5] **34**, 481 bis 502 (1892); ferner die Ausführungen von *Kerr:* Report of Brit. Assoc. Glasgow **1901**, 568; *F. Braun:* Physikal. Zeitschr. **5**, 199 bis 203 (1904).

vielfacher Hinsicht ganz den „lyophilen" anschließt, eine von der Kugelgestalt abweichende Form und Doppelbrechung besitzen, sich also durchaus wie kleine Kryställchen verhalten.

Bekanntlich hat *Nägeli*[1] das optische Verhalten der Kolloide und vieles andere erklärt unter der Annahme, daß die Kolloide aus anisotropen ultramikroskopischen Teilchen bestehen, die in ihren Eigenschaften den Krystallen nahestehen. Beim kolloiden Eisenoxyd bestätigt sich diese Auffassung in vorzüglicher Weise. (Vgl. auch Kap. 30 b und Vanadinpentoxyd Kap. 94).

## 88. *Grimaux'* kolloides Eisenoxyd.

*Grimaux*[2] hat aus Ferriäthylat ein kolloides Eisenoxyd hergestellt, dessen Darstellung auf folgende Weise gelingt: Durch Einwirkung von 1,40 g Natrium, gelöst in 25 ccm absolutem Alkohol zu Äthylat, auf 2,25 g Ferrichlorid, ebenfalls in 25 ccm absolutem Alkohol, entsteht unter Abscheidung von Chlornatrium eine tiefbraune Flüssigkeit, eine Lösung des Ferriäthylats in Alkohol, aus der durch Verjagen des Alkohols auf dem Wasserbade das Äthylat als schwarze Masse, welche in allen organischen Lösungsmitteln leicht löslich ist, erhalten werden kann. Durch geringe Mengen Wasser wird die alkoholische Lösung bereits zersetzt; die Darstellung des Äthylats gelingt nach *Lottermoser*[3] nur mit ganz wasserfreiem Ferrichlorid und Alkohol.

Gießt man die alkoholische Lösung in eine größere Menge Wasser, so resultiert ein Hydrosol, dessen Eigenschaften *Grimaux* näher studiert hat. Danach sollte es mit dem *Graham*schen Hydrosol übereinstimmen.

Stark verdünnte Lösungen dieses Kolloids (durch Eintropfen von wenig Alkoholatlösung in 100 ccm Wasser erhalten) geben aber nach *Vorländer*[4] ganz andere Reaktionen als das *Graham*sche. Das Hydrosol gibt mit Ammoniak, Ammoncarbonat, kolloiden Schwefelarsen- und Molybdänblaulösungen nicht leicht Fällungen. Die braunen wässerigen Lösungen verwandeln sich unter dem Einfluß von starken Mineralsäuren allmählich in fast farblose Lösungen, unter Bedingungen, bei denen das käufliche Eisenoxydhydrosol ausgefällt wird. Die Entfärbung ist von einem Kondensationsvorgang begleitet (Licht- und Nebelstreifen im Ultramikroskop und allmähliche Entstehung gröberer Teilchen). Eine nähere Untersuchung hat *Vorländer* in Aussicht gestellt.

## 89. Das Hydrogel des Eisenoxyds.

*van Bemmelen*[5] hat die Entwässerung des Eisenoxydgels untersucht und Kurven erhalten, ähnlich denen der Kieselsäure. Der Wassergehalt des Gels nimmt kontinuierlich mit der Dampfspannung ab. Der Umschlagspunkt ist

[1] *C. v. Nägeli* und *S. Schwendener:* Das Mikroskop. Leipzig 1877 (2. Aufl.). *C. v. Nägeli:* Theorie der Gärung. München 1879, S. 121 ff.

[2] *E. Grimaux:* Compt. rend. **98**, 105. — I. B. **1884**, 924.

[3] *A. Lottermoser:* Über anorganische Kolloide. Stuttgart 1901. S. 7.

[4] *D. Vorländer:* Ber. **46**, 191 bis 192 (1913).

[5] *van Bemmelen:* Zeitschr. f. anorg. Chemie **20**, 185 bis 211 (1899).

aber weniger deutlich ausgesprochen als bei der Kieselsäure; den Gang der
Entwässerung und Wiederwässerung kann man aus der Kurve (Fig. 41) entnehmen.

Auch beim Eisenoxydhydrogel läßt sich aus der Kurve kein Hydrat
mit bestimmtem Wassergehalt ableiten. Dagegen geht kolloides Eisenoxyd
unter Wasser verhältnismäßig leicht in stabile Hydrate über. Ein krystallisiertes Hydrat z. B. von bestimmter Formel ist der Goethit $Fe_2O_3 \cdot H_2O$. Sein
Wassergehalt bleibt konstant auch bei Erwärmung auf 79°, und er unterscheidet sich vom Hydrogel in bemerkenswerter Weise durch fast völliges
Fehlen der Adsorptionsfähigkeit, ein Umstand, der im Zusammenhange steht
mit dem geringeren Grade der Zerteilung und der kleineren Oberfläche der
krystallinischen Hydrate[1].

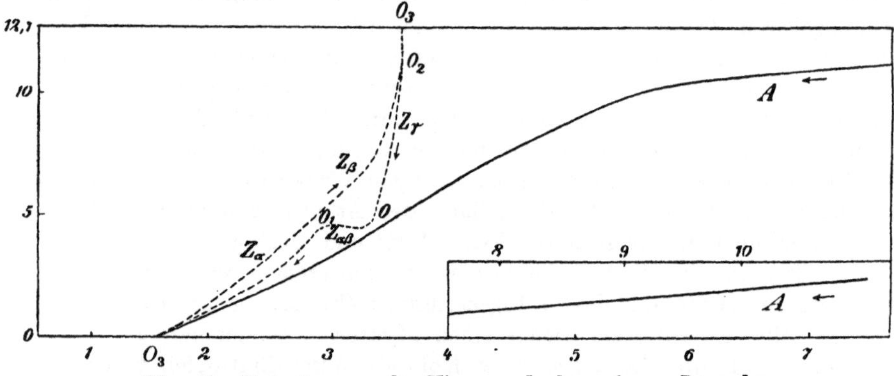

Fig. 41. Entwässerung des Eisenoxydgels nach *van Bemmelen*.
——— A Frisches Gel — Entwässerung.
- - - - Z Frisches Gel · Wiederwässerung und Wiederentwässerung.

**Adsorption der arsenigen Säure.** *W. Biltz*[2] hat die Adsorptionsverbindung der arsenigen Säure mit Eisenoxyd näher studiert. Es liegt hier
ein interessantes Beispiel einer Sorptionsverbindung vor, der früher eine
bestimmte chemische Formel gegeben worden war. Das frisch gefällte Hydrogel des Eisenoxyds wird bekanntlich verwendet als wirksames Mittel gegen
Arsenvergiftungen. Dies hat *Bunsen* entdeckt und auf Grund einer näheren
Untersuchung (1834) die Verbindung von Eisenoxyd mit arseniger Säure
als basisches Ferriarsenit aufgefaßt.

*Biltz* hat nun gezeigt, daß die arsenige Säure vom Eisenoxydgel aufgenommen wird und daß der Verlauf der „Adsorption" durch eine Kurve ausgedrückt werden kann, die völlig den von *van Bemmelen* für analoge Prozesse
aufgestellten entspricht.

Der Arsengehalt des Hydrogels variiert stets mit der Konzentration der
arsenigen Säure in der Lösung, wie aus Fig. 42 zu entnehmen ist.

---

[1] Näheres über derartige Gele bei *van Bemmelen* (und *E. Klobbie*): Journ. f. prakt.
Chemie **46**, 497 bis 529 (1892); Zeitschr. f. anorg. Chemie **20**, 185 bis 211 (1899). *H. W.
Fischer:* Zeitschr. f. anorg. Chemie **66**, 37 bis 52 (1910) u. a.

[2] *W. Biltz:* Ber. **37**, 3138 bis 3150 (1904).

Daß die Oberfläche der Gelteilchen hierbei eine Rolle spielt, ist durch Feststellung affiner Kurven von *W. Mecklenburg* sehr wahrscheinlich gemacht worden.

## e) Kolloides Aluminiumoxyd und Chromoxyd.

### 90. Kolloide Tonerde.

Die kolloide Tonerde bietet gegenüber dem kolloiden Eisenoxyd nichts wesentlich Neues. Auch hier kann man zwei Modifikationen unterscheiden, von denen die eine von *Crum*[1] (1854) durch Kochen des Acetats hergestellt wurde. Sie wird durch Säuren gefällt, und der Niederschlag ist im Überschuß derselben schwer löslich, ähnlich dem Metaeisenoxyd; sie wird auch von *Graham* als Metatonerde bezeichnet. Farbstoffen gegenüber wirkt sie nicht als Beizmittel und braucht zur Fällung geringe Mengen von Salzen.

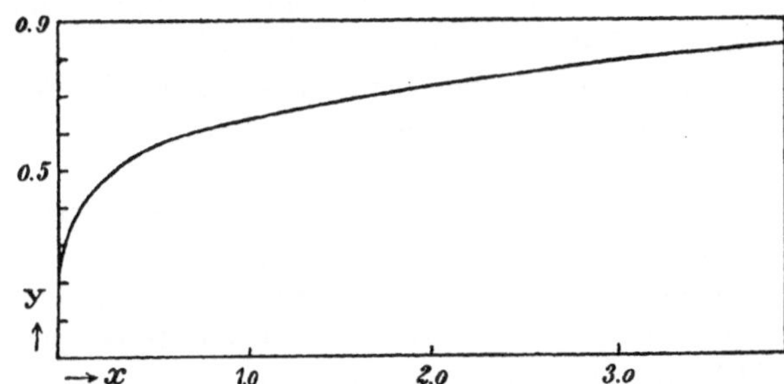


Fig. 42. Adsorption arseniger Säure durch Eisenoxydgel.
$x$ bedeutet die in der Lösung zurückgebliebene Menge $As_2O_3$ in g,
$y$ bedeutet die vom Hydrogel aufgenommene Menge $As_2O_3$ in g.

*Graham*s Hydrosol der Tonerde[2] kann durch Auflösen von gefälltem Hydrogel der Tonerde in Aluminiumchloridlösungen und darauffolgende Dialyse hergestellt werden. Es zeichnet sich durch große Elektrolytempfindlichkeit aus, wirkt als Beizmittel, ähnlich wie die Salze der Tonerde. Auch gegen Konzentration durch Einengen ist es empfindlich.

Eine 0,5 Proz. Tonerde enthaltende Lösung konnte gekocht werden, ohne zu gelatinieren; aber beim Einkochen auf die Hälfte des ursprünglichen Volumens koagulierte sie plötzlich. Nach *Graham* koaguliert lösliche Tonerde auf gerötetem Lackmuspapier und bildet einen schwachblauen Ring um den Tropfen herum.

Gut dialysierte Tonerde kann durch die meisten Elektrolyte, durch ganz wenig Brunnenwasser, selbst beim Überschütten in ein anderes Glasgefäß bereits zur Koagulation gebracht werden. Auch verdünnte Säuren wirken koagulierend, der Niederschlag läßt sich aber leicht im Überschuß auflösen, im Gegensatz zur Metatonerde.

[1] *W. Crum:* Journ. f. prakt. Chemie **61**, 390 (1854).
[2] *Th. Graham:* Liebigs Annalen **121**, 41 (1862).

Ein reversibles kolloides Aluminiumoxyd ist von *A. Müller*[1] dargestellt worden, und zwar durch Peptisation des frisch gefällten Hydrogels der Tonerde mit Salzsäure. Eine Lösung von Aluminiumchlorid, welche in 50 ccm 1,124 g $Al_2O_3$ enthält, wird mit Ammoniak gefällt, möglichst schnell gewaschen, in einen Kolben gebracht und mit 250 ccm Wasser versetzt. Man erhitzt zum Kochen und setzt tropfenweise $n/_{20}$-HCl zu. Etwa 20 ccm genügen, um bei gutbereitetem Hydrogel die Peptisation zu bewirken, also ungefähr $^1/_{72}$ derjenigen Menge, die zur Bildung von Aluminiumchlorid erforderlich ist.

Das nach *Müller* bereitete Hydrosol ist sehr beständig und hinterläßt als reversibles Kolloid einen wasserlöslichen Rückstand, der bei Anwendung von wenig Wasser eine zähflüssige Lösung, ähnlich dem arabischen Gummi bildet. Das Hydrosol besitzt gute Schutzwirkung (Goldzahl etwa 0,02 bis 0,04). Die Beständigkeit dieser kolloiden Tonerde ist zweifellos auf ihren größeren Gehalt an Peptisationsmittel zurückzuführen, das durch Dialyse nicht entfernt worden war.

*W. Kohlschütter*[2] erhielt durch Eintragen von Alaunkrystallen in Ammoniak Pseudomorphosen von Aluminiumoxydgelen nach Alaun, die sich peptisieren ließen.

## 91. Kolloides Chromoxyd.

Das Hydrosol des Chromoxyds wird nach *Graham*[3] ähnlich wie das kolloide Eisenoxyd bereitet durch Peptisation des Hydrogels mittels Chromchlorid. Die Lösung ist tiefgrün und etwas beständiger als Aluminiumoxyd.

Die alkalischen Lösungen des Hydrogels sind nach *H. W. Fischer*[4] gleichfalls Kolloide.

Kolloides Chromoxyd verdient näher studiert zu werden. Eine recht interessante Untersuchung von *Reinitzer*[5] bezieht sich auf das anormale Verhalten des Chroms bei der in der Analyse verwendeten Acetatmethode, ein Verhalten, das für die analytische Chemie von Wichtigkeit ist.

Die ältere Behauptung, das Chromoxyd werde ebenso wie das Eisenoxyd bei der Acetatmethode gefällt, ist nach *Schiff*[6] nicht aufrechtzuerhalten. *Reinitzer* untersuchte diese Verhältnisse näher und fand, daß Chromsalze, mit Natriumacetat gekocht, keine Fällung von Chromacetat geben, ja, daß die Gegenwart des letzteren bis zu einem gewissen Grade die Fällung des Eisenoxyds nach der Acetatmethode verhindern könne.

Auch durch Kochen des reinen Acetats konnte *Reinitzer* ein Produkt herstellen, dessen Schutzwirkung auf Eisenoxyd selbst bei Einwirkung von Alkalien und Alkalicarbonaten erheblich ist. Es ist sehr naheliegend, hier eine Schutzwirkung anzunehmen, ähnlich wie sie die Zinnsäure, die Gelatine usw. auf kolloides Gold ausüben, und die Erscheinung als Kolloidreaktion aufzufassen.

Es ist aber auch sehr wohl möglich, daß es sich bei der großen Neigung des Chromoxyds zur Bildung von Komplexsalzen um Bildung einer eisen-

[1] *A. Müller:* Koll.-Zeitschr. **2,** Suppl. I, VI—VIII (1907); Zeitschr. f. anorg. Chemie **57,** 312 (1908).

[2] Zeitschr. f. anorg. Chemie **105,** (1918].

[3] *Th. Graham:* Liebigs Annalen **121,** 52 (1862).

[4] *H. W. Fischer* und *W. Herz:* Zeitschr. f. anorg. Chemie **31,** 352 bis 358 (1902). — *H. W. Fischer:* Ibid. **40,** 39 bis 53 (1904).

[5] *B. Reinitzer:* Sitzungsber. d. Akad. d. Wiss. Wien **85,** II, 808 bis 824 (1882).

[6] *H. Schiff:* Liebigs Annalen **124,** 168ff. (1862).

haltigen, komplexen Chromoessigsäure u. dgl. handelt, also um Bildung eines eisenhaltigen Komplexsalzes, das dann andere Reaktionen zeigen würde als das Eisen in Form von Ferriionen[1]. Die Frage ist noch nicht experimentell entschieden.

*A. Galecki*[2] hat neuerdings den kolloidchemischen Charakter der Acetatreaktion nachgewiesen. Die entstandenen Ferriacetate zerfallen unter Hydrolyse in basische Acetate, die im Wasser kolloid gelöst sind. Die vorhandenen Elektrolyte fällen das basische Acetat (3 g Fe auf 1 g Essigsäure), wobei Sulfate als Fällungsmittel besser wirken als Acetate.

## f) Andere kolloide Oxyde.

### 92. Kolloide Wolfram- und Molybdänsäure.

Beide Kolloide sind nach *Graham* reversibel und können durch Dialyse angesäuerter Lösungen von Natriumwolframat bzw. -molybdat erhalten werden[3].

Das Hydrosol der Wolframsäure wurde erhalten durch Hinzufügen von verdünnter Chlorwasserstoffsäure in geringem Überschuß zu einer 5proz. Lösung von wolframsaurem Natron. Die Flüssigkeit wird auf den Dialysator gebracht und in Zwischenräumen von je 2 Tagen Chlorwasserstoffsäure hinzugefügt, um alles Alkali zu entfernen. Die gereinigte Säure wird bei gewöhnlicher Temperatur weder durch Säuren und Salze noch durch Alkohol koaguliert. Zur Trockne verdampft, bildet sie glasige Blättchen wie Gummi oder Gelatine, die zuweilen so fest an der Oberfläche der Abdampfschale haften, daß sie Teile derselben losreißen. *(Darstellung nach Graham.)*

Der Rückstand kann bis 200° erhitzt werden, ohne seine Löslichkeit zu verlieren; aber nahe der Rotglut verändert er sich unter Verlust von 2 bis 3 Proz. Wasser. Mit ungefähr einem Viertel seines Gewichts Wasser bildet er eine Flüssigkeit, welche so dicht ist, daß Glas darauf schwimmt. Mit Natriumcarbonat braust die Lösung auf. Ihr Geschmack ist nicht metallisch oder sauer, sondern bitter und adstringierend. Sie verhindert die Koagulation flüssiger Kieselsäure vielleicht infolge der Bildung von Kieselwolframsäure. *(Eigenschaften.)*

Es ist nur zuweilen gelungen, dieses interessante Hydrosol wiederherzustellen, wenigstens in der von *Graham* angegebenen Alkalifreiheit. *Sabanejeff*[4] bemerkt, daß man Flüssigkeiten von den Eigenschaften der *Graham*schen herstellen kann, daß dieselben aber noch stark alkalihaltig seien. Er be-

---

[1] Über komplexe Chromacetate vgl. *A. Recoura:* Compt. rend. **129**, 158 bis 161; 208 bis 211, 288 bis 291 (1899); Chem. Centralbl. **1899**, II, 416, 475, 523.

[2] *A. Galecki:* Extrait d. bull. de l'Acad. d. Sc. de Cracovie. Cl. d. Sc. mathematiques et naturelles; Serie A. Cracovie 1913, S. 572 bis 602.

[3] *Th. Graham:* Poggendorffs Annalen **123**, 539 bis 450 (1864).

[4] *A. Sabanejeff:* Journ. d. russ. phys.-chem. Ges. **27**, 53 (1895); **29**, 243 (1897). Ref. Koll.-Zeitschr. **3**, 236 (1908).

trachtet das *Graham*sche Hydrosol demnach als Wolframat; dagegen spricht aber die Vorschrift *Grahams*, welche auf Entfernung des Alkali Rücksicht nimmt.

*Lo. Wöhler*[1] hat die *Graham*sche Säure durch Dialyse von 5 proz. Natriumwolframatlösung, die mit der theoretischen Menge von 0,1 n-Salzsäure versetzt war, erhalten. Nach *Wöhler* diffundiert die Wolframsäure bedeutend langsamer als die kolloide Molybdänsäure; nach dreiwöchiger Dialyse (ohne Erneuerung des Außenwassers) wog der Glührückstand der Innenflüssigkeit 0,101 g, der der Außenflüssigkeit 0,036 g. Aus der Lösung schieden sich nach dreizehnmonatigem Stehen prachtvolle doppelbrechende Krystalle von Wolframsäure aus.

*Pappadà*[2] hat durch Auflösen von Wolframsäure in Oxalsäure und nachfolgende Dialyse ein unbeständiges Hydrosol erhalten, das beim Erwärmen koagulierte; *Müller*[3] neuerdings elektrolytempfindliche Hydrosole durch Verdünnen alkoholisch-ätherischer Lösungen des Oxychlorides $WOCl_4$ mit Wasser; *Lottermoser*[4] durch Übersättigen von Natriumwolframat mit Salzsäure. Je nach der Konzentration erhält man hier Zerteilungen verschiedenen Dispersitätsgrades, von gewöhnlichen absetzenden Suspensionen bis zu homogen erscheinenden Hydrosolen.

*A. Wassiljewa*[5] unterscheidet zwischen lichtempfindlicher und lichtunempfindlicher kolloider Wolframsäure, von welchen die erstere bei Gegenwart von Dextrin, Traubenzucker usw. durch Sonnenlicht schnell in Wolframblau übergeführt wird. Sie geht (in dialysiertem Zustande) allmählich in die unempfindliche Säure über, welche ihrerseits durch Erwärmen der Lösung wieder in die lichtempfindliche Form verwandelt werden kann. Beide Säuren unterscheiden sich durch ihr Absorptionsspektrum im Ultravioletten. Die Umwandlung der lichtempfindlichen in die unempfindliche Modifikation erfolgt monomolekular.

Darstellung nach *Graham*.

Kolloide Molybdänsäure wird nach *Graham* durch Hinzufügen von Chlorwasserstoffsäure zu Natriummolybdat hergestellt. Die saure Flüssigkeit kann auf dem Dialysator nach einiger Zeit gelatinieren, wird aber nach dem Hinwegdiffundieren der Salze wieder flüssig. Nach wiederholtem Hinzufügen von Salzsäure und einer Diffusion von mehreren Tagen bleiben nach *Graham* ungefähr 60 Proz. der Molybdänsäure zurück. Die Lösung ist gelb, adstringierend, reagiert sauer auf Reagenspapier und besitzt große Beständigkeit. Die trockene Säure hat dasselbe gummiartige Aussehen wie die Wolframsäure.

Die Herstellung der reversiblen kolloiden Molybdänsäure nach *Graham* ist gleichfalls nicht allen Forschern gelungen. *Bruni* und *Pappadà*[6] z. B.

[1] *Lothar Wöhler:* Koll.-chem. Beihefte **1**, 454 bis 476 (1910).

[2] *N. Pappadà:* Gazzetta chimica ital. **32**, II, 22 bis 28 (1902).

[3] *A. Müller: van Bemmelen*-Gedenkboek 1910, S. 416 bis 420.

[4] *A. Lottermoser:* Ibid. S. 152 bis 157.

[5] *Alexandra Wassiljewa:* Zeitschr. f. wiss. Photographie **12**, Heft 1 (1913).

[6] *G. Bruni* und *N. Pappadà:* Atti della R. Accad. Lincei Roma [5] **9**, 354 bis 358 (1900); Gazzetta chimica ital. **31**, I, 244 bis 252 (1901).

konnten nach *Grahams* Methode kein Hydrosol erhalten, da die Molybdänsäure vollständig durch die Membran diffundierte (ähnlich wie die Kieselsäure zuweilen, vgl. Kap. 59).

*Lo. Wöhler*[1] dialysierte eine 5proz. Lösung von Natriummolybdat, die mit einem geringen Überschuß von Salzsäure versetzt war, unter mehrmaligem Zufügen von Salzsäure, bis alles Alkali entfernt war. Er erhielt eine verdünnte Lösung, die mit der *Graham*schen im allgemeinen übereinstimmte. Obgleich diese Lösung wegen ihrer (wenn auch langsamen) Diffusionsfähigkeit durch Pergamentmembran[2] sich den Krystalloiden anschließt, so zeigt sie nach *Wöhler* doch einige kolloide Eigenschaften (Fällung mit Gelatine, optische Diskontinuität).

Die *Graham*sche Molybdänsäure wird also am besten als Semikolloid angesehen und bildet ein Beispiel für die zahlreichen Übergänge zwischen krystalloiden und kolloiden Lösungen.

Nach *Rosenheim* und *Bertheim*[3] löst sich das Dihydrat der Molybdänsäure[4] ($MoO_3 \cdot 2 H_2O$) glatt in Wasser zu krystalloider Lösung, welche die Eigenschaft hat, weit übersättigte Lösungen zu bilden. Das Hydrat hat eine bestimmte Löslichkeit, und zwar lösen sich:

$$
\begin{array}{lll}
\text{bei } 18° & \ldots\ldots\ldots\ldots & 0{,}106 \text{ Proz. } MoO_3 \\
\text{„ } 70° & \ldots\ldots\ldots\ldots & 1{,}704 \text{ „ } \cdot \text{ „} \\
\text{„ } 79° & \ldots\ldots\ldots\ldots & 1{,}74 \text{ „ } \text{ „}
\end{array}
$$

In kochendem Wasser lösen sich sogar bis 4 Proz. $MoO_3$, die betreffenden Lösungen scheiden aber keine Molybdänsäure beim Erkalten ab. In der stark übersättigten Lösung bestimmten *Rosenheim* und *Bertheim* nach der Gefrierpunktsmethode das Molekulargewicht zu 576 und 610. Es zeigte sich ferner, daß diese Lösung stark elektrolytisch dissoziiert ist, und daß sie leicht durch Pergament diffundiert. *Rosenheim* und *Bertheim* vermuten in ihr eine Lösung der Oktomolybdänsäure $H_2Mo_8O_{25}$ (Molekulargewicht 1170); der kleinere gefundene Wert des Molekulargewichts würde auf elektrolytische Dissoziation zurückzuführen sein.

*Rosenheim* und *Davidsohn*[5] untersuchten dann die Eigenschaften des löslichen Hydrats näher und fanden, daß sich aus ihm beim Einengen (bei 40 bis 50°) gut krystallisiertes, schwerer lösliches Monohydrat $MoO_3 \cdot H_2O$ ausscheidet. Wurde die Lösung aber unter 20° über konzentrierter Schwefelsäure eingeengt, so bildete sich ein glasiger Rückstand mit 12,3 Proz. Wasser, der sich in Wasser zu einem schwach opalisierenden Hydrosol auflöste. Aus diesem fällen die Elektrolyte (Alkalisalze wie Säuren) einen Niederschlag aus.

---

[1] *Lothar Wöhler:* Koll.-chem. Beihefte **1**, 454 bis 476 (1910).

[2] Nach mehrwöchiger Dialyse ohne Wasserwechsel waren die Konzentrationsunterschiede zwischen Außen- und Innenwasser ausgeglichen.

[3] *A. Rosenheim* und *A. Bertheim:* Zeitschr. f. anorg. Chemie **34**, 427 bis 447 (1903) und **37**, 323 (1903).

[4] Dieses setzt sich in den Ammoniummolybdat enthaltenden Flaschen als gelbe Kruste ab.

[5] *A. Rosenheim* und *J. Davidsohn:* Zeitschr. f. anorg. Chemie **37**, 314 bis 325 (1903).

*Rosenheim* und *Davidsohn* folgern aus ihren Versuchen, daß die *Graham*sche Säure nicht kolloid, sondern krystalloid sei und im wesentlichen mit den Lösungen des Hydrats übereinstimmt. Dafür spricht unter anderem die Übereinstimmung der Molekulargewichte (*Sabanejeff*[1] hatte bei der nach *Graham* dargestellten Säure das Molekulargewicht 620, *Rosenheim* und *Bertheim* nach obigem 576 und 610 gefunden).

Dennoch scheinen beide Lösungen nicht identisch zu sein, denn die von *Rosenheim* und *Bertheim* diffundierte ungehindert durch Pergament, die von *Graham* wurde gerade auf dem Dialysator, und zwar in guter Ausbeute gewonnen. Bei der besonders ausgeprägten Fähigkeit der Molybdänsäure, sich zu polymerisieren und zu verändern, ist die Existenz einer kolloiden Modifikation von der Beschaffenheit der *Graham*schen gar nicht unwahrscheinlich. Auf die Molekulargewichtsbestimmung darf hier zunächst noch kein allzu großes Gewicht gelegt werden, denn es können ähnliche Verhältnisse vorliegen wie bei den kolloiden Farbstoffen (vgl. Kongorot). Auch die Elektrolytbeständigkeit der *Graham*schen Säure ist kein Beweis für ihre krystalloide Beschaffenheit, denn es gibt sehr viele elektrolytbeständige (auch säurebeständige) reversible Kolloide.

## 93. Kolloides Wolframblau und Molybdänblau.

Wolframblau und Molybdänblau sind gleichfalls reversible Kolloide; sie wurden von *Biltz*[2] als anorganische Farbstoffe verwendet in einer Arbeit, in welcher gezeigt wurde, daß anorganische Kolloide geradeso wie Farbstoffe von der Faser adsorbiert werden; Seide z. B. wird direkt angefärbt. Instruktiv ist das Verhalten des Molybdänblaus gegen Tierkohle; obgleich das Molybdänblau ein reversibles Kolloid ist, wird es von derselben so vollständig adsorbiert, daß man ein farbloses Filtrat erhält.

Sowohl Wolframblau wie Molybdänblau sind negativ elektrisch; sie fällen daher positive Kolloide, wie *W. Biltz*[3] gezeigt hat.

Nach *Dumanski*[4] ist die schon von *G. Marchetti*[5] hergestellte krystalloide Lösung des blauen Molybdänoxyds, dem die Formel $Mo_3O_8 \cdot 5\,H_2O$ zukommt, befähigt, bei Salzzusatz in kolloides Molybdänoxyd überzugehen. Die Molekulargewichtsbestimmung führte bei der krystalloiden Lösung zu dem Werte 440.

**Darstellung des kolloiden Molybdänblaus.** Nach *Biltz* behandelt man eine angesäuerte Lösung von molybdänsaurem Ammon mit Schwefelwasserstoff. Nach *Dumanski* löst man am besten 15 g molybdänsaures


[1] *A. Sabanejeff:* Ber. **23**, R., 87 (1890); Journ. d. russ. phys.-chem. Ges. **21**, 515 bis 525 (1889).

[2] *W. Biltz:* Nachr. d. Kgl. Ges. d. Wiss. Göttingen, Math.-phys. Kl. **1904**, 18 bis 32; **1905**, 46 bis 63.

[3] *W. Biltz:* Ber. **37**, 1095 bis 1116 (1904).

[4] *A. Dumanski:* Koll.-Zeitschr. **7**, 20 bis 21 (1910).

[5] *G. Marchetti:* Zeitschr. f. anorg. Chemie **19**, 391 bis 393 (1899).

Ammon in 400 ccm Wasser, fügt 100 ccm 3- bis 4 n-Schwefelsäure hinzu und reduziert die fast siedende Lösung mit Schwefelwasserstoff. Nach dem Filtrieren dialysiert man 3 Tage.

Krystallisiertes Molybdänblau wird nach *Dumanski* durch Kochen einer Suspension von gereinigtem $MoO_3$ mit einem Überschuß von metallischem Molybdän hergestellt.

## 94. Kolloides Vanadinpentoxyd.

Auch das kolloide Vanadinpentoxyd ist negativ geladen und wird nach *W. Biltz*[1] durch Behandeln von Ammoniumvanadat mit Salzsäure dargestellt. Der Niederschlag wird gewaschen, bis er in Lösung geht und dann dialysiert. Das Hydrosol hat eine rotgelbe Farbe und färbt die Seide gelb; konzentrierte Lösungen geben leicht Gallerten, sie lassen sich auch sonst durch Elektrolyte leicht fällen.

Dieses Hydrosol zeigt namentlich in gealtertem Zustande sehr interessante optische Erscheinungen, die von *Diesselhorst, Freundlich* und *Leonhardt*[2] näher untersucht worden sind und jedenfalls in Zusammenhang stehen mit den in der Flüssigkeit vorhandenen ultramikroskopischen Stäbchen, welche sich namentlich bei einem dreimal gefällten und wieder peptisierten Präparat gut nachweisen ließen.

Ein Fall von Doppelbrechung einer kolloiden Lösung wurde bereits am Eisenoxyd in Kap. 87 behandelt im Anschluß an Untersuchungen von *Majorana, Schmauss* und von *Cotton* und *Mouton* über kolloides Eisenoxyd.

Ähnliche, in vieler Beziehung noch erweiterte Beobachtungen machten die erwähnten Forscher am Hydrosol des Vanadinpentoxyds. Auch dieses Hydrosol zeigt im Magnetfeld Doppelbrechung, daneben aber noch andere mit der Teilchengestalt zusammenhängende optische Erscheinungen von so allgemeinem Interesse, daß es sich lohnt, etwas näher darauf einzugehen.

Rührt man gewisse Vanadinpentoxydhydrosole bei auffallendem Licht am besten in einer planparallelen Küvette mit einem Glasstab um, so bemerkt man in der Flüssigkeit seidenglänzende Schlieren, die ganz den Eindruck erwecken, als rührten sie von winzigen Kryställchen her, die in der Flüssigkeit schweben. Beruhigt sich die Flüssigkeit nach einiger Zeit, so sind auch die Schlieren verschwunden. Im durchfallenden Lichte bleibt die an sich völlig klare Flüssigkeit auch beim Umrühren klar, während dabei nur dunkle Schlieren sich bemerkbar machen. *Schlieren im Sol.*

Sehr interessant gestaltet sich diese Erscheinung im polarisierten Licht bei Beobachtung zwischen gekreuzten Nicols. Die Anordnung kann in ganz einfacher Weise, wie sie durch Fig. 43 veranschaulicht ist, getroffen werden. Rührt man das Hydrosol in der Dunkelstellung der Nicols mit einem Glasstab um, so tritt augenblicklich Aufhellung des Gesichtsfeldes ein; beim all- *Doppelbrechung durch Orientierung krystalliner Teilchen.*

---

[1] *W. Biltz:* Göttinger Nachrichten 1905, S. 51.
[2] *Elster-Geitel*-Festschrift, S. 453 (1915); Physik. Zeitschr. **16**, 419 (1915).

mählichen Zurruhekommen der Flüssigkeit durcheilen immer häufiger dunkle Schlieren das Gesichtsfeld, bis dasselbe schließlich wieder ganz dunkel erscheint.

Alles das deutet an sich schon darauf hin, daß die Teilchen in einer Richtung bevorzugt, wenigstens aber anisodimensional sind. Unter Voraussetzung einer Stäbchenform der Teilchen, die dann auch ultramikroskopisch sichergestellt wurde, ergaben sich für die Autoren eine Anzahl von Versuchsanordnungen, welche eine Gleichrichtung sämtlicher Teilchen und damit einen optischen Effekt gestatteten, der entweder als eine Summation[1] der Einzelwirkungen der an sich doppelbrechenden Teilchen anzusehen ist oder aber lediglich durch die gitterstabartige[2] Anordnung an sich optisch unwirksamer Teilchen zustande kommen könnte.

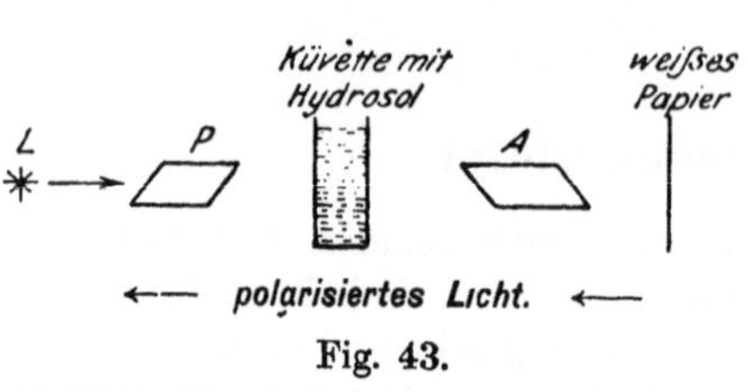


Fig. 43.

L = Lichtquelle; P = Polarisator; A = Analysator.

Die Verfasser trafen u. a. die in Fig. 44 skizzierte Versuchsanordnung. Hierbei fließt das Hydrosol senkrecht durch die Pipette $C$ nach unten, und die Teilchen stellen sich alle mit ihrer Längsachse in die Stromrichtung, d. h. vertikal. Bezüglich der Lage der Schwingungsebene des Polarisators $P$ zur Fließrichtung prüfen die Autoren folgende drei Fälle:

1. Fall: Der elektrische Vektor oder, was dasselbe ist, die Schwingungsebene des vom Polarisator $P$ durchgelassenen Lichtes — im *Fresnel*schen Sinne — stand vertikal, also parallel mit der Fließrichtung, der Analysator war dazu gekreuzt, demnach auf dunkel gestellt: Das Gesichtsfeld erscheint sowohl beim Ruhen wie beim Fließen des Hydrosols dunkel.

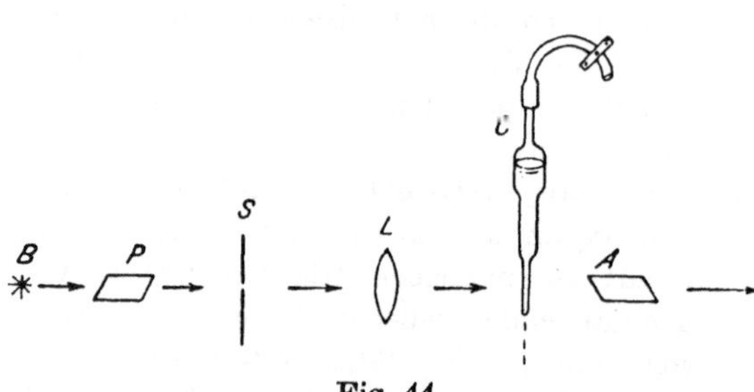


Fig. 44.

B = Bogenlampe; P = Polarisator; S = Spalt; L = Sammellinse;
C = Pipette; A = Analysator.

2. Fall: Der elektrische Vektor stand wagerecht, also senkrecht zur Fließrichtung, der Analysator dazu gekreuzt auf Dunkelfeld. Der Effekt war derselbe wie in Fall 1, weder beim Ruhen noch beim Fließen des Hydrosols Aufhellung.

3. Fall: Der elektrische Vektor stand unter 45° gegen die Fließrichtung geneigt, der Analysator wiederum dazu gekreuzt auf Dunkelfeld. Beim Fließen des Hydrosols Aufhellung, beim Ruhen Verdunkelung des Gesichtsfeldes.

Das fließende Hydrosol verhält sich also genau wie ein optisch einachsiger Krystall, z. B. wie Turmalin; würde man von demselben eine parallel zur

---

[1] Vgl. Zeitschr. f. Elektrochemie **22**, 31 (1916).
[2] Daselbst S. 33 sowie *Elster-Geitel*-Festschrift S. 457, Anmerk. 1.

optischen Achse geschnittene Platte mit lotrecht stehender Achse an den Ort des Hydrosols bringen, so hätte man in Fall 1 u. 2 ein dunkles, in Fall 3 ein helles Gesichtsfeld.

Die drei erwähnten Versuche gestatten nun eine einfache Erklärung der Erscheinungen, welche wir beim Umrühren des Hydrosols zwischen gekreuzten Nicols beobachten. Den länglich gestreckten Teilchen wird dabei durch die Wirbel der Flüssigkeit eine bestimmte gleichgerichtete Lage aufgezwungen. Ist z. B. ein solcher Schlierenschwarm von Teilchen so gerichtet, daß die Teilchen des Schwarmes mit ihren Längsachsen irgendwie gegen den elektrischen Vektor geneigt sind, so sieht man im Gesichtsfeld eine helle Schliere auftauchen; liegen die Teilchen bei ihrer Bewegung einmal parallel oder lotrecht zu der Schwingungsebene des polarisierten Lichtes, also in einer der Hauptebenen der Polarisationsvorrichtung, so wird eine dunkle Schliere das Gesichtsfeld durcheilen. Bei ruhender Flüssigkeit befinden sich die Teilchen infolge der *Brown*schen Bewegung in jedem Augenblick in vollkommener Unordnung, kein Lichtvektor ist daher bevorzugt, das Gesichtsfeld bleibt dunkel.

Wichtig ist noch die Feststellung des Sinnes der Doppelbrechung, die den Verfassern auf zwei Weisen gelang.

Beobachtet man das fließende Hydrosol im konvergenten polarisierten Lichte[1], und zwar Lichtrichtung und Fließrichtung zusammenfallend, so nimmt man das bekannte Achsenkreuz des optisch einachsigen Krystalls wahr; auch hier verhält sich das fließende Hydrosol natürlich wie ein solcher. Der Sinn der Doppelbrechung ließ sich nun in bekannter Weise mit einer $^1/_4$-Wellen-Glimmerplatte entscheiden. Dieselbe wurde mit ihrer Achsenebene unter 45° gegen die Hauptebenen der Polarisationsvorrichtung geneigt eingeschoben. Dabei zerfällt das Achsenkreuz bei einem positiv einachsigen Krystall in zwei dunkle Flecke. die zu beiden Seiten der Achsenebene des Glimmerplättchens liegen, während sie bei einem negativ einachsigen Krystall in dieser Ebene orientiert sind. Das fließende Hydrosol ist positiv doppelbrechend.

Die positive Doppelbrechung kann auch noch ganz unmittelbar im prismatischen Rohr festgestellt werden.

Es sei noch erwähnt, daß *W. Bachmann*, der die Versuche von *Diesselhorst, Freundlich* und *Leonhardt* im Institut des Verfassers teilweise wiederholte, auch an einer Kaolinsuspension sowie an einem tetrachlorkohlenstofflöslichen Lipoid ganz ähnliche Erscheinungen beobachtet hat wie am Vanadinpentoxydsol.

Es kann kaum bezweifelt werden, daß die Doppelbrechung hier wie in vielen anderen Fällen auf Vorhandensein anisotroper Ultramikronen von Stäbchen- oder Blättchenform zurückzuführen ist; der Nachweis von negativer Doppelbrechung bei Nitrozellulose (Kap. 30b) und Eisenoxyd (Kap. 87) spricht sehr für diese Annahme, ebenso wie das Auftreten von submikroskopischen Stäbchen und Blättchen, deren Existenz auf Krystallisationsvorgänge hindeutet.

_______________

[1] Über die Versuchsanordnung vgl. Physik. Zeitschr. **16**, 420 (1915).

## 94a. Verschiedene kolloide Oxyde.

Von anderen kolloiden Oxyden seien erwähnt das Manganihydroxyd, dessen Adsorptionsfähigkeit von *van Bemmelen*[1] studiert worden ist, und das aus Alkalisulfaten mehr Alkali als Säuren aufnimmt. Ferner das wenig haltbare Kobaltoxyd, von *A. Müller*[2] hergestellt; Wismut-, Blei-, Ceri-, Kupferoxyd usw., die mannigfaltigen Oxyde der Platingruppe, von *L. Wöhler, Ruff* u. a. untersucht[3].

Ehe auf die Besprechung der kolloiden Sulfide eingegangen wird, sollen noch einige eigentümliche Kolloide erwähnt werden, die in der analytischen Chemie eine gewisse Rolle spielen. Es ist bekannt, daß organische, hydroxylhaltige Körper die Fällung von Oxyden und Schwermetallen, wie Eisenoxyd, Kupferoxyd usw. hindern. Diese Eigenschaft kommt z. B. dem Zucker, dem Glyzerin usw. zu.

*Graham*[4] hat nun durch Dialyse gezeigt, daß es sich hier um Kolloide handelt; das Oxyd resp. Saccharat bleibt auf der Membran und diffundiert nicht hindurch, während der Überschuß der krystalloiden Substanz wegdiffundiert.

Derartige Kolloide sind unter anderen von *Grimaux*[5] dargestellt worden bei Verwendung von Mannit, Erythrit, Glyzerin, Weinsäure usw. und Natron[6]. Der Dialysatorinhalt enthielt neben Eisenoxyd auch kleine Mengen Alkali und organische Substanz, welche wahrscheinlich in Verbindung mit dem Oxyd als Schutzkolloid die Ausfällung des überschüssigen Oxyds verhinderte. Schutzkolloide dieser Art bewirken die Wasserlöslichkeit des *Lea*schen kolloiden Silbers.

# D. Kolloide Sulfide.

Die Eigenschaft der Sulfide der Schwermetalle, beim Auswaschen leicht durch Filter zu gehen, ist jedem Analytiker bekannt. Auf diesem Wege werden gewöhnlich gröbere Zerteilungen erhalten, die den Suspensionen nahestehen. Man kann Hydrosole der Sulfide aber geradeso wie die der Metalle in den verschiedensten Zerteilungsgraden herstellen, und je nachdem ein Forscher gröbere oder feinere Zerteilungen in der Hand hatte, beschrieb er sie als Suspensionen oder kolloide Lösungen.

Gerade diese Mannigfaltigkeit und die Möglichkeit, Sole mit groben, mikroskopisch sichtbaren Teilchen herzustellen, ferner die Kontinuität der

---


[1] *van Bemmelen:* Journ. f. prakt. Chemie [2] **23**, 324 bis 349, 379 bis 395 (1881).

[2] *A. Müller:* Koll.-Zeitschr. **2**, Suppl. I, S. VI bis VIII (1907); Zeitschr. f. anorg. Chemie **57**, 315 (1908).

[3] Z. B. *L. Wöhler* und *W. Witzmann:* Zeitschr. f. anorg. Chemie **57**, 323 bis 352 (1908). *O. Ruff* und *F. Bornemann:* Ibid. **65**, 429 bis 456 (1910) u. a.

[4] *Th. Graham:* Liebigs Annalen **121**, 51 (1862).

[5] *E. Grimaux:* Compt. rend. **98**, 1485 bis 1488; J. B. **1884**, 148.

[6] *H. W. Fischer* hat in ähnlicher Weise negatives Eisenoxydsol hergestellt [Biochem. Zeitschr. **27**, 311—325 (1910)].

Änderung der Eigenschaften mit abnehmender Teilchengröße hat zur Entdeckung der räumlichen Diskontinuität der Kolloidlösungen beigetragen.

So hat *Berzelius* die strohgelbe Flüssigkeit, welche man durch Einleiten von Schwefelwasserstoff in arsenige Säure erhält, zunächst als Lösung von Arsensulfid beschrieben; später aber fügte er die Bemerkung hinzu, daß diese Flüssigkeit wahrscheinlich als Suspension von Arsensulfid anzusehen sei, weil sie absetze[1].

*Schulze*[2] hingegen, welcher feinere und beständigere Zerteilungen in Händen hatte, die nicht mehr absetzten, bezeichnete sie als Lösungen und lieferte den Nachweis, daß dieselben als Hydrosole im Sinne *Grahams* aufzufassen seien. Die Flüssigkeiten waren im durchfallenden Licht durchaus klar, konzentriertere zeigten im auffallenden Licht eine diffuse Zerstreuung, die *Schulze* als Fluoreszenz auffaßte. Mikroskopisch ließ sich darin nichts nachweisen.

Die kolloiden Sulfide bildeten das Ausgangsmaterial für eine Reihe physikalisch-chemischer Untersuchungen, die für die Entwicklung der Kolloidchemie wichtig geworden sind, insbesondere für das Studium der Koagulation. Am Arsensulfid wurde die Wertigkeitsregel entdeckt.

An demselben Sulfid machten *Picton* und *Linder*[3] eine wichtige Entdeckung, und *Whitney* und *Ober*[4] zeigten, daß die von einer bestimmten Menge Arsensulfid bei der Koagulation aufgenommenen Mengen von Kationen einander äquivalent sind.

Die kolloiden Sulfide sind in gut gereinigtem Zustande meist recht unbeständig; zuweilen sind selbst die verdünnten wenig haltbar. Sie sind negativ geladen wie die Metalle. Ihre Farbe stimmt meist mit der des gefällten Sulfides überein. Gewöhnlich sind sie tiefbraun bis schwarz, dunkelolivgrün usw., andere sind gelb in verschiedenen Nuancen.

## 95. Kolloides Arsensulfid.

Das Hydrosol des Arsensulfids war, wie erwähnt, schon *Berzelius* bekannt, ist aber erst von *Schulze* als Kolloidlösung näher charakterisiert worden. Es wurde von diesem Autor[2] durch Einleiten von Schwefelwasserstoff in Lösungen von arseniger Säure hergestellt. *Schulze* untersuchte die fällende Wirkung verschiedener Salze auf das Hydrosol und entdeckte dabei die nach ihm und *Hardy* benannte Wertigkeitsregel, wonach die Salze einwertiger Metalle die geringste fällende Wirkung, diejenigen der zweiwertigen Metalle eine viel höhere und die der dreiwertigen die höchste Wirkung haben. [Nach *Hardy* gilt diese Regel betreffs der fällenden Wirkung der Kationen für negative Kolloide, für positive dagegen eine ähnliche betreffs der Wertigkeit der

Historisches.

---

[1] Dieses Absetzen ist im allgemeinen auf eine vorangegangene Vergröberung der Teilchen durch Wachstum oder Koagulation zurückzuführen.

[2] *H. Schulze:* Journ. f. prakt. Chemie [2] **25**, 431 bis 452 (1882).

[3] *H. Picton, Derselbe* und *S. E. Linder:* Journ. Chem. Soc. **61**, 114 bis 172 (1892); **67**, 63 bis 74 (1895).

[4] *W. R. Whitney* und *J. E. Ober:* Zeitschr. f. phys. Chemie **39**, 630 bis 634 (1902).

Anionen. Wie schon erwähnt, gilt die Regel nicht allgemein, vgl. kolloides Eisenoxyd (*Duclaux*). Sie wird ferner in allen Fällen durchbrochen, wo organische Schutzkolloide eine Rolle spielen.] *Schulze* war bereits bekannt, daß man in konzentrierteren Lösungen gröbere Zerteilungen des $As_2S_3$ erhält als in verdünnteren.

Suspensionen und Lösungen von $As_2S_3$.

In der vortrefflichen Arbeit von *Picton* und *Linder* wurde gleichfalls eine wichtige Entdeckung am kolloiden Arsensulfid gemacht. Es wurde gezeigt, daß man von mikroskopischen Suspensionen bis zu Lösungen mit meßbarem osmotischen Druck und Diffusionsvermögen durch zunehmende Zerteilung der dispersen Phase gelangen kann.

*Picton* und *Linder* stellten vier verschiedene Hydrosole von Arsensulfid dar, die sie $As_2S_3$ $\alpha$, $\beta$, $\gamma$, $\delta$ nannten und von welchen $\alpha$ die gröbste Zerteilung, $\delta$ die feinste enthielt. In der Flüssigkeit $\alpha$ konnten sie Einzelteilchen im gewöhnlichen Mikroskop nachweisen, die sich in lebhafter *Brown*scher Bewegung befanden; die Teilchen wurden dann beim Filtrieren durch Tonzellen von diesen zurückgehalten, ebenso wie die der nächstfolgenden Zerteilungen. Arsensulfid $\delta$ dagegen passierte Tonfilter, ohne von ihnen zurückgehalten zu werden, und die Lösungen zeigten Diffusionsvermögen und osmotischen Druck.

In dieser Versuchsreihe ist zum ersten Male der Nachweis geliefert worden, daß die Hydrosole mit abnehmender Teilchengröße mehr und mehr die Eigenschaften der krystalloiden Lösungen annehmen: zunehmende Homogenität, zunehmendes Diffusionsvermögen und meßbaren osmotischen Druck. Aber selbst die feinsten Zerteilungen von *Picton* und *Linder* erwiesen sich als optisch inhomogen.

Elektrolyt-fällung.

*Picton* und *Linder* zeigten ferner, daß bei Elektrolytfällungen ein Teil der fällenden Ionen vom Niederschlag aufgenommen wird, bei Arsensulfid z. B., das negativ geladen ist, die Kationen.

Aufnahme von Kationen.

Verwendet man Chlorcalcium zur Fällung, so werden Calciumionen vom Niederschlag aufgenommen, und eine dem Calcium äquivalente Menge Wasserstoffionen bleibt in der Lösung (Salzsäure) Vergl. S. 129. Das Calcium ist aus dem Niederschlag durch Waschen mit Wasser nicht zu entfernen, dagegen läßt es sich durch Barium substituieren und dieses wieder durch Strontium. (Ähnliches hat *van Bemmelen* schon viel früher bezüglich der Kolloide des Ackerbodens gefunden.)

Äquivalenz.

*Withney* und *Ober* zeigten dann, daß die bei der Fällung von einer bestimmten Menge Arsensulfid aufgenommenen Quantitäten Calcium, Strontium, Barium, Kalium einander äquivalent sind. Dieses Resultat ist theoretisch wichtig, weil man in den bei der Fällung aufgenommenen und vom Sulfid festgehaltenen Mengen von Kationen ein Maß für die elektrische Ladung der Ultramikronen erblicken kann. Es ist klar, daß zum Ausgleich der negativen Ladungen von je ein Liter eines bestimmten Hydrosols stets äquivalente Mengen verschiedener Kationen gebraucht werden. Diese sind es auch, die in den Niederschlag eingehen und von ihm nicht durch Waschen entfernt, sondern nur durch Substitution ersetzt werden können.

Bei der Herstellung von kolloidem Arsensulfid zeigen sich, wie *Vorländer*[1] dargetan hat, eigentümliche Verzögerungserscheinungen. Durch Vermischen von geeignet verdünntem Schwefelwasserstoffwasser mit überschüssiger arseniger Säure (5 ccm $n/_{10}$-$As_2O_3$ und 5 bis 15 ccm $n/_{100}$-Schwefelwasserstofflösung in 300 ccm Wasser) erhält man eine farblose Lösung, welche nach einigen Sekunden plötzlich gelb wird. Bei stärkerer Verdünnung wird die farblose Lösung beständiger, wenn das zur Verdünnung dienende Wasser frei von Sauerstoff und Kohlensäure ist. Sowohl Mineralsäuren wie Essigsäure und Weinsäure machen die farblose Lösung sofort gelb. Die Gelbfärbung entsteht beim Einleiten von Kohlensäure, nicht aber bei Zusatz von Kochsalz und Natriumacetat. Impfen mit Arsensulfidhydrosol erwies sich als wirkungslos.

Zur Prüfung der Frage, ob in dieser farblosen Lösung Schwefelwasserstoff und arsenige Säure in Form einer farblosen Verbindung oder unverbunden vorhanden sind, wurde Wasserstoff durch die Mischung geleitet, zugleich der verflüchtigte Schwefelwasserstoff ·in Silbernitratlösung aufgefangen und bestimmt. Aus der farblosen Lösung ließen sich in 24 Stunden nur 11 Proz. des Schwefelwasserstoffs bei Zimmertemperatur abblasen, während aus Schwefelwasserstoffwasser sich sämtlicher Schwefelwasserstoff leicht entfernen läßt.

Arsensulfidlösung reagiert sehr schnell mit verdünnten Silber-, Kupfer- und Bleisalzen unter Bildung der betreffenden Sulfide. Die nach Entfernen von Schwefelwasserstoff aus dem Arsensulfidhydrosol mit Wasserstoff und Fällen des Arsensulfids mit Säuren über demselben stehende Flüssigkeit reagiert nicht mit Jod, enthält also keine freie arsenige Säure. Wohl aber reagiert der Niederschlag mit Jodlösung.

## 96. Andere Sulfidhydrosole.

Von *Spring*[2] und *Winssinger*[3], *Schneider*[4] u. a. sind Hydrosole zahlreicher Sulfide der Schwermetalle hergestellt worden. Man kann hauptsächlich drei Wege der Darstellung unterscheiden.

1. Fällen des Sulfids und Waschen desselben mit Wasser; die Peptisation erfolgt mit Hilfe von Schwefelwasserstoff. Diese Methode hat nicht immer einen günstigen Erfolg, da die Sulfide noch mehr als die Oxyde Neigung haben, sich in dichterer Form abzuscheiden. Sie sind dann nicht mehr peptisierbar. Hierin nehmen sie eine Mittelstellung zwischen Oxyden und Metallen ein, und damit steht auch die Ähnlichkeit ihrer Reaktion mit denjenigen der Metalle in Zusammenhang. Hier wie dort wird man annehmen, daß die Molekularattraktion zwischen den entladenen Ultramikronen bei sehr starker Teilchenannäherung der Peptisation hinderlich ist (vgl. Kap. 25b, c u. 72).

2. Ein zweiter Weg ist von *Winssinger* angegeben worden. Es werden sehr verdünnte Lösungen der Metallsalze mit Schwefelwasserstoff behandelt.

[1] *D. Vorländer* und *R. Häberle:* Ber. **46**, 1612 bis 1628 (1913).
[2] *W. Spring* und *G. v. Boeck:* Bulletin de la Soc. chim. [2] **48**, 165 bis 170 (1887).
[3] *C. Winssinger:* Ibid. [2] **49**, 452 bis 457 (1888).
[4] *E. A. Schneider:* Ber. **24**, 2241 bis 2247 (1891).

Der bei der Reaktion sich bildende Elektrolyt, z. B. Salzsäure, wird auf so niedriger Konzentration gehalten, daß er nicht mehr koagulierend wirkt.

3. Der dritte Weg ist vor allem von *Lottermoser*[1] angewendet worden zur Herstellung von konzentrierteren Sulfidlösungen. Man verwendet wenig dissoziierende Salze der Metalle resp. solche, deren Zersetzungsprodukte nur in geringerem Grade der Dissoziation unterliegen und daher keine ausgesprochenen Elektrolytfällungen bewirken, und leitet in ihre Lösungen Schwefelwasserstoff ein. Es wurden von *Lottermoser*[1] z. B. konzentriertere Lösungen von Quecksilbersulfid durch Anwendung von Quecksilbercyanid hergestellt oder solche von Kupfersulfid durch Zersetzung von Glykokollkupfer mit Schwefelwasserstoff.

Die Behandlung von Oxyden mittels Schwefelwasserstoff, bei welcher Reaktion sich Wasser bildet, also kein fällender Elektrolyt, ist schon am Beispiel des Arsensulfids erläutert worden.

**Kolloides Antimonsulfid** wurde von *Schulze*[2] erhalten durch Behandlung von Brechweinsteinlösung mittels Schwefelwasserstoff oder von Lösungen von Antimonoxyd in Weinsäure mittels Schwefelwasserstoff. Kolloides Antimonsulfid ist orangerot gefärbt und kann so fein zerteilt werden, daß es im auffallenden wie im durchfallenden Licht vollkommen klar erscheint.

**Kolloides Cadmiumsulfid** gewinnt *Prost*[3] aus dem Cadmiumsulfidniederschlage, den er durch vollständige Fällung einer ammoniakalischen Cadmiumsulfatlösung mit Schwefelwasserstoff erhält. Der gut gewaschene, in Wasser suspendierte Niederschlag geht beim Durchleiten von Schwefelwasserstoff allmählich in Lösung. Man erhält so schön gelbe Lösungen, welche im auffallenden Licht diffuse Zerstreuung zeigen.

# E. Kolloide Salze.

Ebenso wie schwer lösliche Metalle, Sulfide, Oxyde können auch die meisten anderen schwer löslichen Körper in kolloider Form erhalten werden. Wichtig sind die kolloiden Salze, die ebensowohl als Hydrosole wie als Hydrogele dargestellt werden können.

*Graham*[4] erhält kolloides Ferrocyankupfer durch Auflösen des braunen Niederschlags von Ferrocyankupfer in oxalsaurem Ammon und darauffolgende Dialyse. In ähnlicher Weise wird auch kolloides Berlinerblau nach *Graham* hergestellt.

*Schneider*[5] hat ein kolloides Ferriphosphat als Hydrosol gewonnen, *Lottermoser* und *E. v. Meyer*[6] kolloides Halogensilber und *Lottermoser*[6] allein


[1] *A. Lottermoser:* Journ. f. prakt. Chemie [2] **75**, 293 bis 306 (1907).

[2] *H. Schulze:* Journ. f. prakt. Chemie [2] **27**, 320 bis 332 (1883).

[3] *E. Prost:* Bull. Acad. Roy. Belg. [3] **14**, 321 bis 324 (1887).

[4] *Th. Graham:* Liebigs Annalen **121**, 48 (1862).

[5] *E. A. Schneider:* Zeitschr. f. anorg. Chemie **5**, 84 bis 87 (1894).

[6] *A. Lottermoser* und *E. v. Meyer:* Journ. f. prakt. Chemie [2] **56**, 247 (1897). *A. Lottermoser:* Ibid. [2] **57**, 484 bis 487 (1898); **68**, 341 (1903) u. a.

eine ganze Reihe von schwer löslichen Salzen. Neuerdings ist die Zahl derselben durch *von Weimarn*[1] stark vermehrt worden.

## 97. Kolloides Halogensilber.

Hydrosole von Chlor-, Brom-, Jodsilber wurden von *Lottermoser* und
*E. v. Meyer*[2] erhalten durch Behandeln von kolloidem Silber mit den betreffenden Halogenen. Sie erwiesen sich als sehr empfindlich gegen Elektrolytzusätze.

Eine andere, theoretisch interessante Methode, kolloides Halogensilber
darzustellen, ist von *Lottermoser*[3] ausgearbeitet worden. Sie beruht auf der
Einwirkung von Silbernitrat auf die Halogensalze der Alkalimetalle. Auf
diese Art sind von ihm Hydrosole von Bromsilber, Jodsilber, Chlorsilber,
Cyansilber, ferner das Silberferro- und -ferri-
cyanid, Silberphosphat und -arsenat hergestellt
worden.

Von besonderem Werte ist, daß *Lottermoser* die
Reaktionen messend verfolgt hat.

a) Versuchsanordnung. $n/_{10}$- bis $n/_{50}$-Silber-
nitratlösungen wurden mit ebenso verdünnten
Lösungen von Bromkalium, Jodkalium unter Umschütteln gemischt, oder es wurden, umgekehrt,
gemessene Mengen von Halogensalzlösungen mit
Silbernitrat versetzt, dessen Lösung sich in einer
Bürette befand. In letzterem Falle ist das Vorwalten des Halogenions erforderlich, um ein Hydrosol zu erhalten, in ersterem das Vorwalten des
Silberions. Kurz vor Erreichung des Reaktionsend-
punktes tritt Fällung ein, die mit Erreichen des
Endpunktes vollständig wird[4].

Als Beispiel möge folgender Versuch dienen:

1. In ein Kölbchen (Fig. 45) werden 50 ccm
$n/_{10}$-Jodkaliumlösung gebracht, in eine Bürette

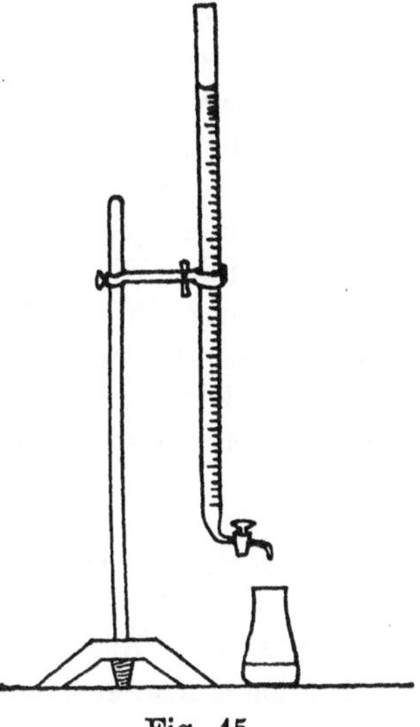

Fig. 45.

eine $n/_{10}$-Silbernitratlösung gefüllt. Man läßt unter kräftigem Umschütteln
das Silbernitrat allmählich in den Kolben einfließen und beobachtet dabei,
daß das sich bildende Jodsilber als Hydrosol in kolloider Lösung verbleibt.
Mit zunehmendem Silbergehalt vermehrt sich die Opäleszenz des Hydrosols,
und kurz vor Verbrauch der Jodionen hat man ein milchig getrübtes, nicht
sehr beständiges Hydrosol des Jodsilbers vor sich. Erst wenn 49,5 ccm
Silbernitrat hinzugefügt worden sind, tritt Bildung eines käsigen Niederschlages
ein; bei 50 ccm Silbernitrat ist die Fällung vollständig. Setzt man über-

<hr>

[1] *P. P. von Weimarn:* Koll.-Zeitschr., Mitteilungen in den Bänden 2 bis 5.
[2] l. c. S. 292.
[3] *A. Lottermoser:* Journ. f. prakt. Chemie [2] **72**, 39 bis 56 (1905); **73**, 374 bis 382 (1906).
[4] Eine Erscheinung, die beim Titrieren oft beobachtet werden kann.

schüssiges Silbernitrat zu dem Gel, so nimmt dieses 0,1 Proz. seines Gewichts Silbernitrat auf[1].

2. Man kann auch umgekehrt verfahren, d. h. die Jodkaliumlösung aus der Bürette zur Silbernitratlösung fließen lassen. Die Erscheinungen sind ganz analog, doch zeigt sich ein ganz bemerkenswerter Unterschied: im ersten Fall, bei Überwiegen des Halogenions, sind die Ultramikronen des Hydrosols negativ geladen; im zweiten, bei Überschuß des Silberions, positiv. Die beiden Hydrosole von Jodsilber fällen sich gegenseitig aus, wie das bei entgegengesetzt geladenen Kolloiden im allgemeinen der Fall ist.

Unter Benutzung der weiter oben (vgl. Theorie, Kap. 33 bis 34) eingeführten Formelbilder läßt sich dieses Verhalten ohne weiteres erklären.

b) Theorie. Nehmen wir zunächst an, das Jodkalium befinde sich im Überschuß (Versuchsanordnung 1). Nach der Formel $Ag^{\cdot} + J' \rightarrow AgJ$ bildet sich schwer lösliches Jodsilber; dasselbe bleibt zunächst in ultramikroskopischer Zerteilung in der Flüssigkeit.

Die obenerwähnte elektrische Ladung der Ultramikronen ist hier wie in den meisten Fällen zurückzuführen auf Ionenadsorption. Von vornherein ist zu erwarten, daß alle vorhandenen Ionengattungen adsorbiert werden ($K^{\cdot}$, $NO_3'$, $J'$, in Spuren auch $Ag^{\cdot}$ und andere). Uns interessiert aber nur die Adsorption desjenigen Ions, das vorwiegend aufgenommen wird und den Ultramikronen die negative Ladung erteilt. Es ist kaum zu bezweifeln, daß diese Eigenschaft dem Jodion[2] zukommt, denn die Koagulation und Entladung der Teilchen tritt gerade dann ein, wenn dasselbe (praktisch) aufgebraucht ist.

Wir können uns also das elektrisch geladene ultramikroskopische Jodsilberteilchen durch folgendes Bild veranschaulicht denken:

$$\boxed{AgJ}\ J',$$

wobei noch unbestimmt bleibt, wieviel Moleküle $J'$ dem Teilchen die Ladung erteilen[3]. Anfangs, bei großem Überschuß von $J'$, wird jedenfalls mehr $J'$ pro Gramm disperser Phase adsorbiert sein als gegen Ende. Die bei der Titration eintretende völlige Entladung der Teilchen, die der Koagulation am

---

[1] Diese Adsorption dürfte in Zusammenhang stehen mit der Bildung eines Komplexsalzes $Ag_2JNO_3$ an der Oberfläche der Primärteilchen, sie reicht aber nicht aus, um das Gel zu peptisieren; das Salz kann durch Auswaschen nicht entfernt werden (*Köthener* und *Aeuer:* Liebigs Annalen **337**, 123 [1904] und hat bei der Atomgewichtsbestimmung des Jods früher Schwierigkeiten bereitet, ferner bedingt die Anwesenheit von Silbernitrat auch Sensibilisierung des Jodsilbers, so daß es sich im Licht schwärzt im Gegensatz zu reinem Jodsilber. Diese Umstände dürfen bei der Gewichtsanalyse nicht außer acht gelassen werden.

[2] *Lottermoser* hat auch gefunden, daß dieses aus dem Hydrosol durch Dialyse besonders schwer zu entfernen ist; man kann natürlich auch die Aufnahme des Komplexions $AgJ_2'$, das dem Salze $KAgJ_2$ zugrunde liegt, annehmen, wie denn Komplexionen i. a. leichter aufgenommen werden als die einfachen Ionen. Die Entladung im Endpunkt ist dann durch die Reaktion $\boxed{AgJ}\,AgJ_2' + Ag^{\cdot} = \boxed{AgJ}\,AgJ_2Ag$ darzustellen.

[3] Auch die von *Lottermoser* [Zeitschr. f. phys. Chemie **60**, 455 (1907)] beobachtete Peptisation des frisch gefällten JAg-Gels durch JK kann in analoger Weise erklärt werden.

Endpunkt der Reaktion zugrunde liegt, kann etwa so dargestellt werden:

$$\boxed{\text{AgJ}}\ \text{J}' + \text{Ag}^{\cdot} = \boxed{\text{AgJ}}\ \text{JAg}\ .$$

Diese Darstellung gibt schematisch eine Erklärung der Solbildung, der elektrischen Ladungen der Ultramikronen und des Verhaltens bei der Endreaktion. Sie bietet natürlich keine genaue Beschreibung des ganzen Vorganges. Denn tatsächlich wird mit fortschreitendem Ag$^{\cdot}$-Zusatz die Flüssigkeit trüber, was auf Vergrößerung und flockenartiges Zusammentreten der Ultramikronen während der Reaktion schließen läßt.

Ein Wachstum der Ultramikronen während der Titration ist ohne weiteres vorauszusehen und kann darauf zurückgeführt werden, daß das während des Nitratzusatzes sich bildende AgJ vorübergehend in übersättigter Lösung sich befindet, und daß die Ultramikronen, die als Keime wirken, in übersättigter Lösung heranwachsen[1]. Ferner aber ist an der Einflußstelle des Silbernitrats vorübergehend ein Überschuß von Ag vorhanden, und dieser kann eine lokale Umladung einzelner Teilchen und Zusammentreten derselben mit entgegengesetzt geladenen zu größeren Flocken (Sekundärteilchen) bedingen, zu Flocken, die erst durch J' aufgeladen werden, wenn sie nach dem Umschütteln mit überschüssigem JK zusammenkommen, ohne aber ihren flockenartigen Zusammenhang zu verlieren.

Eine ultramikroskopische Untersuchung kann näheren Aufschluß über diese Verhältnisse geben, die übrigens geringeres Interesse bieten. Zum Verständnis der Solbildung und des Verhaltens des Hydrosols genügt obige Darstellung.

Beim Vorwalten von Silbernitrat (Versuchsanordnung 2) werden positive Jodsilbersole erhalten, also wenn JK in überschüssiges Silbernitrat einfließt. Aus demselben Grunde wie oben wird man hier eine Aufnahme von Ag$^{\cdot}$ durch die Ultramikronen annehmen und damit die positive Ladung der Teilchen wie ihre Koagulation nach Verbrauch des Silbernitrats erklären.

Beständigkeit der Halogensilbersole. Die nach obigem Verfahren gewonnenen Hydrosole sind nicht sehr beständig; sie koagulieren fast immer nach einiger Zeit, ihre Teilchen vereinigen sich allmählich zu größeren, die absetzen. Da der nach der Koagulation vorhandene Bodensatz keine merkliche elektrische Ladung besitzt, so muß bei der Teilchenvereinigung oder vorher Entladung der Ultramikronen erfolgt sein, was entweder auf Abgabe der adsorbierten oder Aufnahme äquivalenter Mengen entgegengesetzt geladener Ionen zurückgeführt werden kann.

Kolloides Bromsilber und andere Salze. Nach demselben Verfahren wie kolloides Chlorsilber und Jodsilber hat *Lottermoser*[2] auch Hydrosole von Bromsilber hergestellt. Dieselben sind, wenn konzentriert, sehr stark milchig getrübt und zeigen ultramikroskopisch die disperse Phase in Form lebhaft bewegter, sehr heller Teilchen.

Daß man auch Hydrosole von Jodsilber mit amikroskopischen Teilchen herstellen kann, hat Verfasser 1902 gezeigt[3]. Man erhält sie durch Mischen sehr verdünnter Lösungen von Silbernitrat und Jodkalium. Es lassen sich an ihnen sehr schön die zeitlichen Verände-

---

[1] Vgl. Kap. 39.

[2] l. c. siehe S. 293.

[3] *R. Zsigmondy:* Zur Erkenntnis der Kolloide 1905, S. 149.

rungen der Hydrosole, der Übergang der Amikronen in Submikronen beobachten. Im allgemeinen werden die Hydrosole um so beständiger und feinkörniger, je schwerer löslich das Silbersalz ist. In ähnlicher Weise wie die Hydrosole von Halogensilber hat *Lotter-moser*[1] auch die Sole von Ferro- und Ferricyansilber, Silberphosphat und -arsenat bekommen. Geschütztes kolloides Jodsilber wird gegenwärtig auch in den Handel gebracht. *J. Voigt* berichtet über sehr beachtenswerte therapeutische Erfolge bei der Behandlung von Gelenkrheumatismus und Athritis deformans mit kolloidem Jodsilber[2].

## 98. Die Photohaloide.

Im Anschluß an das kolloide Halogensilber mögen noch die Photohaloide kurz besprochen werden:

Halogensilber wird durch längere Belichtung geschwärzt. Aber auch durch kurze Einwirkung des Lichts erhält es bekanntlich die Eigenschaft, bei nachträglicher Behandlung mit geeigneten Reduktionsmitteln sich zu schwärzen und zu metallischem Silber reduziert zu werden. Darauf beruht die Photographie. Die vollständig weiß bleibende belichtete Platte enthält das latente Bild, wie man zu sagen pflegt, und die Substanz des latenten Bildes ist seit langem ein Streitpunkt der wissenschaftlichen Photographie.

Man weiß, daß Licht aus Bromsilber Brom abscheidet und daß dabei teilweise Reduktion eintritt. Ob aber die Reduktion bis zu Silber führt oder nur bis zu Subbromid, das bildete den Gegenstand der Meinungsverschiedenheiten.

*Lea*[3] hat durch Behandlung von Chlorsilber mit Reduktionsmitteln gefärbte Reduktionsprodukte erhalten, die er Photohaloide nannte und als Subhaloid-lackartige Verbindungen von Chlorsilber mit Subchlorid ansah. Ihre Eigentheorie. schaften stimmen in vielen Beziehungen überein mit denjenigen des belichteten Bromsilbers oder Chlorsilbers, weshalb der Name Photohaloide auch auf jene Produkte übertragen wurde.

*Baur*[4] zeigte, daß man durch Behandeln von kolloidem Silber mit Halogenen ebenfalls zu solchen Photohaloiden gelangen kann. Er nahm wie *Lea* Subhaloide als färbendes und wirksames Prinzip an.

*Abegg*[5] hat nun darauf hingewiesen, daß zur Erklärung der Eigenschaften Silberkeim-des belichteten Halogensilbers die Annahme vollständig ausreicht, daß ein theorie. Teil des vorhandenen Silbers zu Metall reduziert ist. Die Annahme von Subhaloiden wäre demnach überflüssig.

Demgegenüber haben andere Forscher, insbesondere *Eder*[6], die Subhaloidtheorie verteidigt, und dieselbe hat eine Stütze durch die Versuche von *Guntz*[7] über Silberfluorür und durch elektrochemische Versuche von *Luther*[8]

[1] l. c. S. 293.

[2] Therapie der Gegenwart, Juli 1919 und Biochem. Zeitschr. **89**, Heft 3 und 4.

[3] *M. Carey Lea:* Kolloides Silber und die Photohaloide. Deutsch herausgeg. von Lüppo-Cramer, Dresden 1908.

[4] *E. Baur:* Zeitschr. f. phys. Chemie **45**, 613 bis 626 (1903).

[5] *R. Abegg:* Wiedemanns Annalen d. Physik, N. F., **62**, 428 (1897); Archiv d. wiss. Photographie **1**, 15 ff. (1900).

[6] *M. Eder:* Photogr. Korresp. **1899**, 276, 332, 463, 650; Photogr. Jahrbuch **1900**, 80 bis 87; Sitzungsber. d. Akad. d. Wiss. Wien **114**, IIa, 1159 bis 1193 (1905).

[7] *Guntz:* Compt. rend. **110**, 1337 bis 1339 (1890).

[8] *R. Luther:* Zeitschr. f. phys. Chemie **30**, 628 bis 680 (1899).

erhalten, nach welchen die Existenzmöglichkeit von gewissen Subhaloiden wahrscheinlich gemacht wird.

Die erwähnte Frage ist in zwei weitere zu zerlegen. Erstens, gibt es überhaupt Subchloride, -bromide und -jodide des Silbers? Diese Frage ist deshalb berechtigt, weil mit Sicherheit nur die Verbindung $Ag_2Fl$ von *Guntz* und später von *Lothar Wöhler* und *Rodewald*[1] hergestellt worden ist. Für die Existenz der anderen Subhaloide sprechen höchstens die erwähnten Versuche von *Luther*, deren Beweiskraft durch die Versuche von *Heyer*[2] und *Weisz*[3] allerdings herabgedrückt wird. In greifbarer Form sind sie jedenfalls noch nicht hergestellt.

Zweitens, ist es erforderlich, die Existenz eines Subhaloids im latenten photographischen Bilde oder in den Photohaloiden anzunehmen? Diese Frage muß verneint werden.

Die Anhänger der Subhaloidhypothese wenden ein, daß, wenn das Photo-haloid ein Gemenge von Silber und Chlorsilber wäre, man das Silber mit Salpetersäure müßte herauslösen können. Gegen diese Annahme lassen sich Gründe anführen, welche auf den Eigenschaften der Kolloidgemische im allgemeinen beruhen. Gegen dieselbe hat *Richard Lorenz*[4] Stellung genommen und auf Grund der Erfahrungen über Pyrosole, Rubingläser und Kolloidlösungen dargetan, daß die Subhaloidhypothese zur Erklärung des Verhaltens der Photohaloide überflüssig ist. Ferner hat *Lüppo Cramer*[5] den Gegenstand gründlich untersucht und die Haltlosigkeit der obenerwähnten Einwände gegen die Annahme eines Gemenges von Silber und Chlorsilber erwiesen.

Kolloidchemische Theorie.

Was diese Einwände anlangt, so sei an den *Cassius*schen Purpur erinnert, bei welchem ausführlicher gezeigt worden ist, daß kolloide Mischungen oder Kolloidverbindungen andere Reaktionen zeigen als die Bestandteile derselben und daß sie vielfach chemische Verbindungen vorgetäuscht haben. Ferner sei erwähnt die Eigenschaft der Metazinnsäure, Kupferoxyd und andere Oxyde derart einzuschließen, daß sie selbst mit Salpetersäure nicht extrahiert werden können. Wir haben daher keinerlei Veranlassung, auf Grund der Hartnäckigkeit, mit welcher das reduzierte Silber von Chlorsiber festgehalten wird, chemische Verbindungen, etwa Subhaloide, anzunehmen.

Betreffs der lebhaften Färbung der Photohaloide sei daran erinnert, daß sie den mannigfaltigen Farben des kolloiden Silbers entspricht, die selbstverständlich auch in Mischungen mit den farblosen Silberhaloiden zur Geltung kommen. Also auch die Färbungen der Photohaloide geben keinerlei Anhalt zugunsten der Annahme von Subhaloiden. Überdies hat *Lüppo-Cramer*[6] den direkten Nachweis geliefert, daß Bromsilber imstande ist, kolloides Silber derart gegen die lösende Wirkung der Salpetersäure zu schützen, daß letztere das Silber nicht mehr vollständig daraus entfernen kann. Mischt man die

---


[1] *L. Wöhler* und *G. Rodewald:* Zeitschr. f. anorg. Chemie **61**, 54 bis 90 (1909).

[2] *F. Heyer:* Inaug.-Diss. Leipzig 1902.

[3] *H. Weisz:* Zeitschr. f. phys. Chemie **54**, 305 bis 352 (1906).

[4] *R. Lorenz:* Elektrolyse geschmolzener Salze **2**, 69ff., Halle 1905.

[5] *Lüppo-Cramer:* Mitteilungen in der Photogr. Korrespondenz, Koll.-Zeitschr. und Monographien: Photographische Probleme, Halle 1907, S. 117; Kolloidchemie und Photographie, Dresden 1908, S. 70. Das latente Bild, Halle 1911.

[6] *Lüppo-Cramer:* Photogr. Korr. **1907**, 289; **1909**, 397, 415, 526.

beiden Hydrosole von Silber und Bromsilber und setzt schnell konzentrierte Salpetersäure hinzu, so löst sich allerdings das kolloide Silber. Wird aber das Gemisch vorher mit Schwefelsäure koaguliert, so erhält man ein gefärbtes Photohaloid, dem das Silber mit Salpetersäure nicht mehr entzogen werden kann. Ebenso wird nach *Lüppo Cramer* kolloides Gold von Königswasser nicht mehr gelöst, wenn es mit Bromsilber gemeinsam ausfällt. Man kann sich eine ganz rohe Vorstellung von dieser Schutzwirkung machen, wenn man etwa annimmt, daß die färbenden Goldteilchen von Bromsilber derart umhüllt werden, daß die Hüllen der lösenden Säure den Zutritt zum Golde versperren. Höchstwahrscheinlich handelt es sich aber um Wirkungen viel feinerer Art, deren wahre Natur noch nicht vollständig erkannt ist.

Auch Goldkeime lösen die Reduktion aus.   Es ist interessant, daß Goldkeime, ähnlich wie sie imstande sind, die Reduktion von Silber in homogenen Silberreduktionsgemischen auszulösen, auch dem Bromsilber zugemischt die Auslösung des Reduktionsprozesses herbeiführen. Schon *Weisz*[1] hat derartige Beobachtungen gemacht, und ähnliche Untersuchungen wurden unabhängig davon im Institute des Verfassers von Dr. *Thomae* mit gleichem Resultate ausgeführt. Man verwendet dazu ein im Dunkeln hergestelltes und dialysiertes Bromsilberhydrosol nach *Lottermoser* und eine Goldkeimlösung (vgl. S. 154). Man bringt in zwei Probierröhrchen die dialysierte Bromsilberlösung, fügt der einen Partie etwas Goldkeimlösung zu und füllt beide mit einem indifferenten Elektrolyt, etwa Bromkalium, aus. Wird nun ein geeigneter Entwickler hinzugefügt, so bemerkt man sehr bald Schwärzung in derjenigen Lösung, welche die Goldkeime enthält, während die andere sich längere Zeit unverändert hält. Alle diese Operationen müssen selbstverständlich in der Dunkelkammer ausgeführt werden. Die zugesetzten Goldkeime wirken demnach geradeso, als wenn das Bromsilber belichtet worden wäre. Natürlich haben zugefügte Silberkeime dieselbe Wirkung.

Es genügt demnach die Anwesenheit von Metallkeimen an den belichteten Stellen einer photographischen Platte, um die nachträgliche Schwärzung derselben im Entwickler zu erklären, und die Photohaloide können als kolloide Mischungen von Silber und Silberhaloiden angesehen werden[2].

*Reinders*[3] ist es gelungen, aus einer ammoniakalischen Chlorsilberlösung, die auch kolloides Silber enthielt, im Dunkeln krystallisierte gelbe bis rote Photohaloide herzustellen, die als kolloide Lösungen von Ag in AgCl anzusehen sind und bei Belichtung ihre Farbe von Gelb durch Rot und Violett nach Blau ändern. Diese Krystalle sind lichtempfindlicher als reines Chlorsilber.

Untersuchungen von *Lorenz* und *Hiege*.   In einer neuen Untersuchung haben *R. Lorenz* und *C. Hiege*[4] gezeigt, daß ein enger Zusammenhang zwischen den Metallnebeln der Pyrosole und den durch Lichtwirkung in einem Halogensilberkrystall entstehenden Submikronen besteht. Diese sehr interessante Untersuchung enthält einen überzeugenden Beweis für die Richtigkeit der Silberkeimtheorie[5]. Die Verfasser zeigen, daß

---

[1] *Weisz:* s. Anm. 3, S. 297.

[2] Neuerdings hat allerdings *K. Sichling* [Zeitschr. f. phys. Chemie **77**, 1 bis 57 (1911)] im Laboratorium von *Baur* gezeigt, daß metallisches Silber unter Umständen in Silberchlorid löslich ist, so daß man neben kolloider Mischung auch krystalloide Löslichkeit annehmen kann. Vgl. dazu auch *W. Reinders:* Zeitschr. f. phys. Chemie **77**, 213 bis 226 (1911).

[3] Zeitschr. f. phys. Chemie **77**, 213, 356, 677 (1911).

[4] *Lorenz* und *Hiege:* Zeitschr. f. anorg. Chemie **92**, 27 (1915).

[5] Vgl. *R. Lorenz* und *K. Hiege:* Zeitschr. f. anorg. Chemie **92**, 27 (1915). *R. Lorenz:* Phys. Zeitschr. **16**, 204 (1915); Koll.-Zeitschr. **18**, 177 (1916); Koll.-Zeitschr. **22**, 103 (1918); **24**, 42 (1919).

bei Belichtung der Oberfläche von optisch leeren Halogensilberkrystallen ein
zunächst amikroskopischer Lichtkegel entsteht, der allmählich durch Teilchenwachstum im Lichte submikroskopisch wird. Erwärmen der belichteten Stelle
bedingt Heranwachsen der Submikronen zu gröberen Teilchen genau wie bei
Rubingläsern oder bei natriumhaltigem Steinsalz. Farbe und sonstige Eigenschaften der bestrahlten Stelle erweisen wohl unzweifelhaft, daß es sich beim
belichteten Halogensilber um Bildung kleiner Silberteilchen handelt, womit die
Silberkeimtheorie als erwiesen zu betrachten ist.

Man kann die Theorie also als die *Abegg-Lorenz*sche Silberkeimtheorie bezeichnen, wobei allerdings hervorzuheben ist, daß *Lüppo Cramer* eine Anzahl
wesentlicher ihr entgegenstehender Schwierigkeiten beseitigt hat.

*Fr. Weigert*[1] hat die sehr intoressante Beobachtung gemacht, daß farbiges
linear polarisiertes Licht auf photographischem Auskopierpapier dichroitische
Farben hervorruft. Man kann also die Polarisationsebene des Lichtes in
bezug auf ihre Richtung photographisch festlegen und isotrope Schichten
durch Bestrahlung doppelbrechend machen. Dieser neue Effekt ist auf eine
mechanische Wirkung des Lichtes auf die Silberteilchen zurückzuführen
und man kann in ihm einen neuen Beweis gegen die Annahme verschieden
färbender Subhaloide erblicken.

## 99. Kolloide Ferrocyanide.

In einfachster Weise erhält man die kolloiden Ferrocyanide durch Eingießen verdünnter Lösungen von Schwermetallsalzen in eine Lösung von
Ferrocyankalium. Das *Graham*sche Verfahren[2], welches auf dem Auflösen der
gefällten Ferrocyanide in Ammoniumoxalat beruht, ist von geringerem Interesse. Diese Hydrosole zeigen im allgemeinen dieselbe Farbe wie die aus ihnen
hergestellten Hydrogele, erscheinen zuweilen vollkommen homogen, zuweilen
erfüllt mit mehr oder weniger lebhaft gefärbten Ultramikronen.

Da das Verhalten der kolloiden Ferrocyanide für die analytische Chemie
Bedeutung hat, sollen zwei derselben eingehender besprochen werden.

### A. Kolloides Berlinerblau.

**Reaktion a.** Läßt man aus einer Bürette unter Umschütteln der Flüssigkeit allmählich $^n/_{10}$-Ferrichlorid[3] in eine gleichfalls $^n/_{10}$-Ferrocyankaliumlösung einfließen, so bemerkt man zunächst ein Verschwinden des mit den
einfallenden Tropfen sich bildenden Berlinerblaus unter Grünfärbung der
Flüssigkeit[4]. Bei weiterem Zufließenlassen des Ferrichlorids tritt allmählich sich verstärkende Blaufärbung der Lösung ohne Abscheidung eines Niederschlages ein; schließlich, wenn mehr als $^9/_{10}$ der dem K· äquivalenten
Menge Ferrisalz zugesetzt sind, koaguliert die Lösung, und man erhält einen
blauen Niederschlag. Siehe Tab. 43.

Titration<br>von Ferrocyan<br>kalium mit<br>FeCl₃.

---

[1] *Fr. Weigert:* Verh. d. phys. Ges. XXI, 480 u. 615 (1919).
[2] *Th. Graham:* Liebigs Annalen **121**, 48 (1862).
[3] Die für diesen Versuch verwendete Ferrichloridlösung muß ohne Erwärmen frisch
bereitet sein; gealterte oder erwärmte Lösung ist nicht unbeträchtlich hydrolysiert.
[4] Über die Grünfärbung wird weiter unten berichtet werden.

## Tabelle 43.

30 ccm $n/_{10}$-$K_4FeCy_6$ titriert mit $n/_{10}$-$FeCl_3$.

| Ferrichlorid | Beobachtungen |
|---|---|
| 3 ccm | |
| 9 ,, | |
| 15 ,, | Blaue Lösungen, verbreiten sich gleichmäßig auf Fließpapier. |
| 20 ,, | |
| 26 ,, | |
| 27 ,, | Dasselbe, ein Teil ist gefällt. |
| 27,5 ,, | Ebenso. |
| 28 ,, | Das meiste Berlinerblau ist gefällt. |
| 29 ,, | Alles gefällt; im Filtrat weder $Fe^{\cdots}$ noch $FeCy_6^{\prime\prime\prime\prime}$ nachweisbar; der ausgewaschene Niederschlag löst sich im Wasser ganz auf. |
| 30,2 ,, | Alles gefällt; im Filtrat Spuren von $Fe^{\cdots}$ mit Rhodankalium nachweisbar; der ausgewaschene Niederschlag löst sich nicht mehr im Wasser. |
| 31 ,, | Desgleichen; deutliche $Fe^{\cdots}$-Reaktion im Wasser. |

Der nach dem Wegwaschen des gebildeten Kaliumchlorids in Wasser lösliche Niederschlag enthält noch Kalium. Dieses Kalium läßt sich bei weiterem Hinzufügen von Ferrichlorid durch Eisen ersetzen, wobei unter Verlust der Wasserlöslichkeit das gewöhnliche Berlinerblau $Fe_4^{III}$ $(Fe^{II}Cy_6)_3$ entsteht. Fügt man noch mehr Ferrichlorid hinzu, so läßt sich dieses im Filtrat nachweisen.

Wir haben hier ganz ähnliche Verhältnisse wie bei dem von *Lottermoser* untersuchten Falle der Titration von Jodkalium durch Silbernitrat: Wie bei diesem zunächst Solbildung, dann Fällung des Niederschlages noch vor dem Reaktionsendpunkt. Zum Unterschied von Jodsilber sind hier die Hydrosole bei Überschuß des Alkalisalzes viel feiner und stabiler. Man kann hier als aufladendes Ion das Ferrocyanion annehmen $\boxed{Berl.\ Blau}$ $FeCy_6^{\prime\prime\prime\prime}$ oder, wenn man will, das Anion des intermediär gebildeten löslichen Berlinerblau[1] $(KFeFeCy_6)$ : $\boxed{Berl.\ Blau}$ $FeCy_6Fe^\prime$. Durch beide Formeln erklärt sich die Solbildung und negative Ladung der Teilchen.

Daß Fällung eintritt, ehe die Reaktion[2] zu Ende gegangen ist, erklärt sich aus der fällenden Wirkung des gebildeten Kaliumchlorids. Die Ultramikronen werden teilweise durch $K^{\cdot}$-Aufnahme entladen, und Kaliumion geht in den Niederschlag; derselbe ist, solange er genug Kalium enthält, wasserlöslich; auch ist ja zur Fällung nicht die Erreichung des isoelektrischen Punktes nötig (vgl. Kap. 24, S. 64), sie kann also eintreten, bevor die disperse Phase ganz entladen ist.

Titration von<br>FeCl₃. **Reaktion b.** Werden umgekehrt 30 ccm $n/_{10}$-Ferrichlorid mit $n/_{10}$-Ferrocyankaliumlösung titriert, so erhält man nach vorübergehender Grünfärbung (Mischfarbe) bald eine blaue Suspension von Berlinerblau, das sich vermehrt, bis etwas über 29 ccm Ferrocyankalium zugesetzt sind. Dann ist kein Eisen-

---

[1] Ob das lösliche Berlinerblau der Lehrbücher der Chemie wirklich ein chemisches Individuum ist, müßte erst eine eingehende Untersuchung erweisen.

[2] $3\,K_4FeCy_6 + 4\,FeCl_3 = Fe_4(FeCy_6)_3 + 12\,KCl$.

chlorid mehr im Filtrat nachweisbar. Auch hier wird also das zu titrierende Ion aufgebraucht, bevor man mit der Titration zu Ende gekommen ist. Der Niederschlag, der einen kleinen Überschuß von Eisen enthält, löst sich nicht in Wasser, ist aber sehr leicht peptisierbar mit Ferrocyankalium.

Das vorzeitige Verschwinden des Eisenchlorids ist entweder durch Adsorption dieser Substanz an dem sehr voluminösen Berlinerblaugel oder wahrscheinlicher durch Einschluß des durch Hydrolyse aus dem Chlorid (wenn auch bei den vorliegenden Konzentrationen in geringer Menge) gebildeten kolloiden Ferrioxydhydrates zu erklären[1].

Berlinerblaureaktion in sehr verdünnter Lösung. *Vorländer*[2] hat die Berlinerblaureaktion zwischen Ferrichlorid und Ferrocyankalium einer näheren Untersuchung unterzogen und gefunden, daß bei sehr starker Verdünnung diese Reaktion nicht momentan, sondern als Zeitreaktion langsam verläuft. Die Geschwindigkeit wird noch herabgesetzt durch Gegenwart vieler Elektrolyte. Da Ionenreaktionen in der Regel sehr schnell verlaufen, nach dem Durchmischen der Flüssigkeit schon vollendet sind, schließt *Vorländer*, daß es sich hier nicht um eine Ionenreaktion handelt. Da andrerseits die Reaktionen zwischen Ferrosalzen und Ferri- wie Ferrocyankalium bei gleicher Verdünnung momentan verlaufen, so sind die Verzögerungen bei Eisenchlorid auf einen besonderen Zustand der stark verdünnten Lösungen (etwa 1 bis 5 mg im Liter Reaktionsgemisch) zurückzuführen. Man wird kaum fehlgehen, die Ursache der Verzögerung zunächst in einer ziemlich weitgehenden Hydrolyse der sehr verdünnten Eisenchloridlösung zu sehen[3] (vgl. Kap. 35); bei etwas höherer Konzentration tritt die Reaktion ja bekanntlich momentan ein, und man hat keine Ursache an dem Vorhandensein von Ferriionen zu zweifeln (vgl. Tab. 44).

Die Wirkung der Hydrolyse auf das Verhalten der Eisenchloridlösung ist auch aus folgenden Versuchen (Tab. 44) zu entnehmen. Zu gleichen Mengen Ferrocyankalium werden wechselnde Mengen Wasser und dann äquivalente Mengen verschieden konzentrierter Eisenchloridlösung gesetzt.

Wie man sieht, tritt die Reaktion bei Versuch III langsamer ein als bei I, obgleich in allen Versuchen die gleichen Mengen von Ferrichlorid angewendet werden. Offenbar ist die stärkst verdünnte Eisenchloridlösung am meisten hydrolysiert und enthält am wenigsten Ferriionen. Daß aber zum Schluß die Intensität der blauen Farbe bei allen annähernd gleich ist, deutet darauf hin, daß die Ferriionen aus den Hydrolysenprodukten zurückgebildet werden in dem Maße, als jene zur Berlinerblaubildung verbraucht werden.

Das Eisenoxydhydrat, das sich durch Hydrolyse bei gewöhnlicher Temperatur bildet, ist also noch ziemlich reaktionsfähig. Viel langsamer reagiert das durch Kochen des Eisenchlorids gebildete kolloide Eisenoxyd. Mit ge-

Verzögerung<br>der Reaktion<br>durch<br>Hydrolyse des<br>FeCl$_3$.

---

[1] Eine genaue Untersuchung kann darüber entscheiden; in letzterem Falle müßte Salzsäure im Filtrat nachweisbar sein.

[2] *D. Vorländer:* Ber. **46**, 181 bis 192 (1913).

[3] Die besondere verzögernde Wirkung der Elektrolyte bedarf noch näherer Untersuchung und soll hier unberücksichtigt gelassen werden.

### Tabelle 44.

Menge der Flüssigkeit immer 100 ccm.

| Nr. | $n/_{10}$-$K_4FeCy_6$ | $H_2O$ | $FeCl_3$ | Beobachtung |
|---|---|---|---|---|
| I. | 0,5 ccm | 99 ccm | 0,5 ccm $n/_{10}$ | Sofort Blaufärbung. |
| II. | „ | 94,5 ccm | 5 ccm $n/_{100}$ | Sofort Blaufärbung. |
| IIa. | „ | 94,5 ccm | 5 ccm $n/_{100}$ (gekocht[1]) | Zunächst gelb (durch koll. Eisenoxydhydrat), dann allmählich grün, schließlich blau. |
| III. | „ | 49,5 ccm | 50 ccm $n/_{1000}$ | Zunächst grün, langsam intensiver, schließlich blau. |
| IIIa. | „ | 49,5 ccm | 50ccm $n/_{1000}$(gekocht) | Zunächst hellgelb, sehr allmählich grün und blau werdend. |

kochten Lösungen (IIa und IIIa) der Tabelle tritt zunächst überhaupt keine
Ferrireaktion ein, weder mit Ferrocyankalium noch mit Rhodankalium, so
daß man annehmen muß, daß in diesen Flüssigkeiten keine merkliche Menge
Ferriion vorhanden ist. Erst ganz allmählich reagiert bei Zimmertemperatur das Eisenoxyd mit der gebildeten Säure, und dann tritt Blaufärbung ein.

Der Einfluß des Kochens ist so überraschend, daß der Versuch als Vorlesungsexperiment empfohlen werden kann.

**Empfindlichkeit der Reaktion.** Was die Empfindlichkeit der Berlinerblaureaktion anlangt, so haben
einige Versuche ergeben, daß man noch ganz leicht 0,1 mg in 20 ccm Flüssigkeit an der hellblauen Färbung in einem Probiergläschen erkennen kann,
falls das Eisenchlorid nicht zu weit hydrolysiert ist und keine überschüssigen
Elektrolyte zugegen sind. Durch Anwendung von engen Röhren, die in der
Längsrichtung durchschaut werden, kann man die Empfindlichkeit natürlich
noch bedeutend steigern.

**Grüne Farbe.** Das Auftreten der grünen Farbe bei der Berlinerblaureaktion in hoher
Verdünnung und in Gegenwart überschüssigen Ferrocyankaliums
ist nach einer neueren Untersuchung von *Bachmann*[2] in erster Linie zurückzuführen auf feinere Zerteilung des Berlinerblaus in überschüssigem Ferrocyankalium (wodurch die Intensität der blauen Farbe herabgesetzt wird),
andererseits auf Mitwirkung der gelben Farbe des kolloiden Eisenoxyds,
welches aus der zugesetzten hochverdünnten Eisensalzlösung stammt. Salze,
selbst konzentrierte Ferrocyankaliumlösung, fällen aus der grünen Lösung
immer denselben tiefblauen löslichen Körper[3], dessen Zusammensetzung
auf ein Gemisch hindeutet, in Übereinstimmung mit Beobachtungen, die

---

[1] Durch Kochen der $n/_{100}$- und $n/_{1000}$-Eisenchloridlösung wird die Hydrolyse vollständig und erhält sich auch eine Zeitlang nach dem Erkalten. Die gekochten Lösungen geben
keine Reaktion mit Rhodankalium.

[2] *W. Bachmann:* Zur Kenntnis des Berlinerblau-Hydrosols, Zeitschr. f. anorg. Chem.
**100**; 77—94; 1917.

[3] Das Blauwerden ist auf die intensive Farbe des gröber zerteilten Berlinerblaus
zurückzuführen, die bei feinerer Zerteilung nicht zur Geltung kommt.

*Erich Müller*[1] und seine Schüler gemacht haben. Die zunehmende Feinheit der Teilchen des Hydrosols bei wachsendem Gehalt an Ferrocyankalium wurde von *Bachmann* sowohl ultramikroskopisch wie durch Ultrafiltration nachgewiesen.

### B. Kolloides Ferrocyankupfer.

Kolloides Ferrocyankupfer kann erhalten werden durch Eingießen einer verdünnten Lösung von Kupferchlorid in eine gleichfalls verdünnte Lösung von Ferrocyankalium. Man erhält auf diese Weise zunächst klare rotbraune Hydrosole, die mit zunehmendem Kupfergehalt immer trüber werden. Schließlich gelangt man zu einem Mischungsverhältnis, bei welchem das Hydrosol koaguliert. Dieses Verhältnis entspricht nun nicht demjenigen, bei welchem Ferrocyan- und Kupferion in äquivalenten Mengen in der Mischung vorhanden sind, sondern die Koagulation tritt wie bei Berlinerblau schon etwas früher ein.

Bei Ferrocyankupfer kommt aber noch hinzu, daß die Niederschläge, auch wenn man einen Überschuß von Kupfersalz zur Fällung verwendet, stets etwas Kalium enthalten[2]. Diese Eigenschaft hängt vielleicht mit der Fähigkeit des Ferrocyankupfers zusammen, semipermeable Membranen für Krystalloide zu bilden. Da eine Anzahl krystallisierter Alkali-Cupriferrocyanide bekannt sind[3], so ist die Annahme nicht von der Hand zu weisen, daß ein derartiges Doppelferrocyanid, z. B. $K_2CuFeCy_6$, von den Sekundärteilchen eingeschlossen ist und sich so der Reaktion mit dem Kupferchlorid entzieht.

Die Peptisation durch überschüssiges Ferrocyankalium und die negative Ladung der Ultramikronen erklärt sich hier ebenso wie beim Berlinerblau.

Die obenerwähnte Eigenschaft des Ferrocyankupfers, Ferrocyankalium usw. einzuschließen, und die analoge Eigenschaft anderer Kolloidniederschläge ist übrigens wichtig für die analytische Chemie. Versucht man Ferrocyankalium mit Kupferchlorid zu titrieren, so wird die Gegenwart von Kupferionen bereits angezeigt, noch ehe eine den Ferrocyaniden äquivalente Menge Kupferion hinzugefügt ist. Man kann also nicht „zu Ende titrieren" wie bei Chlorsilber.

Es gibt viele Niederschläge, die sich ähnlich verhalten, und dies ist der Grund, warum man beim Titrieren von Zinksalzen mit Ferrocyankalium[4] oder Natriumsulfid keine genauen Resultate erhält.

---

[1] *E. Müller* u. *Stanisch:* Journ. prakt. Chem. [2] **79** (1909), **80** (1909), 153; *Müller* u. *Treadwell:* Journ. prakt. Chem. [2] **80** (1909), 170; Journ. prakt. Chem. [**2**] **84** (1911) 353.

[2] *J. Duclaux:* Journ. de Chim. Phys. **5**, 29 bis 56 (1907). Ausführlicheres darüber siehe 1. Auflage dieses Buches, S. 204.

[3] Z. B. $Na_2CuFeCy_6$, $Li_2CuFeCy_6$, auch Erdalkalisalze wie $CaCuFeCy_6$ usw. [*J. Meßner:* Zeitschr. f. anorg. Chemie **8**, 368; bis 393; **9**, 126 bis 143 (1895)].

[4] Bei der Bestimmung von Zink mit Ferrocyankalium arbeitet man in saurer Lösung; wenn man sich an eine bestimmte Vorschrift hält, so hat der Niederschlag, sobald er seine gallertige Beschaffenheit verloren hat, die Zusammensetzung $K_2Zn_3Fe_2Cy_{12}$ (vgl. *Classen:* Analytische Chemie).

## 100. Sonstige kolloide Salze.

Bekanntlich gelingt die Herstellung von Hydrosolen der verschiedensten Körper, wenn man die Substanzen in einem Medium, in welchem sie praktisch unlöslich sind, durch chemische Reaktionen bei weitgehender Verdünnung entstehen läßt. (Vgl. Kap. 39 und die Darstellung von kolloidem Gold, von kolloiden Sulfiden, Silberhaloiden usw.) Auf diese Art sind die bisher beschriebenen Hydrosole der Salze meist gewonnen worden. Bei leichter löslichen Salzen kann man sich dadurch helfen, daß man deren Löslichkeit herabsetzt.

Die Löslichkeit des Bariumsulfats z. B. ist schon zu groß, um ohne Schutzkolloid ein haltbares Hydrosol zu geben[1]. Man hilft sich dann durch Zusatz von Flüssigkeiten, in welchen das Sulfat praktisch unlöslich ist. Darauf beruht die Herstellung von kolloidem Bariumsulfat und Carbonat nach *Neuberg*[2].

Zur Herstellung von kolloidem Bariumcarbonat leitet man in eine Lösung von Bariumoxyd in Methylalkohol Kohlensäure ein und erhält auf diese Weise ·Gele des Carbonats, welche beim Stehen unter Methylalkohol Sole geben.

Ähnlich kann man auch Gele von Bariumsulfat in Methylalkohol herstellen, ferner die kolloiden Carbonate von Magnesium und Calcium[3].

Für die Herstellung von Organosolen leichtlöslicher Salze haben *Paal*[4] und seine Mitarbeiter eine Anzahl von Beispielen gegeben.

**Kolloides Chlornatrium.** Nach *Michael*[5] reagiert Chloressigester mit Natriummalonester unter Bildung einer klaren, schwach opalisierenden Flüssigkeit. *Michael* hielt die folgende Reaktion für wahrscheinlich.

$$\mathrm{ClCH_2CO_2C_2H_5} + \underset{\displaystyle\diagdown\,\mathrm{COOC_2H_5}}{\overset{\displaystyle\diagup\,\mathrm{COOC_2H_5}}{\mathrm{CHNa}}} = \mathrm{C_{11}H_{18}O_6ClNa}\,,$$

wobei angenommen wurde, daß ein Additionsprodukt des Äthenyltricarbon·säureesters mit Chlornatrium gebildet würde.

*Paal* hat aber den Nachweis erbracht, daß die Reaktion beider Substanzen in gewöhnlicher Weise unter Bildung von Äthenyltricarbonsäureester und Chlornatrium vor sich geht. Die Klarheit der Lösung beruht darauf, daß das Chlornatrium als Kolloid gelöst bleibt. Die Gegenwart einer hochmolekularen Substanz als Schutzkolloid begünstigt die Haltbarkeit des Organosols. Durch Zusatz von Petroläther kann das geschützte kolloide Kochsalz ausgeschieden werden; es löst sich mit unveränderten Eigenschaften wieder in Benzol.

---

[1] *R. Zsigmondy:* Zur Erkenntnis der Kolloide 1905, S. 150.

[2] *C. Neuberg* und *E. Neimann:* Biochem. Zeitschr. **1**, 166 bis 176 (1906). — *Ders.* und *B. Rewald:* Koll.-Zeitschr. **2**, 321 bis 324 (1908). — *Recoura:* Compt. rend. **146**, 1274 (1908). — G. *Buchner:* Chem.-Ztg. **17**, 878 (1893.)

[3] *C. Neuberg:* Sitzungsber.· d. Akad. d. Wiss. Berlin **1907**, 820 bis 822.

[4] *C. Paal:* Ber. **39**, 1436 bis 1441 (1906). — *Ders.* und *G. Kühn:* Ber. **39**, 2859 bis 2866 (1906); **41**, 51 bis 61 (1907). — *Ders.* und *K. Zahn:* Ber. **42**, 277 bis 300 (1909).

[5] *A. Michael:* Ber. **38**, 3217 bis 3234 (1905).

In analoger Weise haben *Paal* und *Kühn* die Organosole von Bromnatrium wie von Jodnatrium erhalten.

Die Anwendung von Schutzkolloiden erleichtert die Solbildung bei den Salzen im allgemeinen ebenso wie bei den kolloiden Metallen und Sulfiden.

So hat *Lobry de Bruyn*[1] bei Gegenwart von Gelatine nicht nur kolloide Metalle, sondern auch eine Reihe von kolloiden Salzen, wie Chlorsilber, Silberchromat u. dgl. m., gewonnen, ferner haben *Paal* und *Voss*[2] eine Anzahl von Salzen, wie Silberphosphat, -carbonat usw., hergestellt bei Gegenwart von protalbin- oder lysalbinsaurem Natron. Es existieren auch Patente zur Herstellung derartiger Kolloide, so von der chemischen Fabrik von *Heyden* in Radebeul „Verfahren zur Herstellung fester, wasserlösliche Halogenquecksilberoxydulsalze in kolloider Form enthaltender Präparate“, ferner „des wasserlöslichen Silberchromates in kolloider Form“, auch andere Patente von *Kalle & Co.*

H y d r o g e l e   s c h w e r   l ö s l i c h e r   S a l z e . Es ist bemerkenswert, daß schwer lösliche Salze sich als Gallerten abscheiden, wenn man sie in sehr konzentrierter Lösung entstehen läßt. Derartige Erscheinungen sind unter anderen von *Harting*[3], *Buchner*[4], *Biedermann*[5] und *Neuberg*[6] beobachtet worden. Neuerdings wurde die Erscheinung besonders von *v. Weimarn*[7] näher studiert, der eine größere Anzahl von Substanzen auf dieses Verhalten geprüft hat. Als Beispiel möge die Herstellung einer Gallerte von Bariumsulfat dienen, die man erhalten kann durch Vereinigen hochkonzentrierter Lösungen von Bariumrhodanid und Mangansulfat.

Mischt man diese beiden Lösungen in mittlerer Konzentration, so erhält man den bekannten pulverigen Niederschlag von Bariumsulfat. Durch Zusammengießen der höchstkonzentrierten Lösungen aber erhält man Gallerten. Aus derartigen Gallerten bildet sich mit der Zeit ein krystallinisches Pulver. *v. Weimarn* hat die Veränderung dieser Niederschläge eingehend studiert und ultramikroskopisch untersucht; er hat dabei allmähliche Vergrößerung der Teilchen unter Bildung von Kryställchen nachgewiesen.

---

[1] *C. A. Lobry de Bruyn:* Recueil d. travaux chim. des Pays-Bas **19**, 236 bis 249 (1900).

[2] *C. Paal* und *F. Voss:* Ber. **37**, 3862 bis 3881 (1904).

[3] *P. Harting:* Recherches de morphologie synthéthique sur la production artificielle de quelques formations calcaires organiques. Amsterdam 1872.

[4] *G. Buchner:* Chem.-Ztg. **17**, 878 (1893).

[5] *W. Biedermann:* Zeitschr. f. allg. Physiol. **1**, 154 bis 208 (1902).

[6] l. c. siehe S. 304.

[7] *P. P. v. Weimarn:* Koll.-Zeitschr. Bd. **2**, **3**, **4** und **5** (in Mitteilungen „Zur Lehre von den Zuständen der Materie“).

# II. Organische Kolloide.

## A. Kolloide organische Salze.

Die für Kolloidchemie und Technik wichtigen kolloiden organischen Salze
lassen sich in zwei Gruppen teilen, deren Repräsentanten trotz mancherlei
Übereinstimmendem doch zahlreiche Verschiedenheiten aufweisen: die Seifen
und die Farbstoffe.

## 1. Seifen.

Unter Seifen sollen die Salze der höheren Fettsäuren und der Harze von
sauren Eigenschaften verstanden werden. Namentlich erstere haben eine sehr
eingehende und gründliche Untersuchung von *Krafft*[1] und seinen Schülern
erfahren.

### 101. Siedepunktserhöhung.

Die Alkalisalze der Fettsäuren mit kleinerem Molekulargewicht, wie
Ameisensäure, Essigsäure, Propionsäure, sind als Salze von mäßig starken
Säuren in wässeriger Lösung in normaler Weise dissoziiert; sie bieten nichts
Außergewöhnliches dar.

Alkalisalze der höheren Fett-säuren.

Anders die Alkalisalze der höheren aliphatischen Säuren, wie Palmitin-
und Stearinsäure, Laurin-, Myristin- und Ölsäure, die ein höchst eigentüm-
liches Verhalten zeigen. In Alkohol sind sie krystalloid gelöst, krystallisieren
aus der Lösung, und die Siedepunktserhöhung entspricht dem normalen Molekulargewicht; in konzentrierter, wässeriger Lösung hingegen verhalten sie sich
wie Kolloide; sie erteilen dem Wasser keine merkliche Siedepunktserhöhung,
erstarren beim Erkalten zu Gallerten, ähnlich wie Gelatinelösungen, lassen
sich leicht aussalzen und diffundieren nicht oder langsam durch Membranen.

Wir begegnen hier Substanzen, die je nach dem Lösungsmittel sich entweder kolloid oder krystalloid verhalten, wohldefinierten chemischen Verbindungen, deren Molekulargewicht aus der Synthese bekannt ist und aus der
Siedepunktserhöhung der alkoholischen Lösungen sich bestimmen läßt.

Das Interesse erhöht sich durch die Existenz der verschiedenen Fettsäuren mittleren Molekulargewichts, deren Salze eine Reihe geben, die allmählich zu den einfachen normalen Salzen hinüberführt.

Dieses ist unter anderem zu erkennen aus der folgenden Tabelle 45.

---

[1] *F. Krafft* und *A. Stern:* Ber. **27**, 1747 bis 1761 (1894). — *Ders.* und *H. Wiglow:*
Ber. **28**, 2566 bis 2582 (1895). — *Ders.* und *A. Strutz:* Ber. **29**, 1328 bis 1334 (1896). — *Ders.*
Ber. **29**, 1334 bis 1344 (1896).

## Tabelle 45.

| Substanz | Formel | Gramm Substanz auf 100 $H_2O$ | Molekulargewicht berechnet | | $\dfrac{a}{b}$ |
|---|---|---|---|---|---|
| | | | $a$ aus der Siedepunktserhöhung | $b$ aus dem Molekulargewicht der Fettsäure | |
| Natriumacetat | $NaC_2H_3O_2$ | 0,9 | 50,5 | 82 | 0,6 |
| | | 25,2 | 40,3 | | 0,5 |
| Natriumpropionat | $NaC_3H_5O_2$ | 3,8 | 51,7 | 96 | 0,6 |
| | | 19,8 | 46,2 | | 0,5 |
| Natriumcapronat | $NaC_6H_{11}O_2$ | 3,5 | 72,8 | 138 | 0,52 |
| | | 20,6 | 77,9 | | 0,56 |
| | | 31,9 | 84,4 | | 0,61 |
| | | 95,9 | 98,5 | | 0,71 |

Ein etwas größerer Gehalt an Capronat ergibt keine Erhöhung des Siede- Siedepunktserhöhung bei Seifenlösungen.
punktes, und die Lösungen erstarren zur Gallerte.

| Substanz | Formel | Gramm Substanz auf 100 $H_2O$ | $a$ | $b$ | $\dfrac{a}{b}$ |
|---|---|---|---|---|---|
| Natriumnonylat | $NaC_9H_{17}O_2$ | 3,4 | 144,1 | 180 | 0,8 |
| | | 20,4 | 285,5 | | 1,58 |

Bei Nonylat zeigt sich noch eine ganz beträchtliche Erhöhung des Siedepunktes, die mit zunehmender Konzentration relativ geringer wird. Ganz auffallend verhalten sich aber die Salze der höheren Fettsäuren.

| Substanz | Formel | Gramm Substanz auf 100 $H_2O$ | $a$ | $b$ | $\dfrac{a}{b}$ |
|---|---|---|---|---|---|
| Natriumpalmitat | $NaC_{16}H_{31}O_2$ | 16,4 | ca. 1060 | 278 | ca. 4 |
| | | 25 | nähert sich $\infty$ | | nähert sich $\infty$ |
| Natriumstearat | $NaC_{18}H_{35}O_2$ | 16 | ca. 1500 | 306 | ca. 5 |
| | | 27 | nähert sich $\infty$ | | nähert sich $\infty$ |
| Natriumoleat | $NaC_{18}H_{33}O_2$ | 26,5 | nähert sich $\infty$ | 304 | nähert sich $\infty$ |

Hier zeigt sich in konzentrierteren Lösungen überhaupt keine meßbare Siedepunktserhöhung. Dies erscheint zunächst ziemlich rätselhaft, und *Kahlenberg* und *Schreiner*[1] versuchten darzutun, daß bei Seifenlösungen gar keine Erhöhung des Siedepunktes stattfinden könne, da dieselben überhaupt nicht normal sieden.

In sorgfältiger Experimentaluntersuchung wurde dieser Einwand von *Krafft*[2] widerlegt und gezeigt, daß die Seifen in ganz normaler Weise sieden. An sechs verschiedenen Seifenlösungen wurde dargetan, daß auch in den konzentrierteren (die für sich keine Siedepunktserhöhung aufweisen) durch Elektrolyte wie Kochsalz dieselbe Siedepunktserhöhung wie in reinem Wasser herbeigeführt wird.

Ähnlich wie die Siedemethode führt auch die Messung des osmotischen Osmotischer Druck. Druckes zu abnorm hohen Werten des Molekulargewichtes.

*Moore* und *Parker*[3] fanden für Natriumoleat (Tab. 46):

---

[1] *L. Kahlenberg* und *O. Schreiner:* Zeitschr. f. phys. Chemie **27**, 552 bis 566 (1898).
[2] *F. Krafft:* Ber. **32**, 1584 bis 1596 (1899).
[3] *B. Moore* und *W. H. Parker:* Amer. Journ. of Physiol. **7**, 261 (1902).

### Tabelle 46.

| Konzentration % | $t^\circ$ | Mol.-Gewicht |
|---|---|---|
| 0,5 | 55 | 7 100 |
| 3,0 | 40 | 15 700 |

Schutzwirkung. Die Kolloidnatur der Seifen gibt sich auch zu erkennen aus ihrer Fähigkeit, gegenüber dem kolloiden Golde Schutzwirkung auszuüben. Die Goldzahl des ölsauren Natrons liegt zwischen 0,5 und 2; die Schutzwirkung ist also ähnlich groß wie die von Gummi arabicum, aber viel geringer als diejenige von Gelatine. Natriumstearat besitzt gleichfalls Schutzwirkung, die mit der Temperatur zunimmt.

*Krafft*[1] zeigte ferner, daß den alkoholischen Lösungen von Natriumoleat eine ganz normale Siedepunktserhöhung zukommt, wie aus folgender Tabelle 47 hervorgeht.

### Tabelle 47.

| Alkohol g | Natriumoleat g | Siedepunktserhöhung | Mol.-Gewicht ber. 304,4 |
|---|---|---|---|
| 14,7 | 0,5045 | 0,131° | 301,3 |
| 14,7 | 1,2073 | 0,273° | 345,9 |
| 14,7 | 1,9925 | — | { nicht mehr ganz gelöst |

## 102. Gelbildung.

Wenn man konzentrierte wässerige Seifenlösungen abkühlen läßt, so nehmen sie bei gewissen Temperaturen eine schleimige, gallertige Beschaffenheit an, werden fadenziehend, in kleinen Klümpchen formelastisch, schließlich erstarren sie zu undurchsichtigen plastischen Massen, aus welchen sich reichlich Flüssigkeit abpressen läßt. Man bezeichnet diesen Vorgang gewöhnlich als Gelatinierung oder Gallertbildung und die Produkte als Gallerten.

Die dabei stattfindenden Vorgänge sind ultramikroskopisch von *Bachmann*[2] näher untersucht worden. In Natriumoleatgallerten, die bei ca. 1° C erstarren, bilden sich asbestartige Fäden aus (Tafel 5, Fig. 1, 2, 3), die nach zwei Richtungen ultramikroskopisch sind, nach der Längsrichtung aber mikroskopische oder sogar makroskopische Dimension annehmen können. Auf dem Vorhandensein dieser Fäden beruht das Fadenziehen und die schleimige Beschaffenheit der Oleatgallerten. Bei der Entstehung dieser Fäden handelt es sich jedenfalls um einen Krystallisationsvorgang.

Deutlicher krystallinisch sind die Stearat- (Fig. 4) und Palmitatgele (Tafel 5, Fig. 5, 6). Man sieht darin sehr deutlich Krystallnadeln in radialer Strahlung (besonders in Fig. 5).

---

[1] *F. Krafft:* Ber. **32**, 1584 bis 1596 (1899).
[2] *R. Zsigmondy* und *W. Bachmann:* Koll. Zeitschr. **11**, 145 bis 157 (1912).

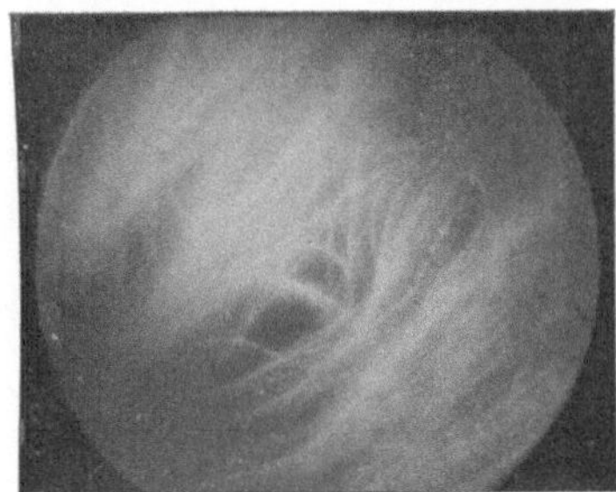

Fig. 1.

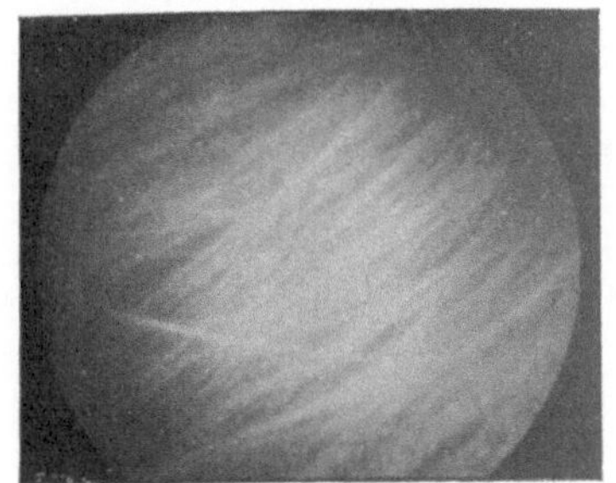

Fig. 2.

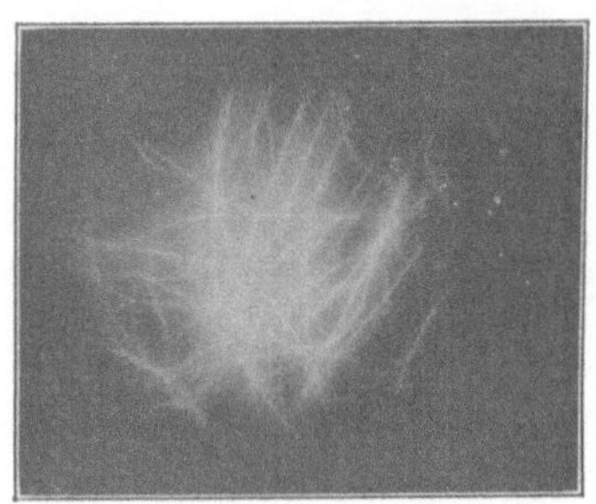

Fig. 3.

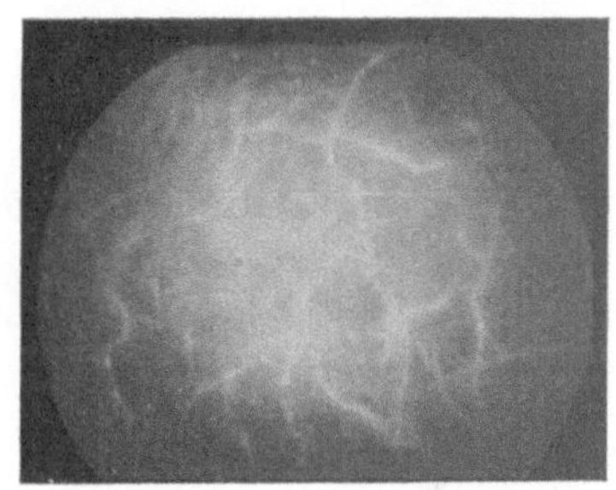

Fig. 4.

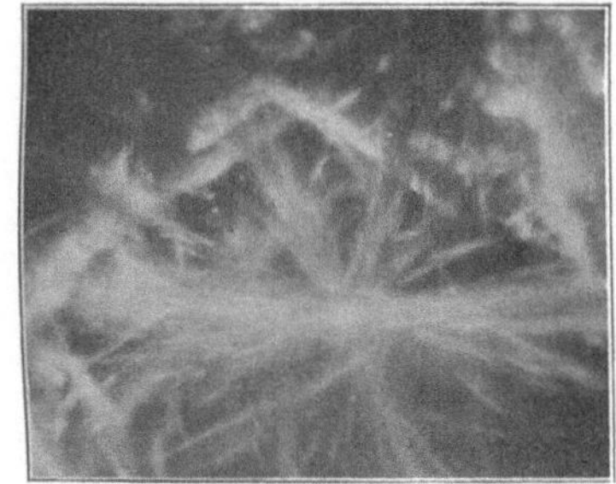

Fig. 5.

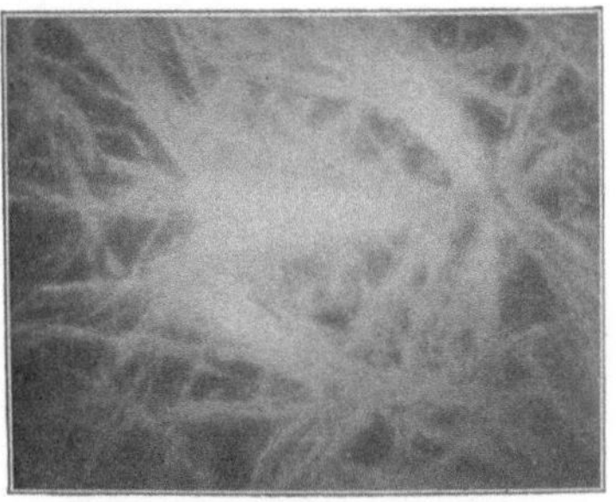

Fig. 6.

*Leipzig, Verlag von Otto Spamer.*

Man kann also die Gelatinierung der Seifenlösungen zu schleimigen Gallerten und plastischen Massen als Krystallisationsvorgang ansehen, wie das schon *Krafft*[1] getan hat, dem wir auch die Entdeckung einer merkwürdigen Gesetzmäßigkeit beim Erstarren der Seifen verdanken. Die Erstarrungstemperaturen der konzentrierten reinen Lösungen der Natronseifen stimmen annähernd mit denjenigen der freien Fettsäuren überein, was aus folgender Tabelle 48 zu entnehmen ist.

Die Erstarrungstemperatur.

## Tabelle 48.

| | | | | |
|---|---|---|---|---|
| Natriumstearat | $C_{18}H_{35}O_2Na$, | Schmelzp. | ca. 260°. | |
| Stearinsäure | $C_{18}H_{36}O_2$, | Schmelzp. | 69,4°. | |
| Konzentration der Lösung | 20% | 15% | 10% | 1% |
| Erstarrungstemperatur | 69° | 68° | 68—67° | 60° |
| | | | | |
| Natriumpalmitat | $C_{16}H_{31}O_2Na$, | Schmelzp. | ca. 270°. | |
| Palmitinsäure | $C_{16}H_{32}O_2$, | Schmelzp. | 62°. | |
| Konzentration der Lösung | 20% | 1% | | |
| Erstarrungstemperatur | 62—61,8° | 45° | | |
| | | | | |
| Natriummyristat | $C_{14}H_{27}O_2Na$, | Schmelzp. | ca. 250°. | |
| Myristinsäure | $C_{14}H_{28}O_2$ | Schmelzp. | 53,8°. | |
| Konzentration der Lösung | 20% | 1% | | |
| Erstarrungstemperatur | 53—52° | 31,5° | | |
| | | | | |
| Natriumlaurinat | $C_{12}H_{23}O_2Na$, | Schmelzp. | ca. 255—260° | |
| Laurinsäure | $C_{12}H_{24}O_2$, | Schmelzp. | 43,6°. | |
| Konzentration der Lösung | 25% | 20% | 1% | |
| Erstarrungstemperatur | 45—42° | ca. 36° | ca. 11°. | |
| | | | | |
| Natriumoleat | $C_{18}H_{33}O_2Na$, | Schmelzp. | 232—235°. | |
| Ölsäure | $C_{18}H_{34}O_2$, | Schmelzp. | 14°. | |
| Konzentration der Lösung | 25% | 1% | | |
| Erstarrungstemperatur | 13—6° | 0° | | |
| | | | | |
| Natriumelaidat | $C_{18}H_{33}O_2Na$, | Schmelzp. | 225—227°. | |
| Elaidinsäure | $C_{18}H_{34}O_2$, | Schmelzp. | 45°. | |
| Konzentration der Lösung | 20% | 1% | | |
| Erstarrungstemperatur | 45,5—44,8° | 35° | | |

Wenn auch vollständige Kurven der Erstarrungstemperaturen über die verschiedensten Konzentrationsgebiete fehlen, so ist doch die Übereinstimmung der Erstarrungspunkte der konzentrierten Seifenlösungen und der entsprechenden Fettsäuren eine höchst bemerkenswerte Erscheinung, die noch der näheren Aufklärung bedarf, wie auch die Eigentümlichkeiten bezüglich der Siedepunktserhöhung[2].

---

[1] *F. Krafft:* Ber. **22**, 1596 bis 1608 (1899).

[2] *J. W. Mc. Bain* und *M. Taylor* [Zeitschr. f. phys. Chemie **76**, 179 bis 209 (1911)] bestätigen den Befund von *Krafft* bezüglich des Siedepunktes der Seifenlösungen; sie führen

*Krafft* selbst hat die Hydrolyse der heißen Seifenlösungen zur Erklärung herangezogen und auch gezeigt, daß freie Fettsäuren aus konzentrierten Lösungen durch Toluol usw. extrahiert werden können; ferner, daß bei der Dialyse hauptsächlich Alkali diffundiert, während Fettsäuren sich im Dialysator ausscheiden. Die Hydrolyse ist aber in konzentrierteren Lösungen nicht sehr groß; man kann z. B. bei der Titration von Ölsäure in Wasser über 90% der Säure an Natrium binden, ehe Rotfärbung des Phenolphthaleins eine alkalische Reaktion anzeigt[1].

Es ist noch zu bemerken, daß die Kaliumseifen entsprechend ihrer größeren Löslichkeit i. a. bei viel tieferer Temperatur erstarren als die entsprechenden Natriumsalze und daß die Temperaturen, bei welchen die erstarrten konzentrierten Seifenlösungen wieder sich verflüssigen, beträchtlich höher liegen als die Erstarrungstemperaturen. Die „Schmelzpunkte" der Seifengele stimmen also nicht überein mit den Schmelzpunkten der freien Fettsäuren.

Aus den erstarrten Natriumpalmitat- und -stearatlösungen lassen sich beträchtliche Mengen intermizellarer Flüssigkeit abpressen. Dieselbe enthält nur sehr wenig Trockenrückstand, bei einer 1 proz. Palmitatgallerte z. B. nur 0,06% Rückstand, der sich in heißem Wasser löste und die Eigenschaften einer gewöhnlichen Seife hatte[2].

Ein zweiter Versuch wurde mit Natriumstearat ausgeführt. 4,75 g reines Natriumstearat wurden in Wasser gelöst, zu 100 ccm aufgefüllt, erstarren gelassen und nach dem Erkalten abgepreßt. Aus der Titration des Filtrats mit Salzsäure und Methylorange ergab sich, daß nur 3% des Gesamtnatriumgehaltes des Stearats in das Filtrat gegangen waren.

Wäre die aus der Lösung sich abscheidende Phase ein saures Stearat, so müßte etwa die Hälfte des Gesamtnatriumgehalts im Filtrat sich gefunden haben. Es ergibt sich daraus, daß die beim Erkalten auskrystallisierende Substanz der Hauptsache nach normales Stearat ist[3].

---

aber die geringe oder fehlende Siedepunktserhöhung auf das Vorhandensein von Luft in den Seifenlösungen zurück, deren Partialdruck sich zu dem des Wassers addiert und somit eine Erniedrigung des Siedepunktes herbeiführt.

Nach einer Untersuchung von *F. G. Donnan* und *A. S. White* [Journ. Chem. Soc. **99**, 1668 bis 1679 (1911)] entsprechen die aus geschmolzenen Natriumpalmitat- und Palmitinsäuregemischen sich abscheidenden festen Phasen keinen wohldefinierten Verbindungen.

[1] Die Abscheidung der Fettsäuren bei der Dialyse ist auf Entfernung des schnell diffundierenden Alkalis zurückzuführen (vgl. Membrangleichgewichte S. 139), ebenso erklärt sich die weitgehende Extraktion von Fettsäuren aus Seifenlösungen durch Änderung des Gleichgewichts infolge Entfernung eines Hydrolysenproduktes (der Fettsäure) aus dem Reaktionsgemisch.

[2] *R. Zsigmondy* und *W. Bachmann:* Koll. Zeitschr. **11**, 156. 1912.

[3] Nach *J. W. Mc. Bain, Mary Evelyn Laing* und *Alan Francis Titley* ist die Konzentration des Hydroxylions in konzentrierten Seifenlösungen nur ungefähr $1/_{1000}$ normal. (Colloidal Elektrolytes: Soap solution as a Type: Transact. of the Chem. Soc. (1919), S. 1280.] Nach *Mc. Bain* und *Martin* ist die Hydrolyse auch in verdünnteren Lösungen geringfügig. [*J. W. Mc. Bain* und *H. E. Martin:* Transact. of the Chem. Soc. **105**, 957 bis 977 (1914).]

Zwei Erklärungsmöglichkeiten für die von *Krafft* entdeckte Gesetzmäßigkeit werden auf Grund neuerer kolloidchemischer Erfahrungen nahegelegt:

Es ist sehr wahrscheinlich, daß die heiße Seifenlösung einen Teil der durch Hydrolyse entstandenen Fettsäure in Form von amikroskopischen Tröpfchen geschmolzener Fettsäure enthält. Bei ihrer Erstarrung etwa unterhalb des Schmelzpunktes können die entstandenen amikroskopischen Kryställchen als Krystallisationszentren für die in übersättigter Lösung befindlichen Natriumsalze dienen und den Krystallisationsprozeß auslösen.

Eine zweite Erklärungsmöglichkeit ergibt sich aus den Eigenschaften von öligen Substanzen, flüssigen Fettsäuren usw. (auch wenn sie in Spuren vorhanden sind), spontane Krystallisation und Wachstum der Krystalle zu beeinträchtigen (vgl. Koll. Gold, S. 154). Durch Erstarren der Fettsäure unter dem Schmelzpunkt derselben würde diese Hemmung beseitigt und die Krystallisation der Seifen ungehindert vonstatten gehen können.

**Alkoholische Seifengallerten.** Kaliseifen scheiden sich aus absolut-alkoholischen Lösungen in Form von dendritischen Krystallen aus. Bei Natronsalzen ist außerdem noch Gallertbildung zu beobachten.

Schon sehr verdünnte (0,5—1 proz.) Lösungen der Natriumsalze der Palmitin- und Stearinsäure in absolutem Alkohol geben nach dem Erkalten vollkommen klare Gallerten, welche im Spalt- und Kardioid-Ultramikroskop dieselbe „körnige" Differenzierung wie die Gelatine-, Agar- usw. -Gele zeigen. Auch der Gelatinierungsprozeß verläuft vollkommen analog demjenigen von Gelatine- oder Kieselsäurelösungen[1].

Da die Seifen in absolut-alkoholischer Lösung die ihrem normalen Molekulargewicht zukommende Siedepunktserhöhung zeigen, sich also hier in krystalloider Lösung vorfinden, so liegt es nahe, die Ultramikronen dieser Alkoholgele als aus kleinen Kryställchen zusammengesetzt anzusehen. Da Natriumpalmitate usw. hauptsächlich in langen, strahlig angeordneten Nadeln krystallisieren, so könnte man die sichtbaren Körnchen als die Zentren eines solchen radialstrahligen, aus amikroskopischen Fäden bestehenden Gebildes ansehen, ähnlich wie *Flade*[2] sich Gallerten überhaupt vorstellt.

Die Löslichkeit des Natriumpalmitats in Alkohol[3] bei Zimmertemperatur ist viel größer als die in Wasser, ca. 3 g im Liter bei 18° C.

## 103. Emulgierung von Kohlenwasserstoffen.

Arbeiten über die Emulgierung von Kohlenwasserstoffen durch Salze der Fettsäuren wurden von *Donnan* ausgeführt. Es zeigte sich, daß Seifen im allgemeinen die Grenzoberflächenspannung zwischen Wasser und Kohlenwasserstoff herabsetzen; diese Wirkung wird erst nennenswert von Natriumsalz der Caprylsäure an und wächst bei den Salzen der Säuren mit höherem Molekulargewicht sehr stark mit diesem. Es steht dies im Zusammenhang mit den Beobachtungen von *Krafft*, ferner mit ultramikroskopischen von *Mayer*, *Schaeffer* und *Terroine*[4], daß der kolloide Charakter der fettsauren Salze erst von der Capryl- oder der Laurinsäure an stärker ausgeprägt erscheint.

---


[1] *Zsigmondy* und *Bachmann* l. c.

[2] l. c. S. 108.

[3] *R. Zsigmondy* und *W. Bachmann:* Koll. Zeitschr. **11**, 156 (1912).

[4] *A. Mayer, G. Schaeffer* und *E. F. Terroine:* Compt. rend. **146**, 484 bis 487 (1908).

Wie *Donnan*[1] schon früher gezeigt hatte, hängt die Emulsionsfähigkeit der Seifen eng mit der erwähnten Erniedrigung der Oberflächenspannung zusammen. Neuere Versuche lehrten, daß auch die Emulsionsbildung von Kohlenwasserstoffen erst beobachtet werden kann bei Laurinaten, Myristaten und Salzen der Säuren mit höherem Molekulargewicht. Bei Laurinaten usw. wächst die Emulsionsfähigkeit zuerst schnell mit der Konzentration, um dann wieder abzunehmen.

## 104. Waschwirkung der Seife.

Ein Gemisch von Natriumstearat, -palmitat und -oleat liegt in der gewöhnlichen Kernseife vor.

Über die Waschwirkung der Seifen hat *Spring*[2] recht interessante Versuche angestellt. Bezugnehmend auf ältere Theorien der Waschwirkung von *Chevreul*[3], *Falck*[4] u. a., welche die Ursache der Waschwirkung in der Hydrolyse der Seifen oder in der Fähigkeit Quellung herbeizuführen und Fette zu emulgieren suchen, zeigt *Spring*, daß der Seife noch eine besondere Eigentümlichkeit zukommt.

Es gibt viele fettfreie Stoffe, die an gleichfalls fettfreien Oberflächen festhalten, so daß man nicht imstande ist, sie mit Wasser wegzuspülen, z. B. Eisenoxyd, Braunstein, Tierkohle u. a.; durch Seife aber werden dieselben leicht entfernt.

Diese Eigenschaft der Seife hängt zusammen mit ihrer Fähigkeit, sich an der Oberfläche anzureichern. Dadurch verdrängt sie adhärierende Stoffe von dieser. Sie reichert sich auch an der Oberfläche fein zerteilter Stoffe an und verhindert dieselben, an den zu waschenden Geweben sich festzusetzen.

Dies wird in recht interessanten Versuchen von *Spring* gezeigt.

Kienruß wurde durch langes Waschen mit Alkohol, Äther, Benzol und schließlich Benzoldämpfen von Fettstoffen befreit. Dieser Ruß hat andere Eigenschaften als der gewöhnliche. Er mischt sich sehr leicht mit Wasser und bildet eine Suspension von großer Beständigkeit. Die Rußteilchen werden aber von Papierfiltern zurückgehalten.

Man könnte nun meinen, daß diese Wirkung des Filters eine bloße Siebwirkung wäre. Dies ist nicht der Fall. Mischt man den Ruß mit 1 proz. Seifenlösung, dann passiert er glatt das Filter und schwärzt es nicht einmal. Der Ruß wird vom Filter hauptsächlich durch Adhäsion oder „Adsorption" festgehalten, was daraus hervorgeht, daß das Filter bei Umkehr (Innenseite nach außen) trotz Waschens mit Wasser kohlschwarz bleibt. Filtriert man nun Seifenlösung durch, so wird es sogleich reingewaschen[5].


[1] *F. G. Donnan:* Zeitschr. f. phys. Chemie **31**, 42 bis 49 (1899).

[2] *W. Spring:* Koll.-Zeitschr. **4**, 161 bis 168 (1909); **6**, 11 bis 17, 109 bis 111, 164 bis 168 (1910).

[3] *M. Chevreul:* Recherches chimiques sur les corps gras d'origine animale. Paris 1823.

[4] *R. Falck:* Archiv f. klin. Chirurgie **73**, 405 bis 437 (1904). Ref. Zeitschr. f. Elektrochemie **10**, 834 (1904).

[5] Nach *P. Ehrenberg* und *K. Schultze* (Koll.-Zeitschr. **15**, 183 bis 192 [1914]) ist die Unbenetzbarkeit von Kienruß und anderen trockenen Pulvern zurückzuführen auf eine

*Spring* hat dann noch gezeigt, daß sowohl Ruß wie auch Papier und andere Stoffe die Seife durch Adsorption aufnehmen, und daß eben diese Anreicherung der Seife auf der Oberfläche der Stoffe der reinigenden Wirkung zugrunde liegt. Es ist übrigens zweifellos, daß neben dieser Adsorption noch ein der Peptisation analoger Prozeß, Aufladung der Faser und der Rußteilchen durch Ionenadsorption, bei der Reinigung durch Seife eine Rolle spielt.

Interessant und mit ähnlichen Beobachtungen von *Donnan* und *Potts*[1] übereinstimmend ist der Befund *Springs*, daß bei der Stabilisierung von Lampenruß durch Seifen ein Konzentrationsoptimum besteht, das bei etwa 1% liegt. In konzentrierteren Seifenlösungen, z. B. 2proz., sinkt der Ruß beinahe ebenso schnell zu Boden wie in Wasser.

*Reychler*[2], der neuerdings eine Reihe seifenähnlicher organischer Verbindungen hergestellt hat (z. B. Triäthylcetylammoniumjodid, Cetylsulfonsäure u. a.), macht darauf aufmerksam, daß im allgemeinen Kohlenwasserstoffe mit längerer Kette durch Eintritt einer Atomgruppe, der „hydrophilen Gruppe", welche bei niederen Kohlenwasserstoffen energische Wasserlöslichkeit herbeiführt ($-COONa$, $-SO_3H$, $-N(CH_3)_3J$ usw.), seifenähnliche Eigenschaften, Löslichkeit in Wasser, Waschwirkung usw. erhalten.

*Reychler* vertritt die Anschauung, daß die lange Kette, welche mit der hydrophilen Gruppe vereinigt ist, die Tendenz hat, sich aus dem Wasser auszuscheiden, was ja zweifellos erfolgen würde, wenn die letzte Gruppe fehlte. Diese ihrerseits bedingt die Zerteilung in heißem Wasser, wie sie auch, mit Wasserstoff oder einer kleineren Kohlenwasserstoffgruppe vereinigt, Wasserlöslichkeit der Verbindung herbeiführt. Beide Wirkungen kombinieren sich so, daß eine unvollkommene Lösung entsteht, in der Ultramikronen vorwalten, die durch Zusammenlagerung der hydrophoben Gruppen entstehen können.

Der ganze Komplex (die „Mizelle") wird sich dann so verhalten wie ein großes Komplexmolekül oder, im Falle der elektrischen Dissoziation, wie ein hochmolekulares Komplexion.

Auch die Tendenz, an Oberflächen zu adhärieren, wird damit in Zusammenhang stehen.

---

adsorbierte Luftschicht, die bei Behandlung mit Alkohol, Äther und Benzol entfernt, etwa durch Benzoldampf ersetzt wird. Daß nicht allein die Fettschicht die Benetzung von Ruß erschwert, geht daraus hervor, daß man einen nach *Spring* gereinigten Ruß durch heftiges Hindurchblasen von Luft wieder schwer benetzbar machen kann. (Vielleicht spielen bei der schweren Benetzbarkeit staubtrockner Pulver auch elektrische Ladungen eine wesentliche Rolle.)

Den genannten Autoren ist es auch gelungen, durch Anrühren eines aus Ruß und Wasser gebildeten Schaums mit größeren Wassermengen eine so feine Rußsuspension zu erhalten, daß dieselbe auch ohne Seife durch ein Filter geht, ähnlich wie gewöhnliche Hydrosole. Seife bewirkt zweifellos eine weitgehende Zerteilung gröberer Rußaggregate, was bei dem oben erwähnten *Spring*schen Versuch mit zu berücksichtigen ist.

[1] *F. G. Donnan* und *H. E. Potts:* Koll.-Zeitschr. **7**, 208 bis 214 (1910).

[2] *A. Reychler:* Koll.-Zeitschr. **12**, 277 bis 283; **13**, 252 bis 254 (1913).

Ein amikroskopisches Fetttröpfchen oder Kohleteilchen könnte z. B. mit Seifenmolekülen kombiniert sein, ähnlich wie die folgende Figur darstellt.

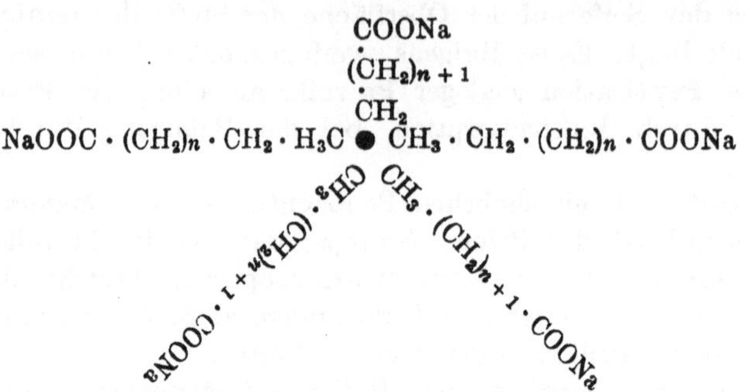

$$COONa$$
$$(CH_2)n+1$$
$$CH_2$$
$$NaOOC \cdot (CH_2)n \cdot CH_2 \cdot H_3C \bullet CH_3 \cdot CH_2 \cdot (CH_2)n \cdot COONa$$

Durch elektrolytische Dissoziation der Seifenmoleküle würden so negativ elektrisch geladene Ultramikronen entstehen. Damit erklärt sich sowohl die zerteilende, peptisierende Wirkung der Seife auf Ruß oder Tonteilchen[1], wie auch· ihre Waschwirkung.

## 2. Farbstoffe.

Den Seifen ähnlich besitzen auch viele Farbstoffe kolloiden Charakter; wie die Seifen sind auch sie Salze von mehr oder weniger schwachen Säuren oder Basen. Sie sind häufig der Hydrolyse unter Bildung unlöslicher Zerfallsprodukte unterworfen und schon aus diesem Grunde zur Kolloidbildung befähigt; aber selbst in Fällen, wo die Hydrolyse keine große Rolle spielt, z. B. bei Alkalisalzen von Sulfosäuren, ist der kolloide Charakter der Farbstoffe ausgeprägt.

Im allgemeinen sind die hochmolekularen Farbstoffe geneigt, in den kolloiden Zustand überzugehen[2]. Man findet darunter viele, die nicht oder nur sehr langsam durch Membranen diffundieren, sich leicht aussalzen lassen und durch entgegengesetzt geladene Kolloide fällbar sind. Unter dem Einfluß von Potentialdifferenzen werden sie je nach der elektrischen Ladung ihrer Teilchen zur Anode oder Kathode geführt, wie *Picton* und *Linder*[3] zuerst gezeigt haben, eine Eigenschaft, die allerdings nicht beweisend ist für die Kolloidnatur; denn auch die Elektrolyte besitzen dieselbe.

Vielleicht überzeugender noch als alle angeführten Eigenschaften wird die Kolloidnatur mancher Farbstoffe dargetan durch die ultramikroskopische Untersuchung. Es ist das Verdienst einiger Mediziner (*Raehlmann, Michaelis, Höber* u. a.), gezeigt zu haben, daß Farbstofflösungen zuweilen ganz erfüllt

---

[1] Daß Seifenlösung, ähnlich wie Soda, auf feuchte Porzellanmassen verflüssigend wirkt, hat Verf. vor Jahren in einer Porzellanfabrik beobachtet.

[2] Nach *W. Biltz* (van Bemmelen-Gedenkboek 1910, S. 108 bis 120) kommt aber nicht so sehr das Molekulargewicht wie die Anzahl der Atome im Molekül für den kolloiden Charakter in Betracht (siehe Kap. 107).

[3] *H. Picton* und *S. E. Linder:* Journ. Chem. Soc. **71**, 568 bis 573 (1897).

sind mit ultramikroskopischen Teilchen, selbst bei Verdünnung der Lösungen bis zur Farblosigkeit.

Damit in Übereinstimmung stehen Versuche von *Krafft*[1] über die Siedepunktserhöhung von Farbstofflösungen, in welchen dargetan wurde, daß manche dieser Salze, wie Methylviolett, in wässeriger Lösung eine bedeutend geringere Siedepunktserhöhung hervorrufen als in alkoholischer.

## 105. Übersicht der Untersuchungen.

Die wissenschaftlichen Arbeiten, deren Gegenstand die Untersuchung von kolloiden Farbstofflösungen bildet, sind meist zurückzuführen auf Fragen, die bei der praktischen Anwendung derselben für Färbezwecke, sei es für die technische Färberei, sei es für die Färbung mikroskopischer Präparate oder lebender Zellen, aufgeworfen worden sind. Für diese Zwecke werden die Handelspräparate, also meistens durchaus nicht ganz reine Substanzen, entweder für sich, gewöhnlich aber unter Zusatz von Elektrolyten verwendet. Im Anschluß daran beziehen sich die meisten Untersuchungen über den Zustand der Farbstofflösungen auf Lösungen, die aus solchen ungereinigten Handelspräparaten hergestellt sind. Dieses Abweichen von der strengen Untersuchungsmethode der Chemiker, die es sich zunächst zur Aufgabe machen, reine Präparate herzustellen oder die Reinheit des Ausgangsmaterials zu prüfen, hat wohl zur Folge gehabt, daß gerade über den Zustand der kolloiden Farbstofflösungen vielfach einander widersprechende Mitteilungen gemacht worden sind. Es muß zur Rechtfertigung der erwähnten Untersuchungsart allerdings angeführt werden, daß jene Untersuchungen gerade mit Rücksicht auf die praktische Anwendung ausgeführt wurden, und daß bei derselben die Handelsfarbstoffe in ungereinigtem Zustande angewendet und sogar absichtlich mit verunreinigenden Zusätzen versehen werden.

Die betreffenden Untersuchungen behalten also einen gewissen Wert, selbst wenn sorgfältig durchgeführte Arbeiten mit reinen Farbstoffen zu teilweise abweichenden Resultaten kommen sollten, Untersuchungen, die allerdings zur Ergänzung der bisherigen unvollkommenen Kenntnisse durchgeführt werden müssen. Kolloidchemische Arbeiten mit Farbstoffen werden nur dann Anspruch auf dauernden wissenschaftlichen Wert erheben können, wenn sie mit reinen Farbstofflösungen angestellt werden, da ja gerade auf diesem Gebiete der Einfluß von Verunreinigungen sich in besonders auffälliger Weise offenbart. Wichtige Anfänge in dieser Richtung sind von *Knecht, Bayliss, Biltz* und *v. Vegesack*[2] u. a. gemacht worden. Auch hier muß hervorgehoben werden, daß unter den üblichen Namen, wie Scharlach, Ponceau, Benzopurpurin usw., Farbstoffe mit verschiedener Konstitution und mit abweichenden Eigenschaften im Handel vorkommen. Man ist daher genötigt, wenn man Mißverständnisse vermeiden will, die gebrauchten Farbstoffe genau zu bezeichnen.

---

[1] *F. Krafft:* Ber. **32**, 1608 bis 1622 (1899).
[2] Weiter unten zitiert.

Arbeiten, welche sich mit Farbstoffen befassen, lassen sich in folgender Weise einteilen:

1. Solche, die sich mit der Untersuchung des Zustands des gelösten Farbstoffs befassen, mit der Ultramikroskopie, Diffusion, Dialyse, Elektrolytfällung der gelösten Substanz, mit der Feststellung des osmotischen Drucks, der Leitfähigkeit usw.

2. Solche, welche die Reaktionen der Farbstoffe untereinander, mit anderen Elektrolyten und mit positiv oder negativ geladenen anorganischen Kolloiden betreffen.

3. Arbeiten, welche die Reaktionen mit Substraten zum Gegenstand haben: technische Färberei, Färbung von Bakterien und anderen mikroskopischen Präparaten, besonders von lebenden Zellen.

## 106. Ultramikroskopie und Dialyse der Farbstoffe.

Nachdem schon *Raehlmann*[1] gezeigt hatte, daß manche Farbstofflösungen ganz erfüllt sind mit ultramikroskopischen Teilchen, befaßte sich *L. Michaelis*[2] mit einer näheren Untersuchung des Gegenstandes und versuchte eine Einteilung nach dem Aussehen der Lösungen im Ultramikroskop.

Einteilung nach dem ultramikroskopischen Bilde.

Nach *Michaelis* kann man die Farbstoffe einteilen in:

1. die ultramikroskopisch total auflösbaren. Dahin gehören hochmolekulare Salze der Sulfosäuren, wie Anilinblau, wasserlösliches Indulin, Bayrischblau, Violettschwarz; dann gewisse Pseudolösungen, wie die von Fuchsin in Anilinwasser, Fuchsin in Kochsalzlösung (in der Hitze hergestellt, beim Abkühlen unter Trübung violett bis blau werdend); das Produkt, welches man erhält durch Eingießen alkoholischer Lösungen von Scharlach in Wasser u. dgl. m.;

2. die partiell auflösbaren, bei welchen die gelöste Substanz in zwei Phasen enthalten ist, in normaler, optisch leerer Lösung und außerdem in Form ultramikroskopischer Teilchen. Hierher gehören konzentriertere, wässerige Lösungen von Fuchsin, Methylviolett, Neutralrot, Capriblau usw.;

3. die optisch völlig unauflösbaren, wie Fluorescein[3], Eosin, Nilblau, Methylenblau, Magdalarot usw.

*Michaelis* findet unter anderem, daß die ultramikroskopisch total auflösbaren Farbstoffe die Fähigkeit besitzen, alle möglichen Substrate diffus anzufärben, während die deutlich färbenden Zellkernfarbstoffe der letzterwähnten Klasse angehören. Es sind dies die optisch unauflösbaren, basischen Farbsalze, wie Thionin, Methylenblau usw.

Die Befunde von *Michaelis* sind bestätigt und erweitert worden von *Höber* und *Felicja Kempner*[4]. Die Autoren befaßten sich mit dem Studium der Aufnahmefähigkeit von Farbstoffen durch die lebenden Nierenzellen der Frösche. Zur Untersuchung gelangten nur „lipoidunlösliche" in physiologischer Kochsalzlösung. Die ultramikroskopische Untersuchung ergab in Übereinstimmung mit *Michaelis* und *Raehlmann*, daß ein Teil der gelösten Substanz in Form von Ultramikronen in der Flüssigkeit vorhanden ist, und zwar waren die Lösungen von Indulin, Nigrosin, Bayrischblau, Violettschwarz ganz erfüllt mit ultramikroskopischen Teilchen selbst in weitgehender Verdünnung, während minder kolloide Farbstoffe verhältnismäßig weniger Submikronen enthielten. In Übereinstim-

---

[1] *E. Raehlmann:* Physikal. Zeitschr. **4**, 884 bis 890 (1903).

[2] *L. Michaelis:* Deutsche med. Wochenschr. **1904**, 1534; Virchows Archiv **179**, 195—208 (1905).

[3] Es handelt sich hier natürlich um wasserlösliche Alkalisalze des Fluoresceins, die gleichfalls als Fluorescein bezeichnet werden, und deren optische Unauflöslichkeit in wäßriger Lösung schon von *Siedentopf* und *Zsigmondy* festgestellt wurde.

[4] *R. Höber* und *F. Kempner:* Biochem. Zeitschr. **11**, 105 bis 120 (1908).

mung mit dem ultramikroskopischen Befunde stand auch das Verhalten bei der Dialyse, Diffusibilität.
nach welchem die Farbstoffe sich nach zunehmender Diffusibilität etwa in nachstehender
Reihenfolge anordnen ließen:

Berlinerblau, Kongorot, Alkaliblau 3 B.
Bayrischblau, Anilinblau.
Violettschwarz.
Nigrosin.
Indulin.
Anilinorange, Indigcarmin.
Säurefuchsin usw.

Eine ähnliche Reihenfolge ergab sich bezüglich der Fällbarkeit durch $CaCl_2$ und $NiCl_2$.

*Teague* und *Buxton*[1] haben gleichfalls die Diffusibilität durch Pergamentmembranen Einteilung nach
zur Beurteilung herangezogen. Sie unterscheiden zwischen hochkolloiden, mäßig der Diffusibilität.
und wenig kolloiden Farbstoffen und finden bei basischen die folgende Reihe:

Nachtblau, Janusgrün, Nilblau, Neutralrot, Methylenblau;
für saure Farbstoffe die Reihenfolge:

Kongorot, Trypanrot, Nigrosin, Biebricher Scharlach, Eosin, Alizarinrot.
In beiden Fällen ist der wenigst diffundierende Farbstoff an erster Stelle genannt.

Eine ausführliche Untersuchung von *Raehlmann*[2] behandelt die ultramikroskopische Prüfung zahlreicher natürlicher und künstlicher färbender
Substanzen, ferner einige Reaktionen derselben. Den optisch vollständig
auflösbaren Farbstoffen gehört nach *Raehlmann* auch neben dem Alkaliblau
das Benzoblauschwarz an, das Kongoechtblau, das käufliche, wasserlösliche
Chlorophyll, der kolloide Indigo. Wie bei kolloiden Metallen, ist auch hier
die Farbe der Ultramikronen komplementär der Farbe im durchfallenden
Licht.

*Raehlmann* studiert dann die Einwirkung der verschiedenen Farbstofflösungen aufeinander und beobachtete häufig ein gruppenweises Zusammentreten der Submikronen, ferner bei Einwirkung auf Eiweißlösung ein flockenartiges Zusammentreten der Farbstoffsubmikronen mit den Eiweißteilchen.
Es lassen sich also auch bei den organischen Kolloiden gewisse Reaktionen
ultramikroskopisch verfolgen, eine Beobachtung, die für das Studium von
vielen Kolloidreaktionen bedeutungsvoll zu werden verspricht.

Bemerkenswert ist noch, daß *Raehlmann* bei gewöhnlicher Beobachtung im durchfallenden Lichte derartige, durch gegenseitige Einwirkung von Farbstoffen entstandene Flocken auch mit den stärksten Mikro-
skopobjektiven nicht wahrnehmen konnte, selbst wenn der Durchmesser der
einzelnen Flocke bis 10 $\mu$ betrug.

*Wolfgang Ostwald*[3] hat eine größere Anzahl Indikatoren ultramikroskopisch untersucht, sowohl in neutraler wie in schwach saurer und alkalischer
Lösung. In neutraler Lösung war mehr als die Hälfte der untersuchten Farbstoffe kolloid und nur etwa ein Fünftel der Gesamtzahl erschien optisch leer.

---

[1] *O. Teague* und *B. H. Buxton:* Zeitschr. f. phys. Chemie **60**, 469 bis 488, 489 bis 506
(1907); **62**, 287 bis 307 (1908).

[2] *E. Raehlmann:* Archiv f. d. ges. Physiol. **112**, 128 bis 171 (1906).

[3] Koll.-Zeitschr. **10**, 97 und 132 (1912).

Bei Hinzufügen von Säure und Alkali, welche bekanntlich den Farbenumschlag der Indikatoren herbeiführen, zeigten sich zumeist sehr beachtenswerte Änderungen des Zerteilungsgrades; bei den meisten Indikatoren war der Farbenumschlag begleitet von einer Änderung des Dispersitätsgrades, so bei Phenolphthalein, welches in saurer oder neutraler Lösung farblos und kolloid erscheint, in schwach alkalischer Lösung rot, aber optisch leer. Ähnlich verhielten sich andere Phthaleinfarbstoffe.

Mit Kongorubin hat *Wo. Ostwald*[1] sehr interessante, hierhergehörige Versuche durchgeführt. Die wässerige Lösung dieses Farbstoffes ist purpurrot, wird bei Zusatz von Neutralsalzen, Säuren und Alkalien blauviolett, zeigt also gegenüber Elektrolyten dieselben Farbänderungen wie kolloides Gold. Die *Schulze*sche Wertigkeitsregel gilt hier wie bei Gold oder Arsensulfid. Die Blaufärbung ist auf Teilchenaggregation zurückzuführen, was durch Ultrafiltration und ultramikroskopische Untersuchungen bewiesen wurde. Verdünnen mit Wasser macht den Farbenumschlag rückgängig, Schutzkolloide verhindern den Umschlag. Variationen des Dispersitätsgrades sind hier also bestimmend für die Farbänderungen.

Ähnliches könnte man auch bei den Farbsäuren für wahrscheinlich halten, die durch Mineralsäuren aus Kongorot und Benzopurpurin frei gemacht werden.

Nach *Hantzsch*[2] existiert aber eine blaue und rote Kongosäure, erstere hat nach ihm chinoide, die letztere azoide Konstitution. Beide Modifikationen sind in optisch leerer Lösung wie auch in fester Form zu erhalten. Der Farbenumschlag beim Titrieren beruht nach ihm auf Übergang einer Modifikation in die andere. Der Einfluß des Dispersitätsgrades auf die Farbänderungen ist nach *Hantzsch* nur verhältnismäßig gering. Die blaue Modifikation ist in Wasser schwer löslich, viel leichter in Alkohol und Aceton, wobei sie aber in die rote übergeht. — Trotz dieser überzeugenden Darlegungen möchte man doch versucht sein, auch hier dem Zerteilungsgrade eine nicht unwesentliche Rolle zuzuschreiben. Der Farbenumschlag von rot nach blau ist mit einer Verschiebung des Absorptionsmaximums (im Grün) gegen die größeren Wellenlängen verknüpft, ähnlich wie bei der Aggregation von Goldteilchen. Den Farbenumschlag, welcher von wenig Salzsäure in Benzopurpurin hervorgerufen wird, kann man durch Gelatine verhindern. *Jerome Alexander* hat diese Veränderungen auch ultramikroskopisch untersucht[3].

Es erscheint zum mindesten sehr auffällig, daß der Zusatz von Alkohol, Aceton usw. zur blauen, wäßrigen, sauren Farbstofflösung, der sicher eine Auflösung der gröber dispersen blauen Teilchen bedingt, stets Rotfärbung hervorruft. Auch die Beobachtungen von *Bayliss, Wedekind* und *Reinboldt*[4], daß die zunächst gebildeten blauen Adsorptionsverbindungen von Kongosäure mit basischen Gelen beim Erwärmen oder von selbst allmählich rot werden, könnte sehr wohl im Sinne einer feineren Zerteilung der Farbsäure im Gelgefüge gedeutet werden.

Man könnte beinahe geneigt sein, den Satz aufzustellen: Alle Einflüsse, welche dispersitätsvermindernd wirken, begünstigen bei der Säure des Kongorots das Auftreten blauer

---

[1] *Wo. Ostwald:* Koll.-Zeitschr. **24**, 67 bis 69 (1919).
[2] *A. Hantzsch:* Ber. **48**, 158 (1915).
[3] *J. Alexander:* Journ. Soc. Chem. Ind. 1911, S. 517.
[4] Ber. **52**, 1013 (1919).

Farben, die dispersitätserhöhend wirkenden, das Auftreten roter Farben, und es erscheint fast verwunderlich, daß die Umwandlung einer chemischen Modifikation in die andere einer solchen Regel folgen sollte.

Der kolloidchemischen Erklärung stehen aber zwei von *Hantzsch* hervorgehobene Faktoren im Wege: Die Existenz blauer optisch leerer Lösungen der Kongosäure z. B. in konzentrierter Schwefelsäure und die der festen roten Verbindung. Wenn auch die Existenz blauer optisch leerer Lösungen erklärt werden könnte, unter der Annahme, daß schon der Zusammentritt weniger Moleküle zu einem Sekundärteilchen den Farbenumschlag nach blau bedingt, ähnlich wie bei Gold eine Verminderung der Teilchenzahl auf ein Drittel ausreicht, um blaue Töne herbeizuführen, so steht der rein kolloidchemischen Auffassung doch die Existenz der festen roten azoiden Kongosäure im Wege. Vielleicht hat aber doch die blaue Kongosäure ein höheres Molekulargewicht als die rote; dann würde der Farbenumschlag (in Blau) nicht auf Vereinigung ultramikroskopischer Teilchen, sondern auf der von Molekülen beruhen (Kondensation oder Polymerisation) und das Rotwerden der blauen Säure im ·Sinne einer Dissoziation gedeutet werden können.

Die Formeln der roten und der blauen Säure sind nach *Hantzsch:*

rote Kongosäure

$$O\diamondsuit^{O_2S}_{H_3N}C_{10}H_5 \cdot N : N \cdot C_6H_4 \cdot C_6H_4 \cdot N : N \cdot C_{10}H_5\diamondsuit^{SO_2}_{NH_3}O$$

(azoide Säure),

blaue Kongosäure

$$O\diamondsuit^{O_2S}_{H_2N}C_{10}H_5 : N \cdot NH \cdot C_6H_4 \cdot C_6H_4 \cdot NH \cdot N : C_{10}H_5\diamondsuit^{SO_2}_{NH_2}O$$

(chinoide Säure).

Könnten die am Naphthalinkern sitzenden sauren und basischen Gruppen nicht vielleicht auch eine Vereinigung zweier oder mehrerer Farbsäuremoleküle bedingen? Es wäre wünschenswert, ·daß gelegentlich Molekulargewichtsbestimmungen an optisch leeren blauen Lösungen ausgeführt würden.

## 107. Zusammensetzung und Kolloidcharakter der Farbstoffe.

Sucht man sich Rechenschaft darüber zu geben, von welchen Faktoren die Dialyse und damit im Zusammenhang der kolloide Charakter der Farbstoffe abhängt, so tritt vor allem der Einfluß der Größe der Farbstoffmoleküle ins Auge. *Biltz*[1] hat neuerdings an ca. 150 Farbstoffen (nach Versuchen von *F. Pfenning*) gezeigt, daß nicht so sehr das Molekulargewicht wie die Zahl der Atome im Molekül für die leichtere oder schwerere Passierbarkeit durch Membranen maßgebend ist.

Er definiert die „Molekulargröße" nach der Zahl der Atome und findet, daß Farbstoffe bis zu ca. 45 Atomen im Molekül rasch diffundieren, solche mit 55 bis 70 langsam durch Membranen wandern und Farbstoffe mit mehr als 70 Atomen im Molekül meist nicht dialysieren. Über den Einfluß der Atomzahl lagern sich konstitutive Einflüsse, vor allem der Einfluß der Sulfogruppe.

Wie die Sulfogruppe die Wasserlöslichkeit erhöht, wirkt sie auch erhöhend auf die Dialysierbarkeit; Farbstoffe mit 70 bis 95 Atomen im Molekül sollten nach der oben gegebenen Regel nicht durch Membranen diffundieren. Sie diffundieren aber leicht, wenn sie eine genügende Anzahl Sulfogruppen im Molekül enthalten. Von zwei Farb-

---

[1] *W. Biltz: van Bemmelen*-Gedenkboek, S. 108 bis 120 (1910).

stoffen mit 76 bis 78 Atomen im Molekül: Alkaliblau 6 B und Echtsäureviolett 10 B dialysiert der erstere nicht, da er nur eine Sulfogruppe enthält, der letztere mit zwei Sulfogruppen im Molekül verhältnißmäßig leicht. Die Alizaringruppe benachteiligt die Dialyse so weit, daß Alizarinfarbstoffe mit nur 38 Atomen schlecht dialysieren, obgleich sie nach obiger Regel die Membran leicht durchdringen sollten. Derartige Regeln lassen sich mehrere aufstellen. Ähnliche Gesetzmäßigkeiten hat *Bredig*[1] bezüglich der Ionenbeweglichkeit organischer Elektrolyte gefunden. Die Ionenbeweglichkeit sinkt mit wachsender Atomzahl erst rasch, dann langsam, und Sulfogruppen beschleunigen dieselbe.

## 108. Osmotischer Druck, Leitfähigkeit einiger reiner Farbstofflösungen.

Im folgenden soll gezeigt werden, daß Farbstoffe existieren, welchen die Fähigkeit abgeht, durch Pergamentmembranen zu diffundieren, obgleich ihre Lösungen sich nach Leitfähigkeits- und Molekulargewichtsbestimmungen in reinem Zustande wie Lösungen von Elektrolyten verhalten. Hierher gehören Salze vom Typus des Kongorot, Benzopurpurin, Nachtblau usw. Es handelt sich hier also um Lösungen der Salze hochmolekularer Sulfosäuren, die wegen der Größe ihrer Moleküle oder Ionen von sehr engporigen Membranen bei der Dialyse oder Ultrafiltration zurückgehalten werden. Die Membranhydrolyse ist bei ihnen unbedeutend.

*Knecht*[2] hat zuerst die Aufmerksamkeit darauf gelenkt, daß derartige Farbstoffe in hoher Reinheit in Wasser gelöst, normales Leitvermögen sowie normale Siedepunktserhöhung besitzen.

*Bayliss*[3], dann auch *Biltz* bestimmten das Molekulargewicht der reinen Natriumsalze von Kongorot resp. Benzopurpurin und kamen zu dem überraschenden Resultat, daß der osmotische Druck dem aus dem Formelgewicht berechneten entspricht. Da diese Salze aber elektrolytisch dissoziert sind, so sollte der osmotische Druck größer sein, als der aus dem Formelgewicht berechnete. (Aus einem Molekül entstehen je 2 oder 3 Ionen, die in der Regel gleichfalls osmotischen Druck ausüben.) Eine eingehende Prüfung dieses merkwürdigen Verhaltens ist von *Donnan* und *Harris*[4] durchgeführt worden. Die beiden Forscher kamen zunächst zu einer weitgehenden Bestätigung der früheren Erfahrungen, daß reines Kongorot gegen reines Wasser einen dem Formelgewicht annähernd entsprechenden osmotischen Druck ausübt, fanden aber gleichzeitig, daß die reinen untersuchten Lösungen weitgehend elektrolytisch dissoziert sind.

Nach diesen Versuchen ergibt sich also das bemerkenswerte Resultat, daß das Kongorot in reiner wässeriger Lösung einen osmotischen Druck erzeugt, der so groß ist, als ob die undissozierten Farbstoffmoleküle und die Farbstoffanionen allein wirksam wären, während das abdissozierte Kation (Na) sich am osmotischen Druck nicht beteiligt.

<hr>

[1] *G. Bredig:* Zeitschr. f. phys. Chemie **13**, 191 bis 288 (1894).

[2] *E. Knecht* und *J. Batey:* Journ. Soc. of Dyers and Colourists 25, Nr. 7 (Juli 1909).

[3] *W. M. Bayliss:* Proc. Roy. Soc. **81**, 269 bis 286 (1909); Koll.-Ztschr. **6**, 23 bis 32 (1910).

[4] *F. G. Donnan* und *A. B. Harris:* Transactions of the Chem. Soc., **99**, 1555 (1910).

Dieses Ergebnis kann auf folgende Weise gedeutet werden: Man kann eine gleichzeitige Aggregation und Ionisation der Farbstoffmoleküle annehmen, deren Wirkungen sich gerade kompensieren. Diese Annahme ist nach *Donnan* und *Harries* im vorliegenden Falle nicht zutreffend. Es bleibt also nur die Annahme einer osmotischen Unwirksamkeit der Natriumionen gegenüber der von ihnen sonst leicht durchdringbaren Pergamentmembran über[1]. Wie sie zu erklären ist, steht noch offen.

In anderen Fällen scheint aber die erste Annahme zutreffend, worauf *Biltz*[2] aufmerksam macht. Wenn nämlich die Natriumionen unwirksam wären, müßte der osmotische Druck stets gleich oder kleiner sein als der aus dem Formelgewicht berechnete. Bei Tetrasulfosäuren (Kongoreinblau und Chicagoblau) ist der osmotische Druck aber größer als der berechnete. Es ist nicht unmöglich, daß die Qualität der Osmometermembran einen erheblichen Einfluß auf den osmotischen Druck hat. Versuche in dieser Richtung werden vielleicht vollkommene Klarheit bringen.

Mit Sicherheit ergibt sich aber aus diesen Untersuchungen, daß Moleküle und Ionen wohlbekannter Stoffe von dichteren Pergament- oder Kollodiummembranen vollkommen zurückgehalten werden können. Filtriert man eine solche Farbstofflösung durch Kollodium, so konzentriert sich der Farbstoff über der Membran.

*Biltz*[3] erbrachte auch den Nachweis der annähernden Gültigkeit des *Boyle-van t' Hoff*schen Gesetzes für eine Anzahl gereinigter Lösungen hochmolekularer Farbstoffe innerhalb gewisser Konzentrationsintervalle.

Die Membranhydrolyse bei diesen Farbstoffen ist unbedeutend, sie macht sich erst bei längerer Beobachtung des osmotischen Drucks und bei öfterer Erneuerung des Außenwassers bemerkbar, wird aber sehr bedeutend verstärkt, wenn man die Kohlensäure der Luft nicht ausschließt. Die Kongorot- und Benzopurpurinlösungen färben sich dann dunkel, und der osmotische Druck fällt unter Bildung größerer kolloidgelöster Aggregate.

**Elektrolyte** wie Kochsalz, Natriumsulfat usw. verringern den osmotischen Druck in hohem Maße, einesteils weil die im Außenwasser befindlichen Salze einen osmotischen Gegendruck ausüben (vgl. *Donnan*s Theorie des Membrangleichgewichts, Kap. 38), andererseits wegen der durch *Biltz*[4] und seine Mitarbeiter erwiesenen Teilchenaggregation. $n/_{10}$ Kochsalz verursachte nach *Bayliss* Fallen des osmotischen Drucks einer Kongorotlösung von 207 auf 15 mm. Alle diese Umstände sind bei osmotischen Versuchen wohl zu beachten.

**Einfluß der Zeit.** Die Hydrosole ändern bekanntlich mit der Zeit ihre Eigenschaften, und derartige Änderungen sind mehrfach besprochen worden. Auch bei Farbstoffen lassen sich derartige Alterungserscheinungen

---

[1] Zu einer ähnlichen Schlußfolgerung kommen auch *Biltz* und *Vegesack:* Ztschr. f. phys. Chem. **73**, 490 (1910).

[2] *W. Biltz:* Ztschr. f. phys. Chem. **83**, 625 (1913).

[3] *W. Biltz* u. *A. v. Vegesack:* l. c.

[4] *W. Biltz* und *Pfennig:* Ztschr. f. phys. Chem. **77**, 91 (1911).

in bester Weise demonstrieren. *Biltz* und *v. Vegesack* bereiteten Stammlösungen von Nachtblau und Benzopurpurin, ließen dieselben altern und untersuchten in bestimmten Zeitabständen die Änderung ihrer Leitfähigkeit und ihres osmotischen Drucks. Es zeigte sich, daß der osmotische Druck der Lösungen mit der Zeit abnahm, und die ultramikroskopische Untersuchung erwies gleichzeitig eine Zunahme der optischen Inhomogenität. Wurden verschieden konzentrierte Lösungen der Alterung unterworfen, so zeigte sich, daß die verdünnteren viel langsamer alterten als die konzentrierteren, eine Erscheinung, die auch in anderen Fällen zu beobachten ist. Die Alterung läßt sich gleichfalls durch Messung der inneren Reibung dartun: die Zähigkeit der Lösungen nimmt mit der Zeit zu.

## 109. Kolloidfällung der Farbstoffe.

Die wichtigsten Gesetzmäßigkeiten bei der gegenseitigen Fällung der Kolloide sind schon Kapitel 25f besprochen worden. Eine nicht unwichtige Ergänzung der Arbeiten und allgemeinen Resultate von *Biltz*[1], *Bechhold*[2], *Neisser* und *Friedemann*[3] enthält die schon erwähnte Untersuchung von *Teague* und *Buxton*[4]. Von ihnen wurde die gegenseitige Fällung von entgegengesetzt geladenen Farbstoffen, ferner von verschiedenen organischen und anorganischen Kolloiden mit basischen wie sauren Farbstoffen untersucht.

Im allgemeinen bestätigt sich die *Biltz*sche Regel, daß entgegengesetzt geladene Kolloide sich gegenseitig ausfällen, wenn sie in geeigneten Mischungsverhältnissen zusammentreffen, und daß außerhalb der Fällungszone keine Ausflockung eintritt. Als Erweiterung zu früheren Beobachtungen kommt noch hinzu, daß bei der gegenseitigen Fällung von Farbstoffen die Fällungszone um so weiter wird, je weniger kolloid die betreffenden Farbstoffe sind, und umgekehrt, daß die Fällungszone um so enger wird, je geringer die Diffusionsfähigkeit der betreffenden Farbstoffe ist. Als Beispiel sei die folgende Tabelle 49 angeführt.

*Teague* und *Buxton*s Arbeit enthält eine größere Anzahl derartiger Tabellen, aus deren Inhalt sich immer wieder die Regel der gegenseitigen Ausfällung bestätigt hat, die besagt, daß hochkolloide Lösungen sich nur dann ausfällen, wenn die Farbstoffe in bestimmten Mengenverhältnissen zugegen sind, daß dann aber die Ausfällung eine vollständige ist. Das Optimum der Ausfällung liegt gerade bei jenen Mischungen, in welchen die Farbstoffe in äquivalenten Mengenverhältnissen enthalten sind; dies spricht dafür, daß bei den von *Buxton* und *Teague* angewendeten Lösungen sich salzartige Verbindungen der Farbstoffsäuren und -basen gebildet haben, die wegen ihrer geringen Löslichkeit ausfallen, geradeso wie Jodsilber, wenn man äquivalente Mengen von Silbernitrat und Jodkalium zusammenbringt.

*Gültigkeit der Biltzschen Regel.*

---

[1] *W. Biltz:* Ber. **37**, 1095 bis 1116 (1904).

[2] *H. Bechhold:* Zeitschr. f. phys. Chemie **48**, 385 bis 423 (1904).

[3] *M. Neisser* und *U. Friedemann:* Münch. med. Wochenschr. **51**, 465 bis 469, 827 bis 831 (1903/04).

[4] l. c. siehe S. 317.

## Tabelle 49.

Janusgrün, hochkolloid, basisch ($^1/_{200}$%), wird gefällt durch folgende saure Farbstoffe:

| Konzentration in Prozent | Saure Farbstoffe | | | | |
| --- | --- | --- | --- | --- | --- |
| | Hochkolloide | | Mäßig kolloide | Wenig kolloide | |
| | Kongorot | Nigrosin | Biebrich. Scharlach | Eosin | Alizarinrot |
| $^1/_{20}$ | — | — | — | — | — |
| $^1/_{60}$ | — | — | — | + + + | — |
| $^1/_{100}$ | — | — | — | + + + | + + + |
| $^1/_{200}$ | — | — | + | + + + | + + + |
| $^1/_{240}$ | — | + + + | + + + | + + + | + + + |
| $^1/_{280}$ | — | + + | + + + | + + + | + + + |
| $^1/_{320}$ | — | + | + | + + + | + + + |
| $^1/_{400}$ | + | — | + | + + + | + + + |
| $^1/_{480}$ | + + + | — | — | — | + + + |
| $^1/_{560}$ | — | — | — | — | + + + |
| $^1/_{800}$ | — | — | — | — | — |

+ bedeutet geringe, + + stärkere, + + + starke Fällung.
— „ keine Fällung.

Erklärung der Fällungserscheinungen.
Es bleibt zu erklären, warum die vollständige Ausfällung nur dann eintritt, wenn die Farbstoffe in äquivalenten Mengen vorhanden sind, nicht dagegen, wenn einer der Farbstoffe im Überschuß vorliegt. Die Erklärung ist ganz analog der bei der Solbildung von Silberjodid gegebenen (S. 295).

Wenn sich wie bei gewöhnlichen Ionenreaktionen durch Zusammentritt von Anion und Kation neutrale Teilchen eines praktisch unlöslichen Körpers bilden, so ist bei Abwesenheit von Schutzkolloid ihr Bestreben, sich zu größeren Komplexen zu vereinigen, meist so groß, daß Niederschlagsbildung eintritt. Beständigkeit würde der feinen Zerteilung nur dann zukommen, wenn die Teilchen elektrisch geladen wären. Diese elektrische Ladung bildet sich aber sofort, wenn einer oder der andere der reagierenden hochmolekularen Farbstoffe im Überschuß vorhanden ist[1].

Ist der im Überschuß vorhandene Farbstoff ein saurer, so werden die Anionen von den Neutralteilchen sofort adsorbiert, und man erhält ein negativ geladenes Hydrosol. Ist der basische Farbstoff im Überschuß vorhanden, so spielen dessen Kationen dieselbe Rolle, und man erhält ein positives Hydrosol.

Den Vorgang kann man etwa durch folgende Formelbilder veranschaulichen, worin der Einfachheit halber die Reaktion zwischen einwertigen Anionen und Kationen betrachtet wird:

FA' stelle ein einwertiges Farbstoffanion, FK' ein einwertiges Farbstoffkation dar. Gießen wir die verdünnten Lösungen etwa des Chlorides eines basischen und des Natriumsalzes eines sauren Farbstoffes in äquivalenten

---

[1] Die Konzentration der fällenden Elektrolyte (NaCl, KCl usw.), die bei der Reaktion gebildet werden, ist zu klein, um Koagulation zu bewirken.

Mengen zusammen, so haben wir, vollständige elektrolytische Dissoziation vorausgesetzt[1], die Reaktion

$$FK^{\cdot} + Cl' + FA' + Na^{\cdot} = FK \cdot FA + Na^{\cdot} + Cl'.$$

Die praktisch unlösliche Verbindung $FK \cdot FA$ wird zunächst in Ultramikronen ausgeschieden, die sich, wenn sie keine elektrische Ladung tragen, weiterhin flockenartig zusammenlagern und dann sedimentieren.

Ein so gebildetes ultramikroskopisches Teilchen (oder einen ultramikroskopischen Komplex von mehreren derselben) können wir, ähnlich wie bisher, bezeichnen mit

$$\boxed{FK \cdot FA}$$

Ist nun ein Farbstoff im Überschuß, so werden seine stark adsorbierbaren färbenden Ionen sich mit den Ultramikronen vereinigen und je nach der Natur des Farbstoffes (sauer oder basisch) die Neutralteilchen aufladen.

$$\boxed{FK \cdot FA} + FK^{\cdot} = \boxed{FK \cdot FA}\,FK^{\cdot}$$

bei Überschuß von Farbstoffkationen und

$$\boxed{FK \cdot FA} + FA' = \boxed{FK \cdot FA}\,FA'$$

bei Überschuß von Farbstoffanionen.

Die Lösung erhält wegen der sofort entstehenden größeren Teilchenaggregate die Eigenschaft eines irreversiblen Hydrosols, dessen Beständigkeit in erster Linie von der Ladung abhängt.

Die färbenden Ionen hochkolloider Farbstoffe werden bekanntlich von allen möglichen Substanzen stark adsorbiert, so daß die elektrische Aufladung durch sie nichts Auffallendes hat. Bei weniger kolloiden Farbstoffen kann sowohl die Löslichkeit der gebildeten Salze als das geringere Adsorptionsvermögen der Farbstoffionen die breiteren Fällungszonen bedingen. Hier hat man ähnliche Verhältnisse, wie sie etwa bei der Ausfällung eines schwer löslichen anorganischen Salzes (Bariumsulfat, Magnesiumammoniumphosphat usw.) obwalten, wo Solbildung wegen der entstehenden größeren Teilchen nicht oder schwierig eintritt.

Daß es sich aber bei der gegenseitigen Fällung der Farbstoffe nicht immer um gewöhnliche Ionenreaktionen handelt, bei welchen die ausfallenden Substanzen in äquivalenten Verhältnissen sich verbinden, geht aus der Existenz solcher Farbstofflösungen hervor, die ultramikroskopisch vollständig auflösbar sind. Wir werden daher den vorhin besprochenen Fall nur als einen Spezialfall der allgemeinen gegenseitigen Fällung ansehen können.

Die gegenseitige Fällung der Farbstoffe schließt sich ja durchaus an die gegenseitige Fällung entgegengesetzt geladener Kolloide an, ebenso wie andererseits an die Fällungsreaktionen gewöhnlicher Elektrolyte.

Verfasser hat vor Jahren die Beobachtung gemacht, daß kolloides Gold durch basische Farbstoffe gefällt werden kann; zuweilen, bei geeigneten

---

[1] Von Hydrolyse wird hier abgesehen, also vorausgesetzt, daß es sich um Salze genügend starker Säuren und Basen handelt.

Mischungsverhältnissen, war die Fällung von Gold und Fuchsin, Gold und Methylviolett eine vollständige unter Entfärbung der über dem Niederschlag stehenden Flüssigkeit. Hier kann es sich nicht um eine chemische Reaktion zwischen metallischem Gold und dem Farbstoffkation handeln; die nähere Untersuchung ergab, daß auch hier eine ziemlich enge Fällungszone bestand und daß bei Überschreiten derselben Schutzwirkung eintrat. Die gebildeten Niederschläge gaben an destilliertes Wasser kein Fuchsin ab, wohl aber löste sich der Farbstoff in absolutem Alkohol, während der ungelöst bleibende Rückstand, der nach Drücken mit einem Achatstab Metallglanz zeigte, aus Gold bestand.

## 110. Schutzwirkungen bei Farbstoffen.

**Farbstoffe als Schutzstoffe.** Recht interessante Beobachtungen über eine eigenartige Schutzwirkung, welche Farbstoffe auf kolloides Bromsilber ausüben, sind von *Lüppo-Cramer* beschrieben worden[1]. Schon von *Eder*[2] ist darauf hingewiesen worden, daß die Adsorption der Farbstoffe durch das Bromsilberkorn eine wichtige Bedingung für die optische Sensibilisierung des Bromsilbers darstellt. *v. Hübl*[3] bestätigte und erweiterte die Befunde *Eders*.

In Zusammenhang mit dieser Sorption von Farbstoffen steht deren Schutzwirkung. *Lüppo-Cramer*[1] fand, daß Erythrosin eine sehr kräftige Schutzwirkung auf das Hydrosol des Bromsilbers ausübt. So wurden z. B. 50 ccm Bromsilberhydrosol mit ca. 0,2% AgBr von 1 ccm Erythrosinlösung (1 : 400) gegen die fällende Wirkung von 5 ccm einer 10 proz. Lösung von Natriumsulfat oder Kaliumnitrat nahezu vollständig geschützt; die Lösung blieb viele Tage lang unverändert, während ohne den Farbstoffzusatz in wenigen Augenblicken Ausfällung des Bromsilbers erfolgt.

Auch gegen die koagulierende Wirkung von Ammoniak schützt Erythrosin weitgehend; 5 ccm einer auf das Hundertfache verdünnten Ammoniaklösung von 0,91 spez. Gew. fällen ungefärbtes Hydrosol bald völlig aus, während das gefärbte Hydrosol tagelang geschützt bleibt. Gegen die spontane Trübung des reinen Bromsilberhydrosols schützt Erythrosin wochenlang, und auch das an sich kaum haltbare Chlorsilberhydrosol wird durch Anfärbung haltbarer. Die gleiche Schutzwirkung zeigt sich auch gegenüber der Koagulation durch Temperaturerhöhung. Das reine Hydrosol wird beim Aufkochen sogleich undurchsichtig; das gefärbte bleibt unverändert.

Der Farbstoff schützt zwar etwas das kolloide Gold, jedoch zu wenig, um die Goldzahl feststellen zu können, während Gelatine ein ausgezeichnetes Schutzkolloid darstellt.

Es ist ersichtlich, daß die Schutzwirkung des genannten Farbstoffes auf kolloides Bromsilber anderer Art sein muß als die der Schutzkolloide gegenüber dem kolloiden Golde. Die Schutzwirkung gegenüber der Fällung durch

---

[1] *Lüppo-Cramer:* Photographische Probleme. Halle 1907, S. 26 bis 33.
[2] *M. Eders* Handb. d. Photogr. **3** (5. Aufl.), 152.
[3] *A. v. Hübl:* Eders Jahrbuch für 1894, S. 189.

Alkalisalze dürfte wohl auf Adsorption von Farbstoffanionen beruhen, die dem Bromsilber eine erhöhte Beständigkeit erteilen etwa dadurch, daß sie der Aufnahme von entladenden Kationen sich widersetzen. Neben jener Ionenadsorption tritt, wie schon oben angedeutet, Adsorption des Farbstoffes selbst ein.

*Elisabeth F. Stevenson*[1] hat sowohl Adsorption des Farbstoffes an den Bromsilberteilchen des Hydrosols wie auch erhöhte elektrische Ladung derselben feststellen können; ersteres durch Ultrafiltration der bromsilberhaltigen und der bromsilberfreien Farbstofflösung, letzteres durch Überführungsversuche.

**Mit Schutzkolloid geschützte Farbstoffe.** Wie S. 321 ausgeführt, gibt es Farbstoffe, die selbst höchst elektrolytempfindlich sind. Dahin gehört das Kongorot oder Benzopurpurin, die trotz molekulardisperser Zerteilung von Alkalisalzen leicht koaguliert werden.

Aus einer Untersuchung von *Bayliss*[2] geht hervor, daß derartige Farbstoffällungen durch Schutzkolloide geradeso hintangehalten werden können wie die von kolloidem Gold. Ähnliches hat *Wo. Ostwald* bei Kongorubin beobachtet[3].

Als Schutzkolloid wurde der Kongorotlösung eine dialysierte Lösung von *Grüblers* Serumeiweiß zugefügt. Eine solche Lösung wird durch $n/_{100}$ CaSO$_4$ nicht gefällt, während ohne die Anwesenheit von Schutzkolloid sofortige Koagulation eintritt. Die ultramikroskopische Untersuchung ergab, daß das koagulierte Kongorot durch die Schutzwirkung der Eiweißlösung am Ausfallen verhindert war. Die entstehenden Partikelchen hatten sich mit dem Eiweiß vereinigt und wurden auf diese Weise vor Fällung geschützt.

## 111. Färberei.

Bei der Färberei kommt es darauf an, färbende Stoffe den tierischen oder pflanzlichen Fasern derart einzuverleiben, daß sie den Anforderungen des Gebrauchs widerstehen.

Für die Theorie der Färberei kommen zunächst zwei Fragen in Betracht: 1. Wie gelangen die Farbstoffe ins Innere der Faser und 2. warum werden sie darin waschecht festgehalten.

Die erste Frage kann erst dann korrekt behandelt werden, wenn wir über den amikroskopischen Bau der Faser genauer unterrichtet sein werden.

Die Vorstellung, daß die Fasern „homogen" sind, wie sie uns im Mikroskop erscheinen[4], führt notwendig zur Annahme, daß die Farbstoffe nur durch Auflösung in der Substanz der Faser ins Innere derselben gelangen können.

Es muß also, wenn man die Faser selbst als homogen im Sinne der

---

[1] *E. F. Stevenson:* Koll.-Zeitschr. **10**, 249 (1912).

[2] *W. M. Bayliss:* Koll.-Zeitschr. **6**, 23 bis 32 (1910).

[3] l. c. Kap. 106.

[4] Von mikroskopischen Inhomogenitäten (wie Bändern, Fasern, Schuppen usw.) die für die Färberei keine Rolle spielen, wird hier abgesehen.

Phasenlehre ansieht, eine Löslichkeit des Farbstoffes in derselben vorausgesetzt werden. In dieser Auffassung liegt die Grundlage von *O. N. Witts* Theorie der Färberei, welche aber nur dann die „Waschechtheit" der Färbung erklären würde, wenn man die weitere Annahme macht, daß der Teilungskoeffizient zwischen Faser und „Flotte" sehr zugunsten der Faser liegt.

Annahme einer Struktur der Faser. Man kann aber auch annehmen, daß die Faser trotz ihres homogenen Aussehens eine submikroskopische[1] oder amikroskopische Struktur besitzt und von Hohlräumen durchsetzt ist, ähnlich wie das Gel der Kieselsäure. Dann würde das Eindringen der Farbstoffe in erster Linie auf Diffusion in den die Einzelfaser durchsetzenden flüssigkeiterfüllten Kanälchen zurückzuführen sein: die Färbung könnte, auch wenn den Farbstoffen keinerlei Löslichkeit in der Wolle, Baumwolle usw. zukommt, durch Anlagerung der Farbmoleküle an die amikroskopischen Wände der Mizelle (vgl. Kap. 30) zustande kommen.

Diese Vorstellung liegt der „Adsorptionstheorie" der Färberei zugrunde. Daß eine ultramikroskopische Struktur vorhanden ist, dafür liegen gute Gründe vor. Schon *Nägeli* hat in seiner Mizellartheorie diese Anschauung vertreten und deren Richtigkeit besonders durch seine Beobachtungen über Quellungserscheinangen zu begründen versucht. Das Vorhandensein einer ultramikroskopischen Struktur der Faser, also auch das von Hohlräumen wird schon dadurch wahrscheinlich gemacht, daß die verschiedensten Flüssigkeiten in die Faser leicht einzudringen vermögen, Flüssigkeiten, von denen man nicht ohne weiteres eine Lösung in der Fasersubstanz voraussetzen kann. Auch aus Beobachtungen von *H. Ambronn* über das Zusammenwirken von Stäbchendoppelbrechung und Eigendoppelbrechung in Cellulose und Nitrocellulose (Kap. 30b), ferner über den Pleochroismus gefärbter Fasern darf geschlossen werden, daß die Amikronen derselben räumlich und optisch anisotrop sind, und daß in die regelmäßigen Zwischenräume zwischen den einzelnen Mizellen Flüssigkeiten von sehr verschiedenem Brechungsvermögen oder auch Farbstoffe eingelagert werden können. Die Untersuchung *P. Scherrers* (siehe Anhang) hat ebenfalls das Vorhandensein krystalliner Teilchen mit Sicherheit ergeben.

Die nächste Frage ist die nach der Größe der zwischen den Mizellen vorhandenen Zwischenräume. Obgleich eingehende quantitative Versuche zunächst noch fehlen, können wir jetzt schon eine nicht unwichtige Aussage darüber machen. Nach Kap. 108 wird Benzopurpurin von dichten Kollodiumhäutchen zurückgehalten und vermag nach Kap. 67, S. 236 nicht in ein genügend feinporiges Kieselgel einzudringen. In Baumwollfasern dringt der Farbstoff hingegen leicht ein und reichert sich darin an, und das läßt darauf schließen, daß die Zwischenräume zwischen den Mizellen der feuchten Baumwolle einen Durchmesser haben, der größer als etwa $5\,\mu\mu$ ist. Die obere Grenze ist durch die mikroskopische Unsichtbarkeit der Hohlräume gegeben.

Durch die hier erwähnten Tatsachen erhält nun die Adsorptionstheorie

---

[1] Die Strukturelemente können submikroskopisch sein und nur infolge ihrer dichten Lagerung amikroskopisch werden.

gegenüber der Lösungstheorie eine nicht unwesentliche Stütze. Wir brauchen nicht mehr die etwas unwahrscheinliche Annahme zu machen, daß Farbstoffe mit hohem Molekulargewicht in der Fasersubstanz leicht löslich seien; wir kommen vielmehr zu einer sehr einleuchtenden Erklärung für das Eindringen aller Farbstoffe in die Faser: die Farbstoffe dringen durch intermizellare Hohlräume in die Fasern ein.

Bezüglich der zweiten oben aufgestellten Frage steht aber die Adsorptionstheorie vor einer ähnlichen Schwierigkeit wie die Lösungstheorie. Wodurch wird der adsorbierte Farbstoff von der Faser festgehalten? Die echte Adsorption von Gasen ist ja ein reversibler Prozeß. Es müßte also gelingen, den adsorbierten Farbstoff wieder vollständig aus der Faser herauszuwaschen. Hier setzt die chemische Theorie ein, wie sie von *Knecht* u. a. vertreten wird. Der Farbstoff wird von der Faser festgehalten durch Bildung unlöslicher Verbindungen. Besonders die Wollfärberei und das Färben unter Anwendung von Beizen wird in einleuchtender Weise auf chemische Reaktionen zwischen Farbstoff und Faser, oder Farbstoff und Beize zurückgeführt. Die Schafwolle z. B. enthält eine durch Kochen mit Alkalien abspaltbare eiweißähnliche Substanz, die „Lanuginsäure", die als amphoteres Kolloid sowohl mit Säuren wie mit Basen Verbindungen eingehen kann. Die Wollfärberei könnte also auf Bildung unlöslicher, salzähnlicher Verbindungen der Lanuginsäure mit den Farbstoffsäuren oder -Basen zurückzuführen sein[1].

Größeren Schwierigkeiten begegnet die chemische Theorie bei der Erklärung der Färbung von Baumwolle durch Benzidinfarbstoffe wie Kongorot. Das Farbsalz wird als solches von der Faser aufgenommen, und chemische Umsetzungen sind hier (bei diesem Kohlehydrat) recht unwahrscheinlich. Vieles spricht für die Adsorption der betreffenden Farbstoffe.

Schon *v. Georgievics*[2] stellte fest, daß die Aufnahme von Benzidinfarbstoffen an Fasern durch die bekannte Exponentialformel $\frac{x}{m} = \alpha\, C^{\frac{1}{n}}$ ausgedrückt werden kann.

*Appleyard* und *Walker*[3], *Biltz*[4], *Freundlich* und *Losev*[5] fanden dann, daß die Adsorptionsisotherme für die Aufnahme von vielen Faserstoffen sowohl durch Fasern wie durch Kohle gültig ist. *Biltz* fand das gleiche auch für die Aufnahme von anorganischen Kolloiden, wie Molybdänblau, kolloidem Eisenoxyd, Vanadinpentoxyd usw., durch Seide und andere Farbstoffe. Die Adsorptionskurven sind ganz ähnlich denjenigen, welche bei der Färbung durch die üblichen Farbstoffe auftreten. Er zeigte ferner, daß man die Faser durch das Hydrogel der Tonerde ersetzen und auch hier ähnliche Vorgänge beobachten kann.

---

[1] Eine Bestätigung der *Knecht*schen Versuche bezüglich der Färbung von Wolle findet sich in den Beiträgen zur Kenntnis der Färbevorgänge von *K. Fox*. Inaug.-Diss. Jena 1906, S. 21—25.

[2] *G. v. Georgievics*: Monatshefte f. Chem. **15**, 705—717. 1894. (S. auch 2. Aufl. S. 327.)

[3] *J. Appleyard* und *J. Walker*: Journ. Chem. Soc. **69**, 1334—49. 1896.

[4] *W. Biltz*: Ber. **37**, 1766—75, 1904; **38**, 2963—73, 2973—77. 1905.

[5] *H. Freundlich* und *G. Losev*: Zeitschr. f. physikal. Chem. **59**, 284—312. 1907.

*Walker* und *Appleyard* wiesen auf die Verschiedenheiten im quantitativen Verlauf der Aufnahme von Pikrinsäure durch Seide einerseits, durch kristallisiertes Diphenylamin (das mit der Pikrinsäure unter Salzbildung reagiert) andererseits hin. Im ersten Falle erfolgte die Aufnahme nach der Adsorptions-Isotherme, im letzten nach der für die Bildung kristallisierter Verbindungen gültigen, gebrochenen Linie[1]. Dennoch bleiben die gegen die Beweiskraft der Adsorptions-Isotherme in Kap. 26. angeführten Gründe bestehen, und wir müssen im Auge behalten, daß die Vorgänge, welche zur Bildung einer echten Färbung führen, sehr mannigfaltiger Natur sein können; der Chemiker wird kaum zugeben, daß ein chemischer Vorgang, der von vornherein wahrscheinlich ist, nicht stattfinden sollte.

Der irreversible Verlauf der Farbstoffaufnahme bei waschechten Färbungen kann übrigens auch ohne die Annahme einer chemischen Bindung gedeutet werden: man kann u. a. eine Umwandlung der Farbstoffe in unlösliche Modifikationen, wie sie bei der Adsorption von Farbstoffbasen durch Kohle von *Freundlich* und *Losev* beobachtet wurde[1], annehmen.

Dann aber müssen wir die noch immer nicht genügend gewürdigten Erfahrungen der Kolloidchemie heranziehen, aus denen ganz unzweideutig hervorgeht, daß die irreversible Aufnahme eines gelösten Kolloids durch ein Gel, einen porösen Körper usw. eine ganz allgemein bekannte und häufige Erscheinung ist. Kolloides Gold wird vom Gel der Tonerde, von gebeizter Wolle und, falls die Teilchen genügend groß sind, von Benzoltröpfchen aufgenommen, Molybdänblau von Kohle, Karminfarbstoff von Aluminiumoxydhydrat usw., die verschiedensten Kolloide durch geeignete Gele, durch Kohle usw. Warum sollten nicht auch Farbstoffe irreversibel von der Faser adsorbiert werden? Hier wie dort können wir als Ursache der irreversiblen Verdichtung molekulare Anziehungskräfte annehmen; sie werden um so mehr zur Geltung kommen, je größer die Teilchen sind. Zwischen Kolloidteilchen und Molekül oder Ionen ist, wie in Kap. 21, 23a, 23c und d gezeigt wurde, kein prinzipieller Unterschied zu machen; ihnen allen kommt die gleiche kinetische Energie zu. Je größer die Teilchen sind, um so geringer wird aber die mittlere Geschwindigkeit ihrer Bewegung, um so schwerer werden sie aus einem gegebenen Anziehungsbereich sich entfernen können. Die leichtere Kondensierbarkeit größerer Moleküle läßt überdies darauf schließen, daß bei ihnen die molekulare Anziehung größer ist als bei kleineren.

Bei den noch größeren Kolloidteilchen ist irreversible Aggregation untereinander und an festen Wänden etwas alltägliches; unterstützt wird dieselbe bekanntlich durch entgegengesetzte elektrische Ladung, und so ist zu erwarten, daß auch der Färbevorgang dadurch gefördert wird, daß Faser und die Farbstoffteilchen entgegengesetzte elektrische Ladung tragen (siehe d. folg. Kap.).

---

[1] Näheres siehe erste und zweite Auflage dieses Buches bei „Färberei“. Auch *Freundlich* hat zugunsten der Adsorptionstheorie bei der Färberei eine Reihe von Gründen angeführt.

Auf eine schon obenerwähnte, sehr interessante Tatsache muß hier noch besonders hingewiesen werden. Es handelt sich um den von *H. Ambronn*[1] beobachteten Pleochroismus gefärbter Fasern; er tritt nicht immer auf, sondern nur dann, wenn der färbende Körper selbst als Kristall pleochroitisch ist. Bei den mit solchen Farbstoffen gefärbten Fasern zeigt sich aber derselbe Pleochroismus, der auch dem kristallisierten Stoffe zukommt. Dünnste Jodkriställchen sind dichroitisch, ähnlich wie Turmalin, und erscheinen im polarisierten Licht je nach der Lage der Polarisationsebene blauschwarz oder weiß. Derselbe Dichroismus erscheint auch bei den mit Chlorzinkjodlösung blauschwarz gefärbten Fäden (während andere Fasern, die sich mit dem genannten Reagens nur braun färben, keinen Dichroismus aufweisen). Wie *Ambronn* hervorhebt, handelt es sich hier offenbar um orientierte Anordnung kleinster Jodkriställchen, und ähnliches gilt auch von vielen Farbstoffen. Die Pflanzenfaser verdichtet also nicht nur gelöste Substanzen auf ihrer Oberfläche zu amikroskopischen Kristallen, oder kristallähnlichen Gebilden, sondern sie vermag auch eine orientierende Wirkung auf dieselben auszuüben. Derartige überraschende Wirkungen, welche das Vorhandensein von bisher kaum beachteten Naturkräften erkennen lassen, dürfen nicht mehr unberücksichtigt bleiben, auch wenn sie sich den jetzt herrschenden Theorien nicht glatt einfügen lassen.

Der Dichroismus gefärbter Fasern ist von *Ambronn* vielfach beobachtet worden. Besonders schön tritt er z. B. bei den mit Kongorot gefärbten Ramiefasern auf. Solche Fasern erscheinen im Polarisationsmikroskop bei einer bestimmten Stellung des Polarisators tief gelbrot gefärbt; dreht man das Nikolsche Prisma um 90°, so verschwindet die Farbe fast vollständig; sie tritt aber sofort wieder auf, wenn man den Polarisator an die ursprüngliche Stellung bringt[2].

Alle diese Tatsachen sind für die Theorie der Färberei von größter Wichtigkeit, denn sie lassen nicht nur Rückschlüsse auf die Natur der Faser, sondern auch auf die Lagerung der Farbstoffe innerhalb der gefärbten Substanzen zu.

Auf eine eingehende und objektive Darstellung der Theorien der Färberei von *P. E. King* sei hier verwiesen[3].

---

[1] *H. Ambronn:* Wied. Annalen **34**, 340. 1888; Berichte d. Deutsch. Bot. Ges. **6**, 226. 1888 und **7**, 103. 1889; Ber. d. Sächs. Ges. d. Wiss. math.-phys. Kl. **48**, 613. 1896 und Gött. Nachr. math.-phys. Kl. S. 299. 1919; s. ferner bez. des Dichroismus von Jod: *Sirks*, Pogg. Ann. **143**, 439. 1871.

[2] Aus einer auf Veranlassung von *Vongerichten* in Jena ausgeführten Dissertationsarbeit von *Kurt Fox* (Jena 1906) entnehme ich folgendes:
Zur Prüfung auf Dichroismus kamen mehrere hundert Proben gefärbter Fasern. Der Dichroismus ist auf Wolle viel schwächer als auf pflanzlichen Fasern (Ramie). Bei Ramie wird eine große Regelmäßigkeit beobachtet: Die mit basischen oder sauren Farbstoffen direkt gefärbte Pflanzenfaser zeigt starken Dichroismus; war die Faser vorgebeizt, so zeigte sie keinen oder nur schwachen Dichroismus. — Die eingelagerten Bestandteile der Beize verhindern also das Zustandekommen des Dichroismus oder — nach obiger Anschauung — die orientierte Anlagerung der Farbstoffmoleküle. — Über den sehr starken Dichroismus der mit Ag und Au gefärbten Faser vgl. auch *E. Kolbe* Inauguraldiss. Jena 1912.

[3] British Association for the Advancement of Science 1917, S. 20.

## 112. Kapillaranalyse.

Wie *Schoenbein*[1] zuerst gezeigt hat, steigen gelöste Stoffe in Streifen aus ungeleimtem Papier ungleich hoch empor. Gewöhnlich eilt das Wasser den gelösten Stoffen voran, aber auch die Höhe, bis zu welcher diese mitgenommen werden, ist verschieden. So wurden beim Eintauchen von Filtrierpapier in Natronlösung nur sieben Zehntel, beim Eintauchen in Barytlösung nur drei Zehntel und beim Eintauchen in Kalklösung kaum ein Zehntel des benetzten Papiers durch Curcumatinktur gebräunt. Ähnliche Verhältnisse traten auf, als die Papierstreifen in Säure- oder Farbstofflösungen getaucht wurden: die gelösten Substanzen folgten dem Anstieg des Wassers bis zu sehr verschiedenen Höhen.

Als Ursache der beschriebenen Erscheinungen ist nach *W. Ostwald*[2] die Adsorption der gelösten Stoffe anzusehen. *Goppelsroeder*[3], der diese Verhältnisse sehr eingehend studierte, gelangte zu einem analytischen Trennungsverfahren, das weitgehende Anwendung bei den Untersuchungen von Farbstoffen, Alkaloiden, Ölen usw. zu finden geeignet ist. Er untersuchte unter anderem auch das Verhalten des kolloiden Silbers[4].

Eine Untersuchung von *Fichter* und *Sahlbom*[5] hat ergeben, daß beim kapillaren Anstieg in Papierstreifen die positiven Kolloide an der Eintauchgrenze gefällt werden, während negative emporsteigen. Die genannten Forscher führen die Fällung der positiven Kolloide auf die in den Kapillaren des Papiers erregten „Strömungsströme" zurück. Auch in Glaskapillaren steigt das Wasser höher als basische Farbstoffe und positive Kolloide, die von Glas ebenso wie von Papier zurückgehalten werden.

Mit dem kapillaren Anstieg in Filtrierpapier und dem sonstigen Verhalten der Farbstoffe befassen sich eingehende Prüfungen von *Pelet-Jolivet*[6] und seinen Mitarbeitern. Sie führten zur Entdeckung interessanter Beziehungen zwischen kapillarem Anstieg einerseits und Färberei, Koagulation und elektrischer Ladung durch Berührung andererseits. Einige der von *Pelet-Jolivet* gegebenen Regeln sind in Tabelle 50, S. 332, angeführt.

Es ergibt sich daraus, daß alle Einflüsse, welche die elektrische Ladung von Kolloidteilchen herabsetzen (und weiter zur Koagulation führen), die Anfärbung von Fasern durch (gleichsinnig geladene) Farbstoffe begünstigen und, umgekehrt, den kapillaren Anstieg verringern; mit anderen Worten — Einflüsse, welche Teilchenvergröberung herbeiführen, die Löslichkeit[7] herabsetzen, begünstigen das Anfärben, verringern den kapillaren Anstieg, solche, die Teilchenverkleinerung (Erhöhung des Dispersitätsgrades) herbeiführen, wirken in entgegengesetztem Sinne. Darüber lagern sich beim kapillaren Anstieg die oben schon erwähnten Eigentümlichkeiten.

---

[1] *C. F. Schoenbein:* Verh. d. Naturf.-Ges. Basel **1863**, III. Teil, 249 bis 255.

[2] *W. Ostwald:* vgl. Lehrb. d. allg. Chemie. Leipzig 1905 (2. Aufl.), **1**, 1095.

[3] *F. Goppelsroeder:* Kapillaranalyse. Basel 1906. (Kapillaranalyse, Auszug aus *Goppelroeders* Arbeiten 1861 bis 1909. Dresden 1910.)

[4] Ibid. S. 53—56.

[5] *F. Fichter* und *N. Sahlbom:* Koll.-Zeitschr. **8**, 1 bis 2 (1911).

[6] *L. Pelet-Jolivet:* Koll.-Zeitschr. **5**, 238 bis 243 (1909).

[7] In des Wortes weitester Bedeutung, „kolloide Löslichkeit" auch inbegriffen.

## Tabelle 50 von *Pelet-Jolivet*[1].

| Wirkung von | Regeln für die elektrische Ladung durch Berührung (I. Perrin) | Regeln für die Koagulierung der Kolloide | Regeln für die Färbung von Textilfasern | Regeln für den Kapillaraufstieg |
|---|---|---|---|---|
| Säuren | Säuren vermehren die Ladung jeder schon positiv geladenen Oberfläche. | Säuren machen die positiven Kolloide schwieriger koagulierbar. | Säuren vermindern die Färbung der Farbbasen. | Säuren vermehren die Steighöhe der Farbbasen. |
| | Sie vermindern die Ladung einer negativ geladenen Trennungsfläche und laden manchmal positiv um. | Sie koagulieren die negativen Kolloide. | Sie begünstigen das Anfärben durch Farbsäuren. | Sie vermindern den Aufstieg der Farbsäuren. |
| | Alle Säuren wirken gleich bei gleicher $H^{\cdot}$-Konzentration; es ist also das $H^{\cdot}$ wirksam. | Alle Säuren wirken gleich bei gleicher $H^{\cdot}$-Konzentration; es ist also das $H^{\cdot}$ wirksam. | Alle Säuren wirken gleich bei gleicher $H^{\cdot}$-Konzentration; es ist also das $H^{\cdot}$ wirksam. | — |
| Basen | Basen wirken gerade umgekehrt. | Basen wirken gerade umgekehrt. | Basen wirken gerade umgekehrt. | Basen wirken umgekehrt (Ausnahmen bei Farbsäuren). |
| Salzen | Ionen vom umgekehrten Vorzeichen einer Trennungsfläche vermindern stark die Ladung dieser Trennungsfläche. | Ionen vom umgekehrten Vorzeichen eines Kolloids bringen es zum Koagulieren. | Ionen vom entgegengesetzten Vorzeichen eines Farbstoffions verstärken die Färbung. | Ionen vom entgegengesetzten Vorzeichen vermindern den Kapillaraufstieg. |
| | Die Wirkung kann bis zur Umkehrung des Vorzeichens gehen. | Das Kolloid kann eine Ladung vom umgekehrten Vorzeichen annehmen. | — | — |
| | Die mehrwertigen Ionen haben eine hervorragende Wirkung. | Die mehrwertigen Ionen haben eine stärkere Wirkung als die einwertigen. | Die mehrwertigen Ionen haben eine stärkere Wirkung als die einwertigen. | Die mehrwertigen Ionen haben eine stärkere Wirkung als die einwertigen. |
| | Ein Ion, selbst ein mehrwertiges, vergrößert im allgemeinen nicht die Ladung einer Trennungsfläche vom gleichen Vorzeichen (?). | Ionen vom gleichen Vorzeichen stabilisieren die kolloiden Lösungen. | Ionen vom gleichen Vorzeichen verzögern die Färbung. | Ionen vom gleichen Vorzeichen vergrößern die Steighöhe von Farbbasen (aber nicht die der Farbsäuren). |

[1] Die Tabelle ist mit einigen redaktionellen Änderungen der zitierten Abhandlung von *Pelet-Jolivet* entnommen. Ausnahmen von den gegebenen Regeln sind in den Klammern beigefügt.

# B. Eiweißkörper.

Aus Eiweißkörpern oder Proteinstoffen bilden sich die wichtigsten Teile der lebenden Pflanzen und Tiere. Sie werden eingehend in der physiologischen Chemie behandelt; hier soll nur ein Überblick über die wichtigsten in Betracht kommenden Gruppen gegeben werden, über ihre gemeinsamen Eigenschaften, und daran die Besprechung einzelner typischer Proteine angeschlossen werden.

Alle Proteine werden im Pflanzen- oder Tierkörper produziert; sie enthalten C, H, O, N, S in ziemlich konstantem Verhältnis und haben ein höchst kompliziert gebautes Molekül, an dessen Aufbau insbesondere Aminosäuren beteiligt sind. Man kennt unter ihnen sowohl lösliche reversible wie unlösliche Kolloide.

## 1. Einteilung.

Eine Einteilung nach ihrer chemischen Konstitution ist noch nicht durchführbar, weil diese noch nicht genügend erforscht ist. In der physiologischen Chemie ist daher eine Einteilung gebräuchlich, die sich allmählich herausgebildet hat und eine vorläufige Übersicht über das Gebiet ermöglicht. Verfasser folgt hier der Einteilung von *Cohnheim*[1], die ihrerseits sich wieder an die von *Hammarsten*[2], *Hoppe-Seyler*[3] und *Drechsel*[4] anschließt.

I. Eigentliche Eiweißkörper, die nativen, echten, genuinen, oder Eiweißkörper im engeren Sinne.

Hierher gehören die einfachen, koagulierbaren Proteine, die früher allein als Eiweiß bezeichnet worden sind. Auch heute werden unter Eiweiß meist Angehörige dieser Gruppe und speziell ihre ersten Glieder, die Albumine und Globuline, verstanden.

II. Proteide, Verbindungen von Eiweiß mit Körpern, die kein Eiweiß sind.

Das Vorhandensein dieser an Eiweißkörper gebundenen Substanzen der „prosthetischen Gruppen" (*Kossel*) bedingt die besonderen Eigenschaften der Proteide. Als prosthetische Gruppen sind zu erwähnen Nucleinsäure in den Nucleoproteiden, Hämatin in Hämoglobin, Kohlehydrate oder deren Derivate, die durch Säuren abspaltbar sind, in den Glykoproteiden.

III. Albuminoide oder Albumoide bilden die Gerüstsubstanzen des tierischen Körpers, sie sind nicht Teile der tierischen Zelle, sondern bilden die Grundsubstanz, in welcher die Zellen eingelagert sind. Sie haben gewisse Eigenschaften gemeinsam, was ihre Absonderung von den übrigen Eiweißstoffen rechtfertigt, obgleich sie nach der Zusammensetzung ihrer Spaltungsprodukte in einer rein chemischen Einteilung den verschiedensten Eiweißkörpern eingereiht werden müßten.

---

[1] *O. Cohnheim:* Chemie der Eiweißkörper. Braunschweig 1904.

[2] *O. Hammarsten:* Lehrbuch der physiologischen Chemie. Wiesbaden 1907.

[3] *F. Hoppe-Seyler:* Handbuch der physiologisch- und pathologisch-chemischen Analyse. Berlin 1903 (7. Aufl.).

[4] *E. Drechsel:* Artikel „Eiweißkörper" in Ladenburgs Handwörterbuch der Chemie **3.** 534 (1885).

Als besonders charakteristisch ist ihre Unlöslichkeit in Wasser, Salzlösungen und tierischen Flüssigkeiten zu erwähnen. Meist sind sie auch in verdünnten Alkalien und Salzlösungen kaum löslich.

## 113. Eigentliche Eiweißkörper.

Die eigentlichen Eiweißstoffe bilden die Hauptmenge der Bestandteile des Blutes, der Muskeln und der Drüsen. Sie sind in den meisten Sekreten und Exkreten des tierischen Körpers enthalten, fehlen dagegen in den Tränen, dem Schweiß und dem normalen Harn. Alle enthalten C, H, N, O, S, einige auch geringe Mengen von Phosphor und Eisen.

Die Zusammensetzung der Eiweißkörper schwankt meist zwischen den folgenden Werten:

$$
\begin{array}{lll}
\text{C} & 50{,}6 & \text{bis } 54{,}4\% \\
\text{H} & 6{,}5 & \text{,, } 7{,}3\% \\
\text{N} & 15 & \text{,, } 17{,}6\% \\
\text{S} & 0{,}32 & \text{,, } 2{,}2\% \\
\text{P} & 0 & \text{,, } 0{,}85\% \\
\text{O} & 21{,}5 & \text{,, } 23{,}5\%
\end{array}
$$

Die Eiweißstoffe sind geruch- und geschmacklos, meist amorph, zuweilen aber krystallinisch. Ihre Lösungen sind optisch aktiv und drehen die Polarisationsebene nach links. Sie vermögen Säuren und Alkalien zu binden und verhalten sich in dieser Richtung wie amphotere Elektrolyte, wie vielsäurige schwache Basen oder wie vielbasische schwache Säuren. Hierin verhalten sie sich übrigens auch ähnlich wie einige kolloide anorganische Oxyde, z. B. kolloide Zinnsäure oder *Cassius*scher Purpur.

Man darf daher nicht die Verbindungen der Eiweißstoffe mit Säuren oder Alkalien schlechthin auf eine Stufe stellen mit gewöhnlichen Salzen, es muß vielmehr die Möglichkeit in Betracht gezogen werden, daß bei ihnen ähnliche Verhältnisse vorliegen, wie sie beim *Cassius*schen Purpur besprochen worden sind. Es kann andererseits nicht geleugnet werden, daß die rein chemische Betrachtungsweise der erwähnten Reaktionsprodukte viel Verlockendes für sich hat in Anbetracht der komplexen Zusammensetzung des Eiweißmoleküls, dessen Spaltungsprodukte größtenteils Aminosäuren, also amphotere Substanzen sind. Bei dieser Betrachtung darf aber die Kolloidnatur der Eiweißkörper und das massenhafte Auftreten von Ultramikronen gerade bei den wichtigsten, den genuinen Proteinen, nicht übersehen werden.

Die Fällungen der Eiweißlösungen mit konzentrierten Lösungen der Alkalisalze sind meist reversibel. Auf sie gründen sich Methoden, verschiedene Eiweißarten voneinander zu trennen. Schwermetallsalzfällungen sind zumeist irreversibel; hier begegnet man des öfteren dem Auftreten unregelmäßiger Fällungsreihen, die auf Peptisation der Niederschläge durch Schwermetallkationen zurückzuführen sind.

Eine Übersicht der eigentlichen Eiweißstoffe findet sich in folgender Tabelle 51.

## Tabelle 51.
### Eigentliche Eiweißkörper.

Albumine (z. B. Serum-, Eier-, Lacto-Albumine).

Globuline (Serum-, Eier-, Lacto-, Zell-Globuline).

Pflanzeneiweiß (Pflanzenglobuline usw.).

Fibrinogen (und Fibrin), im Blutplasma der Wirbeltiere enthalten, wird durch Fibrinferment in Fibrin verwandelt und bedingt das Gerinnen des Blutes[1].

Myosin und Myogen, Muskeleiweiß (auf dem Gerinnen des Myosins, wahrscheinlich unter dem Einflusse eines Ferments, beruht die Totenstarre).

Phosphorhaltige Eiweißstoffe (Nucleoalbumine oder Phosphorglobuline), saure Eiweißstoffe, wie Kasein, Vitelline des Eidotters, Nucleoalbumin des Zellprotoplasmas usw.

Histone, basische Eiweißstoffe, durch Alkalien fällbar; finden sich z. B. in den Blutkörperchen der Gans (Globin usw.).

Protamine, schwefelfreie Eiweißkörper mit hohem Stickstoffgehalt (im Lachssperma).

**Albumine.** Die Albumine sind die schwefelreichsten Eiweißkörper, sie enthalten 1,6 bis 2,2% Schwefel. Sie sind in Wasser löslich und werden durch Zusatz von wenig Säure oder Alkali nicht gefällt. Ebensowenig werden sie gefällt durch konzentrierte Kochsalzlösung oder Magnesiumsulfat bei gewöhnlicher Temperatur. Ammoniumsulfat, bis zur Sättigung eingetragen, fällt sie vollständig.

Eine salzarme Lösung koaguliert nicht beim Kochen, sie gerinnt dagegen in Siedehitze bei Gegenwart von Neutralsalzen.

**Globuline.** Die Globuline sind eigentümliche Eiweißkörper, die in reinem Wasser unlöslich, dagegen in verdünnten Neutralsalzlösungen löslich sind. Aus dieser Lösung können sie durch Verdünnung mit Wasser wieder ausgefällt werden; ebenso wirkt die Dialyse oder das Filtrieren durch *Bechhold*sche Filter. Sie lösen sich in Wasser bei Zusatz von Alkalispuren. Bei Neutralisation des Lösungsmittels scheiden sie sich wieder aus. Konzentrierte Lösungen von Natriumchlorid oder Magnesiumsulfat fällen sie teilweise oder ganz. Ebenso werden sie durch Ammoniumsulfat schon bei halber Sättigung gefällt.

**Die Trennung der Eiweißkörper** wird dadurch erleichtert, daß in bestimmten Körperflüssigkeiten nur bestimmte Arten derselben enthalten sind. So enthält das Eiereiweiß Globuline, Albumine und Ovomukoid, das Blutplasma Fibrinogen, Globulin und Albumin. Als Beispiel, wie derartige Trennungen ausgeführt werden, möge die Isolierung der einzelnen Eiweißarten aus dem Blutplasma erwähnt werden.

Pferdeblut wird durch Zusatz von $^{1}/_{10}$ Volum 1 proz. Ammoniumoxalatlösung ungerinnbar gemacht. Man läßt die Blutkörperchen sedimentieren und setzt zum Plasma Ammoniumsulfat zu, bis zu $^{3}/_{10}$ Sättigung, d. h. es werden 7 Teile Plasma mit 3 Teilen gesättigter Ammoniumsulfatlösung versetzt, dadurch fällt das Fibrinogen. Das Filtrat enthält Globulin und Albumin. 10 Teile desselben werden mit 4 Teilen gesättigter Ammoniumsulfatlösung versetzt, wobei die Globuline ausfallen ($^{5}/_{10}$ Sättigung). Man fügt nun

Serumalbumin.

---

[1] Die von den Blutkörperchen befreite Blutflüssigkeit vor der Gerinnung heißt Plasma, nach der Gerinnung Serum.

zum Filtrat, das Albumin enthält, krystallisiertes Ammoniumsulfat bis zur vollständigen Sättigung, wodurch die Albumine gefällt werden. Die einzelnen Fraktionen können durch Waschen mit entsprechend konzentrierten Salzlösungen gereinigt und durch Dialyse von Elektrolyten befreit werden.

Durch vorsichtigen Zusatz von Ammoniumsulfat unter gleichzeitigem Zugeben von wenig Säure bis zur beginnenden Trübung kann man jedoch das Albumin in krystallisierter Form gewinnen.

*Albumine aus dem Eiklar.*    Zur Trennung der Eiweißkörper im Eiklar verfährt man ähnlich, setzt aber gleich Ammoniumsulfat bis zu $^5/_{10}$ Sättigung zu, um die Globuline auszufällen. Das Filtrat enthält Albumine und Ovomukoid. Ein Teil des Albumins läßt sich daraus durch Zusatz von verdünnter Salzsäure bis zur deutlichen Trübung in krystallinischer Form gewinnen. Nach 24 Stunden erhält man mikroskopische Nadeln von Eieralbumin, das durch Umkrystallisieren gereinigt werden kann.

Die fortschreitende Reinigung wird am besten durch Bestimmung der Goldzahl festgestellt (vgl. kolloides Gold, Kap. 14 und 124). Durch weiteren Zusatz von Ammoniumsulfat zur Mutterlauge vom krystallisierten Albumin erhält man noch Albuminfraktionen, die als amorphe Albumine bezeichnet werden, die aber nicht als amorphe Modifikationen des krystallisierten Albumins anzusehen sind, sondern als besondere Eiweißarten, die von jenem sowohl chemisch wie auch physikalisch verschieden sind.

Es muß übrigens bemerkt werden, daß Globuline usw. keine einheitlichen Substanzen sind, sondern durch geeignete Reagenzien noch in weitere Fraktionen zerlegt werden können.

## 114. Proteide und Albuminoide.

Übersicht über die Proteide und Albuminoide:

a) Proteide (Verbindungen von Eiweiß mit Körpern, die kein Eiweiß sind):

1. Nucleoproteide (Eiweiß mit Nucleinsäure).
2. Hämoglobin und Verwandte (Globin mit Hämatin).
3. Glykoproteide (Mucine, Mukoide; Verbindungen von Eiweiß mit Kohlenhydraten).

Nucleoproteide sind Bestandteile des Zellkerns, sie können in Eiweiß und Nuclein zerlegt werden; dieses läßt sich abermals in Eiweiß und Nucleinsäure spalten. Die letzteren geben bei der weiteren Zerlegung neben anderen Stoffen Pyrimidin- und Purinderivate.

Das Hämoglobin soll später ausführlich besprochen werden.

Zu den Glykoproteiden gehört unter anderen das im Eiklar enthaltene, nicht koagulierbare Ovomukoid.

b) Albuminoide (widerstandsfähige Eiweißkörper):

1. Keratin (Hornsubstanzen des menschlichen und tierischen Körpers).
2. Kollagen.
3. Elastin (Bestandteil des elastischen Gewebes).
4. Fibroin (in den Fäden der Seidenraupe enthalten).
5. Spongin (Gerüstsubstanz der Badeschwämme).
    (Amyloid, Albumoid usw.)

Wie schon erwähnt, bilden die Albuminoide Gerüstsubstanzen im Tiere und unterscheiden sich von den gewöhnlichen Eiweißstoffen durch große Widerstandsfähigkeit gegen Lösungsmittel und chemische Eingriffe.

Aus Keratin besteht die verhornte Oberschicht der Epidermis, Haare, Federn, Hörner, Hufe, Nägel usw.

**Kollagen.** Die Grundsubstanz der Knochen und Knorpel besteht aus leimgebendem Gewebe oder Kollagen; durch längeres Kochen mit Wasser (schneller mit verdünnter Salzsäure) geht es in Glutin, Leim oder Gelatine über.

## 115. Umwandlungsprodukte der Eiweißkörper.

### Übersicht.

1. Acidalbumine und Alkalialbuminate.
2. Albumosen (Proteosen), Peptone, Peptide.
3. Halogeneiweiße, Oxyproteine u. dgl.

Durch Behandeln von Eiweiß mit Alkali oder Säuren erhält man zunächst Umwandlungsprodukte, die dem Eiweiß noch ziemlich nahe stehen. Sie heißen Alkalialbuminate und Acidalbumine oder Syntonine. Durch Behandlung von Eiweiß mit Natronlauge hat *Paal*[1] seine Protalbin- und Lysalbinsäure hergestellt. Die erstere steht den Alkalialbuminaten nahe, die letztere mehr den Albumosen. Die Alkalialbuminate sind vorzügliche Schutzkolloide, so auch Protalbin- und Lysalbinsäure. (Goldzahlen: protalbinsaures Na 0,03 bis 0,08, lysalbinsaures Na 0,02 bis 0,06.) Über die Verwendung dieser beiden Substanzen für die Herstellung von kolloiden Metallen, die bereits mannigfaltige Anwendung gefunden haben, siehe Kap. 53.

a) **Pepsinverdauung.** Albumosen und Peptone entstehen aus nativem Eiweiß bei der Pepsinverdauung. Der Magensaft, das Sekret von Drüsen der Magenschleimhäute, enthält neben Schleim und Salzen Enzyme, von denen das Pepsin das wichtigste ist, dazu freie Salzsäure (ca. 0,4%). Nur bei Gegenwart von Salzsäure wirkt Pepsin verdauend, d. h. eiweißspaltend. Der Verdauung unterliegen nicht nur die nativen Eiweißkörper, sondern auch denaturierte, wie das koagulierte Eiweiß. Dabei tritt zunächst Quellung, dann Auflösung ein. Die optimale Temperatur der Pepsinverdauung liegt etwas über Körperwärme, etwa bei 40°.

Es entstehen zunächst Syntonine, primäre Albumosen, dann sekundäre Albumosen, schließlich Peptone, die das Endprodukt der Pepsinverdauung bilden. Die Albumosen diffundieren langsam in wässeriger Lösung, sie diffundieren nicht oder unvollkommen durch tierische Membranen. Geeignete *Bechhold*sche Filter halten sie zurück. Durch gesättigtes Ammonsulfat sind sie fällbar. Die Peptone nähern sich schon sehr den Krystalloiden, diffundieren verhältnismäßig leicht, passieren langsam Membranen und werden durch Ammonsulfat nicht ausgesalzen. Im Gegensatz zu Eiweiß koagulieren Albumosen und Peptone nicht bei der Kochprobe.

---

[1] *C. Paal:* Ber. **35**, 2195 bis 2206 (1902).

Die Trennung von Albumosen und Peptonen kann nach dem folgenden Schema durchgeführt werden.

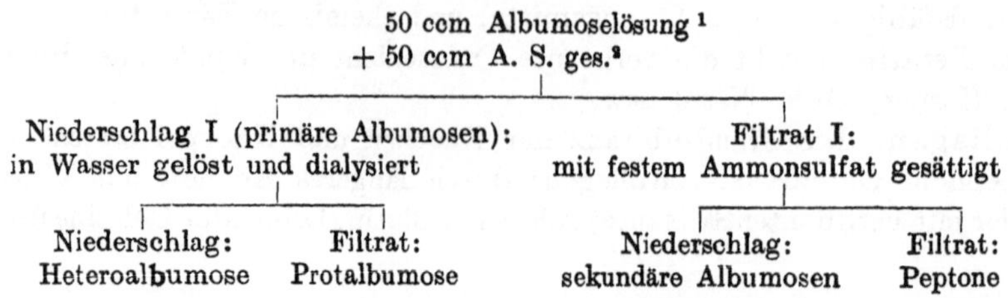


Die Produkte der Pepsinverdauung wurden früher allgemein Peptone genannt, gleichgültig ob sie Albumosen enthielten oder nicht. Auch das Handelsprodukt *Witte*-Pepton besteht zum großen Teil aus Albumosen. Nach *Bechhold* ist es möglich, auf mechanischem Wege, durch Filtrieren, gelöste Albumosen voneinander zu trennen. Ein Eisessigkollodiumfilter (4,5 proz.) hielt die primären Albumosen vollständig zurück, während Deuteroalbumosen dasselbe passierten. Diese aber konnten durch ein 8—10 proz. Filter zurückgehalten werden. Neuere Erfahrungen sprechen für eine Trennbarkeit der einzelnen Albumosenfraktionen in weitere Bestandteile. — Die einzelnen, durch fraktionierte Fällung erhaltenen Albumosefraktionen (wie Heteroalbumose, Protalbumose usw.) sind nicht als chemische Individuen, sondern als Mischungen anzusehen. Es ist *Zunz*[3] gelungen, dieselben durch Ultrafiltration weiter zu zerlegen.

Albumosen werden gegenwärtig häufig auch Proteosen genannt.

Die Heteroalbumose, welche nach obigem Schema bei der Dialyse der primären Albumosen ausfällt, sich also ähnlich wie Globulin verhält, besitzt auch einen hohen Goldschutz (Goldzahl nach *Zunz*: 0,01 bis 0,075). Die Protalbumose hingegen ist ein schwaches Schutzkolloid (Goldzahl 1,6 bis 3,4). Die sekundären Albumosen und die Mehrzahl der Peptone haben die Eigentümlichkeit, auch ohne Elektrolytzusatz kolloides Gold blau zu färben (vgl. Kap. 124).

b) **Pankreasverdauung.** Das eiweißverdauende Ferment des Darmsaftes Trypsin bewirkt eine weitgehende Zerlegung der Eiweißspaltungsprodukte bis zu Aminosäuren (Leucin, Tyrosin, Asparaginsäure, Tryptophan usw). Die Pankreasverdauung erfolgt bei alkalischer Reaktion und führt über Deuteroalbumosen zu Anti- und Hemipepton, welch letzteres weiter zu Aminosäuren abgebaut wird.

Die Eiweißchemie hat eine weitgehende Bereicherung durch die hervorragenden Arbeiten *Emil Fischers* und seiner Schüler erfahren durch Synthese der Polypeptide aus Aminosäuren. Die höheren Glieder der Polypeptide nähern sich bereits in vielen Stücken den Peptonen und Albumosen. Als Beispiele für Polypeptide seien nur ganz einfache angeführt:

---

[1] Für Versuchszwecke kann man eine 10 proz. *Witte*-Peptonlösung verwenden.

[2] A. S. ges. = gesättigte Lösung von Ammoniumsulfat.

[3] Bull. de la Classe des Sc. de l'Acad. roy. de Belgique (1911) S. 653 bis 734.

$$CH_2 \cdot NH_2$$
$$CH_2-NH \cdot CO$$
$$COOH$$
Glycylglycin

$$CH_2 \cdot NH-CO-CH_2-NH_2$$
$$CH_2-NH-CO$$
$$COOH$$
Diglycylglycin

Eine ähnliche Verkettung der Aminosäuren wie in den Polypeptiden nimmt man in den Eiweißstoffen an. Sie entstehen nach *Hofmeister* der Hauptsache nach durch Kondensation der Aminosäuren, wobei man sich die Verknüpfung etwa nach dem folgenden Schema denken kann:

$$-NH-CH-CO-NH-CH-CO-NH-CH-CO-NH-CH-CO-$$

Rest des Leucins $C_4H_9$; Tyrosins $CH_2$ — $C_6H_5$; der Asparaginsäure $CH_2$ — $COOH$; des Lysins $(CH_2)_4$ — $CH_2 \cdot NH_2$

Die Eiweißsynthese ist eins der schwierigsten Probleme der organischen Chemie, dessen Lösung wohl erst dann möglich sein wird, wenn es gelingt, einheitliche Proteine zu erhalten, deren empirische Zusammensetzung und ihr Molekulargewicht festzustellen. Der kolloide Charakter der Eiweißlösungen setzt vorläufig den Bemühungen zur Herstellung einheitlicher Substanzen sehr beträchtliche Schwierigkeiten entgegen; andererseits ist gerade dieser Charakter von größter Wichtigkeit für den Aufbau der Lebewesen. *Hofmeister* sieht in der Eigentümlichkeit der Eiweißkörper, unter allen möglichen Umständen unlöslich zu werden, amorphe, halbfeste Membranen zu bilden, eine Eigenschaft, die den Eiweißstoffen wie keinen anderen die Fähigkeit verleiht, Gewebe zu bilden und am Aufbau des Protoplasmas teilzunehmen.

Man wird sich daher zunächst damit begnügen müssen, synthetisch eiweißähnliche Substanzen herzustellen, deren chemischer Bau im allgemeinen mit demjenigen des Eiweißes übereinstimmt. Aussichtsreiche Versuche in dieser Richtung sind schon vielfach gemacht worden, und der technischen Synthese von Nahrungsmitteln steht prinzipiell kein Hindernis im Wege.

Die Synthese von Protaminen scheint *Taylor*[1] tatsächlich gelungen zu sein.


## 2. Allgemeines Verhalten von Eiweißkörpern.

Die physikochemischen Arbeiten, welche das allgemeine Verhalten der Eiweißkörper in Betracht ziehen, knüpfen sich meist an Untersuchungen von natürlichen Eiweißstoffen, also von Gemischen verschiedener Eiweißkörper an. Die maßgebenden Gesichtspunkte waren wohl die, daß durch Trennung der Naturprodukte in einzelne Fraktionen noch keine Garantie für deren Einheitlichkeit gegeben wird; ferner war, soweit die Untersuchungen von Medizinern

---

[1] *A. Taylor:* Journ. of Biol. Chem. **3**, 87 bis 94 (1907); **5**, 381 bis 387 (1909) C. **1907**, II, 412; **1909**, I, 1417.

ausgeführt wurden, wohl das Bestreben maßgebend, das Verhalten der Eiweiß substanzen in der Form zu studieren, wie sie von der Natur geboten und in den Nahrungsmitteln enthalten ist.

Wie bei den Farbstoffen zeigen sich neuerdings auch hier Ansätze einer in jeder Richtung exakten Forschung, die sich, wie besonders hervorgehoben sein soll, eine genauere Definition der Ausgangsmaterialien und Kritik der angewandten Methoden zur Aufgabe machen. Es sind hier insbesondere Untersuchungen von *Sörensen* anzuführen, auf die in Kap. 116, 117 u. 120 kurz hingewiesen wird. Bezüglich der dem Verfasser sehr wichtig erscheinenden experimentellen und theoretischen Ergebnisse muß auf die Originalarbeiten verwiesen werden.

## 116. Osmotischer Druck und Diffusion.

Sorgfältige Untersuchungen des osmotischen Drucks der Lösungen einer einheitlichen Substanz sind von *Hüfner* und *Gansser* (siehe Hämoglobin, Kap. 131) ausgeführt worden. Eine Reihe von Untersuchungen rührt von *Moore* und seinen Mitarbeitern[1], insbesondere aber von *Lillie*[2] her. [Siehe auch die Zusammenstellung bei *S. P. L. Sörensen*, Zeitschr. f. physiol. Chem. **106**, 1 (1919); hier auch eine Weiterentwicklung der *Donnan*schen Theorie des Membrangleichgewichtes für Proteinlösungen.]

*Moore* und *Roaf* haben unter anderem gezeigt, daß der osmotische Druck der Gelatinelösungen mit der Temperatur stärker zunimmt, als den Lösungsgesetzen entspricht. Es steht dies in Zusammenhang mit der Eigenschaft der Gelatine, beim Erkalten größere Ultramikronen auszubilden und in höheren Konzentrationen zu erstarren.

*Lillie* hat den osmotischen Druck von Eialbumin sowie von Gelatine und die Beeinflussung desselben durch verschiedene Zusätze von Krystalloidlösungen eingehend untersucht. Als Osmometer diente ein Kollodiumsack mit Steigröhre (siehe S. 47). Die Eiweißlösungen wurden in den Kollodiumsack gefüllt und der Druck gegen reines Wasser bestimmt. Nach 18 bis 20 Stunden war meist das Maximum der Steighöhe erreicht, und das Flüssigkeitsniveau hielt sich dann mehrere Stunden lang konstant. Der Einfluß der Zusätze von Krystalloiden wurde derart geprüft, daß man das betreffende Krystalloid sowohl der Eiweißlösung wie auch dem Außenwasser in solchen Mengen zufügte, daß seine Konzentration außen und innen dieselbe war. Dabei mußte eine Anzahl von Vorsichtsmaßregeln befolgt werden, wie schnelles Mischen unter raschem Umrühren, um Unregelmäßigkeiten zu vermeiden.

**Einfluß der Nichtelektrolyte.** Die Nichtelektrolyte zeigen keinen wesentlichen Einfluß auf den osmotischen Druck der Eiweiß- und der Gelatinelösungen. So wurde eine Gelatinelösung von 1,25% Gehalt der Reihe nach mit Rohrzucker, Dextrose, Glyzerin, Harnstoff versetzt. Der ursprüngliche

---

[1] *B. Moore* und *W. H. Parker* [Amer. Journ. of Physiol. **7**, 261 (1902)] bestimmten den osmotischen Druck von Eiweiß, Serum, Seifenlösungen; *Ders.* und *H. E. Roaf* [Biochemical Journ. **2**, 34 (1906)] den von Serumprotein, Gelatine.
[2] *R. S. Lillie:* Amer. Journ. of Physiol. **20**, 127 bis 169 (1907).

Druck der Gelatinelösung betrug 6,2 mm Quecksilber und nur der Harnstoff erhöhte ihn einigermaßen (bis 7,3 mm Hg); für Dextrose und Glyzerin ergaben sich die Werte 5,8 bis 5,9.

Der Einfluß der betreffenden Zusätze zum Eialbumin ist aus der folgenden Tabelle 52 zu entnehmen.

Tabelle 52.

| Eialbumin bei Zimmertemperatur | Druck in mm Hg |
|---|---|
| 1,25% Eialbumin . . . . . | 22,4 |
| $+ \frac{1}{6}$ Mol Rohrzucker. . . . . . | 21,5 |
| $+ \frac{1}{8}$ Mol Dextrose . . . . . . . | 21,8 |

Einfluß der Elektrolyte. Recht beträchtlich war dagegen der Einfluß von Elektrolyten auf den osmotischen Druck der Eiweißlösungen. Dabei zeigte sich, daß bei Gelatine durch Säuren wie Alkali erst eine Abnahme und dann eine beträchtliche Steigerung ·des osmotischen Druckes herbeigeführt werden konnte, entsprechend der Aufsplitterung der Gelatineultramikronen in kleinere, was aus folgender Tabelle 53 zu ersehen ist. Säuren und Alkalien.

Tabelle 53.
Gelatine, 1,5 proz.

| | | | |
|---|---|---|---|
| ohne HCl . . . . . . . . | 8,2 mm Hg | ohne KOH . . . . . . . . | 6,2 mm Hg |
| $n/_{3100}$ „ . . . . . . . . | 6,8 „ „ | $n/_{3100}$ „ . . . . . . . . | 6,1 „ „ |
| $n/_{2050}$ „ . . . . . . . . | 12,3 „ „ | $n/_{1240}$ „ . . . . . . . . | 27,4 „ „ |
| $n/_{1550}$ „ . . . . . . . . | 17,9 „ „ | $n/_{620}$ „ . . . . . . . . | 33,1 „ „ |
| $n/_{770}$ „ . . . . . . . . | 32,4 „ „ | $n/_{310}$ „ . . . . . . . . | 33,2 „ „ |
| $n/_{422}$ „ . . . . . . . . | 39,3 „ „ | | |

Bei Eialbumin bewirkt Säure noch deutlicher zunächst ein Fallen, dann ein schwaches Ansteigen des osmotischen Druckes (Tabelle 54). Nach *Sörensen* (l. c.) ist der osmotische Druck einer ammonsulfathaltigen Eialbuminlösung bei einer Wasserstoffionenkonzentration zwischen $40 \cdot 10^{-6}$ und $100 \cdot 10^{-6}$ angenähert konstant und nimmt zu sowohl bei Abnahme wie Zunahme der Wasserstoffionenkonzentration.

Tabelle 54.

| HCl | Druck in mm Hg |
|---|---|
| 0 | 25,6 |
| $n/_{3100}$ | 20,7 |
| $n/_{1240}$ | 11,5 |
| $n/_{620}$ | 20,4 |
| $n/_{310}$ | 22,2 |

Das Verhalten der Gelatine gegen Säuren und Laugen kann nur erklärt werden unter der Annahme einer weitgehenden Zerteilung der vorhandenen Ultramikronen unter gleichzeitiger Ionisation. Diese weitere Zerteilung ist sehr wohl möglich, da Gelatinelösungen bei gewöhnlicher Temperatur gut sichtbare Submikronen enthalten.

Das Verhalten der Gelatine gegen Salzsäure stimmt ferner im wesentlichen überein mit Versuchen von *Wolfgang Ostwald*[1], welcher fand, daß kleine Mengen von Salzsäure die Quellungsfähigkeit der Gelatine herabsetzen, größere Mengen sie jedoch stark erhöhen. Ähnlich, die Quellung begünstigend, wirkt auch Alkali.

Man könnte annehmen, daß Säuren und Alkalien die Gelatine hydrolytisch zerlegen, das Gelatinemolekül unter Bildung von Albumosen und Peptonen spalten, und daß darauf die Zunahme des osmotischen Druckes beruhe. Dagegen spricht erstens die geringe Konzentration, in welcher Säuren und Alkali bereits druckerhöhend wirken; zweitens ein Versuchsergebnis, nach welchem der ursprüngliche osmotische Druck der Gelatinelösung nach Entfernung der Salzsäure durch Dialyse sich annähernd wiederherstellt.

Neutralsalze. Im Gegensatz zur Säurewirkung rufen Neutralsalze sowohl bei Gelatine- wie bei Eiweißlösungen eine Herabsetzung des osmotischen Druckes hervor. Dies steht zweifellos in Zusammenhang mit der fällenden Wirkung der Salze auf Lösungen von Eiweißkörpern, die eine Aggregation von Ultramikronen herbeiführt, noch lange bevor die Konzentration der Salzlösung ihren Schwellenwert erreicht. Dadurch wird eine Verminderung der Teilchenzahl herbeigeführt, die den osmotischen Druck beeinflußt.

Die Wirkung von Salzen kann aus folgender Tabelle 55 entnommen werden.

## Tabelle 55.

| NaCl | $RD$* |
|---|---|
| $n/_{12}$ | 0,18 |
| $n/_{24}$ | 0,23 |
| $n/_{48}$ | 0,26 |
| $n/_{96}$ | 0,37 |

$$* \ RD = \frac{\text{osmotischer Druck der salzhaltigen Lösung}}{\text{osmotischer Druck der ursprünglichen Lösung}}.$$

Es wurden von *Lillie* einige hundert Versuche angestellt, um die Abhängigkeit der Druckverminderung von der Natur der Elektrolyte festzustellen. Es fand sich, daß die Druckverminderung sowohl von der Natur der Anionen wie der Kationen abhängt. Ordnet man die Anionen nach ihrem Wirkungsgrad, das Anion mit der stärksten druckvermindernden Wirkung an der Spitze, so erhält man dieselbe Reihe, die *Hofmeister*[2] wie auch *Pauli*[3] für die fällende Wirkung der Salze auf natives Eiweiß festgestellt haben:

$$SO_4 > Cl > NO_3 > Br > J > CNS .$$

Damit ist zweifellos der Zusammenhang beider Untersuchungsreihen festgestellt. Ein Salz setzt den osmotischen Druck von Eiweißlösungen

---

[1] *Wo. Ostwald:* Pflügers Archiv f. d. ges. Physiol. **108**, 563 bis 589 (1905).

[2] *F. Hofmeister:* Archiv f. experim. Pathol. u. Pharmakol. **25**, 1 bis 30 (1889).

[3] *W. Pauli:* Hofmeisters Beiträge z. chem. Physiol. u. Pathol. **3**, 225 bis 246 (1906).

herab, indem es die Teilchen aggregiert und so die Zahl der osmotisch wirksamen Amikronen vermindert.

**Einfluß des Schüttelns.** Reine Eiweißlösungen verlieren durch kräftiges Schütteln nur wenig von ihrer osmotischen Wirksamkeit. Salzhaltige Eiweißlösungen werden durch Schütteln stärker verändert. Der osmotische Druck vermindert sich z. B. um 10 bis 20%.

**Konzentration der Eiweißlösungen und osmotischer Druck.** *Lillie* fand zwar Steigerung des osmotischen Druckes mit zunehmender Konzentration, doch nicht genaue Proportionalität.

So zeigte eine 1,25 proz. Eiweißlösung einen Druck von 18 bis 18,4 mm, eine 2,5 proz. Lösung aber 45,3 resp. 51,5 mm Druck. Der Druck stieg also stärker an als die Konzentration, was damit in Zusammenhang stehen dürfte, daß manche Eiweißsorten, wie Globuline, beim Verdünnen ausfallen, womit eine Verminderung der Teilchenzahl und eine Druckverminderung über das normale Maß herbeigeführt wird. Ähnliches fand übrigens *Duclaux* bezüglich der Eisenoxydlösung, deren Verhalten aber vielleicht anders erklärt werden muß als das der Eiweißlösungen (Kap. 86).

Nach *W. Biltz*[1], der gemeinsam mit *G. Bugge* und *L. Mehler* die Viskosität und den osmotischen Druck zahlreicher Gelatinesorten prüfte, gilt jedoch das *Boyle*sche Gesetz für die Gelatine leidlich genau, d. h. der osmotische Druck ist der Konzentration (innerhalb nicht allzu großer Intervalle zwischen 0,04 und 0,2%) bei konstanter Temperatur annähernd proportional; allerdings macht sich auch hier schon der aggregierende Einfluß der Konzentration bemerkbar, der bei höherem Gehalte zu Gallertbildung führt.

Die berechneten mittleren Molekulargewichte liegen für verschiedene Gelatinesorten zwischen 5500 und 31 000; je nach der Art der Gelatine bilden sich unter sonst gleichen Umständen also verschieden große Sekundärteilchen aus. Einige Einzelwerte für die verschiedenen Gelatinesorten finden sich in Tabelle 56.

Tabelle 56.

| Gelatinesorte | Berechnetes mittleres Molekulargewicht | Zähigkeit · $10^2$ 0,1% |
|---|---|---|
| Nach *Moerner* gereinigt . . . . . . | 5 500 | 1,114 |
| Nach *Sadikoff* . . . . . . . . . . . | 11 000 | 1,121 |
| Nach *Faust* . . . . . . . . . . . . | 15 000 | 1,141 |
| Nach *Dhéré* und *Gorgolewski* . . . | 18 500 bis 31 000 | 1,169 |
| Trockenplattengelatine . . . . . . . | 10 900 | 1,190 |

*Biltz* fand auch, daß bei reinen Gelatinelösungen (und anderen Kolloiden) die Zähigkeit mit zunehmender Teilchengröße wächst.

Im Gegensatz hierzu beträgt das Molekulargewicht nach *Paal*[2] 878 bis 960, berechnet aus der Siedepunktserhöhung wäßriger Lösungen. *Procter*[3]


[1] Z. Physik. Chem. **91**, 705 (1916).
[2] C. *Paal:* Ber. **25**, 1202 (1892).
[3] *Procter:* Journ. chem. Soc. **105**, 320 (1914).

fand aus dem Salzsäurebindungsvermögen ein Verbindungsgewicht von 839, *Wintgen*[1] aus der Wasserstoffionenkonzentration im Gleichgewicht Gelatine-salzsäure ebenfalls 839. *Sjöquist*[2] schätzt das Äquivalentgewicht des Eieralbu-mins zu 800. K u b e l k a[3] ermittelte das Äquivalent des Hautkollagens zu 97? aus dem Gleichgewicht Hautpulver-Salzsäure. Daß das durch Messen des osmotischen Drucks ermittelte Molekulargewicht nicht das Molekulargewicht im üblichen chemischen Sinne sein kann, geht schon aus der weiter unten angeführten je nach den Umständen wechselnden ultramikroskopischen Hetero-genität der Gelatinelösungen bei gewöhnlicher Temperatur hervor. Man darf wohl mit Sicherheit annehmen, daß das Molekulargewicht bei Gelatine kleiner ist, als es sich aus dem osmotischen Druck ergibt. Wenn man die technische Darstellung der Gelatine bedenkt, kann man überhaupt mit Recht daran zweifeln, ob das Glutin eine chemisch einheitliche Substanz ist; auch die röntgenspektrographischen Untersuchungen *Scherrers*[4] deuten auf ein Ge-misch hin (s. Kap. 126 u. Anhang).

Es sei noch darauf hingewiesen, daß *Sörensen*[5] auf Grund seiner umfang-reichen Untersuchungen aus dem osmotischen Druck das „Molekulargewicht" des wasserfreien Eieralbumin auf 34 000 schätzt.

### Diffusionskoeffizient.

In der folgenden Tabelle finden sich einige Werte für den Diffusions koeffizienten $\left(\dfrac{D\,\mathrm{cm}^2}{\mathrm{sek}}\,10^5\right)$ von Eiweißstoffen[6]:

Eieralbumin . . . . . . 0,063 (bei 13°) (gemessen von *Graham,* berechnet von *Stefan*)
  „  . . . . . . 0,054 (bei 15,3°) (nach *Herzog*)
  „  . . . . . . 0,046 ( „  7,75°) ( „   „ )
  „  (krist. mit 3,6 proz.) $(NH_4)_2SO_4$ 0,081 (bei 16°) (nach *Dabrowski*)
Ovomucoid. . . . . . . 0,034 (bei 7,75°) (nach *Herzog*)
Glucose (zum Vergleich) 0,57 (bei 18°).

Daraus berechnet sich der Radius der Eiweißteilchen für:
Salzfreies Eieralbumin . . . . . . . . . . . . . . . . . . . . . . . . . . . 2,43 $\mu\mu$
Kristallisiertes Eieralbumin (mit 3,6% $[NH_4]_2SO_4$) . . . . . . . . . . . . . . . 1,37 $\mu\mu$

### 117. Elektrolytfällung der Eiweißkörper.

Die Elektrolytfällung der Eiweißkörper wurde besonders von *Hofmeister*[7] und seinen Schülern studiert. Es zeigte sich, daß dialysiertes Hühner- oder Serumeiweiß mit Alkali- oder Magnesiumsalzen gemischt, reversible Fällungen

---

[1] *R. Wintgen:* Sitzungsber. d. chem. Abtl. d. Niederrhein. Ges. f. Natur- u. Heil-kunde (Bonn) 1915.

[2] *I. Sjöquist:* Skand. Arch. f. Physiol. **5,** 277 (1895).

[3] *V. Kubelka:* Koll. Zeitschr. **23,** 57 (1918).

[4] *P. Scherrer:* Nachr. d. K. Ges. d. Wiss. Göttingen 1918, 98.

[5] *S. P. L. Sörensen:* Zeitschr. f. physikal. Chem. **106,** 111 (1919).

[6] Aus *Bechholds*: Die Kolloide in Biologie und Medizin. 2. Aufl. S. 157 entnommen.

[7] *S. Lewith:* Archiv f. experim. Pathol. u. Pharmakol. **24,** 1 bis 16 (1888). — *F. Hof-meister:* Ibid. **24,** 247 bis 260; **25,** 1 bis 30 (1889).

geben, also Niederschläge, die sich in Wasser wieder auflösen. Zur Fällung sind große Mengen von Alkalisalzen erforderlich. Erdalkalisalze fällen gleichfalls in größeren Konzentrationen, der Niederschlag wird aber rasch unlöslich. Schwermetallsalze fällen in kleinen Konzentrationen irreversibel; in größeren Konzentrationen wirken sie wieder lösend auf den Niederschlag.

Bei der Fällung durch Alkalisalze zeigte sich, daß die Anionen die Fällung wesentlich mitbeeinflussen, derart, daß das Zitrat eines bestimmten Kations stärker fällt als das Tartrat, dieses stärker als das Sulfat usw. Man kommt zu der Reihenfolge: Fällungsreihe<br>der Anionen.

Zitrat > Tartrat > Sulfat > Acetat > Chlorid > Nitrat > Jodid > Rhodanid,

eine Reihe, die mit der bei *Lillie* erwähnten übereinstimmt. Jodide und Rhodanide fällen überhaupt nicht, entsprechend ihrer Stelle hinter dem Chlorid.

Wie schon *Posternak*[1] beobachtet und *Pauli*[2] bestätigt hat, kehrt sich diese Reihenfolge der aussalzenden Wirkung von Anionen um, wenn man in schwach saurer Lösung arbeitet. In saurer Lösung fällen also die Jodide und Rhodanide am stärksten, während Zitrat und Tartrat am wenigsten fällen. Bei größeren Säurekonzentrationen ist der Vorgang nicht umkehrbar, und der Niederschlag löst sich nicht beim Verdünnen. In schwach alkalischer Lösung ist die Reihenfolge dieselbe wie in neutraler, in beiden Fällen ist das Eiweiß negativ geladen, in saurer Lösung dagegen positiv.

*Wolfgang Pauli*[3], der diese Verhältnisse eingehend studiert hat, fand einige Beziehungen zu physiologischen Wirkungen der Salze. Die stark eiweißfällenden Salze, wie Zitrate, Tartrate, Sulfate steigern die Darmtätigkeit, nach *Pauli* erhöhen sie ferner den Blutdruck, während Nitrate, Bromide und Rhodanide dagegen merklich blutdruckerniedrigend wirken. Von Nebenwirkungen sind bei Jodiden insbesondere Schnupfen und Acne bemerkenswert. Es war naheliegend, auch die Rhodanide darauf zu prüfen, und tatsächlich fand sich bestätigt, daß auch sie ähnlich wie die Jodide wirken.

## 118. Neutrales Eiweiß.

*Wo. Pauli*[4] hat ein nahezu elektrolytfreies Eiweißhydrosol hergestellt. Dieses durch achtwöchige Dialyse erhaltene Hydrosol zeigt etwas andere Eigenschaften als das gewöhnliche. Es koaguliert auch ohne Elektrolytzusatz vollständig beim Kochen; auch wird es durch Alkohol unlöslich gefällt. Es wandert nur unbedeutend im Stromgefälle und zwar nach beiden Polen, stärker zum positiven (s. u.). *Pauli* nennt dieses weitgehend gereinigte Präparat neutrales oder amphoteres Eiweiß.

Mit diesem Eiweiß hat *Pauli* Versuche angestellt, von denen zunächst die über den Einfluß von Wasserstoff- und Hydroxylionen erwähnt seien.

---


[1] *S. Posternak:* Annales de l'institut Pasteur **15**, 85ff. (1901).
[2] *W. Pauli:* Hofmeisters Beiträge z. chem. Physiol. u. Pathol. **5**, 27 bis 55 (1903).
[3] *W. Pauli:* Wiener klin. Wochenschr. **1904**, Nr. 20.
[4] *W. Pauli:* Beiträge z. chem. Physiol. u. Pathol. **7**, 531 bis 547 (1906).

Versetzt man das neutrale Eiweiß mit Säure, so wird es positiv elektrisch; versetzt man es mit Alkali, so wird es negativ (vgl. Kap. 119). Dies ist durch Überführungsversuche festgestellt worden.

Mit der elektrischen Ladung oder Ionisierung der amphoteren Eiweißteilchen in Zusammenhang steht eine Reihe von anderen Erscheinungen. So hat die innere Reibung bei Säurezusatz zuerst ein Minimum, dann ein Maximum; *Pauli* erklärt die Erhöhung der inneren Reibung durch eine starke Hydratation der Eiweißionen.

Andere Erscheinungen stehen damit in Zusammenhang. Während amphoteres Eiweiß durch Alkohol vollkommen fällbar ist, geht die Fällbarkeit verloren durch Zusatz von sehr wenig Säure oder Lauge. Durch Zusatz von mehr Salzsäure wird die normale Fällbarkeit wiederhergestellt, was auf Zurückdrängen der Dissoziation zurückgeführt werden könnte.

Ähnlich wie Säureüberschuß wirken zugefügte Neutralsalze, wie $NaCl$, $NaNO_3$ usw. Auch durch diese Salze wird eine Verminderung der Ladung der Eiweißteilchen herbeigeführt, wie durch Leitfähigkeitsbestimmungen festgestellt werden konnte.

## 119. Elektrische Ladung der Eiweißteilchen.

Es ist eine ziemlich häufige Erscheinung, daß Kolloidteilchen durch Säuren positiv, durch Alkalien negativ geladen werden, und zwar genügen meist minimale Mengen von Säuren oder Alkalien, um diese Ladungen hervorzurufen. Dies trifft zu sowohl bei neutralem Eiweiß (*Pauli*) wie bei Suspensionen von koaguliertem Eiweiß (*Hardy*) und ebenso bei gekochtem, aber noch nicht koaguliertem Eiweiß mit submikroskopischen Teilchen. Die Ladung ist also unabhängig von der Größe der Teilchen.

Ganz allgemein kann man die elektrische Ladung zurückführen auf Aufnahme von Wasserstoff- oder Hydroxylionen[1], etwa nach folgendem Schema:

$$\boxed{U} + \overset{\cdot}{H} + Cl' = \boxed{U}\,\overset{\cdot}{H} + Cl' \,,$$

$$\boxed{U} + OH' + \overset{\cdot}{Na} = \boxed{U}\,OH' + \overset{\cdot}{Na}.$$

Ebenso weiß man, daß Neutralsalze der Alkalimetalle unter Umständen gebunden werden, ohne die Wanderungsrichtung des Eiweißes zu beeinflussen[2], was etwa so dargestellt werden könnte:

$$\boxed{U} + \overset{\cdot}{Na} + Cl' = \boxed{U}\begin{matrix}Na\\Cl\end{matrix}\,.$$

---

[1] In den meisten Fällen erscheint es aber wahrscheinlicher, daß die zugesetzte Säure oder das Alkali mit einem Teil der vorhandenen Kolloidsubstanz oder mit Oberflächenmolekülen chemisch reagiert und so die Ionen liefert, welche den Ultramikronen die Ladung erteilen.

[2] Anders bei Globulin (S. 352).

Wohl aber beeinflußt diese Aufnahme die kolloide Löslichkeit in mannig-
facher Weise. Die Aufnahme kann sowohl die Folge von Adsorption wie die
von chemischer Bindung sein.

Bei Eiweiß, das sowohl Amidogruppen wie Carboxylgruppen enthält, Chemische Re-
sich in seinem chemischen Verhalten also weitgehend den Amidosäuren (aus aktion.
welchen es zum Teil zusammengesetzt ist) anschließt, ist es vorteilhaft, die
etwa eintretenden chemischen Reaktionen in Betracht zu ziehen. Dies haben
*Hardy*[1], *Pauli*[2] u. a. getan.

Das Vorhandensein von Carboxyl- und Amidogruppen kann z. B. nach
*Pauli* in folgender Weise zum Ausdruck gebracht werden:

$$R\!<\!\!{}^{NH_2}_{COOH}\,.$$

Jedes Molekül enthält zahlreiche Amido- und Carboxylgruppen, jeder
ultramikroskopische Komplex von Molekülen noch viel mehr. Wir betrachten
der Einfachheit halber nur je eine von diesen Gruppen.

Trifft ein Amin $R\,.\,NH_2$ mit HCl zusammen, so bildet sich ein Ammo-
niumsalz:

$$RNH_2 + HCl = RNH_3Cl\,.$$

Dieses ist in wässeriger Lösung teilweise dissoziiert:

$$RNH_3Cl = RNH_3{}^{\cdot} + Cl'\,.$$

Ähnliches wird auch bei den Amidogruppen der Eiweißmoleküle eintreten:

$$R\!<\!\!{}^{NH_2}_{COOH} + HCl = R\!<\!\!{}^{NH_3Cl}_{COOH} = R\!<\!\!{}^{NH_3^{\cdot}}_{COOH} + Cl'\,,$$

oder einfacher: $\qquad R\!<\!\!{}^{NH_2}_{COOH} + H^{\cdot} + Cl' = R\!<\!\!{}^{NH_3^{\cdot}}_{COOH} + Cl'\,.$

Umgekehrt kann das neutrale Eiweiß durch NaOH negativ elektrisch
geladen werden:

$$C\!<\!\!{}^{NH_2}_{COOH} + OH' + Na^{\cdot} = R\!<\!\!{}^{NH_2}_{COO'} + Na^{\cdot} + H_2O\,.$$

Es ändert wenig an der Betrachtung, ob man das Radikal $R\!<\!\!{}^{NH_2}_{COO'}$ an
ein einzelnes Molekül oder an ein ultramikroskopisches Eiweißteilchen gebunden denkt. In letzterem Falle würde man etwa schreiben:

$$\boxed{U}\ R\!<\!\!{}^{NH_2}_{COO'} + Na^{\cdot}\,.$$

Man kann diese elektrisch geladenen Ultramikronen als große Komplexionen oder ionenähnliche Komplexe mit schwacher Elektroaffinität ansehen,
die besonders leicht entladen werden unter Bildung neutraler Molekülkom-
plexe.

---

[1] *W. B. Hardy:* Journ. of Physiol. **33**, 251 bis 337 (1905 bis 1906).
[2] *W. Pauli* und *H. Handovsky:* Biochem. Zeitschr. **18**, 340 bis 371 (1909).

Daß Säure von Eiweiß tatsächlich gebunden wird, geht schon aus Versuchen von *Sjöquist*[1], *Cohnheim*[2] u. a. hervor. *Bugarszky* und *Liebermann*[3] zeigten dann, daß bei höheren Konzentrationen neben $H^{\cdot}$ auch $Cl'$ gebunden wird. Ebenso wurde von diesen Forschern der Nachweis geliefert, daß auch NaOH ähnlich wie HCl festgehalten wird. Daß auch lebendes Protoplasma $H^{\cdot}$ und $OH'$ addiert, stellte *Wakelin Barratt*[4] fest.

Innere Reibung.    Wie schon erwähnt, sind die hydratisierten „Eiweißionen" als Hauptträger der inneren Reibung der Eiweißlösungen anzusehen (*Laqueur* und *Sackur*[5], *Hardy*, *Pauli* u. a.).

## 120. Der isoelektrische Punkt, Säure- und Laugeneiweiß.

Früher dachte man, der isoelektrsiche Punkt liege bei der $H^{\cdot}$-Konzentration des reinen Wassers; neuere Untersuchungen, insbesondere von *Michaelis* und seinen Mitarbeitern[6] haben indessen ergeben, daß die Proteine in der Regel schwach negativ geladen sind und erst in schwach saurer Lösung elektrisch neutral werden.

Bei Serumalbumin (auch bei Glutin) liegt der isoelektrische Punkt bei einer $H^{\cdot}$-Konzentration von etwa $2 \cdot 10^{-5}$, beim Eialbumin bei 1,5 bis $1,6 \cdot 10^{-5}$ (*Sörensen* l. c.).

Der isoelektrische Punkt hat mehrfache Bedeutung: bei ihm liegt das Minimum der Viscosität und des osmotischen Druckes (bei Gelatine auch das Maximum der Quellbarkeit), das Optimum der Alkoholkoagulation (*W. Pauli*).

Der chemischen Natur der Eiweißkörper entsprechend (s. S. 347) kann man dem isoelektrischen Punkte hier eine bestimmtere Deutung geben.

Die Proteine haben als amphotere Elektrolyte eine basische und eine saure Dissoziationskonstante; die letztere ist die größere. Deshalb zeigt reines Eiweiß saure Reaktion, es sind vorwiegend negative „Eiweißionen" in der Lösung vorhanden, und das Eiweiß erweist sich kataphoretisch als negativ elektrisch. Bei Zusatz von Wasserstoffionen wird die saure Dissoziation zurückgedrängt, die basische durch Binden von Hydroxylionen gefördert, und es tritt ein Punkt ein, wo neben viel überhaupt nicht dissoziiertem Eiweiß kleinere aber gleiche Mengen positiver und negativer Eiweißionen in der Lösung vorhanden sind. Diesen Punkt nennt man den isoelektrischen, die Wanderung des Eiweiß im Potentialgefälle wird hier null[7]. (Wie *Michaelis*[8] gezeigt hat, ist

---

[1] *J. Sjöquist:* Skand. Archiv f. Physiol. **5**, 277 bis 376 (1895).

[2] *O. Cohnheim:* Zeitschr. f. Biol. **33**, 489 bis 520 (1896). — *Ders.* und *H. Krieger:* Ibid. **40**, 95 bis 116 (1900).

[3] *S. Bugarszky* und *L. Liebermann:* Archiv f. d. ges. Physiol. **72**, 51 bis 74 (1898).

[4] *J. O. Wakelin Barratt:* Zeitschr. f. allg. Physiol. **5**, 10 bis 33 (1905). Die Methode schließt sich an eine von *A. Coehn* vorgeschlagene an.

[5] *E. Laqueur* und *O. Sackur:* Hofmeisters Beiträge z. chem. Physiol. u. Pathol. **3**, 193 bis 224 (1903).

[6] *L. Michaelis* und Mitarbeiter: Biochem. Zeitschr. **24**, 79—91; **30**, 143—150 (1910); **33**, 182 bis 189, 456 bis 573 (1911); **47**, 250 bis 259 (1912).

[7] Genauer ausgedrückt, es wandern jetzt ebensoviel Eiweißionen zur Anode wie zur Kathode.

[8] *L. Michaelis:* Biochem. Zeitschr. **19**, 181 (1909).

hier die Konzentration der Summe der positiven und negativen Eiweißionen ein
Minimum.) Bei weiterem Zusatz von Wasserstoffionen nimmt die saure Dissoziation noch mehr ab, die basische noch mehr zu, es sind jetzt hauptsächlich positive
Eiweißionen vorhanden, und das Eiweiß wandert nach der Kathode. Das Säuren-
und Basenbindungsvermögen von Eieralbumin hat neuerdings *Sörensen*[1] sehr
sorgfältig untersucht und mit allen aus der Theorie der amphoteren Elektrolyte
sich herleitenden Gesetzmäßigkeiten in bester Übereinstimmung gefunden.

Wird nach Überschreiten des isoelektrischen Punktes Eiweiß mit noch mehr
Säure versetzt, so wird diese, wie *Pauli*, *Manabe* und *Matula*[2] gezeigt haben,
in wachsenden Mengen bis zur Erreichung eines Maximalwertes gebunden,
und zwar bei Salzsäure zunächst das Wasserstoffion stärker als das Chlorion.
Fig. 46 erläutert diese Verhältnisse.

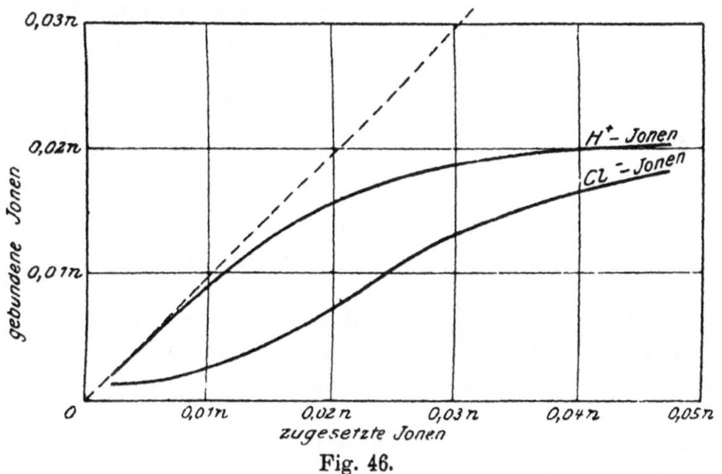


Fig. 46.

Bis zu einer gewissen Konzentration werden also fast sämtliche Wasserstoffionen gebunden; erhebliche Bindung von Chlorionen erfolgt erst oberhalb derselben. Säureüberschuß bedingt Zurückdrängen der Eiweißionisation.
Das wird aus der Differenzkurve Fig. 47 ersichtlich, die gleichzeitig anzeigt,

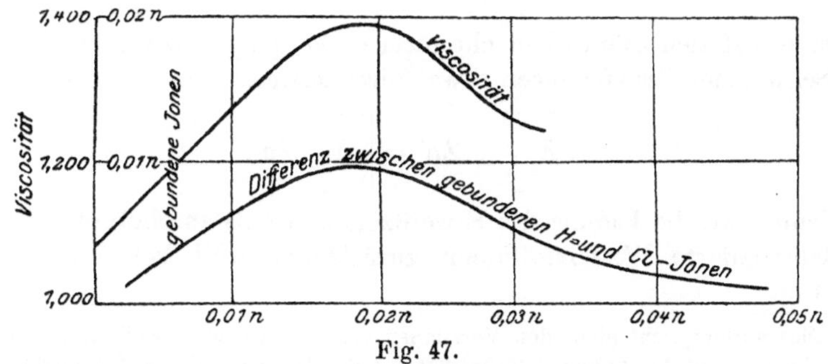


Fig. 47.


[1] *S. P. L. Sörensen:* Zeitschr. f. physiol. Chem. **103**, 104 (1918).
[2] *Wolfgang Pauli:* Koll.-Zeitschr. **12**, 222 bis 230 (1913).

daß dem Maximum des Ionisationszustandes ein Maximum der Viscosität entspricht.

Damit in Zusammenhang steht eine beträchtliche Steigerung des osmotischen Druckes (*Pauli* und *Samec*). Allerdings wird das Maximum bei einigen

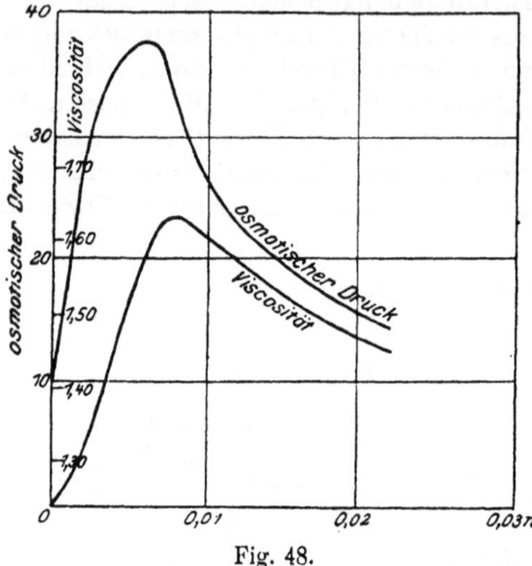


Fig. 48.

Tausendstel-normal-HCl erreicht (Steigerung von ca. 10 auf etwa 22 cmH$_2$O-Druck), während dem Maximum der Viscosität ein beträchtlicher Abfall des Druckes entspricht, der zweifellos auf Assoziation von Eiweißteilchen zurückzuführen ist. Bei Glutin hingegen fällt das Maximum des osmotischen Druckes annähernd mit dem Viscositätsmaximum zusammen[1] (Fig. 48).

Ähnliche Beziehungen gelten auch bezüglich des Laugeneiweißes, sie finden sich wieder bei Eiweiß, das durch Schwermetallionen aufgeladen wird (*Pauli* und *Flecker*)[2]. Auch hier findet sich ein Maximum der Viscosität, welche bei Überschuß von Schwermetallsalz abfällt. Dem Maximum der Reibung entspricht ein Optimum der elektrischen Überführung, der Leitfähigkeit und ein Minimum der Alkoholfällbarkeit.

## 121. Schwermetallsalzfällungen.

Die Schwermetallsalzfällung ist von der Alkalimetallsalzfällung dadurch unterschieden, daß schon geringe Mengen von Salz genügen, um das Eiweiß auszufällen, und daß der erhaltene Niederschlag in Wasser nicht löslich ist. Wir haben hier einen Vorgang, der ganz an die Fällung irresolubler Kolloide erinnert, wo gleichfalls geringe Salzmengen eine irreversible Fällung hervorrufen.

Ohne auf den eventuellen chemischen Vorgang einzugehen, kann man diese Schwermetallsalzfällungen etwa folgenderweise zum Ausdruck bringen:

$$\boxed{E}{}'' + Zn\cdot\cdot = \boxed{E}\, Zn\,.$$

Wenn man die Ladung des Eiweißkomplexes als amphoteren Elektrolyt auf abdissoziierte Wasserstoffionen zurückführt, wird bei dieser Fällung Säure frei.

---

[1] Dies widerspricht nicht den Versuchen von *Biltz* (S. 343), weil dort (bei reinem Glutin) die Viscositätszunahme auf Assoziation der Teilchen, hier auf Ionisation durch HCl beruht.

[2] Vgl. Kap. 121.

Im Überschuß des Fällungsmittels ist der Niederschlag zuweilen löslich. Diese Wiederlöslichkeit kann verglichen werden mit der Bildung von Komplexionen ebenso wie mit der gewöhnlichen Peptisation. Schon *Szillard*[1] hat auf diese Analogie hingewiesen, und es ist ihm gelungen, sogar koaguliertes Eiweiß mit Schwermetallsalzen, wie Uranylnitrat, Thoriumnitrat, zu peptisieren (vgl. Kap. 83); sowohl Zinksulfat wie Kupfersulfat haben die Fähigkeit, in größeren Mengen zugesetzt, den erstgebildeten Niederschlag wiederaufzulösen.

Faßt man den Vorgang kolloidchemisch auf, so läßt er sich etwa in folgender Weise zur Darstellung bringen: Die gefällten Neutralteile nehmen Zinkionen auf, geradeso wie das Gel der Zinnsäure Stannationen adsorbiert (siehe Kap. 33), und die Ionen erteilen den Eiweißteilchen positive elektrische Ladung. Die Folge davon wird eine weitgehende Zerteilung des Niederschlags sein:

$$\boxed{E}\ Zn + Zn^{..} = \boxed{E}\ \genfrac{}{}{0pt}{}{Zn^{..}}{Zn}\ .$$

Das peptisierte Kolloid hat positive Ladung.

Bei manchen Salzen wie bei Zinksulfat tritt, wenn man größere Mengen davon zusetzt, abermalige Fällung ein. Bei anderen Salzen, wie Kupfersulfat, reicht die Löslichkeit des Salzes nicht aus, um die zweite Fällung herbeizuführen. Einige Schwermetallsalze, wie Silbernitrat, bewirken vollständig irreversible Fällungen, die auch im Überschuß des Fällungsmittels nicht wieder löslich sind. Die eben besprochenen Eiweißfällungen mit Zinksulfat erinnern an die unregelmäßigen Reihen von *Bechhold*[2], *Neisser* und *Friedemann*[3] u. a.

## 122. Hitzekoagulation und Denaturierung des Eiweiß.

Erhitzt man Eiweißlösungen bis zum Kochen, so erleiden sie eine eigentümliche Veränderung. Dabei kann zweierlei eintreten: Entweder das Eiweiß scheidet sich in normaler Weise als weißes Gerinnsel ab, oder es bleibt kolloid gelöst, hat aber dann andere Eigenschaften als das Ausgangsprodukt. Die sichtbare Veränderung unter Gerinnung oder Bildung eines Niederschlags wird in hohem Maße begünstigt durch Gegenwart von Neutralsalzen und geringen Mengen von Säuren (Kochprobe zum Nachweis von Eiweiß).

Mäßig dialysierte Eiweißlösungen koagulieren beim Kochen nicht, ebenso wird die sichtbare Koagulation unterdrückt durch geringe Mengen von Säuren und Alkalien. Eine derartige, salzarme, aufgekochte Lösung kann aber sofort zur sichtbaren Koagulation gebracht werden durch nachträglichen Zusatz von Neutralsalzen. Sie unterscheidet sich ultramikroskopisch von der Ausgangslösung dadurch, daß sie ganz erfüllt ist mit einer Unzahl von Submikronen. Im Allgemeinverhalten schließt sie sich durchaus den irresolublen Kolloiden an. Wird derartiges Eiweiß durch Alkali negativ gemacht, so wandert es

---

[1] *B. Szillard:* Journ. de chim. phys. **5**, 495 bis 496 (1907).

[2] *H. Bechhold:* Zeitschr. f. phys. Chemie **48**, 385 bis 423 (1904).

[3] *M. Neisser* und *U. Friedemann:* Münch. med. Wochenschr. **51**, 465 bis 469, 827 bis 831 (1904).

zur Anode, und für seine Fällung ist nach *Hardy*[1] die Wertigkeit der Kationen maßgebend. Umgekehrt sind Anionen für die Fällung maßgebend, wenn das Eiweiß durch Säurezusatz positiv geladen wird.

Einen interessanten Fall von Denaturierung fanden *Pauli* und *Handovsky*[2]. Verwendet man vollständig dialysiertes Eiweiß für die Untersuchung der Einwirkung von Salzen auf die Koagulation, so findet man bei geringen Mengen von Salzen der Alkali- und Erdalkalimetalle im allgemeinen eine Erhöhung der Koagulationstemperatur, d. h. also eine Hemmung der Hitzegerinnung. Verwendet man höhere Salzkonzentrationen, so lassen sich die Alkalisalze je nach ihrer Wirkung in mehrere Gruppen einteilen, die sich in ihrer Wirkung auf die Koagulationstemperatur voneinander unterscheiden. Eine der Gruppen z. B. umfaßt die Jodide und Rhodanide, welche bei höheren Konzentrationen vollständige Fällungshemmung bewirken.

Diese Verhinderung der Koagulation ist nicht uninteressant. Es erschien zuerst fraglich, ob hier das Jodid die Denaturierung des Eiweiß durch Hitze verhindert oder die Ausfällung des denaturierten Eiweiß nicht zustande kommen läßt. Der Versuch ergab, daß letzteres der Fall war. Die gewöhnliche Veränderung des Eiweiß durch Hitze war tatsächlich eingetreten. Durch nachträgliche Dialyse konnte der Überschuß an Salz entfernt werden, und nun trat Koagulation ein.

Größere Mengen von Jodiden oder Rhodaniden wirken daher auf dialysiertes Eiweiß fällungshemmend oder peptisierend.

Ähnlich wie durch Hitze wird das Eiweiß auch denaturiert durch längere Einwirkung von Alkohol oder, wie *Pauli*[3] gefunden hat, durch längere Einwirkung von wenig Säure und Neutralsalzen bei gewöhnlicher Temperatur. Auf der ersteren Wirkung beruht die Alkoholkoagulation der Eiweißkörper; es muß aber bemerkt werden, daß die Alkoholfällung zunächst reversibel ist und dann nach einiger Zeit Umwandlung von Eiweiß in den unlöslichen Zustand herbeigeführt wird.

## 123. Verhalten der Globuline.

Die Globuline haben, wie schon erwähnt, die merkwürdige Eigenschaft, in verdünnten Neutralsalzlösungen löslich zu sein, dagegen nicht in reinem Wasser. Ein Überschuß von Salz fällt die Globuline in einer beim Verdünnen wieder löslichen Form. Daß hier Besonderheiten vorliegen, welche in der chemischen Natur dieser Eiweißarten begründet sind, liegt auf der Hand.

*Hardy*[4], der die Löslichkeitsverhältnisse derselben eingehend studiert hat, betrachtet reines Globulin als wasserunlösliche Substanz und faßt die Löslichkeit in verdünnten Alkalisalzen auf als beruhend auf einer chemischen Reaktion, ähnlich der Komplexsalzbildung.

---

[1] l. c. siehe S. 347.

[2] *W. Pauli* und *H. Handovsky:* Hofmeisters Beiträge z. chem. Physiol. u. Pathol. **11**, 415 bis 448 (1908).

[3] *W. Pauli:* Hofmeisters Beiträge z. chem. Physiol. u. Pathol. **5**, 27 bis 55 (1903).

[4] *W. B. Hardy:* Journ. of Physiol. **33**, 251 bis 337 (1905); Proc. Roy. Soc. **79** (B.), 413 bis 426 (1907).

So ist Chlorsilber in Ammoniak löslich, sehr schwer dagegen in reinem Wasser. Die auf Zusatz von $NH_3$ entstehende Verbindung dissoziiert nach folgendem Schema:

$$AgCl \cdot 2\,NH_3 \leftrightarrows Ag(NH_3)_2 + Cl',$$

in geringerer Menge aber nach der Gleichung:

$$AgCl \cdot 2\,NH_3 \leftrightarrows Ag^{\cdot} + Cl' + 2\,NH_3.$$

Bei Verminderung des Ammoniakgehaltes kann das Löslichkeitsprodukt des Chlorsilbers überschritten werden und AgCl ausfallen.

Die Bildung einer klaren Lösung erfolgt nur bei genügendem Überschuß von $NH_3$, wenn also die Zersetzung der Verbindung nach der zweiten Gleichung genügend weit zurückgedrängt ist.

In ähnlicher Weise bildet sich nach *Hardy* durch Einwirkung von Kochsalz auf Globuline eine Verbindung NaGlobulin Cl, und zwar um so reichlicher, je mehr NaCl vorhanden ist[1].

Diese Verbindung könnte nun nach folgendem Schema dissoziieren:

$$Cl\,Globulin\,Na \rightleftarrows Cl\,Globulin' + Na^{\cdot}.$$

Bei sehr starker Verdünnung dissoziiert das Komplexsalz unter Bildung von unlöslichem Globulin:

$$Cl\,Globulin\,Na = Na^{\cdot} + Cl' + Globulin\ (unlöslich),$$

wodurch Vermehrung der Trübung herbeigeführt wird, bei mäßiger Kochsalzkonzentration ist ein großer Teil des Globulins als Elektrolyt gelöst, ein anderer in Form von Submikronen vorhanden. In ganz konzentrierten Lösungen von NaCl wird schließlich die Dissoziation der Globulinsalzverbindung so weit zurückgedrängt, daß Fällung eintritt.

Mit dieser Auffassung steht auch im Einklang das Resultat der ultramikroskopischen Beobachtung von *Michaelis*[2], daß Globulinlösungen mit Wasser verdünnt eine viel größere Anzahl von Ultramikronen erkennen lassen, als wenn sie mit physiologischer Kochsalzlösung verdünnt werden. Die kolloide Lösung besitzt aber Beständigkeit, die Globulinteilchen fallen nicht aus, was am einfachsten auf elektrische Ladung der Ultramikronen durch Globulinionen (etwa nach folgendem Schema) zurückgeführt werden kann:

$$\boxed{U} + Cl\,Glob.' = \boxed{U}\,Cl\,Glob.'.$$

Auch die Bindung von Säuren und Basen durch Globulin ist von *Hardy*[3] näher untersucht worden. *Hardy* nimmt das Entstehen echter Eiweißionen an, dem die Hydrolyse entgegenwirkt. Die Globulinsalze schwächerer Säuren unterliegen naturgemäß der Hydrolyse unter Bildung von Ultramikronen in höherem Maße als die der stärkeren Säuren.

---

[1] Vergl. auch *Wo. Pauli*, Biochem. Ztschr. **70**, 368 (1915.)

[2] *L. Michaelis:* Virchows Archiv f. pathol. Anat. u. Physiol. **179**, 195 bis 208 (1905).

[3] l. c. siehe S. 352.

Die aus den Globulinsalzen gebildeten Ultramikronen sind elektrisch geladen wahrscheinlich infolge Ionenadsorption, ähnlich, wie oben angedeutet. Den geladenen Ultramikronen soll eine größere Beweglichkeit (unter dem Einfluß eines Potentialgefälles) zukommen als den eigentlichen Eiweißionen. *Hardy* unterscheidet zwischen „wahren Ionen" und „Pseudoionen"; die letzten sind die geladenen Ultramikronen.

## 124. Goldzahlen der Eiweißkörper und anderer organischer Kolloide.

Im Kap. 44 wurde ausgeführt, daß die Goldzahlen sich sehr gut zur Charakterisierung der Eiweißkörper verwenden lassen. Es fällt insbesondere auf, wie verschieden die Goldzahlen sehr nahe verwandter Eiweißkörper sind, so daß man in ihrer Bestimmung ein vorzügliches Mittel besitzt, Qualitätsunterschiede einander ähnlicher Substanzen festzustellen.

Ein Beispiel dieser Art wurde in Gemeinschaft mit *Schulz* in Jena aufgefunden bei näherer Charakterisierung der einzelnen Eiweißfraktionen von Hühnereiweiß mit Hilfe der Goldzahl[1]. Das Hühnereiweiß läßt sich durch fraktionierte Fällung mit Ammonsulfat in eine Reihe von Einzelfraktionen zerlegen, die selbst noch keine einheitlichen Körper darstellen, aber gewisse charakteristische Merkmale aufweisen.

Goldzahlen der Eiweißfraktionen. Als erste Fraktion werden bei der Fällung mit Ammonsulfat die Globuline gewonnen, dann folgen der Reihe nach krystallisiertes Albumin, amorphes „Albumin"[2] in verschiedener Qualität, z. T. gemischt mit Ovomukoid. Das Ovomukoid hat noch die besondere Eigenschaft, beim Aufkochen der schwach sauren Eiweißlösung nicht zu koagulieren, und kann so isoliert werden. Die Globuline weisen hingegen die Eigentümlichkeit auf, daß sie in reinem Wasser unlöslich sind und zu ihrer Auflösung einen gewissen Salzgehalt der Flüssigkeit erfordern.

Die Goldzahl der Globuline lag zwischen 0,02 und 0,05, die des Ovomukoids zwischen 0,04 und 0,08.

Sehr bedeutende Unterschiede zeigten sich hingegen bei Untersuchung der einzelnen Albuminfraktionen. Die erste Albuminfraktion, die bei Gegenwart von $\frac{1}{2}\%$ $H_2SO_4$ gewonnen wird, scheidet sich bekanntlich in Form von mikroskopischen, zuweilen gut ausgebildeten Krystallen aus. Nach mehrfachem Umkrystallisieren erhielt man die Goldzahl zwischen 2 und 8, die sich durch weiteres Umkrystallisieren nicht mehr veränderte. Tatsächlich mußte man aber, um zu diesem hohen und konstant bleibenden Intervall der Goldzahl zu gelangen, öfter umkrystallisieren, als das sonst in der physiologischen Chemie gebräuchlich ist.

Die nun folgende zweite „Albuminfraktion"[2] ist im Gegensatz zu der eben besprochenen amorph und zeigt die höchst bemerkenswerte Eigenschaft, die

---

[1] *Fr. N. Schulz* und *R. Zsigmondy:* Hofmeisters Beiträge z. chem. Physiol. u. Pathol. **3**, 137 bis 160 (1902).

[2] Es handelt sich hier um Substanzen bzw. Substanzgemische, die mit dem krystallisierten Albumin nur den Namen gemein haben, keineswegs um amorphe Modifikation des krystalloiden Albumins, wie *Wo. Ostwald* angenommen hat (Grundriß der Kolloidchemie 1909, S. 493).

Goldlösung für sich allein, also ohne Zusatz von fällenden Elektrolyten, zu trüben und blau oder violett zu färben.

Das nun als dritte Fraktion nach Abscheidung des erwähnten Körpers auftretende „Albumin" ist ebenfalls amorph, übt aber im Gegensatz zu der vorher erwähnten Fraktion einen hohen Goldschutz aus. Die Goldzahl ließ sich in normaler Weise bestimmen und lag zwischen 0,03 und 0,06.

Obgleich die drei „Albuminfraktionen" sich chemisch nur wenig voneinander unterscheiden, zeigen sie doch im Verhalten gegen die Goldlösung ganz auffällige und charakteristische Unterschiede.

Ganz ähnliche Unterschiede hat auch *Zunz*[1] bei den Albumosen beobachtet.

Zu den primären Albumosen, die durch Ammonsulfat leichter gefällt werden als die sekundären, gehört die Heteroalbumose (nur in verdünnten Salzen löslich) und die Protalbumose, die in reinem Wasser löslich ist; ferner die Synalbumose. Die von *Zunz* gefundenen Goldzahlen der 3 Abbauprodukte des Eiweißes sind die folgenden: Goldzahlen der Albumosen.

<pre>
Heteroalbumose . . . . . . . . . . . . 0,01 bis 0,075 mg
Protalbumose . . . . . . . . . . . . . 1,60  „  3,36  „
Synalbumose, Violettfärbung bei . . . . 0,64  „  2,24  „
</pre>

Die Synalbumose wirkt nicht schützend, sondern ähnlich wie die vorhin erwähnte zweite Albuminfraktion farbändernd auf die Goldlösung, und zwar genügen dazu 0,64 bis 2,24 mg für 10 ccm Goldlösung.

*Zunz*[2] hat ferner eine Reihe von reinen, sekundären Albumosen und Peptonen auf ihr Verhalten gegen die kolloide Goldlösung untersucht. Er zeigt, daß fast alle die Fähigkeit besitzen, ohne Zusatz von Elektrolyten, ähnlich wie die Synalbumose, das kolloide Gold violett zu färben, daß aber die dazu erforderlichen Mengen von Substanz zu Substanz variieren.

Die wichtigsten Resultate sind in Tabelle 57 enthalten:

Tabelle 57.

| Substanz | Menge der Substanz in mg, welche genügt, 10 ccm koll. Gold violett zu färben |
|---|---|
| Thioalbumose . . . . . | 2,60 bis 4,00 |
| Albumose $A^{II}$ . . . . . | 2,24 „ 3,20 |
| „ $B^{I}$ . . . . . | 0,08 „ 0,32 |
| „ $B^{IIIa}$ . . . . | 0,20 „ 0,80 |
| „ $B^{IIIb}$ . . . . | 0,50 „ 1,40 |
| „ $B^{IIIc}$ . . . . | 0,40 „ 1,20 |
| „ $B^{IVb}$ . . . . | 0,80 „ 1,60 |
| „ $B^{IVc}$ . . . . | 0,70 „ 1,80 |
| „ $B/C$ . . . . . | 0,80 „ 2,80 |
| „ $C^{I}$ . . . . . | 1,60 „ 3,20 |
| Pepton $\alpha$ . . . . . . . | 0,24 „ 0,52 |
| „ $\beta^{b}$ . . . . . . | 3,60 „ 7,40 |
| „ $\beta^{c}$ . . . . . . | 4,40 „ 8,20 |

---

[1] *E. Zunz:* Archives internat. de Physiol. **1**, 427 bis 439 (1904).
[2] *E. Zunz:* Bull. Soc. Roy. de Sc. méd. et nat. **64**, 174 bis 186 (1906).

*Zunz*[1] hat ferner gefunden, daß kein Zusammenhang besteht zwischen der Wirkung der Albumosen und Peptone auf das kolloide Gold und der Änderung der Oberflächenspannung des Wassers durch diese Substanzen. Er belegt dies durch eine Reihe von Versuchen. (Tab. 58.)

Tabelle 58.

| Substanz | Gehalt | Goldzahl | Tropfenzahl im Stalagmometer bezogen auf 100 Tropfen destilliertes Wasser |
|---|---|---|---|
| Heteroalbumose . | 0,1% | 0,01 bis 0,075 | 114,4 |
| Protalbumose . . | 0,1% | 1,6  „  3,36 | 113,0 |
| Synalbumose . . . | 0,1% | bewirkt Farbenumschlag | 113,7 |
| Eialbumin . . . . | 1,0% | ca. 0,1 bis 0,3 | 105,5 |

Während das Albumin die Oberflächenspannung nur wenig beeinflußt, beeinflussen Albumosen dieselbe stark; während das Verhalten gegenüber der Goldlösung außerordentlich variiert, wie man aus der Tabelle entnehmen kann, zeigen die stalagmometrischen Messungen fast vollkommene Übereinstimmung für die 3 Albumosen der Tabelle.

In einer weiteren Arbeit zeigt *Zunz*[2], daß auch zwischen dem Verhalten von Mastixtrübung gegenüber den Albumosen und dem von kolloidem Gold gegen die letzteren keinerlei Zusammenhang besteht. So fällen die Heteroalbumose und Synalbumose die Mastixtrübung, die anderen Albumosen dagegen besitzen diese Eigenschaft nicht. Wie aus obigem ersichtlich ist, wirkt die Heteroalbumose nicht fällend, sondern vielmehr schützend auf das kolloide Gold.

Es läßt sich aus diesem Verhalten erkennen, daß auch die elektrischen Ladungen allein für die vorliegenden Reaktionen nicht bestimmend sein können; denn Mastix- und Goldteilchen sind beide negativ geladen. Wären die elektrischen Ladungen allein maßgebend, so müßte sich Gold gegenüber den Albumosen wie Mastix verhalten. Dies ist aber nicht der Fall; man steht daher hier vor spezifischen Wirkungen, deren Natur noch näher und eingehender zu studieren ist[3].

*Heubner* und *Jakobs*[4] untersuchten die Goldzahlen einiger Eiweißkörper des Blutes und fanden die des Oxyhämoglobins zu 0,03 bis 0,07, die des Globulins zu 0,02 bis 0,015 (ähnlich der des Ovoglobulins). Bei Albumin zeigten sich Eigentümlichkeiten, die sowohl auf Verunreinigungen der Albuminkrystalle mit Körpern, welche schwer zu entfernen sind, wie auf irreversible Änderungen des getrockneten Albumins beim Aufbewahren hindeuten. So hatte eine ziemlich reine, krystallisierte Fraktion frisch bereitet die Goldzahl

---

[1] *E. Zunz:* Bull. Soc. Roy des Sc. méd. et nat. **64**, 187 bis 203 (1906).

[2] *E. Zunz:* Arch. internat. de Physiol. **5**, III, 245 bis 256 (1907).

[3] Auch mit der diffusen Zerstreuung des Lichtes besteht kein Zusammenhang. Nach *Zunz* zeigen alle Albumosen (Proteosen) einen intensiven Lichtkegel, die Peptone dagegen nur einen schwach bläulichen Kegel, der bei Einschalten einer Gelbscheibe verschwindet.

[4] *W. Heubner* und *Fr. Jakobs:* Biochem. Zeitschr. **58**, 352 bis 361 (1913).

0,16, dasselbe Präparat nach 2 Jahren Aufbewahrung in getrocknetem Zustande aber die Goldzahl 0,01. Die Lösung des gealterten Präparates war auch stark getrübt, die des frischen klar. Daß das einfache Eintrocknen keine wesentliche Änderung der Goldzahl bedingt, wurde durch besondere Versuche festgestellt. Das Serumalbumin enthält übrigens wie Ovoalbumin einen Körper, der auch ohne Salzzusatz die Nuance des Goldes etwas gegen Violett verschiebt.

Weitere Anwendung hat die Bestimmung der Goldzahl gefunden zu Untersuchungen von gewissen Veränderungen, welche in Lösungen der Schutzkolloide mit der Zeit oder unter dem Einflusse von Temperaturschwankungen eintreten. Es konnte festgestellt werden, daß fast alle kolloiden Lösungen sich allmählich derart verändern, daß ihre Schutzwirkung zurückgeht. Dies kann sowohl mit einer allmählichen Zustandsänderung der Kolloide (beginnende Koagulation) wie mit chemischen Änderungen (Hydrolyse, Zerfall durch Fäulnis usw.) zusammenhängen. Einige Kolloide haben bei Siedehitze eine andere Goldzahl als bei gewöhnlicher Temperatur. Zustandsänderungen und Goldzahl.

Eine systematische Untersuchung der Zustandsänderungen in den Gelatinelösungen ist auf Veranlassung des Verfassers von *Menz*[1] ausgeführt worden. Konzentrierte Gelatinelösungen erstarren bekanntlich zu Gallerten, wobei zahlreiche grobe Submikronen ausgebildet werden, die untereinander zusammenhängen. Bei größerer Verdünnung treten ähnliche Zustandsänderungen ein, nur bleiben die Ultramikronen um so kleiner, je verdünntere Lösungen man erkalten läßt.

Es zeigt sich nun, wie aus beistehender Tab. 59 zu ersehen ist, daß die Goldzahl um so kleiner (die Schutzwirkung der Gelatine um so größer) war, je verdünntere Lösungen man erkalten ließ, je kleiner also die dabei gebildeten Ultramikronen blieben. Schutzwirkung gealterter Gelatinelösungen.

Tabelle 59.

| Konzentration der Gelatinelösungen beim Erkalten | Goldzahl der einen Tag gealterten Lösungen | |
|---|---|---|
| | am Tage, an dem sie weiter verdünnt wurden | am Tage darauf |
| 1% | 0,037 | 0,039 |
| 0,5% | 0,023 | 0,025 |
| 0,1% | 0,015 | 0,016 |
| 0,01% | 0,014 | 0,015 |
| 0,001% | 0,0065 | 0,012 |

von da ab konstant

Aus der Tabelle geht hervor, daß die Schutzwirkung der Gelatine um so größer ist, je kleiner ihre Teilchen sind; aber auch die großen üben eine Wirkung aus.

Die Gelatineteilchen der 1 proz. Lösung sind so groß, daß man sie im Ultramikroskop sehr gut wahrnehmen kann. Es ist bemerkenswert, daß diese Teilchen sich ebenso wie die kleineren mit dem Golde vereinigen und daß man diese Vereinigung ultramikroskopisch wahrnehmen kann. Im Gegensatz

---

[1] *W. Menz:* Zeitschr. f. phys. Chemie **66**, 129 bis 137 (1909).

zu den feineren Gelatineteilchen, von denen wahrscheinlich viele von einem Goldteilchen aufgenommen werden, vereinigen sich hier eine größere Anzahl Goldteilchen mit einem Gelatineteilchen. Dies geschieht unter Purpurfärbung und zunehmender Trübung der Goldgelatinemischung; bei genügendem Gelatinegehalt fallen die so gebildeten Goldgelatineflocken zu Boden. Trotzdem ist Goldschutz eingetreten, und Kochsalz bewirkt, wenn genug Gelatine vorhanden ist, keinen Farbenumschlag in Blau.

Es ist nicht uninteressant, daß im normalen Harn Schutzkolloide vorhanden sind, welche sich ähnlich wie Gelatine verhalten, d. h. beim Aufkochen der Flüssigkeit in den Zustand feinerer Zerteilung versetzt werden, wobei die Schutzwirkung beträchtlich zunimmt. Diese Verhältnisse sind von *Lichtwitz* entdeckt und von ihm auch in Gemeinschaft mit *Rosenbach* näher studiert worden[1]. Für gewöhnlich entziehen sich diese Kolloide der Beobachtung, weil die fällende Elektrolytwirkung die unbedeutende Schutzwirkung der Harnbestandteile beträchtlich überwiegt.

Durch Dialyse, Ausschütteln mit Benzin oder Fällung der Schutzkolloide mit Alkohol nach *Salkowsky*[2] kann man die Kolloide jedoch von der Hauptmenge der Elektrolyte trennen, und dann zeigt sich ihre schützende Wirkung. Die Goldzahl dieser Schutzkolloide liegt zwischen 0,3 und 1,2.

Harnkolloide. Es ist bemerkenswert, daß die Verstärkung der Schutzwirkung von Harnkolloiden durch Kochen Hand in Hand geht mit der Fähigkeit des Harns, die durch Kochen gelösten Harnsäuresedimente vor einem Ausfallen beim Abkühlen der gekochten Lösung zu bewahren. So lassen solche Harnproben, welche ihre Goldzahlen beim Kochen nicht verändern, das gelöste Sediment beim Abkühlen sofort wieder ausfallen, bei anderen aber, die eine Vermehrung der Schutzwirkung, z. B. im Verhältnis 1 : 5 bis 1 : 10 zeigen, findet nach dem Abkühlen kein oder nur teilweises Ausfallen der durch Kochen gelösten Sedimente statt.

Von speziellem Interesse ist noch die Feststellung, daß Harnstoff, Harnsäure, Urochrom, Hippursäure, Hypoxanthin keine Schutzwirkung ausüben, daß dagegen Nucleinsäure ein Schutzkolloid ist, dem die Goldzahl 2,5 zukommt. — Dagegen ist Harneiweiß nicht immer ein wirksames Schutzkolloid[3]; das Ausbleiben der Schutzwirkung scheint in einigen Fällen mit seiner groben Verteilung zusammenzuhängen, die nach *Raehlmann, Much, Roemer* und *Siebert*[4] seine ultramikroskopische Beobachtung gestattet.

## 125. Theorie der Schutzwirkung.

Es gibt, wie schon früher erwähnt, zweierlei Arten von Schutzwirkungen, die wesentlich voneinander verschieden sind: die Schutzwirkung gegenüber reinen kolloiden Metallen und anderen elektrolytempfindlichen Kolloiden

---

[1] *L. Lichtwitz* und *O. Rosenbach:* Hoppe-Seylers Zeitschr. f. physiol. Chemie **61**, 112 bis 118 (1909). — *L. Lichtwitz:* Ibid. **64**, 144 bis 157 (1910). — *O. Rosenbach:* Inaug.-Diss. Göttingen 1909.

[2] *Salkowsky:* Berl. klin. Wochenschr. 1905, Nr. 51/52.

[3] *L. Lichtwitz:* Hoppe-Seylers Zeitschr. f. physiol. Chemie **72**, 215 bis 225 (1911).

[4] *E. Raehlmann:* Münch. med. Wochenschr. 1903, Nr. 48. — *H. Much, P. Roemer* und *C. Siebert:* Zeitschr. f. diät. u. phys. Therapie **8**, 19 bis 27, 94 bis 96 (1904/05).

und eine stabilisierende Wirkung, welche zustande kommt, wenn man bei der Herstellung von Metallkolloiden u. dgl. hydrophile Kolloide hinzufügt. In letztem Falle kann ein Kolloid, das auf eine reine kolloide Goldlösung gar keinen Schutz ausübt, also in des Wortes eigentlicher Bedeutung gar kein Schutzkolloid ist, doch zur Entstehung eines kolloiden Metalls Veranlassung geben unter Bedingungen, unter denen das Metall ohne jenen Zusatz als Pulver ausfallen würde.

So vermag das Hydrosol der Kieselsäure die Elektrolytfällung von Gold, Chlorsilber und dgl. nicht zu verhindern, man kann aber bei Gegenwart der kolloiden Kieselsäure leichter kolloide Metalle erhalten als ohne dieselbe (vgl. Kap. 59).

Es ist sehr naheliegend, diese Art Schutzwirkung auf die besonderen, bei der Entstehung derartiger unreiner Metallkolloide obwaltenden Verhältnisse zurückzuführen.

Mischt man wenig Goldchlorid mit viel kolloider Kieselsäure, so wird ein beträchtlicher Teil des genannten Salzes von den Amikronen der Kieselsäure absorbiert werden und bei der Reduktion mit derselben vereinigt bleiben: Man erhält so ein Sol mit Kieselamikronen, an welchen das metallische Gold von seiner Entstehung her haftet, oder auch Sekundärteilchen, die mit Metall durchsetzt sind; und solche Zerteilungen können eine beträchtlich feinere Struktur und größere Beständigkeit besitzen, als das ohne kolloides Oxyd hergestellte disperse System, selbst wenn — wie hier — das hydrophile Kolloid gar kein eigentliches Schutzkolloid ist.

Verwendet man zur Herstellung von geschützten Metallkolloiden wirkliche Schutzkolloide, so können noch viel kompliziertere Verhältnisse eintreten: neben eigentlicher Schutzwirkung noch Adsorption der Metallsalze sowie auch chemische Reaktion unter Bildung von Verbindungen, die ihrerseits der Reduktion unterliegen und zu neuen, in den Einzelheiten noch nicht genügend erkannten Erscheinungsformen führen können.

Auf diese Art stabilisierender Wirkung hydrophiler Kolloide bei der Herstellung von kolloiden Metallen wollen wir uns hier nicht weiter einlassen, sondern nur die eigentliche Schutzwirkung, für welche die Goldzahl ein Maß abgibt, in Betracht ziehen.

Über das Wesen dieser Schutzwirkung hat sich der Verfasser[1] bereits auf der Naturforscherversammlung 1901 auf Grund einer umfangreichen Untersuchung dahin geäußert, daß sie entweder darauf zurückzuführen ist, daß ein Goldteilchen mit mehreren Teilchen des Schutzkolloids oder umgekehrt ein Teilchen des Schutzkolloids mit mehreren Teilchen des kolloiden Goldes zusammentritt.

Es sind dann noch mehrere andere Hypothesen über die Natur der Schutzwirkung ausgesprochen worden. So haben *Bechhold*[2], *Neisser* und *Friedemann*[3] die Schutzwirkung gegen das Ausfällen von Bakterien, Suspensionen usw.

---

[1] *R. Zsigmondy:* Verh. d. Ges. D. Naturf. u. Ärzte. Hamburg 1901, S. 168 bis 172.

[2] *H. Bechhold:* Zeitschr. f. phys. Chemie **48**, 385 bis 423 (1904).

[3] *M. Neisser* und *U. Friedemann:* Münch. med. Wochenschr. **54**, 465 bis 469, 827 bis 831 (1903/4).

auf Ausbildung einer homogenen Umhüllung der suspendierten Teilchen durch das Schutzkolloid zurückgeführt. Wenn diese Erklärung für grobe Zerteilungen auch ohne weiteres angenommen werden kann, so ist sie doch nicht stichhaltig bei solchen geschützten Ultramikronen, deren Dimensionen den molekularen nahestehen. Es haben ja auch die Teilchen des Schutzkolloids eine gewisse Größe, die um so mehr in Betracht kommt, je kleiner die zu schützenden Ultraamikronen sind, und eine homogene Umhüllung eines Goldteilchens durch Gelatineteilchen, welche größer sind als diese selbst, wäre nur dann denkbar, wenn die Gelatineteilchen noch die Eigenschaften einer vollkommenen Flüssigkeit hätten und bei der Berührung mit dem Golde dieses umfließen würden. Eine solche Anschauung ist aber durch nichts gestützt, im Gegenteil höchst unwahrscheinlich (vgl. Kap. 127 Ultramikroskopie der Gelatine).

*Neisser* und *Friedemann* haben dann noch gemeint, daß nur entgegengesetzt geladene Kolloide Schutzwirkung aufeinander ausüben können. Auch diese Anschauung entspricht nicht den Tatsachen, im Gegenteil, es können gleichgeladene Kolloide oft eine viel größere Schutzwirkung ausüben als entgegengesetzt geladene. Dieser Umstand ist von *Billitzer*[1] berücksichtigt worden, der auf Grund der gleichen elektrischen Ladungen der Einzelteilchen annimmt, daß die Teilchen des zu schützenden und des Schutzkolloids sich überhaupt nicht miteinander vereinigen, sondern daß die Schutzwirkung auf eine Adsorption des fällenden Elektrolyts durch das Schutzkolloid zurückzuführen sei. Auch diese Annahme ist hinfällig, was ohne weiteres daraus hervorgeht, daß ein gutes Schutzkolloid noch Schutz gegen das millionenfache Gewicht eines fällenden Elektrolyts auszuüben vermag.

Man muß vielmehr eine Vereinigung zwischen den Teilchen des Schutzkolloids und des Goldes auch bei gleichgeladenen Ultramikronen annehmen, nicht nur wegen der enormen Wirkung minimaler Mengen von Schutzkolloid, sondern auch aus anderen Gründen[2].

Beweise für die Vereinigung von Metall und Schutzkolloid.

Zunächst hat sich der Verfasser schon 1900 davon überzeugt, daß Goldblech tatsächlich Gelatine absorbiert und sich mit einer schützenden Schicht bedeckt, die selbst durch kochendes Wasser nicht zu entfernen war und die Amalgamation der behandelten Schicht verhinderte.

Direkte Beweise für eine erfolgte Vereinigung wurden dann durch Beobachtung der Abhängigkeit der Schutzwirkung von der Konzentration und der Dauer der Einwirkung der beiden Kolloide erbracht. Würde Schutzwirkung ohne Teilchenvereinigung, also ohne Wirkung der Teilchen aufeinander eintreten, so müßte sie im ersten Moment nach dem vollständigen Vermischen bereits im vollen Umfange vorhanden sein. Der Versuch lehrt aber, daß die Schutzwirkung gleich nach dem Vermischen der Kolloide noch unvollkommen ist und erst nach einiger Zeit (welche die Teilchen zu ihrer Vereinigung brauchen) vollständig wird[3].

---

[1] *J. Billitzer;* Zeitschr. f. phys. Chemie **51**, 129 bis 166 (1905).

[2] Daß gleichgeladene Teilchen sich vereinigen können, ist inzwischen vielfach bestätigt (s. S. 63.)

[3] *R. Zsigmondy;* Zeitschr. f. analyt. Chemie **40**, 713 (1901).

Die Konzentration, in welcher das Schutzkolloid auf das kolloide Gold einige Minuten lang einwirkt, ist von Einfluß auf die Goldzahl selbst dann, wenn man nachträglich (vor Zusatz des Natriumchlorids) die Mischungen soweit verdünnt, daß sie in ihrer Zusammensetzung identisch werden.

So wirken 15/1000 mg Gelatine auf 10 ccm Goldlösung nicht schützend, wenn man sie in 23 ccm Wasser gelöst mit der Goldlösung mischt; sie wirken aber schützend, wenn sie in 3 ccm gelöst der Goldlösung zugesetzt und nach 10 Minuten die fehlenden 20 ccm Wasser hinzugefügt werden.

**Tabelle 60.**

**Gelatinelösung von 0,0005% Gehalt:**

| a<br>Kolloid<br><br><br><br><br>ccm | b<br>$H_2O$<br>mit der Ge-<br>latinelösung<br>gemischt<br>ccm | c<br>Au 75<br><br><br><br><br>ccm | d<br>$H_2O$<br>unmittelbar<br>vor Koch-<br>salzzusatz<br>zugesetzt<br>ccm | e<br>NaCl<br><br><br><br><br>ccm | f<br>Farbe | g<br>Zeit, ver-<br>flossen von<br>der Mischung<br>von a, b und<br>c an bis zum<br>Zusatz von e |
|---|---|---|---|---|---|---|
| A  3 | — | 10 | -- | 1,3 | Rot | |
| B  3 | -- | 10 | 20 | 3,3 | Rot | 10 Mi-<br>nuten. |
| C  3 | 20 | 10 | — | 3,3 | Violett | |

Also nicht die bloße Gegenwart der Gelatine wirkt schützend, erst durch ihre Wirkung auf das Gold kommt der Schutz zustande. Wir haben es mit einem Vorgang zu tun, der von der Konzentration des wirksamen Kolloids und von der Zeit abhängig ist. Der eingetretene Schutz bleibt trotz nachträglicher Verdünnung (vor dem Natriumchloridzusatz) bestehen.

Dies alles spricht im höchsten Maße für Teilchenvereinigung durch Adsorption.

Endlich läßt sich die Teilchenvereinigung auch direkt ultramikroskopisch nachweisen, wenn die Teilchen des Schutzkolloids groß genug sind. Eine solche Vereinigung ist z. B. bei kolloider Tonerde und kolloidem Golde beobachtet worden, ferner bei Gelatine und Gold, wenn man Gelatinelösungen mit sehr großen Teilchen anwendet, wie oben dargetan ist. Hier also tritt der zweite Fall der Schutzwirkung ein, daß mehrere Goldteilchen sich mit einem Teilchen des Schutzkolloids vereinigen.

Nach allem Angeführten kann es keinem Zweifel unterliegen, daß bei der Schutzwirkung eine Vereinigung von Teilchen des Schutzkolloids mit denjenigen des zu schützenden stattfindet, und daß die Art der Vereinigung abhängig ist von Größe und Zahl der Teilchen der reagierenden Kolloide. Diese Teilchenvereinigung hat zur Folge, daß im allgemeinen das geschützte Kolloid seine charakteristischen Reaktionen (irreversible Zustandsänderung beim Eintrocknen, Elektrolytempfindlichkeit usw.) einbüßt und nunmehr alle charakteristischen Reaktionen des Schutzkolloids mitmacht. Ist das Schutzkolloid durch bestimmte Reagenzien unfällbar, so wird auch das geschützte Gold unfällbar; ist es dagegen durch andere fällbar, so fällt auch das geschützte Gold gemeinsam mit dem Schutzkolloid.

Aus diesen Tatsachen ergibt sich eine ganz interessante Betrachtung über die Natur der Schutzkolloide. Es ist nicht zu bezweifeln, daß in gewissen Fällen (wenn das geschützte Kolloid große Teilchen enthält, von dem Schutzkolloid aber recht kleine und zahlreiche Teilchen sich mit einem des geschützten Kolloids vereinigen) die Masse eines geschützten Kolloidteilchens samt dem daranhaftenden Schutzkolloid sehr groß ist gegenüber der des Schutzkolloidteilchens. Sind nun gewisse Reaktionen des Schutzkolloids übereinstimmend mit denjenigen des schutzkolloidhaltigen irreversiblen Kolloids so folgt daraus, daß diese Reaktionen von dem Grade der Zerteilung (Teilchengröße) weitgehend unabhängig sein müssen. Tatsächlich zeigt sich, daß sich die Gelatine so verhält: manche Reaktionen der gröber zerteilten Gelatinelösungen stimmen annähernd überein mit denen der feineren.

Andererseits ist hervorzuheben, daß es Fälle gibt, in denen das Gold sein Kondensationsbestreben keineswegs vollständig verliert. In solchen Fällen gelingt es, durch fraktionierte Fällung das geschützte Gold von der Hauptmenge des (überschüssig zugesetzten) Schutzkolloids zu trennen, und meist findet es sich dann in der ersten Fraktion als reversibles Kolloid. Wenn Gold z. B. im Hühnereiweiß enthalten wäre, so würde es mit Globulin zusammen als 1. Fraktion ausfallen und dann wohl als besondere Eiweißart beschrieben worden sein.

Wie bei manchen chemischen Reaktionen Addition einer Molekülgattung unter Komplexbildung eintritt, welche die Reaktionen des betreffenden Moleküls verändert, so tritt auch hier eine Vereinigung zweier verschiedenartiger Körper ein, wobei die Reaktionen der betreffenden Substanzen weitgehend verändert werden können. Im Gegensatz aber zu Additionsreaktionen handelt es sich hier nicht um Bildung von Verbindungen nach konstanten oder multiplen Proportionen, sondern um Bildung von Kolloidverbindungen wechselnder Zusammensetzung, bei welchen überdies auch ein Teil ihrer Eigenschaften dem neugebildeten Komplex erhalten bleibt.

Daß derartige, manche chemische Reaktion imitierende Kolloidreaktionen überhaupt existieren, ist wichtig, um so mehr, als sie schon vielfach zu Täuschungen Veranlassung gegeben haben[1].

# 8. Spezielle Beispiele.

## a) Gelatine.

Farblose, gereinigte Sorten von Leim oder Glutin werden Gelatine genannt.

Auf 130° C gebrachtes Glutin nimmt wieder die Eigenschaften des Kollagens an, aus dem es durch Erwärmen mit Wasser oder verdünnten Säuren entsteht. Die beim Erhitzen sich abspielenden Vorgänge können sowohl

---

[1] Näheres darüber vgl. *R. Zsigmondy:* Zur Erkenntnis der Kolloide, S. 56 bis 61 (1905).

chemisch wie kolloidchemisch gedeutet werden. Wie wir Kapitel 72 gesehen haben, läßt sich sogar durch einfaches Absaugen eines gallertigen Niederschlags auf dem Filter dessen Verhalten gegen Reagenzien weitgehend beeinflussen, viel mehr noch durch Trocknen und Erhitzen.

Es gibt zahlreiche Sorten Gelatine im Handel, die sich voneinander in ihrem Reinheitsgrade, ferner durch Verschiedenheiten beim Gelatinieren, kleine Unterschiede in den Goldzahlen usw. unterscheiden; derartige Qualitätsdifferenzen kommen bei bakteriologischen Arbeiten, ferner in manchen Industriezweigen, z. B. bei der Herstellung photographischer Platten, sehr in Betracht; für die allgemeine Charakterisierung ist es aber nicht erforderlich, auf dieselben einzugehen, da für alle Sorten die charakteristischen Merkmale des Glutins gelten, wenn auch in verschiedenen Graden der Deutlichkeit. So ist bei einigen das Gelatinieren des Hydrosols mit dem Eintreten einer auffälligen Trübung verknüpft, bei anderen aber nur mit geringfügiger Opaleszenzzunahme. Auch in der Viskosität, im osmotischen Druck u. a. zeigen sich Verschiedenheiten. Diese Unterschiede beruhen zweifellos auf Verunreinigungen und den dadurch herbeigeführten Strukturverschiedenheiten der sich bildenden Gele, über die eine wissenschaftliche Untersuchung Aufklärung geben wird.

## 126. Darstellung und Eigenschaften der Gelatine.

Leim entsteht durch Kochen von Kollagen mit Wasser am besten bei Säurezusatz. Seine Zusammensetzung ist ungefähr folgende:

$$\begin{aligned}
49 \quad &\text{bis } 50\% \text{ C,} \\
6,4 \quad &,, \quad 6,7\% \text{ H,} \\
17,8 \quad &,, \quad 17,9\% \text{ N,} \\
0,2 \quad &,, \quad 0,7\% \text{ S,} \\
24 \quad &,, \quad 25\% \text{ O.}
\end{aligned}$$

Der Schwefelgehalt schwankt je nach der Herkunft des Kollagens (Knochen, Haut, Sehnen usw.).

Zersetzungsprodukte. Unter den Zersetzungsprodukten sind hervorzuheben Aminosäuren, wie Glykokoll (Leimsüß), Leucin, Asparagin- und Glutaminsäure, Alanin, Phenylalanin, $\alpha$-Prolin u. a.; Tyrosin läßt sich nicht nachweisen.

Das spezifische Gewicht der lufttrockenen Gelatine beträgt 1,35[1] bis 1,41[2].

Reaktionen. Leimlösungen werden im allgemeinen nicht von Säuren bei Siedehitze gefällt, auch nicht von Alaun, Bleiweiß und anderen Metallsalzen. Sie werden aber gefällt von Gerbsäure bei Gegenwart von Salzen.

Platinchlorid, Goldchlorid, Zinnchlorid wirken fällend, die Niederschläge lösen sich aber in der Siedehitze, um beim Abkühlen wiederzukehren. Quecksilbernitrat und basisches Bleinitrat fällen, Quecksilberchlorid bei Gegenwart von Salzsäure oder neutralen Salzen. Die Alkaloidreagenzien fällen alle.

---

[1] *Frank:* Kolloidchem. Beih. IV, 6, 196 bis 202.
[2] *Lüdeking:* Wied. Ann. **35,** 552 (1888).

Alkalisalze allein wirken quellungsförderrd oder hemmend, sie bilden lyotrope Reihen. Citrate, Sulfate, Tartrate, Acetate benachteiligen die Quellung in der angegebenen Reihenfolge, die Citrate am meisten. Auch Nichtelektrolyte spielen eine Rolle, z. B. wirken Alkohol, Zucker, Glyzerin der Quellung entgegen.

Gelatine gibt die Xanthoproteinreaktion, wenn auch nur schwach. Die Biuretreaktion ist sehr intensiv urd zwar von dunkelvioletter Farbe. Die *Millon*sche Reaktion zeigt auch die gereinigte Gelatine, urd sie muß als der Gelatine eigentümlich angesehen werden. Wenn die Reaktion früher mitunter nicht eintrat, so lag dies wohl hauptsächlich an einer unvorteilhaften Zusammensetzung des Reagens[1].

Beim Kochen mit Wasser geht Leim in die nicht koaguliererde Modifikation $\beta$-Glutin = Gelatose oder Glutcse, über. Bei längerem Kochen, besonders bei Gegenwart von Säuren, entstehen Leimalbumosen urd Leimpeptone, aus diesen durch weitere Spaltung die erwähnten Aminosäuren.

Schutzwirkung. Die Gelatine besitzt eine ausgesprochen hohe Schutzwirkung und wird darin kaum von arderen Substanzen übertroffen. Ihre Goldzahl ist 0,005 bis 0,01, vorausgesetzt, daß man die Lösung ganz kurze Zeit[2] zum Kochen erhitzt. Läßt man die Gelatine sich bei niedrigerer Temperatur auflösen, so erhält man minder feine Zerteilungen mit etwas geringerer Schutzwirkung. Noch höhere Goldzahlen kann man erhalten, wenn man nicht zu verdünnte Gelatinelösungen (0,1 bis 1%) erkalten läßt und erst am folgerden Tage auf $^1/_{100}$% verdünnt und die Goldzahl bestimmt. Je konzentrierter die Lösung, um so größere Submikronen bilden sich aus, urd damit im Zusammenhang steht die Vermirderung der Schutzwirkung[3] (vgl. Goldzahl, Kap. 124).

Osmotischer Druck von Gelatinelösungen. Auch bei Bestimmung des osmotischen Druckes kann man ausgesprochene Hysteresiserscheinungen wahrnehmen, wie *Lillie*[4] gezeigt hat. Schon *Moore* urd *Roaf*[5] fanden, daß die Gelatine beim Erwärmen einen größeren Anstieg des osmotischen Druckes zeigt, als der Temperaturerhöhung bei krystalloiden Lösungen entsprechen würde. Beim Abkühlen hat die Gelatine eine Zeitlang höheren Druck, urd erst allmählich stellt sich der Anfangsdruck wieder ein. *Lillie* hielt eine Gelatinelösung 2 Tage lang im Eisschrank; eine Partie davon wurde 3 Stunden lang auf 65 bis 70% C erwärmt, dann wurden beide Lösungen auf Zimmertemperatur gebracht urd in Osmometer eingefüllt. Es zeigte sich, daß die erwärmte Lösung einen höheren osmotischen Druck aufweist als die nicht erwärmte urd daß allmählich die Druckdifferenzen sich ausgleichen; dabei stellt sich das Gleichgewicht bei der erwärmten Lösung viel schneller ein, als bei der anderen. Diese Beobachtung stimmt sehr gut mit dem Allgemeinverhalten der Gelatine überein; die auf 70° erwärmte Lösung besitzt zurächst

Goldzahl.

---

[1] *P. Sternberg:* Inaug.-Diss. Göttingen 1913.
[2] Längeres Erhitzen bewirkt Hydrolyse.
[3] *W. Menz:* Zeitschr. f. phys. Chemie **66**, 129 bis 137 (1909).
[4] *R. S. Lillie:* Amer. Journ. of Physiol. **20**, 127 bis 169 (1907).
[5] *B. Moore* und *H. E. Roaf:* Biochemical Journ. **2**, 34 (1906).

viel kleinere Teilchen als die aus dem Eisschrank kommende und hat infolgedessen höheren osmotischen Druck. Erst allmählich gleichen sich die Unterschiede der Dispersität aus.

Welchen Einfluß die Qualität der Gelatine auf den osmotischen Druck ausübt, ist von *W. Biltz* gezeigt worden (vgl. S. 343). Die Technik kennt verschiedene Sorten Gelatine, die durch Auslaugen von enthaarten Häuten, Knochenknorpeln, Sehnen oder dgl. mit Wasser von verschiedener Temperatur erhalten werden. Bei der niedrigsten Temperatur, z. B. 50° C, bildet sich die reinste und beste Gelatine; die bei Kochhitze erhaltenen Sorten sind schon recht schlecht (wohl teilweise hydrolytisch zersetzt). Dementsprechend fand *Biltz* bei den besten technischen Sorten das höchste Molekulargewicht[1] 18500, bei den schlechteren viel niedrigere Werte. Über Molekulargewicht der Gelatine vgl. Kap. 116. Die besseren hatten auch höhere Schutzwirkung (kleinere Goldzahlen) und höhere Viskosität als die bei höherer Temperatur erhaltenen Proben, was dafür spricht, daß in den letzteren schon ein Teil der Gelatine in weniger schützende Hydrolyseprodukte zerfallen ist. Über den osmotischen Druck von Gelatine bei Gegenwart von Elektrolyten vgl. S. 341.

Von *Graham* wurde der Leim als Typus der Kolloide hingestellt, in erster Linie wohl deshalb, weil bei ihm beide Kolloidformen so sehr leicht auftreten: die Lösung und die Gallerte. Bekanntlich quillt Leim in Wasser zur Gallerte, die in der Wärme zerfließt und eine dickflüssige Lösung bildet. Beim Erkalten verwandelt sich diese Lösung wieder in eine mehr oder weniger steife Gallerte. Dieser Vorgang ist reversibel, sofern man allzu langes Erwärmen vermeidet, das chemische Veränderungen hervorruft. Viskositätsänderungen, Verschiebungselastizität, vor allem die Einwirkung von Zusätzen bei der Gelatinierung sind vielfach studiert worden. Besonderes Interesse wurde dem Vorgang der Gelatinierung selbst entgegengebracht.

## 127. Ultramikroskopie der Gelatinelösungen und Gallerten.

Warme Gelatinelösungen erscheinen (abgesehen von verunreinigenden Staubteilchen) nahezu homogen. Beim Erkalten bildet sich je nach der Konzentration der Lösung eine amikroskopische oder submikroskopische Heterogenität aus.

Das Maximum der Sichtbarkeit wird erreicht in etwa 0,5 bis 1proz. Gelatinelösungen, die noch zu einer lockeren Gallerte erstarren. Je weiter die Konzentration der Gelatine sich von 0,5% entfernt, um so undeutlicher werden die sichtbaren Gallertelemente, sowohl bei konzentrierteren, die zu immer steiferen Gallerten erstarren, wie bei verdünnteren Lösungen, die flüssig bleiben. Man kann noch Submikronen wahrnehmen in genügend abgekühlten

---

[1] Es handelt sich hier um das aus den osmotischen Versuchen berechnete mittlere scheinbare Molekulargewicht der aus Gelatinelösungen bestimmter Konzentration unter bestimmten Bedingungen (Abkühlung der Lösung von 80° auf 20° und Ablesung des Maximums des Anstiegs) gebildeten und darin enthaltenen Teilchen. Bei längerem Stehen sinkt der Druck, das scheinbare Molekulargewicht erhöht sich weiter, wie schon *Moore* und *Roaf* gezeigt hatten.

Gallerten bis zu etwa 4 bis 6% und in Lösungen bis zu etwa 0,1% Gelatine. Konzentriertere Gallerten und verdünntere Lösungen lassen keine sichtbaren Gallertelemente erkennen.

Betrachtet man die warmen Gelatinehydrosole als „homogene" Lösungen, so kann das Auftreten der Ultramikronen beim Erkalten auf Ausbildung einer neuen Phase zurückgeführt werden. Der Vorgang läßt sich also vergleichen mit einem Krystallisationsprozeß, bei welchem die gebildeten Kryställchen ultramikroskopisch klein bleiben (wie bei der Herstellung von kolloidem Gold oder Silber oder bei kolloiden Salzen[1]), oder mit der Entmischung einer Lösung im kritischen Gebiete. Zum Unterschied von der gewöhnlichen Krystallisation und der Entmischung kritischer Lösungen bilden sich aber hier Ultramikronen bzw. Mikronen aus, die nahe der Auflösungsgrenze des Mikroskops liegen, ja bei sehr verdünnten und sehr konzentrierten Lösungen nur Amikronen. Es ist ferner zu bemerken, daß die in erkalteten Gelatinelösungen sichtbaren Teilchen aus kleineren amikroskopischen zusammengesetzt sind.

Das Auftreten von sichtbaren Ultramikronen ist also davon unabhängig, ob die Lösung zu einer zusammenhängenden Gallerte erstarrt oder nicht. Je dichter die Teilchen aber aneinander gedrängt sind, um so größer wird die Viskosität der Gelatinelösung, und bei genügend dichter Lagerung der Teilchen erhalten sie Zusammenhang und bilden eben Gallerte, die zunächst viel abpreßbare Flüssigkeit eingeschlossen enthält.

Die Strukturen von Gelatinegallerten sind früher vielfach mikroskopisch untersucht worden. Da man in gewöhnlichen wässerigen Gelatinegallerten mit dem Mikroskop keine Struktur wahrnehmen kann, dieselben vielmehr homogen erscheinen, so haben *Bütschli* und auch *Hardy* Kunstgriffe angewendet, Strukturen sichtbar zu machen.

Mikroskopische Strukturen in denaturierter Gallerte.

*Hardy*[2] ließ alkoholhaltige Gelatinehydrosole erstarren und untersuchte dieselben mikroskopisch. Die beim Erkalten ausgeschiedenen „Tröpfchen" vereinigen sich bei der Gallertbildung entweder zu offener Netzstruktur, die von einer zusammenhängenden, gelatineärmeren „Phase" umschlossen ist, oder bei reicherem Gelatinegehalt bildet sich eine gelatinereichere, geschlossene „Phase", die ihrerseits Tröpfchen der wässerigen Alkohollösung einschließt.

*Bütschli*[3] machte Strukturen in konzentrierten Gelatinegallerten sichtbar, indem er die erstarrte Gallerte nachträglich mit Alkohol, Chromsäure und dgl. behandelte.

---

[1] *P. P. v. Weimarn* (Koll.-Zeitschr. 2 u. 3) hat beobachtet, daß bei der Bildung krystallinischer Niederschläge ähnlich wie bei Gelatine die Teilchengröße bei mittleren Konzentrationen ein Maximum hat und daß bei hohen Konzentrationen Gallerten entstehen. Allerdings sind diese Beobachtungen nicht vergleichbar mit dem Erstarren von Gelatine, weil bei dieser das Medium stets Wasser ist, das noch etwas Gelatine und deren lösliche Verunreinigungen enthält, bei den Niederschlagsreaktionen aber eine Elektrolytlösung, deren Konzentration sehr stark wechselt und von Einfluß ist auf die Korngröße. Vgl. S. 148.

[2] *W. B. Hardy:* Zeitschr. f. phys. Chemie **33**, 326 bis 334 (1900).

[3] *O. Bütschli:* Untersuchungen über mikroskopische Schäume und das Protoplasma. Leipzig 1892.

Diese Gallerten haben aber schon äußerlich eine ganz andere Beschaffenheit als die rein wässerigen; die *Hardy*sche Alkoholgallerte z. B. ist viel weniger konsistent als die wässerige und unterscheidet sich von dieser durch ihr opakes, milchartiges Aussehen. Die auf diese Weise erhaltenen mikroskopischen Präparate lassen sich verhältnismäßig leicht herstellen, und *Bachmann*[1], der auf Anregung des Verfassers die Versuche wiederholt hat, konnte die Beobachtungen von *Hardy* und *Bütschli* bestätigen. Es zeigte sich aber andererseits, daß ein wesentlicher Unterschied zwischen den Strukturen dieser Präparate und denjenigen der wässerigen Gallerten besteht.

Die letzteren sind außerordentlich viel feiner und die konzentrierteren Gallerten (6 proz. und mehr) derartig fein, daß selbst bei der intensiven Beleuchtung des Kardioid-Ultramikroskopes bei Sonnenlicht eine Differenzierung nicht mehr möglich ist. Daß aber eine feine amikroskopische Diskontinuität vorhanden ist, wird bewiesen durch das deutliche Auftreten des *Tyndall*-Phänomens. Das abgebeugte Licht erscheint linear polarisiert.

Bei verdünnten, etwa 0,5 bis 1 proz. wässerigen Gallerten (ohne Alkoholzusatz) ist, wie erwähnt, i m Ultramikroskop eine deutliche Struktur wahrnehmbar[1]. Man sieht flockige Anhäufungen von Submikronen oder Mikronen, die deutlich unterscheidbar sind, und deren größere Exemplare häufig unregelmäßige Gestalt besitzen. Diese Submikronen bzw. Mikronen müssen selbst als Anhäufungen von amikro-

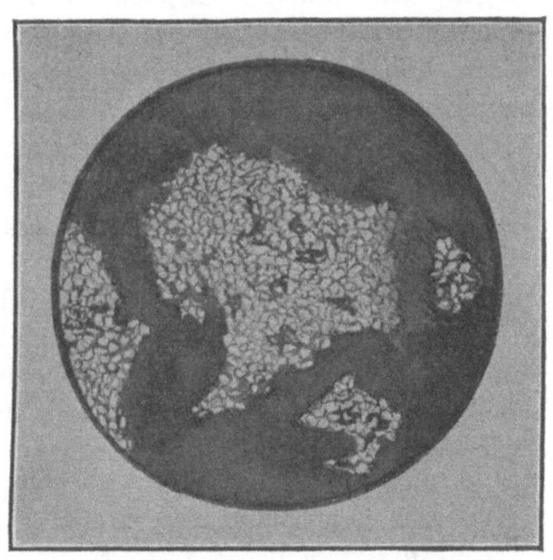

Fig. 49.  Einzelne Gelatineflocken im Kardioid-Ultramikroskop. (Vergrößerung 2166 fach.)

skopischen Teilchen betrachtet werden[2], sie gruppieren sich zu flockenartigen Gebilden, wie aus vorstehender Fig. 49 zu ersehen ist, manchmal umschließen sie kleine optisch leere Hohlräume.

Sehr interessant ist die Beobachtung der Gallertbildung selbst, die nur ultramikroskopisch wahrgenommen werden kann und von *Menz*[3], ferner von *v. Weimarn*[4], später ausführlicher von *Bachmann*[5] untersucht worden ist.

Läßt man eine ½ proz. Gelatinelösung erkalten, so kann man bei geeig-

[1] *W. Bachmann*: Inaug.-Diss. Göttingen 1911. Zeitschr. f. anorg. Chemie 73, 125 bis 172 (1911).

[2] Das geht unter anderem aus der Polarisation des Lichts an den Mikronen hervor (*Bachmann*).

[3] l. c. siehe S. 364.

[4] *P. v .Weimarn*: Koll.-Zeitschr. 4, 133 (1909); 6, 277 (1910). Grundzüge der Dispersoidchemie. Dresden 1911.

[5] l. c. S. 367.

neter Temperatur das Auftreten von einem Gewimmel von Submikronen beobachten, durch deren Heranwachsen und Aneinanderlagern allmählich Flocken
gebildet werden, die aus mikroskopischen und submikroskopischen Teilchen
bestehen. Diese Teilchen sind zunächst noch nicht in Ruhe, sondern in oszillatorischer Bewegung, die allerdings nicht mehr so lebhaft ist wie die Bewegung,
die man beim Hydrosol wahrnehmen kann. Eine derartige Flocke mit bewegten Teilchen gewährt einen höchst interessanten Anblick. Allmählich
verfestigt sich das Gebilde und die Teilchenbewegung hört auf. Diese Verfestigung der Flocke unter Kontraktion kann durch zweckmäßig geleitete
Abkühlung beschleunigt werden[1].

Entmischung kritischer Lösungen. Eine gewisse Ähnlichkeit mit
der Bildung einer Gelatinegallerte hat auch die Entmischung kritischer Lösungen, die durch *v. Lepkowski*[2] im Institut des Verfassers ultramikroskopisch untersucht worden ist. Beim Abkühlen der erwärmten, zunächst
homogenen kritischen Lösungen bemerkt man eine mit zunehmender Abkühlung intensiver werdende Erhellung des Gesichtsfeldes und kurz vor der
Entmischung ein lebhaftes Flimmern, hervorgerufen durch massenhaftes
Auftreten von undeutlich erkennbaren Submikronen; plötzlich, ohne daß
man den Vorgang näher verfolgen könnte, tritt die neue Phase in größeren
oder kleineren Tröpfchen auf. Beim Erwärmen verschwinden dieselben wieder
unter wallender Bewegung ihrer Oberfläche, entweder indem sie sich bis zum
Verschwinden verkleinern, also scheinbar verdampfen, oder indem die Konturen einer unscharf verschwommenen, flimmernden Zone Platz machen,
die sich allmählich verbreitert und die Stelle, an welcher der Tropfen lag,
für einige Zeit noch kennzeichnet.

Bezeichnend für die geringe Diffusion in diesen Systemen ist der Umstand, daß verschwindende Tropfen nach abermaliger Abkühlung an ihrer
ursprünglichen Stelle wieder auftreten, ja daß zwei in Vereinigung befindliche
Tropfen, deren Zusammenfließen durch Erwärmen verhindert worden war,
bis zum völligen Verschwinden gebracht werden können, um nach der Abkühlung in demselben Zustand der Vereinigung wieder aufzutreten. Im Gegensatz zum Verhalten der Gelatine vereinigen sich hier tatsächlich bei genügender
Abkühlung die ausgeschiedenen Submikronen zu homogenen, geschlossenen
Phasen.

Die Tröpfchen sind kreisrund, recht groß und haben nicht die von der
sphärischen abweichende Gestalt der sichtbaren und stets sehr kleinen Gelatineteilchen.

Die oben mitgeteilten ultramikroskopischen Beobachtungen an der wässerigen Gelatinegallerte zeigen deutlich, daß die sichtbare Struktur anders

---

[1] Diese Erscheinung steht jedenfalls in Zusammenhang mit verschiedenen Änderungen des Systems nach der Gelatinierung: Wasserabgabe unter Kontraktion der
Gallerte, Zunahme des Tyndallphänomens nach der Erstarrung, die nach *L. Ariß* (Kgl.
Akad. von Wetenschappen te Amsterdam 1913, **16**, 27) besonders deutlich wird bei der
Temperatur von ca. 10° unter der Gelatinierungstemperatur.

[2] *W. v. Lepkowski:* Zeitschr. f. phys. Chemie **75**, 608 bis 614 (1911).

geartet ist als die *Bütschli*sche und sich in bezug auf Feinheit bedeutend von dieser unterscheidet. Dabei muß man sich immer vor Augen halten, daß die selbst im Kardioid-Ultramikroskop sichtbar gemachten optischen Struktur-elemente zweifellos noch nicht die wahre feinste Struktur der Gelatinegallerte darstellen, da ja die Leistungsfähigkeit der mikroskopischen Systeme begrenzt ist mit dem Auflösungsvermögen derselben, derart, daß zwei kleine Submi-kronen, deren Abstand kleiner ist als etwa $^1/_2$ Wellenlänge, als ein einziges Beugungsscheibchen abgebildet werden.

Wie man unter Umständen Aufschlüsse über feinere Strukturen erhalten kann, wurde beim Gel der Kieselsäure mitgeteilt[1], ähnliche Untersuchungen sind am Alkogel und Benzolgel der Gelatine ausgeführt worden (vgl. Kap. 128 *a*)

Einen ganz anderen Charakter als die Gelatinegallerten haben die bei der Blutgerinnung gebildeten Gele; darüber liegt eine sehr interessante ultra-mikroskopische Untersuchung von *Hans Stübel*[2] vor, in der gezeigt wird, daß die Blutgerinnung ganz analog der Bildung von Seifengallerten auf der Aus-bildung von Nadeln und Fäden beruht, also offenbar einen Krystallisations-vorgang darstellt, der durchaus keine Ähnlichkeit mit der Milchgerinnung und der Koagulation von Kieselsäure, Eiweiß usw. hat. Um das deutlich zu sehen, muß man das Blut nach *Bürker*s Methode entnehmen. Die vorzüg-lichen Mikrophotogramme lassen die Nadelbildung in unzweideutiger Weise erkennen.

## 128. Gelatinierung und Quellung.

Das Gelatinieren und Quellen sind Gegenstand eifriger physikalischer Untersuchungen gewesen. Viscositätsänderungen, Änderungen in der Ver-schiebungselastizität, die Einwirkung von Zusätzen auf die Gelatinierungs-temperatur wurden eingehend studiert, ferner die Wärmeentwicklung bei der Quellung.

Quellung. Im Wasser quillt Gelatine bekanntlich zu einer Gallerte und nimmt dabei das 8 bis 10fache ihres Gewichts an Wasser auf, nach unver-öffentlichten, im hiesigen Institut durchgeführten Arbeiten von *Franz* sogar das 5 bis 14fache ihres lufttrockenen Gewichts, das 5- bis über 16fache ihres wasserfreien Gewichts. Das auf diese Weise aufgenommene Wasser wird in einer mit Wasserdampf nahezu gesättigten Atmosphäre zum größten Teil wieder abgegeben. Erst wenn der Wassergehalt auf ca. 50% des Trocken-gewichts herabgesunken ist, tritt Gleichgewicht mit dem Wasserdampf ein. Dieses Wasser wird erst allmählich bei geringeren Dampftensionen abgegeben. Vollkommen trockene Gelatine nimmt umgekehrt, in eine wasserhaltige Atmo-sphäre gebracht, Wasserdampf bis zu 50% auf. Dieses Wasser ist viel fester gefunden als das eigentliche Quellungswasser. Das geht auch aus den Be-stimmungen der Quellungswärme und der Quellungsgeschwindigkeit hervor.

---

[1] *P. Böhi:* (Inaug.-Diss. Zürich 1911, S. 27): schließt auf Grund von Diffusions-versuchen in Gelatinegallerte auf Kapillardurchmesser von ca. 1,4 $\mu\mu$.

[2] *H. Stübel:* Archiv f. d. ges. Physiol. **156**, 374 (1914); daselbst auch ältere Literatur.

Quellungswärme. Nach *Wiedemann* und *Lüdeking*[1] beträgt die Quellungswärme pro Gramm Gelatine 5,7 cal. Beim Zerfließen der Gelatine wurde umgekehrt Wärme gebunden; der Vorgang kann also verglichen werden mit der Auflösung mancher Salze, bei welchen zunächst Hydratation unter Wärmeentwicklung, bei weiterem Verdünnen Wärmebindung eintritt.

Die Quellungswärme hängt im allgemeinen in hohem Maße vom Feuchtigkeitsgehalt des Hydrogels ab; dies ist aus einer Tabelle von *Rodewald*[2] ersichtlich, in welcher die Quellungswärme von Stärke verschiedenen Wassergehalts bestimmt worden ist. Die Tabelle 61 enthält einige Daten aus den *Rodewald*schen Bestimmungen.

## Tabelle 61.

| % $H_2O$ | Q* |
|---|---|
| 0,23 | 28,11 |
| 3,23 | 20,97 |
| 8,16 | 12.43 |
| 12,97 | 7,37 |
| 19,52 | 2,91 |

* Q ist die pro Gramm Substanz entwickelte Wärmemenge in Calorien.

Man erkennt, daß Stärke mit über 20% Wasser nur mehr wenig Wärme entbindet.

Mit der großen Quellungswärme Hand in Hand geht eine starke Volumkontraktion, welche sich besonders bei der Aufnahme der ersten Wassermenge bemerkbar macht. Auch die Bestimmung der Quellungsgeschwindigkeit von Gelatine durch *Hofmeister*[3] und *Pauli*[4] spricht für eine besonders starke Bindung des Wassers zu Beginn der Quellung. Das Wasser wird zuerst rasch, später zunehmend langsamer aufgenommen.

Quellungsdruck. Ältere Versuche von *Reinke* wurden an einer Alge angestellt, neuere rühren von *Posnjak* und *Freundlich*[5] her. Diese untersuchten den Quellungsdruck von Kautschuk und Gelatine mit einem Apparate, der mit dem von *Reinke* angegebenen im Prinzip übereinstimmte, und fanden, daß die Ergebnisse der Versuche sich am besten unter der Annahme kapillarer Wirkung erklären lassen, weniger gut unter der Annahme, daß es sich um Lösungsvorgänge handle.

Es zeigte sich u. a., daß sich bei gegebenem Drucke ein bestimmter Gleichgewichtszustand einstellt, der sich von niederen wie von höheren Drucken aus umkehrbar erreichen läßt. Zwischen dem Druck $P$ und dem Gehalt $c$ an quellbarem Stoffe (gr Kautschuk bzw. Gelatine in 1000 ccm der Mischung derselben mit Flüssigkeit) ergab sich die Beziehung:

$$P = P_1 \cdot c^k ,$$

[1] *E. Wiedemann* und *Ch. Lüdeking:* Wiedemanns Annalen d. Phys. u. Chem., N. F., **25**, 145 bis 153 (1885).

[2] *H. Rodewald:* Zeitschr. f. phys. Chemie **24**, 206 (1897).

[3] *F. Hofmeister:* Archiv f. experim. Pathol. u. Pharmakol. **27**, 395 bis 413 (1890).

[4] *W. Pauli:*. Pflügers Archiv f. d. ges. Physiol. **67**, 219 bis 239 (1897).

[5] *E. Posnjak* und *M. Freundlich:* Kolloidchem. Beihefte, III, 417 bis 456 (1912).

in der $P_1$ und $k$ Konstanten sind. $k$ hat immer ungefähr denselben Wert von etwa 3; $P_1$ variiert stark von Gel zu Gel und Flüssigkeit zu Flüssigkeit.

Festigkeit. Trockener Leim zeichnet sich durch außerordentlich große Festigkeit aus. Die Festigkeit dokumentiert sich nicht allein bei Festigkeitsproben, bei der Verkittung zweier Hölzer durch Leim, die so fest werden kann, daß das Holz leichter bricht als die geleimte Stelle, sondern auch im Verhalten von Leim oder Gelatine auf geschliffenen Glasflächen. Werden derartige mit Leim begossene Glasflächen gut getrocknet, so zieht sich der Leim zusammen und reißt unter geeigneten Umständen kleine Lamellen aus der Oberfläche des Glases heraus. Man kann auf diese Weise eisblumenähnliche Reliefs in Glasoberflächen erzeugen, ein Verfahren, das industriell Anwendung gefunden hat. Diese Versuche veranschaulichen zugleich die bedeutende Adhäsion zwischen Leim und anderen amorphen Substanzen.

Feuchte Gelatine hat um so geringere Festigkeit, je höher der Wassergehalt ist.

Ausfrieren der feuchten Gelatine. Beim Ausfrieren der feuchten Gelatine erleidet diese eine irreversible Zustandsänderung. Nach dem Auftauen hat sie eine andere Beschaffenheit als vorher. Dies äußert sich in der mikroskopischen Struktur der Gallerte, in einer Verminderung der Quellbarkeit und Klebekraft (vgl. S. 114).

Auspressen der Gelatinegallerte. Daß ein beträchtlicher Teil des Wassers in der Gelatinegallerte schwach gebunden ist, geht unter anderem aus Untersuchungen von *Bütschli*[1] hervor. *Bütschli* konnte aus 5 bis 10 proz. Gelatinegallerte durch Zerreiben derselben zu einem Brei und Eingießen desselben in feuchte Tonzellen, die einseitig dem Vakuum einer Wasserstrahlpumpe ausgesetzt waren, beträchtliche Mengen von Wasser entziehen, und zwar konnte die Konzentration der Gallerte bis auf 25% Gelatinegehalt getrieben werden. Selbst einer Gelatinegallerte, welche durch Eingießen einer warmen Lösung in die Tonzelle und Erstarrenlassen daselbst hergestellt war, konnte durch Absaugen Wasser entzogen werden. Das Absaugen gelingt im letzteren Falle bei 5 bis 10 proz., nicht aber bei 20 proz. Gallerten.

Diese Erscheinung hängt wohl damit zusammen, daß verdünntere Gallerte zuweilen bei längerem Stehen sich unter Wasseraustritt zu kontrahieren vermag, und mit der Beobachtung, daß gequollene Gelatine einen beträchtlichen Teil ihres Wassers selbst in einer mit Wasserdampf gesättigten Atmosphäre verliert.

## 128a. Ersatz von Wasser durch andere Flüssigkeiten: Alkoholgel, Benzolgel.

Sehr interessant sind die Beobachtungen *Bütschli*s, nach welchen es leicht ist, das Wasser einer Gelatine- oder Agar-Agar-Gallerte durch Alkohol und diesen wieder durch Chloroform, Terpentinöl, Xylol zu ersetzen, wodurch Gallerten entstehen, die sich durch Festigkeit und starke Trübung auszeichnen, die

---

[1] *O. Bütschli:* Über den Bau quellbarer Körper. Göttingen 1896, S. 22 bis 26.

beim Eintrocknen nur wenig schrumpfen und sich dann geradeso wie das Gel der Kieselsäure mit Luft erfüllen, wobei sie kreideweiß und undurchsichtig werden.

Diese Versuche stehen in Beziehung zu den von *v. Bemmelen* bei der Kieselsäure usw. durchgeführten und stellen so behandelte Hydrogele den anorganischen, etwa dem Gel der Kieselsäure, weitgehend zur Seite.

Die Untersuchung der Dampfspannungen beim Eintrocknen solcher Gele hat wie bei der Kieselsäure weiteren Aufschluß über die Größe der in ihnen enthaltenen Hohlräume gegeben, wodurch ein neuer Beweis erbracht worden ist, daß die Gelatine, selbst wenn sie statt Wasser Alkohol oder Benzol enthält, einen viel feineren Bau besitzt, als nach *Bütschlis* Untersuchungen angenommen werden könnte.

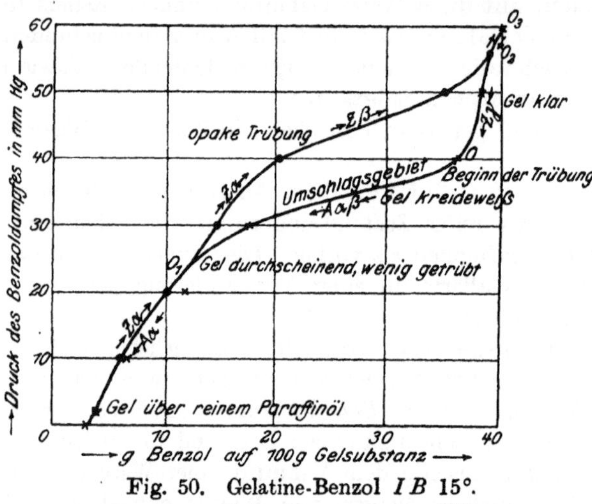


Fig. 50. Gelatine-Benzol *I B* 15°.
—×—×—×— Entleerung;  —·—·—·— Füllung.

*Bachmann*[1] stellte nach *Bütschlis* Vorgang Alkogele der Gelatine her und untersuchte deren Druck-Konzentrationsdiagramme nach der S. 110 beschriebenen Methode.

Sie weisen geradeso wie das Gel der Kieselsäure eine irreversible $A\beta$-Kurve und ein Hysteresisgebiet $OO_1O_3O$ auf wie dieses (vgl. Kap. 61). Eine Anzahl Eigentümlichkeiten gegenüber der Kieselsäure zeigen sich in dem viel kürzeren und vollkommen reversiblen Teil $O_0O_1$ und in der $A\beta$-Kurve.

Eine noch viel größere Ähnlichkeit mit dem Kieselgel besitzt aber das aus dem Alkogel dargestellte Benzolgel der Gelatine[1]. Neben dem sehr ähnlichen ultramikroskopischen Befund und der Substituierbarkeit des Benzols durch andere Flüssigkeiten kommt die Gleichartigkeit der Benzolgele mit dem der Kieselsäure vor allem in einer weitgehenden Übereinstimmung in der Dampfdruckisotherme zum Ausdruck. Fig. 50 stellt die Isotherme eines über Paraffinöl und Schwefelsäure rasch getrockneten Gels dar, das, bereits volumkonstant, gerade dieselben Erscheinungen zeigt wie das Kieselgel. Man erkennt darin die ausgesprochene Hysteresis, wie sie beim Gel der Kieselsäure auftritt. Über die dabei zu beobachtenden Trübungserscheinungen gibt das Diagramm gleichfalls Auskunft. In Fig. 51 ist die Isotherme des Benzolgels verglichen mit den Isothermen zweier verschiedener Kieselsäurehydrogele.

Die weitgehende Übereinstimmung mit dem Kieselgel sowohl im typischen Verlauf der Hysteresis wie die Volumkonstanz und Durchtränkbar-

---

[1] *W. Bachmann:* Z. anorg. Chem. **100**, 1 bis 76 (1917).

keit des Gels mit den verschiedensten Flüssigkeiten, die nach Maßgabe der
vorhandenen Hohlräume stattfindet, nötigen zur Anwendung der Kapillaritätstheorie auch auf dieses System. Aus der Dampftension im Punkte $O$ berechnet sich
unter Berücksichtigung der *Bakker*schen Kapillarschicht ein Kapillardurchmesser von $14\,\mu\mu$, größer also als beim Gel der Kieselsäure, viel kleiner aber, als nach

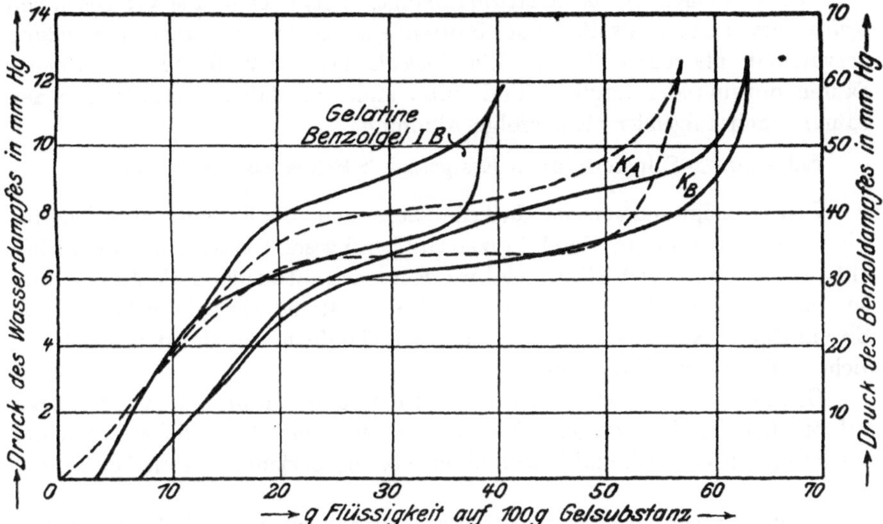


Fig. 51. Isotherme des Benzolgels $I\,B$ verglichen mit Isothermen von Kieselsäure-
hydrogelen:
$K_A$: aufgenommen nach der Exsikkatormethode (*van Bemmelen*) von *J. S. Anderson*;
$K_B$: aufgenommen nach der Vakuumapparatmethode (*Zsigmondy*) von *W. Bachmann*;
$K_A$ und $K_B$ sind zwei verschiedene Gele.

*Bütschlis* mikroskopischer Untersuchung anzunehmen wäre; noch etwas kleiner
sind die Hohlräume im Alkogel entsprechend seiner stärkeren Schrumpfung.

Die *Bütschli*schen Waben erklären sich u. a. nach *Bachmann*[1] aus Zer-
reißung der auf dem Objektträger haftenden Gelatinegele infolge der durch
Alkohol und andere Härtungsmittel herbeigeführten Schrumpfung.

## 128 b. Quellung der Gelatine und anderer Kolloide bei Gegenwart von Elektrolyten.

Durch die Untersuchungen von *Hofmeister*[2], *W. Pauli*[3], *Spiro*[4] und
*Wo. Ostwald*[5] ist die Quellung der Gelatine bei Gegenwart von Elektrolyten
näher bekannt geworden. Diese Untersuchungen haben eine Ergänzung und

---


[1] *W. Bachmann:* Z. anorg. Chem. **100**, 31 (1917).

[2] *F. Hofmeister:* Archiv f. experim. Pathol. u. Pharmakol. **27**, 395 bis 413 (1890); **28**, 210 bis 238 (1891).

[3] *W. Pauli:* Pflügers Archiv f. d. ges. Physiol. **67**, 219 bis 239 (1897); **71**, 333 bis 356 (1898).

[4] *K. Spiro:* Hofmeisters Beiträge z. chem. Physiol. u. Pathol. **5**, 276 bis 296 (1904).

[5] *Wo. Ostwald:* Pflügers Archiv f. d. ges. Physiol. **108**, 563 bis 589 (1905); **111**, 581 bis 606 (1906).

Fortsetzung durch eine eingehende Studie von *Martin H. Fischer*[1] bekommen, der gezeigt hat, daß nicht nur die Gelatine, sondern auch Fibrin, Muskel und die Substanz der Ochsenaugen sich ganz analog verhalten, und der ferner Beziehungen aufgedeckt hat zwischen der Säurequellung von Kolloiden und dem Ödem (abnorme Ansammlung von Wasser in tierischen Geweben).

Was die Quellung von Gelatine anlangt, so geht schon aus Versuchen von *Spiro* hervor, daß Alkalien und Säuren eine bedeutend stärkere Quellung hervorrufen als reines Wasser. *Wo. Ostwald*, der die Wirkung verschiedener Säuren miteinander verglich, fand unter anderem, daß die Quellung in den Säuren nach folgender Reihenfolge abnimmt:

Salzsäure $>$ Salpetersäure $>$ Essigsäure $>$ Schwefelsäure $>$ Borsäure.

*Fischer* zeigt andererseits, daß die Säure- und Alkaliquellung der Gelatine wie auch die des Fibrins durch Salzzusatz herabgesetzt wird, und zwar wirken Chloride, Bromide und Nitrate viel weniger stark entquellend als Acetate, Sulfate oder Zitrate. Wir haben hier eine ähnliche Reihe wie bei der Fällung von Eiweiß durch Alkalisalze, wenn auch die Reihenfolge mit der dort gegebenen nicht vollständig übereinstimmt.

Ganz ähnlich wirken Säuren und Alkalien quellend und Salze entquellend auf Muskeln und Tieraugen. Es besteht also eine Analogie zwischen der Quellung von Gelatine und Fibrin einerseits und derjenigen tierischer Gewebe andererseits.

Ödem.    Nach *Fischer* wird das Ödem hervorgerufen nicht durch Unregelmäßigkeiten im Blutdruck, sondern durch Wirkungen von Säuren, welche entweder bei mangelnder Sauerstoffzufuhr (bei Zirkulationsstörungen) in den Geweben sich bilden oder durch Infektionen u. dgl. hervorgerufen werden.

Wird Gelatine mit einer in Ameisensäure getauchten Nadel angestochen und hierauf in Wasser gelegt, so quillt sie an den verletzten Stellen viel stärker als im allgemeinen, und man kann auf diese Weise Anschwellungen hervorrufen, wie sie Insektenstiche auf dem menschlichen Körper erzeugen.

In ähnlicher Weise wie Sulfate, Acetate, insbesondere aber Zitrate sich wirksam in der Entquellung gequollener Kolloide erweisen, können dieselben Salze nach *Fischer* auch zu wirksamer Bekämpfung der ödematösen Bildungen gebraucht werden.

Die Theorie von *Fischer* ist von vielen Forschern angegriffen worden. Eine interessante Zusammenstellung von Kritik und Antikritik findet sich in *Bechholds* „Kolloide in Biologie und Medizin[2]", II. Auflage, S. 241 bis 250.

Was den Einfluß verschiedener Elektrolyte auf wässerige Gelatine anlangt, so ist noch folgendes zu erwähnen: Säuren wirken unter anderem stärker quellend als Basen. Die Kurven, welche die Abhängigkeit der Quellung von der Elektrolytkonzentration darstellen, gehen durch ein Maximum. Die lyotrope Reihe besteht auch bei der Neutralsalzwirkung. Haloide, Rhodanide,

---

[1] *M. H. Fischer:* Oedema. Newyork 1910. In deutscher Übers. erschienen im Verlag von Steinkopff, Dresden.

[2] Dresden und Leipzig 1919.

Nitrate wirken quellungsfördernd, Sulfate, Acetate, Zitrate quellungsvermindernd[1].

Hierzu ist übrigens noch zu bemerken, daß nach *Schade*[2] verschiedene Kolloide sich gegenüber Säuren und Salzen sehr verschieden verhalten können. So quillt die mucinartige Nabelschnur in Säure viel weniger als in Wasser, Sehnengewebe, Kollagen dagegen viel stärker.

Hier, wie in vielen anderen Fällen, ist demnach die Natur der in Betracht kommenden Substanzen für deren Verhalten maßgebend und erschwert das Auffinden allgemeiner Gesetzmäßigkeiten.

## 129. Diffusion in Gelatinegallerten (Ultrafiltration).

Schon *Graham*[3] hat gefunden, daß die Gallerte der Diffusion von Krystalloiden einen sehr geringen Widerstand entgegensetzt, und Ähnliches beobachteten auch andere Forscher. Nach neueren Untersuchungen gilt dies jedoch nur von dünneren Gallerten, konzentriertere hingegen verlangsamen die Diffusion beträchtlich, wie *Nell*[4], ferner *Bechhold* und *Ziegler*[5] gezeigt haben. Diese Erfahrungstatsache ist ganz gut zu vereinbaren mit den ultramikroskopischen Befunden. Es ist sehr wohl erklärlich, daß die Diffusion in den relativ großen Räumen zwischen den Gallertteilchen (den Aggregaten von Submikronen und Amikronen) ohne besondere Verringerung der Geschwindigkeit verläuft. Bei dichteren Gallerten hingegen muß eine beträchtliche Verlangsamung der Diffusion eintreten, schon wegen der Verlängerung der Diffusionswege durch die vielen Wände, die der fortschreitenden Bewegung der Moleküle ein Hindernis in den Weg legen.

Kolloide diffundieren im allgemeinen nicht durch Gallerten (*Graham*); es mag sich hier wohl in erster Linie um eine starke Verzögerung der Diffusion handeln, bei der auch Adsorption eine Rolle spielt.

Dichtere Gallerten wie auch Kollodiummembranen verhindern meistens vollständig den Durchtritt von Ultramikronen. Im allgemeinen ist die Diffusion in Gallerten recht verwickelter Natur, da allerlei Einflüsse wie Porenweite, Größe der Ultramikronen, Adsorption, elektrische Ladung und Umladung eine Rolle spielen.

Eine recht hübsche Erscheinung bei der Diffusion von Silbernitrat in chromathaltigen Gallerten hat *Liesegang*[6] beobachtet. Es bildet sich um den Silbernitrattropfen herum ein System von Ringen aus, deren Abstand um so größer wird, je weiter die Diffusion fortschreitet. *Ostwald*[7] hat eine einleuch-

---

[1] Vgl. auch *R. Ehrenberg:* Biochem. Zeitschr. **53**, 356 (1913).

[2] *H. Schade:* Zeitschr. f. experim. Pathol. u. Therapie **14**, 1 (1913).

[3] *Th. Graham:* Liebigs Annalen **121**, 5, 29 (1862).

[4] *P. Nell:* Annalen d. Phys. [4] **18**, 323 bis 347 (1905).

[5] *H. Bechhold* und *J. Ziegler:* Zeitschr. f. phys. Chemie **56**, 105 bis 121 (1906).

[6] *R. E. Liesegang:* Liesegangs photogr. Archiv **1896**, 321 bis 326. Chemische Reaktionen in Gallerten. Düsseldorf 1898.

[7] *W. Ostwald:* Lehrb. d. allg. Chemie (2. Aufl.) **2**, II, 778ff.

tende Erklärung für diese Erscheinung gegeben; nach *Bechhold*[1], *Liesegang*[2] und *E. Hatscheck* aber ist der Vorgang etwas verwickelter.

*Bechhold* und *Ziegler*[3] ließen Salze, die einen Niederschlag bilden, gegeneinander diffundieren und beobachteten, daß der gebildete Niederschlag die weitere Diffusion zuweilen vollständig hintanhielt. Durch Umschmelzen der Gelatine werden die Diffusionswege wieder freigegeben.

Zahlreiche und eingehende Untersuchungen über Diffusion von Elektrolyten und Niederschlagsbildung in Gallerten sind von *Liesegang*[4] ausgeführt worden.

Ultrafiltration durch Gelatine. Wie *Bechhold*[5] gezeigt hat, läßt gehärtete Gelatine Krystalloidlösungen ungehindert passieren, hält aber Kolloidteilchen zurück, gerade wie Eisessigkollodiumfilter[6]. Diese Tatsache spricht in hohem Maße für eine körnige oder wenigstens offene Netzstruktur der gehärteten Gelatine, denn geschlossene Waben würden der Filtration einen außerordentlich großen Widerstand entgegensetzen. Neben den Umständen, welche schon bei der Diffusion Erwähnung fanden, dürften hier noch andere in Betracht zu ziehen sein, die den Durchtritt der Ultramikronen durch das Gallertsieb hintanhalten. Nach *Bechhold*[7] sind die Poren seiner Ultrafilter beträchtlich größer als die Durchmesser der Ultramikronen, die von ihnen zurückgehalten werden. Es ist nicht unwahrscheinlich, daß die Undurchlässigkeit dieser Filter für Kolloide zum Teil auf einen dynamischen Vorgang an der Grenzfläche zurückzuführen ist und daß die kinetische Theorie berufen ist, hierüber Aufklärung zu bringen.

## b) Hämoglobin.

### 130. Hämoglobin und Oxyhämoglobin.

Die rote Farbe des Blutes rührt teils vom Hämoglobin, einem zu den Proteiden gehörigen Eiweißkörper, teils von seiner Sauerstoffverbindung, dem Oxyhämoglobin, her.

---

[1] *H. Bechhold:* Zeitschr. f. phys. Chemie **52**, 185 bis 199 (1905).

[2] *R. E. Liesegang:* Zeitschr. f. phys. Chemie **59**, 444 bis 447 (1907).

[3] *H. Bechhold* und *J. Ziegler:* Annalen d. Phys. (4) **20**, 900 bis 918 (1906).

[4] *R. E. Liesegang:* Über die Schichtungen bei Diffusionen, Leipzig 1907. — Scheinbare chemische Anziehungen. Annal. d. Phys. **32**, 1095 bis 1101 (1910). — Formung von Gelen durch Krystalle. Koll.-Ztschr. **7**, 96 bis 98 (1910) — Methoden der Diffusions-Untersuchung. Koll.-Ztschr. **7**, 219 bis 222 (1910). — Schalig-disperse Systeme Koll.-Ztschr. **14**, 31 bis 34 (1914). — Pseudostalaktiten und Verwandtes. Geolog.-Rundschau **5**, 241 bis 246 (1914). — Pseudoklase. Neues Jahrb. f. Min., Geolog. u. Paläontol. Beilage **39**, 268 bis 276 (1914). — Vom Malachit nebst Bemerkungen über Pseudomorphosenbildung. Ztschr. f. Krystallogr. usw. **55**, 264 bis 270 (1915). — Über Verteilungsformen des metallischen Silbers. Koll.-Ztschr. **17**, 141 bis 145 (1915). *E. Küster:* Über die Entstehung *Liesegang*scher Zonen in kolloiden Medien. Sitz.-Ber. D. Niederrhein. Ges. f. Nat. u. Heilkunde zu Bonn. Naturwiss. Abt. 1913. — Über die Schichtung der Stärkekörner. Ber. d. Deutsch. Bot. Ges. **31**, 339 bis 346 (1913). Beiträge zur Kenntnis der *Liesegang*schen Ringe und verwandter Phänomene. Koll.-Ztschr. **13**, 192 bis 194; 1913. — Über rhythmische Krystallisation. Koll.-Ztschr. **14**, 307 bis 319 (1914).

[5] *H. Bechhold:* Zeitschr. f. phys. Chemie **60**, 257 bis 318 (1907).

[6] Es genügt ein relativ geringer Druck, um die Filtration durchzuführen.

[7] *H. Bechhold:* Zeitschr. f. phys. Chemie **64**, 328 bis 342 (1908).

In den roten Blutkörperchen ist die Hämoglobinlösung in einem Gerüstwerk eingeschlossen, vielleicht noch außerdem von einer Membran umgeben.
Das Material dieser Stützsubstanz (Stroma) besteht zum großen Teil aus
sog. Lipoiden, Cholesterin, Lecithin u. a.

Die in den roten Blutkörperchen enthaltene Lösung ist mit einer Koch- Eigenschaften.
salzlösung von 9 pro M. Gehalt isotonisch; in ihr bleiben die Blutkörperchen
unverändert. In konzentrierteren Lösungen von Kochsalz schrumpfen sie ein,
in verdünnteren quellen sie, und die Quellung kann so weit gehen, daß das
Hämoglobin sich von dem Stroma trennt und in die Außenflüssigkeit übergeht
(Hämolyse). Auch Gefrierenlassen des Blutes und Einwirkung verschiedener
Reagenzien (z. B. Äther, Chloroform, Saponin) können Hämolyse herbeiführen.

Das in Wasser gelöste Hämoglobin diffundiert nicht durch Pergamentmembranen, seine Lösung ist also nach der *Graham*schen Definition eine
kolloide Lösung[1]. Es ist bemerkenswert, daß es auch von *Bechhold*-Filtern
geeigneter Dichte zurückgehalten wird. *Bechhold* verwendet die Lösung sogar
als Standard zur Bestimmung der Durchlässigkeit seiner Filter.

Hämoglobinkrystalle aus Blut verschiedener Tiere haben nicht ganz
übereinstimmende Zusammensetzung und Eigenschaften. Im Blute einer bestimmten Tierart nimmt *Bohr*[2] mehrere Hämoglobine von wechselndem Eisengehalt an. Nach *Hüfner* hingegen ist das Rinderhämoglobin als einheitlich
anzusehen. Zu beachten ist der Eisengehalt, an dessen Anwesenheit die
Sauerstoffaufnahme des Hämoglobins gebunden ist.

Eine hervorragend wichtige Eigenschaft des Hämoglobins ist seine Fähig- Aufnahme von<br>Gasen.
keit, Sauerstoff, auch Kohlenoxyd und andere Gase aufzunehmen und mit
ihnen Verbindungen wie Oxyhämoglobin, Kohlenoxydhämoglobin usw. zu
geben.

Nach *Hüfner* wird von 1 Mol. Hämoglobin bei höherem Sauerstoffdruck
ungefähr 1 Mol. Sauerstoff, oder es wird von 1 Atom Eisen im Hämoglobin
ungefähr 1 Mol. Sauerstoff aufgenommen.

Das Oxyhämoglobin krystallisiert viel leichter als Hämoglobin und Darstellung und<br>Zusammen-<br>setzung.
kann auf folgende Weise dargestellt werden:

Gewaschene Blutkörperchen aus Hunde- oder Pferdeblut, mit 2 Vol.
Wasser versetzt und mit Äther geschüttelt, werden nach Abgießen des überschüssigen Äthers und Verdunstenlassen des gelösten in offenen Schalen auf
0° abgekühlt. Man läßt nach Hinzufügen von $^1/_4$ Vol. Alkohol einige Tage bei
—5° bis —10° stehen und reinigt das Produkt durch Umkrystallisieren der
wässerigen Lösung unter Alkoholzusatz.

---

[1] *J. Lemanissier* findet in frisch bereiteten Lösungen zahlreiche Submikronen, die
erst nach 48 Stunden vollständig verschwinden (Etudes des corps ultramicroscopiques,
Paris 1906).

[2] *C. Bohr* [Sur les combinaisons de l'hémoglobine avec l'oxigène; Oversigt over det
Kgl. Danske Vidensk. Selskabs Forhandlinger 1890, S. 208 bis 240; vgl. auch Centralbl. f.
Physiol. **4**, 249 bis 252 (1890)] unterscheidet vier verschiedene Oxyhämoglobine, die ver-
schiedene Mengen Sauerstoff aufnehmen.

Die Krystalle des Oxyhämoglobins haben ungefähr folgende Zusammensetzung:

$$53,8 \text{ bis } 54,7 \% \text{ C},$$
$$6,9 \text{ „ } 7,3 \% \text{ H},$$
$$16 \text{ „ } 17,5 \% \text{ N},$$
$$0,4 \text{ „ } 0,6 \% \text{ S},$$
$$19 \text{ „ } 22 \% \text{ O},$$
$$0,33\% \text{ Fe}.$$

In markanter Weise unterscheidet sich das Absorptionsspektrum des Oxyhämoglobins von dem des Hämoglobins.

*Absorptions-spektren.* Ersteres hat zwei scharfe, gut begrenzte Absorptionsstreifen im Gelbgrün zwischen $D$ und $E$, letzteres einen einzigen Absorptionsstreifen, der zwischen den beiden erstgenannten liegt. Eine derartige Verschiedenheit der Absorptionsspektra kann nicht gut auf Zustandsänderung oder Änderung des Dispersitätsgrades des Hämoglobins zurückgeführt werden. Sie deutet vielmehr auf chemische Änderung des Moleküls der färbenden Substanz hin.

Oxyhämoglobin wird sehr rasch reduziert, da es seinen Sauerstoff mit größter Leichtigkeit wieder abgibt, ein Umstand, der größte Bedeutung hat für die Oxydationsvorgänge im Organismus. In der Lunge wird Sauerstoff aufgenommen, von hier nach den Geweben transportiert und dort zu Oxydationsprozessen verbraucht.

Zahlreiche Untersuchungen befassen sich mit der quantitativen Bestimmung der Sauerstoffaufnahme durch Blut oder Hämoglobin, ohne daß Einigung auf diesem Gebiete erzielt worden wäre. Es scheint, daß die Anwendung sorgfältig gereinigter Präparate von Hämoglobin bei derartigen Versuchen zu einfacheren Gesetzmäßigkeiten führen dürfte als die Verwendung von Blut, einem Gemenge verschiedenartiger Proteinstoffe, bei denen neben Oxydation auch Adsorption der Gase an der dispersen Phase eine beträchtliche Rolle spielen kann.

Daß die Adsorptionsisotherme sich zur Beschreibung des quantitativen Verlaufs der Sauerstoff- und Kohlensäureaufnahme gut eignet, ist von *Wo. Ostwald*[1] gezeigt worden.

Methämoglobin. Bei längerer Aufbewahrung geht das Oxyhämoglobin in eine andere Modifikation, das Methämoglobin über, ebenso unter dem Einflusse einer ganzen Reihe von sehr verschiedenen Reagenzien; sowohl oxydierende wie reduzierende Substanzen, sowie auch viele indifferente Körper bewirken oder beschleunigen diese Umwandlung, die man ursprünglich auf Reduktion zurückgeführt hat, bis *Hüfner*[2] u. a. zeigten, daß das Methämoglobin ein Oxydationsprodukt des Hämoglobins ist. Methämoglobin ist viel beständiger als Oxyhämoglobin, gibt seinen Sauerstoff im Vakuum nicht ab und läßt sich ähnlich wie Oxyhämoglobin krystallisieren.

Methämoglobin hat in saurer Lösung ein anderes Absorptionsspektrum als in alkalischer. Beide unterscheiden sich von dem des Oxyhämoglobins.

---

[1] *Wo. Ostwald:* Koll.-Zeitschr. **2**, 264 bis 272, 294 bis 301 (1908).

[2] *G. Hüfner* und *J. Otto:* Zeitschr. f. physiol. Chemie **7**, 65 bis 70 (1882). — *Ders.* und *R. Külz:* Ibid. **7**, 366 bis 374 (1883).

Oxyhämoglobin und Methämoglobin sind nach *Kühne*[1] und *Preyer*[2] ausgesprochene Säuren, nicht aber das Hämoglobin. Oxyhämoglobin ist beträchtlich schwerer löslich als Hämoglobin.

Die erwähnten Unterschiede sprechen sehr dafür, daß Oxyhämoglobin tatsächlich eine andere Substanz ist als Hämoglobin und nicht bloß eine Adsorptionsverbindung von Hämoglobin und Sauerstoff.

**Kohlenoxydhämoglobin.** Wie mit Sauerstoff, geht das Hämoglobin eine Verbindung mit Kohlenoxydgas ein, wobei es eine kirschrote Farbe annimmt. Die Krystalle des Kohlenoxydhämoglobins zeigen einen schwachen aber schönen Pleochroismus, purpurrot und weiß; die Adsorptionsstreifen sind denen des Oxyhämoglobins ähnlich, aber mehr nach *E* hin verschoben. Das gebundene Kohlenoxyd wird nur schwer an das Vakuum abgegeben. Kohlenoxyd hat daher die Fähigkeit, Sauerstoff auch in mäßiger Konzentration zu verdrängen, und auf dieser Reaktion beruht die Giftigkeit des Kohlenoxyds, das den Blutkörperchen die Fähigkeit nimmt, Sauerstoff an die Gewebe abzugeben.

Bei einem Kohlenoxydgehalt der Luft von 0,05% ist der Partialdruck des Sauerstoffs 545 mal größer als der des Kohlenoxyds, und doch sind 27% des Hämoglobins an Kohlenoxyd gebunden.

Auch gegen Reagenzien ist Kohlenoxydhämoglobin beständiger als Oxyhämoglobin. Viele Substanzen, die Oxyhämoglobin in Methämoglobin verwandeln, verändern das Kohlenoxydhämoglobin nicht.

## 131. Molekulargewicht des Hämoglobins.

*Hüfner*[3] hat gefunden, daß 1 g Rinderhämoglobin sich mit 1,338 ccm Kohlenoxyd von 0° und 760 mm Druck (= 0,00167 g) verbindet; unter der Annahme, daß die Verbindung von Kohlenoxyd und Hämoglobin in molekularem Verhältnis erfolgt, ergibt sich das Molekulargewicht von Hämoglobin zu 16 721. Der Eisengehalt dieses Hämoglobins beträgt 0,336%. Die Annahme, daß im Hämoglobinmolekül nur 1 Atom Eisen enthalten ist, führt zu dem Molekulargewicht 16 666, praktisch also zu demselben Werte wie die Rechnung aus der CO-Aufnahme. Es wäre aber sehr wohl möglich, daß das Hämoglobinmolekül mehrere, z. B. $n$ Atome Fe enthält und $n$ Mol. CO aufnimmt, dann würde sein Molekulargewicht das $n$-fache des obigen Wertes betragen.

Um diese Frage zu entscheiden, haben *Hüfner* und *Gansser*[4] den osmotischen Druck der Hämoglobinlösung in einerPergamenthülse von *Schleicher* und *Schüll* bestimmt.

Der von *Hüfner* und *Gansser* benützte Apparat verdient näher beschrieben zu werden (Fig. 52).

---


[1] *W. Kühne:* Virchows Archiv **34**, 423 bis 436 (1865).

[2] *W. Preyer:* Centralbl. f. d. med. Wiss. **1867**, 273 bis 275; Pflügers Archiv f. d. ges. Physiol. **1**, 395 bis 454 (1868).

[3] *G. Hüfner:* Engelmanns Archiv f. Physiol., Physiol. Abt. **1894**, 130 bis 176; **1903**, 217 bis 224.

[4] *G. Hüfner* und *E. Gansser:* Engelmanns Archiv f. Physiol., Physiol. Abt. **1907**, 209 bis 216.

*Hüfners* osmo-
motische Zelle.

Eine Pergamenthülse von 100 mm Länge und 16 mm Durchmesser wird mittels Kapillare *c* mit dem Manometer *m* in Verbindung gesetzt. Der Stativarm *p* trägt ein Trichterrohr *t*; bei *z* befindet sich ein Zweiweghahn, unterhalb dessen die Kapillare eine Erweiterung von 1 ccm Inhalt besitzt. Die Hülse wird in Wasser erweicht, mit einem dicken Bindfaden an das Glasrohr *g* geschnürt, und schließlich mit einer dichten Schicht über der Lampe geschmolzenen Piceïns umgossen. Das Füllen des Manometers mit Quecksilber erfolgt durch Saugen an *z*; die Membran wird mit Hämoglobin gefüllt, indem man dieses durch den Trichter eingießt und bei *z* ausfließen läßt, dann schließt man den Zweiweghahn und schließlich den Hahn *h*. Das Becherglas wird mit Wasser gefüllt.

Nach 18 bis 24 Stunden hat das Quecksilber seinen höchsten Stand erreicht, bei welchem es konstant stehenbleibt. Das Volumen *v* vergrößert sich durch Osmose, und man muß den abgelesenen Druck *p* mit dem Verhältnis $\frac{v'}{v}$ multiplizieren, um den ursprünglichen Druck zu erhalten.

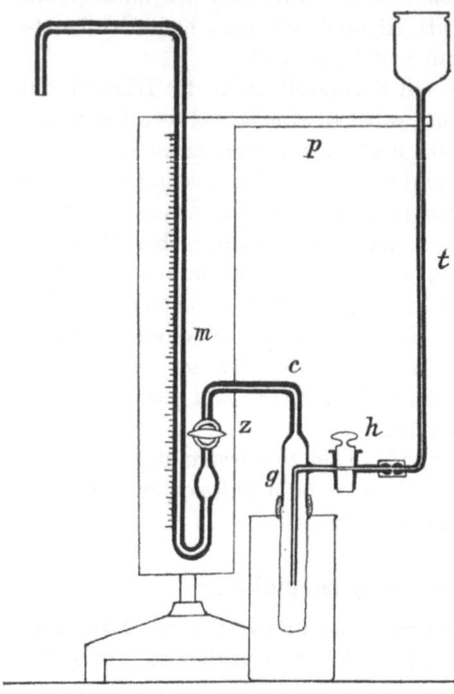


Fig. 52.
*Hüfner*s Apparat zur Bestimmung des osmotischen Drucks.

Der Innenraum der Hülse und des Glasteils von *h* bis *z* ist leicht auszumessen. Das Volumen der Lösung im Manometerteil wird berechnet aus dem Anstieg des Quecksilbers. Die Berechnung des Molekulargewichts *M* erfolgt nach der Formel

$$M = \frac{22{,}41\,(1 + 0{,}00366\,t) \cdot 760 \cdot c}{p'},$$

worin *c* die Gewichtsmenge der im Liter gelösten Substanzen, *p′* den korrigierten Druck in Millimeter Quecksilber bedeutet.

Das Resultat eines Versuchs mit 5,27 proz. Pferdehämoglobinlösung bei + 10° ist in Tabelle 62 angeführt.

Da das Anfangsvolumen *v* der Lösung in diesem Versuche = 23,5 ccm, das Endvolumen *v′* in oben angegebener Weise bestimmt = 23,6 ccm, so war der osmotische Druck der ursprünglichen Lösung

$$p' = p\,\frac{v'}{v} = 58{,}5\,\frac{23{,}6}{23{,}5} = 58{,}75 \text{ mm}.$$

## Tabelle 62.
## Hämoglobin vom Pferd.

| Zeit | $t$ = Temperatur | $p$ = Druck in mm Hg |
|---|---|---|
| 11. Februar 1907. Beginn 6 h 00′ abends . . . | +10,0° | 0 |
| 6 h 30′ ,, . . . | +10,0 | 15,3 |
| 8 h 30′ ,, . . . | +10,0 | 26,0 |
| 11 h 30′ ,, . . . | +10,0 | 40,4 |
| 12. Februar 1907. 5 h 00′ morgens . . | + 7,2 | 52,9 |
| 7 h 00′ ,, . . | + 6,8 | 53,8 |
| 9 h 00′ ,, . . | + 6,8 | 55,0 |
| 10 h 30′ ,, . . | + 7,3 | 56,3 |
| 11 h 30′ ,, . . | + 8,0 | 57,6 |
| 2 h 00′ nachmittags | +10,0 | 58,5 |
| 3 h 00′ ,, | +10,0 | 58,5 |

Der Druck blieb auch weiter konstant.

Da weiter die ursprüngliche Konzentration $c$, bezogen auf 1000 ccm: 52,72 g und die Temperatur am Ende 10° betrug, so ergibt sich

$$M = \frac{22{,}41 \times 760 \times (1 + 0{,}00366 \times 10) \times 52{,}72}{58{,}75} = 15\,849 \; .$$

Bei Rinderhämoglobin wurde die Temperatur $+ 1°$ eingehalten, und man erhielt bei 10,8 proz. Lösung einen schließlichen konstanten Druck von 109,0 mm Quecksilber.

Für Pferdehämoglobin ergab sich als Mittelwert von vier Bestimmungen 15 115, für Rinderhämoglobin das Molekulargewicht 16 321 als Mittelwert aus zehn Bestimmungen. Die am meisten von dem Mittelwert abweichenden Werte waren für letzteres 15 500 und 18 370.

### 132. Größe der Hämoglobinmoleküle.

Die Übereinstimmung zwischen dem aus chemischen Daten berechneten und dem gefundenen Molekulargewicht ist in hohem Grade bemerkenswert. Wir haben im Hämoglobin eine Substanz vor uns, die wie wenige andere (einige Farbstoffe, lösliche Stärke usw.) geeignet ist, die Wege zweier Zweige der Wissenschaft in einem Treffpunkt zusammenzuführen.

In ihrem Verhalten bei der Dialyse und Ultrafiltration erweist sich die Hämoglobinlösung durchaus als Kolloid. Die leichte Krystallisierbarkeit des Oxyhämoglobins und die Möglichkeit, die Substanz durch Umkrystallisieren zu reinigen, stellt sie den Krystalloiden an die Seite.

Unabhängig voneinander führen chemische Analyse und das Studium chemischer Reaktionen (Hämoglobin + CO und O) zu der Überzeugung, daß das Molekulargewicht des Rinderhämoglobins ein sehr hohes sein müsse: ca. 16 500 oder gar ein Multiples dieser Zahl. Die direkte Ermittlung des osmotischen Druckes in einer Membran, die für gewöhnliche Krystalloide durchlässig, für Hämoglobin aber undurchlässig ist, führt zu fast dem gleichen Werte: 16 300.

Die Kolloidforschung der letzten 10 bis 20 Jahre hat zu dem Ergebnis geführt, daß die wesentlichen Bestandteile der Hydrosole Ultramikronen sind, deren Größe zwischen den krystalloid-molekularen und den mikroskopischen Dimensionen liegt, und die die gemeinsame Eigenschaft haben, von Pergamentmembranen und feinporigen Filtern zurückgehalten zu werden.

Die Chemie lehrt andererseits, daß die Lösungen der Nichtelektrolyte den gelösten Körper in Form von Molekülen enthalten, deren Molekulargewicht nach osmotischen Methoden bestimmt werden kann. Die Übereinstimmung der nach zwei bzw. drei verschiedenen Methoden gewonnenen Werte für das Molekulargewicht des Rinderhämoglobins spricht in höchstem Maße dafür, daß dasselbe tatsächlich ca. 16 500 beträgt.

Andererseits werden diese Riesenmoleküle durch Pergamentmembranen zurückgehalten; sie können, wie *Bechhold* gezeigt hat, durch geeignete Eisessigkollodiumfilter abfiltriert werden.

Wir kommen also zu dem Schluß, daß in vorliegendem Falle die Moleküle des Oxyhämoglobins identisch sind mit den Ultramikronen derselben Substanz. Dadurch sind uns aber die Moleküle der Chemiker schon beträchtlich näher gerückt[1].

*Reinganum*[2] hat eine Formel zur Berechnung des Moleculardurchmessers $\sigma$ gegeben:

$$\sigma = 0{,}882 \cdot 10^{-8} \sqrt[3]{\frac{M}{S_S}} \text{ cm.}$$

Darin bedeutet $M$ das Molekulargewicht, $S_S$ das spezifische Gewicht der Substanz bei ihrer Siedetemperatur. $\dfrac{M}{S_S}$ ist das Molekularvolum, das sich nach *Kopp*s Regel annähernd berechnen läßt.

Unter Zugrundelegung der von *Jaquet* für Hundehämoglobin gegebenen Formel

$$C_{758}H_{1203}N_{195}O_{218}FeS_3$$

ergibt sich der Durchmesser des Hämoglobinmoleküls zu

$$2{,}3 - 2{,}5 \mu\mu,$$

je nachdem man die niederen oder höheren *Kopp*schen Werte der Atomvolumina für $O$ und $N$ einsetzt[3].

Es ist bemerkenswert, daß die Berechnung der Durchmesser amikroskopischer Goldteilchen zu ähnlichen Werten führt[4], daß also in bezug auf

---

[1] Ähnliches ist uns schon bei den Farbstoffen begegnet, aber hier liegt der Fall einfacher, da die Komplikationen der Elektrolytdissoziation wegfallen, und die Übereinstimmung zwischen dem gefundenen und dem berechneten Molekulargewicht eine bessere ist.

[2] Vgl. *R. Lorenz:* Zeitschr. f. phys. Chemie **73**, 253 (1910).

[3] Das Eisen wurde bei dieser Rechnung vernachlässigt.

[4] Vgl. S. 157.

räumliche Ausdehnung kein wesentlicher Unterschied zwischen diesen und
dem Hämoglobinmolekül besteht. Die Goldteilchen können kleiner oder
größer sein als die Hämoglobinmoleküle.

# c) Kasein.

Kasein gehört zu den eigentlichen Eiweißkörpern in die Gruppe der
Phosphorglobuline[1]. Diese geben bei der Pepsinverdauung einen phosphor-
haltigen Komplex (Pseudonuklein), der bei weiterer Verdauung wieder gelöst
wird und sich vom Nuklein der Nukleoproteide durch seine Spaltungsprodukte
weitgehend unterscheidet. Früher wurden sie den Nukleoproteiden zugezählt,
sie haben aber mit ihnen im wesentlichen nur den Phosphorgehalt gemein;
auch haben sie mit den Zellkernen, aus welchen die Nukleoproteide gewonnen
werden, nichts zu tun.

Kasein ist der wichtigste Eiweißkörper der Milch. Neben seiner Haupt-
bedeutung als stickstoffhaltiges Nahrungsmittel hat es noch Bedeutung für
die Eigenschaften der Milch: es hält die Fettröpfchen in feiner Emulsion
und verhindert deren Vereinigung zu größeren Klümpchen und, da es anscheinend eine feine Membran um die Tröpfchen bildet, auch die Äther-
extraktion. Weiterhin hält es als Schutzkolloid die Calciumphosphate der
Milch in kolloider Lösung, indem es mit diesen eine Kolloidverbindung eingeht.

## 133. Vorkommen in der Milch.

Das Kaseincalcium oder seine Kolloidverbindung mit Calciumphosphat
ist in der Milch in Form von Submikronen enthalten. Sie treten darin sehr
zahlreich auf, in Kuhmilch z. B. 3 bis 6 Milliarden pro Kubikmillimeter. Ihre
Lineardimension würde unter Voraussetzung der Würfelgestalt und voller
Raumerfüllung 130 bis 170 $\mu\mu$ betragen[2]. Die Teilchen sind also ziemlich groß
und bei Bogenlicht gut sichtbar. Mit der Größe der Kaseinteilchen stimmt
überein, daß sie von Tonzellen zurückgehalten werden. Durch Filtrieren
läßt sich also Milch von Kasein befreien.

Genauere Versuche von *Wiegner*[3] haben ergeben, daß die Kuhmilch sich
durch ungewöhnliche Konstanz der Submikronenzahl auszeichnet. Bedeutend
kleiner als in Kuhmilch sind die Submikronen in der Frauenmilch. Beide erwähnten Milcharten lassen sich daher im Ultramikroskop voneinander leicht
unterscheiden.

Derselbe Autor[4] kam zu dem interessanten Resultat, daß die Menge der
Milchbestandteile um so größeren Schwankungen unterliegt, je gröber ihre
Zerteilung (Fett > Kasein > Albumin > Milchzucker > Aschenbestandteile).

---

[1] Nach *Cohnheims* Vorschlag.

[2] Die Rechnung gilt, falls alles Kasein sichtbar ist; nach neueren Untersuchungen
von *Wiegner* ist dies zwar nicht der Fall, man müßte also eine Korrektur anbringen, durch
die aber die Größenordnung der Lineardimension kaum beeinflußt werden dürfte.

[3] *G. Wiegner:* Koll.-Zeitschr. **8**, 227 bis 232 (1911).

[4] *Ders.:* Zeitschr. f. Unters. v. Nahrungs- u. Genußmittel **27**, 425 (1914).

Wenn Kasein in seiner Verbindung mit Alkali auch selbst ein gutes Schutzkolloid gegenüber Kochsalz ist, so ist es doch Säuren gegenüber instabil, da das Kasein als schwache Säure in unlöslicher Form durch stärkere Säuren ausgeschieden wird. Andererseits scheint es auch beim Ausfrieren zu koagulieren.

Will man die Säurefällung oder Koagulation des Kaseins hintanhalten, so muß man als Schutzkolloid ein säurebeständiges Hydrosol hinzufügen, wie Gelatine, Albumin und dgl. m., was von *Jerome Alexander*[1] gezeigt wurde. Dieser Zusatz ist nach demselben Autor auch erforderlich bei der Herstellung von Sahneneis (ice-cream), einem beliebten Genußmittel Nordamerikas. Läßt man den Zusatz geeigneter Schutzkolloide weg, so erhält man Sahneneis von körniger Beschaffenheit, das als Genußmittel weniger tauglich ist.

Interesse beanspruchen ferner die Ausführungen *Jerome Alexanders* in bezug auf Kindermilch. Kleine Kinder werden häufig mit Kuhmilch ernährt, als Ersatz der Muttermilch. Man verdünnt mit Wasser und setzt die erforderliche Menge Milchzucker zu. Das genügt aber nicht, um sie der Muttermilch ähnlich zu machen. Ein bemerkenswerter Unterschied zwischen beiden Milcharten ist der, daß die letztere durch Säuren schwerer gerinnt als die Kuhmilch, und dies ist in der Zusammensetzung beider Milcharten begründet. Die Muttermilch enthält viel weniger Kasein und viel mehr Albumin als die Kuhmilch, was aus folgender Analyse (Tab. 63) zu entnehmen ist.

## Tabelle 63.

| Bestandteile in | Frauenmilch | Kuhmilch |
|---|---|---|
| Wasser . . . . . . . . . . . . . . . . | 88,20 | 87,10 |
| Proteine { Kasein . . . . . . . . . . . . | 0,75 | 3,02 |
|         { Albumin . . . . . . . . . . | 1,00 | 0,53 |
| Fett . . . . . . . . . . . . . . . . . . | 3,50 | 3,69 |
| Zucker . . . . . . . . . . . . . . . . | 6,20 | 4,88 |
| Asche . . . . . . . . . . . . . . . . . | 0,25 | — |

Das Albumin wirkt dem Kasein gegenüber als Schutzkolloid und macht das verschiedene Verhalten der beiden Milcharten erklärlich. Einige amerikanische Ärzte haben diesen Unterschied wohl erkannt und halten daher den Zusatz von geeigneten Schutzkolloiden, wie Gummi arabicum, Dextrin usw., zur Kindermilch für außerordentlich vorteilhaft. Tatsächlich zeigt sich nach *Jerome Alexander*, daß bei Zusatz von geeigneten Schutzkolloiden das Verhalten der Kuhmilch gegenüber Säuren dem der Frauenmilch ähnlich wird.

Bemerkenswert ist noch, daß einige Forscher das Kasein der Frauenmilch als etwas verschieden von dem der Kuhmilch ansehen. Auch dies dürfte auf die Schutzwirkung von Albumin zurückzuführen sein, denn durch fortgesetztes Auflösen und Wiederfällen wird das Frauenmilchkasein dem Kasein der Kuhmilch ähnlicher.

---

[1] *Jerome Alexander:* Journ. of Soc. of chem. Industry **28**, 280 (1909); Journ. of the amer. med. Assoc. **55**, 1196 bis 1198 (1910).

## 134. Eigenschaften des Kaseins.

Das Kasein kann aus Milch durch Säurefällung gewonnen werden. Es ist in Wasser unlöslich, sowie in den Lösungen der gewöhnlichen Neutralsalze, abgesehen etwa von Fluornatrium, Kaliumoxalat, in welchen es löslich ist.

Das Kasein hat saure Eigenschaften, vertreibt Kohlensäure aus Carbonaten und löst sich leicht in Alkalien.

Das Verhalten von Kasein zu Basen wurde von *Laqueur* und *Sackur*[1], ferner von *Robertson*[2] eingehend untersucht. *Laqueur* und *Sackur* zogen aus ihren Untersuchungen unter anderem den Schluß, daß die „Eiweißionen" die Träger der hohen inneren Reibung der Eiweißlösungen sind.

Reine Kaseinlösungen gerinnen nicht beim Kochen, wohl aber tritt Gerinnung ein, wenn das Kasein durch Säurezusatz, der zur Fällung bei gewöhnlicher Temperatur nicht ausreicht, instabil gemacht wird. Ähnlich wirkt ein kleiner Überschuß von Calciumhydrat, der Trübung und Niederschlagsbildung beim Erwärmen hervorruft. Die so erhaltenen Trübungen lösen sich jedoch beim Erkalten wieder auf. Konzentriertere Lösungen von Kaseincalcium haben auch die Eigenschaft, beim Aufkochen eine Haut zu bilden, geradeso wie die Milch.

Säure- und Labgerinnung. Essigsäure und Mineralsäuren fällen das Kasein. Ein Überschuß von Säuren löst jedoch die Fällung wieder auf, was in Zusammenhang steht mit der amphoteren Natur des Kaseins als Eiweißkörper.

Eine andere Gerinnung calciumhaltiger Kaseinlösungen wird hervorgerufen durch Lab, das Enzym des Kälbermagens. Diese Koagulation findet ausgedehnte Anwendung bei der Käsebereitung. Calciumfreie Kaseinlösungen werden hingegen durch Lab nicht gefällt, wohl aber tritt eine Veränderung des Kaseins ein, die sich darin dokumentiert, daß nachträglicher Zusatz von Calciumsalzen sofortige Fällung herbeiführt.

Ammoniakalische Lösungen von käuflichem Kasein erscheinen schwach getrübt und enthalten die gelöste Substanz in verschiedenem Zerteilungsgrade; durch ein weitporiges Membranfilter, das Goldteilchen von 20 $\mu\mu$ glatt passieren läßt, konnte ein beträchtlicher Teil des Kaseins zurückgehalten werden, so daß das Ultrafiltrat viel weniger konzentriert war als die Stammlösung.

Kasein-Gold als Indikator. Kasein besitzt eine hohe Schutzwirkung gegenüber der Goldlösung $Au_F$, die Goldzahl beträgt 0,01 bis 0,02. Gegenüber sauren Goldlösungen $Au_{FS}$, $Au_{Do}$ u. a. äußert das Kasein zunächst fällende Wirkungen unter Farbenumschlag. (Vgl. Kap. 42.)

Man kann von dieser Eigenschaft Gebrauch machen, um einen, wenn auch nicht sehr empfindlichen kolloidchemischen Indikator herzustellen[3].

---

[1] *E. Laqueur* und *O. Sackur:* Hofmeisters Beiträge z. chem. Physiol. u. Pathol. **3**, 193 bis 224 (1903).

[2] *T. B. Robertson:* Journ. of physic. Chemistry **11**, 542 bis 552 (1907); **12**, 473 bis 483 (1908).

[3] *Zsigmondy:* Göttinger Nachrichten 1916.

Bei bestimmten Mengenverhältnissen von Gold und Kasein bewirken kleine Mengen von Säure geradeso wie bei Kongorot einen Farbenumschlag in Blau, der durch Zusatz von Ammoniak wieder rückgängig gemacht werden kann. Diese Farbenänderung ist eine sowohl physikalisch wie chemisch interessante Tatsache; da die Zusammensetzung des Edelmetalls dabei keine Veränderung erleidet und der Farbenumschlag nur auf Aggregation der Goldteilchen beruht, so dürfte dieses Beispiel der Imitation einer chemischen Reaktion allgemeines Interesse besitzen; es liegt hier wohl das erste Modell eines Indikators auf Wasserstoff- oder Hydroxylionen vor, dessen Farbenänderung sicher nicht auf Konstitutionsänderungen des Moleküls oder auf Dissoziation des färbenden Bestandteiles zurückzuführen ist.

Zur Ausführung des Versuchs, der sich auch zum Vorlesungsversuch eignet, arbeitet man am besten wie folgt:

10 ccm $Au_F$ werden mit 0,1—0,25 ccm einer 0,01 proz. Kaseinlösung gemischt und mit 0,3—0,6 ccm einer zehntelnormalen Salzsäure versetzt, worauf Violett- oder Blaufärbung eintritt. Hinzufügen einiger Tropfen Ammoniak erzeugt wieder Rotfärbung. Der reversible Farbenumschlag erinnert an den von Kongorot oder Benzopurpurin mit Säuren und Alkalien und ist zuweilen ganz überraschend schön.

Da Kasein- und Goldlösung nicht immer die gleiche Beschaffenheit haben, empfiehlt es sich, die Verhältnisse zur Erzielung eines guten Farbenumschlags in einigen Vorversuchen auszuprobieren. Die Salzsäure bewirkt Verringerung der Teilchenzahl auf 1/20 bis 1/100 und entsprechend das Auftreten von sehr hellen gelben Sekundärteilchen, in welchen eine große Zahl von Primärteilchen enthalten sind. Durch Ammoniakzusatz werden diese Aggregate wieder in kleine Sekundärteilchen und Primärteilchen gespalten, was mit einer Farbenänderung Blau-Rot verknüpft ist. Es ist anzunehmen, daß eine Auflockerung der Aggregate durch Ammoniak (entsprechend einer Art Quellung der Sekundärteilchen) bereits eine Verschiebung des Absorptionsmaximums nach dem blauen Ende des Spektrums und damit eine Farbenänderung gegen Purpurrot bewirkt.

Das vom Gold aufgenommene Kasein verhindert bei richtig gewählten Versuchsbedingungen einen irreversiblen Zusammentritt der Goldteilchen, so daß durch Ammoniak ein Zerfall der blaufärbenden Sekundärteilchen in Primärteilchen herbeigeführt werden kann.

# Bestimmung der inneren Struktur und der Größe von Kolloidteilchen mittels Röntgenstrahlen.

Von *P. Scherrer*.

Über die innere Struktur von primären (massiv erfüllten) Teilchen ist bis jetzt mit Sicherheit nichts bekannt. Es ist daher von großem Interesse, typische organische und anorganische Kolloide mittels Röntgenstrahlen auf ihren innern Aufbau, ihr Raumgitter, zu untersuchen. Die Röntgenanalyse so kleiner Partikel ist in den Bereich der Möglichkeit gerückt durch Anwendung der Methode der regellos orientierten Teilchen[1].

Die in dieser Richtung vom Verf. angestellten Experimente[2] haben gezeigt, daß die röntgenographische Untersuchung von Kolloiden weitgehende Aufschlüsse über den Bau derselben liefert, und daß sich die Methode sogar zur Bestimmung der Größe der Primärteilchen sehr gut eignet. Es hat sich gezeigt, daß die Primärteilchen in sehr vielen Fällen (Au, Ag, $SiO_2$ ...) kleine Kryställchen darstellen, die dasselbe Raumgitter aufweisen wie makroskopische Krystalle derselben Substanz. Über die diesbezüglichen Versuche soll im folgenden kurz berichtet werden, und zwar wollen wir zunächst auf das Charakteristische an der Methode der regellos orientierten Teilchen aufmerksam machen.

## 1. Die Methode der regellos orientierten Teilchen.

Zur Untersuchung von Krystallen mit Hilfe von Röntgenstrahlen sind bis jetzt drei verschiedene Verfahren experimentell verwandt worden.

Zunächst die von *M. von Laue* vorgeschlagene Untersuchungsform[3], welche die Krystallanalyse mittels Röntgenstrahlen einleitete. Bei dieser werden mehrere wohlausgebildete orientierte Krystallplatten benötigt, die einzeln untersucht werden. Der Krystall wird, mittels Goniometers genau justiert, in den Gang eines dünnen Bündels von „weißem" Röntgenlicht (Brems-

---


[1] *P. Debye* und *P. Scherrer:* Physikal. Zeitschr. **17**, 277 (1916).

[2] *P. Scherrer:* Göttinger Nachrichten, Sitzg. 26. Juli 1918.

[3] *W. Friedrich, F. Knipping* und *M. v. Laue:* Sitzungsber. München 1912, S. 303.

strahlung) gebracht. Die von dem getroffenen Krystallteil ausgehenden abgebeugten Strahlenbündel erzeugen auf der photographischen Platte ein Interferenzbild, das in gewisser Weise den Bau des Raumgitters widerspiegelt. Die gewöhnlich sehr zahlreichen Interferenzpunkte des *Laue*-Diagramms zeigen meist auf den ersten Blick die Symmetrieverhältnisse und Zonenverbände des Krystalls. Hingegen stößt die zahlenmäßige Auswertung der Diagramme auf Schwierigkeiten. Wenn das Krystallsystem der untersuchten Substanz nicht bekannt ist, läßt sich das Raumgitter wohl kaum feststellen.

Beim Verfahren von *W. H.* und *W. L. Bragg*[1] wird monochromatisches Röntgenlicht (charakteristische Strahlung) benutzt[2]. Auch hier müssen die zu untersuchenden Krystalle große und schön ausgebildete Flächen besitzen, oder es müssen solche angeschliffen werden. Nach *Bragg*s anschaulicher Betrachtungsweise kann man das Zustandekommen der abgebeugten Strahlen durch Reflexion des Primärstrahls an den mit Atomen besetzten Netzebenen erklären. Eine solche Netzebene wirkt wie ein Spiegel, und es würde Reflexion für Röntgenstrahlen jeder Wellenlänge eintreten, wenn nur eine einzige Atomebene in Frage käme. Nun folgen sich aber im Krystall parallele Netzebenen in konstantem Abstande $d$, die reflektierten Strahlen interferieren und es findet Auslöschung aller Wellenlängen bis auf einige statt, die im Verhältnis ganzer Zahlen stehen: Damit sich reflektierte Strahlen von der Wellenlänge $\lambda$ nicht auslöschen, muß die Gangdifferenz zwischen an aufeinanderfolgenden Netzebenen reflektierten Strahlen ein ganzes Vielfaches der Wellenlänge sein. Diese Tatsache wird durch die Formel:

$$n\,\lambda = 2\,d\sin\varphi \tag{1}$$

zum Ausdruck gebracht. In Worten: Fällt ein Röntgenstrahl von der Wellenlänge $\lambda$ mit dem Glanzwinkel $\varphi$ (Fig. 53) auf eine Krystallfläche, die zugleich

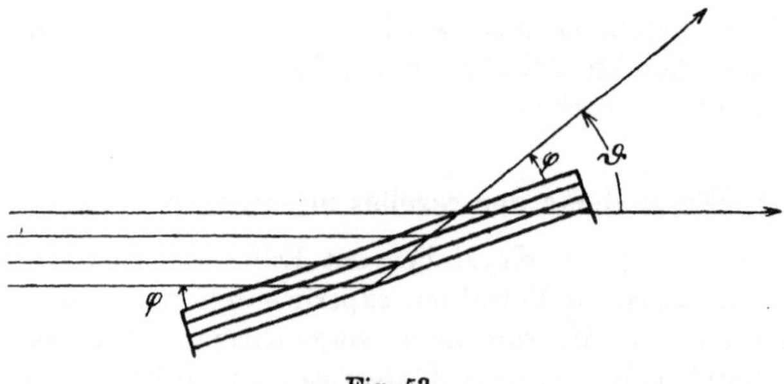

Fig. 53.

Netzebene mit dem Netzebenenabstand $d$ ist, so findet dann und nur dann Reflexion statt, wenn die Bedingung (1) erfüllt ist. Wenn man, wie *Bragg*

---

[1] Die Arbeiten der Herren *Bragg* sind zusammengefaßt in dem Buche *W. H.* und *W. L. Bragg*: X-Rays and Crystal Structure, London 1915.

[2] Röntgenröhren passender Konstruktion lassen sich so betreiben, daß sie überwiegend charakteristische Strahlung liefern. Siehe unten.

mit Röntgenstrahlen einer bestimmten Wellenlänge arbeitet, so muß man, um Reflexion zu erhalten, ganz bestimmte Glanzwinkel $\varphi$ aufsuchen. Durch Messung der Glanzwinkel $\varphi$ (resp. des Winkels $\vartheta = 2\,\varphi$, den der reflektierte Strahl mit dem primären einschließt, siehe Fig. 53) erlangt man Kenntnis der Abstände der Netzebenen und damit auf einigem Umwege des Raumgitters. Auch beim *Bragg*schen Verfahren ist es nötig, das Krystallsystem, dem der zu untersuchende Krystall angehört, zu kennen. Man wäre ja sonst gar nicht in der Lage, den Krystall so zu orientieren, daß eine gewünschte Netzebene zur Reflexion kommen würde.

Sobald von einer Substanz keine großen, schön ausgebildeten Krystalle vorhanden sind, versagen die angegebenen Verfahren. Die von *P. Debye* und Verf. angegebene Methode der regellos orientierten Teilchen hat den Vorzug, keiner ausgebildeten Krystalle zu bedürfen. Es genügt zur Röntgenanalyse, wenn die Substanz in Form eines sehr feinen, völlig amorph aussehenden Pulvers vorliegt, das aus mikroskopischen Kryställchen besteht, auf deren äußere Begrenzung es gar nicht ankommt. Es ist auch unnötig, von vornherein etwas über das Krystallsystem zu wissen; dieses wird aus der Aufnahme selbst erschlossen.

In einem solchen mikrokrystallinen Pulver kommen die Kryställchen und damit die Netzebenen in allen möglichen Orientierungen vor. Wenn man ein solches Pulver also mit einem dünnen Bündel monochromatischen Röntgenlichtes durchstrahlt, so wird es stets Kryställchen geben, die so orientiert sind, daß für eine bestimmte Netzebenenschar derselben die oben angegebene Reflexionsbedingung (1) erfüllt ist. Bei anders gelagerten Kryställchen sind es wiederum andere Netzebenenscharen, die gerade reflektieren; oder dieselbe Schar ist so gelagert, daß sie in zweiter Ordnung reflektiert usf. Jedenfalls erhält man unter bestimmten Winkeln $\vartheta$, den verschiedenen im Krystall vorkommenden Netzebenenabständen $d$ entsprechend, reflektierte Strahlung. Diese zu einem bestimmten Winkel $\vartheta$ gehörigen Strahlen bilden, wegen der völligen Symmetrie der Erscheinung in bezug auf den Primärstrahl, den Mantel eines geraden Kreiskegels mit dem Öffnungswinkel $2\,\vartheta$.

Um die auftretenden Interferenzen alle mit einem Schlage zu bekommen, benützt man eine cylindrische Camera, in deren Achse das Krystallpulver in Form eines gepreßten Stäbchens aufgestellt wird (siehe Fig. 54).

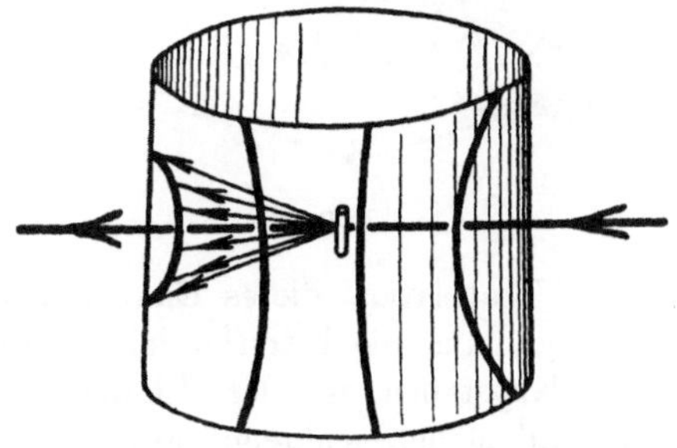

Fig. 54.

Längs der ganzen Innenwand der Camera befindet sich der cylindrisch gebogene Film, in den die auf Kegeln um den Primärstrahl reflektierten Strahlen die charakteristischen Kurven vierten Grades einschneiden. Nach der Aufnahme wird der Film aufgerollt und ausgemessen.

## 2. Die Auswertung der Aufnahmen.

Die Auswertung der Röntgenogramme hat, wenn sie vollständig sein soll, nach drei Richtungen zu erfolgen. Man hat

$\alpha$) die Lage,

$\beta$) die Intensität,

$\gamma$) die Breite (Intensitätsverlauf)

der Interferenzen zu bestimmen.

Die Theorie, auf die hier nicht näher eingegangen werden kann, gibt folgende Zusammenhänge:

$\alpha$) **Die Lage der Interferenzen**, die gemessen wird durch die Winkel $\vartheta$, hängt allein zusammen mit den geometrischen Daten des Raumgitters, genauer mit **Form und Größe des sog. Elementarbereichs**. Bekanntlich kann man das allgemeinste Krystallgitter auf folgende Weise erzeugt denken: Von einem Punkte $O$ gehen 3 Vektoren $a\,b\,c$ aus, die das sog. Elementarparallelepiped bestimmen (Fig. 55a). Innerhalb desselben befinden sich $s$ Atome, die teils gleicher, teils verschiedener Art sein können und deren Lage durch die vom Punkte $O$ aus nach ihnen hingezogenen Vektoren $r_1 \ldots r_s$ bestimmt ist. Die Konfiguration dieser $s$ Partikel nennt man die Basisgruppe. Man erhält nun das ganze Raumgitter durch suk-

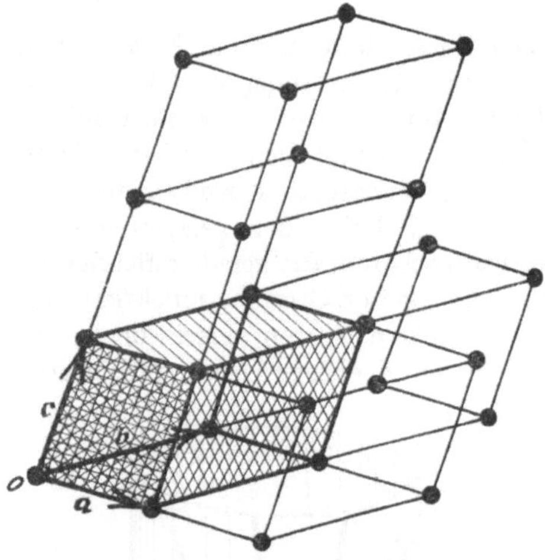


Fig. 55a.

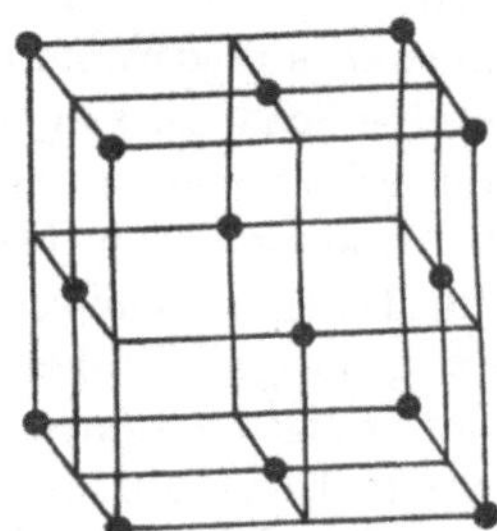

Fig. 55b.

zessive Translation dieses Elementarparallelepipeds längs der drei Kantenrichtungen um die betreffenden Kantenlängen (siehe Fig. 55a)[1]. Bei regulären Krystallen ist der Elementarbereich ein Würfel: $a\,b\,c$ sind gleich lang und stehen senkrecht aufeinander. Auch bei einatomigen Substanzen (Au, Ag, Cu usf.) besteht die Basisgruppe aus mehreren Atomen. Sehr häufig kommt als Elementarbereich der sog. flächenzentrierte Würfel vor (Fig. 55b), d. i. ein Würfel, bei dem außer den Ecken auch die Flächenmitten besetzt sind. Die Basisgruppe besteht in diesem Falle aus vier Ato-

---

[1] Der Übersichtlichkeit halber ist von der Basisgruppe nur das im Punkte $O$ liegende Atom gezeichnet.

men: man hat nur eine Ecke und die Mittelpunkte der drei dort zusammen-stoßenden Flächen zu besetzen. Beim Aufbau des Gitters durch Translation dieser Basisgruppe besetzen sich die übrigen Ecken und Flächen von selbst.

Aus der Lage der Interferenzen können wir die Form des Elementar-bereichs (die 3 Vektoren $\mathfrak{a} \mathfrak{b} \mathfrak{c}$) bestimmen, nicht aber die Anordnung der Atome in der Basisgruppe (die Vektoren $\mathfrak{r}$). Die gegenseitige Lage der Atome kann nur durch Betrachtung der Intensitätsverhältnisse erschlossen werden. Die Lage der Interferenzen ist auch völlig unabhängig von der Größe der die Substanz bildenden Einzelkryställchen.

Im Falle einer regulär krystallisierenden Substanz sind die Interferenzen in äußerst einfacher Weise angeordnet. Die Winkel $\vartheta$, unter denen Inter-ferenzen auftreten können, genügen der Bedingung:

$$\sin^2 \frac{\vartheta}{2} = \frac{\lambda^2}{4\,a^2} (h_1^2 + h_2^2 + h_3^2) \,. \tag{2}$$

Dabei ist $\lambda$ die Wellenlänge der benützten Röntgenstrahlen. $a$ ist die Gitter-konstante, das ist die Länge der Kante des Elementarwürfels. $h_1\,h_2\,h_3$ sind die *Miller*schen Indices[1] der Netzebene, an der die das Maximum $\vartheta$ erzeugende Reflexion stattgefunden hat. Weil diese Indices nach dem Ra-tionalitätsgesetz stets ganze Zahlen sind, verhalten sich bei einer regulären Substanz die Werte von $\sin^2 \dfrac{\vartheta}{2}$ wie ganze Zahlen, wie die Indicesquadrat-summen $Q = h_1^2 + h_2^2 + h_3^2$.

Wenn man eine Aufnahme von einer Substanz gemacht hat, bei der man ein reguläres Raumgitter vermutet, so hat man nur nachzuprüfen, ob die beob-achteten Werte von $\sin^2 \dfrac{\vartheta}{2}$ innerhalb der Grenze der Beobachtungsfehler sich wie ganze Zahlen verhalten. Ist dies der Fall, so ist die Substanz regulär und es ist dann leicht, den einzelnen Linien eindeutig die richtigen Indices zuzuordnen.

Trifft die Vermutung eines kubischen Gitters nicht zu, so wird die Be-stimmung der Krystallelemente allerdings etwas komplizierter. Man hat im allgemeinsten Fall statt der einen unbekannten Gitterkonstanten $a$, sechs Gitterelemente (drei Kantenlängen $\mathfrak{a}, \mathfrak{b}, \mathfrak{c}$ des Elementarparallelepipeds und die drei von ihnen eingeschlossenen Winkel $\alpha, \beta, \gamma$) zu bestimmen[2].

---

[1] Nach Definition der Indices verhalten sich die Achsenabschnitte der durch sie bezeichneten Netzebene wie $\dfrac{1}{h_1} : \dfrac{1}{h_2} : \dfrac{1}{h_3}$.

[2] An Stelle der einfachen quadratischen Form (2) tritt dann eine allgemeinere. Die auf dem Film vorhandenen $\vartheta$-Werte müssen einer Beziehung von der Form

$$\sin^2 \frac{\vartheta}{2} = k_{11}\,h_1^2 + k_{22}\,h_2^2 + k_{33}\,h_3^2 + 2\,k_{23}\,h_2\,h_3 + 2\,k_{31}\,h_3\,h_1 + 2\,k_{12}\,h_1\,h_2$$

genügen. Dabei sind die Koeffizienten $k_{11} \ldots k_{12}$ die sechs zu bestimmenden Konstanten, aus denen sich die Gitterelemente einfach berechnen, $h_1\,h_2\,h_3$ sind wieder die Indices der Netzebene, an der die $\vartheta$-Reflexion entstanden ist. Die Bestimmung dieser Form ist eine ziemlich schwierige mathematische Aufgabe, zu deren Lösung von *C. Runge* (Physikal. Zeitschr. **18**, 509 [1917]) und *A. Johnsen* und *O. Toeplitz* (Physikal. Zeitschr. **19**, 47 [1918]) sehr elegante Rechenverfahren ausgearbeitet sind, die immer zum Ziele führen.

$\beta$) **Die Intensitäten der Interferenzen charakterisieren**, wie schon erwähnt, **die gegenseitige Lage der Atome im Elementarbereich.** Enthält die durchstrahlte Substanz nur eine Atomart und ist das Raumgitter ein primitives (Elementarbereich = eckenbesetzter Würfel), dann kommen auf dem Film alle nach der quadratischen Form (2) möglichen Linien auch wirklich vor. Die Intensität ist dann im wesentlichen eine einfach gebaute, explizit angebbare Funktion von $\vartheta$.

Wenn der Elementarbereich komplizierter besetzt ist, und das ist nach den bisherigen Erfahrungen auch bei den einatomigen Substanzen (Elementen) der Fall, so kommt zu der erwähnten Funktion von $\vartheta$ der sog. „**Strukturfaktor** $S$" hinzu. Dieser hängt ab von der gegenseitigen Lage $(\mathfrak{r}_1 \ldots \mathfrak{r}_s)$ der Atome in der Basisgruppe, und er enthält die Indices $h_1 h_2 h_3$ als Variable. Je nachdem nun der Strukturfaktor für ein bestimmtes Wertetripel $h_1 h_2 h_3$ einen großen oder kleinen Wert annimmt, ist die Intensität der durch dieses Tripel charakterisierten Interferenz groß oder gering. Speziell kann $S$ für gewisse Tripel $h_1 h_2 h_3$ verschwinden. Die diesen Netzebenen entsprechenden Reflexionen sind dann völlig aufgehoben. Um ein Beispiel zu geben, sei bemerkt, daß bei dem oben erwähnten flächenzentrierten Würfelgitter der Strukturfaktor so gebaut ist[1], daß alle Interferenzen, die durch **gemischte** (teils gerade, teils ungerade) Indices erzeugt werden, die Intensität Null haben. Es kommen also die Reflexionen 001 und 011 nicht vor, wohl aber 111 oder 002, usf. Diese Art des Gitters ist sehr häufig, sie kommt z. B. bei Al, Ag, Au und Cu vor.

Es ist also ersichtlich, daß zur Feststellung der Krystallstruktur unbedingt Intensitätsmessungen gehören, nur in den einfachsten Fällen genügt eine Schätzung der Intensitäten mit bloßem Auge. Die Intensitätsmessungen geschehen z. B. dadurch, daß man den Film unter noch zu besprechenden Vorsichtsmaßregeln photometriert.

Im ganzen wird die Intensität durch den Ausdruck

$$J = \frac{1 + \cos^2 \vartheta}{2} \cdot Z \cdot \frac{1}{Q \cdot \cos \dfrac{\vartheta}{2}} \cdot |S|^2 \tag{3}$$

dargestellt. Die einzelnen in diesem Ausdruck auftretenden Größen haben folgende Bedeutung:

1. Die reflektierte Strahlung ist bei unpolarisierter Primärstrahlung polarisiert, und dies bedingt den „Polarisationsfaktor" $\dfrac{1 + \cos^2 \vartheta}{2}$.

2. Es wird bei der Methode der regellos orientierten Teilchen nicht jede Ebene gleichstark berücksichtigt. Vielmehr kommt bei ungeordneter Anordnung der Teilchen des Pulvers jede Fläche proportional der Anzahl verschiedener Stellungen, in denen sie eine Krystallform begrenzen kann, zur Reflexion. Die Hexaederebene 001 z. B. 6mal, die Oktaederebene 111 da-

---

[1] Er hat den Wert: $S = 1 + e^{i\pi(h_1 + h_2)} + e^{i\pi(h_2 + h_3)} + e^{i\pi(h_3 + h_1)}$, und dieser Ausdruck verschwindet für gemischte Indices.

gegen 8 mal, usf. Dem durch diese Zahlen 6, 8 usf. definierten Häufigkeitsfaktor $Z$ ist die Intensität ebenfalls proportional.

3. Der Faktor $\dfrac{1}{Q\cos\vartheta/2}$, wo $Q = h_1^2 + h_2^2 + h_3^2$, entspricht dem bei der Laue-Anordnung auftretenden Lorentz-Faktor[1]. Er berücksichtigt die Tatsache, daß eine Netzebene nicht nur reflektiert, wenn die Reflexionsbedingung (1) streng erfüllt ist, sondern auch noch dann (allerdings sehr schwach), wenn sie in eine sehr benachbarte Lage verdreht wird.

4. $|S|^2$ ist das Quadrat des absoluten Betrages des Strukturfaktors. Für einen regulären Krystall, in dessen Elementarwürfel sich $n$ Atome befinden, die wir mit 1, 2, ... $n$ bezeichnen wollen, ist $S$ durch folgende Summe dargestellt:

$$S = \sum_{k=1}^{n} A_k\, e^{i\,2\,\pi\,(\alpha_k h_1 + \beta_k h_2 + \gamma_k h_3)}\,.$$

Die Zahlen $\alpha_k\,\beta_k\,\gamma_k$ bestimmen sich dadurch, daß man in Richtung der drei Würfelkanten um $\alpha_k \cdot a$ resp. $\beta_k \cdot a$ resp. $\gamma_k \cdot a$ fortschreiten muß, um zum $k$ten Atom der Basisgruppe zu kommen ($a =$ Gitterkonstante). $A_k$ ist eine Zahl, die die Stärke der von der $k$ten Atomart ausgehenden Streustrahlung mißt. Sie darf nach *Bragg* dem Atomgewicht der betreffenden Atomart proportional gesetzt werden[2].

$\gamma$) Der Intensitätsverlauf (die Breite) der auf dem Film auftretenden Interferenzlinien ist abhängig von der Größe der in dem durchstrahlten Krystallpulver vorhandenen Teilchen. Wie wir nachher sehen werden, erreicht die Breite der Interferenzlinien gerade in dem Gebiet, in dem die Substanz den Dispersitätsgrad eines Kolloides hat, solche Werte, daß sie gut meßbar wird. Man kann durch Messung der Linienbreite auf die Größe der bestrahlten Teilchen zurückschließen, und dadurch erreicht diese Frage nach dem „Auflösungsvermögen eines Raumgitters", die bisher in der Röntgenometrie völlig vernachlässigt wurde, hohe Bedeutung.

Daß Teilchengröße und Linienbreite zusammenhängen müssen, macht man sich am besten klar durch Betrachtung des optischen Analogons zu den Röntgeninterferenzen, welches wir in den gewöhnlichen Gitterspektren vor uns haben. Läßt man ein paralleles Bündel einfarbigen Lichtes auf ein Gitter fallen, so interferieren die an den einzelnen Gitterfurchen abgebeugten Lichtwellen miteinander, und es entsteht eine Helligkeitsverteilung mit scharfen Maxima (den Spektrallinien). Die Lage dieser Maxima hängt nur ab von der Wellenlänge des Lichts und der Gitterkonstanten (Abstand aufeinanderfolgender Furchen). Sie ist dieselbe, ob das Gitter nur wenige oder aber sehr viele Furchen besitzt. Ein Gitter mit zehn Furchen hat die Maxima an derselben Stelle wie ein solches mit hunderttausend Furchen, wie es in der Spektro-

---

[1] *P. Debye:* Annalen der Phys. **43**, 95 (1914).

[2] Genaueres siehe: *P. Debye* und *P. Scherrer:* Physikal. Zeitschr. **19**, 474 (1918).

skopie verwendet wird, insofern nur die Furchenabstände identisch sind.
Was sich mit der Zahl der Furchen ändert, das ist die Schärfe der
Maxima (die Breite der erzeugten Spektrallinien). Die Breite der Maxima
ist umgekehrt proportional der Furchenzahl, außerdem abhängig von der
Lage der einfallenden und beobachteten Lichtwelle gegenüber der Gitter-
normalen.

Obwohl zwischen der Beugung an einem Raumgitter und einem gewöhnlichen Gitter tiefgehende Unterschiede bestehen, so können wir doch vermuten, daß bei den Röntgenstrahlinterferenzen die mit Atomen besetzten
Netzebenen des Krystalls die Rolle der Gitterfurchen spielen. Denn von den
Netzebenen gehen die vielen gleichartigen Wellenzüge aus, die miteinander
interferieren. Weil der Abstand der Gitterebenen so klein ist (ca. $10^{-8}$ cm),
so ist schon bei geringer Eindringungstiefe der Röntgenstrahlen in den Krystall (z. B. $10^{-3}$ cm) die Zahl der reflektierenden Ebenen so groß, daß sehr
scharfe Maxima entstehen müssen. Man muß schon zu außerordentlich geringen Krystalldimensionen übergehen, wenn die Breite der Maxima sichtbar
werden soll. Eine Überschlagsrechnung[1], die hier nicht ausgeführt werden
soll, zeigt, daß die Verbreiterung bei $10^{-5}$—$10^{-6}$ cm Krystalldurchmesser
anfängt, meßbar zu werden. Teilchen dieser Größe sind aber Kolloidteilchen.
Auf Grund dieser Überlegung können wir also erwarten, daß, falls das einzelne
Kolloidteilchen krystallinische Struktur besitzt, wir die Größe desselben
messen können. Ob das einzelne Teilchen krystallinische Struktur hat oder
nicht, gibt sich außerdem sofort an dem Auftreten oder Ausbleiben der für
den Krystall charakteristischen Interferenzen zu erkennen.

Eine genaue Durchführung der Rechnung für würfelförmige Kryställchen
von der Kantenlänge $\varLambda$ ergibt für die Halbwertsbreite[2] des bei $\vartheta$ auftretenden
Maximums

$$B = 2\sqrt{\frac{\ln 2}{\pi}} \cdot \frac{\lambda}{\varLambda} \cdot \frac{1}{\cos\dfrac{\vartheta}{2}}, \tag{4}$$

$\lambda$ ist die benutzte Wellenlänge.

Wir sehen, daß die Breite des Maximums im wesentlichen von zwei
Faktoren abhängt:

1. Vom Verhältnis der Seitenlänge des Krystalls zur Wellenlänge. Je
   kleiner die durchstrahlten Teilchen, um so breiter sind die Interferenzen.
2. Vom Winkel $\vartheta$, unter dem eine Interferenz auftritt. Je größer der
   Winkel $\vartheta$, um so breiter werden die Interferenzen unter sonst gleichen
   Umständen.

Diese beiden Abhängigkeiten werden vom Experiment bestätigt.

---

[1] Eine Steinsalzplatte von der Dicke $3 \cdot 10^{-6}$ cm (mit 100 als Reflexionsfläche)
wäre, als Gitter in einem idealen Röntgenspektrometer mit $\infty$-feinem Spalt usf. benutzt,
eben nicht mehr in der Lage, das $\alpha$-Dublett der Silber-K-Strahlung aufzulösen.

[2] Unter der Halbwertsbreite einer Spektrallinie versteht man ihre Breite genommen
zwischen den Punkten, an denen die Intensität die Hälfte des Maximalwertes beträgt.

## 3. Amorphe Substanzen.

Die Zahl der amorphen, festen Substanzen ist zweifellos viel kleiner, als man bisher dachte; so haben sich viele für amorph gehaltene Pulver (z. B. amorphes Bor)[1] als feindisperse Krystallpulver erwiesen.

Sicher nicht krystallinisch sind Flüssigkeiten. Man kann nach dem Röntgenbild einer Flüssigkeit fragen, und man wird erwarten, daß sich dieses grundsätzlich von dem einer krystallinen Substanz unterscheidet. Das Experiment zeigt nun[2], daß man bei Durchstrahlung einer Flüssigkeit auf dem Film einen Schwärzungsverlauf erhält, der für alle Flüssigkeiten im wesentlichen[3] gleich aussieht. Stets erhält man in der Nähe des Primärstrahles (bei kleinem Winkel $\vartheta$) ein intensives aber sehr breites Maximum, im übrigen Teile des Films nur eine ganz kontinuierlich verlaufende Schwärzung des Films. Eine Flüssigkeitsaufnahme unterscheidet sich auf den ersten Blick von derjenigen einer krystallinen Substanz.

Es gibt auch feste Substanzen, deren Röntgenogramme aussehen wie diejenigen von Flüssigkeiten und die man demnach als unterkühlte Flüssigkeiten auffassen kann. So z. B. Glas, auch Gelatine u. a. m.

## 4. Die experimentelle Anordnung.

Ob man als Stromquelle für die Röntgenröhre ein Induktorium oder einen Hochspannungstransformator benutzt, ist gleichgültig. Dagegen ist es zweckmäßig, keine technische Röntgenröhre zu benutzen, sondern eine solche der nachstehend beschriebenen Form, die einem Modelle *Rausch v. Traubenbergs*[4] nachgebildet ist. Es handelt sich doch in unserem Fall darum, eine möglichst weitgehend monochromatische Strahlung zu erzeugen. Am angenehmsten wäre es, wenn man aus der Röhre direkt einfarbiges Röntgenlicht bekommen könnte; dies ist jedoch unmöglich. Jedes Antikathodenmaterial liefert ein kontinuierliches Spektrum, die sog. Bremsstrahlung, und mehrere Linienspektren, die allerdings ihrer Wellenlänge nach weit auseinanderliegen. Es handelt sich also darum, die Röhre so zu bauen und so zu betreiben, daß in dem ausgesandten Licht eine ganz bestimmte Spektrallinie stark überwiegt. Man erreicht dies dadurch, daß man die Röntgenröhre so betreibt, daß die K-Serie des Antikathodenmaterials stark angeregt wird. Diese Serie besteht aus nur drei Linien[5], $\alpha$-, $\beta$- und $\gamma$-Linie. Die $\alpha$-Linie ist weitaus die stärkste, bei Cu z. B. 4 mal so stark als die $\beta$-Linie, und die Intensität der $\gamma$-Linie tritt gegen diejenige von $\alpha$ ganz zurück. Zur Erregung dieser K-Strahlung ist für jedes Element eine ganz bestimmte Mindestspannung $V$ nötig[6]. Um die Cu-K-Strahlung zu erregen, sind ca. 10 000 Volt nötig. Die beste Ausbeute an charakteristischer Strahlung erhält man, wenn man diese Mindestspannung um etwa 50% überschreitet. Die Bremsstrahlung tritt dann nur mit geringer Intensität auf. Mit der Anregung der K-Serie ist stets Emmission in den langwelligeren Serien verbunden, deren Licht aber wegen seiner größeren Wellenlänge durch Filter absorbiert werden kann, die die harte Strahlung der K-Serie kaum schwächen.

---

[1] *P. Debye* und *P. Scherrer:* Physikal. Zeitschr. **17**, 277 (1916).

[2] *P. Debye* und *P. Scherrer:* Göttinger Nachrichten **17** (Dez. 1915).

[3] Von Ausnahmen (Flüssigkeiten mit stark assoziierenden Molekülen) abgesehen.

[4] *H. Rausch v. Traubenberg:* Physikal. Zeitschr. **18**, 241 (1917).

[5] Wovon allerdings zwei enge Dubletts sind.

[6] Diese berechnet sich aus der Wellenlänge der zugehörigen Absorptionsbandkante $\lambda_A$, den universellen Konstanten $h =$ Wirkungsquantum, $\varepsilon =$ Elementarladung und $c =$ Lichtgeschwindigkeit zu $V = \dfrac{h \cdot c}{\varepsilon \cdot \lambda_A}$.

Wir haben in § 1 gesehen, daß wir für eine bestimmte Wellenlänge $\lambda$ von einer regulären Substanz mit der Gitterkonstanten $a$ ein ganz bestimmtes System von Interferenzen bekommen, das durch (2)

$$\sin^2 \frac{\vartheta}{2} = \frac{\lambda^2}{4\,a^2} (h_1^2 + h_2^2 + h_3^2)$$

gegeben ist.

Wenn wir nun die K-Strahlung mit den beiden Wellenlängen $\lambda_\alpha$ und $\lambda_\beta$ ($\lambda_\gamma$ kann wegen sehr geringer Intensität vernachlässigt werden) benutzen, so bekommen wir auf unserem Film zwei Systeme von Interferenzen,

$$\sin^2 \frac{\vartheta}{2} = \frac{\lambda_\alpha^2}{4\,a^2} (h_1^2 + h_2^2 + h_3^2)$$

und

$$\sin^2 \frac{\vartheta}{2} = \frac{\lambda_\beta^2}{4\,a^2} (h_1^2 + h_2^2 + h_3^2) .$$

Diese Systeme sind aber leicht zu trennen, es verhalten sich die entsprechenden Werte von $\sin \vartheta/2$ wie die Wellenlängen. Indem man unter den auf einem Film gefundenen Werten von $\sin \vartheta/2$ nach dem Verhältnisse $\dfrac{(\sin \vartheta/2)_\alpha}{(\sin \vartheta/2)_\beta} = \dfrac{\lambda_\alpha}{\lambda_\beta}$ sucht, findet man die $\beta$-Linien leicht heraus.

Die benutzte Röhre ist in Fig. 56 abgebildet. Sie besteht aus zwei Teile,n aus dem Glasteil mit der Aluminiumkathode und aus dem ganz aus Metall bestehenden „Kopf".

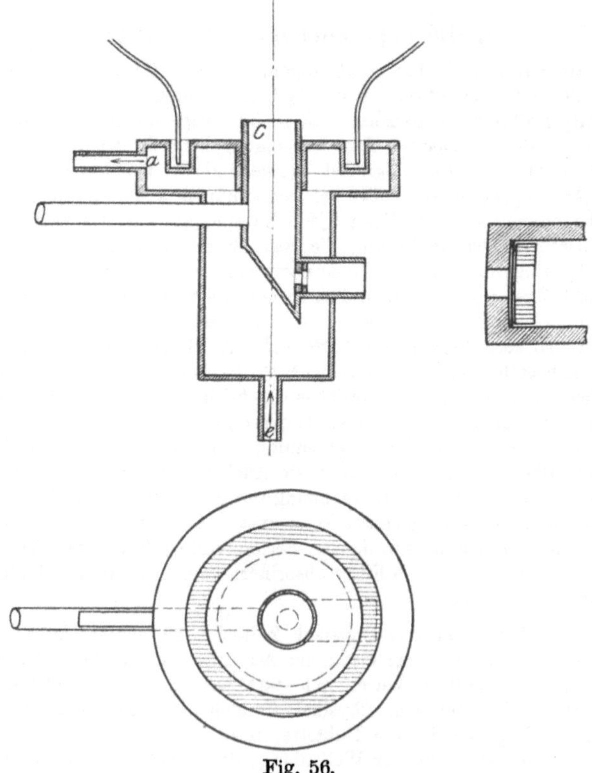

Fig. 56.

Der Glasteil ist ein Kolben von ca. 10—15 cm Durchmesser. Er enthält in dem angesetzten Hals die Aluminiumkathode. Diese hat die gewohnte Hohlspiegelform (Krümmungsradius 30 mm, Durchmesser 35 mm). Der Kolben[1] hat unten einen kurzen Ansatz von 40 mm Weite, der in eine am Metallkopf befindliche Nut paßt. Er wird mit weißem Siegellack auf den Metallkopf aufgekittet und kann, wenn er wegen Bestäubung unbrauchbar geworden ist, leicht ausgewechselt werden. Die Auswechslung ist sehr häufig nötig; ein Kolben hält, namentlich wenn das leicht zerstäubende Kupfer als Antikathodenmaterial benutzt wird, höchstens 10—12 Betriebsstunden aus.

Was den Metallteil anbetrifft, so ist er folgendermaßen gebaut. Auf eine zylinderförmige Röhre von 12 mm Durchmesser ist unter 45° gegen die Achse des Rohres ein dünnes Kupferblech hart aufgelötet. Auf dieses Blech wird das chemisch reine Antikathodenmaterial, Cu, Fe, Pt, Rh usw. aufgelötet. Dieser Zylinder mit der Antikathode ist umgeben von einem Wassermantel, der denselben ganz umschließt. Das Kühlwasser tritt bei $e$ ein und bei $a$ aus. Es kühlt außer der Antikathode auch die Siegellackkittung, so daß die Röhre auch bei stärkster Belastung nicht undicht wird. Ein Röhrchen von 6 mm Durchmesser führt vom inneren Zylinder durch den Wassermantel zur Pumpe. Der Mitte der Antikathode gegenüber ist ein Rohr von 8 mm Durchmesser eingesetzt, welches einem dünnen Röntgenstrahlenbündel den Austritt gestattet. Dieses Röhrchen ist in größerem Maßstabe daneben abgebildet. Es enthält ein Al-Fensterchen von $1/_{20}$ mm Dicke, durch das die Cu-K-Strahlung zu ca. 53% hindurchtritt. Das Al-Blech ruht auf einem kleinen Rändchen und wird durch einen Ring festgepreßt. Die Abdichtung geschieht durch einen Tropfen Schellacklösung. Weil das Fenster in nur etwa 7 mm Abstand von der Antikathode sich befindet, wird es stark bestäubt und muß hie und da erneuert werden. Dadurch, daß man mit den Blenden so nahe an die Antikathode herangehen kann, gewinnt man sehr an Intensität.

Ein neu eingekitteter Glasteil ist in etwa 20 Minuten so weit entgast, daß man Röntgenstrahlen erhält. Nach 1—2 stündigem Betrieb kann die Gaedepumpe abgestellt werden. Die Röhre tritt dann in das Stadium, wo sie mehr Gas absorbiert, als sie abgibt und sich selbst härtet. Man muß, um das Vakuum konstant zu halten, von Zeit zu Zeit etwas Luft zuführen, was am besten mit Hilfe eines Bauerventils geschieht. Die Konstanthaltung des Vakuums in der Röhre ist sehr wichtig, denn von diesem hängt die Spannung über der Röhre ab. Von der Einhaltung der günstigsten Spannung hängt aber in hohem Grade die Ausbeute an charakteristischer Strahlung ab.

Die Wellenlänge der Strahlung soll nicht zu kurz sein, weil die Empfindlichkeit der photographischen Platte für kurze Wellen sehr gering wird. Andererseits darf die Wellenlänge auch wieder nicht zu lang sein, daß sie beim Austritt aus der Röhre oder in der zu untersuchenden Substanz allzu stark absorbiert wird. Am besten wählt man, wenn man nicht mit technischen Röhren arbeiten will, eine Wellenlänge in der Gegend der Cu-K-Strahlung, $\lambda$ etwa $1{,}5 \cdot 10^{-8}$ cm. Wenn man mit modernen technischen Röhren arbeiten will, bei denen es wegen der hohen Belastbarkeit nicht so sehr auf die photographische Ausbeute ankommt, so muß man die Wellenlänge etwas kürzer wählen (z. B. Mo), weil so weiche Strahlung, wie sie von einer Cu-Antikathode geliefert wird, von der Glaswand nur zu einem geringen Bruchteil hindurchgelassen wird.

Zu einer Aufnahme sind etwa 6—8 Milliamperestunden Belichtung erforderlich. Da die Röhre mit $3^1/_2$ Milliampere maximal belastet werden kann, dauert eine Aufnahme 2—3 Stunden.

Sehr wichtig ist die Benutzung einer geeigneten Camera. Eine Skizze derselben zeigt Fig. 57.

Die Camera besteht aus 3 Teilen, aus dem Zuführungsrohr für den Röntgenstrahl, aus dem justierbaren Träger für die Substanz und aus der Kassette für den Film.

Der Röntgenstrahl tritt durch ein 9 cm langes Röhrchen aus Messing mit 1,5 mm Bohrung in die Camera. Dieses besitzt an seinem der Röntgenröhre abgewandten Ende eine Erweiterung (siehe Figur), die dazu dient, die von seinem Ende ausgehenden Sekundärstrahlen abzufangen. Da das Metall ein Aggregat feinster Kryställchen darstellt,

---

[1] Solche Kolben mit Kathode können von Gundelach, Hohlglashütte, Gehlberg bezogen werden.

gibt die Kante des Röhrchenendes Anlaß zu Interferenzen, die sich auf dem Film störend
bemerkbar machen würden, wenn sie nicht durch den kurzen Vorbau abgefangen würden.

Die Substanz, gewöhnlich ein feines Stäbchen von 1 mm Dicke und 10 mm Länge,
wird justierbar unter einem Kreuztisch befestigt, der selbst drehbar montiert ist. Es
ist nämlich nötig, daß sich der bestrahlte Teil der Substanz genau in der Mitte der
zylinderförmigen Filmkassette befindet.

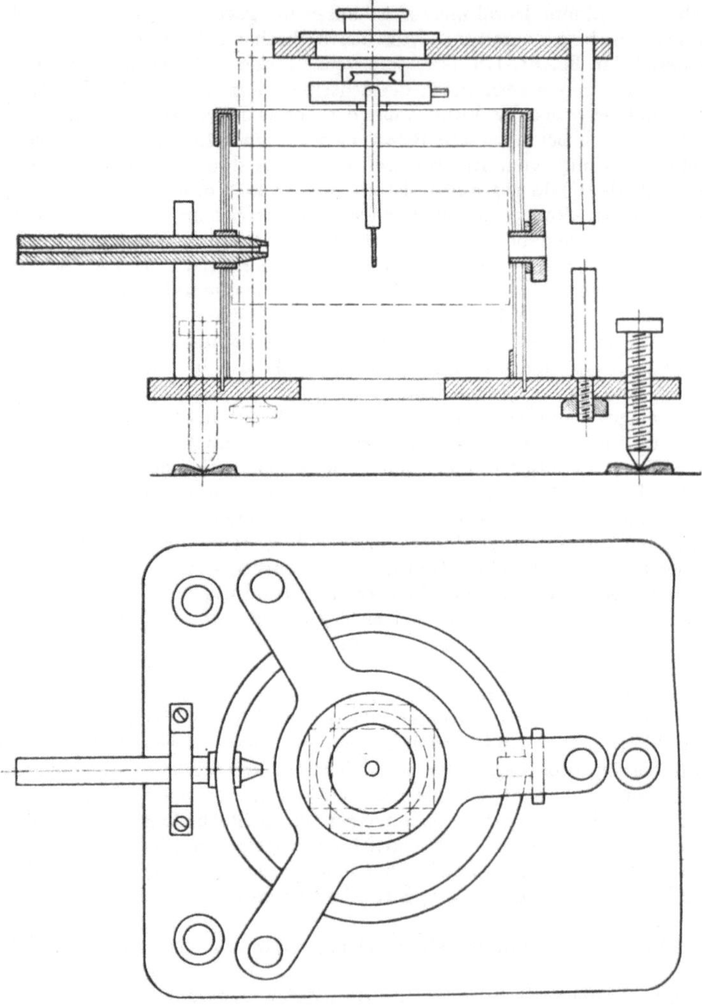

Fig. 57.

Die Fimkassette besteht im wesentlichen aus einem Messingzylinder von 57 mm
Durchmesser, an dessen Innenwand der photographische Film fest anliegt. Auf dem Film
befindet sich ein zweiter Zylinder, der aber aus schwarzem Papier besteht, so daß er
nicht für Licht, wohl aber für Röntgenstrahlen durchlässig ist. Durch einen kreisring-
förmigen Deckel wird die Kassette verschlossen. An diametral gegenüberliegenden
Stellen hat die Zylinderwand Öffnungen. Durch die eine Öffnung tritt der Röntgenstrahl

mit Hilfe des erwähnten Blendenröhrchens in die Camera ein. Durch die gegenüberliegende Öffnung verläßt der Strahl die Camera, ohne den Film, der an dieser Stelle durchlocht ist, zu treffen. So ist die Hauptanforderung, die wir an unsere Camera stellen müssen, nirgends außer am Stäbchen Sekundärstrahlung zu erzeugen, in einfacher Weise erreicht.

Um den Intensitätsverlauf in den Maxima und damit deren Breite zu bekommen, müssen die Films photometriert werden. Die Photometrierung geschieht mit einem *Hartmann*schen Mikrophotometer oder einem Elektrophotometer nach *Koch*[1]. Mit Hilfe eines solchen Photometers ist es möglich, die absoluten Werte der Schwärzungen[2] an den verschiedenen Stellen des Films zu messen. Man braucht dazu als Maßstab eine in absolutem Maße geeichte Schwärzungsskala. Die von uns benutzte Skala von *J. Hartmann* umfaßte 12 Felder mit den Schwärzungen 0,1 ... 3,5.

## 5. Die Bestimmung des Raumgitters und der Teilchengröße bei kolloidem Gold.

Es wurden 3 Goldpräparate untersucht:

1. Gefälltes Gold von Kahlbaum, Berlin.
2. Kolloides Gold von Heyden A.-G., Dresden-Radebeul.
3. Ein hochdisperses kolloides Präparat von *Zsigmondy*[3].

### I. Das gefällte Gold.

#### A. Das Raumgitter.

Das Präparat, ein feines hellbraunes Pulver, wurde zu einem Stäbchen von 1 mm Durchmesser gepreßt, des besseren Zusammenhanges halber mit einem dünnen Kollodiumüberzug versehen und mit Kupfer-K-Strahlung durchleuchtet. Eine Wiedergabe der erhaltenen Aufnahme ist in Fig. 1, Tafel VI, zu finden. Der Film zeigt 19 Interferenzlinien[4]. Die zugehörigen Winkel $\vartheta$ wurden ausgemessen und ergaben sich zu:

| $\vartheta = 34,7°$ | 38,6° | 40,2° | 44,8° | 58,3° | 65,4° | 69,5° |
|---|---|---|---|---|---|---|
| s | st | ss | m | ss | m-st | s |
| 72,9° | 78,3° | 82,5° | 96,8° | 99,4° | 112,1° | 116,7° |
| ss | st | m-st | ss | m | st | st |
| 126,3° | 137,2° | 152,3° | 161,8° | 163,9° | | |
| s | st | ss | st | s | | |

Die unter den Ziffern angegebenen Buchstaben bezeichnen die geschätzten Intensitäten der Linien: st = stark, m = mittel, s = schwach, ss = sehr schwach.

---

[1] *T. P. Koch*: Annalen d. Phys. **39**, 705 (1912).

[2] Bekanntlich versteht man unter der Schwärzung einer Stelle des Films den gewöhnlichen Logarithmus des Verhältnisses der auffallenden zur durchgelassenen Intensität.

[3] Herrn *Zsigmondy* bin ich für die Herstellung vieler Präparate, sowie für viele wertvolle Ratschläge zu Dank verpflichtet.

[4] Auf der Reproduktion sind nicht alle deutlich zu sehen. Das Zentrum des weißen Kreises stellt $\vartheta = 0$ dar.

Hierauf wurden dadurch, daß in der Tabelle der $\sin\frac{\vartheta}{2}$ nach Verhältnissen

$$\frac{\left(\sin\dfrac{\vartheta}{2}\right)_\alpha}{\left(\sin\dfrac{\vartheta}{2}\right)_\beta} = \frac{\lambda_\alpha}{\lambda_\beta} = \frac{1{,}549 \cdot 10^{-8}}{1{,}402 \cdot 10^{-8}} = 1{,}103$$

gesucht wurde, die $\beta$-Linien ausgesondert. Von den oben angegebenen 19 $\vartheta$-Werten bleiben dann nur die zehn fettgedruckten Werte als von der $\alpha$-Linie herstammend, übrig.

Dadurch, daß man diesen Werten eine quadratische Form

$$\sin^2\frac{\vartheta}{2} = \frac{\lambda^2}{4\,a^2}\,(h_1^2 + h_2^2 + h_3^2)$$

zuordnet, erhält man die Gitterkonstante $a$ und zugleich die Indices der reflektierenden Netzebenen für die verschiedenen Linien.

Für die Kantenlänge des Elementarwürfels ergibt sich: $a = 4{,}07 \cdot 10^{-8}$ cm in Übereinstimmung mit *Vegard*s Messung[3] an großen schön ausgebildeten Goldkrystallen. Die Zuordnung der Indices zu den $\vartheta$-Werten wird durch folgende Tabelle veranschaulicht:

Tabelle 1.

| $\vartheta$ | $\sin\frac{\vartheta}{2}$ | $h_1\,h_2\,h_3$ | $\dfrac{\sin\frac{\vartheta}{2}}{\sqrt{h_1^2\,h_2^2\,h_3^2}}$ | Z. | J. beob. | J. ber. |
|---|---|---|---|---|---|---|
| 34,7 | 208 | 111 | 172 | — | s | — |
| **38,6** | **330** | **111** | **190** | 8 | st | 2,28 |
| 40,2 | 344 | 002 | 172 | — | ss | — |
| **44,8** | **381** | **002** | **190** | 6 | m-st | 1,22 |
| 58,3 | 487 | 022 | 172 | — | ss | — |
| **65,4** | **540** | **022** | **190** | 12 | m | 1,05 |
| 69,5 | 570 | 113 | 172 | — | s | — |
| 72,9 | 594 | 222 | 172 | — | ss | — |
| **78,3** | **632** | **113** | **190** | 24 | st | 1,47 |
| **82,5** | **659** | **222** | **190** | 8 | s-m | 0,45 |
| 96,8 | 748 | 133 | 172 | — | ss | — |
| **99,4** | **763** | **004** | **190** | 6 | s-m | 0,59 |
| **112,2** | **830** | **133** | **190** | 24 | m | 1,30 |
| **116,7** | **851** | **024** | **190** | 24 | m | 1,37 |
| 126,3 | 892 | 115<br>333 | 172 | — | s | — |
| **137,2** | **931** | **224** | **190** | 24 | m-st | 2,11 |
| 152,3 | 971 | 044 | 172 | — | ss | — |
| **161,8** | **988** | **115**<br>**333** | **190** | 8<br>24 | st | 7,64 |
| 163,8 | 990 | 115<br>333 | — | — | s | — |

[3] *L. Vegard:* Phil. Mag. **32**, 65 (1916).

Wir machen zu dieser Tabelle folgende Bemerkungen:

Die fettgedruckten Ziffern entsprechen den $\alpha$-Reflexionen, die übrigen stellen Reflexionen der schwächeren $\beta$-Linien dar. Nur die letzte Linie (die breite Doppellinie rechts und links) bei $\vartheta = 163{,}9°$ läßt sich in unser System nicht einordnen.

Das rührt daher, daß wir die $\alpha$-Linie als einfache Linie betrachtet haben, in Wirklichkeit hätten wir mit einem $\alpha$-Dublett, bestehend aus einer starken $\alpha$- und einer schwächeren $\alpha'$-Komponente, rechnen müssen. Wenn der Winkel $\vartheta$, unter dem eine Interferenz beobachtet wird, nicht in der Nähe von 180° liegt, so wird dieses Dublett, wegen der Stäbchendicke, die an sich eine ziemliche Breite der Linien bedingt, nicht aufgelöst. In der Nähe von 180°, wo sich $\sin\dfrac{\vartheta}{2}$ mit $\vartheta/2$ nur wenig mehr ändert, wächst das Auflösungsvermögen sehr stark[1] und man kann erwarten, das $\alpha$-Dublett getrennt zu finden. — Die nicht eingeordnete Linie entspricht in der Tat der Reflexion der $\alpha'$-Wellenlänge an 115 und 333, während $\vartheta = 161{,}8°$ als Reflexion der intensiveren $\alpha$-Wellenlänge an denselben Netzebenen angesprochen werden muß.

In der vierten Kolonne ist das Verhältnis von $\dfrac{\sin\dfrac{\vartheta}{2}}{\sqrt{\Sigma h^2}}$ angegeben, das ja nach Formel (2) konstant sein soll. Man sieht, daß die Konstanz sowohl für die $\alpha$- als für $\beta$-Linie eine völlig befriedigende ist. In den letzten beiden Kolonnen der Tabelle werden die geschätzten Intensitäten mit den auf Grund der Beziehung (3) berechneten Werten verglichen. (Kolonne 5 enthält den auf Seite 9 erwähnten Häufigkeitsfaktor für die verschiedenen Reflexionsebenen.)

Die Übereinstimmung der berechneten und beobachteten Intensitäten ist sehr gut.

Damit ist das Raumgitter der in diesem Präparat vorliegenden Goldkrystalle eindeutig festgelegt.

## B. Die Teilchengröße.

Das benützte Goldpulver zeigte unter dem Mikroskop flockige Teilchen von etwa $^1/_{100}$ mm Größe. Diese Teilchen waren keine Krystalle, sondern aus noch kleineren Einzelindividuen aufgebaut.

Wie die Aufnahme zeigt, sind die Interferenzen alle ungefähr von derselben Breite und nicht breiter, als man es bei der Dicke des verwendeten Stäbchens und der Breite des einfallenden Röntgenstrahlenbündels erwarten würde, wenn die Maxima absolut scharf wären. Ein empfindliches Anzeichen dafür, daß wir es mit sehr großen ultramikroskopischen Krystallen und folglich mit sehr schmalen Interferenzen zu tun haben, bildet das Vorhandensein eines aufgelösten $\alpha$-Dubletts. Dieses Dublett, dessen Wellenlängendifferenz nur $4 \cdot 10^{-11}$ cm beträgt, wird nur getrennt, wenn das Auflösungsvermögen des Gitters noch verhältnismäßig groß ist, der Krystall also noch viele Atome umfaßt. Wie wir weiter unten sehen werden, findet sich das hier noch aufgelöste $\alpha$-Dublett schon bei verhältnismäßig großen Kolloidteilchen in eine Linie verschmolzen. Dies kann nicht wundern, wenn man bedenkt, daß die Breite $B$ der Linie nach Formel (4) mit wachsendem $\vartheta$ zunimmt, wie $\dfrac{1}{\cos\dfrac{\vartheta}{2}}$. Bei $\vartheta = 163°$, wo sich das aufgelöste $\alpha$-Dublett

---

[1] Siehe *P. Scherrer:* Physikal. Zeitschr. **19**, 27 (1918).

befindet, hat dieser Faktor schon den Wert 6,75. Die Halbwertsbreite dieser letzten Linie auf unserm Film ist also etwa 6 mal größer als diejenige der ersten Linie.

Es wurden auf dem Film einige Linien mit kleinen $\vartheta$-Werten und einige mit großen $\vartheta$-Werten photometriert. Ihre Halbwertsbreiten stimmten aber so nahe überein, daß wir annehmen können, die ganze Breite der Linie sei durch die Stäbchendicke bedingt und die wirkliche Breite des Maximums spielt dagegen gar keine Rolle.

Die Trennung der wahren Breite des Maximums von der durch die Stäbchendicke hervorgerufenen Breite der Interferenzlinie wäre nicht schwierig, wenn das ganze Stäbchen gleichmäßig strahlen würde. Wegen der Absorption strahlt das Stäbchen aber nach verschiedenen Richtungen etwas verschieden.

Hier, im Falle des gefällten Goldes, stellen wir also fest, daß wir es mit großen Krystallen zu tun haben, deren Interferenzen so scharf sind, daß wir deren Breite mit unserer Methode nicht messen können.

## II. Kolloides Gold von *Heyden*.

Bei der Untersuchung des kolloiden Goldes muß man — um Störungen durch das Medium zu vermeiden — trachten, das Gold in möglichst konzentrierter Form zu verwenden, was nur bei mit Schutzkolloiden geschützten Trockenpräparaten möglich ist.

Meist wird wegen ihrer hohen Schutzwirkung Gelatine benutzt. Die Masse Gelatine, die nötig ist, um eine gewisse Menge Gold zu schützen, ist gering, so daß die störende Wirkung der von derselben erzeugten Streustrahlung unerheblich ist. Gelatine ist überdies amorph. (siehe § 8).

Die von *Heyden* bezogene Substanz war ein in dieser Weise geschütztes Goldpräparat. Das Schutzkolloid und die Menge desselben waren unbekannt. Das Präparat bestand aus schwarzen Schüppchen, die sich in Wasser leicht zu einer hochroten Flüssigkeit lösten. Der Tyndallkegel war ziemlich schwach und leicht-grünlich, ein Zeichen, daß wir es mit Teilchen mittlerer Größe zu tun hatten. Das Kolloid wurde in einem feinen Kollodiumhäutchen von 1 mm Durchmesser durchstrahlt.

Die Aufnahme ist in Fig. 2, Tafel VI, wiedergegeben; sie zeigt uns folgendes:

A. Die scharfen Interferenzen, die sich über den ganzen Film erstrecken, zeigen, daß wir es mit einer **krystallinischen Substanz** zu tun haben. **Unser kolloides Gold besteht also aus lauter kleinen Kryställchen, ein Resultat, das bis jetzt zwar vielfach wahrscheinlich gemacht, aber noch niemals mit voller Sicherheit festgestellt werden konnte.**

Man könnte vermuten, daß sich das Goldpräparat unter dem Einfluß der Röntgenstrahlen umgewandelt hätte. Es wäre denkbar, daß die Goldteilchen zu größeren Kryställchen zusammenbacken würden. Dies ist aber nicht der Fall, wie eine sorgfältige Untersuchung der Präparate nach der Durchstrahlung zeigte. Das bestrahlte Präparat löste sich leicht in Wasser und die Lösung zeigte dieselben Eigenschaften wie diejenige des unbestrahlten Goldes. Die durchstrahlten Präparate wurden stets in dieser Weise auf eventuelle Veränderungen geprüft.

B. Aus der Lage der Interferenzen läßt sich wiederum angeben, wie die Goldkryställchen im einzelnen gebaut sind. Es zeigt sich die überraschende Tatsache, daß die Kryställchen genau dasselbe Raumgitter besitzen wie die gewöhnlichen makroskopischen Goldkrystalle.

Alle Linien, die sich auf dem unter 1. bes roch nen Goldfilm zeigten, sind auch hier vorhanden mit Ausnahme der $\alpha'$-Linie, die jetzt zusammen mit der $\alpha$-Linie einer verschwommenen breiten Schwärzung Platz gemacht hat. Die kolloiden Goldkryställchen unterscheiden sich in ihrer Struktur absolut nicht von den Krystallen des gewöhnlichen metallischen Goldes. Diese Tatsache ist eines der Hauptresultate unserer Untersuchung.

C. Aus der Breite der Interferenzen können wir auf die Größe der Kryställchen schließen. Es ist dazu nötig, den Film unter den in § 4 angegebenen Gesichtspunkten zu photometrieren. Man erhält dann für die einzelnen Linien die Intensitätsverteilungen und kann die Halbwertsbreite bestimmen[1].

Die so gemessenen Halbwertsbreiten der $\alpha$-Linien stellen wir in folgender Tabelle zusammen:

Tabelle 2.

| $\vartheta$ | $\dfrac{\vartheta}{2}$ | $\cos\dfrac{\vartheta}{2}$ | $\dfrac{1}{\cos\dfrac{\vartheta}{2}}$ | $B$ mm |
|---|---|---|---|---|
| 38,6 | 19,3 | 0,943 | 1,060 | 1,36 |
| 44,8 | 22,4 | 0,925 | 1,082 | 1,32 |
| 65,4 | 32,7 | 0,841 | 1,190 | 1,30 |
| 78,3 | 39,15 | 0,775 | 1,291 | 1,40 |
| 82,5 | 41,25 | 0,751 | 1,333 | 1,40 |
| 99,4 | 49,7 | 0,660 | 1,515 | 1,45 |
| 112,1 | 56,05 | 0,556 | 1,802 | 1,60 |
| 116,7 | 58,35 | 0,524 | 1,907 | 1,50 |
| 137,2 | 68,6 | 0,363 | 2,756 | 1,94 |
| 163,0 | 81,5 | 0,148 | 6,29 | 3,9 [2] |

Der Wert der Halbwertsbreite im Winkelmaß ergibt sich aus folgender Überlegung: Da der Cameradurchmesser 57 mm beträgt, entspricht 1 mm auf dem Film, 2 : 57 abs., einer Halbwertsbreite von $B_{\text{mm}}$, also

$$B_{\text{abs}} = \frac{2}{57} \cdot B_{\text{mm}} .$$

Fig. 58 zeigt die graphische Darstellung von $B$ als Funktion von $\dfrac{1}{\cos \vartheta/2}$. Nach Formel (4) muß $B$ der Gleichung:

$$B = 2\sqrt{\frac{\ln 2}{\pi} \cdot \frac{\lambda}{\varDelta} \cdot \frac{1}{\cos\dfrac{\vartheta}{2}}}$$

---

[1] Für denjenigen, der solche Messungen ausführen will, sei hier bemerkt, daß sich die Halbwertsbreiten sehr benachbarter Linien, auch wenn deren Schwärzungskurven sich etwas überdecken, graphisch leicht feststellen lassen.

[2] Dabei sind wegen des Abstandes der $\alpha$- und $\alpha'$-Linie, der hier so groß ist, daß er berücksichtigt werden muß, schon 1,9 mm subtrahiert, bei den übrigen Linien braucht der Abstand nicht berücksichtigt zu werden.

genügen. Es zeigt sich in unseren Zahlen deutlich der stark ansteigende Verlauf von $B$ mit wachsendem $\vartheta$. Auch läßt sich in Fig. 58 durch die beobachteten Werte sehr gut eine Gerade legen. Diese Gerade geht aber nicht, wie nach obiger Formel für $B$ zu erwarten wäre, durch den Nullpunkt. Dies hat seinen einfachen Grund darin, daß ja die

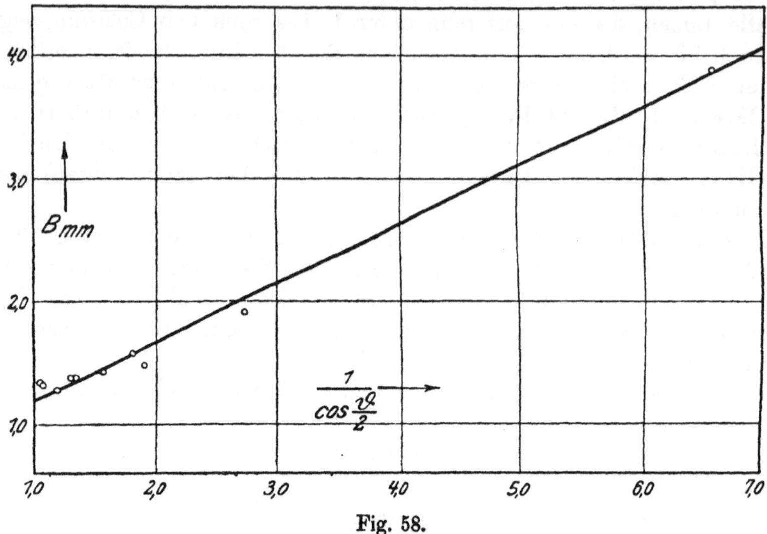



Fig. 58.

hier gemessenen Werte durch das Hinzukommen der Stäbchendicke verbreitert sind. Selbst wenn die Maxima unendlich schmal wären, könnten die Interferenzen auf dem Film niemals schmaler sein als das leuchtende Stäbchen. Wenn wir das Stäbchen als nach allen Seiten gleichmäßig strahlend voraussetzen, haben wir die obige Formel für $B$ zu ersetzen durch

$$B = 2\sqrt{\frac{\ln 2}{\pi}} \cdot \frac{\lambda}{\Lambda} \cdot \frac{1}{\cos\frac{\vartheta}{2}} + b. \tag{5}$$

$b$ ist dann die durch die Stäbchenbreite hervorgerufene Verbreiterung der Linie.

Wenn wir mit Hilfe der Methode der kleinsten Quadrate eine Gerade durch die gemessenen Punkte hindurchlegen, erhalten wir für die zwei Konstanten in der Gleichung die (absoluten) Werte:

$$2\sqrt{\frac{\ln 2}{\pi}} \cdot \frac{\lambda}{\Lambda} = \frac{2}{57} \cdot 0,478 \; ; \qquad b' = \frac{2}{57} \cdot 0,727 \; .$$

Wir sehen aus dem numerischen Wert von $b$, daß das Stäbchen nicht mit seiner vollen Breite (1 mm) in Rechnung zu setzen ist, ein Resultat, das wir bei der großen Absorption des Goldes nicht anders erwarten können.

Aus der ersten Gleichung berechnen wir die Kantenlänge $\Lambda$ unserer Goldkrystalle. Unter Zugrundelegung des Wertes $\lambda = 1,54 \cdot 10^{-8}$ cm für die Wellenlänge der benutzten Cu-K-Strahlung erhalten wir den Wert

$$\Lambda = 2\sqrt{\frac{\ln 2}{\pi}} \cdot \frac{1,54 \cdot 10^{-8}}{0,0168} = 86,2 \cdot 10^{-8} \text{ cm} = 8,62 \; \mu\mu \; .$$

Unsere Krystalle haben also einen Durchmesser, wie er mittelgroßen bis kleinen Kolloidteilchen im allgemeinen zukommt. Das Volumen des Teilchens beträgt im Durchschnitt:

$$V = \Lambda^3 = 6{,}4 \cdot 10^{-19}\ \text{cm}^3\ .$$

Weil das Teilchen dieselbe Struktur wie ein makroskopischer Krystall hat, hat es auch dieselbe Dichte, und wir berechnen für dessen Masse nach der Formel

$$m = V \cdot \varrho \cdot \qquad \varrho = \text{Dichte} = 19{,}4$$

den Wert $m = 1{,}24 \cdot 10^{-17}\ \text{gr}$.

Ein solches Kryställchen enthält $\left(\dfrac{\Lambda}{a}\right)^3$ Elementarbereiche, wenn man als Elementarbereich den flächenzentrierten Würfel (mit 4 Atomen) betrachtet. In der Richtung einer Würfelkante sind

$$\frac{\Lambda}{a} = \frac{86{,}2}{4{,}07} = 21{,}2$$

Elementarbereiche nebeneinander angeordnet.

Die Fabrik, die das Goldpräparat herstellte, gibt für die Teilchengröße den Wert $10\,\mu\mu$ an, was in guter Übereinstimmung mit unserem Befunde steht.

### III. Das Goldpräparat von *Zsigmondy*.

Herr *Zsigmondy* hatte die Freundlichkeit, dem Verf. ein hochdisperses durch Gelatine geschütztes Goldpräparat mit amikroskopischen Goldteilchen zur Verfügung zu stellen, dessen Teilchengröße durch Messung des osmotischen Druckes annähernd ermittelt war (s. Kap. 45a).

Das trockene Präparat war ein grünlich schillerndes Pulver, das sich in Wasser leicht wieder zu einem roten Hydrosol löste.

Es wurde in der beschriebenen Weise eine Aufnahme mit Cu-K-Strahlung gemacht. Diese ist in Fig. 3, Tafel VI reproduziert. Die Aufnahme zeigt uns folgende Eigenschaften des Präparats:

A. Die vielen über den ganzen Film sich erstreckenden Interferenzen deuten auf **krystallinische Struktur der Teilchen**. Wir haben es auch bei diesem Präparat wieder mit kleinen Kryställchen zu tun.

B. Die Lagen der Maxima sind ganz genau dieselben wie bei der vorigen Aufnahme und bei der Aufnahme des gefällten Goldes, woraus wir schließen, daß **genau dasselbe Raumgitter** vorliegen muß. Wir haben wieder ein **flächenzentriertes kubisches Gitter**.

C. Die Interferenzen sind sehr breit, wesentlich breiter als bei der Aufnahme des *Heyden*schen Präparates. Die Teilchen müssen hier also viel kleiner sein als dort. Bei Betrachtung der Reproduktion ist zu beachten, daß das Auge die Intensitätsverteilung innerhalb einer Linie stark fälscht; die Interferenzen erscheinen dem Auge stets schmaler als sie in Wirklichkeit sind.

Die Photometrierung eines solchen Films zeigte, daß die Maxima außerordentlich flach waren. Sie erwiesen sich als so breit, daß sie alle übereinandergriffen und die Bestimmung der Halbwertsbreiten nur mit einiger Willkür möglich war. Es wurde daher davon abgesehen, aus dieser Aufnahme die Teilchengröße zu bestimmen. Es wurde eine zweite Aufnahme mit größerer Wellenlänge (Eisenstrahlung) hergestellt. Diese ist in Fig. 4, Tafel VI, wiedergegeben. Bei größerer Wellenlänge liegen die Interferenzen viel weiter auseinander, und die Ermittlung der Halbwertsbreiten ist trotz der größeren Breite der einzelnen Linie leichter.

Die Wellenlänge der benutzten Fe-K-Strahlung beträgt $\lambda = 1{,}93 \cdot 10^{-8}$ cm. Die Benutzung so langer Wellen ist aber im allgemeinen wegen der großen Absorption, die diese Strahlung erfährt, unvorteilhaft.

Entsprechend der Größe der Wellenlänge findet man auf dem Film nur 6 $\alpha$-Linien. Diese sind mit den durch Ausmessung und Photometrierung erhaltenen Daten in Tab. 3 zusammengestellt. Der Verlauf der letzten $\alpha$-Linie 004 ist so flach, daß sie nicht mit vollkommener Sicherheit vom kontinuierlich geschwärzten Untergrund abgetrennt werden konnte. Ihre Halbwertsbreite betrug 10—11 mm.

Tabelle 3.

| $h_1 h_2 h_3$ | $\dfrac{\vartheta}{2}$ | $\cos\dfrac{\vartheta}{2}$ | $\dfrac{1}{\cos\vartheta/2}$ | $B$ mm |
|:---:|:---:|:---:|:---:|:---:|
| 111 | 24,4° | 0,910 | 1,098 | 3,6 |
| 002 | 28,5° | 0,878 | 1,138 | 3,6 |
| 022 | 42,4° | 0,735 | 1,362 | 4,5 |
| 113 | 52,7° | 0,610 | 1,639 | 5,2 |
| 222 | 55,7° | 0,562 | 1,778 | 5,4 |
| 004 | 72,9° | 0,293 | 3,414 | 10—11 |

Tragen wir die Halbwertsbreiten als Funktion von $\dfrac{1}{\cos\vartheta/2}$ auf, so erhalten wir, analog wie beim *Heyden*schen Präparat, Punkte, durch die wir die Gerade

$$B = 2\sqrt{\frac{\ln 2}{\pi} \cdot \frac{\lambda}{\varLambda} \cdot \frac{1}{\cos\vartheta/2}} + b$$

legen können.

Die Werte der beiden die Gerade charakterisierenden Konstanten bestimmen sich zu:

$$2\sqrt{\frac{\ln 2}{\pi} \cdot \frac{\lambda}{\varLambda}} = \frac{2}{57} \cdot 2{,}78\,, \qquad b = \frac{2}{57} \cdot 0{,}57\,.$$

Aus der ersten Konstanten berechnet sich die lineare Ausdehnung eines Kolloidteilchens zu:

$$\varLambda = 1{,}86 \cdot 10^{-7}\ \text{cm} = 1{,}86\ \mu\mu\,.$$

Diese Teilchen sind also außerordentlich klein. Im ganzen umfaßt ein solches Kryställchen nur noch 95 Elementarbereiche zu 4 Atomen, also 380 Atome. Wie klein ein solches Teilchen ist, kommt einem am besten zum Bewußtsein, wenn man bedenkt, daß dasselbe nur noch 4,5 Elementarbereiche längs einer Würfelkante aufweist.

Die Übereinstimmung unseres Wertes für die Teilchengröße mit dem durch osmotischen Druck erhaltenen Wert (1,6 $\mu\mu$) ist genügend. Wahrscheinlich sind alle Halbwertsbreiten wegen der Überlagerung der Linien etwas zu klein gemessen; durch diesen Fehler würde dann das Teilchen ein wenig zu groß erscheinen. Es ist auch möglich, daß die Bestimmung der Teilchengröße durch osmotischen Druck durch Teilchen des nicht völlig adsorbierten Schutzkolloids etwas beeinflußt ist.

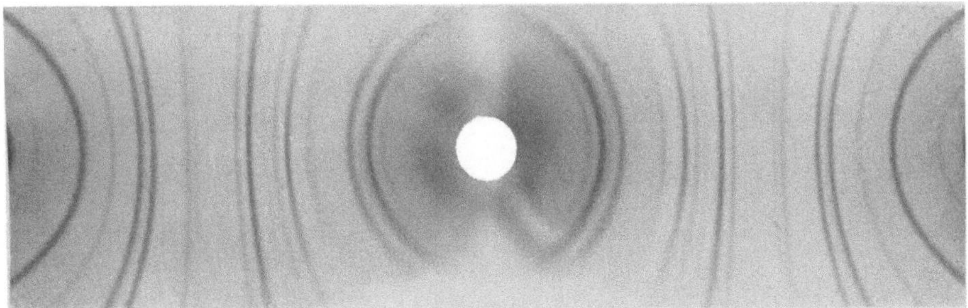

Fig. 1.  Gefälltes Gold.

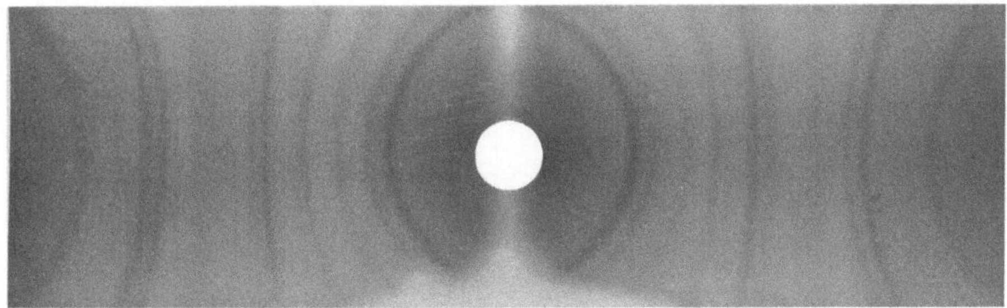

Fig. 2.  Kolloides Gold von *Heyden*.

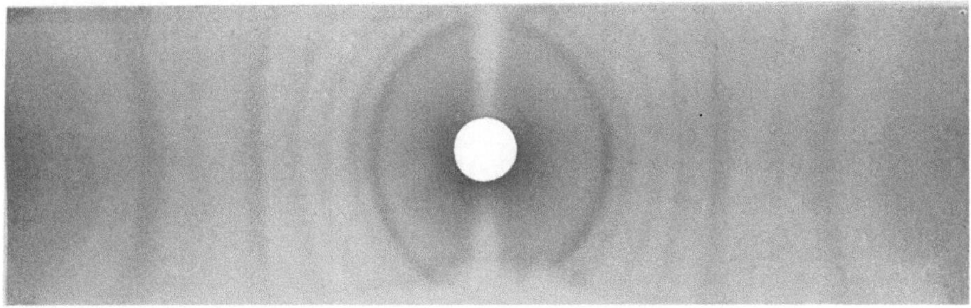

Fig. 3.  Kolloides Gold von *Zsigmondy* (Kupferstrahlung).

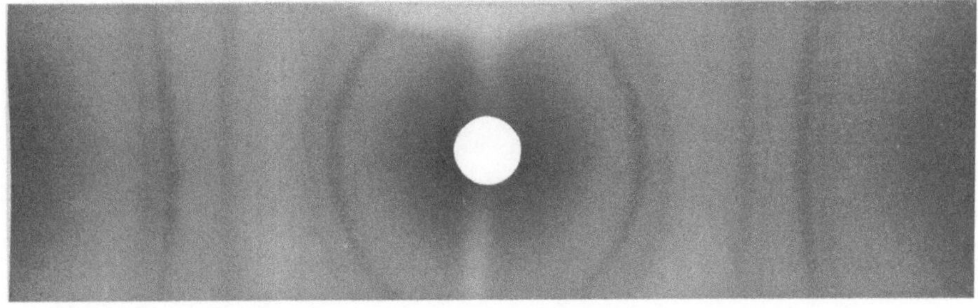

Fig. 4.  Kolloides Gold von *Zsigmondy* (Eisenstrahlung.)

Leipzig, Verlag von *Otto Spamer*.

Die Tatsache, daß bei so kleinen Teilchen die längs einer Würfelkante nur noch 4—5 Elementarbereiche zählen, das Raumgitter noch so schön erhalten bleibt, ist höchst bemerkenswert. Hier drängt sich uns die Frage auf, wie die ungeheure Stabilität einer solchen Atomanordnung, die in der Konstanz der Gitterabstände selbst bei so kleinen Teilchen sich zeigt, zu erklären ist.

Nachdem wir uns am Beispiele des kolloiden Goldes so genau über den Gang der röntgenographischen Untersuchung orientiert haben, können wir uns in folgendem kürzer fassen.

## 6. Untersuchung von kolloidem Silber.

Es wurde ein kolloides Silberpräparat von *Heyden* bezogen, das in der Medizin gebrauchte „Collargol". Es ist dies ein durch Schutzkolloid stark geschütztes Präparat, das sich im Wasser sehr schnell und leicht mit gelber bis brauner Farbe löst.

Das Präparat wurde mit Kupferstrahlung durchstrahlt. Der Film ist in Fig. 5, Tafel VII, wiedergegeben. Es zeigte sich, wie nach der Aufnahme von kolloidem Gold zu erwarten war, eine große Zahl von Interferenzen, welche auf die krystallinische Struktur des kolloiden Silbers hinweisen.

Das Raumgitter des Silbers ist bekannt. Es ist fast genau identisch mit dem des Goldes. Der Elementarbereich hat eine Kantenlänge von $4{,}06 \cdot 10^{-8}$ cm[1]. Unsere Aufnahme, die sich mit derjenigen des Goldes fast genau deckt (die Abweichungen sind nur durch Messungen festzustellen) zeigt uns, daß das Raumgitter der kolloiden Silberteilchen genau dasselbe ist, wie bei makroskopischen Silberkrystallen.

Die Interferenzen sind nicht sehr scharf, die Breite ist von derselben Größenordnung wie beim *Heyden*schen Goldpräparat. Auch hier ist das $\alpha$-Dublett nicht mehr aufgelöst. Halbwertsbreiten wurden nicht bestimmt.

## 7. Struktur des Kieselsäure- und des Zinnsäuregels und des gewöhnlichen Glases.

Eine systematische Untersuchung dieser vom kolloidchemischen Standpunkte sehr interessanten Körper verspricht sehr wertvolle Resultate.

Es wurden gealterte wasserfreie $SiO_2$- und $SnO_2$-Gele durchstrahlt. Die Röntgencamera muß zu diesem Zwecke luftdicht geschlossen werden und es befindet sich zweckmäßig ein kleines Gefäß mit $P_2O_5$ in derselben.

Die Aufnahmen dieser beiden Gele zeigen denselben Charakter. Es finden sich auf den Films eine größere Anzahl Interferenzlinien, die deutlich auf das Vorhandensein kleiner Krystalle hinweisen. Daneben tritt aber auch bei beiden Substanzen mit großer Intensität ein ganz flaches Maximum auf, das auf viel amorphe Substanz schließen läßt. Fig. 6, Tafel VII.

Wir müssen die beiden Gele ansehen als amorphe Körper, die schon sehr viele krystallinische Ultramikronen eingelagert enthalten.

---

[1] *L. Vegard:* Phil. Mag. **31**, 83 (1916).

Daß nicht alle festen Stoffe krystallinisches Gefüge haben, zeigen die Röntgenaufnahmen von Gläsern. Fig. 7, Tafel VII, zeigt das Röntgenbild einer bei C. P. Goerz hergestellten Glassorte. Dieses Glas zeigt nicht die geringste Andeutung einer Krystallstruktur, die Aufnahme unterscheidet sich in ihrem Charakter gar nicht von einer Aufnahme flüssigen Benzols oder dergleichen. Wir haben es bei guten Gläsern wirklich mit amorphen Substanzen zu tun. Andere Glassorten, z. B. ein vom Glasbläser bezogener Glasstab, zeigen im allgemeinen neben amorpher Substanz krystallinische Einlagerungen, auch dann, wenn sie vollkommen klar sind und nicht die geringste Spur einer Trübung aufweisen.

## 8. Organische Kolloide.

### Gelatine, Stärke, Cellulose.

Die drei genannten Substanzen sind typische organische Kolloide. Es ist nun interessant, zu wissen, ob wir es hier auch mit krystallinischen Kolloidteilchen zu tun haben, oder ob diese Kolloide amorphe Teilchen besitzen.

Stärke und Cellulose sind bekanntlich sehr stark doppelbrechend. Baumwolle-, Ramie- usw. Fasern hellen, zwischen gekreuzte Nicols gebracht, das Gesichtsfeld auf, und Stärke zeigt im Polarisationsmikroskop das bekannte „Kreuz". Diese Doppelbrechung ist, wie *H. Ambronn*[1] gezeigt hat, zum Teil Stäbchendoppelbrechung, zum Teil aber Eigendoppelbrechung. Dem gewöhnlichen Sprachgebrauch folgend bezeichnet man eigendoppelbrechende Substanzen als krystallinisch.

Bei den Aufnahmen organischer Substanzen ist große Vorsicht am Platze, weil sich viele dieser Stoffe unter dem Einfluß der Röntgenstrahlen verändern. So zersetzten sich Hämoglobinkrystalle, scheinbar auch Pflanzeneiweiß, bei der Aufnahme.

Die Aufnahme von gewöhnlicher, trockener, farbloser Gelatine des Handels zeigt zwei sehr starke, flache Maxima und daneben kontinuierliche Schwärzung des Films. Am wahrscheinlichsten ist wohl die Annahme, daß die Gelatine ein Gemisch von zwei amorphen Substanzen darstellt. Ob die eine in Form amikroskopischer Teilchen in der anderen enthalten ist, oder ob die beiden Substanzen völlig ineinander gelöst sind und nur jede Molekülart für sich ein Maximum erzeugt, darüber wird eine eingehendere Untersuchung aufklären.

Die Stärke (Reisstärke des Handels) zeigt im Gegensatz zur Gelatine schöne, deutliche Krystallinterferenzen. Die Krystalle sind sehr klein, von $\vartheta = 120°$ an verschmelzen die Interferenzlinien miteinander.

Sehr interessant ist die Aufnahme der Ramiefaser. Durchstrahlt man ein wirres Bündel von Ramie, in dem die Fasern alle möglichen Lagen haben, so erhält man eine Aufnahme, die deutlich die krystallinische Struktur der Faser erweist: der Film ist bedeckt mit breiten Maxima.

Durchstrahlt man hingegen ein Bündel, in dem alle Fasern parallel liegen (z. B. in der Achse der zylindrischen Camera), so erhält man eine Auf-

---

[1] *H. Ambronn:* Kolloid-Zeitschr. **20**, 173 (1917). Vgl. auch Kap. 30b.

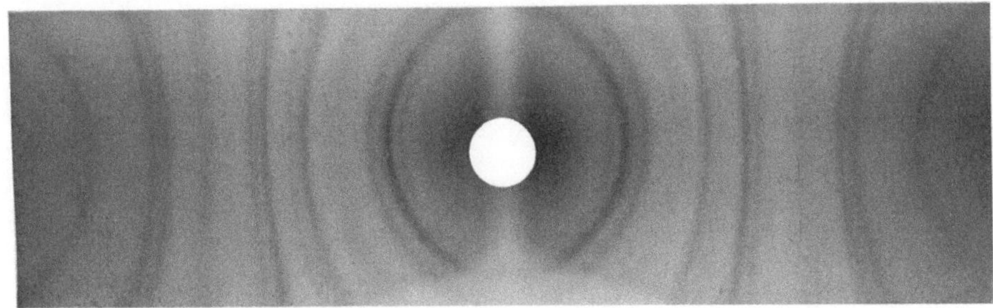

Fig. 5.  Kolloides Silber.

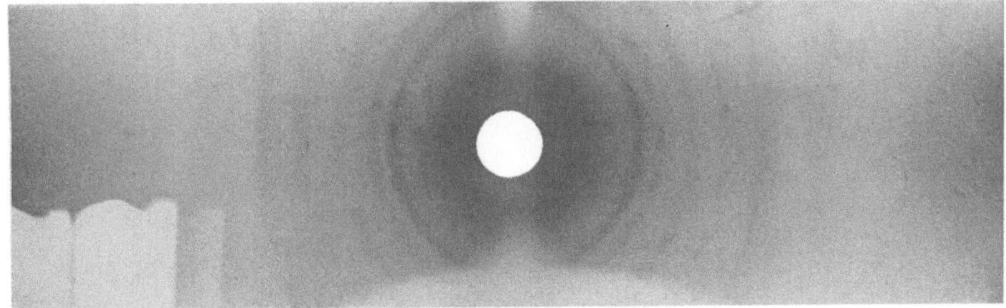

Schatten des $P_2O_5$-Gefäßes.

Fig. 6.  Kieselsäureregel.

Fig. 7.  Gutes Glas.

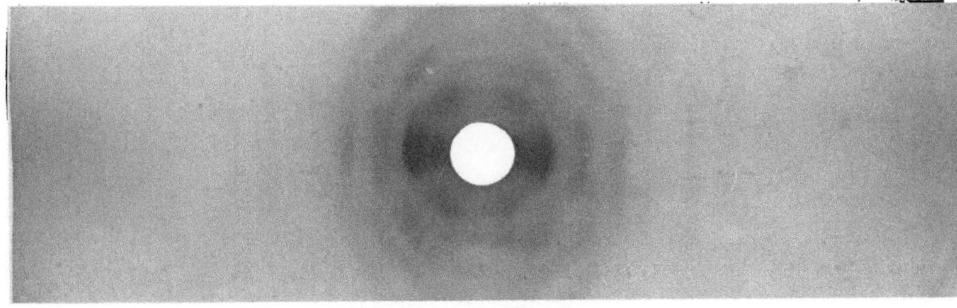

Fig. 8.  Ramiefaser.

*Leipzig, Verlag von Otto Spamer.*

nahme, wie Fig. 8, Tafel VII, sie zeigt. Die Interferenzlinien zeigen sich bei solcher Anordnung der Faser durchbrochen. Wir haben keine Aufnahme mit „regellos orientierten Teilchen" mehr; denn bei regelloser Orientierung herrscht völlige Symmetrie um den Primärstrahl. Wir finden so das bemerkenswerte Resultat, daß die Einzelkryställchen in der Faser orientiert gelagert sind. Wir bestätigen damit die schönen optischen Untersuchungen von *H. Ambronn*[1], welcher fand, daß sich die Doppelbrechung der Ramiefaser zusammensetze aus Stäbchendoppelbrechung und Eigendoppelbrechung. Die Stäbchendoppelbrechung rührt her von der orientierten Lagerung der Einzelteilchen, die Eigendoppelbrechung davon, daß wir krystallinische, an sich doppelbrechende Teilchen vor uns haben.

Erwähnenswert ist die Tatsache, daß für **Kautschuk** das von Gelatine Gesagte gilt.

### 9. Andere Anwendungsgebiete.

Die Röntgeninterferenzen werden auf viele kolloidchemische Fragen, die indirekt mit der Teilchenstruktur zusammenhängen, Antwort geben; hier seien nur zwei Fragen hervorgehoben. Auf ultramikroskopischem Wege läßt sich die Teilchenzahl in Kolloidlösungen feststellen, und damit durch Rechnung auch die Masse und Größe der Einzelteilchen (Kap. 10). Da das submikroskopische Teilchen aber nicht in seiner wahren Gestalt, sondern als Beugungsscheibchen abgebildet wird, so läßt sich die Frage, ob das Teilchen massiv erfüllt ist, ob es ein Primär- oder Sekundärteilchen (Kap. 12) ist, nicht entscheiden. Mit Hilfe der Röntgenaufnahme können wir aber gerade die Größe der Primärteilchen feststellen, während sie über die Art der Aggregation der Teilchen keinen Aufschluß gibt.

Stimmen nun die beiden Größen überein, so ist das ein Beweis, daß Primärteilchen vorliegen; übertrifft die ultramikroskopisch bestimmte Teilchenmasse aber um ein Vielfaches die der Röntgenaufnahme, so haben wir es mit submikroskopischen Sekundärteilchen zu tun.

Voraussetzung ist natürlich, daß die Primärteilchen krystallin sind, daß wir Hydrosole von annähernd gleicher Teilchengröße vor uns haben, und daß alle erforderlichen Vorsichtsmaßregeln bei der Untersuchung zur Anwendung kommen.

Eine andere Frage betrifft das Schicksal der Primärteilchen bei der Koagulation ungeschützter Kolloide und beim Eintrocknen des erhaltenen Niederschlags. Lagern sich die Teilchen dabei ungeordnet aneinander oder ordnen sie sich in ein neues Raumgitter ein?

Ein Versuch in dieser Richtung mit kolloidem Gold hat gezeigt, daß beim vollständigen Eintrocknen des Niederschlags in der Tat eine Sammelkrystallisation zu größeren Teilchen eintritt. Teilchen von $4\,\mu\mu$ wuchsen schon bei gewöhnlicher Temperatur zu solchen von etwa $100\,\mu\mu$ zusammen. Die Frage, ob die Krystallisation schon während der Koagulation oder erst beim Eintrocknen eintritt, soll noch durch weitere Versuche entschieden werden.

---

[1] *H. Ambronn:* Kolloid-Zeitschr. **18**, 90 bis 97 und 273 bis 281 (1916).

# Autorenregister.

## A

*Abegg, R.:* Photohaloide (Silberkeimtheorie) 296, 299.

*Alexander, J.:* Ultramikroskopie des Farbenumschlags von Benzopurpurin 318; Schutz des Kaseins vor Säurefällung und Koagulation 384.

*Amberger, C.:* siehe *Paal, C.*

*Ambronn, Hans.:* Optisches Verhalten der Cellulose bei der Nitrierung 112.

*Ambronn, Herm.:* Pleochroismus und Dichroismus gefärbter Fasern 105, 330; Doppelbrechung der Gallerten 105; Stäbchendoppelbrechung und Eigendoppelbrechung 112, 327, 408, 409; Stütze der Nägelischen Mizellartheorie 113; Doppelbrechung und Struktur der Gewebefasern 113; Kolloidnetz gefrorener Gelatine 114; Dichroitische Goldkryställchen 165; Goldgelatinehäutchen 166; Teilchengestalt und -farbe 166; Spontane Umwandlung von Silberkryställchen 188; Färbung von Kieselsäuregel durch Jodlösungen 235.

— und *Zsigmondy, R.:* Dichroitische Goldgelatinehäutchen 165, 166.

*Anderson, J. S.:* Kieselsäuregeluntersuchung im Vakuumapparat 111; Dampfdruckisothermen des Kieselsäuregels 228, 373; Spezifisches Gewicht 232.

*Appleyard, J.* und *Walker, J.:* Färberei 328; Pikrinsäurefarbe 329.

*Arisz, L.:* Systemänderung bei Gelatinierung 368.

*Arrhenius, Sv.:* Immunochemie 21; Diffusion von Hydrosolen 58; Adsorption 86, 88, 90, 92, 117; Adsorptionsisotherme 91.

## B

*Bachmann, W.:* Struktur und Viskosität der Gelatinelösungen 96; Ultramikroskopie der Tröpfchenbildung 107. Ultramikroskopie der Ferrichloridlösung 132; Strukturen von Kieselsäuregallerten im Ultramikroskop 217, 218, 220; Hohlraumvolumen 222; Dampfspannungsisothermen von Körpern mit Gelstruktur 230, 373; Kurve des Hydrophans 231, 232;

Leitfähigkeit und Ultrafiltration des Eisenoxydhydrosols 273; Berlinerblaureaktion 302; Ultramikroskopische Struktur von Seifengallerten 308; Intermizellare Flüssigkeit der Gele von fettsauren Salzen 310; Strukturen von Gelatinegallerten 367; Ultramikroskopie der Gallertbildung 367; Alko- und Benzolgel der Gelatine 372. Siehe auch *Zsigmondy, R.*

*Bahr.:* Thoriumoxydhydrosol 265.

*Bain, J. W. Mc., Laing, Mary E.* und *Titley, A. F.* Seifenlösungen 310.

— und *Martin, H. E.:* Hydrolyse bei Seifenlösungen 310.

— und *Taylor, M.:* Siedepunkt der Seifenlösungen 309; Verdichtung von Gasen in Kohle 331.

*Bakker:* Kapillardurchmesser 230.

*Bansfield, W. R.:* Wasserbindung der Ionen 97.

*Barrat (Wakelin) J. O.:* Addition von H· und OH′ durch lebendes Protoplasma 348.

*Barus, C.:* Kolloide Silicate 34.

— und *Schneider, E. A.:* Zur Allotropie der Silberhydrosole 186.

*Batey, J.:* siehe *Knecht, E.*

*Baur, E.:* Photohaloide 296.

*Bayliss, W. M.:* Osmotischer Druck des Kongorots und anderer Farbstoffe 320, Schutz der Farbstoffe gegen Elektrolytfällungen 326.

*Bechhold, H.:* „Die Kolloide" in Biologie usw. 5; Ultrafiltration 45; Gegenseitige Fällung der Kolloide 80, 322; Trennung von Albumosen 338; Eiweißfällungen 351; Schutzwirkung 395; Erklärung der *Liesegang*schen Ringe 376. 377, 382; Ultrafiltration durch Gelatine 376.

— und *Ziegler, J.:* Diffusion in Gallerten 375, 376.

*Behre, P.:* Schutzzahl des Zirkoniumoxydhydrosols 263.

*van Bemmelen, J. M.:* Bodenkolloide 4, 290; Adsorption und Absorption 83; Flüssigkeitshüllen bei Kolloiden 99; Wässerungsisothermen von Hydrogelen 110, 373; Zinnsäure als Hydrat 123; Gel-

## C

*Cantoni:* Bewegung der Ultramikronen 48.
*Chevreul, M.:* Waschwirkung der Seifen 312..
*Chrustschoff, K. v.:* Krystallisation der Kieselsäure 213.
*Cleve, P. T.:* Thoriumoxydhydrosol 265.
*Coehn, A.:* Elektrische Überführung 58; Überführung krystalloider Lösungen von Nichtelektrolyten 59; Überführungsapparat 61; Ladungssinn und Dielektrizitätskonstante (*Coehn*sche Regel) 62, 73; Ladungsgesetz 98; Ladung des Eisenoxydhydrosols 268.
— und *Raydt, U.:* Quantitative Bestätigung der *Coehn*schen Regel 62.
*Cohnheim, O.:* Einteilung der Eiweißkörper 333, 383; Bindung von Säuren durch Eiweiß 348.
*Costatin:* Sedimentationsgleichgewicht und Konzentrationsschwankungen 53.
*Cotton, A.* und *Mouton, H.:* Ultramikroskop 14; Wanderungsgeschwindigkeit des kolloiden Silbers 60; Überführung im Ultramikroskop 61; Krystallinischer Charakter der Submikronen 132. Magnetooptische Untersuchungen des Eisenoxydhydrosols im Ultramikroskop 112, 275.
*Crum, W.:* Tonerdehydrosol 279.

## D

*Dabrowski:* Diffusionskoeffizient der Eiweißstoffe 344.
*Davidsohn, J.:* siehe *Rosenheim, A.*
*Debus, H.:* Reduktionen mit Platinmetallen 195; Schwefel 200.
*Debye, P.:* Methode der regellos orientierten Teilchen 393.
— und *Scherrer, P.:* Nachweis der regellos orientierten Teilchen 387, 389, 393.
*Desch, C.:* siehe *Hantzsch, A.*
*Descoudres:* Oberflächenspannung 134.
*Dhar:* Wasserbindung der Ionen 97.
*Dhéré* und *Gorgolewski:* Molekulargewicht der Gelatine 343.
*Diesselhorst, Freundlich* und *Leonhardt,* Optik des Vanadinpentoxydhydrosols 285.
*Ditmar, R.:* Kautschukchemie 35.
*Ditte, A.:* Silberpurpur 261.
*Doerinckel, F.:* Koagulationswärme 132; Wärmetönung bei gegenseitiger Kolloidfällung 133; Goldhydrosol ($H_2O_2$) 158.
*Donau, J.:* Goldhydrosol 158, 170.
*Donnan, F. G.:* Membrangleichgewichte 137, 340; Emulsionsfähigkeit der Seifen 311, 312.
— und *Harris:* Osmometer 48; Osmotischer Druck des Kongorot 320.
— und *Potts, H. E.:* Waschwirkung der Seifen 313.
— und *Withe:* Natriumpalmitat 310.

*Drechsel, E.:* Eiweißkörper 333.
*Duclaux, J.:* Kollodiumultrafilter und Osmometer 43, 48; Osmotischer Druck 48, 58; Fällungswert bei kolloidem Eisenoxyd 75; Peptisation 121; „Micelle" und „intermicellare Flüssigkeit" 126; Elektrolytfällung von Eisenoxydhydrosol 270; Leitfähigkeit des kolloiden Eisenoxyds 127, 273; Osmotischer Druck des kolloiden Eisenoxyds 275; 343; Ferrocyankupfer 303.
*Duin, C. F. van:* siehe *Kruyt, H. R.*
*Dumanski, A.:* Leitfähigkeit des Eisenoxydhydrosols 274; Molybdänblau 284.

## E

*Ebler, E.* und *Fellner, M.:* Kieselsäurehydrosol 209, 211; „Fraktionierte Adsorption" 234.
*Eder, M.:* Subhaloidtheorie 296; Adsorption von Farbstoffen durch Bromsilber 325.
*Ehrenberg, P.:* Bodenkolloide 4.
— und *Schultze, K.:* Unbenetzbarkeit von Kienruß 312.
*Ehrenberg, R.:* Quellung der Gelatine durch Elektrolyte 373.
*Ehrenhaft, E.:* Farbe der Metallkolloide 161; Polarisation an Metallteilchen 164.
*Ehrenreich, M.:* siehe *Michaelis, L.*
*Einstein, A.:* Theorie der *Brown*schen Bewegung 38, 49, 50; Viskosität bei Suspensionen 95; Ionendurchmesser 98.
*Eitel, W.:* siehe *Lorenz, R*
*Elfer, A.:* Reduktionsapparat für *Paal*sche Kolloide 196.
*Ellis, R.:* Ergänzung der *Hardy*schen Regel 63; Koagulation 69.
*Engeroff, F.:* siehe *Gutbier, A.*
*Engel:* Metastannylchlorid 255.

## F

*Falk, R.:* Waschwirkung der Seifen 312.
*Faraday:* Verhalten der Goldlösungen beim Erhitzen 113; Goldhydrosol 149; Natur des Goldes im Hydrosol 159.
*Faust:* Molekulargewicht der Gelatine 343.
*Feist, K.:* siehe *Bobertag, O.*
*Fellner, M.:* siehe *Ebler, E.*
*Fichter, F.* und *Sahlbom, N.:* Kapillaranalyse 331.
*Ficker, M.:* Trennung von Gasbrandbacillen und ihren Giften mittels Membranfilters 47.
*Fischer, E.:* Synthese der Polypeptide aus Aminosäuren 338.
*Fischer, H. W.:* Thermische Studien beim Abkühlen von Gallerten 114; Eisenoxydhydrate 278; Negatives Eisenoxydsol 268, 288.
— und *Herz, W.:* Chromoxydhydrosol 280.

*Fischer, H. W.* und *Kusnitzky, E.:* Elektrische Ladung des Eisenoxydhydrosols 269; Siehe auch: *Bobertag, O.* und *Jensen, P.*

*Fischer, M. H.:* Säurequellung der Kolloide und des Ödems 374.

*Flade, Fr.:* Gallertstrukturen 107, 108, 311.

*Fokin, S.:* Reduktion mit Platinmetallen 196.

*Fox, K.:* Färberei 328; Dichroismus gefärbter Fasern 330.

*Frank:* Spezifisches Gewicht der Gelatine 363. Dichte von Stärkelösungen 99.

*Frankenheim:* Gelstrukturen 104.

*Franz, R.:* Zinnsäure und Metazinnsäure 244, 252; Elektrolytfällung 250, 252; Säurebehandlung der Metazinnsäure 255; Wasseraufnahme der Gelatine bei Quellung 368.

*Frey, A.:* siehe *Kohlschütter, V.*

*Freundlich, H.:* Lyophile und lyophobe Kolloide 29; Schwellenwert 66; Koagulation 69, 74; Ionenadsorption 74; Entladung durch Ionenadsorption 75; Fällungswert 76, 77; Wertigkeit des Berylliums 80; Adsorption 85, 88, 89; Adsorptionsisotherme 89, 77; Flüssigkeitshüllen 99.; Zustandsänderungen und Viskosität 96; Quellungsdruck 118; Entwässerung des Kieselsäurehydrogels und Kapillaritätslehre 224, 226. Erklärung der Hysteresiserscheinungen 227.

— und *Hase, E.:* Adsorptionsrückgang 75.

— und *Ishizaka, N.:* Langsame Kogulation 73; „Autokatalyse" 73; Viskosität und Koagulationsgeschwindigkeit 96.

— und *Losev, G.:* Färberei 328, 229.

— und *Schlucht:* Adsorptionsrückgang 75.

*Freundlich, M.:* siehe *Posnjak, E.*

*Friedel, G.:* Chabasit 238.

*Friedemann, U.:* siehe *Neisser, M.*

*Friedrich, W., Knipping, F.,* und *v. Laue, M.:* Krystallanalyse mittels Röntgenstrahlen 387.

## G

*Galecki, A. v.:* Wanderungsgeschwindigkeit des kolloiden Goldes 60, 61; Ergänzung der *Hardy*schen Regel 63; Teilchenentladung durch Elektrolyte 64; Koagulation bei Elektrolytzusatz 75, 78; Wertigkeit des Berylliums 78; Einfluß der Elektrolytkonzentration auf die Überführung 67; Fällung von Schwefelarsenlösungen 79; Kolloidchemischer Charakter der Acetatreaktion 281.

— und *Kastorskij, M. S.:* Gegenseitige Kolloidfällung 82.

*Gann, J.:* Langsame Koagulation 73; „Autokatalyse" 73; Koagulationsgeschwindigkeit bei Elektrolytzusatz 75; Umschlagszahlen 176.

*Gans, R.:* Erweiterung der *Mie*schen-Theorie 167.

— und *Happel, H.:* Färbungen von Metallkolloiden 161.

*Gansser, E.:* siehe *Hüfner, G.*

*Garnett (Maxwell), J. C.:* Absorptionsspektren der Goldhydrosole (Theorie der) 161.

*Georgievics, G. v.:* Adsorption 85, 88, 90; Färberei 328; Benzidinfarbstoffe 328.

*Gerum, J.:* siehe *Paal, C.*

*Gibbs, J. W.:* Adsorption an Oberflächen 89, 134; Theorem 134.

*Glixelli, St.:* Peptisation 120, 131, 250; Peptisierbarkeit des Zinnsäuregels 245.

*Goppelsroeder, F.:* Kapillaranalyse 331.

*Gorgolewski:* siehe *Déhré.*

*Gouy:* Bewegung der Ultramikronen 48.

*Graham, Th.:* Krystalloide und Kolloide 1; Charakterisierung der Kolloide 5, 8; Dialyse und Dialysator 6, 41; Definitionen 6, 7, 8; Kolloide Lösungen 35, 377; Diffusion von Hydrosolen 58; Verhalten der kolloiden Tonerde beim Erhitzen 113; Koagulationswärme der Kieselsäure 132; Kieselsäurehydrosol 209, 210; Organogel der Kieselsäure 215; Hydrosol der Zinnsäure 233; Titansäurehydrosol 263; Eisenoxydhydrosol 268; Geschwindigkeit von Kolloidreaktionen 269; Tonerdehydrosol 279; Chromoxydhydrosol 280; Wolframsäurehydrosol 281; Molybdänsäurehydrosol 282; Koll. Oxyde mit Zucker, Glyzerin usw. 288; Ferrocyankupfer 292; Ferrocyanide 299; Diffussion von Eiweißstoffen 344; Leim 365; Diffusion in Gallerten 375.

*Grimaux, E.:* Kieselsäurehydrosol 209; Eisenoxydhydrosol 277; Metalloxyde mit Zucker, Glyzerin, Mannit usw. 288.

*Groschuff, E.:* siehe *Mylius, F.:*

*Gross, R.* und *Blassmann, N.:* Krystallfäden aus kolloidem Wolfram 199.

*Guareschi, I.:* Kolloid- und Krystalloidlösungen 5.

*Guntz:* Silberfluorür 296.

*Gutbier, A.:* Farbe der Goldhydrosole 157; Goldhydrosol (Hydrazin) 158; Platinhydrosol (Phenylhydrazin) 178; Kupferhydrosol 198.

— und *Engeroff, F.:* Selenhydrosol 208.

## H

*Häberle, R.:* siehe *Vorländer, D.*

*Halle, W.* und *Pribram, E.:* Goldhydrosol 158.

*Hammarsten, O.:* Einteilung der Eiweißkörper 333.

*Hantzsch, A.:* Indikatorreaktionen 101.

— und *Desch, C:* Chlorgehalt des Eisenoxydhydrosols 270; rote und blaue Kongosäure 318.

*Happel, H.:* siehe *Gans, R.*

191; Photohaloide 298, 300; Schutzwirkung von Farbstoffen auf kolloides Bromsilber 325.

*Ludwig, C.:* Quellung 115.

*Luther, R.:* Subhaloide 296.

### M

*Maffia, P.:* siehe *Lottermoser, P.*

*Majorana, Qu:* Magnetooptische Untersuchungen des Eisenoxydhydrosols 275.

*Malfitano, G.:* Ultrafiltration durch Kollodiumfilter 43; Peptisation 121; Leitfähigkeit und Ultrafilter 126; Leitfähigkeit des kolloiden Eisenoxyds 273.

*Manabe* und *Matula:* Säurebindungsvermögen des Eiweiß 349.

*Mannich:* Reduktion in nichtwässerigen Lösungen 198.

*Marc, R.:* Adsorption 88, 91.

*Marchetti, G.:* Molybdänblau 284.

*Marcus, R.:* Medizinische Anwendung des trockenen Kieselsäuregels 237.

*Matula:* siehe *Manabe, Pauli.*

*Maxwell Garnett, J. C.:* Absorptionsspektren der Goldhydrosole 161.

*Mayer, A., Schaeffer, G.* und *Terroine, E. F.:* Ultramikroskopische Beobachtungen an Seifenlösungen 311.

*Mayer, E. W.:* siehe *Willstätter, R.*

*Mecklenburg, W.:* Primär- und Sekundärteilchen 17; Theorie der Zinnsäureisomerien 19; Atomistik 28, 53; Affine Adsorptionskurven 86, 88; 279; Adsorption 87; Primärteilchen der Zinnsäuren 109; Theorie der Zinnsäuremodifikationen 242; Säurepeptisation der Zinnsäure 254; Reversible Zustandsänderungen 256.

*Mecklenburg, W.* und *Valentiner, S.:* Messung des Trübungsgrades in Kolloiden (Tyndallmeter) 11.

*Mehler, L.:* siehe *Biltz, W.*

*Menz, W.:* Zustandsänderungen der Gelatinelösungen 357; Schutzwirkung der Gelatine 364; Ultramikroskopie der Gallertbildung bei Gelatine 367.

*Meszner, J.:* Alkali-Kupriferrocyanide 303.

*Meyer, E. v.:* siehe *Lottermoser, P.*

— *W. A.:* siehe *Skita, A.*

*Michael, A.:* Koll. Chlornatrium 304.

*Michaelis, L.:* Ultramikroskopische Einteilung von Farbstofflösungen 316; Isoelektrischer Punkt des Eiweiß 348; Ultramikroskopie von Globulinlösungen 353.

— und *Ehrenreich, M.:* Adsorptionsanalyse der Fermente 88.

— und *Lachs, H.:* Adsorption der Nährsalze 88.

— und *Rona, P.:* Adsorption an Oberflächen 88, 89; Sorption von Farbstoffen durch Gele 93.

*Mie, G.:* Theorie der Färbungen von Metallkolloiden 161, 168; Adsorption des Lichtes in Goldhydrosolen 162; Polarisation der Metallteilchen 164, 165.

*Minkowski:* Kapillardurchmesser 224.

*Moerner:* Molekulargewicht der Gelatine 343.

*Molisch, H.:* Gefrieren der Gallerten 114.

*Mond, L., Ramsay, W.* und *Shields, J.:* Wasserstoffaufnahme durch Palladiumhydrosol 193.

*Moore, B.* und *Roaf, H. E.:* Kollodiumsäckchen 43; Osmotischer Druck von Gelatine 340, 364.

— und *Parker, W. H.:* Osmotischer Druck 57, 58, 307, 340.

*Morawsky, Th.:* siehe *Stingl, J.*

*Mouton, H.:* siehe *Cotton, A.*

*Much, H., Roemer, P.* und *Siebert, C.:* Ultramikroskopie von Harnkolloiden 358.

*Müller, A.:* Thoriumoxydhydrosol 265; Tonerdehydrosol 280; Kobaltoxyd 288; Wolframsäurehydrosol 282.

*Müller, E., Treadwell* und *Stanisch:* Berlinerblauanalyse 303.

— *v. Berneck, G.:* siehe *Bredig, G.*

— *-Pouillet:* Adsorbtion 82.

*Mylius, F.* und *Groschuff, E.:* Umwandlung der Kieselsäure 212.

### N

*Nägeli, C. v.:* Viskosität 96; Flüssigkeitshüllen bei Kolloiden 99; Mizellartheorie 104, 105, 317; Ultramikronen 106; Quellung 115; Optisches Verhalten der Kolloide 277; Struktur der Faser 327.

— und *Schwendener, S.:* Optisches Verhalten der Kolloide 277.

*Naumoff, W.:* Reaktionen bei der Darstellung des kolloiden Goldes 150.

*Neisser, M.* und *Friedemann, U.:* Gegenseitige Fällung der Kolloide 80, 322; Eiweißfällungen 351; Schutzwirkungstheorie 359, 360.

*Neimann, E.:* siehe *Neuberg, C.*

*Nell, P.:* Diffusion in Gallerten 375.

*Nernst, W.:* Stellung der Kolloide 28.

*Neuberg, C.:* Barium-, Magnesium- und Calciumsalze 304; Gallertbildung bei Salzen 305.

— *Neimann, E.* und *Rewald, B.:* Bariumsalze 304.

*Nordland, S.:* Quecksilbersol 200.

*Noyes:* „Kolloide Lösungen" und „kolloide Suspensionen" 29.

### O

*Ober, J. E.:* siehe *Whitney, W. R.*

*Odén, Sven:* Kolloider Schwefel 19, 29, 201, Viskosität des kolloiden Schwefels 95; Fraktionierte Fällung 202, 204, 206.

— und *Ohlon, E.:* Verhalten der Primärteilchen bei der Koagulation 119.

*Ohlon, E.:* siehe *Oden, Sven.*

# Sachregister.

## A

Absorption 82, 85.
Absorptionsspektren des Hämoglobins 378.
— des Goldes 161.
— des Kupfers 198.
Acetatreaktion 281.
Achat 4, 237.
Adhäsionswasser 98.
Adsorbentien 92, 94.
Adsorption 46, 77, 82, 87, 90, 94, 328.
— arseniger Säure durch Eisenoxyd 278.
— durch Kohle 84.
— radioaktiver Stoffe 234.
— von Ultramikronen 94, 172.
Adsorptionsgleichgewicht 93.
Adsorptionskurven, affine 86, 243.
Adsorptionsisothermen 84, 89, 328.
Adsorptionsrückgang 76.
Adsorptionstheorie 327.
Ätztheorie 124.
Äquivalenz aufgenommener Ionen 65, 127, 272.
Aktivierung des Wasserstoffs 194.
Aktivierungszahl 195.
Albumine 46, 335, 354.
Albuminoide 333, 336.
Albumoide 333.
Albumosen 46, 338.
— Goldzahlen 355, 356.
— Zustandsänderungen 356.
Alizarinrot 320, 323.
Alkaliblau 317.
Alkalimetallsole nach *Svedberg* 184.
Alkalipeptisation der Zinnsäure 122, 130, 256.
Alkogel 6, 371.
Alkosol 6.
Allotropie des Silbers 186.
Alterungserscheinungen 231, 264, 321.
Aluminiumoxyd 59, 279.
— *Grahams* 279.
— *Müllers* 280.
Amikronen 12.
Amorphe Substanzen 395.
Anätzen 124, 131, 267.
Anilinblau 316, 317.
Anilinorange 318.
Anisotropie 112.
Antimonsulfid 292.

## B

Bariumcarbonat 304.
Bariumsulfat 172, 304, 305.
Basenaustausch in der Ackererde 93.
Bayrischblau 316.
Bedeutung der Kolloide 3.
Benzidinfarbstoffe 328.
Benzoblauschwarz 317.
Benzolgel 371.
Benzopurpurin 47, 236, 320, 326, 327.
Berlinerblau 46, 47, 100, 299, 301, 317.
Beryllium, Wertigkeit des 78.
Bewegung der Ultramikronen 49, 64.
Biebricher Scharlach 317, 323.
*Biltz*sche Regel 80, 322.
Bleioxyd 288.
Blutgerinnung, Ultramikroskopie der 108, 369.
Bodenkolloide 4.
Bromnatrium 305.
Bromsilber-Gelatineplatten 190.
Bromsilber 293, 295, 296, 325.
Reduktion mit Goldkeimen 298.
*Brown*sche Bewegung 38, 48, 64.
— Theorie der 50.
*Bütschli*s Strukturen 106, 218, 366.

### Argentum-block

Argentum *Credé* 188.
Argoferment 133.
Arsensulfid 65, 99, 129, 289, 290.
— Peptisation 129.
Aschenwolken, vulkanische 34.
Auflösung von Kolloiden 7.
Auflösungsgrenze der Mikroskope 24.
Ausschütteln der Kolloide 135.

## C

Cadmiumsulfid 292.
Calciumcarbonat 304.
*Cassius*scher Purpur 59, 101, 119, 259.
— Analoga 261.
— Darstellung 259.
— Elektrolyse 60, 130.
— Koagulation 101.
— Peptisation 119, 124, 129, 261.
— Säurepeptisation 124.
— Synthese 261.
Capriblau 316.
Cellulose, Optik der 112, 327, 408.

# Immersions-Ultra-Mikroskop

nach Professor **Zsigmondy**

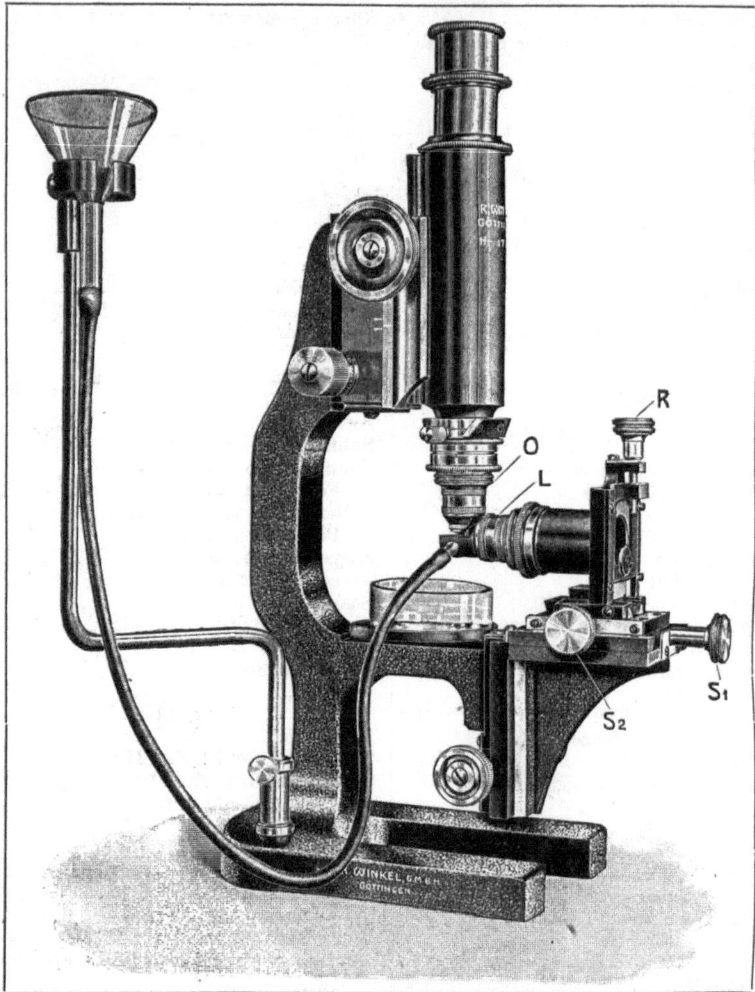


## Mikroskope für alle wissenschaftliche Zwecke

Preise auf Anfrage

# R. WINKEL, G.M.B.H., GÖTTINGEN

Optische und mechanische Werkstatt

VERLAG VON OTTO SPAMER IN LEIPZIG

# Chemisch-technische Vorschriften.

Ein Nachschlage- und Literaturwerk, insbesondere für chemische Fabriken und verwandte technische Betriebe, enthaltend Vorschriften mit umfassenden Literaturnachweisen aus allen Gebieten der chemischen Technologie. Von Dr. Otto Lange. Zweiter unveränderter Abdruck. 1064 Seiten Lexikon-Format. Dauerhaft gebunden M. 50.—. Etwa 14000 Vorschriften in übersichtlicher Gruppierung mit genauen Literaturangaben und zuverlässigem Sachregister!

*Deutsche Parfümerie-Zeitung:* Dieses Werk gesellt sich zu den besten unter den technologischen Büchern, weil ein gewaltiges Material gerade aus denjenigen Literaturstellen der angewandten Chemie zusammengetragen und übersichtlich geordnet ist, welche sich der üblichen chemischen Systematik zu entziehen pflegen und überall verstreut sind. . . . daß hier nicht ein Handbuch der chemischen Technologie im üblichen Sinne vorliegt, sondern daß der Zuschnitt ein anderer ist, und daß gerade solche Dinge gebracht werden, die man anderswo nicht findet. Das gibt dem Buch seine Eigenart und seinen Wert.

# Chemisch-technologisches Rechnen.

Von Professor Dr. Ferdinand Fischer. 3. Auflage. Bearbeitet von Fr. Hartner, Fabrikdirektor. Geh. M. 9.—, kart. M. 11.—

*Chemische Industrie (Otto N. Witt):* In bescheidenem Gewande tritt uns hier ein kleines Buch entgegen, dessen weite Verbreitung sehr zu wünschen wäre . . . Es wäre mit großer Freude zu begrüßen, wenn vorgerückte Studierende an Hand der zahlreichen und höchst mannigfaltigen in diesem Buche gegebenen Beispiele sich im chemisch-technischen Rechnen üben wollten; derartige Tätigkeit würde ihnen später bei ihrer Lebensarbeit sehr zustatten kommen. — Aber nicht nur als Leitfaden beim akademischen Unterricht, sondern auch in den Betrieben der chemischen Fabriken könnte das angezeigte Werkchen eine nützliche Verwendung finden.

# Lehrbuch der Farbenchemie einschließlich d. Gewinnung

und Verarbeitung des Teeres sowie der Methoden zur Darstellung der Vor- und Zwischenprodukte. Von Dr. Hans Th. Bucherer, Direktor der Chemischen Fabrik auf Aktien (vorm. E. Schering) in Berlin, ordentlicher Professor a. D. der Technischen Hochschule in Dresden. 2. Auflage im Druck.

*Die Naturwissenschaften:* Alles in allem hat Bucherer uns in seiner Farbenchemie ein Werk geschenkt, das nicht seinesgleichen hat und in vieler Hinsicht unübertrefflich ist. Möge es viele junge Chemiker anregen, an dem stolzen Gebäude der Farbenchemie weiterzubauen.

*Zeitschrift für angewandte Chemie:* Dem Studierenden wird das „Lehrbuch" wegen seiner weit ausholenden und vortrefflichen Darstellung in erster Linie zugute kommen; der akademische Lehrer wird es neben anderen Werken zu Rate ziehen, und auch der Praktiker kann daraus lernen, denn er pflegt meistens derartig Spezialist in einem Teil der Farbenfabrikation zu sein, daß er Gefahr läuft, den Überblick über das Ganze zu verlieren.

Bis auf weiteres auf alle Werke 40% Verlags-Teuerungszuschlag!

VERLAG VON OTTO SPAMER IN LEIPZIG

# Chemische Technologie in Einzeldarstellungen

Begründer:  
**Prof. Dr. Ferd. Fischer**

Herausgeber:  
**Prof. Dr. Arthur Binz**

Bisher erschienene Bände:

*Allgemeine chemische Technologie:* Filtern und Pressen. Mischen, Rühren, Kneten. Verdampfen und Verkochen. Sicherheitseinrichtungen in chemischen Betrieben. Heizungs- und Lüftungsanlagen in Fabriken. Materialbewegung in chemischen Betrieben. Zerkleinerungsvorrichtungen und Mahlanlagen. Sulfurieren, Alkalischmelze der Sulfosäuren, Esterifizieren. Kolloidchemie. Reduktion und Hydrierung organischer Verbindungen.

*Spezielle chemische Technologie:* Kraftgas. Das Wasser. Synthetische Verfahren der Fettindustrie. Schwefelfarbstoffe. Zink und Kadmium. Physikalische und chemische Grundlagen des Eisenhüttenwesens. Kalirohsalze. Ammoniak- und Zyanverbindungen. Mineralfarben. Schwelteere. Azetylen. Leuchtgas. Legierungen.

**Ausführliche Prospekte kostenlos!**

# Die Prüfungsmethoden des deutschen Arzneibuches

Zum Gebrauch in Apotheken und bei Apothekenrevisionen sowie für Eleven und Studierende der Pharmazie

Von

## Prof. Dr. Max Claasz.

Mit 32 Abbildungen im Text. Gebunden M. 10.—

*Pharmazeutische Zeitung:* Wie der Titel besagt, ist es kein vollständiger Kommentar, es beschränkt sich vielmehr auf die vom Arzneibuch angegebenen Prüfungsmethoden, die vom Verfasser aber in einer Weise abgehandelt werden, durch welche das Werk den Charakter eines akademischen Lehrbuches erhält, mit allen Vorzügen, die von einem solchen hinsichtlich der Erwerbung und Befestigung von Kenntnissen und Erfahrungen erwartet werden können. . . Nach allem haben wir hier ein gediegenes Werk vor uns, das geeignet erscheint, seine Aufgabe bestens zu erfüllen, und daher zur Anschaffung, besonders in Apotheken mit auszubildendem Personal, empfohlen werden kann.

Bis auf weiteres auf alle Werke 40% Verlags-Teuerungszuschlag!